ライブラリ数理・情報系の数学講義 = 別巻 3

基礎演習 微分方程式

金子 晃 著

サイエンス社

サイエンス社のホームページのご案内
http://www.saiensu.co.jp
ご意見・ご要望は　rikei@saiensu.co.jp　まで.

まえがき

本書は，常微分方程式の演習書です．ライブラリ“数理・情報系の数学講義”の『微分方程式講義』（以下『教科書』として引用します）に対する演習という位置付けですが，定理の細かな証明は気にしないから，とにかく解き方が知りたい，という人は，これだけ独立に利用することもできます．

本書には，必要に迫られた人が類似問題を探して解法を知ることができるように，非常に多くの問題が集められており，それらすべてに解答がつけられていますが，微分方程式の解法を一通り勉強しようと思っている読者はこれらを全部解くには及びません．頑張りすぎて胃潰瘍にならないよう，適当に飛ばしながら楽しんで解いてみてください．中学で方程式というものを初めて習ったときに感動を覚えた人は，本書でもう一度その感激を思い出して欲しいと思います．

微分方程式って何だ？と思いながら本書を手にした方のためにちょっとだけ説明しておくと，これは，未知の関数とその導関数が満たす方程式のことです．ただし，本書では未知関数が 1 変数のものだけを扱っています．独立変数が 1 個だということを明示したいときは“常微分方程式”と言います．独立変数が 2 個以上になると，未知関数の偏微分を含む，“偏微分方程式”というものになり，少し難しくなるので，本書では扱っていません．

本書が主に解説している微分方程式の解法とは，四則演算や微積の計算を駆使して，解の具体的な表示を求めるもので，“求積法”と呼ばれます．著者自身，初めて微分方程式というものに接したのは，戦前に出版された古い微積分の本で，微分方程式のそのような解法がひたすら解説されていて，高校生にもとても面白く読めるものでした．実際，新制高校になっても，今から 4~50 年前の著者より少し下の学年では，高校数学の教科書に簡単な微分方程式の解法が載っていた時期が有ったのです．本書でも，この面白さを理屈抜きで伝えようと思います．微分方程式というものの実例に直接親しんだ後に常微分方程式の理論に出会うと，また新たな感激を味わうことができるでしょう．

実を言うと，日常よく出てくる多くの重要な微分方程式が確かにこの方法で解けはしますが，微分方程式全体から見ると，このようなやり方で解けるものはごく少数派です．では求積法で解けない方程式はどう解くのでしょうか？ 一方では，微分方程式が新しい関数を定義しているとみなして，その性質を微分方程式自身から引き出すのが，解くことだと考えられます．本書では，求積法の後にこのような解き方の演習にも触れています．他方では，数値的な近似解を求めるのも実用的には重要です．これについては本ライブラリの演習書には含まれていませんが，ライブラリ“数理・情報系の数学講義”の中の『数値計算講義』の解説と演習が参考になるでしょう．本書に載せた“解の図”はそのサポートページで公開しているプログラム見本を適当に修正して描いたものです．本書のサポートページにも，そのようなプログラムの見本と，本書に載せきれなかった図をいくつか置いておきます．

本書の計算問題の多くは，参考文献に挙げたようないろいろな書物から採られています．それらの文献では，解答が載っていないか，有っても最後の結果だけというものも結構ありました．著者が 1970 年代末から 1990 年代初めに東京大学の教養学部で担当した解析 II という名前の 2 年生向けの微分方程式の講義では，これらの問題を（時には外国語原文のまま）自習用に配布しましたが，解き方の解説は期末試験で採用した問題を“解答と講評”として配布しただけでした．定年になって時間ができたので，昔配った問題を今回全部解き，約 30 年遅れで全解答をお届けします．当時の学生のみなさん（もしかしたら本書を手にとられた方のお父さんやお母さんかも）の中で，レポートとして全問解こうと頑張って挫折し悔しい思いをした人は，これを見て青春を思い出すよすがにしてください．

本書の計算問題のほとんどはフリーの数式処理ソフト Risa/Asir で解答をチェックしました．この素晴らしいソフトを作って下さった（株）富士通研究所と野呂正行氏始め開発者の方々に感謝します．本書のサポートページにもチェックプログラムの例を置いておきます．本書の原稿も『教科書』に引き続き，一橋大学大学院経済学研究科 2 年の石井千晶さんに草稿段階から閲読していただき，多くのミスを見つけてもらいました．ここに感謝を表します．最後に，サイエンス社編集部の田島伸彦氏と鈴木綾子さん，荻上朱里さんには本書の作成について大変お世話になりました．特に今回は内容上やむを得ないとは言え，同社の演習書ライブラリのフォーマットからの逸脱を快くお認め頂いたこと，および脱稿後の夥しい修正を御処理下さったことに感謝します．

2015 年 2 月 5 日初校を終えて

著者識

本書のサポートページは

http://www.saiensu.co.jp/

から辿れるサポートページ一覧の本書の欄にリンクされており，
本書の補足説明などが置かれています．本文中のアイコン  は
サポートページに置かれた記事への参照指示を表します．

目　次

1 微分方程式の概念と用語

1.1 微分方程式の定義と意味

要項 1.1 未知数が関数であるような方程式で，未知関数が（それ自身と）その導関数として含まれているようなものを**微分方程式**と呼ぶ．本書で扱うのは未知関数が1変数のもので，未知関数の微分は常微分だけなので，区別のため**常微分方程式**と呼ぶこともある．方程式に含まれる未知関数の微分の階数[1)]の最大値を方程式の**階数**と呼ぶ．

要項 1.2 独立変数を x, 従属変数を y と記すと，1階の微分方程式は

$$f\Bigl(x, y, \frac{dy}{dx}\Bigr) = 0 \tag{1.1}$$

と表される．ここで f は既知の関数である．普通は，1階導関数に関して解いた形

$$\frac{dy}{dx} = f(x, y) \tag{1.2}$$

がよく用いられる．この形を**正規形**と呼ぶ．$\dfrac{dy}{dx}$ の代わりに y' と書いて

$$f(x, y, y') = 0, \qquad \text{あるいは} \qquad y' = f(x, y) \tag{1.3}$$

なども書く．独立変数を時刻 t に取ることもよく行われる．このとき従属変数の未知関数（変位などを表す）を u で表すと $\dfrac{du}{dt} = f(t, u)$, あるいは $\dot{u} = f(t, u)$ となる．$\dot{u}$ は力学で時刻に関する微分を表すのに u' の代わりによく用いられる．未知関数と独立変数の記号にはさまざまなものが使われるが，微分方程式としての本質は変わらない．

例題 1.1 その1 ―― 微分方程式の判定

次の表現は微分方程式と言えるか？ また正規形のものはどれか？ 正規形でないものについて，正規形に書き直せるものは書き直せ．

(1) $xyy' = 1$　　(2) $y \sin y' = xy'$　　(3) $x^2 + f(x)f'(x)^2 = 1$

(4) $f'(x) = \dfrac{x}{f(x-1)}$　　(5) $x^2 + y^2 = e^y$　　(6) $y'(x) + \displaystyle\int_0^1 x^t y(t)dt = 1$

---

1) 微分の “階数” は “次数” と呼ばれるようになったが，微分方程式では多項式の次数との混乱を避けるため今でも “階数” の方を用いるのが普通である．

解答 (1), (2), (3) は微分方程式である．((3) は f が未知関数である．) (4) は未知関数 f の差分と微分を含むので差分微分方程式と呼ばれるものであるが，"遅れを持つ微分方程式" の呼称で微分方程式の特別なものとして扱うこともある．(5) は導関数を含まず，単なる超越方程式である．(0 階の微分方程式とみなすこともできなくはないが，普通はそうはしない．) (6) は未知関数の積分を含むので，積分微分方程式と呼ばれる．(1), (2), (3) の中で厳密に正規形と言えるものは一つも無いが，(1) は簡単に正規形 $y' = \dfrac{1}{xy}$ に持ってゆける．(ただし分母が 0 になるところでは定義できない．) (2) は y' について解けないので，正規形にはできない．(3) は f' について解くと $f'(x) = \pm\sqrt{\dfrac{1-x^2}{f(x)}}$ となり，多価になるので，厳密にはもとの方程式と同値ではないが，適当に符号を選んで正規形として扱うことが多い． ■

要項 1.3 微分方程式 (1.3) の解とは，x, y, y' をこれに代入したものが恒等式となるような x の関数 $y = y(x)$ のことである．y は必ずしも x について陽に書けていなくても，陰関数で与えられていてもよい．

例題 1.1 その 2 ―――――――――――――――――――― **解であることの確認**

$x^2 + (y-c)^2 = 1$ で定まる x の陰関数 y は次の微分方程式の解であることを確かめよ．ただし c は定数とする．

$$(1-x^2)\left(\frac{dy}{dx}\right)^2 = x^2 \tag{1.4}$$

解答 陰関数微分により

$$2x + 2(y-c)\frac{dy}{dx} = 0 \qquad \therefore \quad \frac{dy}{dx} = -\frac{x}{y-c}.$$

これを方程式に代入すると，$x^2 + (y-c)^2 = 1$ に注意して

$$(1.4)\ \text{の左辺} = (1-x^2)\frac{x^2}{(y-c)^2} = x^2 = (1.4)\ \text{の右辺} \qquad ■$$

問　題

1.1.1 x を独立変数，y を未知関数とする次の方程式表現について，(i) 微分方程式を選び出せ．(ii) そこから更に正規形のものを選び出せ．(iii) 正規形でないものは正規形に変換せよ．

(1) $\dfrac{dy}{dx} + y^2 = x$　　(2) $y' = e^y$　　(3) $x + ye^{xy} = 0$　　(4) $\sin\left(\dfrac{dy}{dx} + x\right) = y$

(5) $\dfrac{dy}{dx} = x + y + y^2 + \sin y$　　(6) $y' = \displaystyle\int_0^1 e^{(x-t)^2} y(t)\,dt + 1$

(7) $y(y(x) + x) = xy'(x)$

要項 1.4 正規形の微分方程式 (1.2) の右辺は，平面の各点 (x, y) に傾き $f(x, y)$ を与える．これを平面の**勾配場**と呼ぶ．微分方程式 (1.2) の解は，各点で接線の傾きがこの勾配場と一致するようなグラフを持つ関数と言い換えられる．

例題 1.2 微分方程式の勾配場

次の微分方程式の幾何学的意味を述べよ．

$$\frac{dy}{dx} = x^2 + y^2$$

解答 未知関数のグラフは，円 $x^2 + y^2 = R^2$ 上ではどこでも傾きが一定値 R^2 であるような曲線を表す．このことから解かなくても解のグラフの概略を想像できる．(実はこの方程式は求積できないのだが.) ■

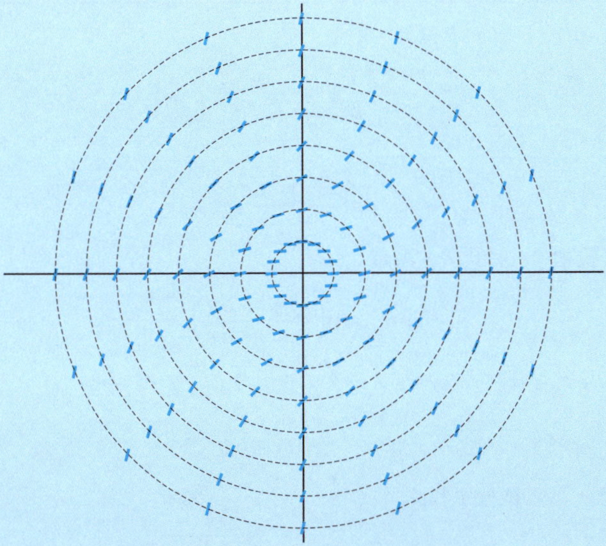

例題 1.2 の方程式が定める勾配場の特徴

問 題

1.2.1 次の微分方程式の勾配場の概略を描け．

(1) $y' = x^2 - y^2$　　(2) $y' = y^2 - x^2$

(3) $y' = \sin y$　　(4) $y' = y \log(x^2 + y^2)$

1.2 一般解と任意定数

要項 1.5 1階常微分方程式の最も一般の解は，**任意定数**と呼ばれる不定の定数 c を一つ含む．このような解を**一般解**と呼ぶ．これに対し，任意定数が具体的な値をとったときの解を**特殊解**と呼ぶ．特殊解は無数に存在する．解 $y = u(x;c)$ のグラフを**解曲線**と呼ぶ．任意定数 c を動かせば解曲線の族となり，これは平面のある領域を覆う．逆に，任意定数を一つ含む関数の族 $u(x;c)$ があるとき，$y = u(x;c)$ と $\dfrac{dy}{dx} = u'(x;c)$ を連立させて，c を消去すれば，もとの $u(x;c)$ を一般解とする1階常微分方程式が得られる．

方程式によっては一般解に属さない孤立解を持つことがある．これを**特異解**と呼ぶ．

例題 1.3 **関数族が満たす微分方程式**

関数の族 $\tan(cx)$ が共通に満たす1階微分方程式を求めよ．

解答 $y = \tan(cx)$ を x で微分すると

$$\frac{dy}{dx} = \frac{c}{\cos^2(cx)} = c(1+y^2).$$

これから

$$c = \frac{1}{1+y^2}\frac{dy}{dx}$$

を得るので，最初の式に代入すれば

$$y = \tan\left(\frac{x}{1+y^2}\frac{dy}{dx}\right).$$

別解として，与えられた式をパラメータについて

$$c = \frac{1}{x}\operatorname{Arctan} y$$

と解き，両辺を x で微分すれば，

$$0 = -\frac{1}{x^2}\operatorname{Arctan} y + \frac{1}{x}\frac{y'}{1+y^2} \qquad \therefore \quad y' = \frac{1}{x}(1+y^2)\operatorname{Arctan} y.$$ ■

問題

1.3.1 パラメータ c を含む次のような関数の族が共通に満たす1階微分方程式を導け．

(1) ce^{x^2}　(2) $\sin(x+c)$　(3) e^{cx}　(4) $\dfrac{x}{x^2+c}$　(5) $\dfrac{x^2+c}{cx+1}$

1.3　微分方程式の導出

要項 1.6　1 階の微分方程式は，接線や法線を含んだある幾何学的性質を数式化するときに得られる．曲線上の点 (x, y) における接線の方程式は，接線上を動く点の座標を (X, Y) で表すとき

$$Y - y = \frac{dy}{dx}(X - x). \tag{1.5}$$

同様に，同じ点における法線の方程式は

$$Y - y = -\left(\frac{dy}{dx}\right)^{-1}(X - x). \tag{1.6}$$

例題 1.4 その 1　　**微分方程式の導出**

曲線上の各点において接線と法線と x 軸で囲まれた 3 角形を考える．この面積が点によらず一定値 S となるような曲線はどのような微分方程式を満たすか？

解答　求める曲線上の点 (x, y) における接線 (1.5) および法線 (1.6) が x 軸と交わる点は，それぞれ $Y = 0$ と置き X について解けば得られ，

$$x - y\left(\frac{dy}{dx}\right)^{-1}, \qquad x + y\frac{dy}{dx}.$$

問題の 3 角形は，底辺の長さがこの差，高さが y なので，条件を式で書くと

$$y^2\left\{\frac{dy}{dx} + \left(\frac{dy}{dx}\right)^{-1}\right\} = 2S.$$

厳密には，最後の括弧 { } 全体を絶対値で囲むべきである . ■

例題 1.4 その 2　　**曲線族の直交族**

c をパラメータとする曲線族 $y^2 = cx$ のすべてと直交するような曲線が満たす微分方程式を求めよ．

解答　c を一つ決めたとき，曲線 $y^2 = cx$ 上の点 (x, y) における接線の傾きは

$$2y\frac{dy}{dx} = c, \quad (y^2 = cx) \quad \text{より} \quad \frac{dy}{dx} = \frac{c}{2y} = \frac{y}{2x}.$$

高校で習った直交条件により，求める方程式は，ここで $\dfrac{dy}{dx}$ を $-\left(\dfrac{dy}{dx}\right)^{-1}$ に置き換えれば得られ，$\dfrac{dy}{dx} = -\dfrac{2x}{y}$ あるいは $yy' + 2x = 0$ となる．ていねいに説明すると，求める曲線を $y = f(x)$ とするとき，これが点 (x, y) でもとの曲線と直交することから，

$$f'(x) = -\left(\frac{dy}{dx}\right)^{-1} = -\frac{2x}{y}$$

これに $y = f(x)$ を代入して，$f'(x) = -\dfrac{2x}{f(x)}$，あるいは $f(x)f'(x) + 2x = 0$．ここで $f(x)$ を再び y と書けば，最初に述べた方程式が得られる．なお，次章の変数分離形の解法によれば，これは $\dfrac{y^2}{2} + x^2 = c$ という楕円の族を与える． ■

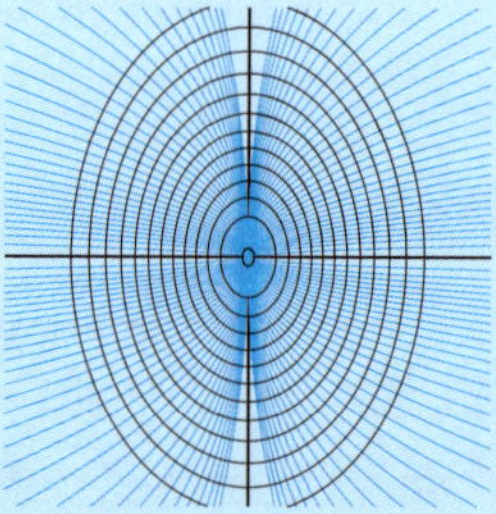

例題 1.4 その 2 の二つの直交曲線族の図

問　題

1.4.1 接線の傾きが直線 $y = x$ からの距離に等しいような曲線が満たす微分方程式を求めよ．

1.4.2 曲線の法線が常に原点を通るようなものは，どんな微分方程式を満たすか？

1.4.3 曲線の法線が常に原点を中心とする半径 1 の円に接するようなものは，どんな微分方程式を満たすか？

1.4.4 接線が第 1 象限により切り取られる線分の長さが一定であるような曲線はどんな微分方程式を満たすか？

1.4.5 定点 $(1,0)$, $(0,1)$ から接線までの距離の積が一定であるような曲線が満たす微分方程式を求めよ．

1.4.6 原点から発する第 1 象限の曲線 $y = f(x)$ において，原点からその上の点 (x,y) までの弧の長さと，この弧の下の第 1 象限部分の面積が一定の比 a を持つとき，f が満たす微分方程式を求めよ．

1.4.7 c をパラメータとする次の曲線族のすべてと直交するような曲線族が満たす微分方程式を求めよ．ただし，a, b は与えられた定数とする．

(1) $y = cx^3$　(2) $y = cx - c^3$　(3) $y = (x-c)^2$　(4) $y = x^c$

(5) $\dfrac{x^2}{a^2} + \dfrac{y^2}{b^2} = c$　(6) $\dfrac{x^2}{a^2} + \dfrac{y^2}{c^2} = 1$　(7) $(x-c)^2 + y^2 = a^2$

(8) $x^3 + y^3 = c^3$　(9) $(2c - x)y^2 = x^3$　(10) $x(x^2+y^2) = c(x^2 - y^2)$

(11) $(x^2+y^2)^2 = c^2(x^2 - y^2)$　(12) $r = c(1 + \cos\theta)$　（極座標）

2　1階微分方程式の求積法

2.1 変数分離形

要項 2.1　x を独立変数，y をその（未知の）関数とするとき，$\dfrac{dy}{dx} = f(x)g(y)$ の形の微分方程式を**変数分離形**と呼ぶ．割り算により，左辺と右辺に x だけの関数と y だけの関数を分離できることからこの呼び名がある．解法は変数を分離しておいて（不定）積分すればよい：

$$\int f(x)dx = \int \frac{dy}{g(y)} + C.$$

例題 2.1 その 1　　　　　　　　　　　　　　　　　　　　**変数分離形**

次の微分方程式を解け．

$$\frac{dy}{dx} = xy$$

解答　変数を分離すると

$$xdx = \frac{dy}{y}.$$

積分すると

$$\int xdx = \int \frac{dy}{y} + C,$$

すなわち，

$$\frac{x^2}{2} = \log y + C.$$

未知関数 y につき解くと

$$y = e^{x^2/2-C} = e^{-C}e^{x^2/2}.$$

ここで C はもともと任意の定数なのだから，$c = e^{-C}$ もやはり任意の定数，従って

$$y = ce^{x^2/2}$$

と，よりすっきりした形に書き直せる．■

[1]　1. e^{-C} は決して 0 にならないから，このように置き換えた c は任意でなく $c \neq 0$ と

[1] この記号は“注意”を意味する．単なる注である脚注と異なり，解答に対する重要な解説などを含んでいることもあるので，小活字ではあるが本文の続きと思って読んで頂きたい．

いう条件が付くのでは？と思う人が居るかもしれないが，実は $c=0$ のときの $y=0$ ももとの方程式の立派な解の一つである．最初の表現でこれが含まれていないのは，求積する際に両辺を y で割り算したときにこの解が脱落してしまったからで，高校の数学なら $y\neq 0$ の場合と $y=0$ の場合を別々にやるべきところだが，ここのように任意定数の入れ方を工夫すれば後で拾える場合は，求積法の計算としては気にしないのが普通である．（実は最初の任意定数 e^{-C} でも $C\to\infty$ とすれば解 $y=0$ が得られる.）方程式によってはこのような場合分けにより一般解に含まれない特異解が見つかることがあるが，この種の解は 2.5 節で本格的に扱うまでは気にしなくてよい．

2. 上の解答では，書き換えた任意定数に別の記号を用い，それらの関係も明らかにしているが，普通はどうせ任意定数なので，書き換えられた方にも同じ記号 C を使ってしまうことが多い．本書でも以下そうすることがあるので了解されたい．

3. 途中の計算で $\log y$ のところは $\log|y|$ とすべきではないかと思う人が居るかもしれないが，伝統的な求積法は複素領域で行うので，$\log(-y)=\log y+\pi i$ は $\log y$ と任意定数の差しかないと思って，対数の中身の絶対値を省略することが多い．ここでは最後の答に対数がなくなるので，y の符号の差は実際に任意定数の符号に吸収され，c は負の値もとる．

例題 2.1 その 2　**不定積分が求まらない場合**

次の微分方程式を解け．

$$\frac{dy}{dx}=\frac{y^2}{\log x}$$

解答　変数を分離すると

$$\frac{dx}{\log x}=\frac{dy}{y^2}.$$

積分すると

$$\int\frac{dx}{\log x}=-\frac{1}{y}+C.$$

よって

$$y=\left(C-\int\frac{dx}{\log x}\right)^{-1}.$$ ■

1. 右辺の不定積分は初等関数では表せないが，求積法では，これで解は求まったとする．なお，この問題は与えられた方程式の表現から実世界では $x>0$ に限られていると思ってもよいが，求積法ではそこまで気にしないのが普通である．

2. この方程式は $y=0$ という特殊解を持つが，これは上の一般解の表現では $C=\infty$ に対応する．任意定数が無限大というのは納得できない，という人には，上とは別の一般解の表現

$$y=\frac{c}{1-c\int\frac{dx}{\log x}}$$

を見てもらおう．今度は $c=0$ と置けば，解 $y=0$ が得られるが，逆に解 $y=\left(-\int \frac{dx}{\log x}\right)^{-1}$ は $c=\infty$ としないと得られなくなった．このように，任意定数 c は，数直線ではなく，無限遠を付け加えた円周（複素領域で考えるとリーマン球面）を動くと考えるのがより妥当なのである．

例題 2.1 その 3 ―――― **解が陰関数となる場合**

次の微分方程式を解け．

$$\frac{dy}{dx}=\frac{x}{\log y}$$

解答　変数を分離すると

$$xdx=\log y\,dy.$$

積分すると

$$\int xdx=\int \log y\,dy+C.$$

すなわち，

$$\frac{x^2}{2}=y\log y-y+C. \quad \blacksquare$$

今回はここから y について解くのは不可能なので，これで解が求まったとする．y は x の陰関数であるが，これで求積できたというのである．この場合は，y の方を独立変数とみなせば x について解くことはできるが，最も一般にはそれも不可能で，一般解は $F(x,y)=C$ の形となる．このグラフが**解曲線**に相当する．

問　題

2.1.1　変数分離された次の微分方程式を求積せよ．

(1) $\dfrac{dx}{x}=\dfrac{dy}{y}$　(2) $\dfrac{dx}{x\log x}=\dfrac{dy}{1+y^2}$　(3) $\dfrac{dx}{\sqrt{1-x^2}}=\dfrac{dy}{\sin y}$

2.1.2　次の微分方程式を解け．

(1) $\dfrac{dy}{dx}=\sin y$　(2) $\dfrac{dy}{dx}=xe^y$　(3) $\dfrac{dy}{dx}=1+y^2$

(4) $\dfrac{dy}{dx}=\sin x\sin y$　(5) $e^y\dfrac{dy}{dx}=\dfrac{x}{y+1}$　(6) $x\dfrac{dy}{dx}=1+y^2$

(7) $xy(1+x^2)\dfrac{dy}{dx}=1+y^2$　(8) $(1+y^2)+x^2y\dfrac{dy}{dx}=0$

(9) $x\sqrt{1-y^2}+y\sqrt{1-x^2}\dfrac{dy}{dx}=0$　(10) $\dfrac{4+y^2}{\sqrt{2x-x^2}}+2x\dfrac{dy}{dx}=0$

(11) $y'\sin x=y\log y$　(12) $y'=e^{x+y}$　(13) $y'=xe^{x^2+y}$

(14) $(1+e^x)yy'=e^x$　(15) $xy'+1=e^y$

2.1.3　第 1 章の問題 1.4.1 ～ 1.4.7 で導いた微分方程式のうち，変数分離形になるものを選んで解き，求められた曲線を決めよ．

2.2 同 次 形

以下，変数の簡単な置換で変数分離形に帰着できる方程式のクラスをいくつか示す．

要項 2.2

$$\frac{dy}{dx} = f\left(\frac{y}{x}\right) \tag{2.1}$$

の形の方程式を**同次形**と呼ぶ．これは，

$$z = \frac{y}{x}, \qquad \text{すなわち} \qquad y = xz$$

で新しい未知関数を導入すれば

$$\frac{dy}{dx} = z + x\frac{dz}{dx}$$

となるので，もとの方程式は

$$z + x\frac{dz}{dx} = f(z), \qquad \text{すなわち} \qquad \frac{dz}{f(z) - z} = \frac{dx}{x}$$

と変数分離される．これから z を求めれば，もとの未知関数も $y = xz$ から求まる．

より一般に

$$\frac{dy}{dx} = f\left(\frac{a_1x + b_1y}{a_2x + b_2y}\right)$$

の形のものは，f の括弧内の分母・分子を x で割り算し

$$\frac{dy}{dx} = f\left(\frac{a_1 + b_1\frac{y}{x}}{a_2 + b_2\frac{y}{x}}\right)$$

と変形すれば，同次形になる．分母・分子が x, y の 2 次以上の同じ次数の同次多項式の場合も同様に変形して同次形にできる．

例題 2.2 　　　　同次形

次の微分方程式を解け．

$$\frac{dy}{dx} = \frac{y}{x} - \frac{x}{y}$$

解答 そのまま右辺を通分すると変数分離形にはならないが，$\dfrac{y}{x} = z$ と置くと

$$z + x\frac{dz}{dx} = z - \frac{1}{z}, \qquad \text{すなわち} \qquad zdz = -\frac{dx}{x}$$

と変数分離され，積分して

$$\frac{z^2}{2} = -\log x + C, \qquad \therefore \quad z = \pm\sqrt{c - 2\log x}$$

ここで $c = 2C$ と任意定数を書き換えた．よって，変数をもとに戻して

$$y = \pm x\sqrt{c - 2\log x}$$

あるいは，陰関数の形で

$$x^2 e^{y^2/x^2} = c$$

などを一般解としてもよい．(前者の表現をそのままグラフ描画などの実用に使う場合は，虚数の扱いを避けるため log の中味に絶対値を付けた方がよい．) ■

同次形の微分方程式 (2.1) の解曲線は，原点を通る直線 $y = kx$ 上で，一斉に同じ傾き $f(k)$ を持つという特徴がある．

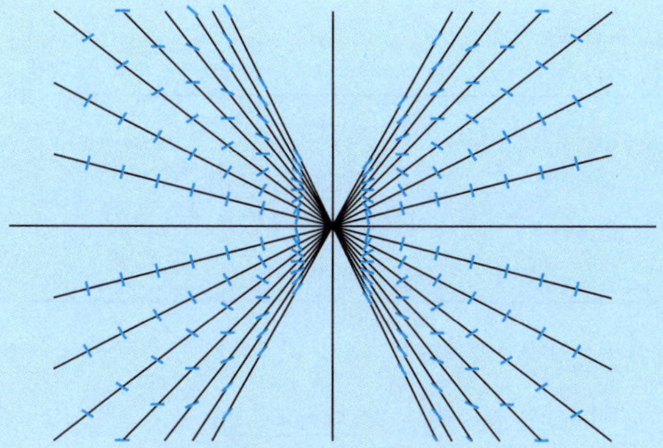

例題 2.2 の微分方程式の勾配場

問 題

2.2.1 次の微分方程式を求積せよ．

(1) $(x-y)\dfrac{dy}{dx} = x + y$ (2) $(x-y)\dfrac{dy}{dx} = y$ (3) $y\dfrac{dy}{dx} = x + y$

(4) $\dfrac{dy}{dx} = \dfrac{y}{x} + \dfrac{x}{y}$ (5) $\dfrac{dy}{dx} = \dfrac{xy - y^2}{x^2 + y^2}$ (6) $x^3\dfrac{dy}{dx} = x^2 y + y^3$

(7) $(y^2 - 3x^2) + 2xy\dfrac{dy}{dx} = 0$ (8) $xy\dfrac{dy}{dx} = x^2 - 2y^2$

(9) $x\dfrac{dy}{dx} = y + xe^{y/x}$ (10) $x\dfrac{dy}{dx} = y\log\dfrac{y}{x}$

(11) $xy - 2y^2 + (x^2 - xy + y^2)y' = 0$ (12) $(2\sqrt{xy} - x)y' + y = 0$

(13) $x^3 - 3xy^2 + (y^3 - 3x^2 y)y' = 0$ (14) $xy' = y + \sqrt{y^2 - x^2}$

2.2.2 第 1 章の問題 1.4.1 ～ 1.4.7 で導いた微分方程式のうち，変数分離形ではないが同次形になるものを選んで解き，求められた曲線を決めよ．

要項 2.3

$$\frac{dy}{dx} = f\left(\frac{a_1x + b_1y + c_1}{a_2x + b_2y + c_2}\right) \tag{2.2}$$

の形のものは，連立 1 次方程式

$$a_1x + b_1y + c_1 = 0, \qquad a_2x + b_2y + c_2 = 0 \tag{2.3}$$

に解 x_0, y_0 が有るとき，

$$\frac{dy}{dx} = f\left(\frac{a_1(x - x_0) + b_1(y - y_0)}{a_2(x - x_0) + b_2(y - y_0)}\right)$$

と変形できて，$X = x - x_0, Y = y - y_0$ を x, y の代わりに使えば

$$\frac{dY}{dX} = f\left(\frac{a_1X + b_1Y}{a_2X + b_2Y}\right)$$

となり，同次形に帰着する．

例題 2.3 **同次形の一般化**

次の微分方程式を解け．

$$x - 2y + 5 + (2x - y + 4)\frac{dy}{dx} = 0$$

解答　与えられた方程式を

$$\frac{dy}{dx} = -\frac{x - 2y + 5}{2x - y + 4}$$

と書き直す．連立 1 次方程式 $x - 2y + 5 = 0$, $2x - y + 4 = 0$ の解は $x = -1$, $y = 2$, よって $X = x + 1$, $Y = y - 2$ と変数変換すれば，

$$\frac{dy}{dx} = \frac{dY}{dX} = -\frac{X - 2Y}{2X - Y}$$

と通常の同次形に書き直される．ここで更に $\dfrac{Y}{X} = z$ と置けば

$$z + X\frac{dz}{dX} = -\frac{1 - 2z}{2 - z},$$

従って

$$X\frac{dz}{dX} = -\frac{z^2 - 1}{z - 2}, \qquad \frac{dX}{X} = -\frac{z - 2}{z^2 - 1}dz$$

と変数分離される．両辺を積分して

$$\log X = -\int \frac{z-2}{z^2-1}dz = -\int \frac{1}{2}\Big(-\frac{1}{z-1}+\frac{3}{z+1}\Big)dz = \frac{1}{2}\log\frac{z-1}{(z+1)^3}+C.$$

これより，$z=\dfrac{Y}{X}$ と置き戻して

$$\log X^2\frac{\left(\frac{Y}{X}+1\right)^3}{\frac{Y}{X}-1}=2C, \quad \log\frac{(X+Y)^3}{X-Y}=C'.$$

（分母の符号を最後に変えたのは，任意定数に繰り込めるからだが，実の世界では積分で log が出てくるときに，その中身に絶対値をつけておいた方が便利かもしれない.）更に，$X=x+1$, $Y=y-2$ と置き戻して，log を取り去れば，

$$\frac{(x+y-1)^3}{x-y+3}=c$$

が一般解となる. ■

1. この形の方程式の解曲線は，2 直線 (2.3) の交点 (x_0, y_0) を通る直線に沿って傾きが一定となる. 実際，この点を通る直線の一般形は $\dfrac{a_1x+b_1y+c_1}{a_2x+b_2y+c_2}=k$ であった.
2. 連立 1 次方程式 (2.3) が解を持たないときは，a_1x+b_1y と a_2x+b_2y が比例しているということなので，$z=a_1x+b_1y$, あるいは $z=a_1x+b_1y+c_1$ という置換で (2.2) の右辺は z のみの関数となり，また，$\dfrac{dz}{dx}=a_1+b_1\dfrac{dy}{dx}$ となるので，(2.2) は変数分離形

$$\frac{dz}{dx}=a_1+b_1f\Big(\frac{z+c_1}{z+c_2}\Big), \quad \text{あるいは} \quad \frac{dz}{dx}=a_1+b_1f\Big(\frac{z}{z-c_1+c_2}\Big)$$

に帰着する.

問 題

2.3.1 次の微分方程式を求積せよ.

(1) $\dfrac{dy}{dx}=\dfrac{x+y+1}{x-y-1}$

(2) $\dfrac{dy}{dx}=\dfrac{x+y+2}{x+2y+1}$

(3) $\dfrac{dy}{dx}=\dfrac{x+2y-1}{2x+y-2}$

(4) $x+y+1+(2x+2y-1)\dfrac{dy}{dx}=0$

(5) $2x-y+1+(2y-x-1)\dfrac{dy}{dx}=0$

(6) $x+y-2+(x-y+4)\dfrac{dy}{dx}=0$

(7) $\dfrac{dy}{dx}=\left(\dfrac{x+y+1}{x+y+2}\right)^2$

(8) $(x+y-2)^3+(x-y+4)^3\dfrac{dy}{dx}=0$

(9) $(y-2)^3-(2x-y-2)^3\dfrac{dy}{dx}=0$

2.3 1 階線形微分方程式

要項 2.4　未知関数とその導関数につき 1 次式となっているもの

$$\frac{dy}{dx} + P(x)y = Q(x) \tag{2.4}$$

を 1 階線形微分方程式と呼ぶ．次のような二つの解法がある：

★積分因子による方法[2)]　両辺に $e^{\int P dx}$ を掛けると，左辺は微分した形

$$\Big(\frac{dy}{dx} + P(x)y\Big)e^{\int P dx} = \frac{d}{dx}\big(ye^{\int P dx}\big)$$

となるので，そのまま両辺を積分でき，

$$ye^{\int P dx} = \int Q(x)e^{\int P dx}dx + C.$$

従って一般解は

$$y = e^{-\int P dx}\Big(\int Q(x)e^{\int P dx}dx + C\Big) = e^{-\int P dx}\int Q(x)e^{\int P dx}dx + Ce^{-\int P dx}.$$

原始関数 $\int P(x)dx$ は何でもよいから一つ決めて使う．何を使っても第 1 項は変わらず，第 2 項の任意定数が変化するだけである．

★定数変化法　まず右辺の**非斉次項** $Q(x)$ を 0 と置いた**斉次方程式**

$$\frac{dy}{dx} + P(x)y = 0 \tag{2.5}$$

を変数分離形として解くと，

$$\log y = \int \frac{dy}{y} = -\int P(x)dx + C, \qquad \therefore \quad y = ce^{-\int P dx}. \tag{2.6}$$

この c を x の関数と見て，もとの方程式に代入すると，

$$e^{-\int P dx}\frac{dc}{dx} + \big(-Pe^{-\int P dx} + Pe^{-\int P dx}\big)c = Q(x), \qquad \therefore \quad e^{-\int P dx}\frac{dc}{dx} = Q(x)$$

と c の導関数だけが残り，積分して

$$c = \int e^{\int P dx}Q(x)dx + C$$

と c が求まる．これを (2.6) に代入すれば，上と同じ答を得る．以上の議論から，(2.4) の一般解は，その一つの特殊解に，対応する斉次方程式 (2.5) の一般解を加えた形となっていることが分かる．

---

2) 積分因子の一般論は 2.4 節参照．

例題 2.4　　**1 階線形の積分因子法による積分**

次の 1 階線形微分方程式を積分因子の方法で求積せよ．

$$x\frac{dy}{dx}+(1-x)y=1$$

解答　まず $\dfrac{dy}{dx}$ の係数 x で両辺を割り

$$\frac{dy}{dx}+\frac{1-x}{x}y=\frac{1}{x} \tag{2.7}$$

の形にする．次いで

$$\int\frac{1-x}{x}dx=\log x-x \tag{2.8}$$

を計算して公式を適用すると

$$y=e^{x-\log x}\left(\int e^{\log x-x}\frac{1}{x}dx+C\right)=\frac{e^x}{x}\left(\int e^{-x}dx+C\right)$$
$$=\frac{e^x}{x}(-e^{-x}+C)=-\frac{1}{x}+C\frac{e^x}{x}.$$

ただし公式の丸暗記は怪我（けが）の本（もと）なので，次のように解法の原理を記憶しておき適用する方が間違いが少ない：方程式の両辺に (2.8) により求めた積分因子 $e^{\log x-x}=xe^{-x}$ を変形後の方程式 (2.7) の両辺に掛けると

$$(yxe^{-x})'=\frac{1}{x}\cdot xe^{-x}=e^{-x}$$

両辺を積分して

$$yxe^{-x}=-e^{-x}+C,\qquad \therefore\ y=-\frac{1}{x}+C\frac{e^x}{x}.$$ ■

結果的には，もとの方程式の両辺に e^{-x} を掛ければ $(xe^{-x}y)'=e^{-x}$ の形にできたことになる．にらんだだけで積分因子が求まる場合は，もちろん上のように公式的手順に従うには及ばない．

問　題

2.4.1　次の 1 階線形微分方程式を積分因子の方法で求積せよ．

(1) $y'+y=x^2$　(2) $y'+xy=x$　(3) $y'+x^2y=x^2$

(4) $y'+2xy=2xe^{-x^2}$　(5) $y'+y\cos x=\sin x\cos x$　(6) $xy'+y=\sin x$

(7) $x^2y'+y=1$

例題 2.5　**1 階線形の定数変化法による積分**

例題 2.4 の方程式を定数変化法で求積せよ．

解答　右辺の非斉次項を 0 と置いた方程式

$$x\frac{dy}{dx}+(1-x)y=0$$

を変数分離形として解くと

$$\frac{dy}{y}=\frac{x-1}{x}dx=\left(1-\frac{1}{x}\right)dx, \qquad \therefore \quad \log y=x-\log x+C.$$

従って $y=c\dfrac{e^x}{x}$. 次にこの c を x の関数と見て，もとの方程式に代入すると

$$c'x\frac{e^x}{x}+\underset{\sim\sim\sim\sim\sim\sim\sim\sim\sim\sim\sim\sim\sim\sim\sim\sim}{cx\left(\frac{e^x}{x}\right)'+c(1-x)\frac{e^x}{x}}=1$$

（波線部分は特殊解の選び方により，消えているはずだから，書かなくてもよい.）これより

$$c'=e^{-x}, \qquad \therefore \qquad c=-e^{-x}+C$$

（ここで最終的な任意定数を入れる.）よって一般解は

$$y=\frac{e^x}{x}(-e^{-x}+C)=-\frac{1}{x}+C\frac{e^x}{x}. \qquad ■$$

次のような折衷的解法もある：上で，斉次方程式を解いたところから，$xe^{-x}y=c$. 従って，この両辺を微分した $xe^{-x}y'+(1-x)e^{-x}=0$ と斉次方程式の比 e^{-x} が積分因子となるはずだから，これをもとの非斉次方程式の両辺に掛ければ

$$(xe^{-x}y)'=e^{-x}, \quad \text{すなわち} \quad xe^{-x}y=-e^{-x}+C.$$

これから一般解 $y=-\dfrac{1}{x}+C\dfrac{e^x}{x}$ を得る．

問　題

2.5.1　次の 1 階線形微分方程式を定数変化法を用いて求積せよ．

(1) $y'+y=x^3$　(2) $y'+x^3y=x^3$　(3) $xy'+2y=3x$

(4) $xy'+3y=x^2$　(5) $y'+e^xy=-3e^x$　(6) $x^2y'+xy=1$

(7) $y'+2xy=2xe^{-x^2}$　(8) $(1-x^2)y'+xy=1$　(9) $y'+xy=(x-1)e^{-x}$

(10) $xy'+y=\sin x$　(11) $(1+x^2)y'-2xy=(1+x^2)^2$

1 階線形に帰着できる方程式のクラスを二三挙げる．次は最も有名なものである：

要項 2.5

$$P(x)\frac{dy}{dx}+Q(x)y=R(x)y^n$$

の形の微分方程式を**ベルヌーイ型**と呼ぶ．(n は整数である必要は無い．) $n=0,1$ のときはそのままで 1 階線形だが，一般には y^n で両辺を割れば，

$$-\frac{P(x)}{n-1}\frac{d}{dx}\Big(\frac{1}{y^{n-1}}\Big)+Q(x)\Big(\frac{1}{y^{n-1}}\Big)=R(x)$$

と，$\dfrac{1}{y^{n-1}}$ を未知関数とする 1 階線形方程式に帰着される．

例題 2.6　　ベルヌーイ型

次の微分方程式を解け．

$$y'+y=xy^2$$

解答　両辺を y^2 で割ると

$$\frac{y'}{y^2}+\frac{1}{y}=x.$$

$z=\dfrac{1}{y}$ と置けば，これは z につき 1 階線形

$$-\frac{dz}{dx}+z=x$$

となる．両辺に e^{-x} を掛けると

$$-\frac{d}{dx}(e^{-x}z)=xe^{-x}, \qquad \therefore\quad -e^{-x}z=\int xe^{-x}dx=-xe^{-x}-e^{-x}+C.$$

よって一般解は $z=x+1+Ce^x$, あるいは $y=\dfrac{1}{x+1+Ce^x}$. ■

問　題

2.6.1　次の微分方程式をベルヌーイ型とみなして解け．

(1) $y'+xy=xy^3$　(2) $xy^2y'+y^3=x$　(3) $xy'+y=y^2\log x$

(4) $xy'=xy^2+y$　(5) $y'+2xy=2x^3y^3$　(6) $(1-x^2)y'-xy=2xy^2$

(7) $y^{n-1}(y'+y)=x$　(8) $xy'+2y=x\sqrt{y}$　(9) $y'=y(1-x^2-y^2)$

(10) $y^3+2(x^2-xy^2)\dfrac{dy}{dx}=0$　[x と y を入れ替えてみよ.]

次にややちゃちだが，一目で 1 階線形に持ち込める例をいろいろ掲げる．

例題 2.7 **1 階線形への変数変換**

次の微分方程式を求積せよ．

(1) $xy\dfrac{dy}{dx}+y^2=1$ (2) $(xy^2-1)\dfrac{dy}{dx}=1$

解答 (1) y^2 を缶詰に入れて

$$\frac{x}{2}\frac{d(y^2)}{dx}+(y^2)=1$$

と見れば，y^2 につき 1 階線形である．両辺に $2x$ を掛けると

$$x^2\frac{d(y^2)}{dx}+2x(y^2)=2x, \qquad \therefore\ \frac{d}{dx}(x^2y^2)=2x,\quad x^2y^2=x^2+C.$$

よって一般解は $y=\pm\sqrt{1+\dfrac{C}{x^2}}$. なお，これは y で割り算するとベルヌーイ型になり，その解法を適用すると結局上の置き換えに帰着する．

(2) 与方程式を

$$\frac{dx}{dy}-y^2x=-1 \tag{2.9}$$

と変形してみると，y を独立変数，x を未知の従属変数とする 1 階線形微分方程式になっている．両辺に $e^{-y^3/3}$ を掛けると

$$\frac{d}{dy}(xe^{-y^3/3})=-e^{-y^3/3}$$

となり，両辺を y で積分して

$$x=-e^{y^3/3}\Bigl(\int e^{-y^3/3}dy+C\Bigr)$$

と求積できた． ■

変数分離形では x と y を同等に扱っていたのに，1 階線形を沢山練習すると，両者の役割の差が頭に固定されるようになる．たまにはそれをリフレッシュしよう．

問 題

2.7.1 次の微分方程式を 1 階線形に帰着して解け．

(1) $xe^y\dfrac{dy}{dx}+e^y=x$ (2) $1+(x+y^2)\dfrac{dy}{dx}=0$

(3) $(y^2-6x)\dfrac{dy}{dx}+2y=0$ (4) $2x+(x^2-y^2)\dfrac{dy}{dx}=0$

(5) $2x+(x^2+y^2+2y)y'=0$ (6) $xy'+1=e^y$

(7) $y'\cos y+\sin y=x+1$ (8) $y'+\sin y+x\cos y+x=0$

2.4　完全微分形

要項 2.6

$$P(x,y) + Q(x,y)\frac{dy}{dx} = 0 \tag{2.10}$$

において，ある関数 $F(x,y)$ により

$$P(x,y) = \frac{\partial F(x,y)}{\partial x}, \qquad Q(x,y) = \frac{\partial F(x,y)}{\partial y} \tag{2.11}$$

の形となっているものを，**完全微分形**と呼ぶ．これは形式的に

$$F(x,y) = C$$

と積分できる．$F(x,y)$ は方程式 (2.10) の左辺の（第一）**積分**と呼ばれる．(2.11) が成り立つための必要条件は

$$\frac{\partial P(x,y)}{\partial y} = \frac{\partial Q(x,y)}{\partial x} \tag{2.12}$$

であるが，逆にこの条件が成り立てば，線積分

$$F(x,y) = \int_C (P(x,y)dx + Q(x,y)dy)$$

により，局所的に積分 $F(x,y)$ が確定する．ここに C は定点 (x_0, y_0) と (x,y) を結ぶ任意の積分路であり，条件 (2.12) からこの値が積分路の選び方に依らないことがグリーンの定理で保証され（[2], 9.2 節），特に図のような特別な積分路による表現

$$F(x,y) = \int_0^x P(t,0)dt + \int_0^y Q(x,t)dt,$$

$$F(x,y) = \int_0^y P(0,t)dt + \int_0^x Q(t,y)dt$$

から，それぞれ (2.11) の第 2，第 1 の式が出る．

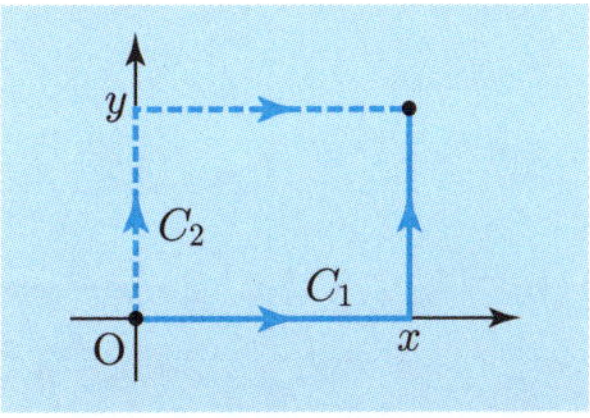

例題 2.8 その 1　**完全微分形の積分**

次の微分方程式は完全微分形か調べ，そうならば求積せよ．

$$2xy\frac{dy}{dx} + y^2 = x$$

解答　方程式を $y^2 - x + 2xy\dfrac{dy}{dx} = 0$ と見て，$P(x,y) = y^2 - x$，$Q(x,y) = 2xy$ と置けば，

$$\frac{\partial P(x,y)}{\partial y} = 2y = \frac{\partial Q(x,y)}{\partial x}$$

が成り立っているので，完全微分形である．$F(x,y)$ を求めるには，例えば原点からまず x 軸に沿って x まで進み，次に縦線に沿って高さ y まで上がる積分路を選べば，

$$F(x,y) = \int_0^x P(t,0)dt + \int_0^y Q(x,t)dt = \int_0^x -tdt + \int_0^y 2xtdt = -\frac{x^2}{2} + xy^2.$$

よって一般解は $-\dfrac{x^2}{2} + xy^2 = C$, あるいは $x^2 - 2xy^2 = c$. ■

1. 慣れて来たら，積分変数 t を導入せずに

$$F(x,y) = \int_0^x (-x)dx + \int_0^y 2xydy = -\frac{x^2}{2} + xy^2$$

としてもよいだろう．いずれにしても，最後の積分では x は積分変数については定数として扱わねばならないことに注意．

2. 積分路としては，上記の他，先に y 軸に沿って高さ y まで上ってから右に進んでも計算の手間はほとんど同じである：

$$F(x,y) = \int_0^y 0dy + \int_0^x (y^2 - x)dx = xy^2 - \frac{x^2}{2}.$$

また，積分の始点を原点に取ったが，始点の変更は一般解の任意定数を変更するだけなので，どこでもよい．ただし，定義域に含まれている点をとる必要がある．

3. この問題では右辺が x のみの関数で，積分できることは自明なので，左辺だけを完全微分形とみなして $F(x,y) = xy^2$ を求め，

$$\frac{d}{dx}(xy^2) = x$$

の両辺を x で積分して $xy^2 = \dfrac{x^2}{2} + C$ と答を出してもよい．

例題 2.8 その 2 —— **完全微分形の項別積分**

次の微分方程式は完全微分形か調べ，そうならば求積せよ．

$$x^3 + 3x^2y^3 + (y^3 + 3x^3y^2)\frac{dy}{dx} = 0$$

解答 前問と同様，基本的手順に従って解いてもよいが，ここでは別解法を示す．まず，

$$x^3 + y^3\frac{dy}{dx}, \qquad 3x^2y^3 + 3x^3y^2\frac{dy}{dx}$$

のそれぞれが完全微分形で，それぞれの積分が $F(x,y)$, $G(x,y)$ と求まったら，もと

の方程式の積分は明らかに $F(x,y)+G(x,y)$ でよい．前者については，より一般に

$$f(x)+g(y)\frac{dy}{dx} \tag{2.13}$$

の形のものが完全微分形となる．実際，1 変数関数としての f, g の原始関数を F, G とすれば，$F(x)+G(y)$ が明らかに全体の積分を与える．(前例題で x のみの関数を別途積分する別解法を示したのは，この $g(y)\equiv 0$ という特別な場合とみなせる.) 後者については，一般に m,n を任意の実数として，

$$mx^{m-1}y^n+nx^my^{n-1}\frac{dy}{dx} \tag{2.14}$$

という表式が積分 x^my^n を持つことが目の子で分かり，上はその $m=n=3$ の場合の例となっている．以上を総合すれば，与えられた微分方程式は完全積分可能で，一般解は，一つ目の積分と二つ目の積分を加えて得られる

$$\frac{x^4}{4}+\frac{y^4}{4}+x^3y^3=C$$

で与えられる．微分方程式の解としては $x^4+y^4+4x^3y^3=c$ でもよい．■

1. より一般に，完全積分可能な二つの方程式の 1 次結合も完全積分可能で，積分はそれぞれの積分の 1 次結合となる．
2. 完全積分可能な他の一般形の例として，

$$af(ax+by)+bf(ax+by)\frac{dy}{dx}=0 \tag{2.15}$$

がある．この左辺の積分は，f の原始関数を F とすれば $F(ax+by)$ となる．

問　題

2.8.1　次の微分方程式は完全微分形であることを確かめ，求積せよ．

(1) $x+y+(x-y)\dfrac{dy}{dx}=0$　　(2) $3x^2+6xy^2+(6x^2y+4y^3)\dfrac{dy}{dx}=0$

(3) $\dfrac{1}{x}\dfrac{dy}{dx}-\dfrac{y}{x^2}=0$　　(4) $\dfrac{x}{\sqrt{x^2+y^2}}+\dfrac{y}{\sqrt{x^2+y^2}}\dfrac{dy}{dx}=0$

(5) $\dfrac{x}{\sqrt{x^2+y^2}}-\dfrac{y}{x^2}+\left(\dfrac{y}{\sqrt{x^2+y^2}}+\dfrac{1}{x}\right)\dfrac{dy}{dx}=0$

(6) $x+y\dfrac{dy}{dx}=0$　　(7) $5x^4+y+(x+7y^6)\dfrac{dy}{dx}=0$

(8) $\cos(x+y)\left(1+\dfrac{dy}{dx}\right)=1$　　(9) $y^2-3x^2+2xy\dfrac{dy}{dx}=0$

(10) $x^3-xy^2+(y^5-x^2y)\dfrac{dy}{dx}=0$

要項 2.7　（積分因子） 微分方程式 (2.10) がそのままでは完全微分形の条件 (2.12) を満たしていなくても，適当な関数 $\mu(x,y)$ を両辺に掛けると完全微分形になることがある．このような μ を**積分因子**と呼ぶ．その条件は

$$\frac{\partial\{P(x,y)\mu(x,y)\}}{\partial y}=\frac{\partial\{Q(x,y)\mu(x,y)\}}{\partial x}. \tag{2.16}$$

一般にはこの関係式から μ を求めるのは，もとの方程式を解くより難しいが，特別な形の積分因子が存在するときには，解法の手段となる．例えば，1変数 x だけの積分因子 $\mu(x)$ が存在する条件は，

$$\mu(x)\frac{\partial P(x,y)}{\partial y}=\mu(x)\frac{\partial Q(x,y)}{\partial x}+Q(x,y)\mu'(x).$$

従って

$$\frac{\mu'(x)}{\mu(x)}=\frac{\dfrac{\partial P(x,y)}{\partial y}-\dfrac{\partial Q(x,y)}{\partial x}}{Q(x,y)} \tag{2.17}$$

の右辺が x のみの関数となればよい．1階線形方程式の積分因子はこの特別な場合である．

例題 2.9　　**1変数の積分因子**

(i) 次の微分方程式の中から，x のみの関数で積分因子が求まるものを探し出し，それらを解け．

(1) $(x+1)y+y^3+(x+3y^2)\dfrac{dy}{dx}=0$　　(2) $x^2e^y+1+(x^3e^y+2x)\dfrac{dy}{dx}=0$

(ii) y のみの関数 $\mu(y)$ が積分因子となる条件を示せ．

(iii) 上の微分方程式の中から，y のみの関数で積分因子が求まるものを探し出し，それらを解け．

解答　(i) (1) 方程式の係数を (2.17) に代入すると

$$\frac{\mu'(x)}{\mu(x)}=\frac{\dfrac{\partial P(x,y)}{\partial y}-\dfrac{\partial Q(x,y)}{\partial x}}{Q(x,y)}=\frac{(x+1+3y^2)-1}{x+3y^2}=1$$

より，$\mu=e^x$（積分因子は一つ求めればよい）．これを両辺に掛け，完全微分形の解法を適用すると，

$$\frac{d}{dx}\{(xy+y^3)e^x\}=0,\qquad よって\qquad (xy+y^3)e^x=C$$

(2) 同様に，

$$\frac{\mu'(x)}{\mu(x)} = \frac{\dfrac{\partial P(x,y)}{\partial y} - \dfrac{\partial Q(x,y)}{\partial x}}{Q(x,y)} = \frac{x^2e^y - 3x^2e^y - 2}{x^3e^y + 2x} = -\frac{2}{x}\frac{x^2e^y+1}{x^2e^y+2}$$

なので，x のみの関数にはならず，このような $\mu(x)$ は求まらない．

(ii) (2.16) において $\mu(x,y) = \mu(y)$ とすると，

$$\mu'(y)P(x,y) + \mu(y)\frac{\partial P(x,y)}{\partial y} = \mu(y)\frac{\partial Q(x,y)}{\partial x}$$

$$\therefore \quad \frac{\mu'(y)}{\mu(y)} = -\frac{\dfrac{\partial P(x,y)}{\partial y} - \dfrac{\partial Q(x,y)}{\partial x}}{P(x,y)} \tag{2.18}$$

よってこの右辺が y のみの関数となることが必要十分である．この分子は (2.17) と共通なので，それだけ計算すれば，x のみ，あるいは y のみの積分因子が存在するかどうかを同時に確認できる．

(iii) (2) をやり直してみると，

$$\frac{\mu'(y)}{\mu(y)} = -\frac{\dfrac{\partial P(x,y)}{\partial y} - \dfrac{\partial Q(x,y)}{\partial x}}{P(x,y)} = \frac{2x^2e^y+2}{x^2e^y+1} = 2$$

より，$\mu(y) = e^{2y}$ と求まる．これを両辺に掛けて完全微分形として解くと，

$$\frac{d}{dx}\left\{\frac{1}{3}x^3e^{3y} + xe^{2y}\right\} = 0, \quad \text{よって} \quad \frac{1}{3}x^3e^{3y} + xe^{2y} = C.$$

ちなみに，(1) の方は y のみの関数の積分因子は無いことも容易に分かる．■

問　題

2.9.1　次の微分方程式には x のみ，あるいは y のみの関数の積分因子が存在する．これらを完全微分形に変換し，求積せよ．

(1) $x^2 + y^2 + 2x + 2y\dfrac{dy}{dx} = 0$

(2) $xy^2 + y - x\dfrac{dy}{dx} = 0$

(3) $2xy^2 - y + (y^2 + x + y)\dfrac{dy}{dx} = 0$

(4) $1 - x^2y + x^2(y - x)\dfrac{dy}{dx} = 0$

(5) $2xy^3 + (x^2y^2 - 1)\dfrac{dy}{dx} = 0$

(6) $y^2 + (xy - 1)\dfrac{dy}{dx} = 0$

(7) $x^2 + y^2 + y + (2y + 1)\dfrac{dy}{dx} = 0$

(8) $3x^5y + (y^4 - x^6)\dfrac{dy}{dx} = 0$

(9) $(1 + x)x^4 + y(x^2 + y^2) - x(x^2 + y^2)\dfrac{dy}{dx} = 0$

(10) $\sin y - x + 1 + \cos y\dfrac{dy}{dx} = 0$

(11) $(x\cos y - y\sin y)\dfrac{dy}{dx} + x\sin y + y\cos y = 0$

これ以上複雑な形の積分因子を探すのはやや虚しい作業だが，少しだけ例を示す．

例題 2.10 ——— **特殊な形の積分因子**

(1) 微分方程式 (2.10) が $\mu(xy)$ の形の積分因子を持つための条件を求めよ．また，これを利用して次の微分方程式を求積せよ．

$$x^2y^3 + y + (x^3y^2 - x)\frac{dy}{dx} = 0$$

(2) 微分方程式 (2.10) が $\mu(x+y)$ の形の積分因子を持つための条件を求めよ．また，これを利用して次の微分方程式を求積せよ．

$$x^2 - xy + (y^2 - xy)\frac{dy}{dx} = 0$$

解答 (1)

$$\frac{\partial}{\partial y}\{\mu(xy)P(x,y)\} = \frac{\partial}{\partial x}\{\mu(xy)Q(x,y)\}$$

より，

$$\frac{\mu'(xy)}{\mu(xy)} = -\frac{\dfrac{\partial P(x,y)}{\partial y} - \dfrac{\partial Q(x,y)}{\partial x}}{xP(x,y) - yQ(x,y)} \tag{2.19}$$

の右辺が xy のみの関数となることが必要十分である．この分子は (2.17), (2.18) と共通なので，両方だめなときについでに調べることは割りと簡単にできる．問題の方程式については，

$$-\frac{\dfrac{\partial P(x,y)}{\partial y} - \dfrac{\partial Q(x,y)}{\partial x}}{xP(x,y) - yQ(x,y)} = -\frac{3x^2y^2 + 1 - (3x^2y^2 - 1)}{x^3y^3 + xy - (x^3y^3 - xy)} = -\frac{1}{xy}$$

よって $\dfrac{\mu'}{\mu} = -\dfrac{1}{t}$ より $\mu(t) = \dfrac{1}{t}$ と求まるから，$\dfrac{1}{xy}$ を方程式の両辺に掛けると

$$xy^2 + \frac{1}{x} + (x^2y - \frac{1}{y})\frac{dy}{dx} = 0, \qquad \therefore\ \frac{1}{2}x^2y^2 - \log\frac{y}{x} = C$$

と，ほぼ目の子で求積できる．

(2)

$$\frac{\partial}{\partial y}\{\mu(x+y)P(x,y)\} = \frac{\partial}{\partial x}\{\mu(x+y)Q(x,y)\}$$

より，

$$\frac{\mu'(x+y)}{\mu(x+y)} = -\frac{\dfrac{\partial P(x,y)}{\partial y} - \dfrac{\partial Q(x,y)}{\partial x}}{P(x,y) - Q(x,y)} \tag{2.20}$$

の右辺が $x+y$ のみの関数となることが必要十分である．この分子は (2.17), (2.18), (2.19) と共通なので，一緒に調べることができる．問題の方程式については，

$$-\frac{\dfrac{\partial P(x,y)}{\partial y}-\dfrac{\partial Q(x,y)}{\partial x}}{P(x,y)-Q(x,y)}=-\frac{-x+y}{(x^2-xy)-(y^2-xy)}=\frac{1}{x+y}$$

よって，$\dfrac{\mu'}{\mu}=\dfrac{1}{t}$ から $\mu(t)=t$．そこで，$\mu(x+y)=x+y$ を与えられた方程式の両辺に掛けると

$$x(x^2-y^2)-y(x^2-y^2)\frac{dy}{dx}=\frac{d}{dx}\left(\frac{1}{2}(x^2-y^2)^2\right)=0,\qquad \therefore\ (x^2-y^2)^2=C$$

と求積できた．■

1 階の微分方程式は必ず積分因子を持つ．実際，理論的に存在が保証されている一般解を $F(x,y)=C$ とすれば，

$$\frac{\partial F}{\partial x}+\frac{\partial F}{\partial y}\frac{dy}{dx}=0$$

ともとの方程式の比を取って

$$\mu(x,y)=\frac{1}{P(x,y)}\frac{\partial F}{\partial x}=\frac{1}{Q(x,y)}\frac{\partial F}{\partial y}$$

が積分因子となるはずである．これは "にわとりたまご" で，解を求める役には立たない．しかし，独立変数が 2 個以上になると，理論的にも積分因子は存在すると限らなくなるので，それなりの意味はある．例えば，変数が 3 個のときは，

$$P(x,y,z)dx+Q(x,y,z)dy+R(x,y,z)dz=0$$

の左辺が

$$\frac{\partial F}{\partial x}dx+\frac{\partial F}{\partial y}dy+\frac{\partial F}{\partial z}dz=dF(x,y,z)$$

の形となるものを完全微分形と呼ぶ．この一般解は曲面族 $F(x,y,z)=C$ であるが，一般にはもとの方程式に何を掛けてもこの形になるとは限らないのである．

問　題

2.10.1　次の微分方程式は，$\mu(xy)$ あるいは $\mu(x+y)$ の形をした積分因子を持つ．これらを求積せよ．

(1) $2x^3y^2-y+(2x^2y^3-x)\dfrac{dy}{dx}=0$

(2) $xy^2+(x^2y-x)\dfrac{dy}{dx}=0$

(3) $x^2+x^2y+2xy-y^2-y^3+(y^2+xy^2+2xy-x^2-x^3)\dfrac{dy}{dx}=0$

2.5 微分求積法

そのままでは求積できないが，$p = \dfrac{dy}{dx}$ を独立変数とみなし，従属変数 x について解こうとすると解が求まるものがある．このような変数変換は，**接触変換**と呼ばれる．独立変数 p の方程式を導くのに両辺を x で微分するので，この解法は**微分求積法**と呼ばれる．この解法が適用できる重要な例として**クレロー型**の微分方程式

$$y = x\frac{dy}{dx} + f\Big(\frac{dy}{dx}\Big)$$

がある．これは直線族 $y = cx + f(c)$ を一般解，その包絡線を**特異解**（下の例題の解答参照）として持つ．

例題 2.11 **クレロー型**

次の微分方程式のすべての解を求めよ．

$$y = x\frac{dy}{dx} + \exp\Big(\frac{dy}{dx}\Big)$$

解答 $\dfrac{dy}{dx} = p$ と置けば

$$y = px + e^p.$$

両辺を x で微分すると，

$$p = p + x\frac{dp}{dx} + e^p\frac{dp}{dx}, \qquad 従って \qquad (x + e^p)\frac{dp}{dx} = 0.$$

これより，

$$\frac{dp}{dx} = 0, \qquad または \qquad x + e^p = 0$$

となる．前者からは，積分すると $p = c$ を得る．これをもとの方程式に代入すると

$$y = cx + e^c$$

となり，一般解が得られる．他方後者からは，$p = \log(-x)$．これを同じくもとの方程式に代入して，

$$y = -x\{1 - \log(-x)\}$$

を得る．この解は一般解における任意定数をどう取っても得られないので，**特異解**と呼ばれる． ■

1. 前者において $p = C$ を単独の微分方程式 $\dfrac{dy}{dx} = C$ とみなして $y = Cx + C'$ と積

分してはならない．後者においても，$p=\log(-x)$ を単独の微分方程式 $\dfrac{dy}{dx}=\log(-x)$ とみなして積分してはならない．このようにすると余計な（無縁な）解を拾ってしまう．あくまで，もとの方程式と連立させて解くのである．

2. 上の例題において，特異解は一般解の直線族の**包絡線**（すなわち，各点でそこを通る直線族のメンバーと同じ傾きを持つようなもの）となっている．これは図からも分かるであろうが，一般に曲線族 $f(x,y,c)=0$ の包絡線は，

$$f(x,y,c)=0, \qquad \frac{\partial f}{\partial c}(x,y,c)=0$$

からパラメータ c を消去すれば得られる（例えば拙著 [2], p.52 参照）．この場合は，

$$y=cx+e^c, \qquad 0=x+e^c$$

から c を消去して，確かに $y=-x+x\log(-x)$ が得られる．包絡線が同じ微分方程式を満たすことは，"$x, y, \dfrac{dy}{dx}$ が各点で与えられた関係式を満たす" という，解の定義から明らかであろう．

例題 2.11 の解曲線族の図

問　題

2.11.1　次のクレロー型微分方程式の一般解と特異解を求めよ．

(1) $y=xy'+(y')^2$　(2) $y=xy'+y'-(y')^2$　(3) $y=xy'-\sqrt{1+(y')^2}$

(4) $y=xy'-\dfrac{1}{y'}$　(5) $y=xy'+\cos y'$　(6) $y=xy'+\dfrac{y'}{\sqrt{1+(y')^2}}$

(7) $y=xy'-(y')^3$　(8) $(xy'-y)e^{y'}=1$　(9) $(y-xy')^2=e^{2(y')^2}$

(10) $y=xy'+(y')^4$

もう少し一般な微分方程式で，同様の解法が使えるものとして，**ラグランジュ型**の微分方程式

$$y = xf\left(\frac{dy}{dx}\right) + g\left(\frac{dy}{dx}\right)$$

がある．これは両辺を x で微分すると

$$p = f(p) + \{xf'(p) + g'(p)\}\frac{dp}{dx}, \quad \text{従って} \quad \{f(p) - p\}\frac{dx}{dp} + f'(p)x = -g'(p)$$

となり，p を独立変数とする x の1階線形微分方程式となるので，求積でき，x が p の関数として求まる．もとの方程式と連立させれば，y も p の関数として表され，パラメータ表示された一般解が得られる．特異解は $f(p) = p$ の解である定数 p に対する直線 $y = f(p)x + g(p)$ となり，クレロー型の方程式とは別のクラスとなる．

例題 2.12　　ラグランジュ型

次の方程式を解け．

$$y = (x-1)\left(\frac{dy}{dx}\right)^2$$

解答　$\frac{dy}{dx} = p$ と置き，$y = (x-1)p^2$ の両辺を x で微分すると，

$$p = p^2 + 2(x-1)p\frac{dp}{dx}. \tag{2.21}$$

よってこの場合は，$p \neq 0$ なら

$$\frac{dx}{x-1} = \frac{2dp}{1-p}$$

と変数分離形に帰着する．一般解は，これを積分した

$$\log(x-1) = -2\log(p-1) + C, \quad \text{すなわち} \quad x = 1 + \frac{c}{(p-1)^2}$$

と $y = (x-1)p^2 = \dfrac{cp^2}{(p-1)^2}$ を合わせたパラメータ表示，あるいはこれらから p を消去した

$$y = (x-1)\left(\pm\sqrt{\frac{c}{x-1}} + 1\right)^2$$

で与えられる．最後の式を展開し，更に平方して根号を無くせば

$$\frac{y-(x-1)-c}{x-1} = \pm 2\sqrt{\frac{c}{x-1}}, \qquad \therefore \quad (x-1+y-c)^2 = 4(x-1)y.$$

ただし，$p = \dfrac{dy}{dx}$ が定数となる場合は，これを独立変数として使うことができない．この場合は，(2.21) において $\dfrac{dp}{dx} = 0$ として $p^2 - p = 0, p = 0, 1$．（これで最初に除外した場合も取り込んだ．）このときもとの方程式からそれぞれ $y = 0$, $y = x - 1$ となり，これらは図から分かるように，一般解のある意味での極限位置となっているが，単純な収束ではないので特異解としてよいであろう．■

一般解の最後の表現からも分かるが，この方程式は $x-1$ と y について対称で，$y\left(\dfrac{dx}{dy}\right)^2 = x - 1$ と変形すれば $x = 1$ が（独立変数を y とした）解とみなせる．（ちなみに，この方程式は平方根をとれば変数分離形としても解くことができる．）

例題 2.12 の解曲線族の図

独立変数を p に変えても，一般にはますますややこしい方程式になってしまうのが普通だが，以上に述べた型に属さないものでもこの方法が使える方程式は存在する．下の問題で確かめられたい．

問　題

2.12.1　次の微分方程式を解き，一般解と特異解を明らかにせよ．

(1) $y = 2xy' - (y')^2$　(2) $y = y' + (y')^5$　(3) $y + x = xe^{y'}$

(4) $x(1 + (y')^2) = 1$　(5) $y\sqrt{1 + (y')^2} = y'$　(6) $y' \log y' = y + 1$

(7) $y = (x+1)(y')^2 + 1$　(8) $y = (x+1)(y')^2 - (y')^3$　(9) $y = (x+2)(y')^3$

(10) $y^2 - 2xyy' + (1 + x^2)(y')^2 = 1$　(11) $x = \dfrac{y}{y'} + \dfrac{1}{(y')^2}$

(12) $(xy' + y)^2 = y^2 y'$　(13) $2y(y' + 2) = x(y')^2$　(14) $y = 2xy' - (y')^3$

(15) $yy' = 2x(y')^2 + 1$　(16) $(y')^3 - 3y' = y - x$　(17) $x(y')^2 + 2yy' = x$

(18) $(xy' - y)^2 = 2xy(1 + (y')^2)$　(19) $x^2(y')^2 - 2xyy' + y^2 = x^2y^2 - x^4$

(20) $y = x + (y')^3$　(21) $y = (2x - e^{y'})(y')^2$　(22) $y + x^2 = 2xy' - \dfrac{1}{2}(y')^2$

(23) $y = axy' + (y')^b$　(a, b は正の定数で $a \neq 1$, $b \neq 1$)

2.6 簡単な変数変換

そのままでは今まで述べてきたどの形にも当てはまらなくても，ちょっとした変数変換で解けるようになるものがある．これは方程式をじっと見ていると見えてくるものである．見えて来なければあきらめるのが賢明である[3)]．

例題 2.13 簡単な変数変換

次の方程式を求積せよ．

$$\frac{dy}{dx} = (x-y)^4$$

解答 この方程式は今まで示した解法のいずれにも合致しないが，$z = x - y$ と置換してみれば，

$$\frac{dz}{dx} - 1 = -\frac{dy}{dx} = -z^4, \qquad \text{すなわち，} \quad \frac{dz}{dx} = 1 - z^4.$$

従って

$$x = \int \frac{dz}{1-z^4} = \int \frac{1}{2}\left(\frac{1}{z^2+1} - \frac{1}{z^2-1}\right)dz = \frac{1}{2}\operatorname{Arctan} z + \frac{1}{4}\log\frac{1+z}{1-z} + C$$

と積分でき，これより

$$x = \frac{1}{2}\operatorname{Arctan}(x-y) + \frac{1}{4}\log\frac{1+x-y}{1-x+y} + C$$

あるいは

$$2\operatorname{Arctan}(x-y) + \log\frac{1+x+y}{1-x-y} - 4x = C$$

の形で一般解が求まる．(これは x, y のいずれについても解くことができない．) ■

問　題

2.13.1 次の方程式を適当な変数変換により求積せよ．

(1) $y' = (x-y)^2 + 1$　(2) $(x+y)^2 y' = \log(x+y+1)$

(3) $y' = \sin(x-y)$　(4) $y' = (ax+by+c)^2$　(5) $(y')^2 = ax+by+c$

(6) $y' = e^x e^{2y} + 1$　(7) $y(1+xy) + x(1-xy)y' = 0$

(8) $x^2(y'+y^2) = 1 - xy$　(9) $(xy')^3 + xy' = y^3$　(10) $2y' + y^2 + \dfrac{1}{x^2} = 0$

(11) $y' = \dfrac{y(1+x^2y^2)}{x(1-x^2y^2)}$　(12) $y' + (xy)^3 = \dfrac{1}{x^3}$　(13) $xy' + 1 = \dfrac{e^y}{x}$

(14) $xy' + 2y(y')^2 = y$　(15) $(x^2 - y^4)y' = xy$

---

3) 試験にそんな意地悪な問題を出す先生は居ないだろうし，微分方程式を調べるときは，第 8 章で分かるように求積できなくてもそうがっかりすることはないからである．この節の問題はパズルと思って楽しんで頂きたい．

2.7 リッカチの方程式

要項 2.8

$$\frac{dy}{dx} = P(x)y^2 + Q(x)y + R(x) \tag{2.22}$$

の形のものを**リッカチ（型）の方程式**と呼ぶ．$Q(x)y$ の項は平方完成でいつでも消去できる．更に，簡単な変数変換で $P(x) = 1$ の場合に帰着できる．すなわち，

$$\frac{dy}{dx} = y^2 + R(x) \tag{2.23}$$

これを狭義のリッカチ方程式という．これらは一般には求積できないが，特殊解 y_1 が一つ既知であれば，$y = y_1 + u$ により未知関数を u に変換すれば，ベルヌーイ型

$$u' = Pu^2 + (2Py_1 + Q)u, \quad \text{従って線形} \quad \left(\frac{1}{u}\right)' + (2Py_1 + Q)\frac{1}{u} + P = 0 \tag{2.24}$$

に帰着し，求積できる．

例題 2.14 ――― **特殊解が一つ既知の場合**

次の微分方程式は $\dfrac{a}{x}$ の形の特殊解を持つという．この方程式の一般解を求めよ．

$$y' + y^2 = \frac{2}{x^2}$$

解答 $y = \dfrac{a}{x}$ を方程式に代入すると

$$-\frac{a}{x^2} + \frac{a^2}{x^2} = \frac{2}{x^2}.$$

従って $a^2 - a = 2$ に a を選べば解となる．例えば $a = 2$ と取り，$y = \dfrac{2}{x} + u$ と置き，未知関数を u に変換して方程式に代入すると

$$u' + \underline{\left(\frac{2}{x}\right)'} + u^2 + 2\left(\frac{2}{x}\right)u + \underline{\left(\frac{2}{x}\right)^2} = \underline{\frac{2}{x^2}}.$$

下線部は $\dfrac{2}{x}$ が解であることから，計算しなくても打ち消し合うことが分かっているので，

$$u' + u^2 + \frac{4}{x}u = 0$$

という u についてベルヌーイ型の方程式が残る．u^2 で両辺を割ると

$$\frac{1}{u^2}u' + \frac{4}{x}\frac{1}{u} = -1, \quad \text{よって} \quad \left(\frac{1}{u}\right)' - \frac{4}{x}\frac{1}{u} = 1.$$

これを 1 階線形微分方程式として解く．積分因子 $\dfrac{1}{x^4}$ が容易に求まるので，これを両辺に掛けると

$$\left(\frac{1}{x^4u}\right)' = \frac{1}{x^4}, \qquad \frac{1}{x^4u} = -\frac{1}{3x^3} + C, \qquad \therefore \quad u = \frac{1}{Cx^4 - \frac{x}{3}}.$$

従って

$$y = \frac{2}{x} + \frac{1}{Cx^4 - \frac{x}{3}} = \frac{2cx^3+1}{cx^4-x} \quad (\text{ここに } c = 3C)$$

と一般解が求まる．ちなみに，最初に求めた特殊解の他方 $-\dfrac{1}{x}$ は，ここで $c=0$ と置けば得られるが，求積に用いた $\dfrac{2}{x}$ は $c \to \infty$ の極限に対応する．■

リッカチ方程式の求積で現れるベルヌーイ型の指数は決まっているので，最初から

$$y = \frac{2}{x} + \frac{1}{u}$$

と変換して，u の 1 階線形微分方程式を直接導いてもよい．

リッカチ型の方程式は，制御理論など，工学でしばしば現れる重要な方程式である．2 階線形微分方程式との興味深い関係については，第 3 章 3.7 節参照．

問　題

2.14.1　(2.22) を (2.23) に帰着させるための変換を示せ．[y^2 の係数を 1 にするには，$P(x)y$ を新しい y にとる．その際，y の係数が変化するので，y の項を除去するための平方完成は P を 1 にした後で行う.]

2.14.2　次の微分方程式はいずれも $\dfrac{a}{x}$ の形の特殊解を持つという．求積せよ．

(1) $y' + y^2 = \dfrac{6}{x^2}$　(2) $x^2y' = x^2y^2 + xy + 1$　(3) $x^2y' + (xy-2)^2 = 0$

(4) $4y' + y^2 = -\dfrac{4}{x^2}$　(5) $(x^2-1)y' = y^2 - 1$　(6) $xy' + x(x+1)y^2 = 1$

2.14.3　次のリッカチ型微分方程式は ax^λ の形の特殊解を持つという．求積せよ．

(1) $xy' + 3y + y^2 = x^2 + 4x$　(2) $y' + y^2 = x^2 + 1$

(3) $(x^4-1)y' = y^2 + 2x^3y - 3x^2$　(4) $xy' - y + y^2 = x^2$

(5) $y' = y^2 + xy - 1$　(6) $y' - y^2 + x^2y = 2x$

(7) $y' = y^2 + xy + x - 1$　(8) $x^2y' + xy - y^2 = -\dfrac{1}{x^2}$

2.14.4　$y' + y^2 = (xy-1)f(x)$ は $f(x)$ が何であっても $\dfrac{1}{x}$ を特殊解に持つことを確かめ，この方程式の求積法を示せ．

例題 2.15 その 1 係数の正規化

狭義のリッカチ方程式

$$y' + ay^2 = bx^\alpha \qquad (a, b \text{ は定数}) \tag{2.25}$$

は，変数の適当な相似変換で

$$y' + y^2 = x^\alpha$$

に帰着できることを示せ.

解答 $x = A\xi$, $y = B\eta$ と変換すると，方程式は

$$\frac{dy}{dx} + ay^2 = \frac{B}{A}\frac{d\eta}{d\xi} + aB^2\eta^2 = bx^\alpha = bA^\alpha\xi^\alpha$$

となる．よって

$$\frac{B}{A} = aB^2 = bA^\alpha$$

となるように A, B を定めれば，この共通の定数で両辺を割ってすべての係数を 1 にでき，目的が達成される．一つ目の等式から $B = \dfrac{1}{aA}$. これを二つ目の等式に代入して $\dfrac{1}{aA^2} = bA^\alpha$. 故に $A^{\alpha+2} = \dfrac{1}{ab}$. よって

$$A = \frac{1}{(ab)^{1/(\alpha+2)}}, \qquad B = \frac{(ab)^{1/(\alpha+2)}}{a} = \frac{b^{1/(\alpha+2)}}{a^{1-1/(\alpha+2)}} = \frac{b^{1/(\alpha+2)}}{a^{(\alpha+1)/(\alpha+2)}}$$

ととればよい.（この変換公式は $y' - ay^2 = bx^\alpha$ を $y' - y^2 = x^\alpha$ に変換する．A, B が虚数になるとき，こちらで代用するとよい．問題 2.15.2 (3), (4) 参照.） ■

例題 2.15 その 2 ダニエル-ベルヌーイの解法

狭義のリッカチ方程式 (2.25) について，

$$\alpha_n := -\frac{4n}{2n-1} \qquad (n \in \boldsymbol{Z}) \tag{2.26}$$

と置くとき，以下のことを示せ.

(1) $\alpha = \alpha_n$ のとき，(2.25) は変数変換

$$\xi = x^{\alpha_n+3}, \qquad \frac{1}{\eta} = x^2 y - \frac{x}{a} \tag{2.27}$$

で次の方程式に変換される.

$$\eta' + \frac{b}{\alpha_n+3}\eta^2 = \frac{a}{\alpha_n+3}\xi^{\alpha_{n-1}} \tag{2.28}$$

(2) 同じく $\alpha = \alpha_n$ のとき，(2.25) は変数変換

$$\xi = x^{-(\alpha_n+1)}, \qquad \frac{1}{y} = \xi^2\eta + \frac{\alpha_n+1}{b}\xi \tag{2.29}$$

で次の方程式に変換される.

$$\eta' - \frac{b}{\alpha_n+1}\eta^2 = -\frac{a}{\alpha_n+1}\xi^{\alpha_{n+1}} \tag{2.30}$$

(3) $\alpha = -\dfrac{4n}{2n-1}$ ($n \in \boldsymbol{Z}$, および ∞) のとき (2.25) は求積できる（ダニエルベルヌーイ）.

解答 (1) 変換 (2.27) により

$$\begin{aligned}
\frac{d\eta}{d\xi} &= -\frac{1}{(\alpha_n+3)x^{\alpha_n+2}}\eta^2\frac{d}{dx}\left(\frac{1}{\eta}\right) = -\frac{1}{(\alpha_n+3)x^{\alpha_n+2}}\eta^2\left(2xy + x^2\frac{dy}{dx} - \frac{1}{a}\right) \\
&= -\frac{1}{(\alpha_n+3)x^{\alpha_n+2}}\eta^2\left\{2xy + x^2(-ay^2+bx^{\alpha_n}) - \frac{1}{a}\right\} \\
&= -\frac{b}{\alpha_n+3}\eta^2 + \frac{a}{(\alpha_n+3)x^{\alpha_n+2}}\frac{\eta^2}{x^2}\left(x^2y - \frac{x}{a}\right)^2 \\
&= -\frac{b}{\alpha_n+3}\eta^2 + \frac{a}{(\alpha_n+3)x^{\alpha_n+4}} = -\frac{b}{\alpha_n+3}\eta^2 + \frac{a}{(\alpha_n+3)\xi^{1+1/(\alpha_n+3)}}.
\end{aligned}$$

ここで，$\alpha_n = -\dfrac{4n}{2n-1}$ なら

$$1 + \frac{1}{\alpha_n+3} = 1 + \frac{2n-1}{6n-3-4n} = 1 + \frac{2n-1}{2n-3} = \frac{4n-4}{2n-3} = -\alpha_{n-1} \tag{2.31}$$

となり，(2.28) が確かめられた.

(2) 変換 (2.29) により

$$\begin{aligned}
\frac{dy}{dx} &= (\alpha_n+1)\xi^{1+1/(\alpha_n+1)}y^2\frac{d}{d\xi}\left(\frac{1}{y}\right) \\
&= (\alpha_n+1)\xi^{1+1/(\alpha_n+1)}y^2\left(2\xi\eta + \xi^2\frac{d\eta}{d\xi} + \frac{\alpha_n+1}{b}\right) = -ay^2 + bx^{\alpha_n}.
\end{aligned}$$

従って，

$$\begin{aligned}
\frac{d\eta}{d\xi} &= -\frac{a}{\alpha_n+1}\xi^{-3-1/(\alpha_n+1)} \\
&\quad + \frac{b}{\alpha_n+1}\xi^{-\alpha_n/(\alpha_n+1)-3-1/(\alpha_n+1)}\frac{1}{y^2} - 2\frac{\eta}{\xi} - \frac{\alpha_n+1}{b\xi^2} \\
&= -\frac{a}{\alpha_n+1}\xi^{-3-1/(\alpha_n+1)} \\
&\quad + \frac{b}{\alpha_n+1}\xi^{-4}\left\{\xi^4\eta^2 + 2\frac{\alpha_n+1}{b}\xi^3\eta + \frac{(\alpha_n+1)^2}{b^2}\xi^2\right\} - 2\frac{\eta}{\xi} - \frac{\alpha_n+1}{b\xi^2} \\
&= \frac{b}{\alpha_n+1}\eta^2 - \frac{a}{\alpha_n+1}\xi^{-3-1/(\alpha_n+1)}.
\end{aligned}$$

ここで (2.31) から $\alpha_{n-1}+1 = -\dfrac{1}{\alpha_n+3}$，従って番号を一つずらして

$$-\frac{1}{\alpha_n+1} = \alpha_{n+1}+3 \tag{2.32}$$

が成り立つから，最後の ξ の冪は α_{n+1} となり (2.30) が示された．
(3) $n>0$ のとき，α_n は変換 (2.27) により n を一つ減らせるので，順次適用すれば，$n=0$ まで持ってこれる．このとき $\alpha=0$ となり，方程式は変数分離して求積できる．$n<0$ のとき，α_n は変換 (2.29) により n を一つ増やせるので，順次適用すれば，$n=0$ まで持ってこれる．よってこの場合も求積できる．$n=\infty$ のとき $\alpha=-2$ となるが，これは例題 2.14 や問題 2.13.1（10）で求積したものである．■

α の値がこの例題に示されたもの以外のとき，リッカチ方程式 (2.25) は求積できないことがリュービルにより示されている．

例題 2.15 その 3　　**求積可能な例**

微分方程式 $y'-y^2=x^{-4}$ を求積せよ．

解答　これは狭義のリッカチ型である．右辺の x の指数 -4 は (2.26) で $n=1$ のときに相当するので，前例題の手法で求積できる．n を一つ減らすため，第 1 の変換を適用すると，$a=-1,\ b=1$ に注意して

$$\xi=\frac{1}{x},\qquad \frac{1}{\eta}=x^2y+x$$

と置けば，前例題の計算により $\eta'-\eta^2=1$ となるはずである．これを変数分離し積分して

$$\mathrm{Arctan}\,\eta=\int\frac{\eta'}{\eta^2+1}d\xi=\xi+C,\qquad \therefore\quad \eta=\tan(\xi+C).$$

変数を置き戻して

$$\frac{1}{x^2y+x}=\tan\left(\frac{1}{x}+C\right)=\frac{\tan\frac{1}{x}+\tan C}{1-\tan\frac{1}{x}\tan C},\qquad \therefore\ y=\frac{1}{x^2}\frac{1-cx-(c+x)\tan\frac{1}{x}}{\tan\frac{1}{x}+c}.$$

ここで tan の加法定理を用い，$\tan C$ を c に置き換えた.（最初の式のまま y について解くと任意定数の入り方が一見リッカチらしくない表現が得られる.）■

問　題

2.15.1　(2.27) と (2.29) が互いに逆変換であることを確かめよ．

2.15.2　次のリッカチ型微分方程式を求積せよ．

(1) $y'+y^2=x^{-4}$　(2) $y'+y^2=x^{-8/3}$　(3) $y'-y^2=x^{-8/3}$
(4) $y'=y^2+x^{-8/5}$　(5) $5y'+y^2=x^{-12/5}$　(6) $xy'+3y+y^2=x^2$

2.15.3　微分方程式 $y'+x^my^2=x^n$ は適当な変換により $y'+y^2=x^\alpha$ に帰着できることを示せ．またこれを利用して次の方程式を求積せよ．

(1) $y'+xy^2=x^{-3}$　(2) $y'+x^{-2}y^2=x^2$　(3) $y'+x^4y^2=x^{-8}$

例題 2.16 その1 ―― **リッカチ方程式の一般解の特徴付け**

リッカチ方程式の一般解は

$$y = \frac{cu_1(x) + u_2(x)}{cv_1(x) + v_2(x)} \tag{2.33}$$

と，任意定数 c の1次分数式となる．逆にこの形の一般解を持つ1階の微分方程式はリッカチ方程式となる．これらを確かめよ．

解答 前半は，特殊解の一つ y_1 を用いて $y = y_1 + u$ により u のベルヌーイ型に変換したとき，$\frac{1}{u}$ の一般解が任意定数 c の1次多項式であることから分かる．逆の方は，与えられた一般解の式を c について解くと

$$c = \frac{-v_2 y + u_2}{v_1 y - u_1}.$$

これを x につき微分して

$$0 = \frac{(-v_2 y' - v_2' y + u_2')(v_1 y - u_1) - (-v_2 y + u_2)(v_1 y' + v_1' y - u_1')}{(v_1 y - u_1)^2}.$$

分母を払って整理すると，

$$(u_1 v_2 - v_1 u_2) y' + (v_1' v_2 - v_1 v_2') y^2 + (v_1 u_2' + u_1 v_2' - v_1' u_2 - u_1' v_2) y + u_1' u_2 - u_1 u_2' = 0.$$

y' の係数で割り算すれば，

$$y' = \frac{v_1' v_2 - v_1 v_2'}{v_1 u_2 - u_1 v_2} y^2 + \frac{u_1 v_2' + v_1 u_2' - v_1' u_2 - u_1' v_2}{v_1 u_2 - u_1 v_2} y + \frac{u_1' u_2 - u_1 u_2'}{v_1 u_2 - u_1 v_2}$$

となり，リッカチ型の方程式が得られることで確認できる．■

例題 2.16 その2 ―― **特殊解が二つ既知の場合**

リッカチ方程式 (2.22) の二つの特殊解 φ, ψ が既知ならば，一般解は次の公式で与えられることを示せ．

$$y = \frac{c\varphi e^{-\int P\varphi dx} + \psi e^{-\int P\psi dx}}{ce^{-\int P\varphi dx} + e^{-\int P\psi dx}} \tag{2.34}$$

解答 $y = \varphi + u$ と変換すれば，u の方程式 (2.24) が得られる．$u = \psi - \varphi$ は仮定によりこの特殊解となるので，一般解は線形方程式の一般論により，

$$\frac{1}{u} = \frac{1}{\psi - \varphi} + ce^{-\int (2P\varphi + Q) dx}$$

となる．他方，(2.22) に $y = \varphi, \psi$ を代入したものを引き算すると

$$\varphi' - \psi' = P(\varphi^2 - \psi^2) + Q(\varphi - \psi), \quad \therefore \quad \frac{\varphi' - \psi'}{\varphi - \psi} = P(\varphi + \psi) + Q.$$

よって $2P\varphi+Q=P(\varphi+\psi)+Q+P(\varphi-\psi)=\dfrac{\varphi'-\psi'}{\varphi-\psi}+P(\varphi-\psi)$ となるから，

$$-\int(2p\varphi+Q)dx=-\log(\varphi-\psi)-\int P(\varphi-\psi)dx.$$

従って，（答と合わせるため $c\mapsto -c$ と変換して）

$$y=\varphi+u=\varphi+\frac{1}{\frac{1}{\psi-\varphi}-\frac{c}{\varphi-\psi}e^{-\int P(\varphi-\psi)dx}}=\varphi+\frac{\psi-\varphi}{1+ce^{-\int P(\varphi-\psi)dx}}$$

$$=\frac{\psi+c\varphi e^{-\int P(\varphi-\psi)dx}}{1+ce^{-\int P(\varphi-\psi)dx}}=\frac{c\varphi e^{-\int P\varphi dx}+\psi e^{-\int P\psi dx}}{ce^{-\int P\varphi dx}+e^{-\int P\psi dx}}. \quad ■$$

公式 (2.34) は記憶し難く，計算もそう簡単ではないので，実用的には，特殊解の一つを用いてベルヌーイ型に帰着させる計算を繰り返す方が楽であろう．

以上で 1 階微分方程式の求積法の紹介を終えるが，サポートページ に紙数の関係で収録できなかった"解けない方程式のリスト"を載せておくので，どうしても解けないときはそちらも参照されたい．

問　題

2.16.1 示された二つの特殊解を用いて次の方程式を求積せよ．

(1) $y'+xy^2=x^{-3}$,　$(1\pm\sqrt{2})x^{-2}$　　(2) $y'+x^{-2}y^2=x^2$,　$-x(1\pm x)$

2.16.2 (1) リッカチ方程式 (2.22) の特殊解 4 個 $\varphi_1, \varphi_2, \varphi_3, \varphi_4$ を任意に取るとき，複比 $\dfrac{\varphi_3-\varphi_1}{\varphi_4-\varphi_1}:\dfrac{\varphi_3-\varphi_2}{\varphi_4-\varphi_2}$ は定数となることを示せ．

(2) リッカチ方程式 (2.22) の特殊解 3 個 $\varphi_1, \varphi_2, \varphi_3$ が既知なら，この方程式の一般解が $\dfrac{y-\varphi_1}{\varphi_3-\varphi_1}:\dfrac{y-\varphi_2}{\varphi_3-\varphi_2}=C$ で与えられることを示せ．

2.16.3 $P(x)+Q(x)+R(x)\equiv 0$ のとき，リッカチ方程式 (2.22) の一般解は

$$y=\frac{\int(P+R)Kdx-K+C}{\int(P+R)Kdx+K+C},\quad ここに，\quad K(x)=\exp\left(\int(P-R)dx\right)$$

で与えられることを示せ．

2.16.4 $y'=P(x)y^3+Q(x)y^2+R(x)y+S(x)$ の形の微分方程式を第 1 種のアーベル方程式と呼ぶ．これは変換

$$y=w(x)\eta-\frac{Q}{3P},\quad \xi=\int Pw^2dx,\quad ここに，\quad w(x)=\exp\int\left(R-\frac{Q^2}{3P}\right)dx$$

により，$\eta'=\eta^3+T(\xi)$ の形に変換されることを確かめよ．

2.16.5 微分方程式 $y'=P(x)y^3+Q(x)y^2$ において，$\dfrac{1}{Q}\left(\dfrac{P}{Q}\right)'$ が定数となるなら，この方程式は $y=\dfrac{Q}{P}z$ という変換で変数分離形に帰着されることを示せ．

2.8 総合問題

ここでは，解法の型を指示しない1階微分方程式の求積問題と，追加の応用問題を挙げるので，どのくらい実力がついたか試してみられたい.

問 題

2.17.1 次の1階微分方程式を適当な方法で求積せよ.（問題は難易度順と限らない.）

(1) $(x+2y)y'+(x+y)(1-xy)=0$ (2) $(x+y-2)y'=x-y-4$

(3) $xy'=x^2-y^2+x$ (4) $xy'=y+\sqrt{x^2+y^2}$ (5) $y'-xy=y^2$

(6) $2xy'+y^2=1$ (7) $y=x^2+2xy'+2(y')^2$ (8) $(x^2+y^2+1)-2xyy'=0$

(9) $y^2y'=x+e^{y^3}$ (10) $xy'+2y=\sqrt{y}$ (11) $(y^2+2xy-x)y'=y^2$

(12) $y'=1+e^{x+y}$ (13) $(x^2+y^2)y'=xy$ (14) $x(1+(y')^2)(y-xy')=2a^2$

(15) $yy'+(y')^2=x^2+xy$ (16) $y=xy'+y(y')^4$ (17) $(y+xy')^2=x^2y'$

(18) $xy'-5y-y^2=x^2$ (19) $3xy'-9y-y^2=x^{2/3}$ (20) $x^{y'}=(y')^x$

(21) $(y')^3-4xyy'+8y^2=0$ (22) $y^2(1+(y')^2)=a(x+yy')$

(23) $2y=x^2+xy'+(y')^2$ (24) $x\dfrac{dy}{dx}=x^2+y^2+y$ (25) $4y=(x+y')^2$

(26) $4y=x^2+(y')^2$ (27) $x^3+(y')^3=xy'$ (28) $\dfrac{dy}{dx}+\dfrac{xy}{x^2+y^2+1}=0$

2.17.2 1階微分方程式が $\mu(x^2+y^2)$ の形の積分因子を持つための条件を求めよ. またこれを用いて次の方程式を求積せよ.

(1) $(2x^2+2xy^2+1)+2y(x+y^2+1)y'=0$ (2) $(y+x^2)y'+x(1-y)=0$

(3) $f(x^2+y^2)x+g(x^2+y^2)yy'=0$ （f, g は既知の1変数関数）

2.17.3 第1章の問題 1.4.1 ～ 1.4.7 で導いた微分方程式のうち，変数分離形（問題 2.1.3）でも同次形（問題 2.2.2）でもなかったものを解き，問題の曲線を決定せよ.

2.17.4 カーディオイドの族 $r=c(1+\cos\theta)$ のすべてと定角 α で交わるような曲線を求めよ.

2.17.5 曲線 C の各点において引いた C の法線から成る直線族の包絡線を C の**縮閉線**と呼ぶ. また C を縮閉線に持つような曲線を C の**伸開線**と呼ぶ.

(1) C が $y=f(x)$ という式で与えられたとき，C の縮閉線，および伸開線の求め方を述べよ.

(2) 放物線 $y=x^2$ の縮閉線と伸開線を求めよ.

2.17.6 幅 h の川がある. 川は真っ直ぐ流れており流速はどこでも一定値 a である. 左岸（流れの左側）に地点P，右岸に地点Qがあり，線分 $\overline{\mathrm{PQ}}$ は流れに垂直であるとする. 今，P地点から船を出し，速さ $b>a$ が一定で常にQ地点を目指すように舵をとるものとする. この船の軌跡を求めよ. ただし船の大きさは無視する.

3　2階微分方程式の求積法

3.1　2階微分方程式の意味と導出法

一般の2階微分方程式は

$$f\left(x, y, \frac{dy}{dx}, \frac{d^2y}{dx^2}\right) = 0 \quad \text{あるいは正規形} \quad \frac{d^2y}{dx^2} = f\left(x, y, \frac{dy}{dx}\right)$$

の形を持つ．1階の方程式でも一般には求積できないので，これを求積するのはほとんどの場合不可能だが，それでも特別な場合にいくつかの技法が知られており，それなりに有用である．

要項 3.1　2階常微分方程式の一般解は二つの**任意定数**を含む．

例題 3.1　関数族が満たす微分方程式

次のような関数の族が共通に満たす微分方程式を求めよ．

$$y = c_1 e^{c_2 x} + x^2$$

解答　$c_1 = e^{-c_2 x}(y - x^2)$ の両辺を x で微分して，

$$0 = e^{-c_2 x}(y' - 2x) - c_2 e^{-c_2 x}(y - x^2), \quad \therefore\ (y' - 2x) - c_2(y - x^2) = 0,\ c_2 = \frac{y' - 2x}{y - x^2}.$$

これを更に x で微分して

$$0 = \frac{(y'' - 2)(y - x^2) - (y' - 2x)^2}{(y - x^2)^2}.$$

分母を払って整理すると

$$(y'' - 2)(y - x^2) - (y' - 2x)^2 = 0, \quad \text{あるいは} \quad y'' = 2 + \frac{(y' - 2x)^2}{y - x^2}. \quad \blacksquare$$

線形微分方程式の場合は，後で述べるように，よりエレガントな導出法がある．

問　題

3.1.1　次の関数族が共通に満たす微分方程式を求めよ．

(1) $y = c_1 x + c_2 x^3$　(2) $y = \dfrac{x + c_1}{x + c_2}$　(3) $y = c_1 \sin(x + c_2)$

(4) $y = \sin(c_1 + c_2 x)$　(5) $y = \log(c_1 x + c_2)$　(6) $y = c_1 x^{c_2} + x$

要項 3.2 2階の方程式が現れる代表的な場面を列挙する．

1. 力学で質点の運動を記述するニュートンの運動方程式（運動の第2法則）

$$質量 \times 加速度 = 力$$

として頻繁に現れる（加速度は位置座標を時間変数 t で2回微分したもの）．

2. 平面幾何学で，曲率 $\kappa = \dfrac{y''}{\{1+(y')^2\}^{3/2}}$ がからんだ曲線の決定問題で現れる．
3. 最大最小問題を解くための変分問題のオイラーの微分方程式として現れる．
4. 弦の釣り合いや定常振動を表す方程式として現れる[1)]．

例題 3.2 その1 ——— **単振子の運動方程式**

原点からの距離に比例して原点に引力を受けて1次元運動する質点の運動方程式を示せ．更に，速度に比例した抵抗を受ける場合はどうなるか？

解答 質点の質量を m, 引力の比例定数を k とする．1次元の位置座標を x で表せば，(符号付きの）速度は $\dfrac{dx}{dt}$, 加速度は $\dfrac{d^2x}{dt^2}$ なので，運動方程式は

$$m\frac{d^2x}{dt^2} = -kx.$$

速度に比例した抵抗は，加速度を減らす方向に働くので，適当な比例定数で

$$m\frac{d^2x}{dt^2} = -kx - b\frac{dx}{dt}.$$

■

例題 3.2 その2 ——— **一般曲線に拘束された振り子の運動**

平面曲線 $y = f(x)$ の形状を持つ針金に質量 m で大きさが無視できる輪を通し，これを摩擦の無い状態で滑らせたときの輪の運動を記述する方程式を求めよ．ただし，$f(x)$ は原点にただ一つの極小を有するとする．

解答 輪が点 $(x, f(x))$ にあるとき，これにかかる重力の接線方向の成分は，接線が水平線と成す角を θ とすれば，$\tan\theta = f'(x)$ を考慮して，

$$-mg\sin\theta = -mg\frac{f'(x)}{\sqrt{1+f'(x)^2}}$$

と書ける．よって，運動方程式は，曲線の弧長パラメータを s とすれば

$$m\frac{d^2s}{dt^2} = -mg\frac{f'(x)}{\sqrt{1+f'(x)^2}}. \tag{3.1}$$

---

1) 弦の運動自身は偏微分方程式となる．[4], 1.2節 (b) 参照．

$ds = \sqrt{1+f'(x)^2}dx$ を用いると

$$\frac{ds}{dt} = \sqrt{1+f'(x)^2}\frac{dx}{dt}, \qquad \frac{d^2s}{dt^2} = \sqrt{1+f'(x)^2}\frac{d^2x}{dt^2} + \frac{f'(x)f''(x)}{\sqrt{1+f'(x)^2}}\left(\frac{dx}{dt}\right)^2$$

となるので，(3.1) は

$$m\sqrt{1+f'(x)^2}\frac{d^2x}{dt^2} + m\frac{f'(x)f''(x)}{\sqrt{1+f'(x)^2}}\left(\frac{dx}{dt}\right)^2 = -mg\frac{f'(x)}{\sqrt{1+f'(x)^2}}, \qquad (3.2)$$

整理して，

$$\{1+f'(x)^2\}\frac{d^2x}{dt^2} + f'(x)f''(x)\left(\frac{dx}{dt}\right)^2 + gf'(x) = 0 \qquad (3.3)$$

となる．(なお，エネルギー保存則を用いた導出法を下の問題 3.2.3 に示す．) ■

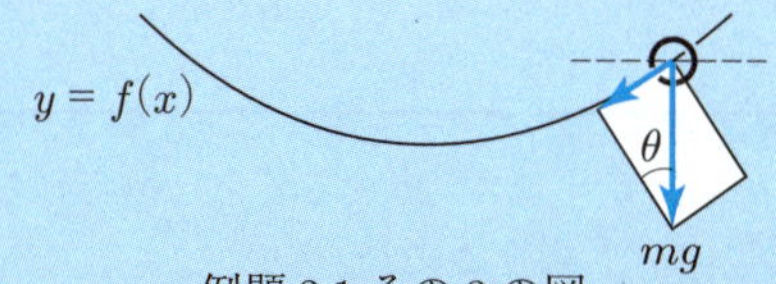

例題 3.1 その 3 の図

下の問題 3.2.2 のように，x が s の関数として具体的に求まる場合は，それを (3.1) に代入して s に関する微分方程式を導く方が簡単であるが，一般には難しい．

問　題

3.2.1　地上から真上に投げ上げた質量 m のボールは，高さを y とすれば，一定の重力 $-mg$ を受けて運動する．運動方程式を立て，一般解を求めよ．また，ボールに与えた初速を v としたときの特殊解を示せ．更に，ボールが速度に比例した空気抵抗を受ける場合の方程式を示せ．

3.2.2　例題 3.2 その 2 において，曲線が下向きの円弧 $f(x) = a - \sqrt{a^2 - x^2}$ のときの運動方程式を導け．

3.2.3　例題 3.2 その 2 の状況において，$E := \dfrac{mv^2}{2} + mgy$ が時刻によらない定数となること（力学的エネルギーの保存則）を確かめよ．

3.2.4　例題 3.2 その 2 において，振り子の等時性が成り立つための曲線に対する条件を与えよ．また通常の振り子（問題 3.2.2）はそれを満たさないこと，および，下向きのサイクロイドはそれを満たすことを示せ．

3.2.5　y 軸上を原点から発して一定の速さ v で飛ぶ航空機がある．今，点 $(-a, 0)$ からこの航空機と同時に発したミサイルが速さ $w > v$ で常に航空機を目がけて飛んでゆくとき，ミサイルの軌跡と，命中するまでの時間を求める公式を示せ．

例題 3.3 その 1 **曲率の問題**

平面曲線 C はその上の点 P における曲率半径が P から x 軸までの距離に比例するという．この曲線が満たす微分方程式を求めよ．

解答 $C : y = f(x)$, $\mathrm{P}(x, y) \in C$ とすると，$y = f(x)$ である．曲率半径の式は，曲率の逆数であるから，題意を式に表せば，比例定数を a として

$$\frac{\{1 + f'(x)^2\}^{3/2}}{f''(x)} = af(x).$$

分母を払い，$f(x) = y$ で書き直すと，

$$ayy'' = \{1 + (y')^2\}^{3/2}. \quad \blacksquare$$

厳密には，両辺に絶対値を付けるべきだが，方程式の形から結局は不要となる．

例題 3.3 その 2 **懸垂線の方程式**

長さ $2a$ の鎖の両端を持ち，水平な幅 $2b < 2a$ をとって垂らしたとき，鎖が描く曲線（懸垂線）を定める微分方程式を導け．

解答 幅 $2b$ を x 軸上の線分 $[-b, b]$ に取る．鎖は変形に対しては無抵抗と考えられるので，鎖を一点 x で分けたときに，それぞれが他の側から受ける張力 $T(x)$ は鎖の接線方向になる．接線が水平線と成す角を $\theta(x)$ とし，鎖の線密度を ρ とするとき，x 軸上の区間 $[x, x + \Delta x]$ に対応する鎖の微小部分の質量は，$\Delta m = \rho \dfrac{\Delta x}{\cos\theta(x)}$ となる.（ここでは後で $\Delta x \to 0$ とすることを考慮して近似を用いた.）すると力の釣り合いの式は

$$T(x)\cos\theta(x) = T(x + \Delta x)\cos\theta(x + \Delta x) \quad （水平成分）,$$
$$T(x)\sin\theta(x) + \rho g \frac{\Delta x}{\cos\theta(x)} = T(x + \Delta x)\sin\theta(x + \Delta x) \quad （鉛直成分）.$$

一つ目の式から $T(x)\cos\theta(x) =: T_H$ は定数となるので，これを用いると二つ目は

$$T_H(\tan\theta(x + \Delta x) - \tan\theta(x)) = \rho g \frac{\Delta x}{\cos\theta(x)}. \tag{3.4}$$

両辺を Δx で割り $\Delta x \to 0$ とすれば，

$$T_H \frac{\theta'(x)}{\cos^2\theta(x)} = \frac{\rho g}{\cos\theta(x)}. \tag{3.5}$$

与えられた曲線の方程式を $y = f(x)$ の形に書くとき，

$$f'(x) = \tan\theta(x), \quad 従って \quad f''(x) = \frac{\theta'(x)}{\cos^2\theta(x)},\quad 1 + f'(x)^2 = \frac{1}{\cos^2\theta(x)}$$

なので，上の方程式を $f(x)$ に対するものに書き直すと，

$$T_H f''(x) = \rho g\sqrt{1 + f'(x)^2} \tag{3.6}$$

という 2 階微分方程式が得られた．（この解法は総合問題 3.16.4(2) で扱う．T_H の値もそこで決定される．）■

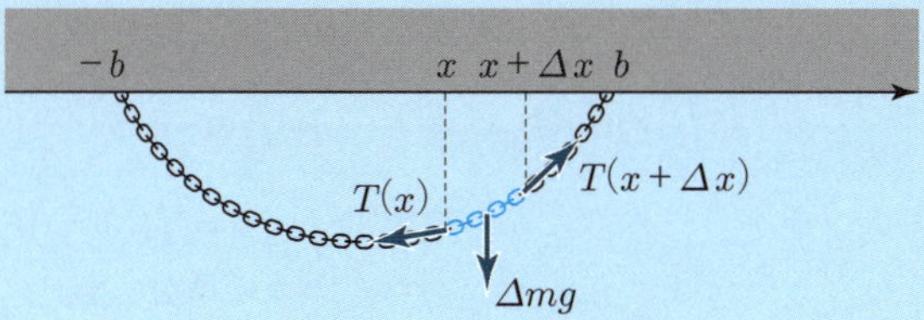

例題 3.3 その 2 の図

問　題

3.3.1　平面曲線 C は，その上の点 P における曲率半径が，P における接線の x 軸と成す角に等しいという．この曲線が満たす微分方程式を求めよ．

3.3.2　平面曲線上に定点 A, 動点 P がある．今これらの点における曲線の接線の交点を Q とするとき，△APQ がこの曲線により常に等面積の二つの部分に分けられるという．このような曲線を決定せよ．

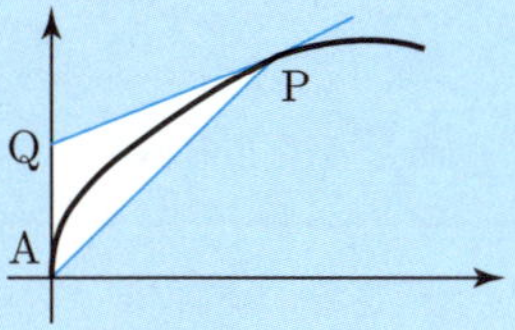

問題 3.3.2 の図

3.3.3　電車に電気を供給するためのトロリー線は水平で，それは図のように吊り架線により吊られている．それぞれの線密度（単位長当たりの質量）を M, m とし，垂直のハンガーには重さが無く，トロリー線が自重でたわまないよう十分密に配置されているものとする．このとき吊り架線が描く曲線の方程式を求めよ．ただし，張力は接線方向に一定の大きさで働き，線の伸び縮みは無いものとする．

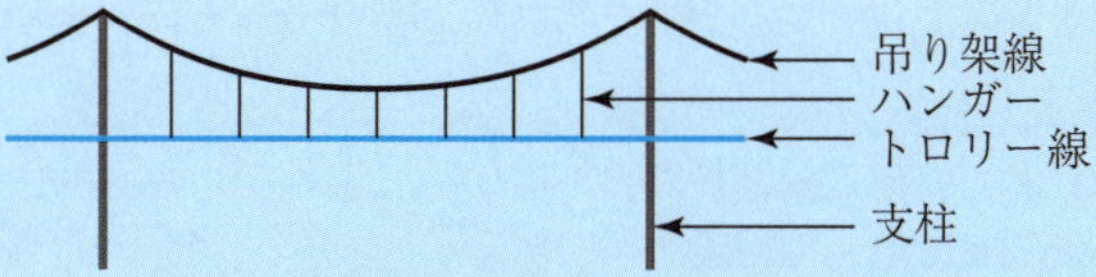

問題 3.3.3 の図

要項 3.3　$F(x,y,z)$ を 3 変数の既知関数とする．汎関数[2)]

$$J[f] := \int_a^b F(x, f(x), f'(x))dx \tag{3.7}$$

を最大（最小）にするような関数で $f(a) = f(b) = 0$ を満たすものが C^2 級で存在するなら，それはオイラーの微分方程式

$$\frac{\partial F}{\partial y}(x, f(x), f'(x)) - \frac{d}{dx}\Big(\frac{\partial F}{\partial z}(x, f(x), f'(x))\Big) = 0 \tag{3.8}$$

を満たす．更に，$G(x,y,z)$ を別の既知関数とするとき，拘束条件

$$\int_a^b G(x, f(x), f'(x))dx = 0 \tag{3.9}$$

の下で $J[f]$ を最大（最小）にするような関数で $f(a) = f(b) = 0$ を満たすものが C^2 級で存在するなら，それはオイラー-ラグランジュの微分方程式

$$\begin{aligned} &\frac{\partial F}{\partial y}(x, f(x), f'(x)) - \frac{d}{dx}\Big(\frac{\partial F}{\partial z}(x, f(x), f'(x))\Big) \\ &\quad + \lambda\Big\{\frac{\partial G}{\partial y}(x, f(x), f'(x)) - \frac{d}{dx}\Big(\frac{\partial G}{\partial z}(x, f(x), f'(x))\Big)\Big\} = 0 \end{aligned} \tag{3.10}$$

を満たす．λ は**ラグランジュ乗数**と呼ばれる定数で，f とともに決定される．

例題 3.4 その 1　**回転体の表面積の最小問題**

2 点 $(-a,b)$, (a,b) を結ぶ C^2 級曲線 $y = f(x)$ の中で，それを x 軸の回りに回転してできる曲面の表面積を最小にするものが満たす微分方程式を示せ．

解答　回転体の表面積の公式より

$$S[f] = 2\pi \int_{-a}^{a} f(x)\sqrt{1 + f'(x)^2}dx$$

を最小にすればよい．公式 (3.8) をいきなり適用しないで，その導き方を復習すると，$S[f]$ が f で極小，すなわち，十分小さい任意の ε に対して $S[f + \varepsilon\varphi] \geq S[f]$ となるための必要条件は，$S[f]$ の変分が 0，すなわち，

$$\begin{aligned} &S[f + \varepsilon\varphi] - S[f] \text{ の } \varepsilon \text{ の 1 次の項の係数} \\ &= 2\pi \int_{-a}^{a} \sqrt{1 + f'(x)^2}\varphi(x)dx + 2\pi \int_{-a}^{a} f(x)\frac{f'(x)}{\sqrt{1 + f'(x)^2}}\varphi'(x)dx \\ &= 2\pi \int_{-a}^{a} \sqrt{1 + f'(x)^2}\varphi(x)dx - 2\pi \int_{-a}^{a} \frac{d}{dx}\Big(f(x)\frac{f'(x)}{\sqrt{1 + f'(x)^2}}\Big)\varphi(x)dx = 0 \end{aligned}$$

[2)] 汎関数とは，関数の関数に付けられた呼称である．これらの微分方程式の導出法は以下の例題において実例を用いて示される．

となることである．ここで，第 2 の定積分は，両端固定の条件 $\varphi(-a)=\varphi(a)=0$ を用いて部分積分した．φ は任意なので，変分法の基本補題により，それにかかる被積分関数の因子を 0 と置けば[3)]，この場合のオイラー方程式

$$\sqrt{1+f'(x)^2}-\frac{d}{dx}\Big(\frac{f(x)f'(x)}{\sqrt{1+f'(x)^2}}\Big)=0$$

が得られる．微分を実行すると

$$\frac{\{f'(x)^2+f(x)f''(x)\}\sqrt{1+f'(x)^2}-f(x)f'(x)\dfrac{f'(x)f''(x)}{\sqrt{1+f'(x)^2}}}{1+f'(x)^2}=\sqrt{1+f'(x)^2},$$

簡単にして

$$f(x)f''(x)=1+f'(x)^2.$$

あるいは $y=f(x)$ と置き，求める方程式として $yy''=1+(y')^2$ を得る．■

例題 3.4 その 2　**制限付き等周問題**

2 点 (0,0), (1,0) を結び，弧長 a が一定で第 1 象限を通る平面曲線 $y=f(x)$ のうち，この曲線と x 軸で囲まれた部分の面積が最大となるものが満たす微分方程式を求めよ．

解答　拘束条件は

$$\int_0^1\sqrt{1+f'(x)^2}dx=a. \tag{3.11}$$

最大にすべき汎関数は

$$S[f]=\int_0^1 f(x)dx.$$

今度は，f の微小変形 $f(x)+\varepsilon\varphi(x)$ も拘束条件を満たさねばならない．従ってその変分（これを (3.11) に代入し ε について展開した後の ε の 1 次の項の係数）を取ると，

$$\int_0^1\frac{f'(x)}{\sqrt{1+f'(x)^2}}\varphi'(x)dx=0$$

も成り立たねばならない．両端固定の条件に注意して部分積分して，

$$\int_0^1\frac{d}{dx}\Big(\frac{f'(x)}{\sqrt{1+f'(x)^2}}\Big)\varphi(x)dx=0. \tag{3.12}$$

他方，$S[f]$ の変分は簡単で

---

3) 実際，この因子を $\varPhi(x)$ で表すとき，もし $\varPhi(x_1)\neq 0$ なる点が有れば，$\varphi(x)$ として x_1 の十分近くだけで正となる非負値関数をとれば $\int\varPhi(x)\varphi(x)dx\neq 0$ となってしまう．

$$\int_0^1 \varphi(x)dx. \tag{3.13}$$

(3.12) から必ず (3.13) $= 0$ が従うためには，ある定数 λ が存在して

$$1 = \lambda \frac{d}{dx}\left(\frac{f'(x)}{\sqrt{1+f'(x)^2}}\right)$$

となっていなければならない[4]．これが本問題に対するオイラー-ラグランジュの微分方程式である．微分を実行して

$$\frac{f''(x)}{\sqrt{1+f'(x)^2}} - \frac{f'(x)^2 f''(x)}{\sqrt{1+f'(x)^2}^3} = \frac{1}{\lambda} \qquad \therefore \quad \lambda f''(x) = \sqrt{1+f'(x)^2}^3.$$

あるいは $\lambda y'' = \{1+(y')^2\}^{3/2}$ を得る．ラグランジュ乗数 λ はこの微分方程式を解いて f を決定すれば，拘束条件から a で表せる（問題 3.16.4(8) の解答参照）． ■

$f(x) \geq 0$ という暗黙の条件は，面積 $S[f]$ の最大値を求める場合は明らかに無視できるが，最小値を求める場合には効いてくる．実際，グラフを一点だけで針のように尖らせれば，$S[f]$ をいくらでも 0 に近づけることができるが，0 は $f(x)$ が普通の連続関数のときには最小値として実現できない．従って上で形式的に導いた微分方程式は，$S[f]$ の最小値には適用されない．このような拘束条件もラグランジュの未定乗数法で扱えるが，微分方程式の範囲を逸脱するので，本書では扱わない．

問　題

3.4.1　2 点 $(0,1), (1,2)$ を結ぶ曲線の中で，$I = \int_0^1 ((y')^2 + y^2)dx$ の値を最小にするものを求めよ．

3.4.2　2 点 $\mathrm{P}(-1,-1)$，$\mathrm{Q}(1,1)$ を結ぶ曲線弧 C の中で，$I = \int_C (x^2(y')^2 + 12y^2)dx$ を最小にするものを求めよ．

3.4.3　拘束条件 $\int_0^1 f'(x)^2 dx = a$, $f(0) = f(1) = 0$ の下で，$\int_0^1 f(x)^2 dx$ を最大にせよ．

---

[4] 実際，これらの因子を $\Phi(x), \Psi(x)$ と置くとき，もし x_1, x_2 において $\Phi(x_1)/\Psi(x_1) \neq \Phi(x_2)/\Psi(x_2)$ とすると，$\varphi(x)$ をこれら 2 点の ε-近傍だけで正となる非負値関数で，高さを適当に調節して $\int \Phi(x)\varphi(x)dx = 0$ を満たすものとすれば，この左辺はおおよそ $\Phi(x_1)\varphi(x_1)\varepsilon + \Phi(x_2)\varphi(x_2)\varepsilon = 0$ を満たすが，他方，$\int \Psi(x)\varphi(x)dx \risingdotseq \Psi(x_1)\varphi(x_1)\varepsilon + \Psi(x_2)\varphi(x_2)\varepsilon = \frac{\Psi(x_1)}{\Phi(x_1)}\left\{\Phi(x_1)\varphi(x_1)\varepsilon + \frac{\Psi(x_2)}{\Psi(x_1)}\frac{\Phi(x_1)}{\Phi(x_2)}\Phi(x_2)\varphi(x_2)\varepsilon\right\} = \frac{\Psi(x_1)}{\Phi(x_1)}\left\{\frac{\Psi(x_2)}{\Psi(x_1)}\frac{\Phi(x_1)}{\Phi(x_2)} - 1\right\}\Phi(x_2)\varphi(x_2)\varepsilon \neq 0$ となってしまう．この議論を $o(\varepsilon)$ 付きで精密化すれば証明になる．

3.2　2 階線形微分方程式

$$P(x)y'' + Q(x)y' + R(x)y = f(x) \tag{3.14}$$

の形の微分方程式を **2 階線形微分方程式**と呼ぶ．線形の意味は 1 階のときと同じである．ただし 2 階の場合は一般には求積できない．右辺の $f(x)$ が 0 のもの

$$P(x)y'' + Q(x)y' + R(x)y = 0 \tag{3.15}$$

を**斉次**，そうでないときを**非斉次**と呼ぶ．それぞれ同次，非同次と呼ぶこともある．

要項 3.4　（線形性）　u_1, u_2 が斉次方程式 (3.15) の 1 次独立な解なら，c_1, c_2 を任意定数として $c_1u_1 + c_2u_2$ もまた解となる．これが (3.15) の一般解である．

非斉次方程式 (3.14) の一般解は，(3.14) の一つの特殊解 $v(x)$ と，対応する斉次方程式 (3.15) の一般解との和の形となる．

例題 3.5　　**線形族が満たす微分方程式**

c_1, c_2 を任意定数とする関数の族 $c_1x + c_2e^x + \sin x$ が共通に満たす 2 階線形微分方程式を求めよ．

解答　$y = c_1x + c_2e^x + \sin x$ を微分して $y' = c_1 + c_2e^x + \cos x$, $y'' = c_2e^x - \sin x$. 一般には後者の二つの式を連立させ，これから c_1, c_2 を求めて最初の式に代入すればよい．ここでは，最後の式から $c_2 = e^{-x}y'' + e^{-x}\sin x$ が直ちに求まり，これを一つ前の式に代入して $c_1 = y' - y'' - \sin x - \cos x$. よって

$$\begin{aligned} y &= x(y' - y'' - \sin x - \cos x) + e^x(e^{-x}y'' + e^{-x}\sin x) + \sin x \\ &= (1-x)y'' + xy' + (2-x)\sin x - x\cos x. \end{aligned}$$

あるいは

$$(1-x)y'' + xy' - y = (x-2)\sin x + x\cos x.$$

別解として，まず $y = c_1x + c_2e^x$ が満たす微分方程式 $(1-x)y'' + xy' - y = 0$ を上と同じ要領で求め，最後にこの方程式の y に $\sin x$ を放り込んで得られる関数を右辺に置けばよい．　■

問　題

3.5.1　次のような関数の族が満たす微分方程式を求めよ．

(1) $c_1e^x + c_2e^{-x} + 1$　　(2) $c_1x + c_2e^{x^2} + e^x$　　(3) $c_1x + c_2x^2 + x^3$

上の解法に線形代数の知識を応用すると，次のことが分かる．

要項 3.5 $c_1 u_1 + c_2 u_2 + v$ を一般解とする 2 階微分方程式は，行列式

$$\begin{vmatrix} u_1 & u_2 & y - v \\ u_1' & u_2' & y' - v' \\ u_1'' & u_2'' & y'' - v'' \end{vmatrix} = 0$$

を展開すれば得られる．実際，この行列は ${}^t(c_1, c_2, -1)$ という非自明なベクトルを核（零空間）に持つから，正則でない．

例題 3.6 ―――――――――――――――― 行列式を用いた微分方程式の構成 ――

c_1, c_2 を任意定数とする関数の族 $c_1 x + c_2 e^x$ が共通に満たす 2 階線形微分方程式を求めよ．また，$c_1 x + c_2 e^x + \cos x$ が共通に満たす 2 階線形微分方程式を求めよ．

[解答] 要項に従うと，前者は

$$\begin{vmatrix} x & e^x & y \\ 1 & e^x & y' \\ 0 & e^x & y'' \end{vmatrix} = 0,\quad \text{第 2 列から共通因子 } e^x \text{ を取り去れば} \quad \begin{vmatrix} x & 1 & y \\ 1 & 1 & y' \\ 0 & 1 & y'' \end{vmatrix} = 0.$$

これを展開すると

$$(x-1)y'' - xy' + y = 0$$

を得る．これは前例題の斉次部分と本質的に同じである．後者は

$$\begin{vmatrix} x & e^x & y - \cos x \\ 1 & e^x & y' + \sin x \\ 0 & e^x & y'' + \cos x \end{vmatrix} = 0$$

を同様に共通因子 e^x を取り去ってから展開して

$$(x-1)y'' - xy' + y + (x-2)\cos x - x \sin x = 0. \quad \blacksquare$$

問題

3.6.1 次のような関数の族が満たす微分方程式を求めよ．

(1) $c_1 e^x + c_2 e^{2x}$ (2) $c_1 e^x + c_2 e^{-2x}$ (3) $c_1 e^x + c_2 e^{x^2}$
(4) $c_1 e^x + c_2 e^{2x} + x$ (5) $c_1 e^x + c_2 e^{-2x} + x e^x$ (6) $c_1 e^x + c_2 e^{x^2} + x$

3.3　定数係数 2 階斉次線形微分方程式

要項 3.6　係数 P, Q, R が定数のときの，いわゆる定数係数 2 階斉次線形微分方程式

$$Py'' + Qy' + Ry = 0$$

の一般解は，**特性方程式**と呼ばれる代数方程式

$$P\lambda^2 + Q\lambda + R = 0$$

の 2 根（**特性根**）を λ_1, λ_2 とするとき，

$$c_1 e^{\lambda_1 x} + c_2 e^{\lambda_2 x}$$

で与えられる．ただし，根が複素数になったときは，**オイラーの関係式**

$$e^{i\theta} = \cos\theta + i\sin\theta$$

で解釈する．もとの方程式が実数係数なら，複素根は共役なので，これを $\mu \pm i\nu$ とするとき，実部を取って任意定数を適当に取り替えれば

$$e^{\mu x}(c_1 \cos\nu x + c_2 \sin\nu x)$$

の形の実の表現が得られる．また λ が実重根の場合の一般解は

$$y = (c_1 + c_2 x)e^{\lambda x}.$$

例題 3.7　**定数係数 2 階斉次線形方程式の一般解**

次の微分方程式の一般解を示せ．

(1) $y'' + y' - 2y = 0$　　(2) $y'' + 2y' + 2y = 0$　　(3) $y'' + 2y' + y = 0$

解答　(1) 特性方程式 $\lambda^2 + \lambda - 2 = 0$ の根は $\lambda = 1, -2$．よって一般解は $c_1 e^x + c_2 e^{-2x}$ となる．

(2) 特性方程式 $\lambda^2 + 2\lambda + 2 = 0$ の根は共役複素数 $\lambda = -1 \pm i$．よって実数表現の一般解は $(c_1 \cos x + c_2 \sin x)e^{-x}$ となる．

(3) 特性方程式 $\lambda^2 + 2\lambda + 1 = 0$ は実重根 $\lambda = -1$ を持つので，一般解は $(c_1 + c_2 x)e^{-x}$ となる．　■

問　題

3.7.1　次の微分方程式の一般解を示せ．

(1) $y'' + 2y' - 3y = 0$　　(2) $y'' - y' - 2y = 0$　　(3) $y'' + y = 0$

(4) $y'' - 2y' + y = 0$　　(5) $y'' - y = 0$　　(6) $y'' - 4y' + 5y = 0$

(7) $y'' - 3y' + 2y = 0$　　(8) $y'' + 6y' + 9y = 0$　　(9) $y'' + 6y' + 10y = 0$

要項 3.6 の内容は，代入して計算すれば確認できるが，次のような **"演算子"** 的計算法を知っておくと，公式の記憶に便利である．(これを具体的解法まで持っていったのが 6.6 節で述べる演算子法である．) 簡単のため $D = \dfrac{d}{dx}$ と略記すると，

$$De^{\lambda x} = \lambda e^{\lambda x} \quad なので, \quad (D-\lambda)e^{\lambda x} = 0,$$

重根の場合は，容易に確かめられる公式

$$(D-\lambda)(x^k e^{\lambda x}) = kx^{k-1}e^{\lambda x}, \quad 一般に \quad (D-\lambda)^l(x^k e^{\lambda x}) = \frac{k!}{(k-l)!}x^{k-l}e^{\lambda x} \tag{3.16}$$

から得られる

$$(D-\lambda)^{k+1}(x^k e^{\lambda x}) = 0$$

が使える．多項式の因数分解

$$P\lambda^2 + Q\lambda + R = P(\lambda - \lambda_1)(\lambda - \lambda_2)$$

に対応して，定数係数微分作用素の因数分解

$$(PD^2 + QD + R)y = \{P(D-\lambda_1)(D-\lambda_2)\}y = P(D-\lambda_1)\{(D-\lambda_2)y\}$$

が成立し，因子の順序は交換可能なので，これらから要項 3.6 の内容はほぼ自明となる．なお，一般に $p(D)$ を D の多項式として

$$p(D)e^{\lambda x} = p(\lambda)e^{\lambda x}, \quad p(D)(f(x)e^{\lambda x}) = \sum_{k=0}^{n} \frac{p^{(k)}(\lambda)}{k!} f^{(k)}(x)e^{\lambda x} \tag{3.17}$$

という公式が成り立つ．ここに $p^{(k)}(\lambda)$ は $p(\lambda)$ の k 次導関数である．

例題 3.8 ―――― **ライプニッツの公式の一般化**

公式 (3.17) を証明せよ．

解答 一つ目の公式は，二つ目の公式において $f(x) = 1$ という特別な場合である．よって二つ目を示せば十分である．

$p(D) = \sum_{m=0}^{n} c_m D^m$ と仮定し，この各項 D^m にライプニッツの公式を用いると，

$$\begin{aligned} p(D)(f(x)e^{\lambda x}) &= \sum_{m=0}^{n} c_m D^m(f(x)e^{\lambda x}) = \sum_{m=0}^{n} c_m \sum_{k=0}^{m} {}_mC_k f^{(k)}(x) D^{m-k} e^{\lambda x} \\ &= \sum_{m=0}^{n} c_m \sum_{k=0}^{m} {}_mC_k \lambda^{m-k} f^{(k)}(x) e^{\lambda x} \end{aligned}$$

$$= \sum_{k=0}^{n} \sum_{m=k}^{n} c_m \, {}_mC_k \lambda^{m-k} f^{(k)}(x) e^{\lambda x}.$$

（ここで m と k に関する和の順序交換の公式を用いた.）他方，

$$p^{(k)}(\lambda) = \sum_{m=k}^{n} c_m m(m-1)\cdots(m-k+1)\lambda^{m-k} = \sum_{m=k}^{n} c_m \frac{m!}{(m-k)!}\lambda^{m-k}$$

$$= \frac{1}{k!}\sum_{m=k}^{n} c_m \, {}_mC_k \lambda^{m-k}.$$

よって証明された.

【別解】 より演算子法的な計算を紹介する．$p(D)(f(x)e^{\lambda x}) = (p(D) \circ e^{\lambda x})f(x)$ と解釈できる．この最後の表現は，関数 $f(x)$ にまず掛け算演算子 $e^{\lambda x}$ が作用し，続いて微分演算子 $p(D)$ が作用することを意味する．ところで，演算子の合成則として，

$$D \circ e^{\lambda x} = e^{\lambda x} \circ (D + \lambda)$$

が成り立つ．これはこの式の両辺を任意の関数 $f(x)$ に適用してみれば分かる．この公式を反復適用し，$p(D)$ に含まれるすべての D と $e^{\lambda x}$ の順序を交換すれば，

$$p(D) \circ e^{\lambda x} = e^{\lambda x} p(D + \lambda)$$

となる．更に，テイラー展開により

$$p(D+\lambda) = p(\lambda + D) = \sum_{k=0}^{n} \frac{p^{(k)}(\lambda)}{k!} D^k$$

が成り立つ.（多項式のテイラー展開は代数的なものであり，変数 x が存在しないので，演算子 D についても可換な計算がそのまま適用できる．これは先に微分演算子の因数分解で行った計算と同様である.）以上を総合すれば，

$$p(D)(f(x)e^{\lambda x}) = e^{\lambda x} p(D+\lambda) f(x) = e^{\lambda x} \sum_{k=0}^{n} \frac{p^{(k)}(\lambda)}{k!} D^k f(x).$$ ■

問　題

3.8.1 次の公式を証明せよ.

(1) $(D-\mu)^m e^{\lambda x} = (\lambda - \mu)^m e^{\lambda x}$

(2) $(xD-\mu)^m x^\lambda = (\lambda-\mu)^m x^\lambda$

(3) $p(xD)x^\lambda = p(\lambda)x^\lambda$

(4) $(xD-\lambda)^m \{x^\lambda (\log x)^k\} = \dfrac{k!}{m!} x^\lambda (\log x)^{k-m}$

(5) $x^n D^n = xD(xD-1)(xD-2)\cdots(xD-n+1)$

3.3.1　オイラー型の方程式

要項 3.7　P, Q, R を定数とするとき，次の形の多項式係数線形微分方程式は **オイラー型**と呼ばれる．

$$Px^2y'' + Qxy' + Ry = 0.$$

これは $\log x = t$, $x = e^t$ という独立変数の変換で定数係数の線形微分方程式に帰着できる．微分演算子の変換則は

$$x\frac{d}{dx} = \frac{d}{d(\log x)}, \quad x^2\frac{d^2}{dx^2} = \left(x\frac{d}{dx}\right)^2 - x\frac{d}{dx} = x\frac{d}{dx}\left(x\frac{d}{dx} - 1\right).$$

従って上は

$$P\frac{d}{dt}\left(\frac{d}{dt} - 1\right)y + Q\frac{dy}{dt} + Ry = 0$$

に帰着するので，オイラー型の**決定方程式**

$$P\lambda(\lambda - 1) + Q\lambda + R = 0 \tag{3.18}$$

の根（**特性指数**）を λ_1, λ_2 とすれば，一般解は

$$y = c_1e^{\lambda_1 t} + c_2e^{\lambda_2 t} = c_1x^{\lambda_1} + c_2x^{\lambda_2}.$$

重根 λ の場合や共役複素根 $\mu \pm i\nu$ の場合は，それぞれ

$$y = (c_1 + c_2t)e^{\lambda t} = (c_1 + c_2\log x)x^{\lambda},$$
$$y = e^{\mu t}(c_1\cos\nu t + c_2\sin\nu t) = x^{\mu}\{c_1\cos(\nu\log x) + c_2\sin(\nu\log x)\}$$

となる．($x^{i\nu} = e^{i\nu\log x} = \cos(\nu\log x) + i\sin(\nu\log x)$ に注意.)

例題 3.9 その 1　　**斉次オイラー型方程式の一般解**

次の微分方程式の一般解を求めよ．

(1)　$x^2y'' + xy' - y = 0$　　　(2)　$x^2y'' + 3xy' + y = 0$

解答　(1) 決定方程式

$$\lambda(\lambda - 1) + \lambda - 1 = 0, \quad \text{すなわち} \quad \lambda^2 - 1 = 0$$

の根は，$\lambda = \pm 1$, 従って一般解は

$$y = c_1x + c_2\frac{1}{x}.$$

(2) 決定方程式

$$\lambda(\lambda-1)+3\lambda+1=0, \quad \text{すなわち} \quad \lambda^2+2\lambda+1=0, \quad (\lambda+1)^2=0$$

の根は，$\lambda=-1$（重根），従って一般解は

$$y=\frac{c_1}{x}+\frac{c_2}{x}\log x. \qquad ■$$

例題 3.9 その 2　**特性指数が虚数の場合**

次の微分方程式の一般解を求めよ．

(1)　$x^2y''+xy'+y=0$　　(2)　$x^2y''+3xy'+5y=0$

解答　(1) 決定方程式

$$\lambda(\lambda-1)+\lambda+1=0, \quad \text{すなわち} \quad \lambda^2+1=0$$

の根は，$\lambda=\pm i$, 従って一般解は

$$y=c_1x^i+c_2x^{-i}.$$

実数の表現に書き直すと，$x^i=e^{i\log x}=\cos(\log x)+i\sin(\log x)$ 等より，(取り替えた任意定数に再び同じ記号を用いて)

$$y=c_1\cos(\log x)+c_2\sin(\log x).$$

(2) 決定方程式

$$\lambda(\lambda-1)+3\lambda+5=0, \quad \text{すなわち} \quad \lambda^2+2\lambda+5=0$$

の根は，$\lambda=-1\pm 2i$, 従って一般解は

$$y=c_1x^{-1+2i}+c_2x^{-1-2i}.$$

実数の表現に書き直すと，$x^{2i}=\cos(2\log x)+i\sin(2\log x)$ 等より

$$y=c_1\frac{\cos(2\log x)}{x}+c_2\frac{\sin(2\log x)}{x}. \qquad ■$$

問　題

3.9.1　次の微分方程式の一般解を求めよ．

(1) $x^2y''-xy'-3y=0$　　(2) $x^2y''-xy'+y=0$

(3) $x^2y''-xy'+2y=0$　　(4) $x^2y''-5xy'+9y=0$

(5) $x^2y''+xy'+4y=0$　　(6) $2x^2y''+y=0$

3.4 定数変化法

要項 3.8　2階線形微分方程式 (3.14) において，対応する斉次方程式 (3.15) の一般解 $y = c_1u_1(x) + c_2u_2(x)$ が既知ならば，係数の c_1, c_2 を x の関数と読み替えて (3.14) に代入し，方程式が成り立つようにこれらを以下のように定めることができる．これを**定数変化法**という．

$$y' = c_1u_1' + c_2u_2' + c_1'u_1 + c_2'u_2$$

において，

$$c_1'u_1 + c_2'u_2 = 0 \tag{3.19}$$

と仮定すれば，

$$y'' = c_1u_1'' + c_2u_2'' + c_1'u_1' + c_2'u_2'$$

これらを (3.14) に代入すると，c_1, c_2 で括れる項は u_1, u_2 の選び方より消えるので

$$P(c_1'u_1' + c_2'u_2') = f \tag{3.20}$$

が残る（左辺に P を掛けるのを忘れないように）．(3.19), (3.20) から c_1', c_2' を解いて積分すれば，(3.14) の特殊解 $v(x) = c_1(x)u_1(x) + c_2(x)u_2(x)$ が一つ求まるので，(3.14) の一般解は，c_1, c_2 を再び任意定数として，次のように書ける：

$$y = v(x) + c_1u_1(x) + c_2u_2(x).$$

例題 3.10 その1　　　**一般解が自分で求められる場合の定数変化法**

微分方程式 $x^2y'' + xy' - y = x^2$ の特殊解を一つ求めよ．ただし対応する斉次方程式の解の基底として例題 3.9 その1 (1) で求めたものを利用せよ．

解答　例題 3.9 で求めた斉次部分の一般解 $y = c_1x + \dfrac{c_2}{x}$ から，手順に従い，

$$c_1'x + \frac{c_2'}{x} = 0, \quad x^2\left(c_1' - \frac{c_2'}{x^2}\right) = x^2 \qquad \therefore \quad c_1' = \frac{1}{2}, \quad c_2' = -\frac{x^2}{2}.$$

これより，原始関数を一つ求めれば

$$c_1 = \frac{x}{2}, \quad c_2 = -\frac{x^3}{6}.$$

よって特殊解の一つとして，次を得る：

$$v = x \cdot \frac{x}{2} - \frac{1}{x} \cdot \frac{x^3}{6} = \frac{x^2}{3}. \qquad ■$$

例題 3.10 その 2 ——— 一般解が与えられた場合の定数変化法

次の微分方程式は，対応する斉次方程式が e^{x^2}, e^{-x^2} を解に持つという．一般解を求めよ．

$$xy'' - y' - 4x^3y = x^5$$

解答 解法手順に従い $y = c_1e^{x^2} + c_2e^{-x^2}$ と置くと，

$$c_1'e^{x^2} + c_2'e^{-x^2} = 0, \quad x(c_1' \cdot 2xe^{x^2} - c_2' \cdot 2xe^{-x^2}) = x^5.$$

二つ目の式を $c_1'e^{x^2} - c_2'e^{-x^2} = \dfrac{x^3}{2}$ と変形しておけば，暗算で c_1', c_2' が求まり，

$$c_1' = \frac{x^3}{4}e^{-x^2}, \quad c_2' = -\frac{x^3}{4}e^{x^2}.$$

$$\therefore \quad c_1 = \int \frac{x^3}{4}e^{-x^2}dx = \int \frac{x^2}{8}e^{-x^2}d(x^2) = \frac{1}{8}(-x^2e^{-x^2} - e^{-x^2}),$$

$$c_2 = -\frac{1}{8}(x^2e^{x^2} - e^{x^2}).$$

以上より，特殊解として

$$v = \frac{1}{8}(-x^2e^{-x^2} - e^{-x^2})e^{x^2} - \frac{1}{8}(x^2e^{x^2} - e^{x^2})e^{-x^2} = -\frac{x^2}{4}$$

を得るので，一般解は $y = -\dfrac{x^2}{4} + c_1e^{x^2} + c_2e^{-x^2}$ となる． ■

問 題

3.10.1 次の微分方程式の一般解を求めよ．斉次部分の解は問題 3.7.1 を利用せよ．

(1) $y'' + 2y' - 3y = x$　(2) $y'' - y' - 2y = 1$　(3) $y'' + y = \cos 2x$

(4) $y'' - 2y' + y = \sin x$　(5) $y'' - y = x$　(6) $y'' - 4y' + 5y = e^{2x}$

(7) $y'' - y = xe^x + e^{2x}$　(8) $y'' - 3y' + 2y = e^{3x}(x^2 + x)$

(9) $y'' + y = \dfrac{1}{\cos x}$

3.10.2 次の微分方程式の一般解を求めよ．斉次部分の解は問題 3.9.1 を利用せよ．

(1) $x^2y'' - xy' - 3y = x^2$　(2) $x^2y'' - xy' + y = x^2$

(3) $x^2y'' - xy' + 2y = 1$　(4) $x^2y'' - 5xy' + 9y = x^3$

(5) $x^2y'' + xy' + 4y = 1$

3.10.3 微分方程式 $x(x+1)y'' - (x^2 - 2)y' - (x+2)y = x^2 + x - 1$ は斉次部分が e^x, $\dfrac{1}{x}$ を解に持つという．一般解を求めよ．

3.4.1 未定係数法による簡便解法

定数係数の線形微分方程式において，右辺に定数，e^{ax}, $\sin \omega x$, $\cos \omega x$, あるいはより一般に，これらに x の多項式を掛けたもの（**指数関数多項式**と総称する）を置いた場合は，同様の形をした特殊解が存在することが知られている．よって，このような場合は，定数変化法の計算をさぼって，未定係数法や目の子で特殊解を求めることができる．

要項 3.9 (1) 定数係数の左辺を持つ非斉次方程式

$$Py'' + Qy' + Ry = e^{\mu x} \tag{3.21}$$

において，μ が左辺の特性方程式の根でなければ，$ce^{\mu x}$ の形の解が必ず存在する．具体的には

$$c(P\mu^2 + Q\mu + R)e^{\mu x} = e^{\mu x}, \quad \text{よって} \quad c = \frac{1}{P\mu^2 + Q\mu + R}.$$

方程式の右辺が $x^k e^{\mu x}$ のときには，k 次の多項式 $\times$ $e^{\mu x}$ の形で同様に特殊解が求まる．($1 = e^{0x}$ もこの仲間である．)

(2) μ が左辺の特性方程式の根のとき，μ が重根でなければ $cxe^{\mu x}$ の形の解が存在する．具体的には

$$c(P\mu^2 + Q\mu + R)xe^{\mu x} + c(2P\mu + Q)e^{\mu x} = e^{\mu x}, \quad \therefore \quad c = \frac{1}{2P\mu + Q}.$$

(3) より一般に (3.21) の右辺が $x^k e^{\mu x}$ となったときは，μ の重複度を ν とするとき $k + \nu$ 次の多項式 $\times$ $e^{\mu x}$ の形で解が求まる．ただし，斉次方程式の解となるような低次の項は省略する．

以上は，特性根が虚数になる場合もオイラーの関係式を用いて適当に実の表現に読み替えられる．

オイラー型方程式の場合，定数係数の方程式に変換したときの指数関数多項式に対応するのは，x の冪 $\times$ “$\log x$ の多項式”，の形のものである．よってこのような右辺を持つオイラー型方程式に対しては，同様の方法で特殊解が求まる．

例題 3.11 その 1 —— **指数関数多項式の特殊解**

次の微分方程式の特殊解を求めよ．

(1) $y'' + y' - 2y = 1$　(2) $y'' + 2y' + 2y = x + e^x$

(3) $y'' + 2y' + y = \sin x$　(4) $y'' + 2y' + y = e^{-x}$　(5) $y'' - y = xe^x$

解答　斉次方程式の一般解が例題 3.7 で求めてあるものについては，定数変化法が適用できるが，ここでは，目の子による求め方の練習をしよう．

(1) これは定数の特殊解が有る．$y=c$ を左辺に代入すると $-2c$ となるので，$c=-\dfrac{1}{2}$ でよい．

(2) 線形方程式なので，右辺が x のときの解と e^x のときの解を別々に求めて加えればよい．まず，x に対しては $ax+b$ の形の特殊解がある．これを左辺に代入すると，$2a+2ax+2b$ となるので，$2a=1$, $2a+2b=0$ より，$a=\dfrac{1}{2}$, $b=-\dfrac{1}{2}$. 従って $\dfrac{1}{2}(x-1)$ が特殊解．次に，e^x に対しては，ce^x の形の特殊解が有る．左辺に代入すると $5ce^x$ となるので，$c=\dfrac{1}{5}$, よって $\dfrac{1}{5}e^x$ が特殊解．結局答はこれらの和で

$$\frac{1}{2}(x-1)+\frac{1}{5}e^x.$$

(3) これは $a\sin x+b\cos x$ の形の特殊解を持つ．このまま左辺に代入して係数を決めてもよい（そのような計算の例は以下の問題の解答に含まれている）が，複素変数の指数関数を使う方が計算が簡単になるので，ここではその方法を示す．$\sin x=\operatorname{Im}e^{ix}$ に注意して，特殊解を $\operatorname{Im}(ce^{ix})$ と置く．Im は最後にとることにして，複素数で計算すると，ce^{ix} を左辺に代入して

$$-ce^{ix}+2ice^{ix}+ce^{ix}=e^{ix}.$$

これより，$2ic=1$, $c=-\dfrac{i}{2}$. 従って，すべての項の虚部をとれば

$$\operatorname{Im}\Big(-\frac{i}{2}e^{ix}\Big)=-\frac{1}{2}\cos x$$

が与えられた方程式を満たすことが分かり，従って求める特殊解となる．

(4) $\lambda=-1$ が特性方程式の根と一致するので，ce^{-x} を左辺に代入すると消えてしまい，c が求まらない（振動論でいう共振の場合；次節の要項 3.10 参照）．こういうときは cxe^{-x} を試すとよい．ただしこの場合は更に $\lambda=-1$ が重根なので，これでも消えてしまうので，次数をもう一つ上げて $u=cx^2e^{-x}$ を左辺に代入するとよい．（一般論としては $(ax^2+bx+c)e^{-x}$ という形を仮定するのだが，今は xe^{-x} も e^{-x} も斉次方程式の解なので，付けても無駄である.）

$$u'=(-cx^2+2cx)e^{-x},\qquad u''=(cx^2-4cx+2c)e^{-x}$$

に注意して計算すると，左辺は

$$(cx^2-4cx+2c)e^{-x}+2(-cx^2+2cx)e^{-x}+cx^2e^{-x}=2ce^{-x}$$

となり，x^2 と x の係数は打ち消すので，係数比較から $2c=1$, 従って特殊解として $\dfrac{x^2}{2}e^{-x}$ が得られた．

(5) 特性方程式 $\lambda^2-1=0$ の根は ± 1 なので，ここでも多項式の次数を上げる必要が有る．今度は xe^x は斉次方程式の解ではないので省略できない．$y=(ax^2+bx)e^x$ を方程式に代入すると，

$$y'=\{ax^2+(2a+b)x+b\}e^x, \quad y''=\{ax^2+(4a+b)x+2a+2b\}e^x.$$

$$\therefore \quad \{ax^2+(4a+b)x+(2a+2b)\}e^x-(ax^2+bx)e^x=xe^x.$$

これより $4a=1$, $2a+2b=0$ を得，$a=\dfrac{1}{4}$, $b=-\dfrac{1}{4}$. よって $\dfrac{1}{4}(x^2-x)e^x$ が求める特殊解である． ■

例題 3.11 その2 ——— **オイラー型の冪・対数多項式の特殊解**

次の微分方程式の特殊解を求めよ．

$$x^2y''+xy'-2y=x\log x$$

解答 決定方程式 $\lambda(\lambda-1)+\lambda-2=0$ の根は $\lambda=\pm\sqrt{2}$ なので，これは $x(c_1\log x+c_2)$ の形の特殊解を持つはずである．代入してみると，

$$x^2\left(\frac{c_1}{x}\right)+x(c_1\log x+c_1+c_2)-2x(c_1\log x+c_2)=x\log x$$

$$\therefore \quad -c_1=1, \quad c_1+c_1+c_2-2c_2=0.$$

よって，$c_1=-1$, $c_2=-2$ と求まるので，特殊解 $-x(\log x+2)$ が得られた． ■

問 題

3.11.1 次の微分方程式の指数関数多項式の特殊解を求めよ．

(1) $y''+a^2y=e^x$ (2) $y''-y=e^x+e^{2x}$ (3) $y''-3y'+2y=(x^2+x)e^{3x}$

(4) $y''-7y'+6y=\sin x$ (5) $y''+2y'+y=e^{-x}\cos x+e^{-x}$

(6) $y''+a^2y=\sin x$ (7) $y''-2y'+y=xe^x$

(8) $y''-y=\sinh x\left(=\dfrac{e^x-e^{-x}}{2}\right)$ (9) $y''-3y'+2y=\cosh x\left(=\dfrac{e^x+e^{-x}}{2}\right)$

(10) $y''+y'+2y=\cos x$ (11) $y''+2y'+2y=2e^{-x}\cos x$

3.11.2 次の微分方程式の特殊解を求めよ．

(1) $x^2y''-xy'-3y=x-x^3$ (2) $x^2y''+xy'-y=x$

(3) $x^2y''-xy'+2y=x\log x$ (4) $x^2y''-xy'+y=x\log x$

(5) $x^2y''-2y=\dfrac{1}{x}+\dfrac{1}{x^2}$ (6) $x^3y''+x^2y'+4xy=1$

(7) $(x+1)^2y''+(x+1)y'+y=x+2\sin\log(1+x)$

3.5 定数係数 2 階線形微分方程式の解の挙動

要項 3.10　独立変数を時刻 t とする実係数の定数係数 2 階線形微分方程式 $x'' + ax' + bx = 0$ の特性根と $t \to \infty$ のときの解の振舞いの関係は次の通りである：

(1) 2 根とも負のとき,（二つの異なる速さで）指数減少.

(2) 2 根とも正のとき,（二つの異なる速さで）指数増大.

(3) 2 根が正負異符号のとき，指数減少する一つの例外を除き，指数増大.

(4) 2 根が共役複素数で，実部が負のとき，振動しつつ絶対値が指数減少（**減衰振動**).

(5) 2 根が共役複素数で，実部が正のとき，振動しつつ指数増大.

(6) 2 根が共役順虚数のとき，一定の振幅で振動（**固有振動**).

この方程式の右辺に**強制振動**項 $e^{i\omega t}$ を付けた場合は，(2), (5) のとき，時間が十分経過すると上と同じように振る舞う．(1), (4) のとき，時間が十分経過すると強制振動に近づく．(6) のとき $i\omega$ が特性根でなければ，時間が十分経過すると強制振動に近づく．特性根と一致するときは，振動しつつ絶対値が t に比例して増大する（**共振**).この現象は橋などの破壊事故として実際に深刻な問題となってきた．また，最近では大地震のとき，震源から遠く離れた特定の建物に大きな被害が生ずる原因として注目されている.

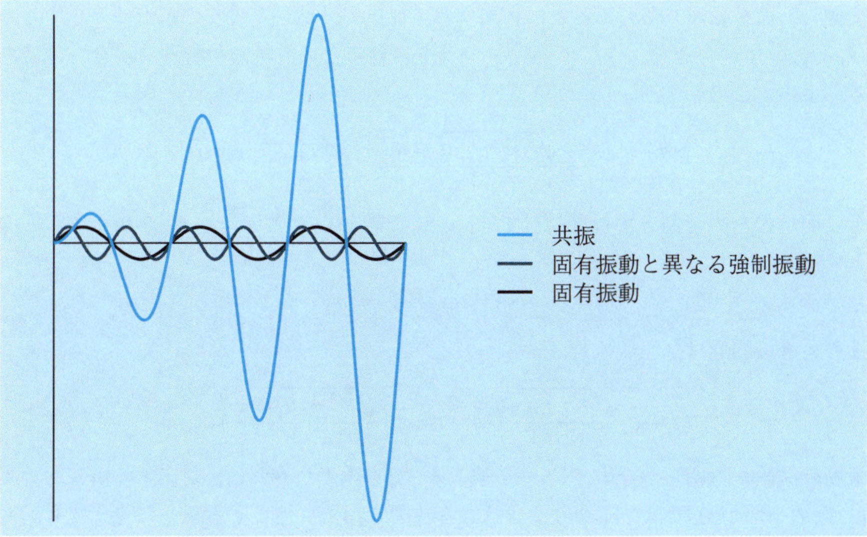

例題 3.12 その 1 **定数係数線形方程式の解の漸近挙動**

サイクロイドを伏せた形の丘の途中の指定点から丘の頂上に向かって球を転がしたときのボールの運動は

$$\frac{d^2s}{dt^2} + k\frac{ds}{dt} - \frac{g}{4a}s = 0 \tag{3.22}$$

という方程式で与えられる．ここに k は速度抵抗係数である（教科書 [4], 問 2.15 およびそのウェッブ解答参照）．このとき，ボールがちょうど頂上で停止するような初速を求めよ．またその初速を少し動かしたとき，解がどのように振る舞うか考察せよ．

解答 運動方程式 (3.22) の特性根は $\lambda^2 + k\lambda - \dfrac{g}{4a} = 0$ を解いて $\lambda = \dfrac{1}{2}\left(-k \pm \sqrt{k^2 + \dfrac{g}{a}}\right)$. よって一般解は，

$$s = c_1 e^{(\sqrt{k^2+g/a}-k)t/2} + c_2 e^{-(\sqrt{k^2+g/a}+k)t/2}.$$

この形の解は，一般には第 1 項が勝り，$c_1 > 0$ のとき s は時刻とともに指数関数的に無限に増大し，$c_1 < 0$ のときは逆に負で無限に減少する．これは，前者では球が頂上を越えて反対側の斜面を転がり落ち，後者では頂上に到れず途中から戻ってきて手前側の斜面を転がり落ちることに相当する．従って，球が丁度丘の頂上で停止するのは，$c_1 = 0$ のときで，かつ $t \to \infty$ で頂上に到るという極めて特殊な場合だけである．よってこのとき，

$$\frac{ds}{dt} = -c_2\frac{\sqrt{k^2 + g/a} + k}{2}e^{-(\sqrt{k^2+g/a}+k)t/2}.$$

今，簡単のため時刻を平行移動して，$t = 0$ で球が指定点 $s = -s_0$ を出発するものとすると，

$$-s_0 = c_1 + c_2 = c_2$$

そのときの初速は，

$$-c_2\frac{\sqrt{k^2 + g/a} + k}{2} = s_0\frac{\sqrt{k^2 + g/a} + k}{2}.$$

最初の議論から明らかなように，初速に少しでも誤差が有れば，対応する解において c_1 は微小だが 0 ではなくなり，球はある時刻で頂上に停止するように見えても，やがて t の増大とともに一般解の第 1 項が効いてきて，球は頂上の手前に戻るかまたは乗り越えて向こう側に到り，転がり落ちることになる． ■

この問題では，s の（0 階微分の）係数が負なので，速度抵抗がいくら大きくなっても，理論的には臨界の初速が大きくなるだけで，現象は変わらない．（以下の問題 3.12.1 と比較せよ．）ただし現実には速度がある程度小さくなると，静止摩擦が働き，従って上で求めた臨界速度のある近傍を初速として出発したとき，球は頂上の周辺に停止するであろう．静止摩擦は通常の微分方程式だけでは表せない．

例題 3.12 その 2　**共振に近い方程式の解の挙動**

要項の一覧から，理論的には，速度抵抗 a が 0 でなければ共振は決して起こらないはずだが，現実には a が厳密に 0 ということは有り得ないはずである．a が 0 ではないが非常に小さい場合に，共振現象に相当する現象が起こるかどうか論ぜよ．

解答　計算を見やすくするため，時刻に相当する変数を x で表し，複素表現を用いて，方程式 $y'' + 2ay' + \omega^2 y = Be^{i\omega x}$ を考える．この解は一般論より，

$$y = \frac{Be^{i\omega x}}{-\omega^2 + 2ai\omega + \omega^2} + c_1 e^{(-a+i\omega)x} + c_2 e^{(-a-i\omega)x}$$
$$= \frac{Be^{i\omega x}}{2ai\omega} + c_1 e^{(-a+i\omega)x} + c_2 e^{(-a-i\omega)x}$$

である．初期条件 $y(0) = 1$, $y'(0) = 0$ を課してみると，

$$1 = \frac{B}{2ai\omega} + c_1 + c_2, \quad 0 = \frac{Bi\omega}{2ai\omega} + c_1(-a + i\omega) + c_2(-a - i\omega).$$
$$\therefore \quad c_1 = \frac{-a - i\omega}{-2i\omega} - \frac{B(a + 2i\omega)}{(2i\omega)^2 a}, \quad c_2 = \frac{-a + i\omega}{2i\omega} + \frac{Ba}{(2i\omega)^2 a}.$$

よって解は

$$y = \frac{Be^{i\omega x}}{2ai\omega} + \frac{-(-a - i\omega)e^{(-a+i\omega)x} + (-a + i\omega)e^{(-a-i\omega)x}}{2i\omega}$$
$$+ \frac{B}{(2i\omega)^2 a}\{-(a + 2i\omega)e^{(-a+i\omega)x} + ae^{(-a-i\omega)x}\}$$
$$= \frac{-(-a - i\omega)e^{(-a+i\omega)x} + (-a + i\omega)e^{(-a-i\omega)x}}{2i\omega}$$
$$+ \frac{B}{(2i\omega)^2 a}\{2i\omega - (a + 2i\omega)e^{(-a+i\omega)x} + ae^{(-a-i\omega)x}\}$$

となる．ここで最後の辺の初項は有界である．次の項は

$$= \frac{B}{2i\omega}\frac{1 - e^{(-a+i\omega)x}}{a} - \frac{B}{(2i\omega)^2}\{e^{(-a+i\omega)x} - e^{(-a-i\omega)x}\}$$

と書き直され，この最後の項も有界で，問題となるのは，第 1 項の因子

$$\frac{1-e^{(-a+i\omega)x}}{a} \fallingdotseq \frac{(a-i\omega)x}{a}$$

である．これは $x=0$ では 0 だが，x が 0 から離れると，a が小さいときは急激に大きくなることが，テイラー近似から見て取れる．すなわち，摩擦が無いときの共振と同じことが近似的に起こっている．上の値をまるごと評価してみると

$$\left|\frac{1-e^{(-a+i\omega)x}}{a}\right| = \frac{\sqrt{1+e^{-2ax}-2e^{-ax}\cos\omega x}}{a}$$

となり，最大値を厳密に求めることはできないが，例えば $\omega=1$ として a を小さくしてみると，数値的に

a の値	振幅の最大値	最大値をとる x
1.0	1.069432	2.284
0.1	17.367732	2.968
0.01	196.916785	3.1219
0.001	1996.86433	3.1396
0.0001	19996.8590	3.1414

となる．もちろん $x\to\infty$ とすれば解は最後は 0 に減衰するのだが，実際の構造物では，この最大値に耐えられなければ，破壊が起こる．つまり摩擦が相当大きくなければ，共振を防ぐ効果は期待できないことになる．■

$a=1$ から順に 1/2 倍し，$1/2^7$ までパラメータの値を変化させたときの，上記関数のグラフ．$0\le x\le 32$，$0\le y\le 240$ の範囲を描画している．

問　題

3.12.1　例題 3.2 その 1 で導いた速度抵抗のある単振子において，運動の様子が速度抵抗の大きさとともにどのように変化するかを論ぜよ．

3.12.2　問題 3.2.1 で導いた空気抵抗が有る場合のボールの運動について，もしボールが非常な高度から自然落下してきたとき，地上到達時の速度（いわゆる終端速度）を見積もれ．

3.6 階数低下法

要項 3.11 2階の微分方程式が y を陽に含まず

$$\frac{d^2y}{dx^2} = f\Big(x, \frac{dy}{dx}\Big)$$

という形のとき，$\dfrac{dy}{dx} = p$ を従属変数と見れば

$$\frac{dp}{dx} = f(x, p)$$

という1階の微分方程式に帰着され，もしこの一般解 $p = u(x; c_1)$ が求まれば，もとの一般解は

$$y = \int u(x; c_1)dx + c_2$$

と求まる．逆に，x を陽に含まない

$$\frac{d^2y}{dx^2} = f\Big(y, \frac{dy}{dx}\Big)$$

という形の場合についても，$\dfrac{dy}{dx} = p$ と置けば

$$\frac{d^2y}{dx^2} = \frac{dp}{dx} = \frac{dy}{dx}\frac{dp}{dy} = p\frac{dp}{dy}$$

により

$$p\frac{dp}{dy} = f(y, p)$$

と1階の微分方程式に帰着する．この一般解 $p = u(y; c_1)$ が求まれば，変数分離形の

$$\frac{dy}{dx} = u(y; c_1)$$

を求積して，もとの方程式の一般解が求まる．この方法は高階の方程式にも通用し，階数を一つ下げることができる．

特に，$\dfrac{d^2y}{dx^2} = f(y)$ の形の2階常微分方程式は力学でよく出てくる．この場合は次の例題の別解に示すような簡便解法も知られている．

例題 3.13 ── 形の特殊性を用いた階数低下法

次の微分方程式を1階に帰着して解け．

$$\frac{d^2y}{dx^2} = y^2$$

解答 まず，一般的処方を適用すると，$\dfrac{dy}{dx}=p$ と置いて

$$\frac{d^2y}{dx^2}=p\frac{dp}{dy}=y^2,\quad \text{従って}\quad \frac{p^2}{2}=\int pdp=\int y^2dy=\frac{y^3}{3}+C$$

となるから，

$$\frac{dy}{dx}=p=\sqrt{\frac{2}{3}y^3+c_1},\quad dx=\frac{dy}{\sqrt{\frac{2}{3}y^3+c_1}}.$$

よってもう一度積分して

$$x=\int\frac{dy}{\sqrt{\frac{2}{3}y^3+c_1}}+c_2.$$

この右辺の不定積分は楕円関数という高等関数になり，初等関数では表せない．

別解として，方程式の両辺に $\dfrac{dy}{dx}$ を一つ掛けると，

$$\frac{dy}{dx}\frac{d^2y}{dx^2}=\frac{1}{2}\frac{d}{dx}\left(\frac{dy}{dx}\right)^2=y^2\frac{dy}{dx}$$

となり，両辺を x で積分すると

$$\frac{1}{2}\left(\frac{dy}{dx}\right)^2=\int y^2dy$$

となって，最初の解法の計算に帰着する．この形の方程式については，この解法がより簡単で，力学で常用されており，上の計算は“運動方程式を積分して力学的エネルギーの保存則を導く”ものとの意味付けがされる． ■

問　題

3.13.1 次の微分方程式を 1 階に帰着して解け．

(1) $y''+(y')^2=0$　(2) $(y'')^2=y'$　(3) $(1+x^2)y''+(y')^2+1=0$

(4) $y'(1+(y')^2)=ay''$　(5) $y'y''=x$　(6) $y''=(y')^3$

(7) $4y'+(y'')^2=4xy''$　(8) $xy''=yy'$　(9) $3yy''-5(y')^2=0$

3.13.2 次の微分方程式を 1 階に帰着して解け．

(1) $y(y'')^2=1$　(2) $y''=ae^y$　(3) $3y''=y^{-5/3}$　(4) $1+(y')^2=2yy''$

(5) $yy'y''=1$　(6) $y'y''=y$　(7) $y^4-y^3y''=1$　(8) $2yy''-3(y')^2=4y^2$

(9) $yy''=(y')^2$　(10) $y''=y^3$　(11) $y''=ye^{y'}$　(12) $2(y')^2=(y-1)y''$

(13) $2(2a-y)y''=1+(y')^2$　(14) $2yy''+(y')^2+(y')^4=0$

要項 3.12 2 階斉次線形微分方程式 (3.15) において，特殊解の一つ $y = u(x)$ が知られているとき，$y = u(x)\displaystyle\int z dx$ と置くことにより

$$\frac{dy}{dx} = u(x)z + u'(x)\int z dx, \quad \frac{d^2y}{dx^2} = u(x)\frac{dz}{dx} + 2u'(x)z + u''(x)\int z dx$$

を方程式に代入すると $\displaystyle\int z dx$ の係数が消え，z の 1 階線形微分方程式となる．その一般解 $z = c_1 v(x)$ が求まれば，もとの方程式の一般解は

$$y = u(x)\left(c_1 \int v(x)dx + c_2\right)$$

と求まる．($u(x)$ と $u(x)\displaystyle\int v(x)dx$ が 1 次独立な解となる.)

2 階非斉次線形微分方程式 (3.14) の場合は，対応する斉次方程式 (3.14) の特殊解の一つ $y = u(x)$ が既知なら，同様に $y = u(x)\displaystyle\int z dx$ をもとの非斉次方程式に代入して z を求めれば，定数変化法を取り込んだ形で一気に一般解が求まる．

例題 3.14 その 1 **特殊解を用いた線形方程式の階数低下**

$y = x^2 - 1$ が特殊解であることを既知として，次の微分方程式の一般解を求めよ．

$$y'' - xy' + 2y = 0.$$

解答 $y = (x^2 - 1)\displaystyle\int z dx$ を方程式に代入すると，

$$(x^2 - 1)z' + 4xz + 2\int z dx - x\left\{(x^2 - 1)z + 2x\int z dx\right\} + 2(x^2 - 1)\int z dx = 0$$

となり，$\displaystyle\int z dx$ の係数は確かに消え，これより

$$(x^2 - 1)z' - (x^3 - 5x)z = 0.$$

これを積分すると，

$$\frac{dz}{z} = \frac{x^3 - 5x}{x^2 - 1}dx = \left(x - \frac{2}{x-1} - \frac{2}{x+1}\right)dx$$

より

$$\log z = \frac{x^2}{2} - 2\log(x^2 - 1) + C, \qquad \therefore \quad z = c_1 \frac{e^{x^2/2}}{(x^2 - 1)^2}$$

となる．これを最初の式に代入すると，一般解は

$$y=(x^2-1)\Big\{c_1\int\frac{e^{x^2/2}}{(x^2-1)^2}dx+c_2\Big\}.$$ ■

例題 3.14 その 2 ―――― **非斉次線形方程式の階数低下**

同じ条件の下で次の微分方程式の一般解を求めよ．

$$y''-xy'+2y=x.$$

解答 この解は，非斉次方程式の特殊解を目の子で一つ求めて上で求めた一般解に加えれば得られるが，ここでは最初からこの非斉次方程式を解く道筋を示す．$y=(x^2-1)\displaystyle\int zdx$ を方程式に代入すれば，前例題の計算と同様

$$(x^2-1)z'-(x^3-5x)z=x.$$

この左辺は $(x^2-1)e^{-x^2/2}$ を積分因子に持つことが分かるので，これを両辺に掛けて

$$\{(x^2-1)^2e^{-x^2/2}z\}'=(x^2-1)e^{-x^2/2}x.$$

右辺の原始関数は，x^2 を缶詰にすると計算でき，$-(x^2+1)e^{-x^2/2}$ と求まる．よって，

$$z=\frac{1}{(x^2-1)^2e^{-x^2/2}}\{-(x^2+1)e^{-x^2/2}+C\}=-\frac{x^2+1}{(x^2-1)^2}+C\frac{e^{x^2/2}}{(x^2-1)^2}.$$

ちょっとした積分計算で $\displaystyle\int\frac{x^2+1}{(x^2-1)^2}dx=-\frac{x}{x^2-1}$ が分かるので，結局一般解は

$$y=x+C_1(x^2-1)\int\frac{e^{x^2/2}}{(x^2-1)^2}dx+C_2(x^2-1).$$ ■

問 題

3.14.1 次の2階線形微分方程式は，括弧内に示されたような特殊解を持つという．一般解を求めよ．

(1) $xy''-(x+1)y'+y=0\quad(e^x)$

(2) $y''-4xy'+(4x^2-2)y=0\quad(e^{x^2})$

(3) $(1-x^2)y''-2xy'+2y=0\quad(x)$

(4) $y''-2xy'+2y=0\quad(x)$

(5) $xy''+xy'-y=0\quad(x)$

(6) $xy''+xy'+y=0\quad(xe^{-x})$

(7) $xy''+(x+1)y'+y=0\quad(e^{-x})$

(8) $xy''+(x+2)y'+y=0\quad\left(\dfrac{1}{x}\right)$

(9) $xy''-y'+4x^3y=0\quad(\cos x^2)$

(10) $xy''+2y'+xy=0\quad\left(\dfrac{\cos x}{x}\right)$

3.7　2 階線形微分方程式とリッカチ方程式

リッカチ方程式

$$\frac{dy}{dx} = P(x)y^2 + Q(x)y + R(x) \qquad (2.22)\text{（再掲）}$$

は 2 階線形微分方程式と同等な概念である．

要項 3.13　リッカチ方程式 (2.22) は $P(x)y = -\dfrac{u'}{u}$ という変換で，

$$u'' - \left(Q + \frac{P'}{P}\right)u' + PRu = 0 \qquad (3.23)$$

という 2 階線形方程式に帰着する．逆に，2 階線形方程式

$$u'' + Su' + Tu = 0 \qquad (3.24)$$

が与えられたとき，P を適当に選んで $y = -\dfrac{u'}{Pu}$ と変換すれば，

$$y' = Py^2 - \left(\frac{P'}{P} + S\right)y + \frac{T}{P} \qquad (3.25)$$

というリッカチ方程式を得る．

例題 3.15 その 1　　**リッカチの 2 階線形への変換**

上の計算を確かめよ．

解答　(2.22) に $P(x)y = -\dfrac{u'}{u}$ を代入すると，

$$\begin{aligned}0 = y' - Py^2 - Qy - R &= -\left(\frac{u'}{Pu}\right)' - P\left(\frac{u'}{Pu}\right)^2 + Q\left(\frac{u'}{Pu}\right) - R \\ &= -\frac{Puu'' - P(u')^2 - P'uu'}{P^2u^2} - \frac{P(u')^2}{P^2u^2} + \frac{PQuu'}{P^2u^2} - \frac{P^2Ru^2}{P^2u^2} \\ &= -\frac{1}{Pu}\left(u'' - \frac{P'}{P}u' - Qu' + PRu\right).\end{aligned}$$

逆に，$y = -u'/Pu$ から

$$u' = -Puy, \quad u'' = -Puy' - (P'u + Pu')y = -Puy' + P^2uy^2 - P'uy.$$

これらを上の 2 階線形微分方程式に代入し，共通因子 u を省けば，

$$-Py' + P^2y^2 - P'y - PSy + T = 0, \quad \text{すなわち}, \quad y' = Py^2 - \left(\frac{P'}{P} + S\right)y + \frac{T}{P}.$$ ■

例題 3.15 その2 ―― **リッカチの一般解の線形からの説明**

リッカチ方程式 (2.22) に二つの特殊解 $\varphi(x)$, $\psi(x)$ が見つかったら，一般解は

$$\frac{c\varphi e^{-\int P\varphi dx}+\psi e^{-\int P\varphi dx}}{ce^{-\int P\varphi dx}+e^{-\int P\varphi dx}}$$

で与えられることを示せ.

解答 φ, ψ に対応する2階線形微分方程式 (3.23) の解は前例題により $P\varphi=-\dfrac{u'}{u}$, $P\psi=-\dfrac{v'}{v}$ の解 u, v である．従って,

$$\log u=-\int P\varphi dx, \qquad \log v=-\int P\psi dx. \tag{3.26}$$

(3.23) の方はこれから一般解が c_1u+c_2v として求まる．これに対応する (2.22) の解は，同じく前例題により，P をもとのリッカチ方程式の y^2 の係数に選ぶとき,

$$y=-\frac{(c_1u+c_2v)'}{P(c_1u+c_2v)}=-\frac{c_1u'+c_2v'}{P(c_1u+c_2v)}.$$

これに $u'=-P\varphi u$, $v'=-P\psi v$ を，次いで (3.26) を代入すると,

$$y=\frac{Pc_1\varphi u+Pc_2\psi v}{P(c_1u+c_2v)}=\frac{c_1\varphi u+c_2\psi v}{c_1u+c_2v}=\frac{c\varphi e^{-\int P\varphi dx}+\psi e^{-\int P\psi dx}}{ce^{-\int P\varphi dx}+e^{-\int P\psi dx}}.$$

ここで，任意定数の自由度は実際には1だけなので，$c=\dfrac{c_1}{c_2}$ で書き換えた. ■

これは例題 2.16 の別証であるが，一般解が任意定数について1次分数式となる理由がより納得し易いであろう.

問題

3.15.1 次の方程式を1階リッカチ型は2階線形に，2階線形は1階リッカチ型にそれぞれ変換せよ.

(1) $y'+y^2-x=0$ (2) $y'+xy^2-y+x^2=0$

(3) $y''+(x-1)y'+x^2y=0$

3.15.2 次のリッカチ型方程式は ax^λ の形の特殊解を2種類持つ．これらを求め，例題 3.15 その2で与えられた公式を用いて一般解を求めよ.

(1) $(x^4-1)y'=y^2+2x^3y-3x^2$ (2) $xy'-y+y^2=x^2$

(3) $x^2y'+xy-y^2=-\dfrac{1}{x^2}$ (4) $y'+y^2=\dfrac{2}{x^2}$

3.8 総合問題

ここでは，解法を指示しない 2 階微分方程式の求積問題と，本文中で解説しなかった特殊例を挙げる．

問題

3.16.1 次の 2 階微分方程式の一般解を求めよ．(問題は必ずしも難易度順ではない．)

(1) $y'' - 6y' + 9y = xe^x + e^{3x}$　(2) $y'' - xy' + 2y = x$　(3) $y'' + 2y' = x$

(4) $x^2y'' + 2xy' - 2y = x$　(5) $x^2y'' + xy' + y = \cos\log x$

(6) $(1+x^2)y'' + y'^2 + 1 = 0$　(7) $xy'' = y'\log\dfrac{y'}{x}$　(8) $(y'')^2 = y'$

(9) $x^2yy'' = (y - xy')^2$　(10) $x^2y'' - 4xy' + 6y = \dfrac{1}{x} + x + x^2 + x^3$

(11) $y'' = (1 + (y')^2)^{3/2}$　(12) $y'' + y' + y = 0$　(13) $y'' + xy' = x^3$

(14) $xyy'' + x(y')^2 - yy' = 0$　(15) $y'(1 + y'^2) = ay''$　(16) $y(y'')^2 = y'$

(17) $x^4y'' + (xy' - y)^3 = 0$　(18) $1 + (y')^2 = 2yy''$　(19) $yy'' = y'$

(20) $2yy'' - 3(y')^2 = 4y^2$　(21) $y^4 - y^3y'' = 1$　(22) $yy'' = (y')^3$

(23) $(y'')^2 - 2xy'' + x^2 = y^2$　(24) $x^3y'' = (y - xy')^2$　(25) $y'y'' = ae^y$

3.16.2 次の微分方程式は括弧内に示した特殊解を持つという．一般解を求めよ．

(1) $xy'' + 2y' + xy = 0$,　$(\dfrac{\sin x}{x})$　(2) $x(1-x)^2y'' = 2y$,　$(\dfrac{x}{1-x})$

(3) $xy'' - (1+x)y' + y = 0$,　$(x+1)$

(4) $(2x+1)y'' + (4x-2)y' - 8y = 0$,　($e^{mx}$, m の値は自分で決めよ.)

(5) $xy'' - (x+5)y' + 3y = 0$,　(x の多項式)

(6) $(x^2-1)y'' - 6y = 0$,　(同上)

(7) $y'' - 2xy' + 4y = 0$,　(同上)

(8) $(x^2-1)y'' - 2y = 0$,　(同上)

(9) $xy'' - (x+q)y' + py = 0$,　(ただし $p(p+1) \neq q$, $q > 0$),　(冪関数の和)

3.16.3 多項式係数の微分方程式 $a(x)y'' + b(x)y' + c(x)y = 0$ が有理関数解を持つとき，その有理関数の分母は $a(x)$ の因子である多項式に限られることを示せ．また，有理関数解を持つ次の微分方程式を求積せよ．

(1) $(x^2-x)y'' + (2x-3)y' - 2y = 0$　(2) $(x^2-x)y'' + (x+1)y' - y = 0$

(3) $(x^2-x)y'' + (4x-2)y' + 2y = 0$　(4) $(1+x^2)y'' + 6xy' + 6y = 0$

3.16.4 以下で導いた微分方程式を解き，それぞれの曲線を決定せよ．

(1) 例題 3.3 その 1　(2) 例題 3.3 その 2　(3) 問題 3.3.1　(4) 問題 3.3.2

(5) 問題 3.3.3　(6) 問題 3.2.5　(7) 例題 3.4 その 1　(8) 例題 3.4 その 2

(9) 問題 3.4.1　(10) 問題 3.4.2　(11) 問題 3.4.3

4 連立微分方程式と高階微分方程式

連立方程式は方程式系（システム）と呼ばれることが多い．ここではこれらに関する基礎的一般論を扱う．なお線形の連立・高階微分方程式は第 6 章で再び取り上げる．

4.1 定数係数高階単独線形微分方程式の解法

要項 4.1 定数係数の n 階単独線形微分方程式

$$y^{(n)} + a_1 y^{(n-1)} + a_2 y^{(n-2)} + \cdots + a_n y = 0 \tag{4.1}$$

は，これに対応する**特性方程式**

$$\lambda^n + a_1\lambda^{n-1} + a_2\lambda^{n-2} + \cdots + a_n = 0 \tag{4.2}$$

の根，すなわち，**特性根**が $\lambda_1, \ldots, \lambda_s$ で，それらの重複度が $\nu_1, \ldots, \nu_s$（従って $\nu_1 + \nu_2 + \cdots + \nu_s = n$）であるとすれば，

$$e^{\lambda_1 x}, xe^{\lambda_1 x}, \ldots, x^{\nu_1 - 1}e^{\lambda_1 x}, \ldots, e^{\lambda_s x}, xe^{\lambda_s x}, \ldots, x^{\nu_s - 1}e^{\lambda_s x}$$

という解の基底を持つ．これは，**特性多項式**が

$$\lambda^n + a_1\lambda^{n-1} + a_2\lambda^{n-2} + \cdots + a_n = (\lambda - \lambda_1)^{\nu_1} \cdots (\lambda - \lambda_s)^{\nu_s}$$

と因数分解され，これに応じて微分作用素（演算子）もその意味で

$$D^n + a_1 D^{n-1} + a_2 D^{n-2} + \cdots + a_n = (D - \lambda_1)^{\nu_1} \cdots (D - \lambda_s)^{\nu_s}$$

と因数分解され，かつ因子の順序が自由に交換できることから，公式

$$(D - \lambda)e^{\lambda x} = 0, \qquad (D - \lambda)(x^k e^{\lambda x}) = kx^{k-1}e^{\lambda x} \tag{4.3}$$

を用いて直ちに確かめられる．

固有値が虚数のときに 3 角関数を用いた実の表現法は 2 階のときと同様である．

例題 4.1 その 1 ―― **定数係数高階斉次線形方程式の一般解**

次の微分方程式の一般解を求めよ．

$$y''' - 3y' + 2y = 0$$

解答 特性方程式は

$$\lambda^3 - 3\lambda + 2 = 0$$

であり，一目で根 $\lambda = 1$ を持つことが分かるので，$\lambda - 1$ で割り算するとすべての根が求まり，結局 1 が 2 重根，-2 が単根である．よって上の要項により一般解は

$$(c_1 + c_2 x)e^x + c_3 e^{-2x}. \quad ■$$

定数係数線形単独方程式の右辺に指数関数多項式が置かれたものは，2 階のときにやった指数関数多項式の特殊解を目の子で探す方法が適用できる．定数変化法も適用できるが，これについては 1 階線形系のところで扱う．

例題 4.1 その 2 **非斉次方程式の一般解**

次の微分方程式の一般解を求めよ．

$$y''' - 3y' + 2y = 6e^x$$

解答 斉次方程式の一般解は前例題で求めてあり，それによれば，1 は 2 重固有値なので，目の子で求めるには cx^2e^x を使わねばならない．これをそのまま微分方程式に代入して計算すると面倒なので，微分方程式の左辺を因数分解し，演算子の公式 (3.16) を利用して計算すると，

$$(D^3 - 3D + 2)(cx^2e^x) = (D+2)(D-1)^2(cx^2e^x) = (D+2)(2ce^x) = 6ce^x.$$

よって $c = 1$ と取れば特殊解となる．従って一般解は

$$y = x^2e^x + (c_1 + c_2 x)e^x + c_3 e^{-2x}. \quad ■$$

問 題

4.1.1 次の微分方程式の一般解を求めよ．

(1) $y''' - 4y' = 0$ (2) $y''' - 8y = 0$ (3) $y''' - 3y' - 2y = 0$
(4) $y^{(4)} - y = 0$ (5) $y^{(4)} + 16y = 0$ (6) $y^{(4)} + 2y''' + 5y'' + 8y' + 4y = 0$
(7) $y^{(4)} - 4y''' + 6y'' - 4y' + y = 0$ (8) $y^{(4)} - 5y'' + 4y = 0$

4.1.2 次の微分方程式の一般解を求めよ．

(1) $y''' - 4y' = xe^{2x} + \sin x + x^2$ (2) $y''' - 8y = e^x + e^{2x}$
(3) $y''' - 3y' - 2y = e^x + e^{-x}$ (4) $y^{(4)} - y = \cos x$ (5) $y^{(4)} + 16y = \cos x$
(6) $y^{(4)} + 2y''' + 5y'' + 8y' + 4y = \cos x + 40e^x$ (7) $y^{(4)} + 4y = \sin x$
(8) $y^{(4)} - 4y''' + 6y'' - 4y' + y = e^x + e^{2x}$ (9) $y''' - 3y' + 2y = (x^2 + x)e^{3x}$
(10) $y''' - 6y'' + 11y' - 6y = e^x$ (11) $y''' - 5y'' + 17y' - 13y = xe^x$

4.2 高階オイラー型方程式の解法

高階の **オイラー型方程式**

$$x^n y^{(n)} + a_1 x^{n-1} y^{(n-1)} + \cdots + a_{n-1} x y' + a_n y = 0 \tag{4.4}$$

も 2 階の場合と同じ技法で解ける.

要項 4.2　(4.4) の決定方程式

$$\lambda(\lambda-1)\cdots(\lambda-n+1) + a_1\lambda(\lambda-1)\cdots(\lambda-n+2) + \cdots + a_{n-1}\lambda + a_n = 0$$

の根（**特性指数**）を λ_k（ν_k 重根），$k = 1, \ldots, m$ とするとき，(4.4) の解の基底は

$$x^{\lambda_k}\{c_{k0} + c_{k1}\log x + \cdots + c_{k,\nu_k-1}(\log x)^{\nu_k-1}\}, \qquad k = 1, \ldots, m$$

で与えられる．決定方程式を求めるには，$x\dfrac{d}{dx}$ の多項式で方程式の左辺を書き直す演算子的計算法も有効である．実際，方程式は $\prod_{k=1}^{m}\left(x\dfrac{d}{dx} - \lambda_k\right)^{\nu_k} y = 0$ と書き換えられ，因子の順序は自由に交換できる．

例題 4.2　　高階オイラー型

次のオイラー型微分方程式を解け．

$$x^3 y''' + 3x^2 y'' - 2xy' + 2y = 0$$

解答　与えられた方程式の決定方程式は

$$\lambda(\lambda-1)(\lambda-2) + 3\lambda(\lambda-1) - 2\lambda + 2 = 0, \quad \text{すなわち}, \quad \lambda^3 - 3\lambda + 2 = 0$$

となり，特性指数は $\lambda = 1$（重根），-2 で，一般解は

$$y = (c_1 + c_2 \log x)x + \frac{c_3}{x^2}. \quad ■$$

右辺に非斉次項がある場合の特殊解の求め方は 2 階のときの技法がそのまま使える．

問　題

4.2.1　次のオイラー型微分方程式の一般解を求めよ．

(1) $x^3 y''' + 2x^2 y'' - xy' + y = 0$

(2) $x^3 y''' - 3x^2 y'' + 6xy' - 6y = 0$

(3) $x^3 y''' - x^2 y'' + 2xy' - 2y = x^3 + x$

(4) $x^3 y''' - 6y = x + \log x$

(5) $x^3 y''' + 3x^2 y'' + xy' = 1 + x$

(6) $x^3 y''' + xy' - y = x\log x - x$

(7) $x^4 y^{(4)} + 6x^3 y''' + 7x^2 y'' + xy' - y = x + \dfrac{1}{x}$

4.3　高階微分方程式の 1 階連立化

常微分方程式の場合は，一つの n 階単独方程式と n 個の 1 階連立方程式をお互いの間で書き直すことが原理的にはできる．特に，前者から後者への書き換えは常に実行可能である．従って，理論的には 1 階連立方程式を扱うだけで十分である．

要項 4.3　正規形の n 階単独微分方程式

$$y^{(n)} = f(x, y, y', \dots, y^{(n-1)})$$

は，$y_1 = y$, $y_2 = y'$, ..., $y_n = y^{(n-1)}$ という変数の導入により，1 階 n-連立微分方程式

$$\begin{cases} y_1' = y_2, \\ y_2' = y_3, \\ \dots, \\ y_n' = f(x, y_1, y_2, \dots, y_n) \end{cases}$$

に帰着される.（この他にも 1 階連立化の方法は無数に存在する．下の例題 4.3 その 1 参照.）逆に，1 階 n-連立微分方程式

$$\begin{cases} y_1' = f_1(x, y_1, y_2, \dots, y_n), \\ y_2' = f_2(x, y_1, y_2, \dots, y_n), \\ \dots, \\ y_n' = f_n(x, y_1, y_2, \dots, y_n) \end{cases} \tag{4.5}$$

は，

$$y_1'' = \frac{\partial f_1}{\partial x} + \sum_{j=1}^{n} \frac{\partial f_1}{\partial y_j} y_j'$$

において，右辺の y_j' に (4.5) を代入して $x, y_1, y_2, \dots, y_n$ の関数に書き直したものを $f_{12}(x, y_1, y_2, \dots, y_n)$ と置く．次いで

$$y_1'' = f_{12}(x, y_1, y_2, \dots, y_n)$$

の両辺を微分して，同様に右辺から y_j' を消去したものを $f_{13}(x, y_1, y_2, \dots, y_n)$ と置く等々．こうして得られる $(n-1)$-連立方程式

$$\begin{cases} f_1(x, y_1, y_2, \dots, y_n) = y_1', \\ f_{12}(x, y_1, y_2, \dots, y_n) = y_1'', \\ \dots, \\ f_{1,n-1}(x, y_1, y_2, \dots, y_n) = y_1^{(n-1)} \end{cases} \tag{4.6}$$

から $y_2,\dots,y_n$ を求めることができれば，これらを上と同様にして作った

$$y_1^{(n)} = f_{1n}(x, y_1, y_2, \dots, y_n)$$

の右辺に代入して，y_1 の n 階単独微分方程式を得る．他の成分についても同様である．

(4.6) が $y_2,\dots,y_n$ について解けるための抽象的条件は，陰関数定理で要求される関数独立性

$$\frac{\partial(f_1, f_{12}, \dots, f_{1,n-1})}{\partial(y_2, \dots, y_{n-1}, y_n)} \neq 0$$

である．この条件が満たされても，一般にはこの非線形連立方程式は陽に解くことはできない．なお，1 個の n 階方程式で，もとの 1 階 n-連立方程式と同値なものが必ずしも求まらないことは，分離型の連立方程式 $y_1' = y_1$, $y_2' = y_2$, $y_3' = y_3$ を考えてみれば明らかである．ちなみに，このとき (4.6) は

$$\begin{cases} y_1' = y_1, \\ y_1'' = y_1' = y_1 \end{cases}$$

となり，y_2, y_3 を含まないので，これらについて解けない．これを更に微分して得られる $y_1''' = y_1$ は一応 y_1 の 3 階単独微分方程式であるが，無縁な解 $e^{\omega x}$, $e^{\omega^2 x}$ $(\omega = \dfrac{-1+\sqrt{-3}}{2})$ を含んでおり，正しい消去の結果ではない．

例題 4.3 その 1 ―― **単独高階から 1 階連立へ**

次の単独高階方程式を 1 階連立化せよ．

$$y''' + yy' = x^2 y''$$

解答 $y_1 = y$, $y_2 = y'$, $y_3 = y''$ と置けば，

$$y_1' = y_2, \quad y_2' = y_3, \quad y_3' = x^2 y_3 - y_1 y_2.$$

逆に $y_1''' = (y_2)'' = y_3'$ から y_1 を未知数としてもとの単独方程式が復元することも明らかである．これ以外にも，例えば，$y_1 = y^2$, $y_2 = yy'$, $y_3 = y''$ などと置けば，

$$y_1' = 2y_2, \quad y_2' = \frac{y_2^2}{y_1} + \sqrt{y_1}\, y_3, \quad y_3' = x^2 y_3 - y_2$$

など，無数の可能性がある． ■

例題 4.3 その 2　　　　**1 階連立から 2 階単独へ**

次の 1 階連立方程式から，各成分が満たす 2 階単独方程式を導け．またもとの連立方程式と同値な 1 個の 2 階単独方程式は存在するか？

$$y_1' = y_2^2, \qquad y_2' = y_1$$

解答　一つ目の方程式を x で微分し，それにもとの方程式を代入すると

$$y_1'' = 2y_2y_2' = \pm 2\sqrt{y_1'}y_1, \quad \text{従って} \quad (y_1'')^2 = 4y_1^2y_1'.$$

同様に，二つ目を微分してもとの方程式を代入すると

$$y_2'' = y_1' = y_2^2, \quad \text{すなわち} \quad y_2'' = y_2^2.$$

成分により異なる方程式が得られたが，今一つ目を残すと，これを $y_1'' = \pm 2\sqrt{y_1'}y_1$ と開いたとき，$y_2 = \pm\sqrt{y_1'}$（複号同順）と置いて他方の変数を復活すれば，

$$y_1' = y_2^2 \quad \text{また} \quad y_2' = \frac{y_1''}{\pm 2\sqrt{y_1'}} = \frac{\pm 2\sqrt{y_1'}y_1}{\pm 2\sqrt{y_1'}} = y_1$$

と連立方程式が復元できる．同様に，二つ目を残したときも，$y_1 = y_2'$ と置けば

$$y_1' = y_2'' = y_2^2$$

と一つ目が復元できる．故にこれらはいずれももとの連立方程式と同値である．■

問　題

4.3.1　次の高階単独方程式を 1 階連立化せよ．

(1) $y''' + 3xy' - 2x^2y = 1$　　(2) $y''' = xyy'y'' + 1$

(3) $(y'' + 2)y = (y' + x)(y' + 2x)$　　(4) $x^3y''' - 2x^2y'' + xy' + 5 = 0$

(5) $(y^{(4)} + y'' + y)^2 = y''' + y' + x$

4.3.2　次の高階連立方程式を 1 階連立化せよ．ただし独立変数は t とせよ．

(1) $x'' = xy',\ y'' = x^2 + y^2$　　(2) $x''' + x'y' = xy,\ y'' + xy' = t$

4.3.3　次の 1 階連立方程式から，各成分が満たす単独方程式を導け．またもとの連立方程式と同値な 1 個の高階単独方程式は存在するか？

(1) $y_1' = y_1y_2 + x, \quad y_2' = y_1^2 - x$

(2) $y_1' = y_2 + y_3, \quad y_2' = y_1, \quad y_3' = y_2 + x$

(3) $y_1' = y_2y_3, \quad y_2' = y_1y_3, \quad y_3' = y_1y_2$

(4) $y_1' = y_2, \quad y_2' = y_3, \quad y_3' = y_4, \quad y_4' = y_1$

(5) $y_1' = y_3, \quad y_2' = y_4, \quad y_3' = y_5, \quad y_4' = y_1, \quad y_5' = y_1$

4.4 階数低下法

2階微分方程式において解説した階数低下の技法は一般の高階微分方程式に対しても適用できる．しかし，3階以上の方程式では，これらの技法で1階下げても，まだ解くことからはほど遠い．

要項 4.4 (1) n 階微分方程式が y を陽に含まなければ，$\dfrac{dy}{dx} = p$ を従属変数と見れば p の $n-1$ 階微分方程式に帰着される．

(2) n 階微分方程式が x を陽に含まなければ，$\dfrac{dy}{dx} = p$ と置き，

$$\frac{d^2y}{dx^2} = \frac{dp}{dx} = \frac{dy}{dx}\frac{dp}{dy} = p\frac{dp}{dy}. \tag{4.7}$$

以下同様に $\dfrac{d^ky}{dx^k}$ を $\dfrac{d^jp}{dy^j}$, $j = 0, 1, \ldots, k-1$ で書き直すことにより，y を独立変数とする p の $n-1$ 階微分方程式に帰着できる．

(3) n 階線形微分方程式において，斉次部分の特殊解の一つ $y = u(x)$ が知られているとき，$y = u(x)\int z dx$ と置くことにより

$$\frac{dy}{dx} = u(x)z + u'(x)\int z dx, \quad \frac{d^2y}{dx^2} = u(x)\frac{dz}{dx} + 2u'(x)z + u''(x)\int z dx, \ \ldots$$

を方程式に代入すると $\displaystyle\int z dx$ の係数が消え，z の $n-1$ 階線形微分方程式となる．

例題 4.4 その1 ―――――――――― 独立変数の取り替えの計算

微分方程式 $\dfrac{d^4y}{dx^4} + \dfrac{dy}{dx}\dfrac{d^2y}{dx^2} = 0$ を p の3階微分方程式に書き直せ．

解答 (4.7) を用いて

$$\begin{aligned}\frac{d^4y}{dx^4} &= \frac{d}{dx}\left\{\frac{d}{dx}\left(\frac{d^2y}{dx^2}\right)\right\} = \frac{dy}{dx}\frac{d}{dy}\left\{\frac{dy}{dx}\frac{d}{dy}\left(\frac{d^2y}{dx^2}\right)\right\} = p\frac{d}{dy}\left\{p^2\frac{d^2p}{dy^2} + p\left(\frac{dp}{dy}\right)^2\right\} \\ &= p\left\{p^2\frac{d^3p}{dy^3} + 2p\frac{dp}{dy}\frac{d^2p}{dy^2} + \left(\frac{dp}{dy}\right)^3 + 2p\frac{dp}{dy}\frac{d^2p}{dy^2}\right\} \\ &= p^3\frac{d^3p}{dy^3} + 4p^2\frac{dp}{dy}\frac{d^2p}{dy^2} + p\left(\frac{dp}{dy}\right)^3.\end{aligned}$$

従って答は

$$p^3\frac{d^3p}{dy^3} + 4p^2\frac{dp}{dy}\frac{d^2p}{dy^2} + p\left(\frac{dp}{dy}\right)^3 + p^2\frac{dp}{dy} = 0.$$

なお，$p=0$, すなわち $y=c$（定数）は解の一つであるが，$p\neq 0$ とすれば，p を一つキャンセルできて

$$p^2\frac{d^3p}{dy^3}+4p\frac{dp}{dy}\frac{d^2p}{dy^2}+\left(\frac{dp}{dy}\right)^3+p\frac{dp}{dy}=0$$

となる．$p=0$ はこの方程式にも解として含まれるので，こちらを答としてもよいであろう．■

一般に，

$$\begin{aligned}\frac{d^{n+1}y}{dx^{n+1}}&=\left(p\frac{d}{dy}\right)^n p\\&=p^n\frac{d^np}{dy^n}+\frac{n(n-1)}{2}p^{n-1}\frac{d^{n-1}p}{dy^{n-1}}+\frac{n(n-1)(n-2)(3n-5)}{24}p^{n-2}\frac{d^{n-2}p}{dy^{n-2}}\\&\quad+\cdots+A_{n,k}p^k\frac{d^kp}{dy^k}+\cdots+(2^{n-1}-1)p^2\frac{d^2p}{dy^2}+p\frac{dp}{dy}.\end{aligned}\tag{4.8}$$

ここに，一般項の係数は

$$A_{n+1,k}=kA_{n,k}+A_{n,k-1}\tag{4.9}$$

という漸化式を満たす．

例題 4.4 その 2　　**複数の特殊解を用いた階数低下**

次の微分方程式は二つの特殊解 $x,\ \dfrac{1}{x}$ を持つという．この方程式を求積せよ．

$$x^2y'''+x(x+3)y''+xy'-y=0$$

解答　$y=x\displaystyle\int u\,dx$ と置き，方程式に代入すれば，

$$y'=\int u\,dx+xu,\qquad y''=2u+xu',\qquad y'''=3u'+xu''$$

より

$$\begin{aligned}&x^3u''+\{3x^2+x^2(x+3)\}u'+\{2x(x+3)+x^2\}u=0,\\&\text{すなわち，}\quad x^2u''+(x^2+6x)u'+(3x+6)u=0\end{aligned}\tag{4.10}$$

2 階線形でも多項式係数の場合，一般には求積できないが，今はもとの方程式にもう一つの特殊解 $\dfrac{1}{x}$ が既知，従ってこれを今用いた一つ目の特殊解 x で割り算した $\dfrac{1}{x^2}$ は $\displaystyle\int u\,dx$ に含まれる．従って，それを微分した $-\dfrac{2}{x^3}$ は u に含まれる．すなわち，

(4.10) は（定数因子を調節した）$\dfrac{1}{x^3}$ という特殊解を持つ．これを用いて再び階数低下法を適用すれば，$u = \dfrac{1}{x^3}\displaystyle\int v dx$ と置いて，

$$u' = -\frac{3}{x^4}\int v dx + \frac{1}{x^3}v, \quad u'' = \frac{12}{x^5}\int v dx - \frac{6}{x^4}v + \frac{1}{x^3}v'$$

より

$$\frac{1}{x}v' + \Big(-\frac{6}{x^2} + \frac{1}{x} + \frac{6}{x^2}\Big)v = 0, \quad すなわち, \quad v' + v = 0.$$

よって

$$v = ce^{-x}, \quad u = \frac{1}{x^3}\int v dx = c_1\frac{e^{-x}}{x^3} + C\frac{1}{x^3},$$
$$y = x\int u dx = c_1 x\int \frac{e^{-x}}{x^3}dx + c_2\frac{1}{x} + c_3 x.$$

ここで定数は適当に取り替えた．すなわち，解の基底の残りの一つは $x\displaystyle\int \frac{e^{-x}}{x^3}dx$ で与えられることが分かった.（この不定積分は積分対数 $\displaystyle\int \frac{dx}{\log x}$ に帰着し，初等関数では表せない.）■

問　題

4.4.1　公式 (4.8) を証明せよ．

4.4.2　次の線形微分方程式を，与えられた特殊解を利用して求積せよ．

(1) $x(x-1)y''' - x^2y'' + 2xy' - 2y = 0 \quad (x)$

(2) $xy''' - y'' - xy' + y = 0 \quad (e^x,\ x)$

(3) $xy''' + 3y'' - xy' - y = 0 \quad (\frac{1}{x}e^x)$

(4) $x(x+1)y''' + (x^2+1)y'' - (x-2)y' + y = 0 \quad (x-2,\ e^{-x})$

(5) $(x^2-1)y''' - (x^2-2x-1)y'' - 2(x+1)y' + 2y = 0 \quad (x+1,\ e^x)$

4.4.3　次の高階微分方程式を求積せよ．

(1) $ay''' = y''$　(2) $y''' + xy'' - 2y' = 2$　(3) $y^{(4)} + xy''' = 1$

(4) $y''' + xy'' = x$　(5) $y''' + (y'')^2 = 0$　(6) $y'y''' = y''$

(7) $y''' = e^{y'}$　(8) $y'y''' - 3(y'')^2 = 0$

(9) $y'''(1 + (y')^2) - 3y'(y'')^2 = 0$　(10) $y''' = (y'')^3$

(11) $y''y''' = yy'$　(12) $y''y^{(4)} - y''' = 0$　(13) $y'y^{(4)} = y''y'''$

(14) $y'''y^{(4)} = y'y''$　(15) $y'y''' - (y'')^2 = (y')^3e^y$　(16) $y''' = yy'y''$

5　初期値問題と境界値問題

5.1　初期値問題

要項 5.1　一般的に，正規形の微分方程式

$$y^{(m)} = F(x, y, y', \ldots, y^{m-1})$$

の一般解は，m 個の**任意定数**を含むが，ある点 $x = a$ で

$$y(a) = y_0,\ y'(a) = y_1,\ \ldots,\ y^{m-1}(a) = y_{m-1} \tag{5.1}$$

の値を指定すれば，任意定数が定まり，解が一つに決まる[1]．関係式 (5.1) を**初期条件**と呼び，右辺の値 $y_0, \ldots, y_{m-1}$ を**初期値**と呼ぶ．初期条件を満たす解を求める問題を**初期値問題**という．

初期値問題を解くには二つの方法がある．

第 1 の方法　まず一般解を求めておき，初期条件を連立の（一般には超越）方程式として任意定数について解く．同じ方程式をいろんな初期条件に対して解く場合はこれが便利である．

第 2 の方法　一般解を求める過程で，随時初期条件を適用し，積分定数を決めながら解を求める．一度だけの初期値問題の場合は，この方が計算が楽なことが多いが，任意定数が具体的な数値になると計算間違いが分かりにくくなるので注意が要る．

例題 5.1 その 1　　**1 階方程式の初期値問題**

次の微分方程式の初期値問題を解け．

$$y' + 2xy = x, \qquad y(0) = 1$$

解答　**第 1 の解法**　まずこの微分方程式を 1 階線形の常套手段で解き，一般解を求める．両辺に e^{x^2} を掛けると $(e^{x^2}y)' = xe^{x^2}$ と変形され，

$$e^{x^2}y = \int xe^{x^2}dx = \frac{1}{2}e^{x^2} + C \ldots\ldots ①, \qquad y = \frac{1}{2} + Ce^{-x^2} \ldots\ldots ②$$

---

1) これが成り立つための十分条件は第 8 章で示す．ここでは右辺の F が滑らかなものしか考えないので，正規形でありさえすればよい．なお正規形でなかったり，最高階 $y^{(m)}$ の係数が 0 になるような点では，初期値問題は意味を持たなくなるので，それだけは注意せよ．

と一般解が求まる．最後の答②に $x=0$ を代入し，初期条件を用いると，$1=\frac{1}{2}+C$ となり，$C=\frac{1}{2}$，従って求める解は $y=\frac{1}{2}(1+e^{-x^2})$ となる．

第2の解法　① の段階で積分定数を決めてしまう．$x=0$ のとき左辺は 1 なので，

$$e^{x^2}y=1+\int_0^x xe^{x^2}dx=1+\left[\frac{1}{2}e^{x^2}\right]_0^x=1+\frac{1}{2}e^{x^2}-\frac{1}{2}=\frac{1}{2}(1+e^{x^2}).$$

これから y を求めれば，上と同じ解を得る．■

例題 5.1 その2　　2階方程式の初期値問題

次の微分方程式の初期値問題を解け．

$$y''+2y'+y=x,\qquad y(0)=1,\ \ y'(0)=-1$$

解答　**第1の解法**　特殊解 $y=x-2$ が目の子で（あるいは指数関数多項式解を求める未定係数法で）求まった場合は，一般解

$$y=c_1e^{-x}+c_2xe^{-x}+x-2,$$

従って

$$y'=-c_1e^{-x}+c_2(1-x)e^{-x}+1$$

がすぐ書き下せるので，初期条件を当てはめて

$$1=c_1-2,\qquad -1=-c_1+c_2+1.$$

よって $c_1=3$, $c_2=1$ と定まり，求める解は $y=(x+3)e^{-x}+x-2$ となる．

第2の解法　特殊解を定数変化法で求める場合は，初期条件を同時に課して積分するのがよい．$y=c_1e^{-x}+c_2xe^{-x}$ において c_1, c_2 を x の関数とみなして，まず初期条件から

$$1=c_1(0),\qquad \therefore\quad c_1(0)=1$$

を得る．次に定数変化法の処方により

$$y'=-c_1e^{-x}+c_2(1-x)e^{-x},\qquad c_1'e^{-x}+c_2'xe^{-x}=0\ldots\ldots①$$

を計算する．ここで再び初期条件を適用して

$$-1=-c_1(0)+c_2(0),\qquad \therefore\quad c_2(0)=0.$$

更に

$$y''=c_1e^{-x}+c_2(x-2)e^{-x}-c_1'e^{-x}+c_2'(1-x)e^{-x}.$$

これらを方程式に代入すると，最後のものから

$$-c_1'e^{-x} + c_2'(1-x)e^{-x} = x \ldots\ldots ②$$

となることが一般論で分かっているので，①,② から

$$c_1' = -x^2e^x, \qquad c_2' = xe^x.$$

これを上で求めておいたこれらの関数の初期値を考慮して積分すると

$$c_1 = 1 - \int_0^x x^2e^x dx = 1 - \Big[(x^2-2x+2)e^x\Big]_0^x = 3-(x^2-2x+2)e^x,$$
$$c_2 = \int_0^x xe^x dx = (x-1)e^x + 1.$$

よって解は

$$y = \{3-(x^2-2x+2)e^x\}e^{-x} + \{(x-1)e^x+1\}xe^{-x} = (x+3)e^{-x}+x-2.$$ ■

問　題

5.1.1 次の微分方程式の初期値問題の解を求めよ．

(1) $y' = y^2, \quad y(0) = 1$　　(2) $y' = xy^3, \quad y(0) = 1$

(3) $y' = \dfrac{x+2y+2}{x+y+1}, \quad y(0) = 0$　　(4) $y' = xy^2, \quad y(0) = 0$

(5) $y' = xy^2 + y, \quad y(0) = 1$　　(6) $y' = (x+y)^2, \quad y(0) = 0$

5.1.2 次の微分方程式の初期値問題の解を求めよ．一般解は問題 2.4.1 を利用せよ．

(1) $y' + y = x^2, \quad y(0) = 1$　　(2) $y' + xy = x, \quad y(0) = 0$

(3) $y' + x^2y = x^2, \quad y(0) = 1$　　(4) $y' + 2xy = 2xe^{-x^2}, \quad y(0) = 2$

(5) $y' + y\cos x = \sin x\cos x, \quad y(0) = 0$　　(6) $xy' + y = \sin x, \quad y(\pi) = 0$

(7) $x^2y' + y = 1, \quad y(1) = 0$

5.1.3 次の初期値問題を解け．一般解は問題 3.10.1, 3.10.2, 3.13.1, 3.13.2, 3.14.1 の答を参照せよ．

(1) $y'' + 2y' - 3y = x, \quad y(0) = 1, \quad y'(0) = 1$

(2) $y'' - y' - 2y = 1, \quad y(0) = 2, \quad y'(0) = -1$

(3) $y'' - 2y' + y = \sin x, \quad y(0) = 1, \quad y'(0) = 0$

(4) $y'' - y = xe^x + e^{2x}, \quad y(0) = 0, \quad y'(0) = 1$

(5) $x^2y'' - xy' - 3y = x^2, \quad y(1) = 0, \quad y'(1) = 1$

(6) $y'' = (y')^3, \quad y(0) = 0, \quad y'(0) = 1$

(7) $y'' = ye^{y'}, \quad y(0) = 1, \quad y'(0) = 0$

(8) $xy'' + 2y' + xy = 0, \quad y(\pi) = 0, \quad y'(\pi) = 1$

例題 5.2 **高階方程式の初期値問題**

例題 4.1 その 2 で扱った微分方程式に対する次の初期値問題を解け.

$$y''' - 3y' + 2y = 6e^x, \qquad y(0) = 1, \ \ y'(0) = -1, \ \ y''(0) = -1$$

解答 3 階になっても解き方は同じである. 例題 4.1 その 2 で求めた一般解

$$y = x^2e^x + (c_1 + c_2x)e^x + c_3e^{-2x}$$

から,

$$y' = (x^2 + 2x)e^x + (c_1 + c_2 + c_2x)e^x - 2c_3e^{-2x},$$
$$y'' = (x^2 + 4x + 2)e^x + (c_1 + 2c_2 + c_2x)e^x + 4c_3e^{-2x}$$

が得られる. これらに初期条件を代入すると, 任意定数の連立 1 次方程式

$$c_1 + c_3 = 1 \ldots ①, \quad c_1 + c_2 - 2c_3 = -1 \ldots ②, \quad c_1 + 2c_2 + 4c_3 = -3 \ldots ③$$

を得るので, これを解けばよい. ②−①, および ③−② から, それぞれ

$$c_2 - 3c_3 = -2, \quad c_2 + 6c_3 = -2$$

が得られ, これから $c_3 = 0$, $c_2 = -2$, 従って①から $c_1 = 1$ と求まる. 以上により解

$$y = x^2e^x + (1 - 2x)e^x$$

が得られた. ■

定数係数線形微分方程式の場合には初期値問題の第 3 の解法として演算子法がある. 6.6 節を見よ.

問 題

5.2.1 次の初期値問題を解け. 一般解は問題 4.1.2, 4.4.3 の解答を利用せよ.

(1) $y''' - 4y' = xe^{2x} + \sin x + x^2, \quad y(0) = 0, \ \ y'(0) = 0, \ \ y''(0) = 1$

(2) $y''' - 8y = e^x + e^{2x}, \quad y(0) = 1, \ \ y'(0) = 0, \ \ y''(0) = 2$

(3) $y''' - 3y' - 2y = e^x + e^{-x}, \quad y(0) = 1, \ \ y'(0) = 0, \ \ y''(0) = 2$

(4) $y^{(4)} - y = \cos x, \quad y(0) = 1, \ \ y'(0) = 0, \ \ y''(0) = 2, \ \ y'''(0) = -1$

(5) $y^{(4)} + 16y = \cos x, \quad y(0) = 1, \ \ y'(0) = 0, \ \ y''(0) = -1, \ \ y'''(0) = 0$

(6) $y^{(4)} + 2y''' + 5y'' + 8y' + 4y = \cos x + 40e^x,$
$y(0) = 1, \ \ y'(0) = -1, \ \ y''(0) = -1, \ \ y'''(0) = -1$

(7) $y^{(4)} + 4y = \sin x, \ \ y(0) = 1, \ \ y'(0) = 2, \ \ y''(0) = 0, \ \ y'''(0) = 1$

(8) $y'y''' = y'', \quad y(0) = 0, \ \ y'(0) = 1, \ \ y''(0) = 2$

(9) $y''' = e^{y'}, \quad y(0) = 0, \ \ y'(0) = 0, \ \ y''(0) = 1$

5.2 境界値問題

要項 5.2 初期値問題が独立変数の 1 点において未知関数（とその導関数）の値を指定するのに対し，**境界値問題**は独立変数の異なる 2 点 a, b でそれらを指定し（**境界条件**），それらを満たす解を区間 $[a, b]$ 内で求める．2 階の微分方程式の場合，

ディリクレ条件 $y(a) = y_a, \quad y(b) = y_b.$

ノイマン条件 $y'(a) = y_a, \quad y'(b) = y_b.$

第 3 種境界条件 $y'(a) + ky(a) = y_a, \quad y'(b) + ly(b) = y_b.$

いずれも，$y_a = y_b = 0$ のとき斉次という．この他，一方の端でディリクレ条件，他方の端でノイマン条件を課したり（混合境界条件），両端での条件を混ぜた**非局所的境界条件**なども使われる．後者の例：

周期境界条件 $y(a) = y(b), \quad y'(a) = y'(b).$

これらを手計算で解くには，一般解に境界条件を代入して任意定数を未知数とする（一般には超越）方程式を解くしかない．境界値問題は初期値問題とは異なり，勝手に境界条件を与えると，解けなかったり，解が複数存在したりすることが起こり得る．

例題 5.3 **2 階方程式の境界値問題**

微分方程式 $y'' + 2y' + 2y = 2e^{-x}\cos x$ に対する次のような境界値問題は，どのような解を持つか，あるいは持たないか．

(1) $y(0) = 0, \quad y(\pi) = 0$ （ディリクレ条件）

(2) $y'(0) = 0, \quad y'(\pi) = 0$ （ノイマン条件）

(3) $y'(0) + y(0) = 0, \quad y'(\pi) - y(\pi) = 0$ （第 3 種境界条件）

(4) $y(0) = 0, \quad y'(\pi) = 0$ （混合境界条件）

(5) $y(\pi) = y(0), y'(\pi) = y'(0)$ （周期境界条件）

解答 この方程式の一般解は，例題 3.7 の (2) で求めた斉次方程式の一般解と問題 3.11.1 (11) で求めた特殊解とから

$$y = xe^{-x}\sin x + (c_1\cos x + c_2\sin x)e^{-x}$$

であることが分かる．よって

$$y' = \{x\cos x - (x-1)\sin x\}e^{-x} + \{(c_2 - c_1)\cos x - (c_1 + c_2)\sin x\}e^{-x}.$$

これらに境界条件を適用して c_1, c_2 を決めればよい．

(1) $x=0,\pi$ において順に

$$c_1=0, \quad -c_1e^{-\pi}=0.$$

これより $c_1=0$ という条件しか得られず，c_2 は任意なので，これを c と置けば，解は 1 次元の自由度を持ち，$y=xe^{-x}\sin x+ce^{-x}\sin x$.

(2) 同様に

$$-c_1+c_2=0, \quad -\pi e^{-\pi}+(c_1-c_2)e^{-\pi}=0.$$

これらは矛盾するので，解は存在しない．

(3) 上の二つの計算結果を利用して

$$-c_1+c_2+c_1=0, \quad -\pi e^{-\pi}+(c_1-c_2)e^{-\pi}-(-c_1e^{-\pi})=0.$$

一つ目より $c_2=0$. これを二つ目に代入すると $c_1=\dfrac{\pi}{2}$. よって答は $y=xe^{-x}\sin x+\dfrac{\pi}{2}e^{-x}\cos x$.

(4) 同じく (1) と (2) の計算結果を用いて

$$c_1=0, \quad -\pi e^{-\pi}+(c_1-c_2)e^{-\pi}=0.$$

これより $c_2=-\pi$. よって答は $y=xe^{-x}\sin x-\pi\sin x$.

(5) 同じく (1) と (2) の計算結果を用いて

$$-c_1e^{-\pi}=c_1, \quad -\pi e^{-\pi}+(c_1-c_2)e^{-\pi}=-c_1+c_2.$$

前者から $c_1=0$. 後者は $(e^{-\pi}+1)(c_2-c_1)=\pi e^{-\pi}$ と変形され，これより $c_2=\dfrac{\pi e^{-\pi}}{e^{-\pi}+1}=\dfrac{\pi}{e^{\pi}+1}$. よって答は $y=xe^{-x}\sin x+\dfrac{\pi}{e^{\pi}+1}e^{-x}\sin x$. ■

問　題

5.3.1　次の境界値問題のうち解けるものは解を示し，解けないものはそう答えよ．一般解は問題 3.10.1 あるいは例題 3.7，例題 3.11 その 1 を利用せよ．

(1) $y''+2y'-3y=x, \quad y(0)=0,\ y(1)=0$

(2) $y''-y'-2y=1, \quad y'(0)=0,\ y'(1)=0$

(3) $y''+y=\cos 2x, \quad y(0)=0,\ y(\pi)=0$

(4) $y''-2y'+y=\sin x, \quad y(0)=0,\ y'(\pi)=1$

(5) $y''-y=x, \quad y(-1)=0,\ y'(1)=0$

(6) $y''-4y'+5y=e^{2x}, \quad y(-\pi)=0,\ y(\pi)=0$

(7) $y''+2y'+y=\sin x, \quad y(0)=1,\ y(\pi)=1$

(8) $y''+2y'+y=\sin x, \quad y'(0)+y(0)=0,\ y'(\pi)+y(\pi)=0$

(9) $y''-2y'+y=\sin x, \quad y(0)=y(\pi),\ y'(0)=y'(\pi)$

例題 5.4 方程式と境界条件の斉次化

(1) 2 階線形微分方程式の区間 $[0,1]$ 上の非斉次ディリクレ問題

$$y'' + ay' + by = f(x), \quad y(0) = A, \ \ y(1) = B$$

は，未知関数の適当な変換で斉次ディリクレ問題

$$z'' + az' + bz = g(x), \quad z(0) = 0, \ \ z(1) = 0$$

に帰着できることを示せ．

(2) 逆に，方程式 $y'' + ay' + by = f(x)$ の一つの特殊解が既知ならば，この方程式に対する斉次ディリクレ問題は，未知関数の適当な変換で

$$z'' + az' + bz = 0, \quad z(0) = A, \ \ z(1) = B$$

の形の，2 階斉次方程式に対する非斉次ディリクレ問題に帰着できることを示せ．

解答 (1) C^2 級関数 $h(x)$ を $h(0) = A$, $h(1) = B$ を満たすように任意に選ぶ．具体的には 1 次多項式 $h(x) = A + (B - A)x$ でよい．そこで未知関数を $z = y - h(x)$ に変換すると，

$$z'' + az' + bz = y'' + ay' + by - (h'' + ah' + bh) = f(x) - (h'' + ah' + bh).$$

よってこの右辺の関数を $g(x)$ と置けば，微分方程式は確かに $z'' + a'z' + bz = g(x)$ に変換される．境界条件の方は

$$z(0) = y(0) - h(0) = A - A = 0, \quad z(1) = y(1) - h(1) = B - B = 0$$

で，確かに斉次ディリクレ条件に変換された．

(2) 仮定により $h''+ah'+bh = f(x)$ を満たす関数 $h(x)$ が存在するので，$z = y-h(x)$ と未知関数を変換すれば，

$$z'' + az' + bz = y'' + ay' + by - (h'' + ah' + bh) = f(x) - f(x) = 0$$

となる．境界条件は

$$z(0) = y(0) - h(0) = -h(0), \quad z(1) = y(1) - h(1) = -h(1)$$

なので，これらの右辺を順に A, B と置けばよい．■

問　題

5.4.1 例題 5.4 に相当することを (1) ノイマン条件，(2) 周期境界条件，の場合に論ぜよ．

5.3 固有値の求め方

5.3.1 2 階線形微分方程式の固有値問題

要項 5.3 2 階線形微分方程式に対する斉次ディリクレ境界値問題

$$y'' + a(x)y' + b(x)y = \lambda y, \quad y(0) = y(1) = 0$$

は，行列方程式 $A\boldsymbol{y} = \lambda\boldsymbol{y}$ と同様の性質を有し，λ の値によって解が 0 しかない場合と，1 次元の解が存在する場合に分かれる．後者のような λ はこの境界値問題（正確にはこの境界条件付きの微分作用素 $\dfrac{d^2}{dx^2} + a(x)\dfrac{d}{dx} + b(x)$）の**固有値**または**スペクトル**と呼ばれ，$-\infty$ に向かう数列を成す．非自明解は**固有関数**と呼ばれる．

λ が固有値でなければ，方程式の右辺に任意の非斉次項 $f(x)$ を加えたものも一意に解けるが，固有値の場合は，$f(x)$ により解けたり解けなかったりする．

以上は斉次ノイマン境界値問題やその他の斉次境界条件でも同様である．

例題 5.5　　**2 階方程式の固有値問題**

次の境界条件に対し，固有値問題 $-y'' = \lambda y$ の固有値と固有関数を求めよ．

(1) $y(0) = y(1) = 0$　（ディリクレ条件）

(2) $y'(0) = y'(1) = 0$　（ノイマン条件）

(3) $y(0) = y'(1) = 0$　（混合境界条件）

(4) $y'(0) + y(0) = y'(1) + y(1) = 0$　（第 3 種境界条件）

(5) $y(0) = y(1)$，$y'(0) = y'(1)$　（周期境界条件）

解答　まず，境界条件を無視した微分方程式の部分の一般解は

$$\lambda \neq 0 \text{ のとき } \ y = c_1 e^{\sqrt{-\lambda}x} + c_2 e^{-\sqrt{-\lambda}x}, \quad \lambda = 0 \text{ のとき } \ y = c_1 + c_2 x$$

である．ただし根号の内部が負となる複素指数関数も許容した表現である．これに境界条件を適用し，$c_1 = c_2 = 0$ とならないための条件を探る．

(1) の場合，$\lambda \neq 0$ なら

$$0 = c_1 + c_2, \qquad 0 = c_1 e^{\sqrt{-\lambda}} + c_2 e^{-\sqrt{-\lambda}}.$$

二つ目は $c_1 e^{2\sqrt{-\lambda}} + c_2 = 0$ と変形できるので，これから $c_1 = c_2 = 0$ とならないためには，この二つが同じ方程式になること，すなわち，$e^{2\sqrt{-\lambda}} = 1$ となることが必要十分である．これは指数関数の肩が実数のときは $2\sqrt{-\lambda} = 0$, すなわち $\lambda = 0$ しか無いが，ここが虚数になると，オイラーの関係式

$$e^{2n\pi i} = \cos 2n\pi + i \sin 2n\pi = 1$$

により，$2\sqrt{-\lambda} = 2n\pi i$, $n = \pm 1, \pm 2, \ldots$ も適する．これより $\lambda = n^2\pi^2$, $n = 1, 2, \ldots$ が固有値と分かる．このときの固有関数，すなわち自明でない解は，$c_1 = -c_2 = \dfrac{1}{2i}$ として $y = \dfrac{1}{2i}(e^{n\pi ix} - e^{-n\pi ix}) = \sin n\pi x$（一般にはこの定数倍）となる．なお，$\lambda = 0$ のときは，一般解に境界条件を適用すると

$$c_1 = 0, \quad c_1 + c_2 = 0$$

から $c_2 = 0$ となり，解は 0 しか無いので，0 は固有値ではない．

(2) 同じ一般解から

$$\lambda \neq 0 \text{ のとき } y' = c_1\sqrt{-\lambda}e^{\sqrt{-\lambda}x} - c_2\sqrt{-\lambda}e^{-\sqrt{-\lambda}x}, \quad \lambda = 0 \text{ のとき } y' = c_2$$

となる．前者に境界条件を適用すると

$$0 = c_1\sqrt{-\lambda} - c_2\sqrt{-\lambda}, \qquad 0 = c_1\sqrt{-\lambda}e^{\sqrt{-\lambda}} - c_2\sqrt{-\lambda}e^{-\sqrt{-\lambda}}.$$

よって $\sqrt{-\lambda} \neq 0$ で割り算して

$$c_1 - c_2 = 0, \qquad c_1 e^{2\sqrt{-\lambda}} - c_2 = 0.$$

これから $c_1 = c_2 = 0$ とならないためには，$e^{2\sqrt{-\lambda}} = 1$, 従って $2\sqrt{-\lambda} = 2n\pi i$, $n = \pm 1, \pm 2, \ldots$ となることが必要十分である．今回は $\lambda = 0$ のときは $c_2 = 0$ で c_1 は任意となり，条件が満たされる．よって 0 も固有値となり，対応する固有関数は 1（定数関数）となる．故に全固有値はこれも含めて $\lambda = n^2\pi^2$, $n = 0, 1, 2, \ldots$ となる．対応する固有関数は，一般解に $c_1 = c_2 = \dfrac{1}{2}$ を代入して

$$\frac{1}{2}(e^{n\pi ix} + e^{-n\pi ix}) = \cos n\pi x$$

（$\lambda = 0$ のときの固有関数 1 はここで $n = 0$ としたものに含まれる.）

(3) (1), (2) の計算を利用して，境界条件は，$\lambda \neq 0$ のとき

$$0 = c_1 + c_2, \qquad 0 = c_1\sqrt{-\lambda}e^{\sqrt{-\lambda}} - c_2\sqrt{-\lambda}e^{-\sqrt{-\lambda}}.$$

後者は先と同様に $0 = c_1 e^{2\sqrt{-\lambda}} - c_2$ となる．これから固有値の条件は，$e^{2\sqrt{-\lambda}} = -1$, すなわち，$2\sqrt{-\lambda} = (2n+1)\pi i \quad (n \in \boldsymbol{Z})$ となり，従って固有値は $\left(n + \dfrac{1}{2}\right)^2\pi^2$, $n = 0, 1, 2, \ldots$, 対応する固有関数は $c_2 = -c_1$ を代入し定数を調節して $\left(n + \dfrac{1}{2}\right)\pi x$ となる．なお，$\lambda = 0$ は，境界条件から $c_1 = 0$, $c_2 = 0$ となるので，固有値ではない．

(4) 同じく (1), (2) の計算を利用して，$\lambda \neq 0$ のとき境界条件から

$$c_1\sqrt{-\lambda} - c_2\sqrt{-\lambda} + c_1 + c_2 = 0,$$
$$c_1\sqrt{-\lambda}e^{\sqrt{-\lambda}} - c_2\sqrt{-\lambda}e^{-\sqrt{-\lambda}} + (c_1 e^{\sqrt{-\lambda}} + c_2 e^{-\sqrt{-\lambda}}) = 0,$$

すなわち，

$(\sqrt{-\lambda}+1)c_1-(\sqrt{-\lambda}-1)c_2=0,\quad (\sqrt{-\lambda}+1)e^{\sqrt{-\lambda}}c_1-(\sqrt{-\lambda}-1)e^{-\sqrt{-\lambda}}c_2=0$

となるので，固有値の条件は $e^{2\sqrt{-\lambda}}=1$，すなわち $2\sqrt{-\lambda}=2n\pi i$，$\lambda=n^2\pi^2$，$n=0,1,2,\ldots$ となる．固有関数は，第 1 の条件式を用いて c_2 を消去し定数を調整すると $n\pi\cos n\pi x-\sin n\pi x$ を得る．例外として $\lambda=-1$ は固有値で，固有関数は $c_1=0$ より e^{-x} となる．$\lambda=0$ は境界条件から $c_1=c_2=0$ となり固有値ではない．

(5) 同様に，$\lambda\neq 0$ のとき，境界条件から

$$c_1+c_2=c_1e^{\sqrt{-\lambda}}+c_2e^{-\sqrt{-\lambda}},$$

$$c_1\sqrt{-\lambda}-c_2\sqrt{-\lambda}=c_1\sqrt{-\lambda}e^{\sqrt{-\lambda}}-c_2\sqrt{-\lambda}e^{-\sqrt{-\lambda}}.$$

$$\therefore\quad (e^{\sqrt{-\lambda}}-1)c_1+(e^{-\sqrt{-\lambda}}-1)c_2=0,\quad (e^{\sqrt{-\lambda}}-1)c_1-(e^{-\sqrt{-\lambda}}-1)c_2=0.$$

よって固有値の条件は $e^{\sqrt{-\lambda}}-1=0$，または，$e^{-\sqrt{-\lambda}}-1=0$ となる．この二つは同値で，$\sqrt{-\lambda}=2n\pi i\ (n\in\boldsymbol{Z})$．従って $\lambda=4n^2\pi^2$，$n=1,2,\ldots$ となる．対応する固有関数は $e^{2n\pi ix}$，$n=\pm1,\pm2,\ldots$．なお $\lambda=0$ のときは境界条件から

$$c_1=c_1+c_2,\quad c_2=c_2\qquad\therefore\quad c_2=0,\quad c_1\ \text{は任意}$$

となり，従って 0 も固有値である．この固有関数は 1（定数関数）で，上に求めたものの $n=0$ の場合に形式的に含まれる．固有関数の実表現は，$\sin n\pi x$, $n=1,2,\ldots$, $\cos n\pi x$, $n=0,1,2,\ldots$ となる.（定数 1 は後者に含まれる.） ■

問 題

5.5.1 次の境界値問題の固有値と固有関数を求めよ[2]．

(1) $y''+2y'-3y=\lambda y,\quad y(0)=0,\ y(1)=0$

(2) $y''-y'-2y=\lambda y,\quad y'(0)=0,\ y'(1)=0$

(3) $y''+y=\lambda y,\quad y(0)=0,\ y(1)=0$

(4) $y''-2y'+y=\lambda y,\quad y'(0)=0,\ y'(\pi)=0$

(5) $y''-y=\lambda y,\quad y(-1)=0,\ y(1)=0$

(6) $y''-y=\lambda y,\quad y(-1)=0,\ y'(1)=0$

(7) $y''-4y'+5y=\lambda y,\quad y(-\pi)=0,\ y(\pi)=0$

(8) $y''+2y'+y=\lambda y,\quad y'(0)+y(0)=0,\ \ y'(\pi)+y(\pi)=0$

(9) $y''-2y'+y=\lambda y,\quad y(0)=y(\pi),\ y'(0)=y'(\pi)$

5.5.2 定数係数 2 階線形微分演算子に対するディリクレ固有値問題では，特性根が重複するような λ は固有値とならないことを示せ．ノイマン条件の場合はどうか？

[2] 次ページの例題 5.6 により，本質的には定数係数 2 階線形微分演算子のディリクレ固有値問題は，上の例題 5.5 のもので尽きているのだが，実用的には帰着の変数変換より直接固有値問題を解く方が計算が容易なので，この練習問題も載せておく．

例題 5.6 **固有値問題の正規化**

定数係数 2 階線形微分方程式の区間 $[a,b]$ 上のディリクレ固有値問題

$$y'' + Py' + Qy = \lambda y, \quad y(a) = 0, \ \ y(b) = 0$$

は，独立変数と未知関数の適当な変換により，区間 $[0,1]$ 上の標準的な問題

$$-z'' = \mu z, \quad z(0) = 0, \ \ z(1) = 0$$

に帰着することを示せ．またこれを用いて，もとの問題の固有値が不等式

$$\lambda \leq Q - \frac{P^2}{2} - \frac{\pi^2}{(b-a)^2}$$

を満たすことを示せ．

解答 平方完成と同じ原理で，与えられた方程式の両辺に $e^{(P/2)x}$ を掛けた後

$$(ye^{(P/2)x})'' + \Big(Q - \frac{P^2}{4}\Big)ye^{(P/2)x} = \lambda ye^{(P/2)x}$$

と変形し，$z = -ye^{(P/2)x}$ と未知数を変換すると，

$$-z'' = \mu z, \quad ここに \ \ \mu = Q - \frac{P^2}{4} - \lambda \tag{5.2}$$

となる．考察する区間を $[a,b]$ から $[0,1]$ に変えるには，独立変数の線形変換 $t = \dfrac{x-a}{b-a}$ を用いる．$dt = \dfrac{1}{b-a}dx$ なので，

$$-\frac{d^2z}{dt^2} = (b-a)^2\mu z \tag{5.3}$$

となる．従って固有値のパラメータを最初から

$$\mu = \Big(Q - \frac{P^2}{4} - \lambda\Big)(b-a)^2 \tag{5.4}$$

と取っておけば，方程式は区間 $[0,1]$ 上の $-z'' = \mu z$ となる．ディリクレ条件は未知数の変換に使用した因子が 0 にならないので，$z(0) = 0$, $z(1) = 0$ に引き継がれる．

最後の主張は，変換後の固有値が例題 5.5(1) により $\mu = n^2\pi^2$, $n = 1, 2, \ldots$, 従って $\mu \geq \pi^2$ であることを用いれば，変換公式 (5.4) から出る． ■

問　題

5.6.1 例題 5.6 に相当することを (1) ノイマン条件，(2) 第 3 種境界条件，の場合に論ぜよ．

5.3.2 高階方程式の境界値問題と固有値

例題 5.7 **4 階方程式の境界値問題**

次のような 4 階微分方程式のディリクレ境界値問題を解け.

$$\frac{d^4y}{dx^4} = 1, \quad y(0) = y'(0) = 0, \quad y(a) = y'(a) = 0$$

解答 一般解は, $y = \dfrac{x^4}{4!} + c_1 + c_2x + c_3x^2 + c_4x^3$ と書けることは直ちに分かる. これに境界条件を適用して

$$c_1 = 0, \quad c_2 = 0, \quad \frac{a^4}{4!} + c_1 + c_2a + c_3a^2 + c_4a^3 = 0, \quad \frac{a^3}{3!} + c_2 + 2c_3a + 3c_4a^2 = 0,$$

すなわち,

$$\frac{a^4}{4!} + c_3a^2 + c_4a^3 = 0, \qquad \frac{a^3}{3!} + 2c_3a + 3c_4a^2 = 0.$$

一つ目の式に 3 を掛けたものから二つ目の式に a を掛けたものを引くと

$$c_3a^2 = \left(\frac{1}{3!} - \frac{3}{4!}\right)a^4 \quad \therefore \quad c_3 = \frac{1}{4!}a^2 = \frac{1}{24}a^2, \quad c_4 = -\frac{2}{4!}a = -\frac{1}{12}a.$$

よって答は

$$y = \frac{x^4}{24} + \frac{1}{24}a^2x^2 - \frac{1}{12}ax^3. \qquad \blacksquare$$

問 題

5.7.1 次の境界値問題を解け. また解けないものはその旨答えよ. ただし a は正の定数とする.

(1) $\dfrac{d^4y}{dx^4} = 1, \quad y''(0) = y'''(0) = 0, \ y''(a) = y'''(a) = 0$ （ノイマン問題）

(2) $\dfrac{d^4y}{dx^4} = 1, \quad y''(0) = y'''(0) = 0, \ y(a) = y'(a) = 0$

（ディリクレ-ノイマン混合問題）

(3) $\dfrac{d^4y}{dx^4} = y, \quad y(0) = 0, \ y'(0) = 1, \ y(a) = 0, \ y'(a) = 1$, ただし簡単のため $\cos a \cosh a \neq 1$ とせよ. （非斉次ディリクレ問題）

(4) $\dfrac{d^4y}{dx^4} = y + 1, \quad y(0) = y(a), \ y'(0) = y'(a), \ y''(0) = y''(a),$ $y'''(0) = y'''(a)$ （周期条件）

(5) $\dfrac{d^4y}{dx^4} = y + x, \quad y''(0) = y'''(0) = 0, \ y''(a) = y'''(a) = 0$

（ノイマン問題）

例題 5.8 その 1 ——— **ディリクレ問題の固有値の正値性**

4 階微分方程式の固有値問題

$$\frac{d^4y}{dx^4} = \lambda y, \quad y(0) = y'(0) = 0, \ \ y(a) = y'(a) = 0$$

の固有値は正の実数であることを示せ．［ヒント：エルミート内積 $(f, g) = \int_0^a f(x)\overline{g(x)}dx$ を用いよ.］

解答 λ が固有値，φ がその固有関数とすると，$\dfrac{d^4\varphi}{dx^4} = \lambda\varphi$ であり，従って

$$\left(\frac{d^4\varphi}{dx^4}, \varphi\right) = \lambda(\varphi, \varphi).$$

左辺を部分積分すると，

$$\begin{aligned}\left(\frac{d^4\varphi}{dx^4}, \varphi\right) &= \int_0^a \frac{d^4\varphi}{dx^4}\overline{\varphi(x)}dx = \left[\frac{d^3\varphi}{dx^3}\overline{\varphi(x)}\right]_0^a - \int_0^a \frac{d^3\varphi}{dx^3}\overline{\frac{d\varphi}{dx}}dx \\ &= \left[-\frac{d^2\varphi}{dx^2}\overline{\frac{d\varphi}{dx}}\right]_0^a + \int_0^a \frac{d^2\varphi}{dx^2}\overline{\frac{d^2\varphi}{dx^2}}dx = \left(\frac{d^2\varphi}{dx^2}, \frac{d^2\varphi}{dx^2}\right).\end{aligned}$$

ここで部分積分項は境界条件により消えた．最後の量は ≥ 0 であり，φ は自明でないから $(\varphi, \varphi) > 0$. よって

$$\lambda = \frac{\left(\frac{d^2\varphi}{dx^2}, \frac{d^2\varphi}{dx^2}\right)}{(\varphi, \varphi)} \geq 0$$

が言えた．最後に $\lambda = 0$ は次のようにして排除される：$\lambda = 0$ のとき，微分方程式 $\dfrac{d^4y}{dx^4} = 0$ の解の基底は $1, x, x^2, x^3$ であり，一般解はこれらの 1 次結合で 3 次以下の多項式となる．多項式については因数定理が成り立つので，所与の境界条件を満たすものは $x^2(x-a)^2$ で割りきれなければならない．しかるに 3 次以下の多項式でこの性質を持つものは 0 しかない．よって $\lambda = 0$ は固有値ではない．以上により $\lambda > 0$ と結論される． ■

例題 5.8 その 2 ——— **4 階方程式の固有値問題**

4 階微分方程式の固有値問題

$$\frac{d^4y}{dx^4} = \lambda y, \quad y(0) = y'(0) = 0, \ \ y(a) = y'(a) = 0$$

の固有値と固有関数を求めよ．ただし固有値 λ_n は具体的に求めなくても，それを決める方程式と存在区間を明らかにするだけでよい．

解答 まず一般解を求める．特性方程式の未知数を z で表すと $z^4 = \lambda$ から特性根 $z = \pm\sqrt[4]{\lambda}, \pm i\sqrt[4]{\lambda}$ を得る．ここで前例題により $\lambda > 0$ が分かっているので，$\sqrt[4]{\lambda}$ により $z^4 = \lambda$ を満たす正の実数を表しているものとする．記号を簡明にするため，これを κ と記そう．すると特性根は単根で，$\pm\kappa, \pm i\kappa$ と表される．以下の計算を簡単にするため，一般解として $y = c_1 e^{\kappa x} + c_2 e^{-\kappa x} + c_3 e^{i\kappa x} + c_4 e^{-i\kappa x}$ でなく

$$y = c_1 \cosh \kappa x + c_2 \sinh \kappa x + c_3 \cos \kappa x + c_4 \sin \kappa x \tag{5.5}$$

を取ろう．ここに

$$\cosh x = \frac{e^x + e^{-x}}{2}, \quad \sinh x = \frac{e^x - e^{-x}}{2},$$

$$\text{従って} \quad (\cosh x)' = \sinh x, \quad (\sinh x)' = \cosh x, \quad \cosh^2 x - \sinh^2 x = 1.$$

(5.5) に境界条件を適用して，

$$\begin{cases} c_1 + c_3 = 0, \\ c_2\kappa + c_4\kappa = 0, \\ c_1 \cosh \kappa a + c_2 \sinh \kappa a + c_3 \cos \kappa a + c_4 \sin \kappa a = 0, \\ c_1\kappa \sinh \kappa a + c_2\kappa \cosh \kappa a - c_3\kappa \sin \kappa a + c_4\kappa \cos \kappa a = 0. \end{cases} \tag{5.6}$$

固有値の条件はこうして得られた $c_1, \ldots, c_4$ の連立 1 次方程式が非自明な（すなわち非零成分を含む）解を持つことである．第 2, 第 4 の方程式は共通因子 $\kappa \neq 0$ で割り算でき，そうした後の係数行列を行基本変形すると

$$\begin{pmatrix} 1 & 0 & 1 & 0 \\ 0 & 1 & 0 & 1 \\ \cosh \kappa a & \sinh \kappa a & \cos \kappa a & \sin \kappa a \\ \sinh \kappa a & \cosh \kappa a & -\sin \kappa a & \cos \kappa a \end{pmatrix} \xrightarrow[\substack{\text{第 2 行の } \sinh \kappa a \text{ 倍を第 3 行から引く} \\ \text{第 2 行の } \cosh \kappa a \text{ 倍を第 4 行から引く}}]{\substack{\text{第 1 行の } \cosh \kappa a \text{ 倍を第 3 行から引く} \\ \text{第 1 行の } \sinh \kappa a \text{ 倍を第 4 行から引く}}}$$

$$\begin{pmatrix} 1 & 0 & 1 & 0 \\ 0 & 1 & 0 & 1 \\ 0 & 0 & \cos \kappa a - \cosh \kappa a & \sin \kappa a - \sinh \kappa a \\ 0 & 0 & -\sin \kappa a - \sinh \kappa a & \cos \kappa a - \cosh \kappa a \end{pmatrix}.$$

従って固有値の条件は右下の 2 次小行列が退化すること，すなわち，

$$\begin{aligned} &\cosh^2 \kappa a + \cos^2 \kappa a - 2 \cosh \kappa a \cos \kappa a - \sinh^2 \kappa a + \sin^2 \kappa a \\ &= 2(1 - \cosh \kappa a \cos \kappa a) = 0, \end{aligned}$$

すなわち $\cosh \kappa a \cos \kappa a = 1$ となる．この方程式は $\kappa a = t$ と置くと，$\cosh t \cos t = 1$，あるいは $\cosh t = \sec t$ と書ける．$\cosh t \geq 1$ であり，$0 < \cos t \leq 1$ の条件

より $0 < t < \dfrac{\pi}{2}$, $-\dfrac{\pi}{2} + 2n\pi < t < \dfrac{\pi}{2} + 2n\pi$, $n = 1, 2, \ldots$. この範囲で $\cosh t$ と $\sec t$ のグラフは最初の区間では微分計算で容易に分かるように（下の問題 5.8.2 参照）$\sec t > \cosh t$ となっているので交わらず，以後の区間では下図から分かるようにそれぞれ 2 回ずつ交わる．その交点を t_{2n-1}, t_{2n}, $n = 1, 2, \ldots$ と置けば，$\kappa = \dfrac{t_n}{a}$, $n = 1, 2, \ldots$, 従って固有値は $\lambda_n = \dfrac{t_n^4}{a^4}$, $n = 1, 2, \ldots$ となる．このとき ${}^t(-\sin\kappa a + \sinh\kappa a, \cos\kappa a - \cosh\kappa a, \sin\kappa a - \sinh\kappa a, -\cos\kappa a + \cosh\kappa a)$ が (5.6) の非自明解となるので，対応する固有関数は，$\kappa = \sqrt[4]{\lambda_n}$ として

$$(-\sin\sqrt[4]{\lambda_n}a + \sinh\sqrt[4]{\lambda_n}a)\cosh\sqrt[4]{\lambda_n}x + (\cos\sqrt[4]{\lambda_n}a - \cosh\sqrt[4]{\lambda_n}a)\sinh\sqrt[4]{\lambda_n}x$$
$$+ (\sin\sqrt[4]{\lambda_n}a - \sinh\sqrt[4]{\lambda_n}a)\cos\sqrt[4]{\lambda_n}x - (\cos\sqrt[4]{\lambda_n}a - \cosh\sqrt[4]{\lambda_n}a)\sin\sqrt[4]{\lambda_n}x.$$

■

t_n の値は普遍定数であるが，具体的には求めることができない．数値計算で求めた最初の二つの近似値は $t_1 = 4.730041 = 1.505619\pi$, $t_2 = 7.853205 = 2.499753\pi$ であり，図を見ると分かるように，以後は $\cosh t$ の値の増大が速いため，急速に $t_{2n-1} = 2n\pi - \dfrac{\pi}{2}$, $t_{2n} = 2n\pi + \dfrac{\pi}{2}$ に近づく.

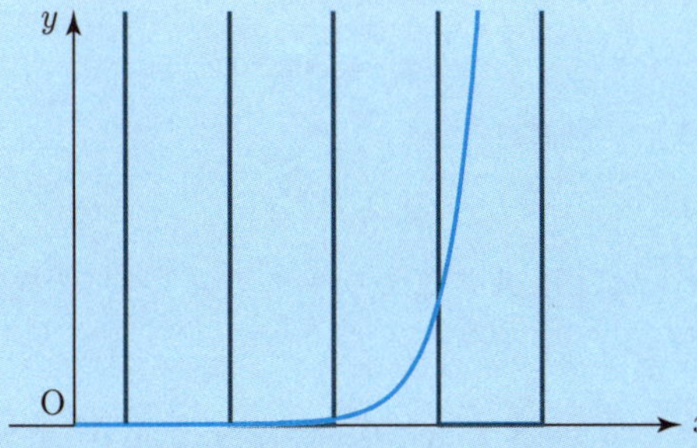

cosh t(——) と sec t(——) のグラフ．y 軸を約 1/6000 に縮めたので後者はほぼ縦線状.

問　題

5.8.1 次の固有値問題を解け．ただし a は正の定数とする.

(1) $y^{(4)} = \lambda y;\quad y''(0) = y'''(0) = 0,\ y''(a) = y'''(a) = 0$

(2) $y^{(4)} = \lambda y;\quad y^{(k)}(0) = y^{(k)}(a),\ k = 0, 1, 2, 3$

(3) $y^{(4)} - 2y'' = \lambda y;\quad y(0) = y'(0) = 0,\ y(1) = y'(1) = 0$ （固有値が満たす方程式だけ示せばよい．固有値が正実数であることをまず示せ.）

(4) $y^{(4)} - 2y'' = \lambda y;\quad y^{(k)}(0) = y^{(k)}(a),\quad k = 0, 1, 2, 3$

5.8.2 $0 < t < \dfrac{\pi}{2}$ で $\cosh t \cos t < 1$ を示せ.

6　線形系の解法

6.1　定数係数 1 階線形微分方程式系の解法

要項 6.1　独立変数を t, 従属変数を $x_1, \ldots, x_n$ とする定数係数 1 階連立微分方程式

$$\begin{cases} x_1' = a_{11}x_1 + a_{12}x_2 + \cdots + a_{1n}x_n, \\ \quad\vdots \\ x_n' = a_{n1}x_1 + a_{n2}x_2 + \cdots + a_{nn}x_n \end{cases}$$

は，行列を用いて

$$\begin{pmatrix} x_1 \\ \vdots \\ x_n \end{pmatrix}' = \begin{pmatrix} a_{11} & a_{12} & \ldots & a_{1n} \\ \vdots & \vdots & & \vdots \\ a_{n1} & a_{n2} & \ldots & a_{nn} \end{pmatrix} \begin{pmatrix} x_1 \\ \vdots \\ x_n \end{pmatrix}$$

と書ける．以下これをベクトルと行列の記号で

$$\boldsymbol{x}' = A\boldsymbol{x}$$

と略記する．このとき，一般解は

$$\boldsymbol{x} = e^{tA}\boldsymbol{c} \tag{6.1}$$

と書ける．ここに，tA は行列 A のスカラー t 倍（すべての成分を t 倍する），e^{tA} は行列 tA の指数関数

$$e^{tA} = I + tA + \frac{1}{2!}t^2A^2 + \cdots + \frac{1}{k!}t^kA^k + \cdots$$

を表す．また $\boldsymbol{c}$ は任意定数のベクトルを表し，$t = 0$ における初期値に対応する．行列の指数関数の微分について，次が成り立つ：

$$\frac{d}{dt}(e^{tA}\boldsymbol{c}) = Ae^{tA}\boldsymbol{c}.$$

行列の指数関数は，行列を**ジョルダン標準形**に変換して計算する．一般固有ベクトルを用いて作った適当な変換行列 S により，

$$S^{-1}AS = \Lambda = \begin{pmatrix} J_1 & 0 & \cdots & 0 \\ 0 & J_2 & \ddots & \vdots \\ \vdots & \ddots & \ddots & 0 \\ 0 & \cdots & 0 & J_s \end{pmatrix}, \qquad J_k = \begin{pmatrix} \lambda_k & 1 & 0 & \cdots & 0 \\ 0 & \lambda_k & \ddots & \ddots & \vdots \\ \vdots & \ddots & \ddots & \ddots & 0 \\ \vdots & & \ddots & \ddots & 1 \\ 0 & \cdots & \cdots & 0 & \lambda_k \end{pmatrix}$$

の形となる．ここに J_k は ν_k 次の正方行列で，$\nu_1+\cdots+\nu_s=n$ であり，一つ目の行列はブロック対角型を表す．このとき，指数関数はブロック毎に具体的に計算でき

$$e^{t\Lambda}=\begin{pmatrix} e^{tJ_1} & 0 & \cdots & 0 \\ 0 & e^{tJ_2} & \ddots & \vdots \\ \vdots & \ddots & \ddots & 0 \\ 0 & \cdots & 0 & e^{tJ_n} \end{pmatrix},\ \text{ここに}\ e^{tJ_k}=\begin{pmatrix} e^{\lambda_k t} & \frac{t}{1!}e^{\lambda_k t} & \cdots & \frac{t^{\nu_k-1}}{(\nu_k-1)!}e^{\lambda_k t} \\ 0 & e^{\lambda_k t} & \ddots & \vdots \\ \vdots & \ddots & \ddots & \frac{t}{1!}e^{\lambda_k t} \\ 0 & \ldots & 0 & e^{\lambda_k t} \end{pmatrix}.$$

$e^{t\Lambda}=e^{tS^{-1}AS}=S^{-1}e^{tA}S$ なので，上の結果から $e^{tA}=Se^{t\Lambda}S^{-1}$ によりもとの行列の指数関数が計算できる．よって (6.1) より，一般解は $\boldsymbol{y}=Se^{t\Lambda}S^{-1}\boldsymbol{c}$ となるが，ここで $S^{-1}\boldsymbol{c}$ も任意定数のベクトルなので，普通はこれを改めて $\boldsymbol{c}$ と書き，$Se^{t\Lambda}\boldsymbol{c}$ を一般解，また行列 $Se^{t\Lambda}$ の列ベクトルたちを解の基本系とみなす.（このときは $t=0$ での初期値は $S\boldsymbol{c}$ となる.）このベクトルは，S の列ベクトル，すなわち A の（一般）固有ベクトルに，対応する指数関数（と多項式）を掛けた形をしている．

この結果から，一般解は係数行列の固有値に対応する指数関数多項式を成分に持ち，多項式は当該固有値に属する最大のジョルダンブロックより 1 だけ低い次数のものまでが現れることが分かる．固有値が複素数の場合は，2 階の定数係数線形微分方程式で解説したように，3 角関数を用いて実の表現に書き直すことができる．

6.1.1 行列の指数関数を用いた定数係数 1 階線形系の解法

例題 6.1 ——— 行列の指数関数を用いた線形系の解

(1) 次の行列の指数関数を求めよ．

$$\begin{pmatrix} -2 & 1 & 2 \\ -6 & -1 & -1 \\ -5 & 3 & 6 \end{pmatrix}$$

(2) 上の計算を用いて，1 階線形系

$$\begin{cases} y_1'=-2y_1+y_2+2y_3, \\ y_2'=-6y_1-y_2-y_3, \\ y_3'=-5y_1+3y_2+6y_3 \end{cases}$$

の一般解を求めよ．

解答 (1) $S=\begin{pmatrix} 1 & 1 & 1 \\ -5 & -2 & -4 \\ 4 & 3 & 4 \end{pmatrix}$，従って $S^{-1}=\begin{pmatrix} 4 & -1 & -2 \\ 4 & 0 & -1 \\ -7 & 1 & 3 \end{pmatrix}$ とすれば

$S^{-1}AS = \begin{pmatrix} 1 & 1 & 0 \\ 0 & 1 & 1 \\ 0 & 0 & 1 \end{pmatrix}$.（固有値や変換行列の計算は省略した.）よって

$$e^{tA} = S \begin{pmatrix} e^t & te^t & \frac{t^2}{2}e^t \\ 0 & e^t & te^t \\ 0 & 0 & e^t \end{pmatrix} S^{-1}$$

$$= \begin{pmatrix} -(\frac{7}{2}t^2+3t-1)e^t & (\frac{1}{2}t^2+t)e^t & (\frac{3}{2}t^2+2t)e^t \\ (\frac{35}{2}t^2-6t)e^t & -(\frac{5}{2}t^2+2t-1)e^t & -(\frac{15}{2}t^2-t)e^t \\ -(14t^2+5t)e^t & (2t^2+3t)e^t & (6t^2+4t+1)e^t \end{pmatrix}.$$

(2) 最後の行列の列ベクトルが解空間の基底を与えるので，一般解は

$$y = $$

$$c_1 \begin{pmatrix} -(\frac{7}{2}t^2+3t-1)e^t \\ (\frac{35}{2}t^2-6t)e^t \\ -(14t^2+5t)e^t \end{pmatrix} + c_2 \begin{pmatrix} (\frac{1}{2}t^2+t)e^t \\ -(\frac{5}{2}t^2+2t-1)e^t \\ (2t^2+3t)e^t \end{pmatrix} + c_3 \begin{pmatrix} (\frac{3}{2}t^2+2t)e^t \\ -(\frac{15}{2}t^2-t)e^t \\ (6t^2+4t+1)e^t \end{pmatrix}.$$

なお，解空間の基底を求めるだけなら，(1) のように指数関数まで計算しなくても

$$S \begin{pmatrix} e^t & te^t & \frac{t^2}{2}e^t \\ 0 & e^t & te^t \\ 0 & 0 & e^t \end{pmatrix} = \begin{pmatrix} e^t & (t+1)e^t & (\frac{t^2}{2}+t+1)e^t \\ -5e^t & -(5t+2)e^t & -(\frac{5t^2}{2}+2t+4)e^t \\ 4e^t & (4t+3)e^t & (2t^2+3t+4)e^t \end{pmatrix}$$

の列ベクトルを用いて

$$y = c_1 \begin{pmatrix} 1 \\ -5 \\ 4 \end{pmatrix} e^t + c_2 \begin{pmatrix} t+1 \\ -5t-2 \\ 4t+3 \end{pmatrix} e^t + c_3 \begin{pmatrix} \frac{t^2}{2}+t+1 \\ -\frac{5t^2}{2}-2t-4 \\ 2t^2+3t+4 \end{pmatrix} e^t$$

としてもよい．更に，c_3 を $2c_3$ に変えて分数を解消してもよい． ■

問 題

6.1.1 次の行列 A の指数関数 e^{tA} を計算せよ．

(1) $\begin{pmatrix} 3 & 2 \\ 1 & 2 \end{pmatrix}$　(2) $\begin{pmatrix} -5 & -3 & 4 \\ 6 & 4 & -4 \\ -6 & -3 & 5 \end{pmatrix}$　(3) $\begin{pmatrix} 1 & 1 & 2 \\ 3 & 1 & -3 \\ -2 & 0 & 3 \end{pmatrix}$

(4) $\begin{pmatrix} 1 & 0 & 1 & -4 \\ 0 & 5 & -4 & 0 \\ 0 & 4 & -3 & 0 \\ 0 & 1 & -1 & 1 \end{pmatrix}$　(5) $\begin{pmatrix} 1 & -1 & -1 \\ 0 & 7 & 6 \\ 0 & -6 & -5 \end{pmatrix}$　(6) $\begin{pmatrix} -4 & 5 & -5 \\ -4 & 5 & -4 \\ 1 & -1 & 2 \end{pmatrix}$

(7) $\begin{pmatrix} 1 & 5 & -5 \\ -4 & 5 & 1 \\ 0 & 4 & -3 \end{pmatrix}$　(8) $\begin{pmatrix} 0 & 4 & -3 \\ 2 & -2 & 3 \\ 1 & -5 & 5 \end{pmatrix}$　(9) $\begin{pmatrix} 2 & 1 & -1 & -1 \\ -4 & -3 & 4 & 4 \\ -4 & -4 & 5 & 4 \\ 5 & 7 & -6 & 0 \end{pmatrix}$

6.1.2 消去法による定数係数 1 階線形系の解法

例題 6.2 その 1 —— **目の子による消去法**

次の定数係数 1 階線形微分方程式系の一般解を求めよ．ただし，独立変数は t とせよ．

$$\begin{cases} x' = y + z, & \ldots\ldots① \\ y' = z - x, & \ldots\ldots② \\ z' = x + y & \ldots\ldots③ \end{cases}$$

解答 ①−② より

$$x' - y' = x + y \ldots\ldots ④$$

よって ④−③ より

$$x' - y' - z' = 0, \quad \therefore \quad x - y - z = c_1 \ldots\ldots ⑤$$

これを ① に代入して

$$x' = x - c_1 \ldots\ldots ⑥$$

単独 1 階線形微分方程式としてこれを解くと

$$(xe^{-t})' = -c_1 e^{-t}, \quad xe^{-t} = c_1 e^{-t} + c_2, \quad \therefore \quad x = c_1 + c_2 e^t.$$

また，⑥ を ④ に代入して

$$y' + y = -c_1.$$

これを求積して

$$(ye^t)' = -c_1 e^t, \quad ye^t = -c_1 e^t + c_3, \quad \therefore \quad y = -c_1 + c_3 e^{-t}.$$

最後に再び ⑤ を用いて

$$z = x - y - c_1 = c_1 + c_2 e^t - c_3 e^{-t}.$$

以上より，

$$\begin{pmatrix} x \\ y \\ z \end{pmatrix} = c_1 \begin{pmatrix} 1 \\ -1 \\ 1 \end{pmatrix} + c_2 \begin{pmatrix} e^t \\ 0 \\ e^t \end{pmatrix} + c_3 \begin{pmatrix} 0 \\ e^{-t} \\ -e^{-t} \end{pmatrix}$$

が一般解となる．解の基本系，すなわち，解空間の基底はこれら 3 本のベクトルで与えられる． ■

1. ④ の代わりに ①−③ の $(x-z)' = -(x-z)$ や ②+③ の $(y+z)' = (y+z)$ などを導いて積分してもよい．ただし，どんな計算法をとるにせよ，解く過程で，積分は 3 回までに留めなければならない．そうしないと見掛け上多すぎる任意定数を生じてしまう．例えば，上で最後に z を求めたところで③を用いて

$$z' = x + y = (c_1 + c_2e^t) + (-c_1 + c_3e^{-t}) = c_2e^t + c_3e^{-t}$$

を積分すると，

$$z = c_2e^t - c_3e^{-t} + c_4$$

などとなってしまい，この方法では，定数 c_4 が決められない．

2. ここで求めた解から，係数行列

$$\begin{pmatrix} 0 & 1 & 1 \\ -1 & 0 & 1 \\ 1 & 1 & 0 \end{pmatrix}$$

が三つの固有値 0, 1, −1 を持ち，それらに対応する固有ベクトルが

$$\begin{pmatrix} 1 \\ -1 \\ 1 \end{pmatrix}, \quad \begin{pmatrix} 1 \\ 0 \\ 1 \end{pmatrix}, \quad \begin{pmatrix} 0 \\ 1 \\ -1 \end{pmatrix}$$

であることが要項の一般論と照らし合わせることにより分かる．

例題 6.2 その 2 ——— **左固有ベクトルを用いる消去法**

次の定数係数 1 階線形微分方程式系の一般解を求めよ．ただし，独立変数は t とせよ．

$$\begin{cases} x' = x - y + z, & \ldots\ldots ① \\ y' = x + y - z, & \ldots\ldots ② \\ z' = x - 7y + z & \ldots\ldots ③ \end{cases}$$

解答 今度は少々変形しても良い手がかりがなかなか発見できない．こういう場合は早めに諦めて計算に頼るのがよい．①×a+②×b+③×c を作ると

$$(ax + by + cz)' = (a + b + c)x + (-a + b - 7c)y + (a - b + c)z$$

そこで

$$a + b + c = \lambda a \ldots ④, \quad -a + b - 7c = \lambda b \ldots ⑤, \quad a - b + c = \lambda c \ldots ⑥$$

なる λ と a, b, c が求まれば，

$$(ax + by + cz)' = \lambda(ax + by + cz)$$

から，$ax + by + cz = c_1e^{\lambda t}$ と積分され，これを手がかりとして変数の一つ少ない方程式に帰着される．④～⑥ は行列表示で

$$(a,b,c)\begin{pmatrix}1 & -1 & 1\\ 1 & 1 & -1\\ 1 & -7 & 1\end{pmatrix}=\lambda(a,b,c) \tag{6.2}$$

と書ける．すなわち，係数行列の行固有ベクトルを求める計算である．固有値を求める計算は通常の列固有ベクトルの場合と同じになるので，まず固有方程式を解いて λ を求めてもよいが，行列は使わない解法を説明すると宣言した手前，消去法で頑張ろう．⑤+⑥ で a を消すと

$$-6c=\lambda(b+c),\qquad \text{すなわち，}\qquad \lambda b+(\lambda+6)c=0.\ldots\ldots ⑦$$

④+⑤×$(1-\lambda)$ を作ると，やはり a が消えて

$$b+c+(1-\lambda)(b-7c)=\lambda(1-\lambda)b,\qquad \therefore\qquad (\lambda^2-2\lambda+2)b+(7\lambda-6)c=0.\ldots ⑧$$

⑧×$(\lambda+6)$−⑦×$(7\lambda-6)$ を作ると

$$\{(\lambda^2-2\lambda+2)(\lambda+6)-\lambda(7\lambda-6)\}b=(\lambda^3-3\lambda^2-4\lambda+12)b=0.$$

よって $\lambda^3-3\lambda^2-4\lambda+12=0$ から λ を求めれば b が自由になる．この 3 次方程式は方程式系の係数行列 (6.2) の固有方程式と同じものであるが，$\lambda=2$ を根に持つことが簡単な探索で分かるので，これを使うと，⑦, ⑧ はどちらも $2b+8c=0$ に帰着するので，例えば $b=4,\ c=-1$ ととれば，⑥ から $a=3$ と求まり，結局

$$(3x+4y-z)'=2(3x+4y-z)$$

という式が導けることが分かった[1)]．これを積分して

$$3x+4y-z=c_1e^{2t}\ldots\ldots ⑨$$

を得る．これを例えば $z=3x+4y-c_1e^{2t}$ と解いて ①, ② に代入すれば

$$x'=x-y+3x+4y-c_1e^{2t}=4x+3y-c_1e^{2t}\ldots\ldots ⑩,$$
$$y'=x+y-(3x+4y-c_1e^{2t})=-2x-3y+c_1e^{2t}\ldots\ldots ⑪$$

と未知関数 2 個の系に帰着する．これも目の子ではなかなか難しいので，再び⑩×$a+$⑪×b を作って

$$(ax+by)'=(4a-2b)x+(3a-3b)z+(-a+b)c_1e^{2t}$$

において，

1) 直観でこれが見抜ければ，上の計算はもちろん不要である．(^ ^ ;

$$4a - 2b = \lambda a, \quad 3a - 3b = \lambda b$$

となるようなものを探すと，(二つ目の式)×2−(一つ目の式)×(3 + λ) で b を消去して

$$\{6 - (4 - \lambda)(3 + \lambda)\}a = (\lambda^2 - \lambda - 6)a = 0.$$

よって例えば $\lambda = 3$ ととれ，このとき $a - 2b = 0$ より $a = 2,\, b = 1$ と選べて，

$$(2x + y)' = 3(2x + y) - c_1 e^{2t}.$$

（これくらいなら勘の良い人は目の子で求まるかもしれない．）これから $\{(2x + y)e^{-3t}\}' = -c_1 e^{-t}$, 従って

$$(2x + y)e^{-3t} = c_1 e^{-t} + c_2 \quad \therefore \quad 2x + y = c_1 e^{2t} + c_2 e^{3t} \ldots\ldots ⑬$$

と積分できる．これを，例えば ⑪ に代入して

$$y' = -2x - y - 2y + c_1 e^{2t} = -2y - c_2 e^{3t}, \quad (e^{2t}y)' = -c_2 e^{5t}, \quad e^{2t}y = -\frac{1}{5}c_2 e^{5t} + c_3$$

と積分され，従って $y = -\frac{1}{5}c_2 e^{3t} + c_3 e^{-2t}$. これから，⑬ により

$$x = -\frac{1}{2}y + \frac{1}{2}c_1 e^{2t} + \frac{1}{2}c_2 e^{3t} = \frac{1}{2}c_1 e^{2t} + \frac{3}{5}c_2 e^{3t} - \frac{1}{2}c_3 e^{-2t}$$

と求まる．最後に，これらを ⑨ に代入して

$$z = 3x + 4y - c_1 e^{2t} = \frac{1}{2}c_1 e^{2t} + c_2 e^{3t} + \frac{5}{2}c_3 e^{-2t}$$

最終的に分数を避けるため $\frac{1}{2}c_1$ を c_1，$\frac{1}{5}c_2$ を c_2，$\frac{1}{2}c_3$ を c_3 と改めて置き直せば，一般解は

$$x = c_1 e^{2t} + 3c_2 e^{3t} - c_3 e^{-2t}, \quad y = -c_2 e^{3t} + 2c_3 e^{-2t}, \quad z = c_1 e^{2t} + 5c_2 e^{3t} + 5c_3 e^{-2t},$$

あるいはベクトル表記で

$$\begin{pmatrix} x \\ y \\ z \end{pmatrix} = c_1 \begin{pmatrix} 1 \\ 0 \\ 1 \end{pmatrix} e^{2t} + c_2 \begin{pmatrix} 3 \\ -1 \\ 5 \end{pmatrix} e^{3t} + c_3 \begin{pmatrix} -1 \\ 2 \\ 5 \end{pmatrix} e^{-2t}. \qquad ■$$

従ってこの線形系の係数行列は固有値 2, 3, −2 を持ち，$\begin{pmatrix} 1 \\ 0 \\ 1 \end{pmatrix}$, $\begin{pmatrix} 3 \\ -1 \\ 5 \end{pmatrix}$, $\begin{pmatrix} -1 \\ 2 \\ 5 \end{pmatrix}$ がそれぞれの固有ベクトルとして取れる．

問　題

6.2.1　次の 1 階線形形系の一般解を消去法により求めよ．ただし独立変数は t とせよ．また得られた解から係数行列のジョルダン標準形を推測せよ．

(1) $x' = -3x - y,\ \ y' = x - y$

(2) $x' = 7x - y,\ \ y' = 2x + 5y$

(3) $x' = x + y - z,\ \ y' = z + x - y,\ \ z' = y + z - x$

(4) $x' = y + z,\ \ y' = z + x,\ \ z' = x + y$

(5) $x' = z - y,\ \ y' = z,\ \ z' = z - x$

(6) $x' = y,\ \ y' = z - 2x,\ \ z' = 2x + 5y$

(7) $x' = y - z,\ \ y' = z,\ \ z' = -6x + y$

(8) $x' = -x + y + z,\ \ y' = x - y + z,\ \ z' = x + y - z$

(9) $x' = y + z - x,\ \ y' = x + z - y,\ \ z' = x + y + z$

6.2.2　次の 1 階線形形系を消去法で解き，係数行列のジョルダン標準形を推測せよ．

(1) $\begin{cases} x_1' = -5x_1 - 3x_2 + 4x_3, \\ x_2' = 6x_1 + 4x_2 - 4x_3, \\ x_3' = -6x_1 - 3x_2 + 5x_3 \end{cases}$
(2) $\begin{cases} x_1' = -4x_1 + 5x_2 - 5x_3, \\ x_2' = -4x_1 + 5x_2 - 4x_3, \\ x_3' = x_1 - x_2 + 2x_3 \end{cases}$

(3) $\begin{cases} x_1' = x_1 + 5x_2 - 5x_3, \\ x_2' = -4x_1 + 5x_2 + x_3, \\ x_3' = 4x_2 - 3x_3 \end{cases}$
(4) $\begin{cases} x_1' = x_1 + x_2 + 2x_3, \\ x_2' = 3x_1 + x_2 - 3x_3, \\ x_3' = -2x_1 + 3x_3 \end{cases}$

(5) $\begin{cases} x_1' = x_1 - x_2 - x_3, \\ x_2' = 7x_2 + 6x_3, \\ x_3' = -6x_2 - 5x_3 \end{cases}$
(6) $\begin{cases} x_1' = 4x_2 - 3x_3, \\ x_2' = 2x_1 - 2x_2 + 3x_3, \\ x_3' = x_1 - 5x_2 + 5x_3 \end{cases}$

(7) $\begin{cases} x_1' = -3x_1 + 2x_3, \\ x_2' = 2x_1 + 9x_2 + 8x_3, \\ x_3' = -3x_1 - 5x_2 - 3x_3 \end{cases}$
(8) $\begin{cases} x_1' = -2x_1 - 2x_2 + 4x_3, \\ x_2' = 4x_1 + x_2 + 5x_3, \\ x_3' = -x_2 + 5x_3 \end{cases}$

(9) $\begin{cases} x_1' = 2x_1 + x_2 - x_3 - x_4, \\ x_2' = -4x_1 - 3x_2 + 4x_3 + 4x_4, \\ x_3' = -4x_1 - 4x_2 + 5x_3 + 4x_4, \\ x_4' = 5x_1 + 7x_2 - 6x_3 \end{cases}$
(10) $\begin{cases} x_1' = x_1 + x_3 - 4x_4, \\ x_2' = 5x_2 - 4x_3, \\ x_3' = 4x_2 - 3x_3, \\ x_4' = x_2 - x_3 + x_4 \end{cases}$

(11) $\begin{cases} x_1' = -2x_1 - 3x_3 + 2x_4, \\ x_2' = -4x_1 - 3x_2 - 4x_3 + 8x_4, \\ x_3' = x_1 - 2x_2 + 2x_3 + 2x_4, \\ x_4' = -3x_1 - 3x_2 - 3x_3 + 7x_4 \end{cases}$
(12) $\begin{cases} x_1' = 5x_1 + 2x_2 + 4x_3 - 3x_4, \\ x_2' = 5x_2 - 4x_4, \\ x_3' = -4x_1 - x_2 - 3x_3 + 2x_4, \\ x_4' = 4x_2 - 3x_4 \end{cases}$

6.1.3 未定係数法による定数係数 1 階線形系の解法

例題 6.3 その 1 **未定係数法による解**

次の定数係数 1 階線形微分方程式系の一般解を求めよ．ただし，独立変数は t とせよ．

$$\begin{cases} x' = -2x + 3y - 7z, & \ldots\ldots① \\ y' = 5x - 4y + 11z, & \ldots\ldots② \\ z' = 3x - 3y + 8z & \ldots\ldots③ \end{cases}$$

解答 まず係数行列の固有値を求める．線形代数を用いて計算してもよいが，ここではもっと微分方程式的な導き方をしよう．ある変数，例えば x, の 3 階単独方程式を導くのである．① の両辺を微分し，出てきた 1 階微分の項を方程式を用いて未知関数自身により表すという操作を繰り返すと，

$$\begin{aligned} x'' &= -2x' + 3y' - 7z' \\ &= -2(-2x + 3y - 7z) + 3(5x - 4y + 11z) - 7(3x - 3y + 8z) \\ &= -2x + 3y - 9z \ldots\ldots④, \\ x''' &= -2x' + 3y' - 9z' \\ &= -2(-2x + 3y - 7z) + 3(5x - 4y + 11z) - 9(3x - 3y + 8z) \\ &= -8x + 9y - 25z \ldots\ldots⑤. \end{aligned}$$

これらからまず y を消去する．④−①, ⑤−①×3 を作ると，

$$x'' - x' = -2z, \quad x''' - 3x' = -2x - 4z \ldots\ldots⑥.$$

次に，これらから z を消去する．一つ目の式の 2 倍を二つ目の式から引けば，

$$x''' - 2x'' - x' = -2x, \quad \therefore \quad x''' - 2x'' - x' + 2x = 0.$$

この 3 階単独線形方程式の特性方程式は $\lambda^3 - 2\lambda^2 - \lambda + 2 = 0$ で，これは上の線形系の係数行列の固有方程式と一致する．実際これは根 1, 2, −1 を持ち，従って

$$x = c_1e^t + c_2e^{2t} + c_3e^{-t}$$

と置ける．これを，例えば ⑥ の最初の式に代入すると

$$\begin{aligned} 2z &= x' - x'' = c_1e^t + 2c_2e^{2t} - c_3e^{-t} - (c_1e^t + 4c_2e^{2t} + c_3e^{-t}) \\ &= -2c_2e^{2t} - 2c_3e^{-t}, \\ \therefore \quad z &= -c_2e^{2t} - c_3e^{-t}. \end{aligned}$$

これらを，例えば ① に代入すると

$$
\begin{aligned}
3y &= x' + 2x + 7z \\
&= c_1e^t + 2c_2e^{2t} - c_3e^{-t} + 2(c_1e^t + c_2e^{2t} + c_3e^{-t}) + 7(-c_2e^{2t} - c_3e^{-t}) \\
&= 3c_1e^t - 3c_2e^{2t} - 6c_3e^{-t},
\end{aligned}
$$

$$
\therefore \quad y = c_1e^t - c_2e^{2t} - 2c_3e^{-t}.
$$

以上に得た解を，今度は共通因子を括り出したベクトルの形で書けば

$$
\begin{pmatrix} x \\ y \\ z \end{pmatrix} = c_1 \begin{pmatrix} 1 \\ 1 \\ 0 \end{pmatrix} e^t + c_2 \begin{pmatrix} 1 \\ -1 \\ -1 \end{pmatrix} e^{2t} + c_3 \begin{pmatrix} 1 \\ -2 \\ -1 \end{pmatrix} e^{-t}. \qquad ■
$$

1. 上の解から，問題の線形系の係数行列が固有値 1, 2, −1 を持ち，それらに対応する固有ベクトルが順に

$$
\begin{pmatrix} 1 \\ 1 \\ 0 \end{pmatrix}, \quad \begin{pmatrix} 1 \\ -1 \\ -1 \end{pmatrix}, \quad \begin{pmatrix} 1 \\ -2 \\ -1 \end{pmatrix}
$$

であることが見て取れる．

2. 未定係数法では，最初に未定係数として3個の任意定数を導入してしまうので，以後の計算では，積分により任意定数を生み出してはならない．代入と微分の計算だけで解を導き出すのである．

例題 6.3 その2 ――― **対角化できない場合の未定係数法**

次の定数係数1階線形微分方程式系の一般解を求めよ．ただし，独立変数は t とせよ．

$$
\begin{cases}
x' = 2x - y + 2z, & \ldots\ldots ① \\
y' = -x + 2y - 2z, & \ldots\ldots ② \\
z' = -x + y - z & \ldots\ldots ③
\end{cases}
$$

解答 今回も x の単独方程式を導くことから始めよう．① の両辺を微分して

$$
\begin{aligned}
x'' &= 2x' - y' + 2z' = 2(2x - y + 2z) - (-x + 2y - 2z) + 2(-x + y - z) \\
&= 3x - 2y + 4z \ldots\ldots ④.
\end{aligned}
$$

今回はこの段階で ④−①×2 を作ると，

$$
x'' - 2x' = -x, \quad \therefore \quad x'' - 2x' + x = 0
$$

と x だけの単独方程式が得られる．この特性多項式 $\lambda^2 - 2\lambda + 1$ は，与えられた線形系の係数行列の固有多項式より次数が小さく，いわゆる最小多項式というものになっ

ている．これは 1 を重根に持つので，

$$x = c_1 e^t + c_2 t e^t$$

と置ける．ここで

$$y = a e^t + b t e^t$$

と仮定し（この係数は独立な任意定数とは限らないので，わざと記号を変えた），これらを ①, ② に代入すると

$$\begin{aligned} 2z &= x' - 2x + y \\ &= c_1 e^t + c_2 t e^t + c_2 e^t - 2(c_1 e^t + c_2 t e^t) + a e^t + b t e^t \\ &= (-c_1 + c_2 + a) e^t + (-c_2 + b) t e^t, \\ 2z &= -y' - x + 2y \\ &= -(a e^t + b t e^t + b e^t) - (c_1 e^t + c_2 t e^t) + 2(a e^t + b t e^t) \\ &= (a - b - c_1) e^t + (b - c_2) t e^t. \end{aligned}$$

この二つは一致しなければならないので，e^t と te^t の 1 次独立性により

$$-c_1 + c_2 + a = a - b - c_1, \quad -c_2 + b = b - c_2.$$

前者から $b = -c_2$ と決定される（後者は無条件で成立）．a には制約がつかなかったので，これを最後の任意定数 c_3 とする．結局，

$$y = c_3 e^t - c_2 t e^t.$$

これらを上で z について解いた式に代入すると，(当然どちらでも同じで)

$$2z = (-c_1 + c_2 + c_3) e^t - 2 c_2 t e^t, \quad \therefore \quad z = \frac{1}{2}\{-c_1 + c_2(1 - 2t) + c_3\} e^t$$

と求まった．分数が現れるのを避けるには，すべての任意定数をその 2 倍で置き換えれば良い．そのようにしたものをベクトル表記すれば，

$$\begin{pmatrix} x \\ y \\ z \end{pmatrix} = c_1 \begin{pmatrix} 2 \\ 0 \\ -1 \end{pmatrix} e^t + c_2 \begin{pmatrix} 2t \\ -2t \\ 1 - 2t \end{pmatrix} e^t + c_3 \begin{pmatrix} 0 \\ 2 \\ 1 \end{pmatrix} e^t.$$

■

1. この結果から，この線形系の係数行列 A は 1 を 3 重固有値に持ち，固有ベクトルとしては 1 次独立なものが $\begin{pmatrix} 2 \\ 0 \\ -1 \end{pmatrix}$, $\begin{pmatrix} 0 \\ 2 \\ 1 \end{pmatrix}$ の 2 本取れ，従ってサイズ 2 のジョルダンブロッ

クが一つ存在し，基底の最後の 1 本は一般固有ベクトル $\begin{pmatrix}0\\0\\1\end{pmatrix}$ で，これに $A-1\cdot E$ を施すと，固有ベクトル $\begin{pmatrix}2\\-2\\-2\end{pmatrix}$ が出てくるようなものである，ということが c_2 のかかるベクトルから見て取れる．従って，例えば 1 本目の基底を $\begin{pmatrix}2e^t\\0\\-e^t\end{pmatrix}$ から $\begin{pmatrix}2e^t\\-2e^t\\-2e^t\end{pmatrix}$ に変えておけば，体裁は悪くなるがジョルダン標準形との対応は見やすくなる：

$$A=\begin{pmatrix}2&-1&2\\-1&2&-2\\-1&1&-1\end{pmatrix},\ S=\begin{pmatrix}2&0&0\\-2&0&2\\-2&1&1\end{pmatrix}\quad \text{とすれば,}\quad S^{-1}AS=\begin{pmatrix}1&1&0\\0&1&0\\0&0&1\end{pmatrix}.$$

2. この例題では，未定係数法で一貫した解法を示したが，実用的には，もし可能なら，消去法を併用し，積分して必要な任意定数を追加してもよい．

問　題

6.3.1　次の線形系の一般解を未定係数法により求めよ．ただし独立変数は t とする．また係数行列のジョルダン標準形を推測せよ．

(1) $\begin{cases}x_1'=x_3-x_2,\\x_2'=x_3,\\x_3'=x_3-x_1\end{cases}$　(2) $\begin{cases}x_1'=x_2,\\x_2'=x_3-2x_1,\\x_3'=2x_1+5x_2\end{cases}$　(3) $\begin{cases}x_1'=x_1-x_2+x_3,\\x_2'=6x_1+2x_2+x_3,\\x_3'=3x_1+2x_2\end{cases}$

(4) $\begin{cases}x_1'=-x_2+x_3,\\x_2'=3x_1+4x_2-3x_3,\\x_3'=2x_1+2x_2-x_3\end{cases}$　(5) $\begin{cases}x_1'=-3x_1+2x_2+3x_3,\\x_2'=-5x_1+4x_2+3x_3,\\x_3'=x_1-x_2+2x_3\end{cases}$

(6) $\begin{cases}x_1'=-x_1-2x_2-4x_3,\\x_2'=-5x_1+3x_2-2x_3,\\x_3'=5x_1-4x_2+x_3\end{cases}$　(7) $\begin{cases}x_1'=4x_1+2x_2,\\x_2'=-3x_1-2x_2+x_3,\\x_3'=-4x_1-4x_2+2x_3\end{cases}$

(8) $\begin{cases}x_1'=-2x_1-3x_2+x_3,\\x_2'=3x_1+6x_2-2x_3,\\x_3'=-6x_1+2x_2-x_3\end{cases}$　(9) $\begin{cases}x_1'=-x_2-x_3,\\x_2'=4x_1+4x_2+2x_3,\\x_3'=-2x_1-x_2+2x_3\end{cases}$

(10) $\begin{cases}x_1'=-x_3-x_4,\\x_2'=4x_1+x_2+4x_3+4x_4,\\x_3'=x_1+x_2+3x_3+7x_4,\\x_4'=-x_1-x_3\end{cases}$　(11) $\begin{cases}x_1'=2x_1-4x_2+5x_3+x_4,\\x_2'=-4x_1+5x_2-4x_3-4x_4,\\x_3'=-3x_1+3x_2-2x_3-3x_4,\\x_4'=-x_1+x_3-x_4\end{cases}$

(12) $\begin{cases}x_1'=2x_1+3x_2-4x_3+2x_4,\\x_2'=-4x_1+x_2+8x_4,\\x_3'=-3x_1-x_2+2x_3+4x_4,\\x_4'=-x_2+x_3-x_4\end{cases}$　(13) $\begin{cases}x_1'=-2x_2-4x_3-2x_4,\\x_2'=5x_1+5x_2-x_3+8x_4,\\x_3'=-x_1-x_2+x_3-2x_4,\\x_4'=-x_1+6x_3-2x_4\end{cases}$

6.2 高階単独方程式と1階連立方程式の書き換え

変換の一般論は第4章で扱ったが，ここでは線形系に特有なことがらを調べる．

例題 6.4 その1　　**高階線形方程式の1階化の係数行列**

n 階単独線形微分方程式

$$y^{(n)} + a_1(x)y^{(n-1)} + a_2(x)y^{(n-2)} + \cdots + a_n(x)y = 0 \tag{6.3}$$

は，どのような係数行列を持つ1階連立線形微分方程式に書き直されるか？

解答　一般の単独高階微分方程式の場合と同様，$y_1 = y, y_2 = y', \ldots, y_n = y^{(n-1)}$ という変数を導入すれば，$y_n' = y^{(n)} = -a_1 y^{(n-1)} - \cdots - a_n y$ により，

$$\begin{pmatrix} y_1 \\ y_2 \\ \vdots \\ y_{n-1} \\ y_n \end{pmatrix}' = \begin{pmatrix} 0 & 1 & 0 & \ldots & 0 \\ 0 & 0 & 1 & \ddots & \vdots \\ \vdots & & \ddots & \ddots & 0 \\ 0 & 0 & \ldots & 0 & 1 \\ -a_n & -a_{n-1} & \ldots & -a_2 & -a_1 \end{pmatrix} \begin{pmatrix} y_1 \\ y_2 \\ \vdots \\ y_{n-1} \\ y_n \end{pmatrix}$$

と書き直される．■

例題 6.4 その2　　**同上のジョルダン標準形**

前例題において，係数 a_j が定数のとき，得られた係数行列のジョルダン標準形は，重複固有値に対して重複度と等しいサイズのブロックを持つことを微分方程式の解を用いて説明せよ．

解答　(6.3) の特性方程式は固有値 $\lambda_1, \ldots, \lambda_s$ を持ち，それらの重複度は $\nu_1, \ldots, \nu_s$ であるとする．このとき，

$$\lambda^n + a_1\lambda^{n-1} + a_2\lambda^{n-2} + \cdots + a_n = (\lambda - \lambda_1)^{\nu_1} \cdots (\lambda - \lambda_s)^{\nu_s}$$

と因数分解され，これに応じて微分作用素も

$$D^n + a_1 D^{n-1} + a_2 D^{n-2} + \cdots + a_n = (D - \lambda_1)^{\nu_1} \cdots (D - \lambda_s)^{\nu_s}$$

と分解される．これから，この微分方程式は

$$e^{\lambda_1 x}, xe^{\lambda_1 x}, \ldots, x^{\nu_1 - 1}e^{\lambda_1 x}, \ldots, e^{\lambda_s x}, xe^{\lambda_s x}, \ldots, x^{\nu_s - 1}e^{\lambda_s x}$$

という解を持つことが分かる．これらは明らかに1次独立なので，1階連立化しても，この形の関数がどこかの成分に残る．これから，例えば固有値 λ_1 に対応するジョル

ダンブロックは，サイズが ν_1 で，従って最大サイズの一つのブロックを成さねばならないことが分かる． ■

例題 6.4 その 3 ― **1 階連立方程式の高階単独化**

次の 1 階 3 元連立線形微分方程式の各成分が満たす 3 階単独微分方程式を導け．また，この一つはもとの連立方程式と同値ではないことを説明せよ．

$$\begin{cases} y_1' = 2y_1 - y_2 - y_3, & \cdots\cdots ① \\ y_2' = -2y_1 + 3y_2 + 2y_3, & \cdots\cdots ② \\ y_3' = 3y_1 - 3y_2 - 2y_3 & \cdots\cdots ③ \end{cases}$$

解答 ① を x で微分し，もとの方程式を代入すると

$$\begin{aligned} y_1'' &= 2y_1' - y_2' - y_3' \\ &= 2(2y_1 - y_2 - y_3) - (-2y_1 + 3y_2 + 2y_3) - (3y_1 - 3y_2 - 2y_3) \\ &= 3y_1 - 2y_2 - 2y_3 \cdots\cdots ④ \end{aligned}$$

更に微分してもとの方程式を代入すると

$$\begin{aligned} y_1''' &= 3y_1' - 2y_2' - 2y_3' \\ &= 3(2y_1 - y_2 - y_3) - 2(-2y_1 + 3y_2 + 2y_3) - 2(3y_1 - 3y_2 - 2y_3) \\ &= 4y_1 - 3y_2 - 3y_3 \cdots\cdots ⑤ \end{aligned}$$

① と ⑤ から y_2, y_3 を消去でき，

$$y_1''' = 4y_1 + 3(y_1' - 2y_1), \quad \text{すなわち，} \quad y_1''' - 3y_1' + 2y_1 = 0$$

という 3 階単独方程式を得るが，これは $y_1 = e^{-2x}$ という，もとの連立方程式では有り得ない解を含んでいる．実は ① と ④ から既に y_2, y_3 を消去でき，

$$y_1'' - 2y_1' + y_1 = 0$$

という方程式を得る．同様の計算で y_2, y_3 も同じ 2 階線形微分方程式を満たすことを導くことができる．これを未定係数法で実際に解くことにより，あるいは行列計算で，与えられた線形系の係数行列のジョルダン標準形は $\begin{pmatrix} 1 & 1 & 0 \\ 0 & 1 & 0 \\ 0 & 0 & 1 \end{pmatrix}$ であることが確かめられるが，もしこの系と同値な 3 階線形微分方程式が作れたら，それは特性根 1 を 3 重根として持たねばならず，従ってそれと同値な 1 階線形系は例題 6.4 その 2 によりジョルダン標準形が $\begin{pmatrix} 1 & 1 & 0 \\ 0 & 1 & 1 \\ 0 & 0 & 1 \end{pmatrix}$ となってしまい，不合理である． ■

例題 6.4 その 4 ——— **高階オイラー型の 1 階連立化**

例題 4.2 のオイラー型微分方程式

$$x^3y''' + 3x^2y'' - 2xy' + 2y = 0$$

を 1 階連立線形微分方程式に書き直せ.

解答 例題 6.4 その 1 の方法で普通に変換しても 1 階線形連立系は得られるが，最後の方程式だけに x の冪が集中的に現れて対称性が悪い．そこで，問題 3.8.1 (5) の公式を用いて

$$x\frac{d}{dx}\left(x\frac{d}{dx} - 1\right)\left(x\frac{d}{dx} - 2\right)y + 3x\frac{d}{dx}\left(x\frac{d}{dx} - 1\right)y - 2x\frac{d}{dx}y + 2y = 0 \qquad (6.4)$$

という形に書き直し，$\left(x\dfrac{d}{dx} - j\right)$ と $\left(x\dfrac{d}{dx} - k\right)$ が可換なことに注意して $y_1 = y$, $y_2 = x\dfrac{d}{dx}y_1$, $y_3 = \left(x\dfrac{d}{dx} - 1\right)y_2$ と置けば，(6.4) より

$$\begin{aligned}\left(x\frac{d}{dx} - 2\right)y_3 &= \left(x\frac{d}{dx} - 2\right)\left(x\frac{d}{dx} - 1\right)x\frac{d}{dx}y \\ &= x\frac{d}{dx}\left(x\frac{d}{dx} - 1\right)\left(x\frac{d}{dx} - 2\right)y \\ &= -\left\{3x\frac{d}{dx}\left(x\frac{d}{dx} - 1\right)y - 2x\frac{d}{dx}y + 2y\right\} \\ &= -(3y_3 - 2y_2 + 2y_1) = -2y_1 + 2y_2 - 3y_3.\end{aligned}$$

これより，

$$\begin{pmatrix} x\frac{d}{dx} & 0 & 0 \\ 0 & x\frac{d}{dx} - 1 & 0 \\ 9 & 0 & x\frac{d}{dx} - 2 \end{pmatrix}\begin{pmatrix} y_1 \\ y_2 \\ y_3 \end{pmatrix} = \begin{pmatrix} 0 & 1 & 0 \\ 0 & 0 & 1 \\ -2 & 2 & -3 \end{pmatrix}\begin{pmatrix} y_1 \\ y_2 \\ y_3 \end{pmatrix},$$

あるいは

$$x\begin{pmatrix} y_1 \\ y_2 \\ y_3 \end{pmatrix}' = \begin{pmatrix} 0 & 1 & 0 \\ 0 & 1 & 1 \\ -2 & 2 & -1 \end{pmatrix}\begin{pmatrix} y_1 \\ y_2 \\ y_3 \end{pmatrix} \qquad (6.5)$$

となる．これは言わばオイラー型方程式の 1 階連立版であり，右辺の行列の固有値はもとの方程式の（オイラー型としての）特性指数と一致する．別解として，より普通に

$$z_1 = y, \quad z_2 = x\frac{dz_1}{dx}, \quad z_3 = x\frac{dz_2}{dx}$$

と置くと，計算はより面倒だが，同様の形の 1 階線形系

$$x\begin{pmatrix} z_1 \\ z_2 \\ z_3 \end{pmatrix}' = \begin{pmatrix} 0 & 1 & 0 \\ 0 & 0 & 1 \\ -2 & 3 & 0 \end{pmatrix}\begin{pmatrix} z_1 \\ z_2 \\ z_3 \end{pmatrix} \tag{6.6}$$

が得られる．両者は，$z_1 = y_1$, $z_2 = y_2$, $z_3 = y_3 + y_2$ なる関係にあり，従って

$$T = \begin{pmatrix} 1 & 0 & 0 \\ 0 & 1 & 0 \\ 0 & 1 & 1 \end{pmatrix}, \quad T^{-1} = \begin{pmatrix} 1 & 0 & 0 \\ 0 & 1 & 0 \\ 0 & -1 & 1 \end{pmatrix}$$

により (6.5) の右辺の行列 A を TAT^{-1} で変換すれば (6.6) の右辺となる．従って固有値は一致する．■

1. この例題で最初に用いた 1 階化の計算手法は，定数係数の高階方程式にも使える．例えば，$y''' - y'' - y' + y = 0$ は例題 6.4 その 1 で示した 1 階化では

$$\begin{cases} y_1' = y_2, \\ y_2' = y_3, \\ y_3' = -y_1 + y_2 + y_3 \end{cases}$$

となるが，これを $(D-1)^2(D+1)y = 0$ と変形し，$y_1 = y$, $y_2 = (D+1)y$, $y_3 = (D-1)(D+1)y$ と置けば，

$$\begin{cases} (D+1)y_1 = y_2, \\ (D-1)y_2 = y_3, \\ (D-1)y_3 = 0 \end{cases} \qquad \text{すなわち,} \qquad \begin{cases} y_1' = -y_1 + y_2, \\ y_2' = y_2 + y_3, \\ y_3' = y_3 \end{cases}$$

となり，上 3 角型の係数行列を持ち下から順に解いてゆける線形系となる．

2. 論理的には得られた 1 階の系からもとの単独方程式が復元できることに言及すべきだが，この向きはほぼ常に自明なので略した．

問　題

6.4.1　次の単独高階微分方程式を 1 階連立化せよ．

(1) $y''' - 4y' = 0$　(2) $y''' - 8y = 0$　(3) $y''' - 3y' - 2y = 0$

(4) $y^{(4)} - y = \cos x$　(5) $y^{(4)} + 16y = 0$　(6) $y^{(4)} + 2y''' + 5y'' + 8y' + 4y = e^x$

6.4.2　次の単独高階微分方程式を 1 階連立化せよ．

(1) $x^3y''' - 3x^2y'' + 6xy' - 6y = 0$　(2) $x^3y''' - x^2y'' + 2xy' - 2y = x^3 + x$

6.4.3　次の 1 階連立方程式から単独高階方程式を導け．同値なものが求められないものはそれを指摘せよ．(これらはそれぞれ問題 6.2.2(7), 問題 6.3.1(4) から取った.)

(1) $\begin{cases} x_1' = -3x_1 + 2x_3, \\ x_2' = 2x_1 + 9x_2 + 8x_3, \\ x_3' = -3x_1 - 5x_2 - 3x_3 \end{cases}$　(2) $\begin{cases} x_1' = -x_2 + x_3, \\ x_2' = 3x_1 + 4x_2 - 3x_3, \\ x_3' = 2x_1 + 2x_2 - x_3 \end{cases}$

6.3 高階連立微分方程式の解法

高階連立線形微分方程式は基本的には，1 階線形系に帰着できる．しかし，高階の微分方程式は 1 階連立微分方程式を未定係数法などで解く場合の中間段階ともみなせるので，わざわざ 1 階化せず，それらをうまく利用して解くことが考えられる．ここではそのような例を練習する．

例題 6.5　　　**定数係数高階線形系**

次の定数係数線形連立微分方程式を解け．ただし独立変数は t とせよ．

$$x'' = 3x + y' + y - 3 \ldots\ldots ①, \qquad y'' = 2x' - 5x + y' - 3y + 5 \ldots\ldots ②$$

解答　① を t で微分して②を代入すると

$$x''' = 3x' + y'' + y' = 5x' - 5x + 2y' - 3y + 5 \ldots\ldots ③$$

同様にこれをもう一度微分して②を代入すると

$$x^{(4)} = 5x'' - 5x' + 2y'' - 3y' = 5x'' - x' - 10x - y' - 6y + 10 \ldots\ldots ④$$

①と③を用いて④から y' と y を消去する．まず③$-2\times$①より

$$x''' - 2x'' - 5x' + 11x + 5y - 11 = 0 \ldots\ldots ⑤$$

④+①より

$$x^{(4)} - 4x'' + x' + 7x + 5y - 7 = 0 \ldots\ldots ⑥$$

従って ⑥$-$⑤より

$$x^{(4)} - x''' - 2x'' + 6x' - 4x + 4 = 0.$$

この 4 階単独方程式の特性方程式 $\lambda^4 - \lambda^3 - 2\lambda^2 + 6\lambda - 4 = 0$ は $1, -2$ を根に持つことが探索で分かり，これらに対応する因子で割ると $\lambda^2 - 2\lambda + 2 = 0$ が残る．この 2 次方程式の根は，$1 \pm i$ である．よって今 $\alpha = 1 + i$ と置けば，解は

$$\begin{aligned} x &= 1 + c_1 e^t + c_2 e^{-2t} + (c_3 \cos t + c_4 \sin t)e^t \\ &= 1 + c_1 e^t + c_2 e^{-2t} + \mathrm{Re}\{(c_3 - ic_4)e^{\alpha t}\} \end{aligned}$$

と書ける．ここに 1 は目の子で求めた非斉次の特殊解である．これを⑤に代入すると，

$$\begin{aligned} y &= \frac{1}{5}(-x''' + 2x'' + 5x' - 11x + 11) \\ &= \frac{1}{5}(-5c_1 e^t - 5c_2 e^{-2t} + \mathrm{Re}\{(c_3 - ic_4)(-\alpha^3 + 2\alpha^2 + 5\alpha - 11)e^{\alpha t}\}. \end{aligned}$$

ここで $\alpha^2 = 2\alpha - 2$, $\alpha^3 = 2\alpha^2 - 2\alpha = 2\alpha - 4$, 従って上の α の多項式は $7\alpha - 11 = 7i - 4$ に帰着するから

$$y = -c_1e^t - c_2e^{-2t} + \frac{1}{5}\mathrm{Re}[\{(-4c_3 + 7c_4) + (7c_3 + 4c_4)i\}e^{(1+i)t}]$$
$$= -c_1e^t - c_2e^{-2t} + \frac{1}{5}\{(-4c_3 + 7c_4)\cos t - (7c_3 + 4c_4)\sin t\}e^t. \quad ■$$

1. 変数係数や非線形の高階連立微分方程式にも基本的には同じ考え方が通用するが，単独の方程式以上に求積できるのは例外的で，従って解の定性的な考察や数値的考察が解法としての正道となる．下の問題に求積できる若干の例を含めておいた．

2. m_1 階, m_2 階, $\ldots, m_n$ 階の微分方程式を連立させたものの一般解は $m_1+m_2+\cdots+m_n$ 個の任意定数を含む．これは初期値問題の解の一意性に依拠しており，1 階連立化したときこの個数の方程式の正規形になればよく，非線形でも成り立つ.（下の問題 6.5.1(7) はぎりぎりこの条件を満たしている例である.）ただしこの条件が満たされないと任意定数の個数はこれより少なくなり得る．下の問題 6.5.1(4) 参照.

問　題

6.5.1　次の連立微分方程式を解け．独立変数は t とせよ（以下の問題も同様).

(1) $x'' + 2m^2y = 0,\ \ y'' - 2m^2x = 0$

(2) $x'' = 3(y - x - z),\ \ y'' = x - y,\ \ z'' = -z$

(3) $x'' = -x + y + z,\ \ y'' = x - y + z,\ \ z'' = x + y - z$

(4) $x'' + 2x' + x + y'' + y' + 2y = 0,\ \ x'' + x' + 2x + y'' + 3y = 4t + 5$

(5) $x'' - x' + 6x + y'' - y' + 2y = 0,\ \ 2x'' + x' + 3x + y'' + y = t - 1$

(6) $x'' = y + z,\ \ y'' = z + x,\ \ z'' = x + y$

(7) $x''' - x'' - x' + x - y'' + 3y' - 2y + z' - z = 0,$
$3x'' - 6x' + 3x - y'' + 4y' - 3y + 2z' - 2z = 0,$
$x'' - 2x' + x + y' - y + z' - z = 0$

(8) $5x'' + 5x + 3y'' + 3y + 8z'' + 8z = 0,$
$x'' + 4x + 3y'' + 12y + 3z'' + 12z = 0,$
$x'' - 2x - 2y'' - 11y - 9z = 0$

6.5.2　次の非線形連立微分方程式を求積せよ.

(1) $x' = y + xz,\ \ y' = x + yz,\ \ z' = z + z^2$

(2) $x' = y + xz,\ \ y' = x + yz,\ \ z' = x + z^2$

(3) $x' = x(x + y + 1),\ \ y' = z + y(x + y),\ \ z' = y + z(x + y)$

(4) $x' = y^2,\ \ y' = x^2$

(5) $x' = yz,\ \ y' = zx,\ \ z' = xy$

6.4　1 階線形微分方程式系の基本解と定数変化法

関数を係数とする一般の 1 階線形系は行列とベクトルを用いて

$$\boldsymbol{x}' = A(t)\boldsymbol{x} \tag{6.7}$$

と略記できるが，この場合は係数行列の指数関数を作っても，行列積の非可換性のため，$(e^{\int A(t)dt})' = A'(t)e^{\int A(t)dt}$ は一般に成り立たないので，解を表現するのに使えない．

要項 6.2　1 階斉次線形微分方程式系 (6.7) の解は n 次元の線形空間を成す．その基底を並べたもの

$$\Phi(t) = (\boldsymbol{\varphi}_1(t), \ldots, \boldsymbol{\varphi}_n(t)),$$

あるいはこれから得られる行列を**解の基本系**，あるいは基本解と呼ぶ．

要項 6.3　(6.7) の解の基本系 $\Phi(t)$ が既知のとき，対応する非斉次微分方程式系

$$\boldsymbol{x}' = A(t)\boldsymbol{x} + \boldsymbol{b}(t) \tag{6.8}$$

の解は，次の公式により与えられる．

$$\boldsymbol{x} = \Phi(t)\Big(\int \Phi^{-1}(s)\boldsymbol{b}(s)ds + \boldsymbol{C}\Big). \tag{6.9}$$

これは，一般解 $\boldsymbol{x} = \Phi\boldsymbol{c}$ において任意定数のベクトル $\boldsymbol{c}$ を t の関数と見て方程式 (6.8) に代入すれば自然に得られる：

$$\Phi'\boldsymbol{c} + \Phi\boldsymbol{c}' = A(t)\Phi\boldsymbol{c} + \boldsymbol{b}$$

より，$\Phi'\boldsymbol{c} = A(t)\Phi\boldsymbol{c}$ を用いて

$$\Phi\boldsymbol{c}' = \boldsymbol{b} \quad \text{よって} \quad \boldsymbol{c}' = \Phi^{-1}\boldsymbol{b}. \tag{6.10}$$

これを積分して $\boldsymbol{x} = \Phi\boldsymbol{c}$ に代入すれば (6.9) を得る．公式でなく，この導き方を記憶せよ．なお，$A(t)$ が定数係数のとき，$\Phi(t) = e^{tA}$ なら，$\Phi(t)^{-1} = e^{-tA} = \Phi(-t)$ は計算するまでもなく直ちに得られる．一般の基本系の場合は，初期値問題の一意性より $\Phi(t)\Phi(0)^{-1} = e^{tA}$ なので，

$$\Phi(t)^{-1} = \Phi(0)^{-1}e^{-tA} = \Phi(0)^{-1}\Phi(-t)\Phi(0)^{-1} \tag{6.11}$$

となる．よって $\Phi(t)^{-1}$ の成分も t の指数関数多項式となる．

単独高階線形微分方程式を 1 階連立化したものにこれを適用すると，次が得られる：

要項 6.4　n 階斉次線形微分方程式 (6.3) の一般解が $c_1u_1 + \cdots + c_nu_n$ であるとき，その右辺に $f(x)$ を置いて得られる非斉次方程式の特殊解は，

$$\begin{cases} c_1' u_1 + \cdots + c_n' u_n = 0, \\ \quad \vdots \\ c_1' u_1^{(n-2)} + \cdots + c_n' u_n^{(n-2)} = 0, \\ c_1' u_1^{(n-1)} + \cdots + c_n' u_n^{(n-1)} = f(x) \end{cases}$$

から $c_1', \ldots, c_n'$ を求めて積分し，それらを $c_1 u_1 + \cdots + c_n u_n$ に代入することにより得られる．

実際，例題 6.4 その 1 に示した 1 階化で得られる 1 階線形系の解の基本系は，

$$\Phi = \begin{pmatrix} u_1 & u_2 & \ldots & u_n \\ u_1' & u_2' & \ldots & u_n' \\ \vdots & \vdots & & \vdots \\ u_1^{(n-1)} & u_2^{(n-1)} & \ldots & u_n^{(n-1)} \end{pmatrix},$$

また，右辺のベクトルは

$$\boldsymbol{b} = \begin{pmatrix} 0 \\ \vdots \\ 0 \\ f(x) \end{pmatrix}$$

となるので，定数変化法の公式を導く途中の式 (6.10) をこれらに当てはめれば，上の連立方程式が自然に得られる．

第 3 章 3.4 節で述べた 2 階線形微分方程式に対する定数変化法は，この特別な場合である．そこで課した $c_1' u_1 + c_2' u_2 = 0$ という仮定が恣意的なものではなく自然な条件であることが，これから分かるであろう．

例題 6.6　　**線形系に対する定数変化法**

次の連立微分方程式の一般解を求めよ．対応する斉次方程式の一般解は例題 6.3 その 2 の結果を利用せよ．

$$\begin{cases} x' = 2x - y + 2z + e^t, \\ y' = -x + 2y - 2z + e^{2t}, \\ z' = -x + y - z + t \end{cases}$$

解答　特殊解を一つ求めれば，一般解は例題 6.3 その 2 の結果を加えれば得られる．定数変化法を適用すると，同例題の結果から $\Phi(t) = \begin{pmatrix} 2e^t & 2te^t & 0 \\ 0 & -2te^t & 2e^t \\ -e^t & (1-2t)e^t & e^t \end{pmatrix}$ であ

るから，$\Phi \boldsymbol{c}' = \begin{pmatrix} e^t \\ e^{2t} \\ t \end{pmatrix}$，従って[2)]

$$\boldsymbol{c}' = \Phi^{-1} \begin{pmatrix} e^t \\ e^{2t} \\ t \end{pmatrix} = \frac{e^{-t}}{2} \begin{pmatrix} -t+1 & t & -2t \\ 1 & -1 & 2 \\ t & -t+1 & 2t \end{pmatrix} \begin{pmatrix} e^t \\ e^{2t} \\ t \end{pmatrix}$$

$$= \frac{1}{2} \begin{pmatrix} -t+1+te^t-2t^2e^{-t} \\ 1-e^t+2te^{-t} \\ t-(t-1)e^t+2t^2e^{-t} \end{pmatrix}.$$

よって積分して

$$\boldsymbol{c} = \frac{1}{2} \begin{pmatrix} -\frac{t^2}{2}+t+(t-1)e^t+(2t^2+4t+4)e^{-t} \\ 1-e^t-2(t+1)e^{-t} \\ \frac{t^2}{2}-(t-2)e^t-(2t^2+4t+4)e^{-t} \end{pmatrix}$$

だから，求める特殊解の一つは

$$y = \Phi \boldsymbol{c} = \begin{pmatrix} (\frac{t^2}{2}+t)e^t - e^{2t} + 6 \\ -\frac{t^2}{2}e^t + 2e^{2t} - 2t - 4 \\ -\frac{t^2}{2}e^t + e^{2t} - 3t - 5 \end{pmatrix}. \quad ■$$

単独方程式で 1 が重複特性根の場合，非斉次項 e^t を得るのに te^t は不要だが，ここでは現れている．このように，連立方程式の場合，指数関数多項式の非斉次項に対する未定係数法による簡便解法はそう単純ではない．ただし消去法や未定係数法の計算過程で特殊解を決めてゆくことは可能で，定数変化法より楽なことが多い．以下の問題の解答例参照．

問 題

6.6.1 次の非斉次線形系の一般解を求めよ．対応する斉次線形系の一般解は，問題 6.2.2, 6.3.1 を参照せよ．

(1) $\begin{cases} x_1' = -5x_1 - 3x_2 + 4x_3 + e^t, \\ x_2' = 6x_1 + 4x_2 - 4x_3, \\ x_3' = -6x_1 - 3x_2 + 5x_3 + e^{2t} \end{cases}$
(2) $\begin{cases} x_1' = -4x_1 + 5x_2 - 5x_3 + te^t, \\ x_2' = -4x_1 + 5x_2 - 4x_3 - e^t, \\ x_3' = x_1 - x_2 + 2x_3 + e^{2t} \end{cases}$

(3) $\begin{cases} x_1' = x_3 - x_2 + e^t + e^{2t}, \\ x_2' = x_3 + te^t, \\ x_3' = x_3 - x_1 + e^t \end{cases}$
(4) $\begin{cases} x_1' = -2x_1 - 2x_2 + 4x_3 + \sin t, \\ x_2' = 4x_1 + x_2 + 5x_3 + \cos t, \\ x_3' = -x_2 + 5x_3 + e^t \sin t \end{cases}$

(5) $\begin{cases} x_1' = -x_3 - x_4 + e^t, \\ x_2' = 4x_1 + x_2 + 4x_3 + 4x_4, \\ x_3' = x_1 + x_2 + 3x_3 + 7x_4, \\ x_4' = -x_1 - x_3 - 2e^t \end{cases}$
(6) $\begin{cases} x_1' = x_1 + x_3 - 4x_4 + e^{2t}, \\ x_2' = 5x_2 - 4x_3 + e^t \sin t, \\ x_3' = 4x_2 - 3x_3 + e^t \cos t, \\ x_4' = x_2 - x_3 + x_4 + e^{-t} \end{cases}$

---

2) (6.11) 式を利用した $\Phi(t)^{-1}$ の計算例は問題 6.6.1(5) の解答参照．

6.5 線形系の初期値問題

要項 6.5 t を独立変数とする 1 階連立微分方程式

$$\begin{cases} x_1' = a_{11}x_1 + a_{12}x_2 + \cdots + a_{1n}x_n, \\ \quad\vdots \\ x_n' = a_{n1}x_1 + a_{n2}x_2 + \cdots + a_{nn}x_n \end{cases}$$

に対する初期値問題は，それぞれの成分の t の一点（普通は $t=0$）における値（初期値）を指定する：

$$x_1(0) = c_1, \quad x_2(0) = c_1, \quad \ldots, \quad x_n(0) = c_n.$$

これを行列表示で $\boldsymbol{x}' = A\boldsymbol{x}$ と書いたとき，初期値は定数ベクトル $\boldsymbol{c}$ となる．解の基本系を列ベクトルとする行列を $\Phi(t)$ とするとき，初期値問題の解は

$$\boldsymbol{x} = \Phi(t)\Phi(0)^{-1}\boldsymbol{c}$$

で与えられる．特に，定数係数線形系の場合は，行列の指数関数で得られる解の基本系 $\Phi(t) = e^{tA}$ は最初から $\Phi(0) = I$（単位行列）となっているので，初期値問題の解は

$$\boldsymbol{x} = e^{tA}\boldsymbol{c}$$

で与えられる．

消去法で解く場合は，積分の度に任意定数を初期値から決めてゆけば，自然に初期値問題の解が求まる．

例題 6.7 **1 階線形系の初期値問題**

例題 6.2 その 1 の 1 階連立線形方程式に対する次の初期値問題を解け．

$$\begin{cases} x' = y + z, & \ldots\ldots ① \\ y' = z - x, & \ldots\ldots ② \\ z' = x + y & \ldots\ldots ③ \end{cases} \qquad \begin{cases} x(0) = 1, \\ y(0) = 0, \\ z(0) = 2 \end{cases}$$

解答 例題 6.2 その 1 の解答と重複するところが多いが，読みやすくするため計算を繰り返す．①−② より

$$x' - y' = x + y \ldots\ldots ④.$$

よって ④−③ より $x' - y' - z' = 0$ を得るが，$x - y - z$ の初期値は $1 - 0 - 2 = -1$ なので，積分すると

$$x - y - z = -1 \ldots\ldots ⑤$$

を得る．これを ① に代入して

$$x' = x + 1 \ldots\ldots ⑥.$$

単独 1 階線形微分方程式としてこれを解くと，$x(0) = 1$ に注意して

$$(xe^{-t})' = e^{-t}, \quad xe^{-t} = 2 - e^{-t}, \quad \therefore \quad x = 2e^t - 1.$$

また，⑥ を ④ に代入して

$$y' + y = 1.$$

$y(0) = 0$ に注意してこれを求積すると

$$(ye^t)' = e^t, \quad ye^t = e^t - 1, \quad \therefore \quad y = 1 - e^{-t}.$$

最後に再び ⑤ を用いて

$$z = x - y + 1 = 2e^t - 1 - 1 + e^{-t} + 1 = 2e^t + e^{-t} - 1.$$

以上より，求める初期値問題の解は，

$$\begin{cases} x = 2e^t - 1, \\ y = 1 - e^{-t}, \\ z = 2e^t + e^{-t} - 1. \end{cases}$$ ■

問　題

6.7.1 次の 1 階線形系の初期値問題を解け．ただし一般解，あるいはその解き方は問題 6.1.1, 6.2.1, 6.2.2, 6.3.1, 6.6.1 を参考にせよ．

(1) $x' = -3x - y,\ y' = x - y;\quad x(0) = 1,\ y(0) = 2$

(2) $x' = 7x - y,\ y' = 2x + 5y;\quad x(0) = 1,\ y(0) = 2$

(3) $x' = x - y - z,\ y' = 7y + 6z,\ z' = -6y - 5z;\quad x(0) = 1,\ y(0) = 0,\ z(0) = 1$

(4) $x' = x + y - z,\ y' = z + x - y,\ z' = y + z - x;\quad x(0) = 1,\ y(0) = 2,\ z(0) = -1$

(5) $x' = y + z,\ y' = z + x,\ z' = x + y;\quad x(0) = 1,\ y(0) = 2,\ z(0) = -1$

(6) $x' = z - y,\ y' = z,\ z' = z - x;\quad x(0) = 1,\ y(0) = 0,\ z(0) = -1$

(7) $x' = y,\ y' = z - 2x,\ z' = 2x + 5y;\quad x(0) = 1,\ y(0) = 1,\ z(0) = 2$

(8) $x' = -x + y + z,\ y' = x - y + z,\ z' = x + y - z;\quad x(0) = 1,\ y(0) = 0,\ z(0) = 1$

(9) $x' = -2x - 2y + 4z + \sin t,\ y' = 4x + y + 5z + \cos t,\ z' = -y + 5z + e^t \sin t;$
$x(0) = -\frac{1}{5},\ y(0) = \frac{2}{5},\ z(0) = \frac{1}{10}$

(10) $x' = z - y + e^t + e^{2t},\ y' = z + te^t,\ z' = z - x + e^t;$
$x(0) = 2,\ y(0) = 0,\ z(0) = -1$

(11) $x_1' = x_1 + x_3 - 4x_4 + e^{2t},\ x_2' = 5x_2 - 4x_3 + e^t \sin t,\ x_3' = 4x_2 - 3x_3 + e^t \cos t,$
$x_4' = x_2 - x_3 + x_4 + e^{-t};\quad x_1(0) = 1,\ x_2(0) = 0,\ x_3(0) = 0,\ x_4(0) = -1$

6.6 演算子法

要項 6.6 微分作用素 $\dfrac{d}{dx}$ に**演算子**（作用素）の記号 D を用いて，定数係数の非斉次線形微分方程式 $a_0y^{(n)}+a_1y^{(n-1)}+\cdots+a_ny=f(x)$ を

$$(a_0D^n+a_1D^{n-1}+\cdots+a_n)z=a_0(D-\lambda_1)^{\nu_1}\cdots(D-\lambda_s)^{\nu_s}z=f(x)Y$$

と変形し，D の因子で形式的に割り算すると，初期値 0 の場合の解が得られる．ここに $z=yY$ であり Y はヘビサイド関数（後出），割り算は次式により処理する：

$$\frac{1}{D}f(x)Y=\int_0^x f(t)dt,\qquad \frac{1}{D-a}f(x)Y=\int_0^x f(t)e^{x-t}dt. \tag{6.12}$$

$f(x)$ が指数関数多項式のときは，下記の対照表を逆引きし，$f(x)Y$ を D の分数式に翻訳しておいて代数的に計算し部分分数分解して以下の対照表により通常の表現に戻す方が簡単である（目の子の計算の形式化）．以下の表では因子 Y を略す．

$$\frac{1}{D-a}\longleftrightarrow e^{ax},\quad 一般に\quad \frac{1}{(D-a)^k}\longleftrightarrow\frac{x^{k-1}}{(k-1)!}e^{ax}. \tag{6.13}$$

特に，$a=0$ のときは，$\dfrac{1}{D}\longleftrightarrow 1$，一般に $\dfrac{1}{D^k}\longleftrightarrow\dfrac{x^{k-1}}{(k-1)!}$.

$$\frac{1}{D^2+a^2}=\frac{1}{2ai}\left(\frac{1}{D-ai}-\frac{1}{D+ai}\right)\longleftrightarrow\frac{1}{2ai}(e^{aix}-e^{-aix})=\frac{1}{a}\sin ax, \tag{6.14}$$

$$\begin{aligned}\frac{1}{(D^2+a^2)^2}&=-\frac{1}{2a}\frac{\partial}{\partial a}\frac{1}{D^2+a^2}\\ &\longleftrightarrow -\frac{1}{2a}\frac{\partial}{\partial a}\left(\frac{1}{a}\sin ax\right)=\frac{1}{2a^3}\sin ax-\frac{x}{2a^2}\cos ax,\end{aligned} \tag{6.15}$$

$$\frac{D}{D^2+a^2}\longleftrightarrow D\left(\frac{1}{a}\sin ax\right)=\cos ax, \tag{6.16}$$

$$\frac{D}{(D^2+a^2)^2}=-\frac{1}{2a}\frac{\partial}{\partial a}\frac{D}{D^2+a^2}\longleftrightarrow -\frac{1}{2a}\frac{\partial}{\partial a}\cos ax=\frac{x}{2a}\sin ax, \tag{6.17}$$

$$\frac{1}{(D-a)^2+b^2}\longleftrightarrow\frac{1}{b}e^{ax}\sin bx,\quad \frac{D-a}{(D-a)^2+b^2}\longleftrightarrow e^{ax}\cos bx, \tag{6.18}$$

$$\frac{1}{\{(D-a)^2+b^2\}^2}\longleftrightarrow\frac{1}{2b^3}e^{ax}\sin bx-\frac{x}{2b^2}e^{ax}\cos bx, \tag{6.19}$$

$$\frac{D-a}{\{(D-a)^2+b^2\}^2}\longleftrightarrow\frac{x}{2b}e^{ax}\sin bx\quad 等々. \tag{6.20}$$

一般の初期値に対する初期値問題を演算子法で解くには，1 階連立方程式の場合には，右辺の非斉次項に初期値を追加したものを形式的に解けばよい（例題 6.8 その 1）.

初期値を任意定数にすれば一般解も求まる．高階単独方程式の場合は，初期値から定まる以下の項を右辺に追加して計算する（例題 6.8 その 2 (2), 正当化は問題 6.8.1）.

$$\begin{aligned}(a_0D^n + a_1D^{n-1} + \cdots + a_n)z \\ = f(x)Y + \sum_{k=0}^{n-1}\Bigl(\sum_{j=0}^{n-k-1} a_j y^{(n-j-k-1)}(0)\Bigr)D^k \qquad (6.21)\end{aligned}$$

上の公式を覚えるより，次のような形式的計算で初期値の分をその都度求めた方がよい．（超関数による演算子法の解釈については [4], p.118 参照.）$Y(x)$ を**ヘビサイド関数**，すなわち，$x > 0$ では 1，$x < 0$ では 0 なる関数とする．その形式的微分 $\delta(x) = Y'(x)$ をディラックのデルタ関数として，公式 $\varphi(x)\delta(x) = \varphi(0)\delta(x)$ を適用し以下のように計算したものに，係数を掛けて加えると，(6.21) が出る：

$$\begin{aligned}Dz &= (yY)' = y'Y + y(0)\delta \longleftrightarrow y'Y + y(0), \\ D^2z &= (yY)'' = (y'Y + y(0)\delta)' = y''Y + y'(0)\delta + y(0)\delta' \\ &\longleftrightarrow y''Y + y'(0) + y(0)D,\end{aligned}$$

ここで，$\delta \longleftrightarrow 1$, $\delta' \longleftrightarrow D$ という置き換えをした．一般に，

$$\begin{aligned}D^m z = (yY)^{(m)} &= y^{(m)}Y + y^{(m-1)}(0)\delta + \cdots + y(0)\delta^{(m-1)} \\ &\longleftrightarrow y^{(m)}Y + y^{(m-1)}(0) + \cdots + y(0)D^{m-1}.\end{aligned} \qquad (6.22)$$

例題 6.8 その 1 ——— 演算子法による初期値問題の解

演算子法を用いて，1 階線形連立微分方程式

$$\begin{cases} y_1' = y_3 - y_2, \\ y_2' = y_3, \\ y_3' = y_3 - y_1 \end{cases}$$

の初期条件 $y_1(0) = 2$, $y_2(0) = 0$, $y_3(0) = -1$ を満たす解を計算せよ．

解答　この方程式を演算子を用いて書き直すには，微分を D で書き換え，それがかかる変数の初期値を右辺に書き加える．未知関数の意味が少し変わるので，y から z に書き換えて行列表記すると

$$\begin{pmatrix} D & 1 & -1 \\ 0 & D & -1 \\ 1 & 0 & D-1 \end{pmatrix}\begin{pmatrix} z_1 \\ z_2 \\ z_3 \end{pmatrix} = \begin{pmatrix} 2 \\ 0 \\ -1 \end{pmatrix}.$$

これを線形代数で形式的に解く．整数行列の基本変形と同様，共通因子を括り出す工夫をしながら計算を進めると，

$$\left(\begin{array}{ccc|c} D & 1 & -1 & 2 \\ 0 & D & -1 & 0 \\ 1 & 0 & D-1 & -1 \end{array}\right) \xrightarrow[\text{第 1 行から引く}]{\text{第 2 行を}} \left(\begin{array}{ccc|c} D & 1-D & 0 & 2 \\ 0 & D & -1 & 0 \\ 1 & 0 & D-1 & -1 \end{array}\right)$$

$$\xrightarrow{\substack{\text{第 1 行を}\\ \text{第 3 行から引く}}}\left(\begin{array}{ccc|c} D & 1-D & 0 & 2 \\ 0 & D & -1 & 0 \\ 1-D & D-1 & D-1 & -3 \end{array}\right)\xrightarrow{\substack{\text{第 3 行を}\\ -(D-1)\ \text{で割る}}}$$

$$\left(\begin{array}{ccc|c} D & 1-D & 0 & 2 \\ 0 & D & -1 & 0 \\ 1 & -1 & -1 & \frac{3}{D-1} \end{array}\right)\xrightarrow{\substack{\text{第 1 行から第 3 行}\\ \text{の } D \text{ 倍を引く}}}\left(\begin{array}{ccc|c} 0 & 1 & D & -1-\frac{3}{D-1} \\ 0 & D & -1 & 0 \\ 1 & -1 & -1 & \frac{3}{D-1} \end{array}\right)$$

$$\xrightarrow{\substack{\text{第 1 行に第 2 行}\\ \text{の } D \text{ 倍を加える}}}\left(\begin{array}{ccc|c} 0 & D^2+1 & 0 & -1-\frac{3}{D-1} \\ 0 & D & -1 & 0 \\ 1 & -1 & -1 & \frac{3}{D-1} \end{array}\right)\xrightarrow{\substack{\text{第 1 行を } D^2+1 \text{ で割り}\\ \text{部分分数分解}}}$$

$$\left(\begin{array}{ccc|c} 0 & 1 & 0 & -\frac{1}{D^2+1}-\frac{3}{(D-1)(D^2+1)} \\ 0 & D & -1 & 0 \\ 1 & -1 & -1 & \frac{3}{D-1} \end{array}\right)=\left(\begin{array}{ccc|c} 0 & 1 & 0 & \frac{3D+1}{2(D^2+1)}-\frac{3}{2(D-1)} \\ 0 & D & -1 & 0 \\ 1 & -1 & -1 & \frac{3}{D-1} \end{array}\right)$$

$$\xrightarrow{\substack{\text{第 2 行から第 1 行}\\ \text{の } D \text{ 倍を引く}}}\left(\begin{array}{ccc|c} 0 & 1 & 0 & \frac{3D+1}{2(D^2+1)}-\frac{3}{2(D-1)} \\ 0 & 0 & -1 & -\frac{3D^2+D}{2(D^2+1)}+\frac{3D}{2(D-1)} \\ 1 & -1 & -1 & \frac{3}{D-1} \end{array}\right)\xrightarrow{\text{部分分数分解}}$$

$$\left(\begin{array}{ccc|c} 0 & 1 & 0 & \frac{3D+1}{2(D^2+1)}-\frac{3}{2(D-1)} \\ 0 & 0 & -1 & -\frac{D-3}{2(D^2+1)}+\frac{3}{2(D-1)} \\ 1 & -1 & -1 & \frac{3}{D-1} \end{array}\right)\xrightarrow{\substack{\text{第 1 行を第 3 行に加え}\\ \text{第 2 行を第 3 行から引く}}}$$

$$\left(\begin{array}{ccc|c} 0 & 1 & 0 & \frac{3D+1}{2(D^2+1)}-\frac{3}{2(D-1)} \\ 0 & 0 & -1 & -\frac{D-3}{2(D^2+1)}+\frac{3}{2(D-1)} \\ 1 & 0 & 0 & \frac{2D-1}{(D^2+1)} \end{array}\right)\xrightarrow{\substack{\text{第 2 行の符号を変え}\\ \text{行を並べ替える}}}$$

$$\left(\begin{array}{ccc|c} 1 & 0 & 0 & \frac{2D-1}{(D^2+1)} \\ 0 & 1 & 0 & \frac{3D+1}{2(D^2+1)}-\frac{3}{2(D-1)} \\ 0 & 0 & 1 & \frac{D-3}{2(D^2+1)}-\frac{3}{2(D-1)} \end{array}\right).$$

これを通常の表現に翻訳すると，独立変数を x として

$$z_1 \longleftrightarrow y_1 = 2\cos x - \sin x,$$

$$z_2 \longleftrightarrow y_2 = \frac{3}{2}\cos x + \frac{1}{2}\sin x - \frac{3}{2}e^x,$$

$$z_3 \longleftrightarrow y_3 = \frac{1}{2}\cos x - \frac{3}{2}\sin x - \frac{3}{2}e^x.$$

別解　D を数のようにみなして，前進消去と後退代入で機械的に計算してみる．

$$\left(\begin{array}{ccc|c} D & 1 & -1 & 2 \\ 0 & D & -1 & 0 \\ 1 & 0 & D-1 & -1 \end{array}\right)\xrightarrow{\substack{(1,1)\ \text{成分}\\ \text{で掃き出し}}}\left(\begin{array}{ccc|c} D & 1 & -1 & 2 \\ 0 & D & -1 & 0 \\ 0 & -\frac{1}{D} & D-1+\frac{1}{D} & -1-\frac{2}{D} \end{array}\right)$$

$$\xrightarrow[\text{第 1 行は } D \text{ で割る}]{\text{(2, 2) 成分で掃き出し}} \left(\begin{array}{ccc|c} 1 & \frac{1}{D} & -\frac{1}{D} & \frac{2}{D} \\ 0 & D & -1 & 0 \\ 0 & 0 & D-1+\frac{1}{D}-\frac{1}{D^2} & -1-\frac{2}{D} \end{array}\right)$$

$$= \left(\begin{array}{ccc|c} 1 & \frac{1}{D} & -\frac{1}{D} & \frac{2}{D} \\ 0 & D & -1 & 0 \\ 0 & 0 & \frac{D^3-D^2+D-1}{D^2} & -\frac{D+2}{D} \end{array}\right) \xrightarrow{\text{第 2 行を } D \text{ で，第 3 行を } \frac{D^3-D^2+D-1}{D^2} \text{ で割る}}$$

$$\left(\begin{array}{ccc|c} 1 & \frac{1}{D} & -\frac{1}{D} & \frac{2}{D} \\ 0 & 1 & -\frac{1}{D} & 0 \\ 0 & 0 & 1 & -\frac{D(D+2)}{D^3-D^2+D-1} \end{array}\right) \xrightarrow{\text{第 3 行 } \times\frac{1}{D} \text{ を第 1, 2 行に加える}} \left(\begin{array}{ccc|c} 1 & \frac{1}{D} & 0 & \frac{2}{D}-\frac{D+2}{D^3-D^2+D-1} \\ 0 & 1 & 0 & -\frac{D+2}{D^3-D^2+D-1} \\ 0 & 0 & 1 & -\frac{D(D+2)}{D^3-D^2+D-1} \end{array}\right)$$

$$\xrightarrow[\text{第 1 行から引く}]{\text{第 2 行 } \times\frac{1}{D} \text{ を}} \left(\begin{array}{ccc|c} 1 & 0 & 0 & \frac{2}{D}-\frac{D+2}{D^3-D^2+D-1}+\frac{D+2}{D(D^3-D^2+D-1)} \\ 0 & 1 & 0 & -\frac{D+2}{D^3-D^2+D-1} \\ 0 & 0 & 1 & -\frac{D(D+2)}{D^3-D^2+D-1} \end{array}\right).$$

ここで，$D^3-D^2+D-1=(D-1)(D^2+1)$ と因数分解されるので，1 行目を変形し，公式を適用すれば

$$\begin{aligned} z_1 &= \frac{2}{D}-\frac{D+2}{D^3-D^2+D-1}+\frac{D+2}{D(D^3-D^2+D-1)} \\ &= \frac{2}{D}-\frac{(D-1)(D+2)}{D(D^3-D^2+D-1)} = \frac{2}{D}-\frac{D+2}{D(D^2+1)} \\ &= \frac{2D^2+2-D-2}{D(D^2+1)} = \frac{2D-1}{D^2+1} \quad \longleftrightarrow \quad 2\cos x-\sin x = y_1. \end{aligned}$$

同様に，

$$\begin{aligned} z_2 &= -\frac{D+2}{D^3-D^2+D-1} = -\frac{D+2}{2}\left(\frac{1}{D-1}-\frac{D+1}{D^2+1}\right) \\ &= -\frac{1}{2}-\frac{3}{2}\frac{1}{D-1}+\frac{1}{2}+\frac{3D+1}{2(D^2+1)} \quad \longleftrightarrow \quad \frac{3}{2}\cos x+\frac{1}{2}\sin x-\frac{3}{2}e^x = y_2, \\ z_3 &= -\frac{D(D+2)}{D^3-D^2+D-1} = -\frac{D(D+2)}{2}\left(\frac{1}{D-1}-\frac{D+1}{D^2+1}\right) \\ &= -\frac{D+3}{2}-\frac{3}{2}\frac{1}{D-1}+\frac{D+3}{2}+\frac{1}{2}\frac{D-3}{D^2+1} \\ &\longleftrightarrow \quad \frac{1}{2}\cos x-\frac{3}{2}\sin x-\frac{3}{2}e^x = y_3. \end{aligned}$$

この計算を見ると，へたに工夫するよりも機械的に計算してしまい，後でまとめて部分分数分解する方が，計算量がそう増える訳でも無くかえって簡明である． ■

例題 6.8 その 2 **高階単独方程式の場合**

次の微分方程式の解で，初期条件 $y(0)=0,\ y'(0)=1$ を満たすものを演算子法を用いて解け．

(1) $y''-3y'+2y=0$ (2) $y''-3y'+2y=x$

解答 (1) 初期値を考慮して方程式を

$$(D^2-3D+2)y=0 \quad\longleftrightarrow\quad (D-2)(D-1)z=1$$

と演算子で書き直すと

$$z=\frac{1}{(D-2)(D-1)}=\frac{1}{D-2}-\frac{1}{D-1}\longleftrightarrow e^{2x}-e^{x}=y.$$

(2) 非斉次方程式の方は，(6.13) において $a=0,\ k=1$ と取ったものを右辺に追加し，これに初期値の分を加えて

$$(D-2)(D-1)y=x \quad\longleftrightarrow\quad (D-2)(D-1)z=1+\frac{1}{D^2}$$

と演算子で書き直す．以下，形式的に

$$z=\frac{1}{(D-2)(D-1)}\frac{D^2+1}{D^2}.$$

右辺を部分分数分解して (6.13) を適用すると，

$$z=\frac{1}{2}\frac{1}{D^2}+\frac{3}{4}\frac{1}{D}-\frac{2}{D-1}+\frac{5}{4}\frac{1}{D-2}\quad\longleftrightarrow\quad\frac{x}{2}+\frac{3}{4}-2e^{x}+\frac{5}{4}e^{2x}=y.$$ ■

問 題

6.8.1 演算子の公式 (6.18)〜(6.20) を導け．また (6.21) を正当化せよ．

6.8.2 問題 6.7.1 の初期値問題を演算子法を用いて解け．

6.8.3 問題 5.2.1 の初期値問題のうち線形のものを演算子法を用いて解け．

6.8.4 次の線形系の初期値問題を演算子法で解け．

(1) $$\begin{cases} y_1'=-y_3-y_4+x,\\ y_2'=4y_1+y_2+4y_3+4y_4+e^{x},\\ y_3'=y_1+y_2+3y_3+7y_4,\\ y_4'=-y_1-y_3+1 \end{cases}$$

$y_1(0)=0,\ y_2(0)=1,\ y_3(0)=0,\ y_4(0)=1$

(2) $$\begin{cases} y_1'=2y_1+3y_2-4y_3+2y_4+\sin x,\\ y_2'=-4y_1+y_2+8y_4,\\ y_3'=-3y_1-y_2+2y_3+4y_4+\cos x,\\ y_4'=-y_2+y_3-y_4 \end{cases}$$

$y_1(0)=0,\ y_2(0)=0,\ y_3(0)=1,\ y_4(0)=0$

7 級数解法

7.1 整級数解の求め方

微分方程式が解析関数で書けているときは，解も解析関数で求めることができる．最も基本的なのは，整級数解である．

要項 7.1 正規形の微分方程式

$$y' = f(x, y) \tag{7.1}$$

において，f が原点で収束する冪級数

$$f(x, y) = \sum_{i,j=0}^{\infty} f_{ij} x^i y^j \tag{7.2}$$

で表されるならば，解を

$$y = \sum_{n=0}^{\infty} c_n x^n \tag{7.3}$$

の形として，(7.1)〜(7.2) に代入すれば，**未定係数法**により c_n が下の方から順に決定され，こうして得られた級数は正の収束半径を持つ．

原点以外の点 a を中心とする整級数解も $\sum_{n=0}^{\infty} c_n (x-a)^n$ と置けば同様に求まる．この際，既知の関数も $x = a$ を中心に級数に展開しておく．

例題 7.1 **1 階線形方程式の整級数解**

次の微分方程式の原点における整級数解を求めよ．

$$y' = xy + 1$$

解答 (7.3) を方程式に代入して左辺の添え字をずらせば

$$\sum_{n=0}^{\infty} (n+1) c_{n+1} x^n = 1 + x\Big(\sum_{n=0}^{\infty} c_n x^n\Big)$$

これより c_0 は無条件，すなわち任意に選べ，以下

$$\begin{aligned} &c_1 = 1 \quad （定数項の比較から）, \\ &2c_2 = c_0 \quad すなわち \quad c_2 = \frac{1}{2}c_0 \quad （x の係数比較から）, \\ &3c_3 = c_1 = 1 \quad すなわち \quad c_3 = \frac{1}{3} \quad （x^2 の係数比較から）, \\ &4c_4 = c_2 \quad よって \quad c_4 = \frac{1}{4\cdot 2}c_0 \quad （x^3 の係数比較から） \end{aligned}$$

と次々に求まってゆく．一般項のところも同様の計算で，帰納法により

$$c_{2n-1} = \frac{1}{2n-1}c_{2n-3} = \frac{1}{(2n-1)\cdot(2n-3)\cdots 1} = \frac{1}{(2n-1)!!},$$

$$c_{2n} = \frac{1}{2n}c_{2n-2} = \frac{1}{2n\cdot(2n-2)\cdots 2}c_0 = \frac{1}{(2n)!!}c_0 = \frac{1}{2^n n!}c_0$$

を得る．（ここに $(2n-1)!!$ は階乗記号の変種で，一つおきに取った因子の積を表すのによく用いられる．）これより

$$\begin{aligned} y &= \sum_{n=1}^{\infty}\frac{1}{(2n-1)!!}x^{2n-1} + c_0\sum_{n=0}^{\infty}\frac{1}{2^n n!}x^{2n} \\ &= \sum_{n=0}^{\infty}\frac{x^{2n+1}}{(2n+1)!!} + c_0\sum_{n=0}^{\infty}\frac{1}{n!}\left(\frac{x^2}{2}\right)^n = \sum_{n=0}^{\infty}\frac{x^{2n+1}}{(2n+1)!!} + c_0 e^{x^2/2}. \end{aligned}$$ ■

上に求めた解で，未定の係数 c_0 が任意定数であり，$x=0$ での初期値に対応する．従ってそれを含まぬ第 1 項は，1 階線形の求積法から求まる奇関数の特殊解 $e^{-x^2/2}\int_0^x e^{t^2/2}dt$ に等しいはずである．後者の積分を項別に計算して級数の積を作ると

$$\sum_{n=0}^{\infty}\frac{(-x^2)^n}{n!2^n}\sum_{m=0}^{\infty}\frac{x^{2m+1}}{m!2^m(2m+1)} = \sum_{n=0}^{\infty}\left\{\frac{(-1)^n}{2^n}\sum_{k=0}^{n}\frac{(-1)^k}{(n-k)!k!(2k+1)}\right\}x^{2n+1}.$$

よって最後の $\{\ \}$ 内は $\dfrac{1}{(2n+1)!!}$ に等しいはずである．これを組合せ論的な計算で確かめるのを練習問題としておく．このように，数学ではある量を 2 種のやり方で計算し比較すると，思いがけない（時には素晴らしい）等式を得ることが結構ある．

問　題

7.1.1　次の微分方程式の原点を中心とする整級数解を求めよ．

(1) $y' = x + y$　(2) $y' = x^2 y$　(3) $y' = xy + x$

(4) $y' = \dfrac{y}{1+x}$　(5) $y' = x(y + e^{x^2})$

例題 7.2 **1 階非線形の場合**

次の微分方程式の原点における整級数解で $y(0)=c_0$ となるものを x^7 の項まで求めよ．

$$y' = x - y^2$$

解答 (7.3) をこの方程式の y に代入して

$$\sum_{n=0}^{\infty} nc_n x^{n-1} = x - \Big(\sum_{n=0}^{\infty} c_n x^n\Big)^2.$$

左辺の和の指数を一つずらして係数比較すると，これより定数項の比較から $c_1 = -c_0^2$, x の係数の比較から $2c_2 = 1 - 2c_0c_1$, 以後は規則的で $nc_n = -\sum_{k=0}^{n-1} c_{n-k-1}c_k$ $(n \geq 3)$. よって，c_0 は任意で $y(0)$ に相当し，以下

$c_1 = -c_0^2$,

$c_2 = c_0^3 + \frac{1}{2}$,

$c_3 = -\frac{1}{3}\{2 \cdot c_0 \cdot (c_0^3 + \frac{1}{2}) + c_0^4\} = -c_0^4 - \frac{1}{3}c_0$,

$c_4 = -\frac{1}{4}\{2 \cdot c_0(-c_0^4 - \frac{1}{3}c_0) + 2(-c_0^2)(c_0^3 + \frac{1}{2})\} = c_0^5 + \frac{5}{12}c_0^2$,

$c_5 = -\frac{1}{5}\{2 \cdot c_0(c_0^5 + \frac{5}{12}c_0^2) + 2 \cdot (c_0^4 + \frac{1}{3}c_0)c_0^2 + (c_0^3 + \frac{1}{2})^2\}$

$\quad = -c_0^6 - \frac{1}{2}c_0^3 - \frac{1}{20}$,

$c_6 = -\frac{1}{6}\{-2c_0(c_0^6 + \frac{1}{2}c_0^3 + \frac{1}{20}) - 2c_0^2(c_0^5 + \frac{5}{12}c_0^2) - 2(c_0^3 + \frac{1}{2})(c_0^4 + \frac{1}{3}c_0)\}$

$\quad = c_0^7 + \frac{7}{12}c_0^4 + \frac{13}{180}c_0$,

$c_7 = -\frac{1}{7}\{2c_0(c_0^7 + \frac{7}{12}c_0^4 + \frac{13}{180}c_0) + 2c_0^2(c_0^6 + \frac{1}{2}c_0^3 + \frac{1}{20})$

$\qquad + 2(c_0^3 + \frac{1}{2})(c_0^5 + \frac{5}{12}c_0^2) + (c_0^4 + \frac{1}{3}c_0)^2\} = -c_0^8 - \frac{2}{3}c_0^5 - \frac{139}{1260}c_0^2$. ■

この問題では，証明可能な規則らしいものはいくつか見えるが，一般項を完全に表現するのは難しい．なお，問題 7.3.2 参照．

問 題

7.2.1 次の微分方程式の原点における整級数解を求めよ．ただし，一般項の係数が n の式として具体的に表せない場合は，x^5 の項まで求め，一般の n については漸化式を示すにとどめよ．

(1) $y' = y^2$　　(2) $y' = y^2 - 1$　　(3) $y' = xy^2$　　(4) $y' = x^2 + y^2$

2 階の方程式に対しては，任意定数が二つあるので，級数の最初の二つの係数が自由となる．よく用いられる線形方程式について例を見てみよう．

例題 7.3 **2 階線形方程式の整級数解**

次の微分方程式（エアリーの微分方程式）の原点を中心とする整級数解を求めよ．

$$y'' - xy = 0$$

解答

$$y = \sum_{n=0}^{\infty} c_n x^n, \quad y' = \sum_{n=1}^{\infty} n c_n x^{n-1}, \quad y'' = \sum_{n=2}^{\infty} n(n-1) c_n x^{n-2}.$$

$$\therefore \quad xy = \sum_{n=0}^{\infty} c_n x^{n+1} = \sum_{n=1}^{\infty} c_{n-1} x^n, \quad y'' = \sum_{n=0}^{\infty} (n+2)(n+1) c_{n+2} x^n.$$

これらを方程式に代入して

$$2c_2 + \sum_{n=1}^{\infty} (n+2)(n+1) c_{n+2} x^n = \sum_{n=1}^{\infty} c_{n-1} x^n. \tag{7.4}$$

これより，

$$c_2 = 0, \quad c_{n+2} = \frac{c_{n-1}}{(n+2)(n+1)} \quad (n \geq 1). \tag{7.5}$$

よって，c_0, c_1 は任意で $x = 0$ における初期値に対応し，

$$c_{3n} = \frac{c_0}{3n(3n-1)(3n-3)(3n-4)\cdots 3\cdot 2} = \frac{(3n-2)!!!}{(3n)!} c_0,$$

$$c_{3n+1} = \frac{(3n-1)!!!}{(3n+1)!} c_1, \qquad c_{3n+2} = 0, \tag{7.6}$$

$$\therefore \quad y = c_0 \sum_{n=0}^{\infty} \frac{(3n-2)!!!}{(3n)!} x^{3n} + c_1 \sum_{n=0}^{\infty} \frac{(3n-1)!!!}{(3n+1)!} x^{3n+1}.$$

ただし，表記を短くするため，ここだけの記号として，一つおきの積の記号 !! に倣い，n から 0 になる直前までの二つおきの降下積を $n!!!$ で表し，$-2 \leq n \leq 0$ に対しては $n!!! = 1$ と規約した．もしこれを他所で使う場合は定義も書くようにせよ． ■

問　題

7.3.1 次の 2 階微分方程式の原点における整級数解を求めよ．

(1) $y'' + y = \sin \omega x$　(2) $y'' - y = x$　(3) $y'' - 2xy' - 4y = 0$

(4) $y'' + xy = 1$　(5) $y'' - xy' + y = 0$　(6) $y'' + x^2 y = 0$

7.3.2 微分方程式 $y'' = xy$ の整級数解を用い，要項 3.13 を参考にして，例題 7.2 の解をそれらの比で表せ．

7.2 フロベニウスの解法

要項 7.2 確定特異点は微分方程式の特異点の最も簡単な場合である．特異点を原点にとったとき，これは

$$y'' + \frac{a(x)}{x}y' + \frac{b(x)}{x^2}y = 0,$$

あるいは分母を払って

$$x^2y'' + xa(x)y' + b(x)y = 0, \qquad a(x) = \sum_{n=0}^{\infty} a_n x^n, \quad b(x) = \sum_{n=0}^{\infty} b_n x^n \tag{7.7}$$

の形のもののことをいう．オイラーの微分方程式を一般化したもので，**決定方程式**

$$\lambda(\lambda - 1) + a_0\lambda + b_0 = 0 \tag{7.8}$$

の根（**特性指数**）を λ, μ $(\mathrm{Re}\,\lambda \geq \mathrm{Re}\,\mu)$ とするとき，一つの解は

$$y = x^{\lambda} \sum_{n=0}^{\infty} c_n x^n \tag{7.9}$$

の形で求まる．係数 c_n は，漸化式

$$\{(\lambda + n)(\lambda + n - 1) + (\lambda + n)a_0 + b_0\}c_n = F_n(c_0, c_1, \ldots, c_{n-1})$$

$$\text{ここに}\quad F_n(c_0, c_1, \ldots, c_{n-1}) = -\sum_{k=0}^{n-1}\{a_{n-k}(\lambda + k) + b_{n-k}\}c_k$$

により下の方から決定される．もう一つの解も $\lambda - \mu$ が整数でなければ，

$$y = x^{\mu} \sum_{n=0}^{\infty} d_n x^n \tag{7.10}$$

の形で上の漸化式の λ を μ に替えたものから同様に求まる．$\lambda - \mu = m$ が整数のときは，$d_n, n < m$ が

$$0 = \sum_{k=0}^{m-1}\{a_{m-k}(\mu + k) + b_{m-k}\}d_k$$

を満たすような非自明な値として漸化式から求められるならば，$x^{\mu}\displaystyle\sum_{n=0}^{m-1} d_n x^n$ の形の有限級数の1次独立解が求まる．これらすべてが0になったときは，

$$y = x^{\mu} \sum_{n=0}^{\infty} (c_n \log x + d_n) x^n \tag{7.11}$$

の形の解が存在し，係数は未定係数法で求まる．$\log x$ の係数は (7.9) の級数と一致し，従って (7.11) の c_n は (7.9) の c_{n-m} で，$c_n = 0$ $(0 \leq n \leq m-1)$ となる．

高階方程式への一般化も同様である．互いに整数差を持つ根が p 個存在すれば，最大で $(\log x)^{p-1}$ までの対数冪が必要となる．

例題 7.4 — フロベニウスの方法

ガウスの超幾何微分方程式

$$x(1-x)y'' + \{\gamma - (\alpha+\beta+1)x\}y' - \alpha\beta y = 0 \tag{7.12}$$

の原点における級数解を求めよ．ただし α, β, γ は定数とし，以下の順で考えよ．

(1) γ が整数でないとき．

(2) $\gamma \geq 1$ は整数で，$\gamma - \alpha, \gamma - \beta \notin \{1, \ldots, \gamma - 1\}$ のとき．

(3) $\gamma \geq 2$ は整数で，$\gamma - \alpha, \gamma - \beta$ のいずれか，または両方が $\{1, \ldots, \gamma - 1\}$ に含まれるとき．

(4) それ以外のとき．

解答 方程式の両辺に $\dfrac{x}{1-x}$ を掛けると

$$x^2 y'' + \frac{\gamma x - (\alpha+\beta+1)x^2}{1-x} y' - \frac{\alpha\beta x}{1-x} y = 0$$

となるので，決定方程式は

$$\lambda(\lambda - 1) + \gamma\lambda = 0$$

よって特性指数は $\lambda = 0,\ 1-\gamma$ となる．

(1) この場合には，それぞれの特性指数に応じて級数解が求まる．まず $\sum_{n=0}^{\infty} c_n x^n$ をもとの方程式 (7.12) に代入すると，

$$\begin{aligned} x(1-x)\sum_{n=2}^{\infty} n(n-1)c_n x^{n-2} &+ \{\gamma - (\alpha+\beta+1)x\}\sum_{n=1}^{\infty} n c_n x^{n-1} \\ &- \alpha\beta \sum_{n=0}^{\infty} c_n x^n = 0. \end{aligned}$$

$$\begin{aligned} \therefore \quad \sum_{n=1}^{\infty}(n+1)n c_{n+1} x^n &- \sum_{n=2}^{\infty} n(n-1)c_n x^n + \gamma \sum_{n=0}^{\infty}(n+1)c_{n+1}x^n \\ &- (\alpha+\beta+1)\sum_{n=1}^{\infty} n c_n x^n - \alpha\beta\sum_{n=0}^{\infty} c_n x^n = 0. \end{aligned}$$

これより，

定数項：　$\gamma c_1 = \alpha\beta c_0,$

x の係数：　$2(\gamma+1)c_2 = \{\alpha\beta + (\alpha+\beta+1)\}c_1 = (\alpha+1)(\beta+1)c_1.$

後は規則的で，x^n の係数から

$$\begin{aligned}(n+1)(\gamma+n)c_{n+1} &= \{n(n-1)+\alpha\beta+(\alpha+\beta+1)n\}c_n \\ &= (\alpha+n)(\beta+n)c_n. \\ \therefore \quad c_{n+1} &= \frac{(\alpha+n)(\beta+n)}{(\gamma+n)(n+1)}c_n.\end{aligned} \tag{7.13}$$

よって

$$c_n = \frac{\alpha(\alpha+1)\cdots(\alpha+n-1)\beta(\beta+1)\cdots(\beta+n-1)}{\gamma(\gamma+1)\cdots(\gamma+n-1)n!}c_0$$

を得る．今 $(a)_n = a(\alpha+1)\cdots(\alpha+n-1)$ という階乗の拡張記号（ポホハンマーの記号と呼ばれ，$n! = (1)_n$ に対応し，$(a)_0 = 1$ と規約）を用いれば，

$$y = c_0 \sum_{n=0}^{\infty} \frac{(\alpha)_n(\beta)_n}{(\gamma)_n n!} x^n \tag{7.14}$$

という整級数解を得る．$c_0 = 1$ としたものを **ガウスの超幾何級数**と呼ぶ．次に，$y = x^{1-\gamma}\sum_{n=0}^{\infty} c_n x^n = \sum_{n=0}^{\infty} c_n x^{n+1-\gamma}$ をもとの方程式に代入すると，

$$\begin{aligned}&x(1-x)\sum_{n=0}^{\infty}(n+1-\gamma)(n-\gamma)c_n x^{n-1-\gamma} \\ &\quad + \{\gamma-(\alpha+\beta+1)x\}\sum_{n=0}^{\infty}(n+1-\gamma)c_n x^{n-\gamma} - \alpha\beta\sum_{n=0}^{\infty}c_n x^{n+1-\gamma} = 0.\end{aligned}$$

$$\begin{aligned}\therefore\ &\sum_{n=-1}^{\infty}(n+2-\gamma)(n+1-\gamma)c_{n+1}x^{n+1-\gamma} - \sum_{n=0}^{\infty}(n+1-\gamma)(n-\gamma)c_n x^{n+1-\gamma} \\ &\quad + \gamma\sum_{n=-1}^{\infty}(n+2-\gamma)c_{n+1}x^{n+1-\gamma} - (\alpha+\beta+1)\sum_{n=0}^{\infty}(n+1-\gamma)c_n x^{n+1-\gamma} \\ &\quad - \alpha\beta\sum_{n=0}^{\infty}c_n x^{n+1-\gamma} = 0.\end{aligned}$$

これより，まず $x^{-\gamma}$ の係数 $(1-\gamma)(-\gamma)c_0 + \gamma(1-\gamma)c_0 = 0$ が決定方程式から保証される．次に $x^{1-\gamma}$ の係数比較から

$$(2-\gamma)(1-\gamma)c_1 + \gamma(2-\gamma)c_1 = (1-\gamma)(-\gamma)c_0 + (\alpha+\beta+1)(1-\gamma)c_0 + \alpha\beta c_0,$$

$$\therefore \quad (2-\gamma)c_1 = \{(\alpha+\beta+1-\gamma)(1-\gamma)+\alpha\beta\}c_0 = (1-\gamma+\alpha)(1-\gamma+\beta)c_0.$$

以下，一般に $x^{n+1-\gamma}$ の係数比較から

$$
\begin{aligned}
(n+2-\gamma)(n+1)c_{n+1} &= \{(\alpha+\beta+n+1-\gamma)(n+1-\gamma)+\alpha\beta\}c_n \\
&= (n+1-\gamma+\alpha)(n+1-\gamma+\beta)c_n. \qquad (7.15)
\end{aligned}
$$

よって

$$
c_{n+1} = \frac{(1-\gamma+\alpha)\cdots(n+1-\gamma+\alpha)(1-\gamma+\beta)\cdots(n+1-\gamma+\beta)}{(2-\gamma)\cdots(n+2-\gamma)(n+1)!}c_0.
$$

従ってこの n を一つずらしたものにポホハンマーの記号を用いれば

$$
c_n = \frac{(\alpha-\gamma+1)_n(\beta-\gamma+1)_n}{(2-\gamma)_n n!}
$$

となるから，

$$
y = c_0\sum_{n=0}^{\infty}\frac{(\alpha-\gamma+1)_n(\beta-\gamma+1)_n}{(2-\gamma)_n n!}x^{n+1-\gamma} \qquad (7.16)
$$

という解を得る．

(2) この場合は，まず $\gamma=1$ だと二つの解は一致してしまう．また $\gamma\geq 2$ のときは，特性指数の関係は $0>1-\gamma$ なので，最初に求めた整級数解 (7.14) は有効であるが，二つ目の方は結果の (7.16) の分母に途中で 0 が現れ破綻する．これは係数を求める漸化式 (7.15) の左辺において $c_{\gamma-1}$ の係数が 0 となるためである．このときはこの漸化式を下向きにたどると，α,β に対する仮定から $c_n,\ 0\leq n\leq\gamma-2$ がすべて 0 となることが確かめられる．また $c_{\gamma-1}$ を任意として $c_n,\ n\geq\gamma$ をこの漸化式から求めることができるが，それは結局係数の番号が $\gamma-1$ ずれているだけで，最初の整級数と一致してしまう．よってこの場合は log を用いる必要がある．そこで

$$
y = x^{1-\gamma}\sum_{n=0}^{\infty}(c_n\log x+d_n)x^n = \sum_{n=0}^{\infty}(c_n\log x+d_n)x^{n+1-\gamma} \qquad (7.17)
$$

の形の解を求めよう．見やすくするため (7.12) を一般化して $L=aD^2+bD+c$ と書けば，(7.17) を $y=\varphi(x)\log x+\psi(x)$ と log の部分を分離して書くとき，

$$
\begin{aligned}
L[y] &= L[\varphi]\log x + L[\psi] + a\Big\{-\frac{\varphi(x)}{x^2}+2\frac{\varphi'(x)}{x}\Big\} + b\frac{\varphi(x)}{x} \\
&= L[\varphi]\log x + L[\psi] + 2a\frac{\varphi'(x)}{x} - (a-bx)\frac{\varphi(x)}{x^2}
\end{aligned}
$$

となるので，$L[y]=0$ から $L[\varphi]=0$, 従って φ は既に求めた級数解 (7.12) でなければならず，冪級数部の ψ はそれから計算できる既知の級数を右辺として

$$L[\psi] = -2a\frac{\varphi'(x)}{x} + (a-bx)\frac{\varphi(x)}{x^2} \tag{7.18}$$
$$= -2(1-x)\varphi'(x) + \left(\frac{1-\gamma}{x} + \alpha + \beta\right)\varphi(x) \quad \text{((7.12) の場合)}$$

から求まる．よって，$x^{n+1-\gamma}$ の係数は左辺に対しては先の計算 (7.15) が使え，c_n を d_n に書き換えるだけで（ただし (7.13) からは係数中の n が $1-\gamma$ だけずれて）

$$(n+2-\gamma)(n+1)d_{n+1} - (n+1-\gamma+\alpha)(n+1-\gamma+\beta)d_n$$

となる．また右辺は，(7.12) の係数 $c_{n+1-\gamma}$ をここの記号に合わせて c_n（従って $n = 0, 1, \ldots, \gamma-2$ に対しては $c_n = 0$）と書くとき，

$$-2\{(n+2-\gamma)c_{n+1} - (n+1-\gamma)c_n\} + (1-\gamma)c_{n+1} + (\alpha+\beta)c_n$$
$$= -(2n+3-\gamma)c_{n+1} + (\alpha+\beta-2\gamma+2n+2)c_n$$

となる．以上により，c_n を既知として，d_n に対する漸化式

$$(n+2-\gamma)(n+1)d_{n+1}$$
$$= -(2n+3-\gamma)c_{n+1}$$
$$+(n+1-\gamma+\alpha)(n+1-\gamma+\beta)d_n + (\alpha+\beta-2\gamma+2n+2)c_n \tag{7.19}$$

が得られた．ただし既に注意したように，この場合は $c_n = 0,\ 0 \le n \le \gamma-2$ である．そこで上の漸化式において $n = \gamma-2$, すなわち $n+1 = \gamma-1$ とおくと

$$0 = -(\gamma-1)c_{\gamma-1} + (\alpha-1)(\beta-1)d_{\gamma-2} \tag{7.20}$$

となる．以下同様に漸化式

$$(n+2-\gamma)(n+1)d_{n+1} = (n+1-\gamma+\alpha)(n+1-\gamma+\beta)d_n \tag{7.21}$$

を下向きに用いて，$d_n, n = \gamma-2, \gamma-3, \ldots, 0$ が $c_{\gamma-1}$ から決定される．$d_{\gamma-1}$ は不定であるが，その不定性は最初に求めた解 (7.16) に吸収されるので，一般性を失うことなく $d_{\gamma-1} = 0$ と仮定してよい．すると以下 $d_n, n \ge \gamma$ が $c_{\gamma-1}$ のみを任意定数として

$$d_{n+1} = -\frac{2n+3-\gamma}{(n+2-\gamma)(n+1)}c_{n+1}$$
$$+ \frac{(n+1-\gamma+\alpha)(n+1-\gamma+\beta)}{(n+2-\gamma)(n+1)}d_n + \frac{\alpha+\beta-2\gamma+2n+2}{(n+2-\gamma)(n+1)}c_n$$
$$= \frac{(n+1-\gamma+\alpha)(n+1-\gamma+\beta)}{(n+2-\gamma)(n+1)}d_n$$

$$
\begin{aligned}
&-\frac{2n+3-\gamma}{(n+2-\gamma)(n+1)}\frac{(\alpha)_{n+2-\gamma}(\beta)_{n+2-\gamma}}{(n+2-\gamma)!(n+1)!}c_{\gamma-1} \\
&+\frac{\alpha+\beta-2\gamma+2n+2}{(n+2-\gamma)(n+1)}\frac{(\alpha)_{n+1-\gamma}(\beta)_{n+1-\gamma}}{(n+1-\gamma)!n!}c_{\gamma-1} \\
=&\ \frac{(n+1-\gamma+\alpha)(n+1-\gamma+\beta)}{(n+2-\gamma)(n+1)}d_n \\
&+\frac{(\alpha)_{n+1-\gamma}(\beta)_{n+1-\gamma}}{(n+2-\gamma)(n+2-\gamma)!(n+2)!} \\
&\quad\times\{(\alpha+\beta-2\gamma+2n+2)(n+2-\gamma)(n+1) \\
&\qquad-(2n+3-\gamma)(\alpha+n+1-\gamma)(\beta+n+1-\gamma)\}c_{\gamma-1}.
\end{aligned}
$$

これより，係数 d_n も定まり，これらを係数として新たな解が求まる．

(3) 例えば $\gamma-\alpha$ のみがこの区間に有るとせよ．このとき，下向きの漸化式 (7.20)～(7.21) は途中で右辺の $d_{\gamma-\alpha-1}$ の係数が 0 となるので，そこから漸化式を上向きに戻ると $c_{\gamma-1}=0$ となって，虎の子の log の項が消えてしまう．しかしこの場合には，$d_{\gamma-\alpha-1}$ が任意に選べ，そこから再び漸化式 (7.21) を下向きに用いて d_n, $0\le n\le\gamma-\alpha-2$ がこれから決定される．すなわちこの場合には第 2 の解として有限級数が得られる．$\gamma-\alpha<\gamma-\beta$ がともにこの区間にある場合は，同じ理由で間の係数も 0 となるが，d_n, $0\le n\le\gamma-\alpha-1$ が同様にして一つの任意定数を含んで求まる．結局この場合は第 2 の解として (7.16) を $n=\gamma-\alpha-1$ で打ちきった負冪の有限級数が得られる．α と β の関係が入れ替わった場合も同様である．

(4) 残っているのは $\gamma\le 0$ が整数のときであるが，このときは $1-\gamma>0$ なので，2 番目に求めた級数解 (7.16) が有効となり，最初に求めた (7.14) の方は逆に途中で分母に 0 が現れて破綻する．この場合はこれら二つの級数の役割を入れ替えれば，これまでと同様の議論ができるので，詳細は略す． ■

(2) で導いた漸化式を解くのは容易でないが，下記の問題の解法を示すためこの方法を用いた．この例題に対する別解としては，教科書 [4] の例題 5.4 のように，γ を整数 m に近づけたときの極限論法を用いるより優れた方法がある．上記漸化式の解の表現も併せて .

問 題

7.4.1 次の微分方程式の原点における級数解を求めよ．

(1) $xy''+(1-2x)y'-(1-x)y=0$

(2) $x(1-x)^2y''-x(1-x)y'-y=0$

(3) $2x^2y''+(1-4x)xy'+(2x^2-x-3)y=0$

(4) $4(1-x)x^2y''+8(1-2x)xy'-(5x+3)y=0$

8　定性的解法

8.1　解の存在と一意性に関する諸定理

微分方程式の解の性質を調べる上で必要となる抽象的定理を列挙する．証明は [4]，第 3 章と第 6 章などを見よ．最初に掲げる諸定理は，その後に続く微分方程式に対する基本的諸定理の証明で使われるだけでなく，解の性質を調べるときにも役立つ．

要項 8.1　（一様収束に関する知識のまとめ）

(1) 連続関数の列の一様収束極限は再び連続関数となる．

(2)（ワイヤストラスの定理）$f_n(x), f_n'(x)$ が連続で，$f_n'(x) \to g(x)$ が一様収束，$f_n(x) \to f(x)$ が各点収束なら，$f'(x) = g(x)$ となる．

(3) $f_n(x) \to f(x)$ が一様収束なら，$\displaystyle\int_a^b f_n(x)dx \to \int_a^b f(x)dx.$

(4) 正項級数 $\displaystyle\sum_{n=1}^{\infty} M_n$ が収束しており，ある区間において任意の対（つい） $m > n$ について $\displaystyle|f_m(x) - f_n(x)| \leq \sum_{k=n+1}^{m} M_k$ が成り立っていれば，$f_n(x)$ はそこである関数 $f(x)$ に一様収束する．

(5)（アスコリ-アルゼラの定理の系）C^1 級の関数の列 $f_n(x)$ は，ある有界閉区間上 $f_n'(x)$ が一様有界，すなわち n によらない $M > 0$ が存在して $|f_n'(x)| \leq M$ となっていれば，そこで一様収束する部分列を含む．従って特に $f_n(x)$ が各点収束していれば，一様収束する．

要項 8.2　（リプシッツ条件）$f(x,y)$ は長方形 $|x-a| < A, |y-b| < B$ で連続かつ有界 $(|f(x,y)| \leq M)$，更に y につき（一様）**リプシッツ連続**，すなわち，$\exists K > 0$ により

$$|f(x,y) - f(x,z)| \leq K|y-z|$$

を満たすとする．このとき，次のような解の**一意性**と**存在定理**が成り立つ：

(i) $y' = f(x,y)$ の解は局所的に一意である．すなわち，長方形内の任意の点において，そのどんなに小さな近傍をとっても，この点を通る解は一つしかない．

(ii) $y(a) = b$ を満たす $y' = f(x,y)$ の解は $|x| < \min\left\{A, \dfrac{B}{M}\right\}$ で大域的に存在

し，解のグラフは長方形の境界に極限点を持つ．
リプシッツ条件は $f(x,y)$ がこの長方形で有界な偏導関数 $\dfrac{\partial f}{\partial y}$ を持てば成り立つ（平均値定理による）．また以上の結果は，y を n 次元ベクトル $\boldsymbol{y}$ としても，絶対値をノルムと解釈すれば成り立つ．従って，n 階単独微分方程式に対しても $(y, y', \ldots, y^{(n-1)})$ に対応する条件を課せば成り立つ．

要項 8.3　（ペアノの存在定理）　$f(x,y)$ が $(a,b) \in \boldsymbol{R}^2$ のある近傍において連続なら，$y(a) = b$ を満たす $y' = f(x,y)$ の解が (a,b) のある（一般にはより小さな）近傍において存在する．更に，$n+1$ 変数関数の n 次元ベクトル $\boldsymbol{f}(x,\boldsymbol{y})$ が $(a,\boldsymbol{b}) \in \boldsymbol{R}^{n+1}$ のある近傍において連続なら，$\boldsymbol{y}(a) = \boldsymbol{b}$ を満たす $\boldsymbol{y}' = \boldsymbol{f}(x,\boldsymbol{y})$ の解が $(a,\boldsymbol{b})$ のある（一般にはより小さな）近傍において存在する．

要項 8.4　（解の延長定理）　上と同じ条件の下で，微分方程式の解曲線は，右辺の連続関数の定義域内にある限り延長できる．言い換えると，定義域 $a_1 < x < a_2$ が極大の解は，$x \to a_i$ のとき，そのグラフが f の定義域の境界または無限遠に近づく．

この条件下では解は一意とは限らないので，延長も複数（一般に無限に）存在し得る．ただし，正規形の微分方程式では，ある点で解曲線の傾きは右辺の関数により定まる確定値を持つので，二つの解曲線が交差することはなく，接して分かれるだけである．（正規形でないと，y' が複数の値を持ち得るので，解曲線は交差し得る．）

要項 8.5　（比較定理）　考えている領域において $f(x,y) \le g(x,y)$ が常に成り立っており，かつ $y' = g(x,y)$ の解は局所的に一意であるとする．このとき $y' = f(x,y)$ の解曲線 $y = y(x)$ は $y' = g(x,y)$ の解曲線 $y = z(x)$ を下から上に越えられない．すなわち，$x = a$ で $y(a) \le z(a)$ なら，$x \ge a$ で両者が存在する限り $y(x) \le z(x)$.

この応用として以下の二つが直ちに得られる．

要項 8.6　（オスグッドの一意性定理）　領域 $|x| \le a$, $|y| \le b$ で定義された微分方程式 $y' = f(x,y)$ は解 $y = 0$ を持つとする．$y \ge 0$ の連続関数 $g(y)$ で，$|f(x,y)| \le g(|y|)$, かつ，$\displaystyle\int_0^b \frac{1}{g(y)}dy = \infty$ を満たすものが存在すれば，$y = 0$ から分岐する解は存在しない．更に，$|f(x,y) - f(x,z)| \le g(|y-z|)$ なら，解はどこでも局所的に一意となる．

ある点 $b < \infty$ について $x \nearrow b$ のとき，$|y(x)| \to \infty$ となる部分列が存在するならば，解 $y(x)$ は有限時間で爆発するという．このような部分列が存在しないときは，解は $x = b$ の左近傍で有界となり，従ってそれが $f(x,y)$ の定義域内にある限り解の延長定理により $x = b$ を越えて少し延びる．

要項 8.7　（大域的存在定理）　$f(x, y)$ は $[a, \infty) \times \boldsymbol{R}$ で連続とする．$y \geq 0$ の正値連続関数 $g(y)$ で，この領域において $|f(x, y)| \leq g(|y|)$，かつ，$\displaystyle\int_0^{\infty} \frac{1}{g(y)} dy = \infty$ を満たすものが存在すれば，$y' = f(x, y)$ の任意の解は，有限時間では爆発しない．

要項 8.8　（パラメータに関する連続性）　$f(x, y, \lambda)$ は $[a, \infty) \times \boldsymbol{R} \times \Lambda$ で連続とする．もし，微分方程式 $\dfrac{dy}{dx} = f(x, y; \lambda)$ の解に局所一意性が有れば，パラメータに対する解の連続性が成り立つ．

例題 8.1 その1　　　**大域的存在定理の証明**

要項 8.7 の主張を (1) 比較定理を適用して，(2) 直接初等的に，証明せよ．

解答　解の延長定理により，解は y 軸方向に爆発しなければ，x について大域的に存在する．よってこのことだけを示せばよい．

(1) 定理の仮定から，$z' = g(z)$ の解で，$x = a$ での値が $c \geq 0$ となるものは $x \geq a$ で一意に定まり，かつ大域的に存在する．実際，$z' = g(z)$ から

$$\int_c^z \frac{dz}{g(z)} = x - a$$

となり，仮定により x が有限なる限り z は有限である．そこで $c = |y(a)|$ にとれば，仮定により比較定理が適用でき，従って $|y(x)| \leq z(x)$ となる．よって y は有限時間では爆発し得ない．

(2) 仮定 $|f(x, y)| \leq g(|y|)$ により

$$\frac{d|y|}{dx} \leq \left|\frac{dy}{dx}\right| \leq |f(x, y)| \leq g(|y|).$$

（最初の不等式は .）両辺を $g(|y|)$ で割り，x について $x = a$ から積分すれば，

$$\int_a^x \frac{1}{g(|y|)} \frac{d|y|}{dx} dx \leq \int_a^x 1 dx \leq x - a.$$

この左辺の積分は，変数変換で（y が符号を変えても，打ち消し合いにより結局）

$$\int_{|y(a)|}^{|y(x)|} \frac{1}{g(y)} dy$$

に帰着する．仮定によりこれは $|y(x)| \to +\infty$ のとき無限大になるので，そのとき必然的に $x \to \infty$ となる．よって，x が有限なる限り y も有限である．■

例題 8.1 その 2 — **局所解の存在と一意性**

次の微分方程式について，局所解の存在と一意性を調べよ．ただし，右辺の関数の原点での値は 0 と規約する．

$$\frac{dy}{dx} = y\log(x^2+y^2)$$

解答 右辺の関数は，原点以外では明らかに連続関数である．原点では $(x,y)\to(0,0)$ のときの極限値が 0 なので，やはり連続である．よってペアノの存在定理により局所解は常に存在する．

更に，右辺の関数は原点以外では無限回微分可能なので，局所リプシッツ連続である．よって基本的な一意性定理により，原点以外の点から出る解曲線はただ一つである．原点ではリプシッツ連続ではないが，$y=0$ は明らかに原点を通る解なので，それ以外の解が原点を通らないことを言えばよい．$x^2+y^2<1$ において調べれば十分である．$y=\varphi(x)$ を $\exists a$ において $\varphi(a)>0$ となるような原点から発する解とせよ．$y>0$ では勾配場は負なので，$a<0$ でなければならない．連続性により，x が a に十分近いとき $\varphi(x)>0$ であって，そうである限り

$$\varphi'(x) = \varphi(x)\log(x^2+\varphi(x)^2) \geq 2\varphi(x)\log\varphi(x).$$

従って，$\varphi(x)<1$ より $\log\varphi(x)<0$ であることに注意して

$$\frac{\varphi'(x)}{\varphi(x)\log\varphi(x)} \leq 2.$$

この両辺の a から x までの積分を取れば

$$2(x-a) \geq \int_a^x \frac{\varphi'(x)dx}{\varphi(x)\log\varphi(x)} = \int_{\varphi(a)}^{\varphi(x)} \frac{dz}{z\log z} = \Big[\log(-\log z)\Big]_{\varphi(a)}^{\varphi(x)}.$$

よって

$$\log(-\log\varphi(x)) - \log(-\log\varphi(a)) \leq 2(x-a), \quad \text{あるいは} \quad \frac{\log\varphi(x)}{\log\varphi(a)} \leq e^{2(x-a)}.$$

符号を考慮して

$$\log\varphi(x) \geq e^{2(x-a)}\log\varphi(a), \qquad \text{あるいは} \qquad \varphi(x) \geq \varphi(a)^{e^{2(x-a)}}.$$

この右辺は $a\leq x\leq 0$ において正の有限な値であるから，この範囲で $\varphi(x)\to 0$ となることは不可能なことが分かる．

同様に，$y<0$ では勾配場は正なので，やはり $a<0$ で $\varphi(a)<0$ という解が原

点に到達しないことを見ればよい．上と同様に論じてもよいが，この方程式は x 軸について上下対称で，$y \mapsto -y$ と置き換えれば，既に論じた場合に帰着する． ■

例題 8.1 その 3 **局所解の一意性**

微分方程式 $y' = \sqrt{|y|} + x$ の局所解の一意性を調べよ．

解答 $y \neq 0$ では右辺は C^1 級なので，局所リプシッツ連続であり，一意性は一般論から従う．$y = 0$ のとき，まず $x = a > 0$ を出発する解が一つしかないことを言おう．どんな解も x の増加とともに $y > 0$ の側に入るので $y > 0$ において考えると，$y' = \sqrt{y} + x \geq a$, これを a から x まで積分すると $y \geq a(x-a)$ が成り立つ．今，このような解が他にも有ったとし，それを z とする．$x > a$ において $y(x) > z(x)$ としても一般性を失わない．

$$(y-z)' = \sqrt{y} - \sqrt{z} = \frac{y-z}{\sqrt{y}+\sqrt{z}} \leq \frac{y-z}{2\sqrt{a(x-a)}}.$$

$$\therefore \quad \frac{(y-z)'}{y-z} \leq \frac{1}{2\sqrt{a(x-a)}}.$$

これを $a+\varepsilon$ から x まで積分すると，

$$\log(y(x)-z(x)) - \log(y(a+\varepsilon)-z(a+\varepsilon)) \leq \left[\frac{\sqrt{x-a}}{\sqrt{a}}\right]_{a+\varepsilon}^{x} = \frac{\sqrt{x-a}}{\sqrt{a}} - \frac{\sqrt{\varepsilon}}{\sqrt{a}}.$$

ここで $\varepsilon \to 0$ とすれば，右辺は $\dfrac{\sqrt{x-a}}{\sqrt{a}}$ に収束するが，左辺は $y(a) = z(a) = 0$ より $+\infty$ に発散する．これは不合理であるから，解は二つは存在しない．$x = a < 0$ においても $y < 0$ に入り込む解に対して全く同様の議論が成り立つ．

最後に原点から右に発する解を調べる．この場合は上記の方法はうまく行かないので別の考察をする．このような解も直ちに $y > 0$ に入り込むが，

$$y' = \sqrt{y} + x \geq x, \quad 0 \text{ から } x \text{ まで積分して} \quad y(x) \geq \frac{1}{2}x^2$$

となる．これを微分方程式の右辺に代入すると

$$y' \geq \sqrt{\frac{1}{2}x^2} + x = \left(\sqrt{\frac{1}{2}} + 1\right)x, \quad \text{再び積分して} \quad y \geq \frac{1}{2}\left(\sqrt{\frac{1}{2}} + 1\right)x^2.$$

更に代入して積分すると

$$y' \geq \left(\sqrt{\frac{1}{2}\left(\sqrt{\frac{1}{2}}+1\right)} + 1\right)x^2, \quad \therefore \quad y \geq \frac{1}{2}\left(\sqrt{\frac{1}{2}\left(\sqrt{\frac{1}{2}}+1\right)} + 1\right)x^2.$$

この操作を無限に繰り返すと，x^2 の係数は単調増加で，かつ全体としてペアノの定理

により存在が保証されているある解で上から抑えられているので，この数列も上に有界であり，従って $\alpha = \frac{1}{2}(\sqrt{\alpha}+1)$ を満たす数 α に収束する．([1], 第 1 章例 1.1 を参照．そのような問題は単なる遊びではなく，こんな形で現れる！）これは $\sqrt{\alpha}$ について 2 次方程式となっており，正根は $\sqrt{\alpha}=1$ だけであるから，極限は $\alpha=1$ と定まる．つまり $y \geq x^2$．他方，これから得られる $x \leq \sqrt{y}$ をもとの方程式に代入すると，

$$y' \leq 2\sqrt{y}, \qquad \frac{dy}{2\sqrt{y}} \leq 1. \quad \text{積分して} \quad \sqrt{y} \leq x.$$

従って $y \leq x^2$．つまり原点から右に発する解は $y = x^2$ と定まる．左に発する解も同様にして $y = \dfrac{1}{4}x^2$ に決まることが分かる（下の問題 8.1.3).

以上により，この方程式ではどの点でも局所解の一意性が成立する．■

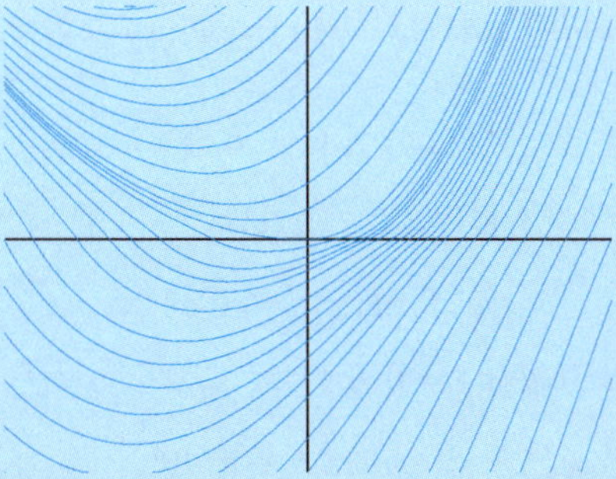

例題 8.1 その 3 の解曲線の図（$-2 \leq x \leq 2$, $-1.5 \leq y \leq 1.5$）

上の解答では，原点を通る解を具体的に求めて一意性の証明に用いたが，求まらなくてもやり方はある．下の問題 8.1.2(3) の解答などを参照．

問　題

8.1.1　オスグッドの一意性定理と大域存在定理の両方の仮定を満たすような比較関数 $g(y)$ の例を挙げよ．

8.1.2　次の微分方程式の局所解の一意性を調べよ．

(1) $y' = \sqrt{|y|}+1$　　(2) $y' = \sqrt{|x||y|}$　　(3) $y' = \sqrt[4]{x^2+y^2}$

(4) $y' = \sqrt{|y-x|}+1$　　(5) $y' = y\{\log(x^2+y^2)\}^2$

8.1.3　例題 8.1 その 3 において，左側から原点に到達する解の一意性を調べよ．

8.1.4　次の微分方程式の解は $\boldsymbol{R}$ 上大域的に存在するか？

(1) $y' = y\log(x^2+y^2)$　　(2) $y' = \dfrac{y^3}{1+x^2+y^2}$　　(3) $y' = y\{\log(x^2+y^2)\}^2$

8.2 グロンウォールの不等式

例題 8.2 その 1 ――― グロンウォールの不等式の証明

$C, K > 0$ とする．$x \geq a$ で

$$\varphi(x) \leq C + K\int_a^x \varphi(t)dt$$

という不等式を仮定すると $x \geq a$ で

$$\varphi(x) \leq Ce^{K(x-a)}$$

が成り立つことを示せ．

解答 $\Phi(x) = \displaystyle\int_a^x \varphi(s)ds$ と置けば，$\varphi(x) = \Phi'(x)$ なので，仮定の不等式は

$$\Phi'(x) \leq C + K\Phi(x)$$

となる．この両辺に e^{-Kx} を掛けると，これは

$$(e^{-Kx}\Phi(x))' \leq Ce^{-Kx}$$

と変形される．定義により $\Phi(a) = 0$ なので，これを a から x まで積分すると

$$e^{-Kx}\Phi(x) \leq C\int_a^x e^{-Ks}ds = -C\frac{e^{-Kx} - e^{-Ka}}{K} \qquad \therefore\ \Phi(x) \leq C\frac{e^{K(x-a)} - 1}{K}.$$

従って

$$\varphi(x) \leq C + K\Phi(x) \leq C + C(e^{K(x-a)} - 1) = Ce^{K(x-a)}. \qquad ■$$

例題 8.2 その 2 ――― 下からの評価の可否

$C, K > 0$ とする．$x \geq a$ で

$$\varphi(x) \geq C - K\int_a^x \varphi(t)dt$$

という不等式を仮定すると $x \geq a$ で

$$\varphi(x) \geq Ce^{-K(x-a)}$$

が成り立つか．もし成り立たないとすれば，どの程度の評価なら期待できるか？

解答 $K\displaystyle\int_a^x Ce^{-K(t-a)}dt = \Big[-Ce^{-K(t-a)}\Big]_a^x = C(1 - e^{-K(x-a)})$ なので，仮

定の不等式は

$$\varphi(x) - Ce^{-K(x-a)} \geq -K \int_a^x (\varphi(t) - Ce^{-K(t-a)})dt$$

と同値である．よって $\psi(x) = \varphi(x) - Ce^{-K(x-a)}$ に対して，仮定 $\psi(x) \geq -K \int_a^x \psi(t)dt$ から $\psi(x) \geq 0$ が従うかどうかをを調べればよい．仮定の不等式より $\psi(a) \geq 0$ であるから，もしある $x_1 > a$ について，$a \leq x \leq x_1$ で $\psi(x) \leq 0$，かつ $\psi(x_1) < 0$ となったら，不等式よりこの区間で

$$\psi(x) \geq K \int_a^x (-\psi(t))dt \geq 0,$$

かつ $\psi(x_1) > 0$ となってしまい，矛盾を生ずる．よって $\psi(x)$ の符号は最初のうちは非負でなければならない．しかし，最初にある程度 $\psi(x) > 0$ となる非負区間 $[a, x_1]$ が存在すれば，ここではもちろん仮定の積分不等式は自明に成り立つだけでなく，ここで蓄えた正の積分値により，次の区間 (x_1, x_2) で $\psi(x)$ が負値となっても，予め固定した $\varepsilon > 0$ に対して

$$-\int_{x_1}^{x_2} \varepsilon dx + \int_a^{x_1} \psi(x)dx \geq 0, \quad \text{すなわち,} \quad x_2 - x_1 \leq \frac{1}{\varepsilon} \int_a^{x_1} \psi(x)dx$$

なる限り，$x_1 < x < x_2$ では $\psi(x) \geq -\varepsilon$ の範囲で負の値を取りうる．つまり，一般には不等式は期待できず，期待できるのは，a に接するある区間だけである． ■

問　題

8.2.1 （逆向きのグロンウォール不等式） $C, K > 0$ とする．$x \geq a$ で

$$\varphi(x) \geq C + K \int_a^x \varphi(t)dt$$

という不等式を仮定すると，$x \geq a$ で $\varphi(x) \geq Ce^{K(x-a)}$ が成り立つことを示せ．

8.2.2 （左へのグロンウォールの不等式） $x \leq a$ で

$$\varphi(x) \leq C + K \int_x^a \varphi(t)dt$$

という不等式を仮定すると，$x \leq a$ で $\varphi(x) \leq Ce^{K(a-x)}$ が成り立つことを示せ．

8.2.3 （左への逆向きのグロンウォールの不等式） $x \leq a$ で

$$\varphi(x) \geq C + K \int_x^a \varphi(t)dt$$

という不等式を仮定すると，$x \leq a$ で $\varphi(x) \geq Ce^{K(a-x)}$ が成り立つことを示せ．

8.3　1 階微分方程式の解のグラフの追跡

例題 8.3 ―――― **1 階方程式の解曲線の追跡**

リッカチ型の 1 階微分方程式 $y' = x^2 - y^2$ について，以下の問に答えよ．

(1) 局所解の存在と一意性について所見を述べよ．

(2) 勾配場の様子を調べ，特に解曲線の極値の軌跡を求めよ．

(3) 解曲線の変曲点の軌跡を求め，解曲線の凹凸を明らかにせよ．

(4) 解曲線の $x \to +\infty$ のときの挙動を述べよ．

(5) 解曲線の $x \to -\infty$ のときの挙動を述べよ．

解答　(1) $x^2 - y^2$ は局所的に y のリプシッツ連続関数なので，任意の点を通って解曲線が局所的にただ一つ存在する．しかし，y の 2 次関数なので，大域的には一様リプシッツ条件を満たしておらず，解は有限時間で爆発する可能性がある．

(2) この方程式は $(x, y) \mapsto (-x, -y)$ という変換で不変なので，勾配場，従って解曲線の分布は原点に関して点対称となる．勾配は右辺の関数を 0 と置いて得られる曲線 $x^2 - y^2 = 0$ に沿って 0 となる．これは 2 本の直交する直線 $y = \pm x$ であり，これらの直線で挟まれた $|y| < |x|$ では勾配は正で，解は単調に増加する．またその外側 $|y| > |x|$ では，勾配は負で，解は単調減少する．境目 $|y| = |x|$ では解は単調増加と単調減少を交代し，$x > 0$ では極小値の，$x < 0$ では極大値の軌跡となる．コンピュータで描いた勾配場の図は第 1 章の問題 1.2.1 (1) の解答を参照.

(3) 解曲線に沿って

$$y'' = (y')' = (x^2 - y^2)' = 2x - 2yy' = 2x - 2y(x^2 - y^2)$$

となる．ここで y' は与方程式を用いて消去した．これより，$x - y(x^2 - y^2) = 0$ という陰関数で定まる曲線の上で $y'' = 0$ となり，従ってこれが解曲線の変曲点の軌跡となる．この方程式を x について解くと

$$x^2 - \frac{x}{y} - y^2 = 0 \quad より \quad x = \frac{\frac{1}{y} \pm \sqrt{\frac{1}{y^2} + 4y^2}}{2} = \frac{1 \pm \sqrt{1 + 4y^4}}{2y}.$$

$y = 0$ を境として解曲線の凹凸は

$$y > 0 \text{ では，} \frac{1 - \sqrt{1 + 4y^4}}{2y} < x < \frac{1 + \sqrt{1 + 4y^4}}{2y} \text{ で凸，その外で凹，}$$

$$y < 0 \text{ では，} \frac{1 + \sqrt{1 + 4y^4}}{2y} < x < \frac{1 - \sqrt{1 + 4y^4}}{2y} \text{ で凹，その外で凸}$$

と変化することが上の変形から分かる．　この y の関数は $y \to \infty$ のとき 2 項展開

により $x = \dfrac{1 \pm 2y^2\sqrt{1+\frac{1}{4y^4}}}{2y} = \pm y + \dfrac{1}{2y} + O\left(\frac{1}{y^3}\right)$ と近似され，従って y について逐次代入により漸近的に解けば $y = \pm x - \dfrac{1}{2x} + O\left(\frac{1}{x^3}\right)$ となるので，$x > 0$ では $y = \pm x$ の下側，$x < 0$ では上側からこの直線に漸近する．また $y \sim 0$ では x 軸に漸近する分枝と原点に垂直に入る分枝にそれぞれ繋がる．

なお，上の計算から $y' = x^2 - y^2 = 0$ 上では $y'' = 2x$ が得られ，その符号を見ることで (2) で求めた曲線 $y^2 = x^2$ が $x > 0$ では極小点の，$x < 0$ では極大点の軌跡であることが裏付けられる．また原点はそこを通る解曲線の変曲点となっていることも以上の考察から分かる．

(4) (a) 下図左の領域①，すなわち $y > |x|$ から出発した解曲線は，単調減少するが，傾きの関係で $y = -x, x \leq 0$ には交われないので，必ず $y = x, x > 0$ のどこかで水平に領域④，すなわち $x > |y|$ に入り，単調増加に転ずる．しかし傾きの関係でこの直線に再度内側から到達することはできないので，以後ずっと領域④に留まる．

(b) 領域②，すなわち $x < -|y|$ から出発した解曲線は単調増加で $y = -x, x < 0$ に水平にぶつかって領域①に入るか，$y = x, x < 0$ に水平にぶつかって領域③に入るか，例外的に原点を通って領域④に入るかのいずれかである．それぞれ，以後の挙動は対応する領域における挙動の説明に続く．

(c) 領域③から出発した解曲線は単調減少であるが，下方では変曲点の分枝 $x = \dfrac{1 - \sqrt{1+4y^4}}{2y}$, $y < 0$ に到達せず，凹（すなわち上に凸）のまま $-\infty$ に発散する．（有限時間爆発の検証は問題 8.3.1(1) に回す．）他方，上方ではこの分枝に到達して凸に転じ，極小値の軌跡 $y = -x, x > 0$ と水平に交わって領域④に入り込む．

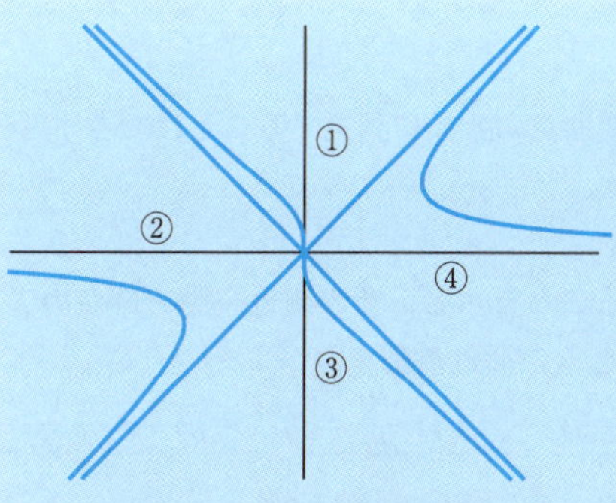

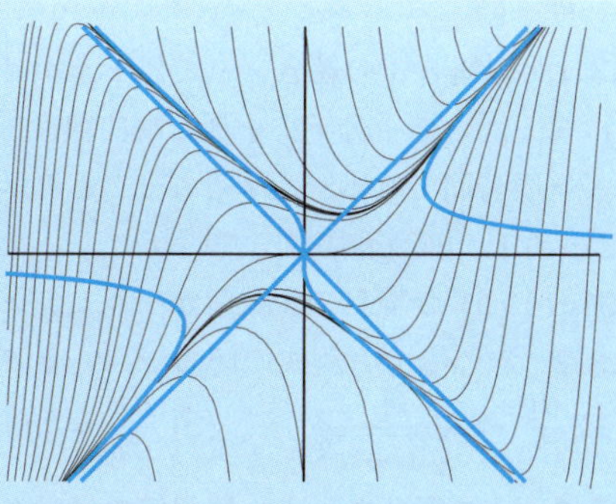

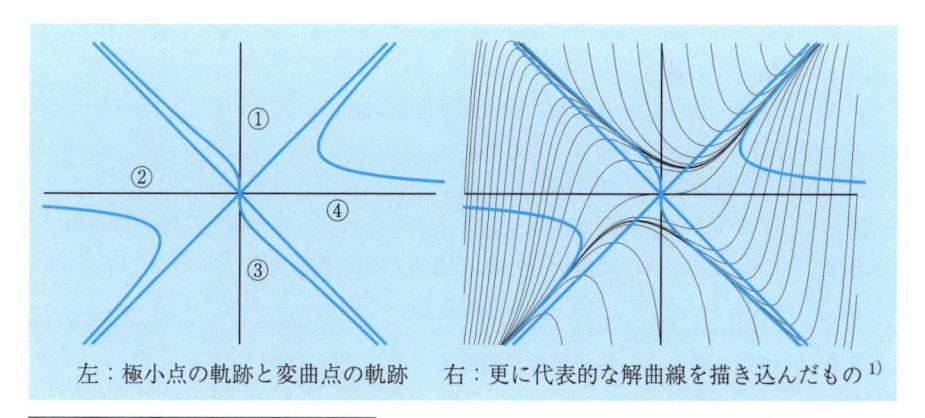

左：極小点の軌跡と変曲点の軌跡　右：更に代表的な解曲線を描き込んだもの [1)]

[1)] 細い線は代表的な解の数値計算結果のグラフを描いた．本書では数値解法は扱わないが，興味のある読者は [3], 第 8 章の解説と本書のサポートページのプログラム見本を見られたい．

(d) 領域④の境界付近から出発した解曲線は，凸単調増加なので，そのままだと $y = x,\ x > 0$ にぶつかるが，傾きの関係でそれは不可能なので，変曲点の分枝 $x = \dfrac{1+\sqrt{1+4y^4}}{2y},\ y > 0$ の内部（右側）に必ず入り込み，凹となってそこに留まる．ここに入り込んだ解曲線は再び外に出ることができないことは，両者が交わった場所での変曲点のこの分枝の傾きを解曲線の傾き $x^2 - y^2$ と比較することで分かる：変曲点の軌跡の方程式 $x - y(x^2 - y^2) = 0$ より

$$1 - \frac{dy}{dx}(x^2 - y^2) - y\left(2x - 2y\frac{dy}{dx}\right) = 0 \quad\Longrightarrow\quad \frac{dy}{dx} = \frac{2xy - 1}{3y^2 - x^2} \tag{8.1}$$

となるが，この分枝の近くでは $x \fallingdotseq y + \dfrac{1}{2y}$ より $3y^2 - x^2 > 0$ に注意すると，

$$2xy^2 - y > 3xy^2 - x^3 \quad\Longleftrightarrow\quad x(x^2 - y^2) - y = \frac{x^2}{y} - y > 0$$

であり，今は $x^2 > y^2$ だからこれは成立し，故に (8.1) の値 $> \dfrac{x}{y} = x^2 - y^2$ となる．

(e) より精細な挙動の考察としては，次のようなものがある：

(i) 領域 ④ に入り込んだ解曲線はすべて変曲点の分枝 $x = \dfrac{1+\sqrt{1+4y^4}}{2y},\ y \to \infty$ に漸近する．

(ii) 領域 ② から出て③ に入る分枝が $-\infty$ に発散するか，領域④ に入るかの境目には1本の大域的な解曲線が存在し，これは変曲点の分枝 $x = \dfrac{1+\sqrt{1+4y^4}}{2y}$, $y \to -\infty$ に左側から漸近する．

これらの検証は問題 8.3.1 の (2), (3) に回す．

(5) 原点に関する点対称性により，$x \to -\infty$ での解曲線の挙動は $x \to \infty$ での挙動を原点について点対称に写したものとなる．■

問　題

8.3.1 例題 8.3 の続きとして以下を示せ．

(1) 領域 ③ の十分下方を通る解曲線は，変曲点の分枝に到達することはできず，必ず有限時間で $-\infty$ に爆発することを示せ．

(2) (e) (i) の漸近挙動を証明せよ．

(3) (e) (ii) の境目の大域解が一意に定まることを示し，その漸近挙動を確かめよ．

8.3.2 次の微分方程式の解の $x \to \infty$ のときの漸近挙動を調べよ．

(1) $\dfrac{dy}{dx} = \dfrac{1}{\sqrt[4]{1+x^2}}$　　(2) $\dfrac{dy}{dx} = y(1-y)$　　(3) $\dfrac{dy}{dx} = y(1-y) + \dfrac{1}{\sqrt[4]{1+x^2}}$

8.3.3 次の微分方程式の解曲線の挙動を調べよ．

(1) $y' = y^2 - x^2$　　(2) $y' = y\log(x^2+y^2)$　　(3) $y' = y^2(1-x^2-y^2)$

(4) $y' = x^2 - y^2 - \lambda$（$\lambda > 0$ は定数）

8.4 相平面の軌道追跡

要項 8.9 2 従属変数 x, y の連立微分方程式で独立変数 t を陽に含まないもの $x' = f(x, y)$, $y' = g(x, y)$ を 2 次元**自励系**と呼ぶ．その解 $x = x(t)$, $y = y(t)$ の平面上の軌跡を**解軌道**と呼ぶ．解軌道の挙動は，以下の手順により調べられる．

(1) 特異点（不動点），特異線，その他極限集合を求める．

(2) 軌道パターンを分離する特徴的な軌道を求める．

(3) それらで境された各区画で軌道の挙動を見る．

(4) パソコンが使えれば解軌道を描かせてみる[2)]．

要項 8.10 2 次元自励系の不動点の回りでの解軌道の挙動は概ねその点での方程式の線形近似の固有値 λ, μ で決まる．

(1) λ, μ がともに正またはともに負のとき（結節点），それぞれ発散型，収束型となる．

(2) λ, μ が共役複素数で，実部が正または負のとき（渦状点），回転しながらそれぞれ発散，収束する．

(3) λ, μ が実で異符号のとき（鞍点），2 本の収束軌道と発散軌道を持ち，その他の軌道は収束軌道に沿って特異点に近づいた後，発散軌道に沿って遠ざかる．

(1)〜(3) の挙動は非線形の摂動項が加わっても保たれる．

(4) λ, μ が共役複素数で，実部が 0 のとき（渦心点），線形系の場合はきれいな同心楕円の軌跡を成すが，この構造は非線形の摂動で一般には渦状点に変化する．

精密に挙動を調べるには，特異点 (a, b) を中心とする極座標を用いたり，そこでの比 $\dfrac{y-b}{x-a}$ の時間変化を見たりするとよい．

要項 8.11 （**ω-極限集合と極限閉軌道**） 自励系の解軌道 $\boldsymbol{x}(t)$ の $t \to \infty$ のときの極限点の成す集合 $\Gamma = \bigcap_{t \geq t_0} \overline{\{\boldsymbol{x}(s); s \geq t\}}$ を，この解軌道の ω-極限集合と呼ぶ．ω-極限集合が 1 点なら，それは特異点である．ω-極限集合が周期軌道のとき，**極限閉軌道**と呼ばれる．

要項 8.12 （**ポアンカレ-ベンディクソンの定理**） 平面 $\boldsymbol{R}^2$ 上の 2 次元自励系のある解軌道が $t \to \infty$ のとき有界集合に留まるなら，$\forall t_0$ について解軌道の $t \geq t_0$ の部分の閉包は周期解または不動点を含む．

---

2) 本書の挿絵の作成には [3]，第 8 章で解説されたプログラムを用いているが，サポートページには数学フリーソフト maxima による描画例を置いておく．このファイルのコピーと内容の簡単な書き換えさえできれば，プログラミングが未習の学生にも実験可能である．

例題 8.4 その1 **2次元自励系の解の漸近挙動**

次の2次元自励系の特異点を求め，そこでの解の漸近挙動を述べよ．

(1) $\dfrac{dx}{dt} = x(2-y), \quad \dfrac{dy}{dt} = y(x-1)$

(2) (a) $\dfrac{dx}{dt} = x(2-x-y), \quad \dfrac{dy}{dt} = y(x-y-1)$

(b) $\dfrac{dx}{dt} = x(3-2x-y), \quad \dfrac{dy}{dt} = y(x-y-1)$

(c) $\dfrac{dx}{dt} = x(1-x-y), \quad \dfrac{dy}{dt} = y(x-y-2)$

(3) (a) $\dfrac{dx}{dt} = x(1-2x-y), \quad \dfrac{dy}{dt} = y(1-x-2y)$

(b) $\dfrac{dx}{dt} = x(1-x-2y), \quad \dfrac{dy}{dt} = y(1-2x-y)$

(c) $\dfrac{dx}{dt} = x(3-x-2y), \quad \dfrac{dy}{dt} = y(1-2x-y)$

解答 (1) 同じことなのでパラメータを一般の正実数として調べよう．特異点は

$$x(c_1 - by) = 0, \quad y(ax - c_2) = 0$$

より，$(x, y) = (0, 0)$, $\left(\dfrac{c_2}{a}, \dfrac{c_1}{b}\right)$ の2点となる．前者では，右辺の（無限小の）主部が c_1x, $-c_2y$ なので，原点は鞍点型の特異点となる．後者では，

$$x(c_1 - by) = -\frac{bc_2}{a}\left(y - \frac{c_1}{b}\right) + \text{高次}, \quad y(ax - c_2) = \frac{ac_1}{b}\left(x - \frac{c_2}{a}\right) + \text{高次}$$

と変形できるので，渦心点に高次の摂動が加わった形である．よってこの場合の挙動は高次の項を合わせて調べないと一般論では判定できない．この例では比を取ると

$$\frac{dy}{dx} = \frac{y(ax - c_2)}{x(c_1 - by)}, \quad \frac{c_1 - by}{y}dy = \frac{ax - c_2}{x}dx$$

と変数分離され，

$$c_1 \log y - by = ax - c_2 \log x + C, \quad \text{すなわち}, \quad Cx^{c_2}y^{c_1} = e^{ax+by} \tag{8.2}$$

と解が具体的に求まり，この特異点の近くは周期軌道で埋め尽くされていることが分かる．下の問題 8.4.2 参照．下に問題のパラメータの場合の図を示す．

(2) これもまず三つをまとめて一般の正実数パラメータとして解析する．特異点は，

$$x(c_1 - a_1x - b_1y) = 0, \quad y(a_2x - b_2y - c_2) = 0$$

より，$(x, y) = (0, 0)$, $\left(0, -\dfrac{c_2}{b_2}\right)$, $\left(\dfrac{c_1}{a_1}, 0\right)$, および $\left(\dfrac{A}{D}, \dfrac{B}{D}\right)$, ここに $A = c_1b_2 + b_1c_2$,

例題 8.4 その 1　(1) の解軌道の図

$B = c_1a_2 - a_1c_2$, $D = a_2b_1 + b_2a_1$, の 4 個である．$(0,0)$ における主部は $x' = c_1x$, $y' = -c_2y$ で鞍点型である．$\left(0, -\frac{c_2}{b_2}\right)$ における主部は，$x' = \frac{c_1b_2 + b_1c_2}{b_2}x$, $y' = -\frac{a_2c_2}{b_2}x + c_2\left(y + \frac{c_2}{b_2}\right)$ で，行列 $\begin{pmatrix} \frac{c_1b_2+b_1c_2}{b_2} & 0 \\ -\frac{a_2c_2}{b_2} & c_2 \end{pmatrix}$ の固有値は $\frac{c_1b_2+b_1c_2}{b_2}$, c_2 でともに正なので，発散型の結節点である．同様に，$\left(\frac{c_1}{a_1}, 0\right)$ における主部は $x' = -c_1\left(x - \frac{c_1}{a_1}\right) - \frac{c_1b_1}{a_1}y$, $y' = \frac{c_1a_2 - a_1c_2}{a_1}y$ となり，行列 $\begin{pmatrix} -c_1 & -\frac{c_1b_1}{a_1} \\ 0 & \frac{c_1a_2-a_1c_2}{a_1} \end{pmatrix}$ の固有値は $-c_1$, $\frac{c_1a_2 - a_1c_2}{a_1}$ となり，$B = c_1a_2 - a_1c_2 > 0$ のときは鞍点型（(a), (b) の場合で，ともに $B = 1$），$B < 0$ のときは収斂型の結節点（(c) の場合で，$B = -1$）となる．最後に，$\left(\frac{A}{D}, \frac{B}{D}\right)$ における主部は，$x' = -a_1\frac{A}{D}\left(x - \frac{A}{D}\right) - b_1\frac{A}{D}\left(y - \frac{B}{D}\right)$, $y' = a_2\frac{B}{D}\left(x - \frac{A}{D}\right) - b_2\frac{B}{D}\left(y - \frac{B}{D}\right)$ であり，係数行列は $\begin{pmatrix} -a_1\frac{A}{D} & -b_1\frac{A}{D} \\ a_2\frac{B}{D} & -b_2\frac{B}{D} \end{pmatrix}$，この行列のトレースは $-\frac{a_1A + b_2B}{D}$, 行列式は $\frac{A}{D}\frac{B}{D}(a_1b_2 + b_1a_2)$ となる．よって特性多項式の判別式は

$$\Delta = \frac{1}{D^2}\{(a_1A + b_2B)^2 - 4AB(a_1b_2 + b_1a_2)\} = \frac{1}{D^2}\{(a_1A - b_2B)^2 - 4ABb_1a_2\}$$

となるから，$B = c_1a_2 - a_1c_2 < 0$ のときは行列式が負で固有値は正負一つずつなので，鞍点となる．((c) の場合．このときこの特異点は第 2 象限に位置するので，y は負の値に収束することになる．）$B = c_1a_2 - a_1c_2 > 0$ のときは，更に $(a_1A - b_2B)^2 - 4ABb_1a_2 \geq 0$ なら収斂型の結節点（(b) の場合で $\Delta = \frac{11}{3}$），$(a_1A - b_2B)^2 - 4ABb_1a_2 < 0$ なら，固有値は実部負の共役複素根となり，収斂型の渦状点となる（(a) の場合で $\Delta = -2$）．

例題 8.4 その 1　(2)の解軌道の図

(3) 特異点は,

$$x(c_1 - a_1x - b_1y) = 0, \quad y(c_2 - a_2x - b_2y) = 0$$

より, $(0,0)$, $\left(0, \frac{c_2}{b_2}\right)$, $\left(\frac{c_1}{a_1}, 0\right)$, $\left(\frac{A}{D}, \frac{B}{D}\right)$ の 4 点である．ここに, $A = c_1b_2 - b_1c_2$, $B = a_1c_2 - c_1a_2$, $D = a_1b_2 - b_1a_2$.（これらの量の定義は (2) の場合と異なるので注意せよ.）

$(0,0)$ における主部は $x' = c_1x$, $y' = c_2y$ で発散型の結節点である．次に, $\left(0, \frac{c_2}{b_2}\right)$ における主部は,

$$x' = \frac{c_1b_2 - b_1c_2}{b_2}x, \quad y' = -\frac{a_2c_2}{b_2}x - c_2\left(y - \frac{c_2}{b_2}\right).$$

よってこの係数行列の固有値は $\frac{c_1b_2 - b_1c_2}{b_2}$, $-c_2$ となるから, $A = c_1b_2 - b_1c_2 > 0$ なら鞍点（(a), (c) の場合), $A < 0$ なら収斂型の結節点（(b) の場合）となる.

次に, $\left(\frac{c_1}{a_1}, 0\right)$ においては,

$$x' = -c_1\left(x - \frac{c_1}{a_1}\right), \quad y' = \frac{a_1c_2 - c_1a_2}{a_1}y$$

が主部となるので, $B = a_1c_2 - c_1a_2 > 0$ なら鞍点（(a) の場合), $B < 0$ なら収斂型の結節点（(b), (c) の場合）となる.

最後に, $\left(\frac{A}{D}, \frac{B}{D}\right)$ においては, 主部は

$$x' = -\frac{a_1A}{D}\left(x - \frac{A}{D}\right) - \frac{b_1A}{D}\left(y - \frac{B}{D}\right), \quad y' = -\frac{a_2B}{D}\left(x - \frac{A}{D}\right) - \frac{b_2B}{D}\left(y - \frac{B}{D}\right)$$

となり, 係数行列は $\begin{pmatrix} -\frac{a_1A}{D} & -\frac{b_1A}{D} \\ -\frac{a_2B}{D} & -\frac{b_2B}{D} \end{pmatrix}$, そのトレースは $T = -\frac{a_1A + b_2B}{D}$, 行列式は

$(a_1b_2 - b_1a_2)\dfrac{AB}{D^2} = \dfrac{AB}{D}$ である．よって $ABD < 0$ ならこの点は鞍点となるが，ここで $A > 0 \Longleftrightarrow \dfrac{b_2}{b_1} > \dfrac{c_2}{c_1}$, $B > 0 \Longleftrightarrow \dfrac{c_2}{c_1} > \dfrac{a_2}{a_1}$, $D > 0 \Longleftrightarrow \dfrac{b_2}{b_1} > \dfrac{a_2}{a_1}$ に注意せよ．従って $A > 0$, $B > 0$, あるいは $A < 0$, $B < 0$ なら，それぞれ必然的に $D > 0$, あるいは $D < 0$ （(b) はこの場合で，鞍点型）となる．このときこの特異点はそれぞれ第 1 あるいは第 3 象限に位置する．前者の場合は，

$$\Delta = \left(-\frac{a_1 A}{D} - \frac{b_2 B}{D} \right)^2 - 4\frac{AB}{D} = \frac{(a_1 A - b_2 B)^2 + 4b_1 a_2 AB}{D^2}$$

を見ると常に正なので，収斂型の結節点と決まる（(a) の場合）．

A, B が異符号のときは D の符号には両方の可能性がある．$D > 0$ なら固有値は異符号で鞍点となるが，$D < 0$ のときは判別式 Δ の符号と併せて，四つの可能性が有り，$T < 0$, $\Delta > 0$ なら固有値は実負で収斂型の結節点，$T > 0$, $\Delta > 0$ なら固有値は実正で発散型の結節点，$T < 0$, $\Delta < 0$ なら固有値は実部負の共役複素数で収斂型の渦状点（(c) はこの場合に相当し，$A > 0$, $B < 0$ なので特異点は第 2 象限にある），$T > 0$, $\Delta < 0$ なら固有値は実部正の共役複素数で発散型の渦状点となる．■

(a)　$A, B, D>0$　　(b)　$A, B, D<0$　　(c)　$A>0$；$B, D, T, \Delta<0$

例題 8.4 その 1 の (3) の解軌道の図

$D = 0$ などの退化した場合の吟味はここでは扱わない．興味の有る人は教科書 [4], 問 7.10 のウェッブ解答を見られたい．

例題 8.4 その 2　　より複雑な漸近挙動の例

次の 2 次元自励系の特異点を求め，解軌道の様子を調べよ．

$$x' = x + y^2, \quad y' = -2y + x^2$$

解答 まず特異点を求めると，$x+y^2=0$, $-2y+x^2=0$ より $2y=x^2=y^4$. これより $y=0$ または $y^3=2$. 後者を満たす実数は $y=\sqrt[3]{2}$. このとき $x=-\sqrt[3]{4}$. よって特異点は 2 個である．点 $(0,0)$ では主部は $x'=x$, $y'=-2y$ だから鞍点である．$(-\sqrt[3]{4},\sqrt[3]{2})$ では，$x+y^2=(x+\sqrt[3]{4})+2\sqrt[3]{2}(y-\sqrt[3]{2})+(y-\sqrt[3]{2})^2$, $-2y+x^2=-2(y-\sqrt[3]{2})-2\sqrt[3]{4}(x+\sqrt[3]{4})+(x+\sqrt[3]{4})^2$ だから主部の係数行列は $\begin{pmatrix} 1 & 2\sqrt[3]{2} \\ -2\sqrt[3]{4} & -2 \end{pmatrix}$. この行列式は 6, トレースは -1 で固有多項式の判別式は $1-24<0$ だから，固有値は実部が負の共役複素数となる．よってこれは収斂する渦状点である．次に，$2y=x^2$ に沿って $y'=0$ となるが，その上側で負，下側で正なので，解曲線は左から右上がりでこの曲線に近づき，水平に交わって右下がりとなった後，再び水平に交わって右上がりに出て行くので，この放物線の左側の分枝は部分的に y 座標の極大点の軌跡のように見え，右側の分枝は極小点の軌跡に見える．同様に，$y^2=-x$ に沿って $x'=0$ であるが，その右側で正，左側で負なので，$y^2=-x$ は x 座標の極大点・極小点の軌跡のように見える．これらの曲線によって分割された領域のそれぞれで (x',y') の向きが分かるので，以上を図示すれば下のコンピュータによる描画に近い図が得られるであろう．この図には傾きがほぼ 1 の漸近線らしきものが現れているが，これは $\dfrac{y}{x}$ の漸近形を見れば正当化できる：$y\ge x$, かつ $x>0$ とすると

$$\frac{d}{dt}\left(\frac{y}{x}\right)=\frac{y'x-x'y}{x^2}=\frac{(-2y+x^2)x-(x+y^2)y}{x^2}=\frac{-3xy+x^3-y^3}{x^2}\le -3\frac{y}{x}.$$

$$\therefore\quad \left(e^{3t}\frac{y}{x}\right)'\le 0,\qquad \text{積分して}\qquad \frac{y}{x}\le e^{-3(t-t_0)}\frac{y_0}{x_0}$$

なので，$\dfrac{y}{x}\ge 1$ なる限り，これは 0 に向かって指数減少する．従って有限の時間で $\dfrac{y}{x}<1$ となる．他方，$y\le x-1$ では，$z=\dfrac{y}{x}$ と置くと，

$$\begin{aligned}\frac{dz}{dt}&=\left(\frac{y}{x}\right)'=\frac{-3xy+(x-y)(x^2+xy+y^2)}{x^2}\ge\frac{-3xy+x^2+xy+y^2}{x^2}\\&=-2\frac{y}{x}+1+\left(\frac{y}{x}\right)^2=(1-z)^2\end{aligned}$$

$$\therefore\quad \int_{z_0}^{z}\frac{dz}{(1-z)^2}\ge t-t_0,\qquad \frac{1}{1-z}\ge\frac{1}{1-z_0}+t-t_0.$$

この不等式から $t\nearrow\infty$ のとき $z\nearrow 1$ が分かる．$x-1<y<x$ では $1-\dfrac{1}{x}<\dfrac{y}{x}<1$ だからもちろん $z\to 1$ である．以上により $y=x$ に平行な直線が漸近線となる可能性が濃厚となった．そこでやや天下り的だが，$y=x-\dfrac{3}{2}$ にあたりを付けて（この選択の根拠については下の問題 8.4.3 参照）

$$\frac{d}{dt}\left(y-x+\frac{3}{2}\right)=-2y+x^2-x-y^2=\left(x-\frac{1}{2}\right)^2-(y+1)^2+\frac{3}{4} \qquad (8.3)$$

を見ると，右辺を 0 と置いたものは，$y-x+\frac{3}{2}=0,\ x+y+\frac{1}{2}=0$ を漸近線とする双曲線であり，これが正となる領域では $y-x+\frac{3}{2}$ は増加，負となる領域では減少する．のみならず，$\forall\varepsilon>0$ について，$\left(x-\frac{1}{2}\right)^2-(y+1)^2+\frac{3}{4}\ \geq\ \varepsilon$ では $y-x+\frac{3}{2}\ \geq\ y_0-x_0+\frac{3}{2}+\varepsilon(t-t_0)$，$\left(x-\frac{1}{2}\right)^2-(y+1)^2+\frac{3}{4}\ \leq\ -\varepsilon$ では $y-x+\frac{3}{2}\leq y_0-x_0-\frac{3}{2}+\varepsilon(t-t_0)$ のように一定の速度以上で増加あるいは減少するので，どちらの側からも直線 $y-x+\frac{3}{2}=0$ に近づかざるを得ず，漸近線であることが確認できた．なお，漸近線上では $\frac{d}{dt}\left(y-x+\frac{3}{2}\right)=\frac{3}{4}>0$ なので，解曲線は一旦漸近線の上に出て，そちら側から漸近線に近づく． ■

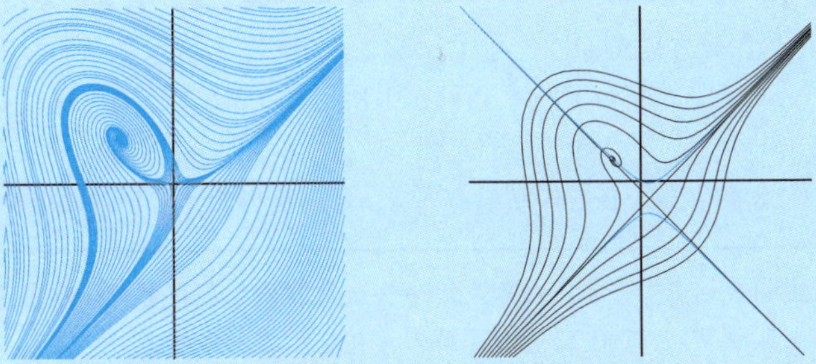

左：例題 8.4 その 2 の解軌道の図，右：(8.3)の右辺で定まる双曲線

漸近線の切片 ±1 のずれ程度はグラフではなかなか判別しづらいので，計算機で実験するときは数値を打ち出してみるなどの注意が必要である．

問　題

8.4.1 次の 2 次元自励系の特異点を求め，解軌道の様子を調べよ．極限閉軌道が有ればそれを示せ．

(1) $x'=x-y^2,\ \ y'=y-x^2$　　(2) $x'=y-x^2,\ \ y'=-x+y^2$

(3) $x'=-y-x(1-x^2-y^2),\ \ y'=x-y(1-x^2-y^2)$

(4) $x'=-y-x(1-x^2-y^2)^2,\ \ y'=x-y(1-x^2-y^2)^2$

8.4.2 例題 8.4 その 1 の曲線族 (8.2) は，不動点の回りに周期軌道の族を定めることを確かめよ．

8.4.3 上の例題 8.4 その 2 において，$x,y\geq 1$ のとき $y\geq x-1$ にある軌道は有限時間で $y<x-1$ に入り込み，$y\leq x-2$ にある軌道は有限時間で $y>x-2$ に入り込むことを確かめよ．

8.5　2 階微分方程式の解の漸近挙動

2 階単独方程式は，1 階連立化して前節の手法で解の挙動を調べることもできるが，ここでは 2 階のままでの議論の例を示す．

要項 8.13　（ストゥルムの比較定理）　φ_j, $j=1,2$ は，それぞれ $y''+q_j(x)y=0$, $j=1,2$ の解とする．もし $a \le x \le b$ で $q_1(x) < q_2(x)$ なら，φ_2 は φ_1 の隣り合う零点の間に必ず零点を持つ．(証明は教科書 [4], 定理 4.8 参照.)

要項 8.14　（射撃法）　$y''+q(x)y=0$ の $[a,b]$ における二つの解 $\varphi_j(x)$ が，$\varphi_1(a)=\varphi_2(a)=A$, かつ $\varphi_1(b) < \varphi_2(b)$ となっているなら，$\varphi_1(b) < \forall B < \varphi_2(b)$ に対して，適当な $y'(a)$ を選ぶことにより，$y(a)=A$, $y(b)=B$ なる解を得る．

例題 8.5　　　**2 階方程式の解の漸近挙動**

エアリーの微分方程式 $y''=xy$ について，次のことを示せ．

(1) $x \to \infty$ のとき，$y \to 0$ となる解が 1 次元だけ存在し，他の解は限りなく増大する．

(2) $x \to -\infty$ のとき，任意の解は有界で，$y=0$ の上下に無限回振動する．

解答　(1) 説明をしやすくするため，$x \mapsto -x$ と変換し左右を入れ替えて $y''=-xy$ を考え，$x \to -\infty$ のとき 0 に近づく解の存在を示す．

$a<0$ を任意に取り，$y(a)=0$ で適当な値 $y'(a) \ge 0$ でここから発する解を考える．$y'(a)=0$ なら，初期値問題の解の一意性により $y \equiv 0$ が解となる．$y'(a)>0$ なら $a<x<0$ で $y''=-xy>0$ より $y'(x)>y'(a)>0$, 従って $y(x) \ge y'(a)(x-a)$ となり，解は単調増加するが，リプシッツ条件の下での存在定理（要項 8.2 のベクトル版）により常に有限な値を持つので，y 軸の正の部分とどこかで交わる．$y'(a)$ を大きくとれば，交点の y 座標 $b \ge -ay'(a) > 1$ となる．射撃法により（すなわち，解の初期値に対する連続依存性から $y(0)$ は $y'(a)$ に連続に依存するので，中間値の定理が適用でき）$y(0)=1$ となるような $y'(a)$ の値が存在する．このときの解を $y_a(x)$ と記すとき，a を左にずらせば解は大きくなる，すなわち $a'<a<0$ なら $a<x<0$ において $y_{a'}(x) > y_a(x)$ である．実際，もし $a < \exists x_0 < 0$ でこの二つの解のグラフが交わったとすると，そこでは（解の一意性により，接することはできないので）$y''_{a'}(x_0) = -x_0 y_{a'}(x_0) = -x_0 y_a(x_0) = y''_a(x_0)$, $y'_{a'}(x_0) < y'_a(x_0)$ であり，この後 $y_{a'}(x) \le y_a(x)$ なる限り $y''_{a'}(x) \le y''_a(x)$, 従って積分して $y'_{a'}(x) < y'_a(x)$ となるので，$y_{a'}(x) < y_a(x)$ となる．これは $y_{a'}(x)$ が $y_a(x)$ と同じ点 $(0,1)$ に到達す

るのを妨げ，不合理である．以上により解の族 $y_a(x)$ は単調増加する曲線の族を与え，明らかに $y_a(x) \leq 1$ なので，各点ごとに極限を持つ．微分方程式から，任意の有界区間 $[A, 0]$ 上で，$y_a''(x)$ も単調増加，有界となり，従って各点収束する．また，$y_a'(0)$ はグラフから明らかに単調減少で ≥ 0 なので，収束する．このとき原始関数 $y_a'(x) = y_a'(0) - \int_x^0 y_a''(t)dt$ は収束する．これはルベーグ積分なら単調収束定理であるが，リーマン積分の範囲内で論ずる場合は，収束を言うのは面倒である．しかしそこまで言わなくても，この式から $y_a'(x)$ が a について単調減少，従って一様有界であることだけ見て取れば，アスコリ-アルゼラの定理の系から $y_a(x)$ の収束は $[A, 0]$ 上で一様であることが分かる．よって $y_a''(x) = -xy_a(x)$ も $[A, 0]$ 上で一様収束し，従って極限関数 $y(x)$ は微分方程式 $y'' = -xy$ を満たす．しかし 1 に単調増大かつ広義一様収束するような関数列も存在するので，この解が $x \to -\infty$ のとき 0 に近づくことは自明ではない．今，$A < 0$ を任意に固定し，$a < A$ について $c = y_a(A)$ と置くと，$A \leq x \leq 0$ において $y_a(x)$ は上の証明から単調増加関数だから，$[A, 0]$ 上 $y_a(x) \geq c$, よって $y_a''(x) = -xy_a(x) \geq -cx$ が成り立つので，$y_a'(A) \geq 0$ として積分すれば，$y_a'(x) \geq y_a'(A) + \int_A^x (-cx)dx \geq y_a'(A) - \frac{c}{2}(x^2 - A^2)$. もう一度積分して

$$y_a(x) = y_a(A) + \int_A^x y_a'(x)dx \geq y_a'(A)(x - A) + c - \frac{c}{6}(x^3 - 3A^2x + 2A^3).$$

従って特に $x = 0$ として

$$1 = y_a(0) \geq -y_a'(A)A + c - \frac{c}{3}A^3, \quad \text{すなわち} \quad y_a(A) = c \leq \frac{1 + y_a'(A)A}{1 - \frac{1}{3}A^3}$$

となる．これは $\forall a < A$ について成り立つから，極限解も $y(A) \leq \dfrac{1 - y_a'(A)A}{1 - \frac{1}{3}A^3}$ を満たす．既に注意したように $y_a'(A)$ は有界なので，右辺は $A \to -\infty$ のとき 0 に近づく．よって極限解が $x \to -\infty$ のとき 0 に近づくことが示された．

次に，$y(0) = 1, y'(0) < 0$ なる解を $x < 0$ の方に延長すると，増大することを示す．これはもとの方程式で論じた方が分かりやすいので $y'' = xy, y'(0) > 0$ として解を $x > 0$ の方に延ばす．初期値に対する仮定により，x が十分小さい間は $y \geq 1$ となるが，解がこの範囲にある限り，$y'' \geq x$ なので，$y'(x) = y'(0) + \int_0^x y''(x)dx > \int_0^x xdx = \frac{1}{2}x^2$. もう一度積分して $y(x) = y(0) + \int_0^x y'(x)dx \geq 1 + \frac{1}{6}x^3$ となるから，このような解は $x \to \infty$ のときいくらでも増大する．一般解は先に求めた解とこの増大する解の 1 次結合となるので，後者の係数が 0 という 1 次元分を除き，それ

はいくらでも増大する．

(2) 再び $y'' = -xy$, すなわち $-y'' = xy$ に戻って，この任意の解が $x > 0$ で無限に振動することを示す．$\forall L > 0$ に対し，$[L, 2L]$ において，$-y'' = Ly$ の解 $y = c\sin(\sqrt{L}x + \alpha)$ は $\dfrac{L^{3/2}}{\pi}$ 個の零点を持つ．よってストゥルムの比較定理により，$-y'' = xy$ の解は，そこで少なくともそれより一つ少ないだけの零点を持つ．初期値問題の解の一意性により，解は零点において x 軸に接することはできず，従って必ず符号を変化させるので，零点の個数だけ正負に振動する．

最後に，解は有界であることを示そう．この任意の解 y について

$$\frac{d}{dx}\{y^2+\frac{1}{x}(y')^2\} = 2yy'-\frac{1}{x^2}(y')^2+\frac{1}{x}2y'y'' = 2yy'-\frac{1}{x^2}(y')^2-2yy' = -\frac{1}{x^2}(y')^2$$

であるから，$y^2 + \dfrac{1}{x}(y')^2$ は非増加，従って初期値における値で抑えられる．従って特に，y^2 も有界である． ■

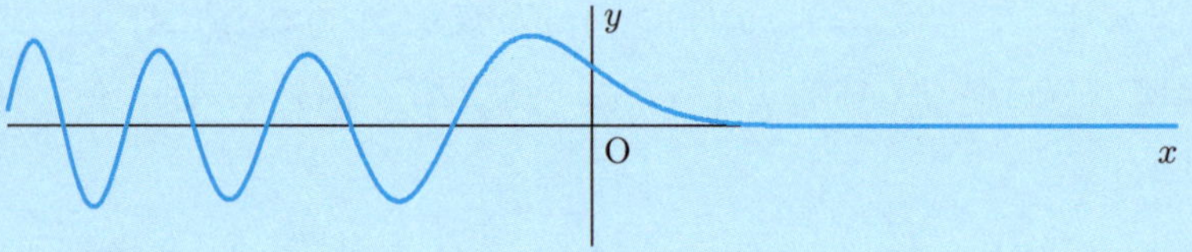

例題 8.5 の $x\to\infty$ で 0 に漸近する解のグラフ（$-10\leq x\leq 10$, $-2\leq y\leq 2$）

減少する解は $\sim cx^{-1/4}e^{-\frac{2}{3}x^{3/2}}$，増大する解は $\sim cx^{-1/4}e^{\frac{2}{3}x^{3/2}}$，振動する解は $\sim cx^{-1/4}\sin\left\{\dfrac{2}{3}(-x)^{3/2}+\alpha\right\}$ という漸近形を持つことが知られている．これらは複素領域における特異点での解の漸近展開理論から示されるが，実領域の議論でも初項のオーダーぐらいは分かる（下の問題 8.5.2 の解答参照）．

問　題

8.5.1 調和振動子の方程式 $-y'' + x^2y = \lambda y$ $(\lambda > 0)$ について次のことを示せ．

(1) $x \to \pm\infty$ のとき，$y \to 0$ となる解がそれぞれ 1 次元だけ存在し，他の解はすべて限りなく増大する．

(2) $-\sqrt{\lambda} \leq x \leq \sqrt{\lambda}$ において，すべての解は少なくとも $\left[\dfrac{\lambda}{\pi}\right]$ 回正負に振動する．（ここに [ ] はガウス記号である．）

8.5.2 (1) 前問 (1) の増大解は $x^{-(\lambda+1)/2}e^{x^2/2}$ のオーダーで増大することを示せ．[$z = cx^{\mu}e^{x^2/2}$, $(c_1x^{\mu} - c_2x^{\mu-2})e^{x^2/2}$ が満たす微分方程式と比較せよ.]

(2) 同じく減少解は $x^{(\lambda-1)/2}e^{-x^2/2}$ のオーダーで減少することを示せ．[$z = \dfrac{y'}{y}$ が問題 8.3.3(4) で扱った方程式を満たすことを利用せよ.]

8.5.3 $y'' + x^2y = 0$ の解はすべて $\boldsymbol{R}$ 全体で有界なことを示せ．

問題解答

第 1 章の問題解答

1.1.1 (i) (3), (6), (7) は微分方程式でないので，それ以外が答．ちなみに，(3) は未知関数の微分を含まないただの超越方程式，(6) は一種の積分微分方程式，(7) は未知関数の合成関数を含んでいるので，普通は微分方程式の仲間には入れない．

(ii) 正規形は (2) と (5).

(iii) (1) $\frac{dy}{dx} = x - y^2$ （もとのままで正規形とされることもある）．(4) $\frac{dy}{dx} = \mathrm{Arcsin}\, y - x$.

1.2.1 以下はコンピュータによる描画例であるが，手で描く場合は適当なサンプル点を選んで傾きを書き込み，似たような図が描ければよい．描画範囲は図の下に示した．(右辺の関数が x の偶関数でも，勾配場の形は y 軸に関して対称にはならないことに注意せよ.)

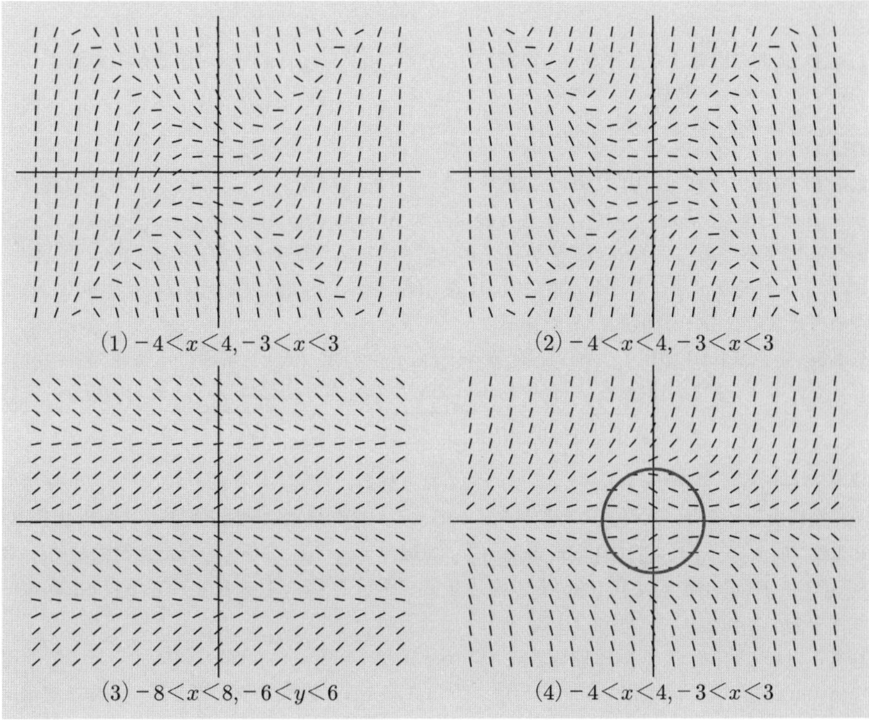

(1) $-4<x<4, -3<x<3$　(2) $-4<x<4, -3<x<3$

(3) $-8<x<8, -6<y<6$　(4) $-4<x<4, -3<x<3$

1.3.1 (1) $y = ce^{x^2}$ と，それを微分した $y' = 2cxe^{x^2}$ を連立させ，c を消去すると，$y' = 2xy$.

(2) $y = \sin(x+c)$ と $y' = \cos(x+c)$ から $y'^2 + y^2 = 1$.

(3) $y = e^{cx}$ と $y' = ce^{cx}$ から，まず $y' = cy$. これから求めた $c = \frac{y'}{y}$ を最初の式に代入し

て $y = e^{xy'/y}$ が答．これは $xy' = y\log y$ とも変形できる．

(4) $y = \frac{x}{x^2+c}$ を微分して $y' = \frac{c-x^2}{(x^2+c)^2}$．これに最初の式から解いた $c = \frac{x-x^2y}{y}$ を代入して $y' = \frac{x-2x^2y}{y}\frac{y^2}{x^2}$，すなわち $y' = \frac{y}{x} - 2y^2$．別解として，与式を $x^2 + c = \frac{x}{y}$ と変形しておき，両辺を x で微分すれば，$2x = \frac{y-xy'}{y^2}$．これを y' について解けば同じ答を得る．

(5) $y = \frac{x^2+c}{cx+1}$ を c について解くと $c = \frac{x^2-y}{xy-1}$，これを x について微分したものの分子をとると，$(2x-y')(xy-1)-(xy'+y)(x^2-y) = 0$，すなわち，$(x^3-1)y' = y^2 + x^2y - 2x$．

1.4.1　点 (x, y) と直線 $Y = X$ との距離は $|x-y|$ の $\frac{1}{\sqrt{2}}$ 倍であるので，$\frac{dy}{dx} = \frac{|x-y|}{\sqrt{2}}$．これは二つの方程式 $\frac{dy}{dx} = \frac{x-y}{\sqrt{2}}$，および $\frac{dy}{dx} = \frac{y-x}{\sqrt{2}}$，あるいは $\left(\frac{dy}{dx}\right)^2 = \frac{(x-y)^2}{2}$ と考えれば，絶対値を取れるが，問題の意味が少し変わる．解は問題 2.17.3 で与える．以下，[ ] 内に当該微分方程式を解いている問題番号のみを付記する．各問題の解のグラフは ．

1.4.2　曲線上の点 (x, y) における法線の方程式は，$Y - y = -\left(\frac{dy}{dx}\right)^{-1}(X - x)$，あるいは $X - x + \frac{dy}{dx}(Y - y) = 0$．これが $(X, Y) = (0, 0)$ を通ることから $x + \frac{dy}{dx}y = 0$．[問題 2.1.3]

1.4.3　前問の計算より，原点から直線 $X - x + \frac{dy}{dx}(Y - y) = 0$ への距離が一定値 1 に等しいとして，$\frac{|x+\frac{dy}{dx}y|}{\sqrt{1+(\frac{dy}{dx})^2}} = 1$．これより $(x^2-1) + 2xy\frac{dy}{dx} + (y^2-1)(\frac{dy}{dx})^2 = 0$．[問題 2.17.3]

1.4.4　曲線上の点 (x, y) における接線は $Y - y = \frac{dy}{dx}(X - x)$．これと x 軸との交点は $Y = 0$ として $X = x - y/\frac{dy}{dx}$．y 軸との交点は $X = 0$ として $Y = y - x\frac{dy}{dx}$．よって一定値を a とすると条件は $(x - y/\frac{dy}{dx})^2 + (y - x\frac{dy}{dx})^2 = a^2$，あるいは $(y - xy')^2 = \frac{a^2(y')^2}{(y')^2+1}$．（なお，$a$ も任意定数と思うと，更に微分して消去せねばならず，微分方程式は次章で扱う 2 階の方程式になる．）[問題 2.17.3]

1.4.5　定点 $(1, 0)$, $(0, 1)$ から曲線 $y = f(x)$ 上の点 (x, y) における接線 $Y - y = f'(x)(X - x)$ までの距離は，それぞれ $\frac{|f'(x)(1-x)+y|}{\sqrt{1+f'(x)^2}}$，$\frac{|-xf'(x)+y-1|}{\sqrt{1+f'(x)^2}}$，これらの積が一定値 a に等しいとすれば，$\frac{|f'(x)(1-x)+y||-xf'(x)+y-1|}{1+f'(x)^2} = a$．これは，$\frac{(y'(1-x)+y)(-xy'+y-1)}{1+(y')^2} = a$．$\frac{(y'(1-x)+y)(xy'-y+1)}{1+(y')^2} = a$ という二つの独立な方程式とも思え，それぞれ，2 定点が接線の同じ側にあるときと，反対側にあるときに対応する．（a の解釈は前問と同様．）[問題 2.17.3]

1.4.6　$L = \int_0^x \sqrt{1 + f'(x)^2}dx$, $S = \int_0^x f(x)dx$．$L = aS$ を与えられた比例式とすれば，$\int_0^x \sqrt{1 + f'(x)^2}dx = a\int_0^x f(x)dx$．両辺を x で微分して $\sqrt{1 + f'(x)^2} = af(x)$，あるいは $1 + (y')^2 = a^2y^2$．[問題 2.1.3]

1.4.7　(1) 点 (x, y) を通る曲線族のメンバーは $c = \frac{y}{x^3}$ という値に対応する．この曲線の点 (x, y) における傾きは $3cx^2 = \frac{3y}{x}$．この点でこれと直交する接線を持つような曲線は $\frac{dy}{dx} = -\frac{x}{3y}$ を満たす．[問題 2.1.3]

(2) $y = cx - c^3$ より $\frac{dy}{dx} = c$．よってもとの曲線族が共通に満たす微分方程式は，（前者を c について解くのは厄介なので）後者を前者に代入して $y = x\frac{dy}{dx} - \left(\frac{dy}{dx}\right)^3$．求める曲線族はここで $\frac{dy}{dx}$ を $-\left(\frac{dy}{dx}\right)^{-1}$ に置き換えたものなので，$y\left(\frac{dy}{dx}\right)^3 + x\left(\frac{dy}{dx}\right)^2 = 1$．[問題 2.17.3]

(3) $y=(x-c)^2$ の点 (x,y) における傾きは $\frac{dy}{dx}=2(x-c)=\pm 2\sqrt{y}$. よって求める曲線族の方程式は $\frac{dy}{dx}=\mp\frac{1}{2\sqrt{y}}$, あるいは，$4y(y')^2=1$. ［問題 2.1.3］

(4) 同じく $y=x^c$ を x で微分して $\frac{dy}{dx}=cx^{c-1}=c\frac{y}{x}=\frac{y\log y}{x\log x}$. 求める曲線族は，ここで $\frac{dy}{dx}$ を $-\left(\frac{dy}{dx}\right)^{-1}$ に置き換えれば得られ，$\frac{dy}{dx}=-\frac{x\log x}{y\log y}$. ［問題 2.1.3］

(5) $\frac{x^2}{a^2}+\frac{y^2}{b^2}=c$ より $\frac{2x}{a^2}+\frac{2y}{b^2}\frac{dy}{dx}=0$. よって求める曲線族の方程式は，この式で $\frac{dy}{dx}$ を $-\left(\frac{dy}{dx}\right)^{-1}$ に置き換えて $\frac{2x}{a^2}\frac{dy}{dx}-\frac{2y}{b^2}=0$, あるいは $\frac{x}{a^2}\frac{dy}{dx}=\frac{y}{b^2}$. ［問題 2.1.3］

(6) $c^2=\frac{y^2}{1-x^2/a^2}$ としておき，両辺を x で微分すると，$\frac{2y}{1-x^2/a^2}\frac{dy}{dx}+\frac{2xy^2/a^2}{(1-x^2/a^2)^2}=0$. $\frac{dy}{dx}=-\frac{xy}{a^2-x^2}$. よって求める微分方程式は，上と同様にして $\frac{dy}{dx}=\frac{a^2-x^2}{xy}$. ［問題 2.1.3］

(7) 与式の両辺を x で微分して $2(x-c)+2y\frac{dy}{dx}=0$. これをもとの式に代入して $y^2\left(\frac{dy}{dx}\right)^2+y^2=a^2$. よって求める微分方程式は $(a^2-y^2)\left(\frac{dy}{dx}\right)^2=y^2$. ［問題 2.1.3］

(8) 与式の両辺を x で微分して $3x^2+3y^2\frac{dy}{dx}=0$. よって求める微分方程式は $x^2\frac{dy}{dx}=y^2$. ［問題 2.1.3］

(9) 与式の両辺を x で微分して $2(2c-x)y\frac{dy}{dx}-y^2=3x^2$. c を消去して $2\frac{x^3}{y}\frac{dy}{dx}-y^2=3x^2$. よって求める微分方程式は $(y^3+3x^2y)\frac{dy}{dx}+2x^3=0$. ［問題 2.2.2］

(10) 与式の両辺を x で微分して $(x^2+y^2)+x\left(2x+2y\frac{dy}{dx}\right)=2cx-2cy\frac{dy}{dx}$, すなわち，$(2xy+2cy)\frac{dy}{dx}=2cx-3x^2-y^2$, 更に c を消去して $\left\{2xy+2y\frac{x(x^2+y^2)}{x^2-y^2}\right\}\frac{dy}{dx}=2x\frac{x(x^2+y^2)}{x^2-y^2}-3x^2-y^2$, あるいは $4x^3y\frac{dy}{dx}=-x^4+4x^2y^2+y^4$. ここで $\frac{dy}{dx}$ を $-\left(\frac{dy}{dx}\right)^{-1}$ に置き換えると，求める微分方程式 $(x^4-4x^2y^2-y^4)\frac{dy}{dx}=4x^3y$ を得る. ［問題 2.2.2］

(11) $2(x^2+y^2)(2x+2y\frac{dy}{dx})=2c^2x-2c^2y\frac{dy}{dx}$, すなわち，$2y(2x^2+2y^2+c^2)\frac{dy}{dx}=2x(c^2-2x^2-2y^2)$ から c を消去した $2y\left\{2x^2+2y^2+\frac{(x^2+y^2)^2}{x^2-y^2}\right\}\frac{dy}{dx}=2x\left\{\frac{(x^2+y^2)^2}{x^2-y^2}-2x^2-2y^2\right\}$, すなわち $2y(3x^2-y^2)(x^2+y^2)\frac{dy}{dx}=-2x(x^2-3y^2)(x^2+y^2)$, あるいは $y(3x^2-y^2)\frac{dy}{dx}=-x(x^2-3y^2)$ において $\frac{dy}{dx}$ を $-\left(\frac{dy}{dx}\right)^{-1}$ に置き換えると，$x(x^2-3y^2)\frac{dy}{dx}=y(3x^2-y^2)$. ［問題 2.2.2］

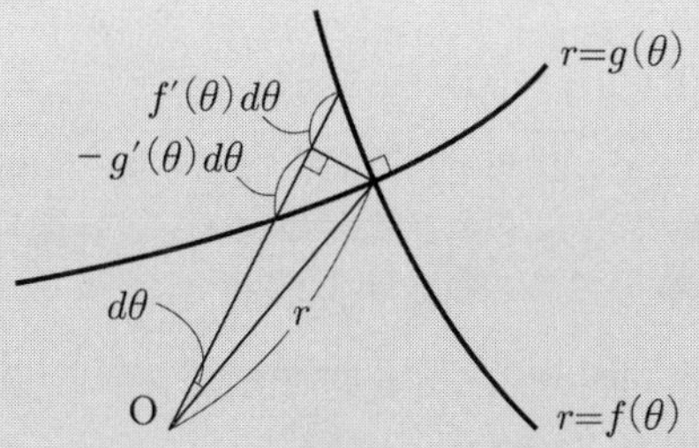

極座標における直交関係（次の問題の参考図）

(12) $x=r\cos\theta$, $y=r\sin\theta$ より，$\frac{dy}{dx}=\frac{dr\sin\theta+r\cos\theta d\theta}{dr\cos\theta-r\sin\theta d\theta}=\frac{\frac{dr}{d\theta}\sin\theta+r\cos\theta}{\frac{dr}{d\theta}\cos\theta-r\sin\theta}\cdots$①. 与えられた曲線の方程式より，$c$ を消去して $\frac{dr}{d\theta}=-c\sin\theta=-\frac{r\sin\theta}{1+\cos\theta}$. よって求める微分方程式は，$\frac{dy}{dx}=-\frac{\frac{dr}{d\theta}\cos\theta-r\sin\theta}{\frac{dr}{d\theta}\sin\theta+r\cos\theta}=-\frac{-\frac{r\sin\theta}{1+\cos\theta}\cos\theta-r\sin\theta}{-\frac{r\sin\theta}{1+\cos\theta}\sin\theta+r\cos\theta}=\frac{2\sin\theta\cos\theta+\sin\theta}{\cos^2\theta-\sin^2\theta+\cos\theta}\cdots$②. 右辺

を直角座標に戻すと $\frac{dy}{dx} = \frac{2xy+y\sqrt{x^2+y^2}}{x^2-y^2+x\sqrt{x^2+y^2}}$. あるいは, ②の左辺を ① の右辺と置き換えた $\frac{\frac{dr}{d\theta}\sin\theta+r\cos\theta}{\frac{dr}{d\theta}\cos\theta-r\sin\theta} = \frac{2\sin\theta\cos\theta+\sin\theta}{\cos^2\theta-\sin^2\theta+\cos\theta}$ が極座標における求める方程式である. 整理すると, $\frac{r\sin\theta}{1+\cos\theta}\frac{dr}{d\theta} = r^2$, すなわち, $\frac{dr}{d\theta} = r\frac{1+\cos\theta}{\sin\theta}$. なお, この方程式は, 極座標における二つの曲線 $r = f(\theta)$, $r = g(\theta)$ が交点で直交する条件 $\frac{f'(\theta)}{f(\theta)} = \frac{g'(\theta)}{g(\theta)}$ を用いると直ちに得られる. この条件は図のような初等幾何的考察で直角 3 角形の判定条件 $f'(\theta)d\theta \times (-g'(\theta)d\theta) = (rd\theta)^2$ から導ける. [問題 2.1.3]

第 2 章の問題解答

2.1.1 (1) そのまま両辺を積分して $\log x = \log y + C$, あるいは, $y = cx$ $(c = e^{-C})$.
(2) 同様に $\log\log x = \mathrm{Arctan}\, y + C$, あるいは, $y = \tan\log(c\log x)$ $(c = e^{-C})$.
(3) 同様に $\mathrm{Arcsin}\, x = \int \frac{\sin y}{1-\cos^2 y}dy = -\int \frac{d(\cos y)}{1-\cos^2 y}dy = \frac{1}{2}\log\frac{1-\cos y}{1+\cos y} + C$. あるいは, $y = \mathrm{Arccos}\,\frac{1-ce^{2\,\mathrm{Arcsin}\,x}}{1+ce^{2\,\mathrm{Arcsin}\,x}}$.
2.1.2 (1) $\frac{dy}{\sin y} = dx$ と変数分離して積分すると, $x = \int \frac{\sin y}{1-\cos^2 y}dy = -\int \frac{d(\cos y)}{1-\cos^2 y}dy = \frac{1}{2}\log\frac{1-\cos y}{1+\cos y} + C$. あるいは, $y = \mathrm{Arccos}\,\frac{1-ce^{2x}}{1+ce^{2x}}$.
(2) $xdx = e^{-y}dy$ と変形して両辺を積分すると, $\frac{x^2}{2} = -e^{-y} + C$, あるいは $y = -\log(C - \frac{x^2}{2})$.
(3) $dx = \frac{dy}{1+y^2}$ と変形して積分すると, $x = \mathrm{Arctan}\, y + C$, あるいは $y = \tan(x - C)$.
(4) $\sin x dx = \frac{dy}{\sin y}$ と変形して積分すると, (1) の計算より $-\cos x = \frac{1}{2}\log\frac{1-\cos y}{1+\cos y} + C$. あるいは, $y = \mathrm{Arccos}\,\frac{1-ce^{-2\cos x}}{1+ce^{-2\cos x}}$.
(5) 変数分離すると $xdx = (y+1)e^y dy$, 積分すると $\int xdx = \int(y+1)e^y dy = (y+1)e^y - \int e^y dy = ye^y + C$, すなわち, $\frac{x^2}{2} = ye^y + C$.
(6) $\frac{dy}{1+y^2} = \frac{dx}{x}$. $\mathrm{Arctan}\, y = \log x + C$, $y = \tan(\log x + C)$.
(7) $\frac{ydy}{1+y^2} = \frac{dx}{x(1+x^2)} = \left(\frac{1}{x} - \frac{x}{1+x^2}\right)dx$, $\frac{1}{2}\log(1+y^2) = \log x - \frac{1}{2}\log(1+x^2) + C$, $1 + y^2 = \frac{C'x^2}{1+x^2}$, $y = \pm\sqrt{\frac{cx^2-1}{x^2+1}}$.
(8) $\frac{ydy}{1+y^2} = -\frac{dx}{x^2}$, $\frac{1}{2}\log(1+y^2) = \frac{1}{x} + C$, $1 + y^2 = ce^{2/x}$, $y = \pm\sqrt{ce^{2/x}-1}$.
(9) $-\frac{ydy}{\sqrt{1-y^2}} = \frac{xdx}{\sqrt{1-x^2}}$, $\sqrt{1-y^2} = -\sqrt{1-x^2}+C$, $y = \pm\sqrt{1-(C-\sqrt{1-x^2})^2}$. (任意定数の符号はどうでも良いが, 正のときに意味があるように選ぶことが多いようである.)
(10) $\frac{dy}{4+y^2} = -\frac{dx}{2x\sqrt{2x-x^2}}$, 右辺の積分は $\sqrt{\frac{2-x}{x}} = t$ と置くと, $x = \frac{2}{1+t^2}$, $dx = -\frac{4t}{(1+t^2)^2}dt$, $\sqrt{2x-x^2} = \frac{2t}{1+t^2}$ より, $\frac{1}{2}\int \frac{1}{1+(\frac{y}{2})^2}d(\frac{y}{2}) = \frac{1}{2}\int dt$, $\mathrm{Arctan}\,\frac{y}{2} = t + C = \sqrt{\frac{2-x}{x}} + C$ と積分でき, $y = 2\tan\left(\sqrt{\frac{2-x}{x}} + C\right)$.
(11) $\frac{dy}{y\log y} = \frac{dx}{\sin x} = -\frac{d\cos x}{1-\cos^2 x}$, $\log\log y = \frac{1}{2}\log\frac{1-\cos x}{1+\cos x} + C$, $y = \exp\left(c\sqrt{\frac{1-\cos x}{1+\cos x}}\right)$.
(12) $-e^{-y}dy = -e^x dx$, $e^{-y} = -e^x + C$, $y = -\log(C - e^x)$.
(13) $xe^{x^2}dx = e^{-y}dy$ と変形して積分すると, $\frac{1}{2}e^{x^2} = -e^{-y} + C$, あるいは $y = -\log(C - \frac{1}{2}e^{x^2})$.
(14) $ydy = \frac{e^x}{1+e^x}dx$, $\frac{y^2}{2} = \log(1+e^x) + C$. あるいは $y = \pm\sqrt{2\log(1+e^x)+c}$.

(15) $\frac{dy}{e^y-1}=\frac{dx}{x}$ と変数分離し，積分すれば，$\log x=\int\frac{dy}{e^y-1}=\int\frac{d(e^{-y})}{e^{-y}-1}=\log(e^{-y}-1)+C$. 従って $e^{-y}=cx+1$, $y=\log\frac{1}{cx+1}$.

2.1.3 問題 1.4.2 の方程式は，$x+y\frac{dy}{dx}=0$, $ydy=-xdx$ と変数分離され，$\frac{y^2}{2}=-\frac{x^2}{2}+C$, $x^2+y^2=c$ となる．求める曲線は原点を中心とする円の族という，当然の結果となる．

問題 1.4.6 は，$y'=\pm\sqrt{a^2y^2-1}$ なる変形で変数分離形でき，$y\geq\frac{1}{a}$ なら $\pm\frac{dy}{\sqrt{a^2y^2-1}}=dx$, $\frac{1}{a}\log(ay\pm\sqrt{a^2y^2-1})=x+C$, $ay\pm\sqrt{a^2y^2-1}=e^{ax+c}$. これは受験テクニックで逆数の $ay\mp\sqrt{a^2y^2-1}=e^{-ax-c}$ と組み合わせ，複号を消去できて $y=\frac{e^{ax+c}+e^{-ax-c}}{2a}=\frac{1}{a}\cosh(ax+c)$ と求まる（$\cosh x:=\frac{e^x+e^{-x}}{2}$ は双曲線関数の記号）. $y\leq-\frac{1}{a}$ のときは log 内の符号を変えて同様に $y=-\cosh(ax+c)$. この方程式は $y=\pm\frac{1}{a}$ という特異解を持つ.

問題 1.4.7 (1) の方程式は，$3ydy=-xdx$ と変数分離され，$\frac{3}{2}y^2=-\frac{1}{2}x^2+C$, $\frac{x^2}{3}+y^2=C$ と求まる．これは楕円の族である．

問題 1.4.7 (3) は $2\sqrt{y}dy=\mp dx$ と変数分離され，$\frac{4}{3}y^{3/2}=\mp x+C$, $y^3=\frac{9}{16}(x+c)^2$ と求まる．

問題 1.4.7 (4) は $y\log ydy=-x\log xdx$ と変数分離され，$\frac{y^2}{2}(\log y-\frac{1}{2})=-\frac{x^2}{2}(\log x-\frac{1}{2})+C$, すなわち $y^2(\log y-\frac{1}{2})+x^2(\log x-\frac{1}{2})=c$ と積分できる．

問題 1.4.7 (5) は $\frac{dy}{a^2y}=\frac{dx}{b^2x}$ と変数分離され，$\frac{\log y}{a^2}=\frac{\log x}{b^2}+C$, $y=cx^{a^2/b^2}$ と求まる．

問題 1.4.7 (6) は $ydy=\frac{a^2-x^2}{x}dx$ と変数分離され，$\frac{1}{2}y^2=a^2\log x-\frac{x^2}{2}+C$, $x^2+y^2-2a^2\log x=c$ と求まる．

問題 1.4.7 (7) は $dx=\pm\frac{\sqrt{a^2-y^2}}{y}dy$ と変数分離され，右辺の積分は $\int\frac{\sqrt{a^2-y^2}}{y}dy=\int\frac{\sqrt{a^2-y^2}}{2y^2}d(y^2)$ と変形して $z=\sqrt{a^2-y^2}$ と置けば，$y^2=a^2-z^2$ より $=-\int\frac{z}{2(a^2-z^2)}2zdz=\int\left(1-\frac{a^2}{a^2-z^2}\right)dz=z-\frac{a}{2}\log\frac{a+z}{a-z}=\sqrt{a^2-y^2}-\frac{a}{2}\log\frac{a+\sqrt{a^2-y^2}}{a-\sqrt{a^2-y^2}}$ と求まる．よって答は，$x=\pm\sqrt{a^2-y^2}-\frac{a}{2}\log\frac{a+\sqrt{a^2-y^2}}{a-\sqrt{a^2-y^2}}+C$.

問題 1.4.7 (8) は $\frac{dy}{y^2}=\frac{dx}{x^2}$ と変数分離され，$-\frac{1}{y}=-\frac{1}{x}+C$, $y=\frac{x}{cx+1}$ と積分される．

問題 1.4.7(12) は極座標で変数分離され，$\frac{dr}{r}=\frac{1+\cos\theta}{\sin\theta}d\theta$, $\log r=\int\left(\frac{\sin\theta}{1-\cos^2\theta}+\frac{\cos\theta}{\sin\theta}\right)d\theta+C=\frac{1}{2}\log\frac{1-\cos\theta}{1+\cos\theta}+\log\sin\theta+C$, $r=c\sin\theta\sqrt{\frac{1-\cos\theta}{1+\cos\theta}}=c\sin\theta\sqrt{\frac{\sin^2\theta}{(1+\cos\theta)^2}}=c\frac{\sin^2\theta}{1+\cos\theta}$. つまり $r=c(1-\cos\theta)$ が求める答である．

2.2.1 (1) $z=y/x$ と置いて $z+x\frac{dz}{dx}=\frac{1+z}{1-z}$, $x\frac{dz}{dx}=\frac{1+z^2}{1-z}$, $\frac{dx}{x}=\frac{1-z}{1+z^2}dz$, $\log x+C=\mathrm{Arctan}\,z-\frac{1}{2}\log(1+z^2)=\mathrm{Arctan}\,\frac{y}{x}+\log\frac{x}{\sqrt{x^2+y^2}}$. $\therefore\ \mathrm{Arctan}\,\frac{y}{x}-\log\sqrt{x^2+y^2}=C$.

(2) 同様に，$z+xz'=\frac{z}{1-z}$, $xz'=\frac{z^2}{1-z}$, $\frac{dx}{x}=\left(\frac{1}{z^2}-\frac{1}{z}\right)dz$, $\log x=-\frac{1}{z}-\log z+C=-\frac{x}{y}-\log\frac{y}{x}+C$, よって $\frac{x}{y}+\log y=C$. あるいは $ye^{x/y}=c$.

(3) y で両辺を割り $\frac{y}{x}=z$ と置くと，$z+xz'=1+\frac{1}{z}$. $xz'=1-z+\frac{1}{z}=\frac{1+z-z^2}{z}$. よって $\frac{dx}{x}=\frac{zdz}{1+z-z^2}=-\frac{1}{\sqrt{5}}\left(\frac{\frac{1+\sqrt{5}}{2}}{z-\frac{1+\sqrt{5}}{2}}-\frac{\frac{1-\sqrt{5}}{2}}{z-\frac{1-\sqrt{5}}{2}}\right)dz$. 両辺を積分して $\log x=-\frac{1}{\sqrt{5}}\left\{\frac{1+\sqrt{5}}{2}\log(z-\frac{1+\sqrt{5}}{2})-\frac{1-\sqrt{5}}{2}\log(z-\frac{1-\sqrt{5}}{2})\right\}+C$. よって $\log x+\frac{1}{\sqrt{5}}\frac{1+\sqrt{5}}{2}\log(\frac{y}{x}-\frac{1+\sqrt{5}}{2})-\frac{1}{\sqrt{5}}\frac{1-\sqrt{5}}{2}\log(\frac{y}{x}-\frac{1-\sqrt{5}}{2})=C$. $\log x$ の項を打ち消すと

$\frac{1+\sqrt{5}}{2}\log(y-\frac{1+\sqrt{5}}{2}x)-\frac{1-\sqrt{5}}{2}\log(y-\frac{1-\sqrt{5}}{2}x)=c.$

(4) $\frac{y}{x}=z$ と置くと $z+xz'=z+\frac{1}{z}$, $zdz=\frac{dx}{x}$. 積分して $\frac{z^2}{2}=\log x+C$, $z=\pm\sqrt{2\log x+c}$, すなわち $y=\pm x\sqrt{2\log x+c}$.

(5) $z=y/x$ と置いて $z+xz'=\frac{z-z^2}{1+z^2}$. $xz'=-\frac{z^2+z^3}{1+z^2}$. $\frac{dx}{x}=-\frac{1+z^2}{z^2(1+z)}dz=-(\frac{1}{z^2}-\frac{1}{z}+\frac{2}{1+z})dz$. よって $\log x=\frac{1}{z}+\log\frac{z}{(1+z)^2}+C=\frac{x}{y}+\log\frac{xy}{(x+y)^2}+C$, すなわち, $\frac{x}{y}+\log\frac{y}{(x+y)^2}=C$, あるいは $\frac{ye^{x/y}}{(x+y)^2}=c$.

(6) x^3 で両辺を割ると, $z+xz'=z+z^3$, $\frac{dx}{x}=\frac{dz}{z^3}$, よって $\log x=-\frac{1}{2z^2}+C$ すなわち $y=\pm\frac{x}{\sqrt{c-\log x^2}}$. なお, この方程式は, 後述のベルヌーイ型としても解ける.

(7) $\frac{y}{x}=z$ と置けば, $z+xz'=\frac{3x^2-y^2}{2xy}=\frac{3}{2z}-\frac{z}{2}$, $xz'=\frac{3}{2z}-\frac{3z}{2}=\frac{3}{2}\frac{1-z^2}{z}$, よって $\frac{3}{2}\frac{dx}{x}=\frac{z}{1-z^2}dz$. 積分して $\frac{3}{2}\log x=-\frac{1}{2}\log(1-z^2)+C$, $\frac{3}{2}\log x=-\frac{1}{2}\log(x^2-y^2)+\log x+C$, $x(x^2-y^2)=c$, あるいは $y^2=x^2+\frac{c}{x}$. あるいは $y=\pm x\sqrt{1+\frac{c}{x^3}}$.

(8) xy で両辺を割り, $y/x=z$ と置けば, $z+xz'=\frac{1}{z}-2z$, $\frac{dx}{x}=\frac{z}{1-3z^2}dz$. よって $\log x=-\frac{1}{6}\log(3z^2-1)+C$. $y=\pm x\sqrt{\frac{c}{x^6}+\frac{1}{3}}$. なお, この方程式は $y^2=z$ と置くと, z につき後述の 1 階線形に帰着され別解法ができる.

(9) 両辺を x で割り, $y/x=z$ と置くと, $z+xz'=z+e^z$. よって $e^{-z}dz=\frac{dx}{x}$, $-e^{-z}=\log x+C$, $z=-\log(-\log x-C)$. よって $y=-x\log\log\frac{c}{x}$.

(10) 両辺を x で割り $\frac{y}{x}=z$ と置けば, $z+xz'=z\log z$, $\frac{dx}{x}=\frac{dz}{z(\log z-1)}=\frac{d\log z}{\log z-1}$, 積分して $\log x=\log(\log z-1)+C$, $x=C'(\log z-1)$, よって $y=xe^{cx+1}$.

(11) $y'=-\frac{xy-2y^2}{x^2-xy+y^2}$, $z+xz'=-\frac{z-2z^2}{1-z+z^2}$, $xz'=-\frac{z^3-3z^2+2z}{z^2-z+1}$, $\frac{dx}{x}=-\frac{z^2-z+1}{z(z-1)(z-2)}dz=(-\frac{1}{2z}+\frac{1}{z-1}-\frac{3}{2(z-2)})dz$, $\log x=-\frac{1}{2}\log z+\log(z-1)-\frac{3}{2}\log(z-2)+C$, $\log\frac{x^2z(z-2)^3}{(z-1)^2}=C$, $\frac{x^2z(z-2)^3}{(z-1)^2}=c$. 変数を戻して $y(y-2x)^3/(y-x)^2=c$.

(12) $y'=\frac{y}{x-2\sqrt{xy}}$, $z+xz'=\frac{z}{1-2\sqrt{z}}$, $xz'=\frac{2z\sqrt{z}}{1-2\sqrt{z}}$, $\frac{dx}{x}=\frac{1-2\sqrt{z}}{2z\sqrt{z}}dz=(\frac{1}{2}z^{-3/2}-\frac{1}{z})dz$, $\log x=-\frac{1}{\sqrt{z}}-\log z+C$, $\log y+\sqrt{\frac{x}{y}}=C$. あるいは $ye^{\sqrt{x/y}}=c$.

(13) $y'=\frac{x^3-3xy^2}{3x^2y-y^3}$, $z+xz'=\frac{1-3z^2}{3z-z^3}$, $xz'=\frac{1-6z^2+z^4}{3z-z^3}$, $\frac{dx}{x}=\frac{3z-z^3}{1-6z^2+z^4}dz=\frac{3z-z^3}{(z^2-2z-1)(z^2+2z-1)}dz=-\frac{1}{2}(\frac{z-1}{z^2-2z-1}+\frac{z+1}{z^2+2z-1})dz$. よって $\log x=-\frac{1}{4}\log\{(z^2-2z-1)(z^2+2z-1)\}+C=-\frac{1}{4}\log(1-6z^2+z^4)+C=-\frac{1}{4}\log\frac{x^4-6x^2y^2+y^4}{x^4}+C$, $x^4-6x^2y^2+y^4=c$.

(14) $y'=\frac{y}{x}+\sqrt{\frac{y^2}{x^2}-1}$, $z+xz'=z+\sqrt{z^2-1}$, $\frac{dx}{x}=\frac{dz}{\sqrt{z^2-1}}$, $\log x=\log(z+\sqrt{z^2-1})+C=-\log(z-\sqrt{z^2-1})+C$, $\log(y-\sqrt{y^2-x^2})=C$. これは更に $y-\sqrt{y^2-x^2}=c$, $(y-c)^2=y^2-x^2$, $y=\frac{x^2+c^2}{2c}$, あるいは定数を置き換えて $y=cx^2+\frac{1}{4c}$ と書き直せる.

2.2.2 問題 1.4.7 (9) $(y^3+3x^2y)\frac{dy}{dx}+2x^3=0$ の両辺を x^3 で割り, $\frac{y}{x}=z$ と置くと, $(z^3+3z)(z+x\frac{dz}{dx})+2=0$, $x\frac{dz}{dx}=-\frac{2}{z(z^2+3)}-z=-\frac{z^4+3z^2+2}{z(z^2+3)}$, $\frac{z(z^2+3)}{(z^2+1)(z^2+2)}dz=-\frac{dx}{x}$ と変数分離でき, $-\log x+C=\int(\frac{2z}{z^2+1}-\frac{z}{z^2+2})dz=\log(z^2+1)-\frac{1}{2}\log(z^2+2)$, $\frac{x^2(z^2+1)^2}{z^2+2}=c$ と積分できる. 変数を戻して $\frac{(x^2+y^2)^2}{2x^2+y^2}=c$.

問題 1.4.7 (10) $(x^4-4x^2y^2-y^4)\frac{dy}{dx}=4x^3y$ の両辺を x^4 で割り, $y=xz$ と置換すれば,

$(1-4z^2-z^4)(z+x\frac{dz}{dx})=4z$, $x\frac{dz}{dx}=\frac{4z}{1-4z^2-z^4}-z=z\frac{z^4+4z^2+3}{1-4z^2-z^4}$, $\frac{dx}{x}=\frac{1-4z^2-z^4}{z(z^4+4z^2+3)}dz=\left(\frac{1}{3z}-\frac{2z}{z^2+1}+\frac{2z}{3(z^2+3)}\right)dz$. 積分して，$\log x+C=\frac{1}{3}\log z-\log(z^2+1)+\frac{1}{3}\log(z^2+3)$，すなわち，$\frac{x^3(z^2+1)^3}{z(z^2+3)}=c$. 変数を戻して $\frac{(x^2+y^2)^3}{y(3x^2+y^2)}=c$.

問題 1.4.7 (11) $x(x^2-3y^2)\frac{dy}{dx}=y(3x^2-y^2)$ の両辺を x^3 で割り，$y=xz$ と置換すると，$z+x\frac{dz}{dx}=\frac{z(3-z^2)}{1-3z^2}$, $x\frac{dz}{dx}=\frac{z(3-z^2)}{1-3z^2}-z=\frac{2z+2z^3}{1-3z^2}$, $\frac{2dx}{x}=\frac{1-3z^2}{z(1+z^2)}dz=\left(\frac{1}{z}-\frac{4z}{1+z^2}\right)dz$. 積分して $2\log x+C=\log z-2\log(1+z^2)$, $\frac{x^2(1+z^2)^2}{z}=c$. 変数を戻して $(x^2+y^2)^2=cxy$.

2.3.1 (1) 連立 1 次方程式 $x+y+1=0$, $x-y-1=0$ の解は $x=0$, $y=-1$. よって $Y=y+1$ と置くと $\frac{dY}{dx}=\frac{x+Y}{x-Y}$. $Y/x=z$ と置けば $z+x\frac{dz}{dx}=\frac{1+z}{1-z}$. $x\frac{dz}{dx}=\frac{1+z^2}{1-z}$. $\frac{dx}{x}=\frac{1-z}{1+z^2}dz$. 積分して $\log x+C=\mathrm{Arctan}\,z-\frac{1}{2}\log(1+z^2)$. 変数をもとに戻して $x\sqrt{1+(\frac{y+1}{x})^2}=ce^{\mathrm{Arctan}((y+1)/x)}$，あるいは平方して $x^2+(y+1)^2=ce^{2\,\mathrm{Arctan}((y+1)/x)}$，または $\log\{x^2+(y+1)^2\}-2\,\mathrm{Arctan}\,\frac{y+1}{x}=C$.

(2) 連立 1 次方程式 $x+y+2=0$, $x+2y+1=0$ の解は $x=-3$, $y=1$. よって $X=x+3$, $Y=y-1$ と置くと $\frac{dY}{dX}=\frac{X+Y}{X+2Y}$. $Y/X=z$ と置けば $z+X\frac{dz}{dX}=\frac{1+z}{1+2z}$. $X\frac{dz}{dX}=\frac{1-2z^2}{1+2z}$. $\log X=-\int\frac{2z+1}{2z^2-1}dz+C=-\int\left\{\frac{1}{2}\frac{4z}{2z^2-1}+\frac{1}{2}\left(\frac{1}{\sqrt{2}z-1}-\frac{1}{\sqrt{2}z+1}\right)\right\}dz+C=-\frac{1}{2}\log(2z^2-1)-\frac{1}{2\sqrt{2}}\log\frac{\sqrt{2}z-1}{\sqrt{2}z+1}+C$, $2\log X+\log\{(\sqrt{2}z+1)(\sqrt{2}z-1)\}+\frac{1}{\sqrt{2}}\log\frac{\sqrt{2}z-1}{\sqrt{2}z+1}=2C$. これに $X=x+3$, $z=\frac{y-1}{x+3}$ を代入して log を取れば $\{\sqrt{2}(y-1)-(x+3)\}^{1+1/\sqrt{2}}\{\sqrt{2}(y-1)+(x+3)\}^{1-1/\sqrt{2}}=c$.

(3) $x+2y-1=0$, $2x+y-2=0$ を解いて $x=1, y=0$. よって $X=x-1$ を新しい変数とすれば，$\frac{dy}{dX}=\frac{X+2y}{2X+y}$. 更に $y/X=z$ を導入すると，$z+X\frac{dz}{dX}=\frac{1+2z}{2+z}$，∴ $\frac{dX}{X}=\frac{2+z}{1-z^2}dz=\left(\frac{3}{2}\frac{1}{1-z}+\frac{1}{2}\frac{1}{1+z}\right)dz$. 積分して $\log X=-\frac{3}{2}\log(1-z)+\frac{1}{2}\log(1+z)+C$，すなわち，$X\sqrt{\frac{(1-z)^3}{1+z}}=C'$. 変数を戻して $(x-1)\sqrt{\frac{(1-\frac{y}{x-1})^3}{1+\frac{y}{x-1}}}=C'$，あるいは，$\frac{(x-1-y)^3}{x-1+y}=c$.

(4) 1 次式の主要部が比例関係にあるので，$x+y+1=z$ と置けば，$\frac{dz}{dx}=\frac{dy}{dx}+1=-\frac{z}{2z-3}+1=\frac{z-3}{2z-3}$. よって $dx=\frac{2z-3}{z-3}dz$ と変数分離され，積分して $x=\int\frac{2z-3}{z-3}dz=\int\left(2+\frac{3}{z-3}\right)dz=2z+3\log(z-3)+C$. 変数を戻して $x=2(x+y+1)+3\log(x+y-2)+C$. すなわち $(x+y-2)^3e^{x+2y}=c$.

(5) 連立 1 次方程式 $2y-x-1=0$, $2x-y+1=0$ の解は $x=-\frac{1}{3}$, $y=\frac{1}{3}$. よって $X=x+\frac{1}{3}$, $Y=y-\frac{1}{3}$ と置いて，$\frac{dy}{dx}=\frac{dY}{dX}=\frac{2x-y+1}{x-2y+1}=\frac{2X-Y}{X-2Y}$. $\frac{Y}{X}=z$ と置いて $z+X\frac{dz}{dX}=\frac{2-z}{1-2z}$, $X\frac{dz}{dX}=\frac{2-2z+2z^2}{1-2z}$, $\log X=-\frac{1}{2}\int\frac{2z-1}{1-z+z^2}dz=-\frac{1}{2}\log(1-z+z^2)+C$, $\log\{x^2(1-z+z^2)\}=C$. log をはずして変数を置き戻せば $X^2-XY+Y^2=c$, $(x+\frac{1}{3})^2-(x+\frac{1}{3})(y-\frac{1}{3})+(y-\frac{1}{3})^2=c$.

(6) 連立 1 次方程式 $x+y-2=0$, $x-y+4=0$ の解は $x=-1$, $y=3$. よって $X=x+1$, $Y=y-3$ と置いて，$\frac{dy}{dx}=\frac{dY}{dX}=-\frac{x+y-2}{x-y+4}=-\frac{X+Y}{X-Y}$. $\frac{Y}{X}=z$ と置いて $z+X\frac{dz}{dX}=-\frac{1+z}{1-z}$, $X\frac{dz}{dX}=\frac{z^2-2z-1}{1-z}$, $\log X=-\int\frac{z-1}{z^2-2z-1}dz=-\frac{1}{2}\log(z^2-2z-1)+C$. 変数を置き戻して $Y^2-2XY-X^2=c$，すなわち一般解は $(y-3)^2-2(x+1)(y-3)-(x+1)^2=c$.

2

(7) $x+y+1=z$ と置けば, $\frac{dz}{dx}=\frac{dy}{dx}+1=\left(\frac{z}{z+1}\right)^2+1=\frac{2z^2+2z+1}{z^2+2z+1}$, $dx=\frac{z^2+2z+1}{2z^2+2z+1}dz=\left(\frac{1}{2}+\frac{1}{4}\frac{4z+2}{2z^2+2z+1}\right)dz$, 積分して $x=\frac{1}{2}z+\frac{1}{4}\log(2z^2+2z+1)+C$, 変数を戻して $x=\frac{1}{2}(x+y+1)+\frac{1}{4}\log\{2(x+y+1)^2+2(x+y+1)+1\}+C$, あるいは $x-y-1-\frac{1}{2}\log\{2(x+y)^2+6(x+y)+5\}=c$.

(8) 連立 1 次方程式 $x+y-2=0$, $x-y+4=0$ の解は $x=-1$, $y=3$, よって $X=x+1$, $Y=y-3$ と置いて, $\frac{dy}{dx}=\frac{dY}{dX}=-\left(\frac{x+y-2}{x-y+4}\right)^3=-\left(\frac{X+Y}{X-Y}\right)^3$. $\frac{Y}{X}=z$ と置いて $z+X\frac{dz}{dX}=-\frac{(1+z)^3}{(1-z)^3}$, $X\frac{dz}{dX}=-\frac{1+4z+4z^3-z^4}{(1-z)^3}$, $\log X=\int\frac{(1-z)^3}{z^4-4z^3-4z-1}dz=-\int\frac{z^3-3z^2+3z-1}{(z^2+1)(z^2-4z-1)}dz=-\int\left(\frac{4}{5}\frac{z-2}{z^2-4z-1}+\frac{1}{5}\frac{z-3}{z^2+1}\right)dz=-\frac{2}{5}\log(z^2-4z-1)-\frac{1}{10}\log(z^2+1)+\frac{3}{5}\operatorname{Arctan}z+C$. 変数を戻せば $-\frac{2}{5}\log\{(y-3)^2-4(y-3)(x+1)-(x+1)^2\}-\frac{1}{10}\log\{(y-3)^2+(x+1)^2\}+\frac{3}{5}\operatorname{Arctan}\frac{y-3}{x+1}=C$, あるいは $e^{6\operatorname{Arctan}\frac{y-3}{x+1}}-\{(y-3)^2-4(y-3)(x+1)-(x+1)^2)\}^4\{(y-3)^2+(x+1)^2\}=c$.

(9) $y-2=0$, $2x-y-2=0$ より $x=2$, $y=2$. よって $X=x-2$, $Y=y-2$ と置けば, $\frac{dY}{dX}=\frac{Y^3}{(2X-Y)^3}$. 更に $\frac{Y}{X}=z$ と置けば, $z+X\frac{dz}{dX}=-\frac{z^3}{(z-2)^3}$, $X\frac{dz}{dX}=-\frac{z^3}{(z-2)^3}-z=-z\frac{z^3-5z^2+12z-8}{(z-2)^3}=-z(z-1)\frac{z^2-4z+8}{(z-2)^3}$. よって $\frac{dX}{X}=-\frac{(z-2)^3}{z(z-1)(z^2-4z+8)}dz=-\left(\frac{1}{z}-\frac{1}{5(z-1)}+\frac{1}{5}\frac{z-8}{z^2-4z+8}\right)dz=\left(-\frac{1}{z}+\frac{1}{5(z-1)}-\frac{1}{10}\frac{2z-4}{z^2-4z+8}+\frac{6}{5}\frac{1}{(z-2)^2+4}\right)dz$. 積分して $\log X=-\log z+\frac{1}{5}\log(z-1)-\frac{1}{10}\log(z^2-4z+8)+\frac{3}{5}\operatorname{Arctan}\frac{z-2}{2}+C$. 変数を戻して $\log X=-\log\frac{Y}{X}+\frac{1}{5}\log\frac{Y-X}{X}-\frac{1}{10}\log\frac{Y^2-4XY+8X^2}{X^2}+\frac{3}{5}\operatorname{Arctan}\frac{Y-2X}{2X}+C$, すなわち, $\log\frac{(Y-X)^2}{Y^{10}(8X^2-4XY+Y^2)}+6\operatorname{Arctan}\frac{Y-2X}{2X}=c$. 更に変数を戻して, $\log\frac{(y-x)^2}{(y-2)^{10}\{8(x-2)^2-4(x-2)(y-2)+(y-2)^2\}}+6\operatorname{Arctan}\frac{y-2x+2}{2(x-2)}=c$.

2.4.1 (1) 公式通りにやれるが, 両辺に e^x を掛ければ左辺が $(e^xy)'$ の形になることが一目で分かるので, $e^xy=\int x^2e^xdx=x^2e^x-2xe^x+2e^x+C$. よって一般解は $y=x^2-2x+2+Ce^{-x}$.

(2) 公式に従い, 両辺に $e^{x^2/2}$ を掛ければ, $(e^{x^2/2}y)'=xe^{x^2/2}$. よって $e^{x^2/2}y=e^{x^2/2}+C$. $y=1+Ce^{-x^2/2}$.

(3) $e^{x^3/3}$ を両辺に掛けると, $(ye^{x^3/3})'=x^2e^{x^3/3}$, 両辺を積分して $ye^{x^3/3}=e^{x^3/3}+C$, よって $y=1+Ce^{-x^3/3}$.

(4) e^{x^2} を両辺に掛けると, $(ye^{x^2})'=2x$, 両辺を積分して $ye^{x^2}=x^2+C$, よって $y=x^2e^{-x^2}+Ce^{-x^2}$.

(5) 公式通り $e^{\sin x}$ を両辺に掛けると $(ye^{\sin x})'=e^{\sin x}\sin x\cos x$, 両辺を積分して $ye^{\sin x}=\int e^{\sin x}\sin xd(\sin x)=e^{\sin x}\sin x-e^{\sin x}+C$. よって $y=\sin x-1+Ce^{-\sin x}$.

(6) x で割ってから公式を適用すると, 両辺に $e^{\int(1/x)dx}=e^{\log x}=x$ を掛ければよい, つまりもとのままで $(xy)'=\sin x$ の形になっており, 積分して $xy=-\cos x+C$, $y=-\frac{\cos x}{x}+\frac{C}{x}$ が一般解となる.

(7) x^2 で両辺を割り公式に持ち込むと $(e^{-1/x}y)'=\frac{e^{-1/x}}{x^2}$. $e^{-1/x}y=\int\frac{e^{-1/x}}{x^2}dx=\int e^{-1/x}d\left(-\frac{1}{x}\right)=e^{-1/x}+C$. よって一般解は $y=1+Ce^{1/x}$.

2.5.1 (1) $y'+y=0$ を解いて $\frac{dy}{y}=-dx$, $\log y=-x+C$, $y=ce^{-x}$. ここ

で c を x の関数と見てもとの方程式に代入すると $y'+y=c'e^{-x}=x^3$, $c'=x^3e^x$, $c=(x^3-3x^2+6x-6)e^x+C$. よって一般解は $y=x^3-3x^2+6x-6+Ce^{-x}$.
(2) $y'+x^3y=0$ を解いて $\frac{dy}{y}=-x^3dx$, $\log y=-\frac{1}{4}x^4+C$, $y=ce^{-x^4/4}$. もとの方程式に代入して $y'+x^3y=c'e^{-x^4/4}=x^3$. よって $c=\int x^3e^{x^4/4}dx=e^{x^4/4}+C$, $y=1+Ce^{-x^4/4}$.
(3) $xy'+2y=0$ を解いて $\frac{dy}{y}=-\frac{2}{x}$, $\log y=-2\log x+C$, $y=\frac{c}{x^2}$. これをもとの方程式に代入して $x\frac{c'}{x^2}=3x$, $c'=3x^2$, $c=x^3+C$, よって $y=x+\frac{C}{x^2}$.
(4) $xy'+3y=0$ を解いて $\frac{dy}{y}=-\frac{3}{x}$, $\log y=-3\log x+C$, $y=\frac{c}{x^3}$. これをもとの方程式に代入して $x\frac{c'}{x^3}=x^2$, $c'=x^4$, よって $c=\frac{x^5}{5}+C$, $y=\frac{x^2}{5}+\frac{C}{x^3}$.
(5) $y'+e^xy=0$ を解いて $\frac{dy}{y}=-e^xdx$, $\log y=-e^x+C$, $y=ce^{-e^x}$. これをもとの方程式に代入して $y'+e^xy=c'e^{-e^x}=-3e^x$. よって $c=-3\int e^{e^x}e^xdx=-3\int e^{e^x}d(e^x)=-3e^{e^x}+C$, $y=-3+Ce^{-e^x}$.
(6) $x^2y'+xy=0$ を解いて $\frac{dy}{y}=-\frac{dx}{x}$, $\log y=-\log x+C$, $y=\frac{c}{x}$. これをもとの方程式に代入して $x^2\frac{c'}{x}=1$, よって $c=\log x+C$, 故に一般解は $y=\frac{\log x}{x}+\frac{C}{x}$.
(7) $y'+2xy=0$ を解いて $\frac{dy}{y}=-2xdx$, $\log y=-x^2+C$, $y=ce^{-x^2}$. もとの方程式に代入して $c'e^{-x^2}=2xe^{-x^2}$, $c'=2x$, $c=x^2+C$. よって $y=x^2e^{-x^2}+Ce^{-x^2}$.
(8) $(1-x^2)y'+xy=0$ を解いて $\frac{dy}{y}=-\frac{xdx}{1-x^2}$, $\log y=\frac{1}{2}\log(1-x^2)+C$, $y=c\sqrt{1-x^2}$. これをもとの方程式に代入して $(1-x^2)c'\sqrt{1-x^2}=1$, $c=\int(1-x^2)^{-3/2}dx$. $x=\sin t$ と置けば, この積分は $=\int\frac{1}{\cos^3 t}\cos t dt=\int\frac{1}{\cos^2 t}dt=\tan t+C=\frac{x}{\sqrt{1-x^2}}+C$ と計算される. よって一般解は $y=x+C\sqrt{1-x^2}$.
(9) $y'+xy=0$ を解くと $\frac{dy}{y}=-xdx$, $\log y=-\frac{x^2}{2}+C$, $y=ce^{-x^2/2}$. もとの方程式に代入して $c'e^{-x^2/2}=(x-1)e^{-x}$, $c'=(x-1)e^{x^2/2-x}=(x-1)e^{(x-1)^2/2-1/2}$, よって $c=e^{(x-1)^2/2-1/2}+C=e^{x^2/2-x}+C$. 故に一般解は $y=e^{-x}+Ce^{-x^2/2}$.
(10) $xy'+y=0$ を解くと $\frac{dy}{y}=-\frac{dx}{x}$, $\log y=-\log x+C$, $y=\frac{c}{x}$. もとの方程式に代入して $x\frac{c'}{x}=\sin x$, $c=-\cos x+C$. よって一般解は $y=-\frac{\cos x}{x}+\frac{C}{x}$.
(11) $(1+x^2)y'-2xy=0$ を解いて $\frac{dy}{y}=\frac{2xdx}{1+x^2}$, $\log y=\log(1+x^2)+C$, $y=c(1+x^2)$. もとの方程式に代入して $(1+x^2)c'(1+x^2)=(1+x^2)^2$, よって $c'=1$, $c=x+C$, よって一般解は $y=x(1+x^2)+C(1+x^2)$.

2.6.1 (1) y^3 で両辺を割ると $z=1/y^2$ の 1 階線形微分方程式 $-\frac{1}{2}z'+xz=x$, すなわち $z'-2xz=-2x$ に帰着する. これは $\frac{d}{dx}(e^{-x^2}z)=-2xe^{-x^2}$ と変形され, $e^{-x^2}z=e^{-x^2}+C$, $z=1+Ce^{x^2}$ と積分できる. 従って, もとの方程式の一般解は $y=\pm\frac{1}{\sqrt{1+Ce^{x^2}}}$.
(2) これはベルヌーイ型の $n=-2$ の場合に相当し, 既に必要な変形を終えた形で, そのまま $y^3=z$ と置けば, $\frac{x}{3}z'+z=x$ と 1 階線形になる. 両辺に x^2 を掛けると $(\frac{x^3}{3}z)'=x^3$ と変形され $\frac{x^3}{3}z=\frac{x^4}{4}+C$, 従って $z=\frac{3}{4}x+\frac{c}{x^3}$ と積分でき, もとの方程式の解として $y=(\frac{3}{4}x+\frac{c}{x^3})^{1/3}$ を得る.

(3) ベルヌーイ型で，$n=2$ なので，y^2 で割ると $x\frac{y'}{y^2}+\frac{1}{y}=\log x$. $z=\frac{1}{y}$ と置けば，式全体の符号を変えて $xz'-z=-\log x$, x^2 で割って $\frac{1}{x}z'-\frac{1}{x^2}z=-\frac{\log x}{x^2}$, $\left(\frac{z}{x}\right)'=-\frac{\log x}{x^2}$. 右辺は部分積分で原始関数が計算でき，$\frac{z}{x}=-\int\frac{\log x}{x^2}dx=\frac{\log x}{x}-\int\frac{1}{x^2}dx=\frac{\log x}{x}+\frac{1}{x}+c$. よって $z=\log x+1+cx$, $y=\frac{1}{\log x+1+cx}$.
(4) 同じく y^2 で両辺を割り，$z=\frac{1}{y}$ と置けば，$xz'+z=-x$, $(xz)'=-x$, $xz=-\frac{x^2}{2}+C$, よって $z=-\frac{x}{2}+\frac{C}{x}=\frac{2C-x^2}{2x}$. もとに戻して $y=\frac{2x}{c-x^2}$.
(5) y^3 で両辺を割り，$z=\frac{1}{y^2}$ と置けば，$-\frac{1}{2}z'+2xz=2x^3$, $z'-4xz=-4x^3$, $(e^{-2x^2}z)'=-4x^3e^{-2x^2}$, $e^{-2x^2}z=-\int 4x^3e^{-2x^2}dx=-\frac{1}{2}\int 2x^2e^{-2x^2}d(2x^2)=-\frac{1}{2}(-2x^2-1)e^{-2x^2}+C=(x^2+\frac{1}{2})e^{-2x^2}+C$. よって $z=x^2+\frac{1}{2}+Ce^{2x^2}$, $y=\pm\frac{1}{\sqrt{x^2+\frac{1}{2}+Ce^{2x^2}}}$.
(6) y^2 で両辺を割り，$z=\frac{1}{y}$ と置けば，$-(1-x^2)z'-xz=2x$, $\left(\frac{z}{\sqrt{x^2-1}}\right)'=\frac{2x}{(x^2-1)^{3/2}}$ と変形できる．よって $\frac{z}{\sqrt{x^2-1}}=\int\frac{2x}{(x^2-1)^{3/2}}dx=\int\frac{d(x^2)}{(x^2-1)^{3/2}}=-\frac{2}{\sqrt{x^2-1}}+C$, $z=-2+C\sqrt{x^2-1}$. よって $y=\frac{1}{C\sqrt{x^2-1}-2}$.
(7) ベルヌーイ型だが，そのまま $y^n=z$ と置けば，$\frac{1}{n}z'+z=x$, $(e^{nx}z)'=nxe^{nx}$. 積分して $e^{nx}z=\frac{1}{n}(nx-1)e^{nx}+C$, $z=x-\frac{1}{n}+Ce^{-nx}$. もとに戻して $y=\sqrt[n]{x-\frac{1}{n}+Ce^{-nx}}$.
(8) 分数次数だが同じように両辺を $\sqrt{y}=y^{1/2}$ で割り，$\sqrt{y}=z$ と置けば，$2xz'+2z=x$. $(xz)'=\frac{x}{2}$, $xz=\frac{x^2}{4}+C$, $z=\frac{x}{4}+\frac{C}{x}$, 従って $y=z^2=\left(\frac{x}{4}+\frac{C}{x}\right)^2$.
(9) 両辺を y^3 で割ると $\frac{y'}{y^3}=\frac{1-x^2}{y^2}-1$. よって $\frac{1}{y^2}=u$ と変換すれば $-\frac{1}{2}u'=(1-x^2)u-1$, $u'+2(1-x^2)u=2$. これを 1 階線形と見て解けば $(e^{2x-\frac{2}{3}x^3}u)'=2e^{2x-\frac{2}{3}x^3}$, $e^{2x-\frac{2}{3}x^3}u=\int 2e^{2x-\frac{2}{3}x^3}dx+C$, $u=e^{-2x+\frac{2}{3}x^3}(\int 2e^{2x-\frac{2}{3}x^3}dx+C)$. 従って $y=\pm\frac{e^{x-\frac{1}{3}x^3}}{\sqrt{\int 2e^{2x-\frac{2}{3}x^3}dx+C}}$.
(10) $y^3\frac{dx}{dy}-2xy^2=-2x^2$ と書き直すと，$n=2$ として y を独立変数，x を未知関数とするベルヌーイ型とみなせる．両辺を x^2 で割り，$\frac{1}{x}=z$ を新しい未知関数として，$-y^3\frac{dz}{dy}-2y^2z=-2$, $\frac{d}{dy}(y^2z)=\frac{2}{y}$, $y^2z=2\log y+C$, $z=\frac{2}{y^2}\log y+\frac{C}{y^2}$. 従って $x=\frac{y^2}{2\log y+C}$.

2.7.1 (1) e^y を未知関数と思い，$x\frac{de^y}{dx}+e^y=x$ と変形すると，1 階線形とみなせる．そのままで $(xe^y)'=x$ と変形でき，$xe^y=\frac{x^2}{2}+C$, よって $e^y=\frac{x}{2}+\frac{C}{x}$, $y=\log(\frac{x}{2}+\frac{C}{x})$.
(2) $\frac{dx}{dy}+x+y^2=0$ と変形すると，y を独立変数，x を未知関数とする 1 階線形方程式になる．よって $\frac{d}{dy}(xe^y)=-y^2e^y$, $xe^y=(-y^2+2y-2)e^y+C$, $x=-y^2+2y-2+Ce^{-y}$ と解ける．
(3) $2y\frac{dx}{dy}-6x+y^2=0$ と変形すると，y を独立変数，x を未知関数とする 1 階線形方程式になる．よって両辺に $\frac{1}{2y^4}$ を掛けると，$\frac{1}{y^3}\frac{dx}{dy}-3\frac{1}{y^4}x=-\frac{1}{2y^2}$, $\frac{d}{dy}\left(\frac{x}{y^3}\right)=-\frac{1}{2y^2}$, $\frac{x}{y^3}=\frac{1}{2y}+C$, $x=\frac{y^2}{2}+Cy^3$ と解ける．
(4) $2x\frac{dx}{dy}+x^2=y^2$, 更に $\frac{d(x^2)}{dy}+x^2=y^2$ と変形すると，y を独立変数，x^2 を未知関数とする 1 階線形方程式になる．よって，$\frac{d}{dy}(x^2e^y)=y^2e^y$, $x^2e^y=(y^2-2y+2)e^y+C$,

$x^2 = y^2 - 2y + 2 + Ce^{-y}$ と解ける．

(5) $2x\frac{dx}{dy} + (x^2 + y^2 + 2y) = 0$ と変形すると，$\frac{d(x^2)}{dy} + x^2 = -y^2 - 2y$ となり x^2 の 1 階線形に帰着する．$\frac{d}{dy}(e^y x^2) = -(y^2 + 2y)e^y$, $e^y x^2 = -y^2 e^y + C$, あるいは $x^2 = -y^2 + Ce^{-y}$.

(6) 両辺を e^y で割り算して $xe^{-y}y' + e^{-y} = 1$ と変形すると，$x(e^{-y})' - (e^{-y}) = -1$ と e^{-y} の 1 階線形方程式になる．$\left(\frac{e^{-y}}{x}\right)' = -\frac{1}{x^2}$ と変形し積分すると，$\frac{e^{-y}}{x} = \frac{1}{x} + C$, $y = -\log(1 + Cx)$.

(7) $\frac{d}{dx}\sin y + \sin y = x + 1$ と変形すると，$\sin y$ を未知関数とする 1 階線形微分方程式になっている．積分因子 e^x を掛けて $\frac{d}{dx}(e^x \sin y) = (x+1)e^x$, 積分して $e^x \sin y = xe^x + C$. よって一般解は $y = \mathrm{Arcsin}(x + Ce^{-x})$.

(8) $\cos y + 1 = 2\cos^2\frac{y}{2}$ で両辺を割ると，$\sin y = 2\sin\frac{y}{2}\cos\frac{y}{2}$ に注意して，$\frac{1}{2\cos^2\frac{y}{2}}\frac{dy}{dx} + \tan\frac{y}{2} + x = 0$, $\frac{d}{dx}\tan\frac{y}{2} + \tan\frac{y}{2} = -x$ と，$\tan\frac{y}{2}$ を未知関数とする 1 階線形になる．e^x を両辺に掛けて $\frac{d}{dx}(e^x \tan\frac{y}{2}) = -xe^x$. 積分して $e^x \tan\frac{y}{2} = -(x-1)e^x + C$, よって一般解は $y = 2\,\mathrm{Arctan}(1 - x + Ce^{-x})$.

2.8.1 (1) $\frac{\partial}{\partial y}(x + y) = 1 = \frac{\partial}{\partial x}(x - y)$ なので完全微分形．積分すると，$F(x,y) = \int_0^x x dx + \int_0^y (x - y)dy = \frac{x^2}{2} + xy - \frac{y^2}{2} = C$ が一般解.（なお与方程式の左辺の積分はこれであるが，微分方程式の一般解としては分母を払った $x^2 + 2xy - y^2 = C$ でも差し支えない．以下同様である.）

(2) $\frac{\partial}{\partial y}(3x^2 + 6xy^2) = 12xy = \frac{\partial}{\partial x}(6x^2 y + 4y^3)$ なので完全微分形．積分すると，$F(x,y) = \int_0^x 3x^2 dx + \int_0^y (6x^2 y + 4y^3)dy = x^3 + 3x^2y^2 + y^4 = C$ が一般解．別解として，方程式の左辺を $3x^2 + 4y^3\frac{dy}{dx}$ と $6xy^2 + 6x^2 y\frac{dy}{dx}$ に分解すると，前者は (2.13) の形で，積分 $x^3 + y^4$ が直ちに求まり，後者は (2.14) の形のものの 3 倍となっており，積分 $3x^2y^2$ が直ちに求まる．よって一般解はこれらの和を定数 C と置いたものに等しい．

(3) $\frac{\partial}{\partial y}\left(-\frac{y}{x^2}\right) = -\frac{1}{x^2} = \frac{\partial}{\partial x}\left(\frac{1}{x}\right)$ なので完全微分形．積分すると，$F(x,y) = \int_0^x 0dx + \int_0^y \left(\frac{1}{x}\right)dy = 0 + \frac{y}{x} = C$, すなわち $\frac{y}{x} = C$ が一般解 .

(4) $\frac{\partial}{\partial y}\left(\frac{x}{\sqrt{x^2+y^2}}\right) = -\frac{xy}{\sqrt{x^2+y^2}^3} = \frac{\partial}{\partial x}\left(\frac{y}{\sqrt{x^2+y^2}}\right)$ なので完全微分形．積分すると，$F(x,y) = \int_0^x (\pm 1)dx + \int_0^y \left(\frac{y}{\sqrt{x^2+y^2}}\right)dy = \pm x + (\sqrt{x^2 + y^2} - \sqrt{x^2}) = C$ が一般解．ここで，複号は x の符号に合わせるので，$\pm x = |x|$, また $\sqrt{x^2} = |x|$. よって結局 $\sqrt{x^2 + y^2} = C$ が一般解となる.（微分方程式としては，分母を払えば (6) と同じになる.）

(5) この問題は (4) と (3) を足し算したものなので，$F(x,y) = \sqrt{x^2 + y^2} + \frac{y}{x} = C$ が一般解となる．

(6) $\frac{\partial}{\partial y}x = 0 = \frac{\partial}{\partial x}y$ なので完全微分形．積分すると，$F(x,y) = \int_0^x x dx + \int_0^y y dy = \frac{x^2}{2} + \frac{y^2}{2} = C$, すなわち $x^2 + y^2 = c$ が一般解となる．なお，これは (2.13) の例なので，目の子でも直ちに積分できる．

(7) $\frac{\partial}{\partial y}(5x^4 + y) = 1 = \frac{\partial}{\partial x}(x + 7y^6)$ なので完全微分形．積分すると，$F(x,y) = \int_0^x 5x^4 dx + \int_0^y (x + 7y^6)dy = x^5 + xy + y^7 = C$ が一般解．なお，この方程式の左辺は $5x^4 + 7y^6\frac{dy}{dx}$ と $y + x\frac{dy}{dx}$ の和に分解すると，前者は (2.13) の例，後者は (2.14) の

$m = n = 1$ の場合となっており，目の子でも直ちに積分できる．
(8) $\frac{\partial}{\partial y}\cos(x+y) = -\sin(x+y) = \frac{\partial}{\partial x}\cos(x+y)$ なので左辺は完全微分形．積分すると，$F(x,y) = \int_0^x \cos x dx + \int_0^y \cos(x+y) dy = \sin x + \{\sin(x+y) - \sin x\} = \sin(x+y) = x+C$ が一般解．なお左辺は (2.15) の形なので，目の子でも積分できる．
(9) $y^2 + 2xy\frac{dy}{dx} = 3x^2$ と変形すると，左辺は (2.14) の $m=1, n=2$ の場合なので，両辺を積分して $xy^2 = x^3 + C$, あるいは $xy^2 - x^3 = C$ が一般解．
(10) $x^3 + y^5\frac{dy}{dx}$ と $2xy^2 + 2x^2y\frac{dy}{dx}$ を考えると，これらはそれぞれ (2.13), (2.14) に当てはまり，積分 $\frac{x^4}{4} + \frac{y^6}{6}$, x^2y^2 を持つ．よって求める一般解は，これらの 1 次結合を作って $\frac{x^4}{4} + \frac{y^6}{6} - \frac{x^2y^2}{2} = C$ と求まる．
2.9.1 (1) $\frac{\partial P(x,y)}{\partial y} - \frac{\partial Q(x,y)}{\partial x} = 2y$ で，これは $Q(x,y) = 2y$ で割ると x のみの関数 1 となるので，$\frac{\mu'(x)}{\mu(x)} = 1$ の解 $\mu(x) = e^x$ が積分因子となる．これをもとの方程式の両辺に掛けると，方程式は $(x^2+y^2+2x)e^x + 2ye^x\frac{dy}{dx} = 0$ となる．$y^2e^x + 2ye^x\frac{dy}{dx}$ の部分は目の子で積分 y^2e^x が求まるので，残りの x のみの関数を積分して加えた $y^2e^x + \int(x^2+2x)e^x dx = y^2e^x + x^2e^x = C$, すなわち，$(x^2+y^2)e^x = C$ が一般解．
(2) $\frac{\partial P(x,y)}{\partial y} - \frac{\partial Q(x,y)}{\partial x} = 2xy + 1 - (-1) = 2xy + 2$ なので，これを $P(x,y) = xy^2 + y$ で割ると y のみの関数 $\frac{2}{y}$ になる．よって $\mu(y)$ 型の積分因子を持ち，それは $\frac{\mu'(y)}{\mu(y)} = -\frac{2}{y}$ の解で与えられる．これを解いて $\log\mu(y) = -2\log y$, $\mu(y) = \frac{1}{y^2}$. これをもとの方程式の両辺に掛けると，方程式は $x + \frac{1}{y} - \frac{x}{y^2}\frac{dy}{dx} = 0$ となり，目の子で積分できて一般解 $\frac{x^2}{2} + \frac{x}{y} = C$ が求まる．
(3) $\frac{\partial P(x,y)}{\partial y} - \frac{\partial Q(x,y)}{\partial x} = 4xy - 1 - 1 = 4xy - 2$ なので，これを $P(x,y) = 2xy^2 - y$ で割ると，$\frac{2}{y}$ となるので，上と同じ $\frac{\mu'(y)}{\mu(y)} = -\frac{2}{y}$ を解いて求めた $\mu(y) = \frac{1}{y^2}$ を両辺に掛けると，$2x - \frac{1}{y} + (1 + \frac{x}{y^2} + \frac{1}{y})\frac{dy}{dx} = 0$ となり，$2x + (1 + \frac{1}{y})\frac{dy}{dx}$ は (2.13) により積分 $x^2 + y + \log y$ が，$\frac{1}{y} - \frac{x}{y^2}\frac{dy}{dx}$ は上の計算と同様に積分 $\frac{x}{y}$ が求まるので，これらの差として一般解 $x^2 + y + \log y - \frac{x}{y} = C$ が求まる．
(4) $\frac{\partial P(x,y)}{\partial y} - \frac{\partial Q(x,y)}{\partial x} = -x^2 - (2xy - 3x^2) = 2x^2 - 2xy = 2x(x-y)$. これは $Q(x,y) = x^2(y-x)$ で割ると x のみの関数 $-\frac{2}{x}$ になるので，$\frac{\mu'(x)}{\mu(x)} = -\frac{2}{x}$ を解いて得られた $\mu(x) = \frac{1}{x^2}$ を両辺に掛ければ，与えられた方程式は $\frac{1}{x^2} - y + (y-x)\frac{dy}{dx} = 0$ となる．この左辺を $\frac{1}{x^2} + y\frac{dy}{dx}$ と $y + x\frac{dy}{dx}$ に分けて目の子で積分すると，前者は (2.13) 型で，積分は $-\frac{1}{x} + \frac{y^2}{2}$, 後者は (2.14) 型で，積分は xy. よって一般解は $-\frac{1}{x} + \frac{y^2}{2} - xy = C$.
(5) $\frac{\partial P(x,y)}{\partial y} - \frac{\partial Q(x,y)}{\partial x} = 6xy^2 - 2xy^2 = 4xy^2$. これは $P(x,y)$ で割り算すると y のみの関数 $\frac{2}{y}$ となるので，$\frac{\mu'(y)}{\mu(y)} = -\frac{2}{y}$ の解 $\mu(y) = \frac{1}{y^2}$ が積分因子となる．これを両辺に掛けると，方程式は $2xy + (x^2 - \frac{1}{y^2})\frac{dy}{dx} = 0$ となる．これを $2xy + x^2\frac{dy}{dx}$ と $-\frac{1}{y^2}\frac{dy}{dx}$ に分けて，それぞれの積分 x^2y, $\frac{1}{y}$ を目の子で求めれば，一般解 $x^2y + \frac{1}{y} = C$ が得られる．
(6) $\frac{\partial P(x,y)}{\partial y} - \frac{\partial Q(x,y)}{\partial x} = 2y - y = y$ なので，これを $P(x,y)$ で割ると y のみの関数 $\frac{1}{y}$ が得られる．よって $\frac{\mu'(y)}{\mu(y)} = -\frac{1}{y}$ を解いて得られる $\mu(y) = \frac{1}{y}$ が積分因子となる．これを両辺に掛けると，方程式は $y + (x - \frac{1}{y})\frac{dy}{dx} = 0$ となり，$y + x\frac{dy}{dx}$ と $-\frac{1}{y}\frac{dy}{dx}$ に分けて積分すると，

暗算で $xy - \log y = C$ と一般解が求まる．

(7) $\frac{\partial P(x,y)}{\partial y} - \frac{\partial Q(x,y)}{\partial x} = 2y+1-0 = 2y+1$．これは $Q(x,y) = 2y+1$ で割ると x のみの関数 1 になるので，$\frac{\mu'(x)}{\mu(x)} = 1$ の解 $\mu(x) = e^x$ が積分因子となる．これを両辺に掛けると，方程式は $(x^2+y^2+y)e^x + (2y+1)e^x \frac{dy}{dx} = 0$ となる．左辺を x^2e^x と $(y^2+y)e^x + (2y+1)e^x \frac{dy}{dx}$ に分けてみると，それぞれの積分 $\int x^2e^x dx = (x^2-2x+2)e^x$, $(y^2+y)e^x$ が容易に見えてくるので，一般解は $(x^2-2x+2)e^x + (y^2+y)e^x = (x^2+y^2-2x+y+2)e^x = C$.

(8) $\frac{\partial P(x,y)}{\partial y} - \frac{\partial Q(x,y)}{\partial x} = 3x^5 + 6x^5 = 9x^5$．これは $P(x,y) = 3x^5y$ で割ると y のみの関数 $\frac{3}{y}$ になるので，$\frac{\mu'(y)}{\mu(y)} = -\frac{3}{y}$ の解 $\mu(y) = \frac{1}{y^3}$ が積分因子となる．これを両辺に掛けると，方程式は $\frac{3x^5}{y^2} + \left(y - \frac{x^6}{y^3}\right)\frac{dy}{dx} = 0$ となり，これは目の子でも $\frac{x^6}{2y^2} + \frac{y^2}{2} = C$ と積分できる．

(9) $\frac{\partial P(x,y)}{\partial y} - \frac{\partial Q(x,y)}{\partial x} = x^2+3y^2+3x^2+y^2 = 4(x^2+y^2)$．これは $Q(x,y) = -x(x^2+y^2)$ で割ると，x のみの関数 $-\frac{4}{x}$ になるので，$\frac{\mu'(x)}{\mu(x)} = -\frac{4}{x}$ の解 $\mu(x) = \frac{1}{x^4}$ が積分因子となる．これを両辺に掛けると，方程式は $1 + x + \frac{y}{x^2} + \frac{y^3}{x^4} - \left(\frac{1}{x} + \frac{y^2}{x^3}\right)\frac{dy}{dx} = 0$ となる．これは先頭の $1+x$ を別途積分すると，残りの部分の積分が見えてきて，一般解 $x + \frac{x^2}{2} - \frac{y}{x} - \frac{y^3}{3x^3} = C$ が求まる．

(10) $\frac{\partial P(x,y)}{\partial y} - \frac{\partial Q(x,y)}{\partial x} = \cos y$ で，これを $Q(x,y) = \cos y$ で割ると x のみの関数 1 になるので，$\frac{\mu'(x)}{\mu(x)} = 1$ の解 $\mu(x) = e^x$ が積分因子となる．これを両辺に掛けると，方程式は $e^x(\sin y - x + 1) + e^x \cos y \frac{dy}{dx} = 0$ となる．x のみの関数 $(-x+1)e^x$ を取り除くと，容易に積分の求まる形となり，それぞれ積分して一般解 $(-x+2)e^x + e^x \sin y = C$ を得る．

(11) $\frac{\partial P(x,y)}{\partial y} - \frac{\partial Q(x,y)}{\partial x} = x\cos y + \cos y - y\sin y - \cos y = x\cos y - y\sin y$．これは $Q(x,y)$ と一致しているので，x のみの積分因子が $\frac{\mu'(x)}{\mu(x)} = 1$ から $\mu(x) = e^x$ と求まる．これを両辺に掛けると，方程式は $(x\sin y + y\cos y)e^x + (x\cos y - y\sin y)e^x \frac{dy}{dx} = 0$ となる．この積分 $(x\sin y + y\cos y - \sin y)e^x = C$ は目の子でも何とか求まるだろう．

2.10.1 (1) $\frac{\partial P(x,y)}{\partial y} - \frac{\partial Q(x,y)}{\partial x} = 4x^3y - 1 - (4xy^3 - 1) = 4xy(x^2-y^2)$ であり，他方 $xP(x,y) - yQ(x,y) = x(2x^3y^2 - y) - y(2x^2y^3 - x) = 2x^2y^2(x^2-y^2)$ なので，比をとると xy の関数 $\frac{2}{xy}$ が残る．よって (2.19) が当てはまり，$\frac{\mu'(t)}{\mu(t)} = -\frac{2}{t}$ の解 $\mu(t) = \frac{1}{t^2}$ を用いて $\mu(xy) = \frac{1}{x^2y^2}$ をもとの方程式の両辺に掛けると，$2x - \frac{1}{x^2y} + \left(2y - \frac{1}{xy^2}\right)\frac{dy}{dx} = 0$ となり，(2.13) 型の方程式 $2x + 2y\frac{dy}{dx} = 0$ と (2.14) 型の方程式 $-\frac{1}{x^2y} - \frac{1}{xy^2}\frac{dy}{dx} = 0$ となり，それぞれ目の子で積分できて，一般解はそれらの和で $x^2 + y^2 + \frac{1}{xy} = C$ と求まる．

(2) $\frac{\partial P(x,y)}{\partial y} - \frac{\partial Q(x,y)}{\partial x} = 2xy - (2xy - 1) = 1$ であり，他方 $xP(x,y) - yQ(x,y) = x^2y^2 - (x^2y^2 - xy) = xy$ なので，両者の比 $\frac{1}{xy}$ は明らかに xy の関数の形となる．よって (2.19) が適用でき，$\frac{\mu'(t)}{\mu(t)} = -\frac{1}{t}$ の解 $\mu(t) = \frac{1}{t}$ を用いて $\mu(xy) = \frac{1}{xy}$ を両辺に掛けると，方程式は $y + \left(x - \frac{1}{y}\right)\frac{dy}{dx} = 0$ となる．この左辺を $y + x\frac{dy}{dx}$ と $-\frac{1}{y}\frac{dy}{dx}$ の和に分解すると，前者は (2.14) 型，後者は (2.13) 型で，それぞれ目の子で積分でき，一般解は $xy - \log y = C$ となる．

(3) $\frac{\partial P(x,y)}{\partial y} - \frac{\partial Q(x,y)}{\partial x} = x^2+2x-2y-3y^2-(y^2+2y-2x-3x^2) = 4(x^2-y^2)+4(x-y) =$

$4(x-y)(x+y+1)$. 他方，$P(x,y)-Q(x,y) = x^3-y^3+x^2y-xy^2+2x^2-2y^2 = (x-y)\{x^2+xy+y^2+xy+2(x+y)\} = (x-y)\{(x+y)^2+2(x+y)\}$. よってこれらの比は $\frac{4(x+y+1)}{(x+y)^2+2(x+y)}$ と，$x+y$ のみの関数の形となるので，$\frac{\mu'(t)}{\mu(t)} = -\frac{4(t+1)}{t^2+2t} = -\frac{2}{t}-\frac{2}{t+2}$ を解いて求めた $\mu(t) = \frac{1}{t^2(t+2)^2}$ より得る積分因子 $\mu(x+y) = \frac{1}{(x+y)^2(x+y+2)^2}$ をもとの方程式の両辺に掛けると，$\frac{x^2+x^2y+2xy-y^2-y^3}{(x+y)^2(x+y+2)^2} + \frac{y^2+xy^2+2xy-x^2-x^3}{(x+y)^2(x+y+2)^2}\frac{dy}{dx} = 0$ となる．これではなかなか直観が働かないので，積分因子が正しいことを信じて，完全微分形として積分してみると，$F(x,y) = \int_0^x \frac{x^2}{x^2(x+2)^2}dx + \int_0^y \frac{y^2+xy^2+2xy-x^2-x^3}{(x+y)^2(x+y+2)^2}dy$. 第 1 の積分は $\int_0^x \frac{1}{(x+2)^2}dx$ なので容易に求まり，$-\frac{1}{x+2}+\frac{1}{2} = \frac{x}{2(x+2)}$. 第 2 の積分は，積分の変数 y について部分分数に分解する．分子を $y^2+xy^2+2xy-x^2-x^3 = (y+x)^2+xy^2-x^3-2x^2 = (y+x)^2+x(y+x)(y-x)-2x^2 = (y+x)^2+x(y+x)^2-2x^2(y+x)-2x^2 = (x+1)(y+x)^2-x^2(y+x)-x^2(y+x+2)$ と変形しておくと $\int_0^y \frac{y^2+xy^2+2xy-x^2-x^3}{(x+y)^2(x+y+2)^2}dy = \int_0^y \Bigl(\frac{x+1}{(x+y+2)^2} - \frac{x^2}{(y+x)(y+x+2)^2} - \frac{x^2}{(y+x)^2(y+x+2)}\Bigr)dy$. 最初の項は直ちに積分できて，$-\frac{x+1}{x+y+2}+\frac{x+1}{x+2} = \frac{y(x+1)}{(x+2)(x+y+2)}$. 残りの項は部分分数分解 $\frac{1}{(y+x)(y+x+2)^2} = \frac{1}{4(y+x)} - \frac{1}{2(y+x+2)^2} - \frac{1}{4(y+x+2)}$, $\frac{1}{(y+x)^2(y+x+2)} = \frac{1}{2(y+x)^2} - \frac{1}{4(y+x)} + \frac{1}{4(y+x+2)}$, 両者を加えると $-\frac{1}{2(y+x+2)^2}+\frac{1}{2(y+x)^2}$ となるのを用いて，$-x^2\int_0^y \Bigl(-\frac{1}{2(y+x+2)^2}+\frac{1}{2(y+x)^2}\Bigr)dy = -\frac{x^2}{2(y+x+2)}+\frac{x^2}{2(x+2)}+\frac{x^2}{2(y+x)}-\frac{x^2}{2x}$. 以上を総合すると，$F(x,y) = \frac{x}{2(x+2)} + \frac{y(x+1)}{(x+2)(x+y+2)} + \frac{x^2}{(x+y)(x+y+2)} - \frac{x}{x+2} = \frac{x^2}{(x+y)(x+y+2)} + \frac{y(x+1)}{(x+2)(x+y+2)} - \frac{x}{2(x+2)} = C$ が一般解．

2.11.1 以下，本章の問題で解曲線族の図が小問の一部だけに与えられている場合，残りの図は .

(1) $y' = p$ と置けば $y = xp + p^2$. 両辺を x で微分して $p = p + xp' + 2pp'$, すなわち $p'(x+2p) = 0$. $p' = 0$ からは $p = c$. これをもとの方程式に代入して $y = cx + c^2$ が一般解．$x + 2p = 0$ からは，もとの方程式に代入して $y = -\frac{x^2}{2} + \frac{x^2}{4} = -\frac{x^2}{4}$ を得るが，これは一般解の直線族の包絡線で，特異解．

(2) $y' = p$ と置けば $y = xp + p - p^2$. 両辺を x で微分して $p = p + xp' + p' - 2pp'$, すなわち $p'(x+1-2p) = 0$. $p' = 0$ からは $p = c$. これをもとの方程式に代入して $y = cx + c - c^2$ が一般解．$x + 1 - 2p = 0$ からは，もとの方程式に代入して $y = \frac{x(x+1)}{2} + \frac{x+1}{2} - \frac{(x+1)^2}{4} = \frac{x+1}{4}(2x+2-x-1) = \frac{(x+1)^2}{4}$ を得るが，これは一般解の直線族の包絡線で，特異解．

(3) $y' = p$ と置けば $y = xp - \sqrt{1+p^2}$. 両辺を x で微分して $p = p + xp' - \frac{pp'}{\sqrt{1+p^2}}$, すなわち $p'(x - \frac{p}{\sqrt{1+p^2}}) = 0$. $p' = 0$ からは $p = c$. これをもとの方程式に代入して $y = cx - \sqrt{1+c^2}$ が一般解．$x - \frac{p}{\sqrt{1+p^2}} = 0$ からは，この等式が成り立つためには x と p は同符号でなければならないことに注意して p につき解くと，$p^2 = \frac{x^2}{1-x^2}$, 符号を考えて $p = \frac{x}{\sqrt{1-x^2}}$. これをもとの方程式に代入して $y = \frac{x^2}{\sqrt{1-x^2}} - \frac{1}{\sqrt{1-x^2}} = -\sqrt{1-x^2}$. これが特異解で，一般解が表す直線族の包絡線となる．

(4) $y = xp - \frac{1}{p}$ の両辺を x で微分して $p = p + xp' + \frac{p'}{p^2}$, $(x + \frac{1}{p^2})p' = 0$. これより

$p'=0$, または $x=-\frac{1}{p^2}$. 前者からは $p=c$, これをもとの方程式に代入して $y=cx-\frac{1}{c}$ が一般解．後者からは，もとの方程式と連立させて $y=\frac{x}{\pm\sqrt{-x}}-(\pm\sqrt{-x})=-2(\pm\sqrt{-x})$, つまり結局 $y=\pm2\sqrt{-x}$ が特異解．これらのグラフの関係は下図参照.

(5) $y=xp+\cos p$ の両辺を x で微分して $p=p+xp'-p'\sin p$, $p'(x-\sin p)=0$. これより $p'=0$ または $x=\sin p$. 前者からは $p=c$, これをもとの方程式に代入して $y=cx+\cos c$ が一般解．後者からは $y=x\,\mathrm{Arcsin}\,x+\sqrt{1-x^2}$ と特異解が得られる.

(6) $y=xp+\frac{p}{\sqrt{1+p^2}}$ の両辺を x で微分して $p=p+xp'+\left(\frac{\sqrt{1+p^2}-p^2/\sqrt{1+p^2}}{1+p^2}\right)p'$, $p'\left(x+\frac{1}{(1+p^2)^{3/2}}\right)=0$. これより $p'=0$ または $x=-\frac{1}{(1+p^2)^{3/2}}$. 前者からは一般解 $y=cx+\frac{c}{\sqrt{1+c^2}}$ が得られる．後者からは特異解 $y=\pm\{x+(-x)^{1/3}\}\sqrt{(-x)^{-2/3}-1}$, すなわち $y=\pm(1-x^{2/3})^{3/2}$ $(x\leq 0)$ が得られる .

(7) $y=xp-p^3$ の両辺を x で微分して $p=p+xp'-3p^2p'$, $p'(x-3p^2)=0$. これより $p'=0$ または $x=3p^2$. 前者からは $p=c$, これをもとの方程式に代入して $y=cx-c^3$ が一般解．後者からは $y=\pm x\sqrt{\frac{x}{3}}\mp\left(\frac{x}{3}\right)^{3/2}=\pm\frac{2x\sqrt{x}}{3\sqrt{3}}$ が特異解．下図を見ると，特異解は一般解と接するだけではなく，他の一般解と交わってもいる.

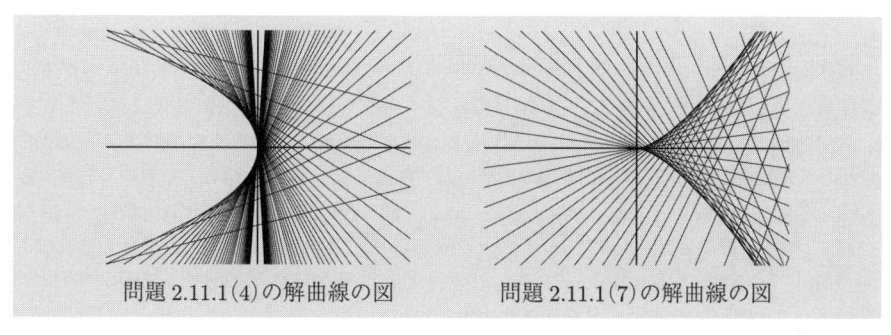

問題 2.11.1(4) の解曲線の図

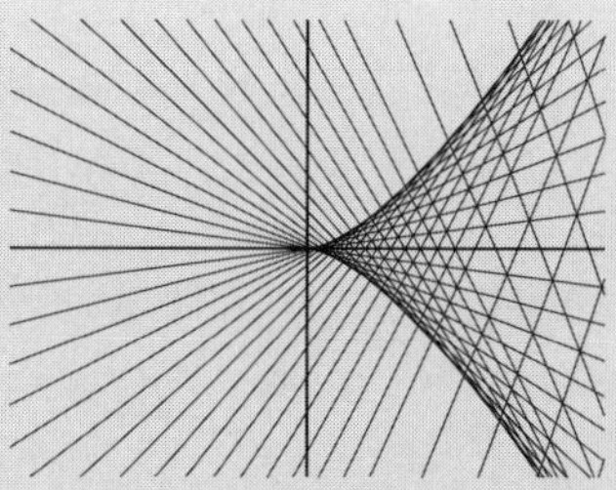

問題 2.11.1(7) の解曲線の図

(8) $xp-y=e^{-p}$ と書き直して両辺を x で微分すれば，$p+xp'-p=-e^{-p}p'$, $(x+e^{-p})p'=0$. よって $p'=0$ または $x=-e^{-p}$. 前者から $p=c$, よって一般解は $y=cx-e^{-c}$. 後者からは，特異解 $y=xp-e^{-p}=-x\log(-x)+x$ を得る.

(9) $y-xp=\pm e^{p^2}$ と変形し，両辺を x で微分すると，$p-p-xp'=\pm 2pe^{p^2}$, $(x\pm 2pe^{p^2})p'=0$. よって $p'=0$ または $x=\mp 2pe^{p^2}$. 前者からは $p=c$ より一般解 $y=cx\pm e^{c^2}$ を得る．後者からは（複号を反転して）$x=\pm 2pe^{p^2}$, $y=\pm 2p^2e^{p^2}\mp e^{p^2}=\pm(2p^2-1)e^{p^2}$ というパラメータ表示された特異解を得るが，これから $\frac{y}{x}=\frac{2p^2-1}{2p}$ を得るので，p の 2 次方程式を解いて x, y の陰関数表示を得ることもできなくはない.

(10) $y'=p$ と置き，$y=xp+p^4$ の両辺を x で微分すると，$p=p+x\frac{dp}{dx}+4p^3\frac{dp}{dx}$, よって $(x+4p^3)\frac{dp}{dx}=0$. ここで $\frac{dp}{dx}=0$ からは $p=c$, これをもとの方程式に代入して $y=cx+c^4$ が一般解．他方，$x+4p^3=0$, すなわち $x=-4p^3$ からは，もとの方程式に代入して $y=-4p^4+p^4=-3p^4$. p を消去すると $y=-3\left(\frac{x}{4}\right)^{4/3}=-\frac{3}{8}\sqrt[3]{2}x^{4/3}$. これが特異解となる.

2.12.1 (1) ラグランジュ型である．$y=2xp-p^2$ の両辺を x で微分して，$p=2p+2xp'-2pp'$, $p\frac{dx}{dp}+2x=2p$. これを 1 階線形の解法で解く．両辺に p を掛けると $\frac{d}{dp}(p^2x)=2p^2$ となり，積分できて $p^2x=\frac{2}{3}p^3+C$, $x=\frac{2}{3}p+\frac{C}{p^2}$, $y=\frac{4}{3}p^2+\frac{2C}{p}-p^2=\frac{1}{3}p^2+\frac{2C}{p}$ がパラメータ付けられた一般解．特異解は $p=0$ より $y=0$ だが，解曲線族の図を見ると包絡線というより極限位置のようである．

(2) $y=p+p^5$ の両辺を x で微分して $p=\frac{dp}{dx}+5p^4\frac{dp}{dx}$. これより $\frac{1+5p^4}{p}dp=dx$, よって $x=\log|p|+\frac{5}{4}p^4+c$. 一般解はこれと最初の式を連立させたパラメータ表示の曲線族で，特異解は $p=0$ に対応する直線 $y=0$ となる．

(3) $y+x=xe^p$ の両辺を微分して $p+1=e^p+xe^p\frac{dp}{dx}$. これより $\frac{e^p}{p+1-e^p}dp=\frac{dx}{x}$ となり，$\log x=\int\frac{e^p}{p+1-e^p}dp+C$, よって $x=c\exp\left(\int\frac{e^p}{p+1-e^p}dp\right)$. これともとの式から得られる $y=x(e^p-1)=c(e^p-1)\exp\left(\int\frac{e^p}{p+1-e^p}dp\right)$ を連立させたパラメータ表示の曲線族が一般解．特異解は，$p+1=e^p$ の解 $p=0$ に対応する直線 $y=0$.

(4) $x(1+p^2)=1$ の両辺を微分して $(1+p^2)+2xpp'=0$. これにもとの式を代入して $(1+p^2)^2+2pp'=0$. これに $p'=\frac{dp}{dx}=p\frac{dp}{dy}$ を代入して $(1+p^2)^2+2p^2\frac{dp}{dy}=0$, すなわち，$\frac{2p^2}{(1+p^2)^2}dp=-dy$. 両辺を積分して $-y+C=\int\frac{2p^2}{(1+p^2)^2}dp=\int\frac{2p}{(1+p^2)^2}pdp=\int\left(-\frac{1}{1+p^2}\right)'pdp=-\frac{1}{1+p^2}p+\int\frac{1}{1+p^2}dp=-\frac{p}{1+p^2}+\mathrm{Arctan}\,p$. よって $x=\frac{1}{1+p^2}$ と $y=\frac{p}{1+p^2}-\mathrm{Arctan}\,p+C$ を連立させたものが一般解．この解の式は第 1 の式から $p=\pm\sqrt{\frac{1}{x}-1}$ と解けなくもない．これを第 2 の式に代入すると，$y=\pm\left\{x\sqrt{\frac{1}{x}-1}-\mathrm{Arctan}\sqrt{\frac{1}{x}-1}\right\}+C$ と y を x の関数として表せるが，これはもとの微分方程式を y' について無理やり解いた $\frac{dy}{dx}=\pm\sqrt{\frac{1}{x}-1}$ を積分したものと一致する．実際，$y=\int\pm\sqrt{\frac{1}{x}-1}dx=\pm2\int\sqrt{1-x}d(\sqrt{x})=\pm(\sqrt{x}\sqrt{1-x}+\mathrm{Arcsin}\sqrt{x})+C$.（ここで原始関数の公式 $\int\sqrt{1-x^2}dx=\frac{1}{2}(x\sqrt{1-x^2}+\mathrm{Arcsin}\,x)+C$ を用いた．また $\mathrm{Arctan}\sqrt{\frac{1}{x}-1}=-\mathrm{Arcsin}\sqrt{x}+\frac{\pi}{2}$ に注意.）なお，解曲線が $0\le x\le 1$ の範囲にしか存在しないことは，方程式からもただちに分かる．

(5) $y=\frac{p}{\sqrt{1+p^2}}$ と変形しておいて両辺を x で微分すると，$p=\frac{p'}{\sqrt{1+p^2}}-\frac{p^2p'}{\sqrt{1+p^2}^3}=\frac{p'}{\sqrt{1+p^2}^3}$. よって $dx=\frac{dp}{p\sqrt{1+p^2}^3}$ を得，両辺を積分して $x=\int\frac{dp}{p\sqrt{1+p^2}^3}+C$. この積分は $p=\tan z$ と置けば，$=\int\frac{1}{\tan z\sec^3 z}\sec^2 zdz=\int\frac{\cos^2 z}{\sin z}dz=-\int\frac{\cos^2 z}{\sin^2 z}d\cos z=\int\frac{\cos^2 z}{\cos^2 z-1}d\cos z=\cos z+\frac{1}{2}\log\frac{1-\cos z}{1+\cos z}$. $\cos z=\frac{1}{\sqrt{1+p^2}}$ より $=\frac{1}{\sqrt{1+p^2}}+\frac{1}{2}\log\frac{\sqrt{1+p^2}-1}{\sqrt{1+p^2}+1}$ と求まる．以上により，$x=\frac{1}{\sqrt{1+p^2}}+\frac{1}{2}\log\frac{\sqrt{1+p^2}-1}{\sqrt{1+p^2}+1}+C$, $y=\frac{p}{\sqrt{1+p^2}}$ が一般解のパラメータ表示である．後者より $\sqrt{1+p^2}=\frac{1}{\sqrt{1-y^2}}$, $p=\frac{y}{\sqrt{1-y^2}}$ と解けるので，これを前者に代入すれば $x=\sqrt{1-y^2}+\frac{1}{2}\log\frac{1-\sqrt{1-y^2}}{1+\sqrt{1-y^2}}+C$ という表現も得られる．これは $\frac{dy}{dx}=\frac{y}{\sqrt{1-y^2}}$ を変数分離形として解いたものと一致する．なお $y=0$ は解であるが一般解の包絡線ではなく，$C\to\infty$ のときのある種の極限状態であるが，任意定数を入れ替えて単純に得られるものではないので，これを特異解と言ってもよいであろう．なお本問は $p=y'$ を実とすると方程式

から $y=\frac{p}{\sqrt{1+p^2}}$ は $-1<y<1$ の範囲となるので，解曲線もその範囲にのみ存在する.
(6) $p\log p=y$ の両辺を x で微分すると $(1+\log p)p'=p$, $dx=\frac{1+\log p}{p}dp$. 両辺を積分して $x=\int\frac{1+\log p}{p}dp=\log p+\frac{(\log p)^2}{2}+C$. これをもとの式 $y=p\log p$ と連立させたものが p をパラメータとする一般解となる.（もとの式は p について陽に解けないので，x,y だけの式を得ることはできない.）$p=0$ から得られる $y=0$ は特異解. なお，解曲線は $y\geq-\frac{1}{e}$ の範囲にしかないことが方程式から直接分かる.
(7) $y=(x+1)p^2+1$ の両辺を x で微分すると $p=p^2+2(x+1)pp'$. これより $p=0$, または $1=p+2(x+1)p'$. 前者からは，始めの式に代入して $y=1$ を得る. 後者は変数分離形として積分すると $\frac{dp}{1-p}=\frac{dx}{2(x+1)}$, $-\log(1-p)=\frac{1}{2}\log|x+1|+C$, $1-p=\frac{c}{\sqrt{|x+1|}}$, $p=1-\frac{c}{\sqrt{|x+1|}}$. これともとの式から一般解 $y=(x+1)\bigl(1-\frac{c}{\sqrt{|x+1|}}\bigr)^2+1$, あるいは $(x+y-c)^2=4(x+1)(y-1)$ を得る. 最初に求めた $y=1$ は特異解. $p=1$ のときの $y=x+2$ も特異解に含めてよいだろう. 解曲線の存在範囲が $(x+1)(y-1)\geq 0$ であることは方程式から直接分かる.
(8) $y=xp^2+p^2-p^3$ と見るとラグランジュ型である. 両辺を x で微分すると $p=p^2+2(x+1)pp'-3p^2p'$, $p\{(2x+2-3p)p'+p-1\}=0$. これより $p=0$ または $p=1$ または $(p-1)\frac{dx}{dp}+2x=3p-2$. 最初の二つからは特異解 $y=0$, あるいは $y=x$ を得る. 最後のものを x の 1 階線形と見て解けば，$\frac{d}{dp}\{(p-1)^2x\}=(3p-2)(p-1)=3(p-1)^2+(p-1)$, $(p-1)^2x=(p-1)^3+\frac{1}{2}(p-1)^2+C$, よって $x=(p-1)+\frac{1}{2}+\frac{C}{(p-1)^2}=p-\frac{1}{2}+\frac{C}{(p-1)^2}$, $y=p^3-\frac{p^2}{2}+\frac{Cp^2}{(p-1)^2}+p^2-p^3=\frac{p^2}{2}+\frac{Cp^2}{(p-1)^2}$ がパラメータ表示された一般解となる. これから $y=x$ は解曲線の $p\sim 1$ における極限位置にあることが分かるが，通常の操作では得られないので特異解としておいてよいであろう.
(9) $y=(x+2)p^3$ の両辺を x で微分して $p=p^3+3(x+2)p^2p'$. $p\{3(x+2)pp'+p^2-1\}=0$. $p=0$ からは特異解（取り敢えずそう呼んでおく）$y=0$ を得る. $3(x+2)pp'+p^2-1=0$ を $\frac{3}{2}(x+2)(p^2)'+p^2=1$, $\frac{3}{2}(x+2)(p^2-1)'+p^2-1=0$, $\frac{(p^2-1)'}{p^2-1}=-\frac{2}{3}\frac{1}{x+2}$ と変形すると積分でき，$\log(p^2-1)=-\frac{2}{3}\log(x+2)+C$, $p^2-1=c(x+2)^{-2/3}$, $p^2=1+C(x+2)^{-2/3}$ となるので，もとの式に代入して一般解 $y=\pm(x+2)\{1+C(x+2)^{-2/3}\}^{3/2}$, あるいは $y^{2/3}=(x+2)^{2/3}+C$ を得る. これが $y=0$ を特殊解として含んでいないことから，この時点で $y=0$ が特異解であったことが確定する.
(10) $y^2-2xyp+(1+x^2)p^2=1$ は $(y-xp)^2=1-p^2$ と変形し，$y-xp=\pm\sqrt{1-p^2}\ldots$① と解いて両辺を x で微分すると，$p-p-xp'=\pm\frac{-pp'}{\sqrt{1-p^2}}$, すなわち，$p'\bigl(-x\pm\frac{p}{\sqrt{1-p^2}}\bigr)=0$. よって $p'=0$ または $x=\pm\frac{p}{\sqrt{1-p^2}}$. 前者からは $p=c$ を得てもとの式あるいは①に代入すると $(y-cx)^2=1-c^2$, あるいは $y=cx\pm\sqrt{1-c^2}$ という 2 系統の直線族の一般解を得る. 後者からは $p=\pm\frac{x}{\sqrt{x^2+1}}$ を①に代入して $y=\pm\sqrt{x^2+1}$. これは特異解.
(11) $x=\frac{y}{p}+\frac{1}{p^2}$ の両辺を x で微分して $1=1-\frac{yp'}{p^2}-\frac{2p'}{p^3}$, すなわち，$p'(py+2)=0$. $p'=0$ からは $p=c$ を得て，もとの式から $x=\frac{y}{c}+\frac{1}{c^2}$, すなわち $y=cx-\frac{1}{c}$ という直線

族の一般解を得る．後者からは $p=-\frac{2}{y}$ をもとの式に代入して $x=-\frac{y^2}{2}+\frac{y^2}{4}=-\frac{y^2}{4}$, すなわち $y^2+4x=0$ という特異解を得る．この問題は与えられた方程式を y について解けば，クレロー型の問題 2.11.1 (4) と同じになるが，この場合に限っては，ここでの解法の方がすっきりしている．

(12) $xp+y=\pm y\sqrt{p}$, $y=x\frac{p}{\pm\sqrt{p}-1}\cdots$①と変形してラグランジュ型にしておき，両辺を x で微分すると，$p=\frac{p}{\pm\sqrt{p}-1}+x\frac{\pm\sqrt{p}-1\mp\frac{p}{2\sqrt{p}}}{(\pm\sqrt{p}-1)^2}p'$, $\frac{x}{2}\frac{\pm\sqrt{p}-2}{(\pm\sqrt{p}-1)^2}p'=p\frac{\pm\sqrt{p}-2}{\pm\sqrt{p}-1}$. これより $p=0$ または $\pm\sqrt{p}=2$, または $\frac{x}{2}p'=p(\pm\sqrt{p}-1)$. 前の二つからは①に代入して $y=0$, $y=4x$ を得る．後者は $\frac{dx}{x}=\frac{dp}{2p(\pm\sqrt{p}-1)}$ と変数分離され，$\log x=\int\frac{dp}{2p(\pm\sqrt{p}-1)}=\int\frac{d\sqrt{p}}{\sqrt{p}(\pm\sqrt{p}-1)}=\int\left(\frac{\pm 1}{\pm\sqrt{p}-1}-\frac{1}{\sqrt{p}}\right)d\sqrt{p}=\log(\pm\sqrt{p}-1)-\log\sqrt{p}+C$, 従って $x=C\frac{\pm\sqrt{p}-1}{\sqrt{p}}$ となり，①に代入すると，$y=C\sqrt{p}$, 従って $x=C\frac{\pm y-C}{y}$, あるいは $y=\frac{c^2}{c-x}$ が最終的な一般解となる．（複号は c に繰り込んだ.）最初に求めた解のうち $y=0$ はこの一般解に含まれるが $y=4x$ は含まれないので，特異解であり，図を描いてみると包絡線になっていることが分かる．

図には解曲線が存在しない領域があるが，これはもとの方程式 $(xp+y)^2=y^2p$ を p の 2 次方程式と見たときの "判別式 ≥ 0" の条件から，$y>0$ では $y\geq 4x$, $y<0$ では $y\leq 4x$ が得られることから納得される．これは一般解において c が実になる条件と一致することに注意せよ．求積法の計算問題としてはこのような制限が付くのは不自然で，実際 c として虚数を許せば空白の領域も解で埋め尽くされるが，そのような解は実領域に点として一瞬現れるだけで，曲線としては現れない．

(13) $2y(p+2)=xp^2$ の両辺を x で微分して $2p(p+2)+2yp'=p^2+2xpp'$, $2(xp-y)p'=p(p+4)$. もとの式を用いて y を消去すると $(2xp-\frac{xp^2}{p+2})p'=p(p+4)$. これは変数分離でき，$\frac{dx}{x}=\frac{2(p+2)-p}{(p+2)(p+4)}dp=\frac{1}{p+2}dp$. 積分して $\log x+C=\log(p+2)$, $p=cx-2$. これをもとの式に代入して $2cxy=x(cx-2)^2$, すなわち，$y=\frac{1}{2c}(cx-2)^2$ という放物線の族が一般解．途中で割り算した $p=0$ のときは，もとの式から $y=0$, また $p=-4$ のときは $y=-4x$ という解を得るが，これらは一般解には含まれないので特異解であり，実際上の放物線族の包絡線となっている．なお，もとの方程式の p に関する実根条件より，解曲線は $y^2+4xy\geq 0$ の範囲にしか存在しない．

(14) $y=2xp-p^3$ の両辺を x で微分して $p=2p+2xp'-3p^2p'$, すなわち，$(3p^2-2x)p'=p$. 独立変数を p, 未知関数を x と読み替えて $(3p^2-2x)=p\frac{dx}{dp}$, $\frac{dx}{dp}+\frac{2}{p}x=3p$ と 1 階線形になる．両辺に p^2 を掛ければ $\frac{d}{dp}(p^2x)=3p^3$. 積分して $p^2x=\frac{3}{4}p^4+C$, $x=\frac{3}{4}p^2+\frac{C}{p^2}$. これともとの式から得る $y=\frac{3}{2}p^3+\frac{2C}{p}-p^3=\frac{1}{2}p^3+\frac{2C}{p}$ を連立させたものがパラメータ表示された一般解となる．なお，$p=0$ のときの $y=0$ も解だが，一般解の極限位置にあり，包絡線にはなっていないので微妙ではあるが，特異解と言っていいだろう．

(15) $yp=2xp^2+1$ の両辺を x で微分して $p^2+yp'=2p^2+4xpp'$, $(y-4xp)p'=p^2$. もとの式を用いて y を消すと，$(\frac{1}{p}-2xp)p'=p^2$. これは p と x の役割をひっくり返すと 1 階線形 $p^2\frac{dx}{dp}+2px=\frac{1}{p}$ とみなせ，$\frac{d}{dp}(p^2x)=\frac{1}{p}$, $p^2x=\log p+C$, よって $x=\frac{1}{p^2}(\log p+C)$ と積分できる．これともとの式から得られる $y=\frac{2\log p}{p}+\frac{2C}{p}+\frac{1}{p}=\frac{1}{p}(2\log p+1+2C)$

を連立させたものがパラメータ表示の一般解となる．特異解は存在せず，解曲線はもとの方程式を p の 2 次方程式と見たときの実根条件である $x \leq \frac{1}{8}y^2$ の範囲に限定される．

(16) $p^3 - 3p = y - x$ の両辺を x で微分して $(3p^2 - 3)p' = p - 1$．これより $p = 1$ または $\frac{dx}{dp} = 3(p+1)$．前者からは特異解 $y = x - 2$ を得る．後者は p で積分して $x = \frac{3}{2}(p+1)^2 + C$．これをもとの式に代入した $y = \frac{3}{2}(p+1)^2 + p^3 - 3p + C$ と連立させたものがパラメータ表示の一般解である．p を x で表せば，一応 y を x の関数として表すこともできる：$y = x + p^3 - 3p = x + (p+1)^2(p-2) + 2 = x + \frac{2}{3}(x - C)\{\pm\sqrt{\frac{2}{3}(x - C)} - 3\} + 2 = -x + 2(C+1) \pm \left\{\frac{2}{3}(x - C)\right\}^{3/2}$．後者の表現から包絡線を求めると，特異解 $y = x - 2$ が拾える．これは前者の表現では見えにくいが，解曲線の図を描いてみると見えてくる．

(17) $xp^2 + 2yp = x$ の両辺を x につき微分して $p^2 + 2xpp' + 2p^2 + 2yp' = 1$，すなわち $2(y + xp)p' = 1 - 3p^2$． これにもとの式から得られる $y = \frac{x(1-p^2)}{2p}$ を代入して $x\left(\frac{1-p^2}{p} + 2p\right)p' = 1 - 3p^2$，すなわち，$x\frac{(1+p^2)p'}{p} = 1 - 3p^2$．これは変数分離形で，$\frac{dx}{x} = \frac{(1+p^2)dp}{p(1-3p^2)}$, $\log x = \int \frac{1+p^2}{p(1-3p^2)}dp = \int \frac{1+p^2}{2p^2(1-3p^2)}d(p^2) = \frac{1}{2}\int\left(\frac{1}{p^2} + \frac{4}{1-3p^2}\right)d(p^2) = \frac{1}{2}\log p^2 - \frac{2}{3}\log(1 - 3p^2) + C$, $x = \frac{cp}{(1-3p^2)^{2/3}}$．これと上の式から得られる $y = \frac{c(1-p^2)}{2(1-3p^2)^{2/3}}$ を連立させたものがパラメータ表示の一般解である．最後に，上の計算で割り算に使った因子 $1 - 3p^2$ が 0 となるところから $p = \pm\frac{1}{\sqrt{3}}$，これを与方程式に代入した $y = \pm\frac{1}{\sqrt{3}}x$ が特異解となる．これは包絡線でなく一般解の解曲線の一種の極限集合である．

(18) そのまま両辺を x で微分してもうまくゆかないので，両辺を x^2 で割り，$y/x = z$ と変換すると $(p - z)^2 = 2z(1 + p^2)$，ここで，$p = \frac{dy}{dx} = z + x\frac{dz}{dx}$ なので，$\left(x\frac{dz}{dx}\right)^2 = 2z\left\{1 + z^2 + 2xz\frac{dz}{dx} + \left(x\frac{dz}{dx}\right)^2\right\}$．更に $\log x = t$ と置けば，$\frac{dx}{x} = dt$，すなわち $x\frac{d}{dx} = \frac{d}{dt}$ だから $\left(\frac{dz}{dt}\right)^2 = 2z\left\{1 + z^2 + 2z\frac{dz}{dt} + \left(\frac{dz}{dt}\right)^2\right\}$ となる．$(2z-1)\left(\frac{dz}{dt}\right)^2 + 4z^2\frac{dz}{dt} + 2z(1+z^2) = 0$ と変形して $\frac{dz}{dt} = \frac{-2z^2 \pm \sqrt{4z^4 - 2z(2z-1)(z^2+1)}}{2z-1} = \frac{-2z^2 \pm \sqrt{2z^3 - 2z(2z-1)}}{2z-1} = \frac{-2z^2 \pm \sqrt{2z}(z-1)}{2z-1}$．よって $t = \int \frac{2z-1}{-2z^2 \pm \sqrt{2z}(z-1)}dz = -\int \frac{2z-1}{z\sqrt{z} \mp \frac{1}{\sqrt{2}}(z-1)}d\sqrt{z}$．$\sqrt{2z} = s$ と置くと，この積分は $= 2\int \frac{s^2-1}{s^3 \mp s^2 \pm 2}ds = 2\int \frac{s \mp 1}{s^2 \mp 2s + 2}ds = \log(s^2 \mp 2s + 2) + C$ と計算できるので，変数をもとに戻すと $-\log x = \log(\frac{2y}{x} \mp 2\sqrt{\frac{2y}{x}} + 2) + C$，あるいは $2y \mp 2\sqrt{2xy} + 2x = C$, $(x - c)^2 + (y - c)^2 = c^2$ が一般解となる．

(19) $x^2p^2 - 2xyp + y^2 = x^2y^2 - x^4$ は $(xp - y)^2 = x^2(y^2 - x^2)$ と変形できる．この両辺を x で微分すると，$2(xp - y)(xp - y)' = 2xy^2 + 2x^2yp - 4x^3 = 2xy(xp - y) + 4x(y^2 - x^2) = 2xy(xp - y) + \frac{4}{x}(xp - y)^2$ と書き直される．よって $xp - y = 0$，または $(xp - y)' = xy + \frac{2}{x}(xp - y)$．後者は，やや技巧的だが，$\frac{(xp-y)'}{x^2} - \frac{2(xp-y)}{x^3} = \frac{y}{x}$, $\left(\frac{xp-y}{x^2}\right)' = \frac{y}{x}$ と変形できる．もとの方程式から $\frac{(xp-y)^2}{x^4} = \frac{y^2}{x^2} - 1$．よって $z = \frac{xp-y}{x^2}$ と置けば，$z' = \pm\sqrt{z^2 + 1}$ と変数分離形になり，$\log(z + \sqrt{z^2 + 1}) = \pm(x + C)$ と積分できる．これを z について解くと，$z + \sqrt{z^2 + 1} = e^{\pm(x+C)}$, $z - \sqrt{z^2 + 1} = -e^{\mp(x+C)}$．よって $z = \frac{1}{2}(e^{\pm(x+C)} - e^{\mp(x+C)}) = \pm\sinh(x + C)$．よって $xp - y = \pm x^2\sinh(x + C)$．もとの方程式よりこれは $= \pm x\sqrt{y^2 - x^2}$ だから，これを y について解けば，$y^2 = x^2 + x^2\sinh^2(x + C) = x^2\cosh^2(x + C)$，よって一般解 $y = \pm x\cosh(x + C)$ が得られた．最後に，もう一つの選択肢 $xp - y = 0$ につい

ては，もとの方程式から $y=\pm x$ が得られるが，これは $p=\pm 1$ より仮定を満たしているので解となる．一般解には含まれないので，特異解である．図を描いてみると確かにこれは一般解のグラフの包絡線になっている．

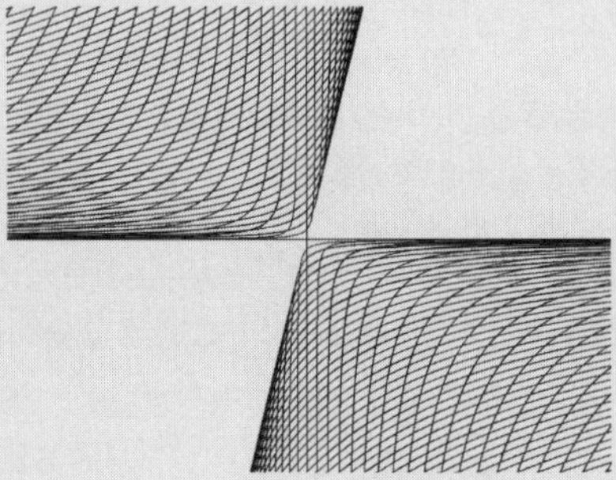

問題 2.12.1(12) の解曲線の図

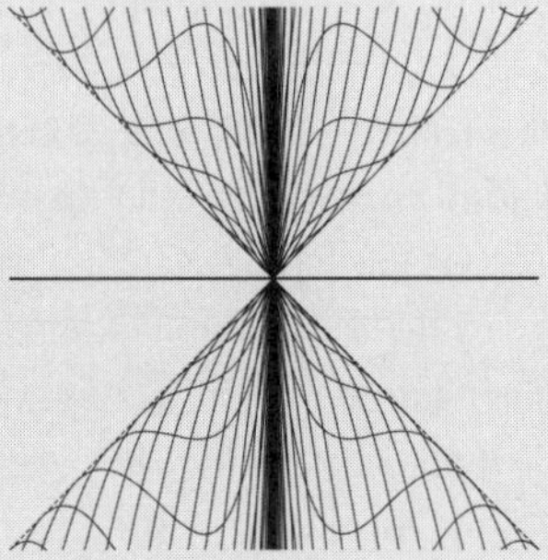

問題 2.12.1(19) の解曲線の図

(20) $\frac{dy}{dx}=p$ と置き，$y=x+p^3$ の両辺を x で微分すると，$p=1+3p^2\frac{dp}{dx}$. $\therefore dx=\frac{3p^2dp}{p-1}=\left(3p+3+\frac{3}{p-1}\right)dp$. よって一般解は，これを積分した $x=\frac{3}{2}p^2+3p+3\log|p-1|+C$ と $y=x+p^3$ とから p を消去して $x=\frac{3}{2}(y-x)^{2/3}+3(y-x)^{1/3}+3\log|(y-x)^{1/3}-1|+C$. あるいは，$p$ をパラメータとして $x=\frac{3}{2}p^2+3p+3\log|p-1|+C$, $y=p^3+\frac{3}{2}p^2+3p+3\log|p-1|+C$ としてもよい．ただし，$p=\frac{dy}{dx}$ が定数となる場合は，これを独立変数として使うことができない．この場合は，$y=x+p^3$ から $\frac{dy}{dx}=1$, 従ってその定数は 1 に限られ，$y=x+1$ が一つの解となる．これが特異解である．（これは途中で割り算した因子 $p-1=0$ からも求まる．）この解は，一般解において $C\to\infty$ としたときの一種の極限となっている．

(21) $y'=p$ と置き，$y=2xp^2-p^2e^p$ の両辺を x で微分すると $p=2p^2+4xpp'-(2p+p^2)e^pp'$. 従って $p=0$, または $(2p-1)\frac{dx}{dp}+4x=(p+2)e^p$ という p を独立変数，x を未知関数とする 1 階線形方程式になる．これを $\frac{d}{dp}\{(2p-1)^2x\}=(2p-1)(p+2)e^p$ と変形し，積分すれば $(2p-1)^2x=(2p+1)(p-1)e^p+C$, よって $x=\frac{(2p+1)(p-1)}{(2p-1)^2}e^p+\frac{C}{(2p-1)^2}$. これともとの方程式から得られる $y=2p^2\left(\frac{(2p+1)(p-1)}{(2p-1)^2}e^p+\frac{C}{(2p-1)^2}\right)-p^2e^p=\frac{p^2(2p-3)}{(2p-1)^2}e^p+\frac{2Cp^2}{(2p-1)^2}$ を合わせたものがパラメータ表示の一般解である．特異解は始めの $p=0$ を与方程式に代入して得られる $y=0$. なお，解曲線は第 2 象限には存在しないことが方程式から分かる．

(22) $y+x^2=2xp-\frac{1}{2}p^2$ の両辺を x で微分して $p+2x=2p+(2x-p)p'$, よって $2x-p=0$ または $p'=1$. 後者からは $p=x+C$, $y+x^2=2x(x+C)-\frac{1}{2}(x+C)^2$, $y=\frac{1}{2}(x+C)^2-C^2$. これが一般解で，特異解は前者から $y+x^2=4x^2-\frac{1}{2}\cdot 4x^2$, $y=x^2$. これは一般解の包絡線となっている．解曲線の存在範囲 $y\leq x^2$ は p の判別式からも分かる．

(23) $y=axp+p^b$ の両辺を x で微分して $p=ap+(ax+bp^{b-1})p'$, $\frac{dx}{dp}+\frac{a}{(a-1)p}x=-\frac{b}{a-1}p^{b-2}$ と変形すると，x の 1 階線形となり，積分因子 $p^{a/(a-1)}$ が目の子で求まって，$p^{a/(a-1)}x=-\frac{b}{a-1}\int p^{b-2+a/(a-1)}dp=-\frac{b}{ab-b+1}p^{(ab-b+1)/(a-1)}+C$, よって $x=-\frac{b}{ab-b+1}p^{b-1}+Cp^{-a/(a-1)}$. もとの方程式から $y=-\frac{ab}{ab-b+1}p^b+p^b+Cap^{-1/(a-1)}=$

$-\frac{b-1}{ab-b+1}p^b + Cap^{-1/(a-1)}$. これらを連立させたものが一般解である. 割り算で除外した $p=0$ から得られる $y=0$ は特異解となる.

2.13.1 (1) $x-y=z$ と置いて未知関数を y から z に変換すると, $y'=1-z'=z^2+1$, すなわち $z'=-z^2$ で変数分離形に帰着した. $\frac{dz}{z^2}=-dx$, $-\frac{1}{z}=-x+C$, $z=\frac{1}{x-C}$. よって $y=x-z=x-\frac{1}{x-C}$.

(2) $x+y=z$ と置けば, $y'=z'-1$, $z^2(z'-1)=\log(z+1)$. よって $z'=\frac{\log(z+1)}{z^2}+1$. これは変数分離形で, $\frac{z^2}{\log(z+1)+z^2}dz=dx$, $x=\int\frac{z^2}{\log(z+1)+z^2}dz+C$. 右辺の原始関数に $z=x+y$ を代入したものが陰関数表示の答である. あるいは z をパラメータと見て $y=z-x=z-\int\frac{z^2}{\log(z+1)+z^2}dz-C$ と連立したものをパラメータ表示の答としてもよい.

(3) $x-y=z$ と置くと $y'=1-z'=\sin z$. よって $\frac{dz}{1-\sin z}=dx$, $\int\frac{dz}{1-\sin z}=x+C$. この積分は, $\int\frac{dz}{1-\sin z}=\int\frac{1+\sin z}{1-\sin^2 z}dz=\int\frac{1}{\cos^2 z}dz+\int\frac{\sin z}{\cos^2 z}dz=\tan z+\frac{1}{\cos z}=\frac{1+\sin z}{\cos z}$ と実行できるので, 結局答は $\frac{1+\sin(x-y)}{\cos(x-y)}=x+C$. どうせ y について解けないのだから, $x=\frac{1+\sin z}{\cos z}+c$, $y=\frac{1+\sin z}{\cos z}-z+c$ というパラメータ表示を答としてもよい.

(4) $z=ax+by+c$ と置けば, 方程式より $y'=z^2$ であり, $z'=a+by'=a+bz^2$. よって $\frac{dz}{a+bz^2}=dx$, 積分して $\frac{1}{\sqrt{ab}}\operatorname{Arctan}\left(\sqrt{\frac{b}{a}}z\right)=x+C$, $\sqrt{\frac{b}{a}}z=\tan\{\sqrt{ab}(x+C)\}$. よって, $ax+by+c=\sqrt{\frac{a}{b}}\tan\{\sqrt{ab}(x+C)\}$, $y=\frac{1}{b}\left\{\sqrt{\frac{a}{b}}\tan\{\sqrt{ab}(x+C)\}-(ax+c)\right\}$. 本問では小文字の c は任意定数とは無縁の定数である.

(5) $z=ax+by+c$ と置けば, $y'=\pm\sqrt{z}$ であり, $z'=a+by'=a\pm b\sqrt{z}$. 従って $\frac{dz}{a\pm b\sqrt{z}}=dx$, 積分して $x+C=\int\frac{1}{a\pm b\sqrt{z}}dz=\int\frac{\pm2\sqrt{z}}{(a\pm b\sqrt{z})}d(\pm\sqrt{z})=\int\left(\frac{2}{b}-\frac{2a}{b}\frac{1}{a\pm b\sqrt{z}}\right)d(\pm\sqrt{z})=\pm\frac{2}{b}\sqrt{z}-\frac{2a}{b^2}\log(a\pm b\sqrt{z})$. よって答は $\pm\frac{2}{b}\sqrt{ax+by+c}-\frac{2a}{b^2}\log(a\pm b\sqrt{ax+by+c})=x+C$. 本問も小文字の c は任意定数ではない.

(6) $x+2y=z$ を新しい未知関数とすると, $1+2\frac{dy}{dx}=\frac{dz}{dx}$, よって $\frac{1}{2}\frac{dz}{dx}-\frac{1}{2}=e^z+1$ となり, $\frac{dz}{2e^z+3}=dx$ と変数分離される. よって $x+C=\int\frac{dz}{2e^z+3}=\int\frac{1}{2e^z+3}\frac{d(e^z)}{e^z}=\frac{1}{3}\int\left(\frac{1}{e^z}-\frac{2}{2e^z+3}\right)d(e^z)=\frac{1}{3}\{\log e^z-\log(2e^z+3)\}=\frac{1}{3}\{z-\log(2e^z+3)\}=\frac{1}{3}(x+2y)-\frac{1}{3}\log(2e^{x+2y}+3)$. よって一般解は $\frac{2}{3}(y-x)=\frac{1}{3}\log(2e^{x+2y}+3)+c$, あるいは, $ce^{2(y-x)}=2e^{x+2y}+3$, あるいは更に, $3e^{-2y}=ce^{-2x}-2e^x$, $y=-\frac{1}{2}\log\frac{ce^{-2x}-2e^x}{3}$.

(7) $xy=z$ と置いて未知関数を z に変換すれば, $y+xy'=z'$, $y'=\frac{z'}{x}-\frac{z}{x^2}$ で, もとの方程式は $z(1+z)+x^2(1-z)\left(\frac{z'}{x}-\frac{z}{x^2}\right)=0$, $z(1+z)+(1-z)(xz'-z)=0$, $xz'=z+z\frac{z+1}{z-1}=\frac{2z^2}{z-1}$ と変形され, $\frac{dx}{x}=\frac{z-1}{2z^2}dz$ と変数分離される. 積分して $\log x+C=\frac{1}{2}\log z+\frac{1}{2z}$, 変数をもとに戻して $\log x+C=\frac{1}{2}\log y+\frac{1}{2}\log x+\frac{1}{2xy}$, $\log x+C=\log y+\frac{1}{xy}$. あるいは $\frac{y}{x}e^{1/xy}=c$.

(8) $xy=z$ と置けば, $x^2\left(\frac{xz'-z}{x^2}+\frac{z^2}{x^2}\right)=1-z$, $xz'=1-z^2$, $\frac{dx}{x}=\frac{dz}{1-z^2}$ と変数分離され, $\log x=\frac{1}{2}\log\frac{1+z}{1-z}+C$, あるいは $\frac{1+z}{1-z}=cx^2$ と積分できる. 変数をもとに戻して $\frac{1+xy}{1-xy}=cx^2$ が一般解. これは y について解くこともでき, $y=\frac{1-2x+cx^2}{x(1+cx^2)}$ となる.

(9) $xy'=z$ と置けば, 方程式は $z^3+z=y^3$ となる. 両辺を x で微分して $(3z^2+1)\frac{dz}{dx}=3y^2\frac{dy}{dx}=3\frac{z}{x}(z^3+z)^{2/3}$. よって $\int\frac{3z^2+1}{z(z^3+z)^{2/3}}dz=\frac{3dx}{x}=3\log x+C$. 従って $x=c\exp\left(\int\frac{3z^2+1}{3z(z^3+z)^{2/3}}dz\right)$, $y=(z^3+z)^{1/3}$ がパラメータ表示の一般解となる.

この問題は与えられた方程式を xy' の代数的な 3 次方程式と見て，カルダーノの公式により $xy' = y$ のみの式，という等式を得て，変数分離して積分することもできる.

(10) $xy = z$ により未知関数を z に変換すると，$y' = \frac{xz'-z}{x^2}$, 従って $2\frac{xz'-z}{x^2} = -\frac{z^2}{x^2} - \frac{1}{x^2}$, 分母を払って $2(xz'-z) = -z^2 - 1$, すなわち $2xz' = -z^2 + 2z - 1 = -(z-1)^2$. これは $\frac{dx}{x} = -\frac{2dz}{(z-1)^2}$ と変数分離され，積分して $\log x + C = \frac{2}{z-1}$, $z = \frac{2}{\log x + C} + 1$. よって $y = \frac{2}{x\log x + Cx} + \frac{1}{x}$.

(11) $xy = z$ と置けば，$xy' + y = z'$ で，方程式は $z' - y = y\frac{1+z^2}{1-z^2}$, すなわち $z' = y\frac{2}{1-z^2} = \frac{z}{x}\frac{2}{1-z^2} =$ となり，変数分離できて，$\int \frac{dx}{x} = \int \frac{1-z^2}{2z}dz$, $\log x + C = \frac{1}{2}\log z - \frac{z^2}{4}$. 変数を戻して整理すれば $\frac{x^2}{y^2}e^{x^2y^2} = c$.

(12) $xy = z$ と置くと，$y + xy' = z'$, $z' - \frac{z}{x} = xy'$. また方程式より $xy' + xz^3 = \frac{1}{x^2}$. よって，$z' - \frac{z}{x} + xz^3 = \frac{1}{x^2}$, $x^2z' - xz + (xz)^3 = 1$. そこでもう一度 $xz = u$ と置けば，$z + xz' = u'$ で $x(u'-z) - u + u^3 = 1$, $xu' = -u^3 + 2u + 1$. これは変数分離できて $\frac{du}{u^3-2u-1} = -\frac{dx}{x}$, 積分して $-\log x + C = \int \frac{du}{u^3-2u-1} = \int \frac{du}{(u+1)(u^2-u-1)} = -\int \left(\frac{u-2}{u^2-u-1} - \frac{1}{u+1}\right)du = -\frac{1}{2}\log(u^2-u-1) + \frac{3}{2\sqrt{5}}\log\frac{2u-1-\sqrt{5}}{2u-1+\sqrt{5}} + \log(u+1)$, $x\frac{u+1}{\sqrt{u^2-u-1}}\left(\frac{2u-1-\sqrt{5}}{2u-1+\sqrt{5}}\right)^{3/2\sqrt{5}} = c$. よって $u = x^2y$ を置き戻して，答は，$\frac{x(x^2y+1)}{\sqrt{x^4y^2-x^2y-1}}\left(\frac{2x^2y-1-\sqrt{5}}{2x^2y-1+\sqrt{5}}\right)^{3/2\sqrt{5}} = c$.

(13) $e^y = z$ と未知関数を変換すると，$e^y\frac{dy}{dx} = \frac{dz}{dx}$, 従って $\frac{dy}{dx} = \frac{1}{z}\frac{dz}{dx}$. これを方程式に代入すると，$\frac{x}{z}\frac{dz}{dx} + 1 = \frac{z}{x}$. これは同次形なので，更に $\frac{z}{x} = w$ と未知関数を変換すると，$\frac{dz}{dx} = w + x\frac{dw}{dx}$, よって $\frac{1}{w}(w + x\frac{dw}{dx}) + 1 = w$. 変数分離して $\frac{dw}{w(w-2)} = \frac{dx}{x}$. 積分して $\log x = \int \frac{dw}{w(w-2)} = \frac{1}{2}\int\left(\frac{1}{w-2} - \frac{1}{w}\right)dw = \frac{1}{2}\log\frac{w-2}{w} + C$, すなわち $w = \frac{2}{1-cx^2}$. 変数を戻して $y = \log z = \log(xw) = \log\frac{2x}{1-cx^2}$. これを見ると，最初から $\frac{e^y}{x} = w$ と置けばよかったことが結果論として分かる.

(14) 方程式の両辺に y を掛けると，$xyy' + 2(yy')^2 = y^2$, $y^2 = z\ldots$① と置いて $\frac{1}{2}xz' + \frac{1}{2}(z')^2 = z\ldots$②. 更に $z' = q\ldots$③ と置けば，$xq + q^2 = 2z$. この両辺を x で微分して $q + xq' + 2qq' = 2q$, $(x+2q)\frac{dq}{dx} = q$. これは $\frac{dx}{dq} = \frac{x}{q} + 2$ と q を独立変数 x を未知関数とする 1 階線形にできる. $\frac{d}{dq}\left(\frac{x}{q}\right) = \frac{2}{q}$ と変形して積分すると $\frac{x}{q} = 2\log q + C$. ②,③から $\frac{1}{2}(xq + q^2) = z = y^2$. これよりパラメータ表示された一般解 $x = 2q\log q + Cq$, $y = \pm\sqrt{q^2\log q + \frac{C+1}{2}q^2}$ を得る.

(15) 両辺に $2y$ を掛けて $y^2 = z$ と置換すれば，$(x^2 - z^2)\frac{dz}{dx} = 2xz$. これは同次形なので，更に $z = ux$ と置けば，$u + x\frac{du}{dx} = \frac{2u}{1-u^2}$, 変数分離して積分すると $\frac{dx}{x} = \frac{1-u^2}{u(1+u^2)}du$, $\log x + C = \frac{1}{2}\int \frac{1-u^2}{u^2(1+u^2)}d(u^2) = \frac{1}{2}\int\left(\frac{1}{u^2} - \frac{2}{1+u^2}\right)d(u^2) = \frac{1}{2}\log\frac{u^2}{(1+u^2)^2}$, あるいは $\frac{u}{1+u^2} = cx$. これに $u = \frac{z}{x} = \frac{y^2}{x}$ を代入したものが一般解 $\frac{y^2}{x^2+y^4} = c$ となる.（従って最初から $u = \frac{y^2}{x}$ と置けばよかったことが分かる.）グラフを描くには $x = \pm y\sqrt{c^2 - y^2}$ という表現も使える. 2 次方程式を解いて y を x の関数として表すこともできるが，綺麗ではないので省略する.

2.14.1 $P(x)y = z$ により未知関数を変換すると，$\frac{dz}{dx} = P(x)\frac{dy}{dx} + P'(x)y = P(x)^2y^2 +$

$P(x)Q(x)y + P(x)R(x) + P'(x)y = z^2 + \left\{Q(x) + \frac{P'(x)}{P(x)}\right\}z + P(x)R(x)$. よって $\left\{Q(x) + \frac{P'(x)}{P(x)}\right\} \mapsto Q(x)$, $P(x)R(x) \mapsto R(x)$ と読み替えれば, $P(x) \equiv 1$ の場合に帰着された. z を y に替えてこれを $\frac{dy}{dx} = y^2 + Q(x)y + R(x)$ と書こう. 次は $y + \frac{Q}{2} = z$ と変換すると, $\frac{dz}{dx} = \frac{dy}{dx} + \frac{Q'}{2} = y^2 + Q(x)y + R(x) + \frac{Q'}{2} = z^2 + R(x) + \frac{Q'}{2} - \frac{Q(x)^2}{4}$. よって $R(x)$ が取り替わるだけで未知関数の 1 次の項が消去された.

2.14.2 (1) $\frac{a}{x}$ を方程式に代入すると $-\frac{a}{x^2} + \frac{a^2}{x^2} = \frac{6}{x^2}$, これより $a^2 - a - 6 = 0$ を得て, $a = 3$ または -2. どちらでもよいが, ここでは前者を採用して, $y = u + \frac{3}{x}$ と置けば, $u' - \frac{3}{x^2} + u^2 + \frac{6}{x}u + \frac{9}{x^2} = \frac{6}{x^2}$, 従って $u' + u^2 + \frac{6}{x}u = 0$ というベルヌーイ型になった. $-\frac{u'}{u^2} - \frac{6}{xu} = 1$, $\left(\frac{1}{ux^6}\right)' = \frac{1}{x^6}$, $\frac{1}{ux^6} = -\frac{1}{5x^5} + C$ と積分でき, 定数を取り替えて $u = \frac{5}{x(cx^5-1)}$ $y = \frac{5}{x(cx^5-1)} + \frac{3}{x} = \frac{3cx^5+2}{x(cx^5-1)}$ と一般解が求まる.

(2) $\frac{a}{x}$ を方程式に代入すると $-x^2\frac{a}{x^2} = x^2\frac{a^2}{x^2} + x\frac{a}{x} + 1$, これより $a^2 + 2a + 1 = 0$ となり, $a = -1$. そこで $y = u - \frac{1}{x}$ と置けば, $x^2u' + 1 = x^2u^2 - 2xu + 1 + xu - 1 + 1$, すなわち $xu' = xu^2 - u$ を得てベルヌーイ型となる. $-\frac{u'}{u^2} - \frac{1}{xu} = -1$, $\left(\frac{1}{xu}\right)' = -\frac{1}{x}$ と変形して積分すると, $\frac{1}{xu} = -\log x + C$, $u = \frac{1}{x(C-\log x)}$ と積分でき, 従って一般解は $y = \frac{1-C+\log x}{x(C-\log x)}$.

(3) $\frac{a}{x}$ を方程式に代入すると $-x^2\frac{a}{x^2} + (x\frac{a}{x} - 2)^2 = 0$, これより $a^2 - 5a + 4 = 0$ を得, $a = 1, 4$. $a = 1$ の方を採用すると $y = u + \frac{1}{x}$ と変換して方程式に代入すると $x^2u' - 1 + (xu + 1 - 2)^2 = 0$, すなわち $x^2u' + x^2u^2 - 2xu = 0$ というベルヌーイ型に帰着する. これを $\left(\frac{x^2}{u}\right)' = x^2$ と変形して積分すると $\frac{x^2}{u} = \frac{x^3}{3} + C$, $u = \frac{3x^2}{x^3+c}$. よって一般解は $y = \frac{1}{x} + \frac{3x^2}{x^3+c} = \frac{4x^3+c}{x(x^3+c)}$. (ちなみに, ここで $c = 0$ ととれば, もう一つの候補 $a = 4$ に相当する解となる.)

(4) $\frac{a}{x}$ を方程式に代入すると $-4\frac{a}{x^2} + \frac{a^2}{x^2} = -\frac{4}{x^2}$. これより $a^2 - 4a + 4 = 0$, よって $a = 2$. $y = u + \frac{2}{x}$ を方程式に代入すると $4u' - \frac{8}{x^2} + (u + \frac{2}{x})^2 = -\frac{4}{x^2}$, すなわち $4u' + u^2 + \frac{4}{x}u = 0$ というベルヌーイ型に帰着する. これを $\left(\frac{1}{xu}\right)' = \frac{1}{4x}$ と変形して積分すると, $\frac{1}{xu} = \frac{1}{4}\log x + C$, $u = \frac{4}{x(\log x + c)}$. よって一般解は $y = \frac{2}{x} + \frac{4}{x(\log x + c)} = 2\frac{\log x + c + 2}{x(\log x + c)}$.

(5) $\frac{a}{x}$ を方程式に代入すると $-(x^2 - 1)\frac{a}{x^2} = \frac{a^2}{x^2} - 1$. これより $a = 1$. $y = u + \frac{1}{x}$ を方程式に代入すると $(x^2 - 1)u' - 1 + \frac{1}{x^2} = u^2 + \frac{2}{x}u + \frac{1}{x^2} - 1$, すなわち, $(x^2 - 1)u' = u^2 + \frac{2}{x}u$ とベルヌーイ型になる. これはなかなか目の子では積分できないので, $\frac{1}{u} = z$ と置き, $z' + \frac{2}{x(x^2-1)}z = -\frac{1}{x^2-1}$ と書き直して, 1 階線形の解法を適用する. $\int \frac{2}{x(x^2-1)}dx = \int \frac{2x}{x^2(x^2-1)}dx = \int \left(\frac{1}{x^2-1} - \frac{1}{x^2}\right)d(x^2) = \log\frac{x^2-1}{x^2}$ より, 積分因子は $\frac{x^2-1}{x^2}$ なので, これを両辺に掛けると, $\left(\frac{x^2-1}{x^2}z\right)' = -\frac{1}{x^2}$. 積分して $\frac{x^2-1}{x^2}z = \frac{1}{x} + C$, よって $u = \frac{x^2-1}{x(Cx+1)}$. 従って一般解は $y = \frac{1}{x} + \frac{x^2-1}{x(Cx+1)} = \frac{x+C}{Cx+1}$. なお, この方程式は $y = 1$ が解であることが容易に分かるので, ヒントを無視すれば $y = u + 1$ と置く方が簡単である.

(6) $\frac{a}{x}$ を方程式に代入すると $-x\frac{a}{x^2} + x(x + 1)\frac{a^2}{x^2} = 1$. これより $a = 1$. $y = u + \frac{1}{x}$ を方程式に代入すると $xu' - x\frac{1}{x^2} + x(x + 1)\left(u^2 + \frac{2}{x}u + \frac{1}{x^2}\right) = 1$, すなわち, $xu' + x(x+1)u^2 + 2(x+1)u = 0$. これはベルヌーイ型であり, $-x\frac{u'}{u^2} - 2(x+1)\frac{1}{u} = x(x+1)$, $\left(\frac{1}{u}\right)' - 2\frac{x+1}{x}\frac{1}{u} = x + 1$ と $\frac{1}{u}$ の 1 階線形方程式に帰着される. 積分因子は $\frac{e^{-2x}}{x^2}$ で, これ

を掛けると $\left(\frac{e^{-2x}}{x^2u}\right)'=\frac{x+1}{x^2}e^{-2x}$. よって $\frac{e^{-2x}}{x^2u}=\int\frac{x+1}{x^2}e^{-2x}dx+C$. この不定積分は初等関数では求まらないので，$y=\frac{1}{x}+u=\frac{1}{x}+\frac{e^{-2x}}{x^2}\frac{1}{\int\frac{x+1}{x^2}e^{-2x}dx+C}$ が一般解.

2.14.3 (1) $y=ax^\lambda$ の型の特殊解の存在を仮定して方程式に代入してみると，$a\lambda x^\lambda+3ax^\lambda+a^2x^{2\lambda}=x^2+4x$. よって $\lambda=1, a=1$ で方程式が満たされる．$y=x+u$ を代入すると，$x+xu'+3x+3u+x^2+2xu+u^2=x^2+4x$ より $xu'+(2x+3)u+u^2=0$. このベルヌーイ型方程式を解いて $v=1/u$, $xv'-(2x+3)v=1$, $\left(\frac{e^{-2x}}{x^3}v\right)'=\frac{e^{-2x}}{x^4}$. よって $v=x^3e^{2x}\left(\int\frac{e^{-2x}}{x^4}dx+C\right)$. 以上により一般解は $y=x+x^{-3}e^{-2x}\left(\int\frac{e^{-2x}}{x^4}dx+C\right)^{-1}$.

(2) $y=ax^\lambda$ の型の特殊解の存在を仮定して方程式に代入してみると，$a\lambda x^{\lambda-1}+a^2x^{2\lambda}=x^2+1$. よって $\lambda=1$, $a=1$ で特殊解 x が見つかった．$y=x+u$ を方程式に代入すると，$1+u'+x^2+2xu+u^2=x^2+1$, $u'+2xu+u^2=0$ とベルヌーイ型になる. $\left(\frac{1}{u}\right)'-2x\left(\frac{1}{u}\right)=1$, $\left(e^{-x^2}\frac{1}{u}\right)'=e^{-x^2}$ と変形して積分すれば，$e^{-x^2}\frac{1}{u}=\int e^{-x^2}dx+C$. 変数を戻して $y=x+\frac{e^{-x^2}}{\int e^{-x^2}dx+C}$ が一般解.

(3) $y=ax^\lambda$ という解の存在を仮定して方程式に代入してみると，$(x^4-1)a\lambda x^{\lambda-1}=a^2x^{2\lambda}+2ax^{3+\lambda}-3x^2$, $a(\lambda-2)x^{3+\lambda}-a\lambda x^{\lambda-1}=a^2x^{2\lambda}-3x^2$. よって $\lambda=3$, $a=1$ で成立する．$y=x^3+u$ と置いて方程式に代入すると，$3x^2(x^4-1)+(x^4-1)u'=x^6+2x^3u+u^2+2x^6+2x^3u-3x^2$, $(x^4-1)u'=4x^3u+u^2$ とベルヌーイ型になった. これを $\left(\frac{x^4-1}{u}\right)'=-1$ と変形して積分すると，$\frac{x^4-1}{u}=-x+C$, よって $y=x^3-\frac{x^4-1}{x+C}=\frac{Cx^3+1}{x+C}$. (念のため注意すると途中で C の符号を変えた.) なお，この問題では最初に $\lambda=-1, a=1$ という選択肢も有った. こちらを用いても同じ解が得られる.

(4) $y=ax^\lambda$ という解の存在を仮定して方程式に代入すると，$a\lambda x^\lambda-ax^\lambda+a^2\lambda x^{2\lambda}=x^2$. これは $\lambda=1$, $a=1$ で満たされる．$y=x+u$ を方程式に代入すると，$x+xu'-x-u+x^2+2xu+u^2=x^2$, $xu'+(2x-1)u+u^2=0$ とベルヌーイ型になった. これを $\left(\frac{1}{u}\right)'-\left(2-\frac{1}{x}\right)\frac{1}{u}=\frac{1}{x}$, $\left(\frac{xe^{-2x}}{u}\right)'=e^{-2x}$ と変形して積分すると，$\frac{xe^{-2x}}{u}=-\frac{e^{-2x}}{2}+C$. よって一般解は $y=x-\frac{2xe^{-2x}}{e^{-2x}+C}=\frac{Cx-xe^{-2x}}{e^{-2x}+C}$. (途中で定数を取り替えた.) なお，この問題では，最初に $\lambda=1, a=-1$，すなわち特殊解 $-x$ という選択肢も有ったが，これは求めた一般解で $C=0$ としたものに相当する. ちなみに，ここで選ばれた特殊解は $C=\infty$ に対応する.

(5) $y=ax^\lambda$ の形の特殊解の存在を仮定して方程式に代入すると，$a\lambda x^{\lambda-1}=a^2x^{2\lambda}+ax^{\lambda+1}-1$. これは $\lambda=1$, $a=-1$ で満たされる．$y=u-x$ を方程式に代入すると，$u'-1=u^2-2xu+x^2+xu-x^2-1$, $u'=u^2-xu$. これを $\left(\frac{1}{u}\right)'-x\left(\frac{1}{u}\right)+1=0$, $\left(\frac{e^{-x^2/2}}{u}\right)'=-e^{-x^2/2}$ と変形して積分すれば，$\frac{e^{-x^2/2}}{u}=-\int e^{-x^2/2}dx+C$. よって一般解は $y=\frac{e^{-x^2/2}}{C-\int e^{-x^2/2}dx}-x$.

(6) $y=ax^\lambda$ の形の特殊解の存在を仮定して，方程式に代入すると，$\lambda ax^{\lambda-1}-a^2x^{2\lambda}+ax^{\lambda+2}=2x$. これは $\lambda=2$, $a=1$ で満たされる．$y=x^2+u$ を方程式に代入すると，$2x+u'-x^4-2x^2u-u^2+x^4+x^2u=2x$, $u'-x^2u-u^2=0$. これを $\left(\frac{1}{u}\right)'+x^2\left(\frac{1}{u}\right)+1=0$, $\left(\frac{e^{x^3/3}}{u}\right)'=-e^{x^3/3}$ と変形して積分すれば，$\frac{e^{x^3/3}}{u}=-\int e^{x^3/3}dx+C$. よって一般解は

$y = x^2 - \frac{e^{x^3/3}}{\int e^{x^3/3}dx + C}$.
(7) $y = ax^\lambda$ の形の特殊解の存在を仮定して，方程式に代入すると，$a\lambda x^{\lambda-1} = a^2x^{2\lambda} + ax^{\lambda+1} + x - 1$. これは $\lambda = 0$, $a = -1$ で満たされる．$y = u - 1$ を方程式に代入すると，$u' = u^2 - 2u + 1 + xu - x + x - 1$, $u' = (x-2)u + u^2$. これを $\left(\frac{1}{u}\right)' + (x-2)\left(\frac{1}{u}\right) + 1 = 0$, $\left(\frac{e^{x^2/2-2x}}{u}\right)' = -e^{x^2/2-2x}$ と変形して積分すれば，$\frac{e^{x^2/2-2x}}{u} = -\int e^{x^2/2-2x}dx + C$. よって一般解は $y = \frac{e^{x^2/2-2x}}{C - \int e^{x^2/2-2x}dx} - 1$.
(8) $y = ax^\lambda$ の形の特殊解の存在を仮定し，方程式に代入すると，$a\lambda x^{\lambda+1} + ax^{\lambda+1} - a^2x^{2\lambda} = -\frac{1}{x^2}$. これは $\lambda = -1$, $a = 1$ で満たされる．$y = u + \frac{1}{x}$ を方程式に代入すると，$x^2u' - 1 + xu + 1 - u^2 - \frac{2u}{x} - \frac{1}{x^2} = -\frac{1}{x^2}$, $x^2u' + (x - \frac{2}{x})u = u^2$. これを $\left(\frac{1}{u}\right)' - (\frac{1}{x} - \frac{2}{x^3})\left(\frac{1}{u}\right) + \frac{1}{x^2} = 0$, $\left(\frac{\frac{1}{x}e^{-1/x^2}}{u}\right)' = -\frac{e^{-1/x^2}}{x^3}$ と変形して積分すれば，$\frac{e^{-1/x^2}}{xu} = -\int \frac{e^{-1/x^2}}{x^3}dx = \frac{1}{2}\int e^{-1/x^2}d\left(\frac{1}{x^2}\right) = -\frac{1}{2}e^{-1/x^2} + C$. $u = \frac{2e^{-1/x^2}}{x(c-e^{-1/x^2})}$. よって一般解は $y = \frac{2e^{-1/x^2}}{x(c-e^{-1/x^2})} + \frac{1}{x} = \frac{c+e^{-1/x^2}}{x(c-e^{-1/x^2})}$. なおこの問題では最初に $\lambda = -1, a = -1$ という選択肢も有った．これは一般解に $c = 0$ として含まれている．

2.14.4　$y = \frac{1}{x}$ を方程式に代入すると右辺は明らかに 0 となる．左辺も $y' = -\frac{1}{x^2}$ より 0 となる．よって $\frac{1}{x}$ は $f(x)$ の如何に拘らず特殊解となる．$y = \frac{1}{x} + u$ を方程式に代入すると $u' + u^2 + \frac{2}{x}u = xf(x)u$, $\left(\frac{1}{u}\right)' + (xf(x) - \frac{2}{x})\frac{1}{u} = 1$. $\left(e^{\int(xf(x)-\frac{2}{x})dx}\frac{1}{u}\right)' = e^{\int(xf(x)-\frac{2}{x})dx}$, $\frac{1}{u} = x^2e^{-\int xf(x)dx}\left(\int \frac{1}{x^2}e^{\int xf(x)dx}dx + C\right)$. よって一般解は $y = \frac{1}{x^2} + \frac{e^{\int xf(x)dx}}{x^2(\int \frac{1}{x^2}e^{\int xf(x)dx}dx + C)} = \frac{\int \frac{1}{x^2}e^{\int xf(x)dx}dx + e^{\int xf(x)dx} + C}{x^2(\int \frac{1}{x^2}e^{\int xf(x)dx}dx + C)}$.

2.15.1　(2.29) が (2.27) の逆変換であることを見る．(2.27) の直接の逆変換は，(2.27) において x と ξ, y と η を交換して得られる $x = \xi^{\alpha_n+3}$, $\frac{1}{y} = \xi^2\eta - \frac{\xi}{a}$ である．この変換が $\eta' + \frac{b}{\alpha_n+3}\eta^2 = \frac{a}{\alpha_n+3}\xi^{\alpha_{n-1}}$ を $\frac{dy}{dx} + ay^2 = bx^{\alpha_n}$ に戻すはずなので，$A = \frac{b}{\alpha_n+3}$,　$B = \frac{a}{\alpha_n+3}$ より，$a = (\alpha_n + 3)B$,　$b = (\alpha_n + 3)A$ だから，上の逆変換は $\frac{dy}{dx} + Ay^2 = Bx^{\alpha_{n-1}}$ を $\frac{d\eta}{d\xi} + (\alpha_n + 3)B\eta^2 = (\alpha_n + 3)A\xi^{\alpha_n}$ に写すはずである．ここで $n \mapsto n+1$ とする．(2.32) に注意すると，$\xi = x^{-(\alpha_n+1)}$,　$\frac{1}{y} = \xi^2\eta + \frac{\alpha_n+1}{B}$ という変換で，$\frac{dy}{dx} + Ay^2 = Bx^{\alpha_n}$　が　$\frac{d\eta}{d\xi} - \frac{B}{\alpha_n+1}\eta^2 = -\frac{A}{\alpha_n+1}\xi^{\alpha_{n+1}}$ に変換されることになる．

以上は例題 2.15 その 2 の (1) を仮定した上での (2) の別証ともなっている．

2.15.2　(1) 右辺の x の指数 -4 は (2.26) で $n = 1$ のときに相当し，求積できる．n を一つ減らすため，例題 2.15 その 2 の (1) 型の変換を適用すると，$a = b = 1$ なので，$\xi = \frac{1}{x}$, $\frac{1}{\eta} = x^2y - x$ と置けば，例題 2.15 その 3 と同様の計算により $\eta' - \eta^2 = -1$ となるはずである．これを変数分離し積分して $\frac{1}{2}\log\frac{\eta-1}{\eta+1} = \int \frac{\eta'}{\eta^2-1}d\xi = \xi + C$, よって，$\eta = \frac{1+ce^{2\xi}}{1-ce^{2\xi}}$. 変数を置き戻して $y = \frac{1}{x^2}\frac{x+1+c(x-1)e^{2/x}}{1+ce^{2/x}}$.
(2) 右辺の x の指数 $-8/3$ は可解なリスト $-\frac{4n}{2n-1}$ の $n = 2$ のときとして入っているので，n を 1 だけ減らすような例題 2.15 その 2 の (1) 型の変数変換 (2.27) を適用すれば，x の

冪は -4 となり (1) に帰着する．すなわち，$\xi = x^{-8/3+3} = x^{1/3}$, $\frac{1}{\eta} = x^2y - x$ により，$\eta' + 3\eta^2 = 3\xi^{-4}$ となる．これは例題 2.15 その 1 を適用すれば $\xi = 3X$, $\eta = \frac{1}{9}Y$ という変換で $Y' + Y^2 = X^{-4}$ となる．よって本問の (1) より $Y = \frac{1}{X^2}\frac{X+1+c(X-1)e^{2/X}}{1+ce^{2/X}}$ が一般解，これはもとの変数に戻すと，$9\eta = \frac{9}{\xi^2}\frac{1+\frac{\xi}{3}+c(\frac{\xi}{3}-1)e^{6/\xi}}{1+ce^{6/\xi}}$，すなわち，$\eta = \frac{1}{\xi^2}\frac{1+\frac{\xi}{3}+c(\frac{\xi}{3}-1)e^{6/\xi}}{1+ce^{6/\xi}}$．よって，$\frac{1}{x^2y-x} = x^{-2/3}\frac{1+\frac{x^{1/3}}{3}+c(\frac{x^{1/3}}{3}-1)e^{6/x^{1/3}}}{1+ce^{6/x^{1/3}}}$, $y = x^{-4/3}\frac{1+ce^{6/x^{1/3}}}{1+\frac{x^{1/3}}{3}+c(\frac{x^{1/3}}{3}-1)e^{6/x^{1/3}}} + \frac{1}{x}$.

(3) 前問と同様の変換 $\xi = x^{-8/3+3} = x^{1/3}$, $\frac{1}{\eta} = x^2y + x$ により，与方程式は $\eta' + 3\eta^2 = -3\xi^{-4}$ となる．これは ξ を $-\xi$ に取り替えてから例題 2.15 その 1 を適用すれば $\xi = -3X$, $\eta = \frac{1}{9}Y$ という変換で $Y' - Y^2 = X^{-4}$ となる（同例題の最後の注意参照）．よって例題 2.15 その 3 より $Y = \frac{1}{X^2}\frac{1-cX-(c+X)\tan\frac{1}{X}}{\tan\frac{1}{X}+c}$ が一般解，これはもとの変数に戻すと，$9\eta = \frac{9}{\xi^2}\frac{1+\frac{c\xi}{3}+(c-\frac{\xi}{3})\tan\frac{3}{\xi}}{c-\tan\frac{3}{\xi}}$，すなわち，$\eta = \frac{1}{\xi^2}\frac{1+\frac{c\xi}{3}+(c-\frac{\xi}{3})\tan\frac{3}{\xi}}{c-\tan\frac{3}{\xi}}$．よって，$\frac{1}{x^2y+x} = x^{-2/3}\frac{1+\frac{cx^{1/3}}{3}+(c-\frac{x^{1/3}}{3})\tan\frac{3}{x^{1/3}}}{c-\tan\frac{3}{x^{1/3}}}$, $y = x^{-4/3}\frac{c-\tan\frac{3}{x^{1/3}}}{1+\frac{cx^{1/3}}{3}+(c-\frac{x^{1/3}}{3})\tan\frac{3}{x^{1/3}}} - \frac{1}{x}$．なお例題 2.15 その 1 をそのまま適用して (2) に帰着させようとすると虚数が現れる．実数の範囲で求積できる方程式に直接変換するのが簡明だが，計算の繰り返しがいやな人は虚数を適当に処理して最終的に実数の解の表現を得ることもできる .

(4) 指数 $-\frac{8}{5}$ は α_{-2} に等しいので，二度の (2.29) 型の変数変換により $y' = ay^2 + b$ の形に帰着される．実際，まず $\xi = x^{3/5}$, $\frac{1}{y} = \xi^2\eta - \frac{3}{5}\xi$ なる変換で，方程式は $\frac{d\eta}{d\xi} + \frac{5}{3}\eta^2 = -\frac{5}{3}\xi^{-4/3}$ に変わり，次いで $u = \xi^{1/3}$, $\frac{1}{\eta} = u^2v + \frac{1}{5}u$ なる変換で方程式は $\frac{dv}{du} - 5v^2 = 5$ に変わるから，$\frac{dv}{v^2+1} = 5du$, $\mathrm{Arctan}\, v = 5u + c$, $v = \tan(5u + c)$ と求積される．変数を戻せば，$\eta = \frac{1}{\frac{1}{5}\xi^{1/3}+\xi^{2/3}\tan(5\xi^{1/3}+c)}$, $y = \frac{1}{\xi^2\eta-\frac{3}{5}\xi} = \frac{25x^{1/5}\tan(5x^{1/5}+c)+5}{25x-15x^{4/5}\tan(5x^{1/5}+c)-3x^{3/5}}$.

(5) この方程式は $y' + \frac{1}{5}y^2 = \frac{1}{5}x^{-12/5}$ と同値である．右辺の x の指数 $-12/5$ は (2.26) で α_3 に相当するので，例題 2.15 その 2 の (1) 型変換を 3 回やれば変数分離形に帰着できる．しかし 1 回やってみると $\alpha_2 = -8/3$ で既に解いたものに帰着できるはずである．すなわち，変換 $\xi = x^{3/5}$, $\frac{1}{\eta} = x^2y - 5x$ により，$\eta + \frac{1}{3}\eta^2 = \frac{1}{3}\xi^{-8/3}$. よって例題 2.15 その 1 の変換 $\xi = u/3^3$, $\eta = 3^4 v$ により $\frac{dv}{du} + v^2 = u^{-8/3}$ となるので，(2) の解を用いて，$v = u^{-4/3}\frac{1+ce^{6/u^{1/3}}}{1+\frac{u^{1/3}}{3}+c(\frac{u^{1/3}}{3}-1)e^{6/u^{1/3}}} + \frac{1}{u}$. 変数を戻すと，$\eta = 3^4 v = 3^4\{3^{-4}\xi^{-4/3}\frac{1+ce^{2/\xi^{1/3}}}{1+\xi^{1/3}+c(\xi^{1/3}-1)e^{2/\xi^{1/3}}} + \frac{1}{3^3\xi}\} = \frac{1+ce^{2/\xi^{1/3}}+3\xi^{1/3}(1+\xi^{1/3}+c(\xi^{1/3}-1)e^{2/\xi^{1/3}})}{\xi^{4/3}(1+\xi^{1/3}+c(\xi^{1/3}-1)e^{2/\xi^{1/3}})}$. 更に戻すと，$\xi^{1/3} = x^{1/5}$ より $y = \frac{1}{x^2\eta} + \frac{5}{x} = x^{-6/5}\frac{1+x^{1/5}+c(x^{1/5}-1)e^{2/x^{1/5}}}{1+ce^{2/x^{1/5}}+3x^{1/5}\{1+x^{1/5}+c(x^{1/5}-1)e^{2/x^{1/5}}\}} + \frac{5}{x}$.

(6) 両辺に x^2 を掛けて $\frac{d}{dx}(x^3y) + x^2y^2 = x^4$ と変形し，$z = x^3y$ を新しい未知関数にとると，$\frac{dz}{dx} + \frac{z^2}{x^4} = x^4$, $x^4\frac{dz}{dx} + z^2 = x^8$. $\frac{dx}{x^4} = dt$ となるように $t = -\frac{1}{3x^3}$ を新しい独立変数とすれば，$\frac{dz}{dt} + z^2 = (3t)^{-8/3}$. この指数は例題 2.15 その 2 の α_2

の場合なので，二度の (1) 型の変数変換により変数分離可能な $y' + ay^2 = b$ の形に帰着される．あるいは既計算結果を流用するため，例題 2.15 その 1 により $t = A\xi$, $z = B\eta$, $A = 1/(3^{-8/3})^{-3/2} = 1/81$, $B = 81$ と変換すれば，本問の (2) で扱った $\eta' + \eta^2 = \xi^{-8/3}$ になるので，その解 $\eta = \xi^{-4/3}\frac{1+ce^{6/\xi^{1/3}}}{1+\frac{\xi^{1/3}}{3}+c(\frac{\xi^{1/3}}{3}-1)e^{6/\xi^{1/3}}} + \frac{1}{\xi}$ から変数を戻して $\xi = 81t$, $z = 81\eta = 81(81t)^{-4/3}\frac{1+ce^{6/(81t)^{1/3}}}{1+\frac{(81t)^{1/3}}{3}+c(\frac{(81t)^{1/3}}{3}-1)e^{6/(81t)^{1/3}}} + \frac{1}{81t} = (3t)^{-4/3}\frac{1+ce^{2/(3t)^{1/3}}}{1+(3t)^{1/3}+c((3t)^{1/3}-1)e^{2/(3t)^{1/3}}} + \frac{1}{t}$. これから変数を戻して，$(3t)^{1/3} = -\frac{1}{x}$, $y = x^{-3}z = x\frac{1+ce^{-2x}}{1-\frac{1}{x}-c(\frac{1}{x}+1)e^{-2x}} - 3 = \frac{(x^2-3x+3)e^{2x}+c(x^2+3x+3)}{(x-1)e^{2x}-c(x+1)}$.

2.15.3 $x = t^k$ と独立変数を変換すれば，$\frac{1}{kt^{k-1}}\frac{dy}{dt} + t^{mk}y^2 = t^{nk}$, すなわち $\frac{dy}{dt} + kt^{(m+1)k-1}y^2 = kt^{(n+1)k-1}$. 従って，$m \neq -1$ なら $k = \frac{1}{m+1}$ に選べば，$\frac{dy}{dt} + \frac{1}{m+1}y^2 = \frac{1}{m+1}t^{(n-m)/(m+1)}$ となる．定数係数 $\frac{1}{m+1}$ は例題 2.15 その 1 の技法で 1 に帰着できる．なお $m = -1$ のときは，$\frac{1}{kt^{k-1}}\frac{dy}{dt} + t^{-k}y^2 = t^{nk}$, すなわち $\frac{dy}{dt} + kt^{-1}y^2 = kt^{(n+1)k-1}$ となるので，$n \neq -1$ なら $k = \frac{1}{n+1}$ と置けば，$\frac{dy}{dt} + \frac{1}{n+1}\frac{1}{t}y^2 = \frac{1}{n+1}$ となり，従って両辺を y^2 で割り，未知変数を $z = \frac{1}{y}$ に変換すれば，$\frac{1}{y^2}\frac{dy}{dt} + \frac{1}{n+1}t^{-1} = \frac{1}{n+1}\frac{1}{y^2}$, すなわち，$\frac{dz}{dt} + \frac{1}{n+1}z^2 = \frac{1}{n+1}t^{-1}$ となり，同じく定数係数を 1 に修正すれば目的の形が得られる．最後に $n = -1$ でもあるときは，もとの方程式は $\frac{dy}{dx} + x^{-1}y^2 = x^{-1}$ となっているので，$t = \log x$ という変換で $\frac{dy}{dt} + y^2 = 1$ に帰着される．(この場合は変数分離形になっているので，変換する必要も無いが.)

(1) 上の変換公式に当てはめてもよいが，直接変形してみると $y' + xy^2 = x^{-3}$ の両辺を x で割って $\frac{dy}{xdx} + y^2 = x^{-4}$. $x^2 = t$ と置けば，$2\frac{dy}{dt} + y^2 = t^{-2}$. これは例題 2.14 の方法で求積できる．すなわち，まず $y_1 = \frac{a}{t}$ が解となるように a を決めると，$-2a + a^2 = 1$ より $a = 1 \pm \sqrt{2}$. 例えば $a = 1 + \sqrt{2}$ とすれば，$y = y_1 + u$ と変換して，$2u' + u^2 + \frac{2a}{t}u = 0$, $\frac{2}{u^2}u' + \frac{2a}{t}\frac{1}{u} = -1$, よって $\left(\frac{1}{u}\right)' - \frac{a}{t}\frac{1}{u} = \frac{1}{2}$, $\left(\frac{t^{-a}}{u}\right)' = \frac{1}{2}t^{-a}$, $\frac{t^{-a}}{u} = -\frac{1}{2(a-1)}t^{-a+1} + C$. $a - 1 = \sqrt{2}$ なので $u = \frac{t^{-a}}{-\frac{1}{2(a-1)}t^{-a+1}+C} = \frac{2\sqrt{2}}{ct^a-t} = \frac{2\sqrt{2}}{t(ct^{\sqrt{2}}-1)}$. $y = \frac{1+\sqrt{2}}{t} + \frac{2\sqrt{2}}{t(ct^{\sqrt{2}}-1)}$. 変数を戻して $y = \frac{1+\sqrt{2}}{x^2} + \frac{2\sqrt{2}}{x^2(cx^{2\sqrt{2}}-1)} = \frac{(1+\sqrt{2})cx^{2\sqrt{2}}+\sqrt{2}-1}{x^2(cx^{2\sqrt{2}}-1)}$.

(2) これも直接やってみる．与方程式を $x^2\frac{dy}{dx} + y^2 = x^4$ と変形し，$\frac{1}{x} = t$ と置けば，$\frac{dy}{dt} = -x^2\frac{dy}{dx} = y^2 - t^{-4}$, 更に $z = -y$ と変換すれば，$\frac{dz}{dt} + z^2 = t^{-4}$ となり，前問の (1) に帰着した．よってその解を用いると，答は $y = -z = -\frac{1}{t^2}\frac{t+1+c(t-1)e^{2/t}}{1+ce^{2/t}} = -x\frac{1+x+c(1-x)e^{2x}}{1+ce^{2x}}$.

(3) 同様に与方程式を $x^{-4}\frac{dy}{dx} + y^2 = x^{-12}$ と変形し，$x^5 = t$ と変換すると $5\frac{dy}{dt} + y^2 = t^{-12/5}$. これは問題 2.15.2(5) に他ならないので，その解を用いて答 $y = t^{-6/5}\frac{1+t^{1/5}+c(t^{1/5}-1)e^{2/t^{1/5}}}{1+ce^{2/t^{1/5}}+3t^{1/5}(1+t^{1/5}+c(t^{1/5}-1)e^{2/t^{1/5}})} + \frac{5}{t} = x^{-6}\frac{c(x-1)e^{2/x}+x+1}{c(3x^2-3x+1)e^{2/x}+3x^2+3x+1} + \frac{5}{x^5}$ を得る．

この解は途中に用いた補助方程式の解と違い，冪関数を含まず非常にきれいな形をしている．よって例えば $c \to \infty$ としたときの特殊解 $\frac{1}{x^6}\frac{x-1}{3x^2-3x+1} + \frac{5}{x^5}$ が何らかの方法で見つかれば，ベルヌーイ型に帰着させてもっと容易に積分できるであろうが，これはやはり後付

2

け思考であろうか.

2.16.1 例題 2.16 その 2 の公式において $\varphi = (1+\sqrt{2})/x^2$, $\psi = (1-\sqrt{2})/x^2$, $P = -x$ と置けば, $-\int P\varphi dx = (1+\sqrt{2})\log x$, $-\int P\psi dx = (1-\sqrt{2})\log x$ なので $y = \frac{c(1+\sqrt{2})x^{-2}x^{\sqrt{2}+1}+(1-\sqrt{2})x^{-2}x^{1-\sqrt{2}}}{cx^{\sqrt{2}+1}+x^{1-\sqrt{2}}} = \frac{c(1+\sqrt{2})x^{2\sqrt{2}}+(1-\sqrt{2})}{x^2(cx^{2\sqrt{2}}+1)}$. これは c の符号を変えれば問題 2.15.3(1) の答と一致する.

(2) 同じく $\varphi = -x(1+x)$, $\psi = -x(1-x)$, $P = -x^{-2}$ として $-\int P\varphi dx = -x - \log x$, $-\int P\psi dx = x - \log x$. よって $y = \frac{-cx(1+x)\cdot\frac{1}{x}e^{-x} - x(1-x)\cdot\frac{1}{x}e^{x}}{c\frac{1}{x}e^{-x}+\frac{1}{x}e^{x}} = -x\frac{(1-x)e^{2x}+c(1+x)}{e^{2x}+c}$. これは $c \mapsto \frac{1}{c}$ と変換すれば問題 2.15.3(2) の答と一致する.

2.16.2 例題 2.16 その 1 により, 関数 u_i, v_i, $i = 1,2$, および定数 c_i, $i = 1,2,3,4$ が存在して $\varphi_i = \frac{c_iu_1+u_2}{c_iv_1+v_2}$ と書ける. 従って (関数論における 1 次分数変換による複比の不変性と同様) $\frac{\varphi_3-\varphi_1}{\varphi_4-\varphi_1} : \frac{\varphi_3-\varphi_2}{\varphi_4-\varphi_2} = \frac{c_3-c_1}{c_4-c_1} : \frac{c_3-c_2}{c_4-c_2}$ となるはずである. 関数論でこのことを習っていない読者のために正直に計算してみると, $\frac{\frac{c_3u_1+u_2}{c_3v_1+v_2}-\frac{c_1u_1+u_2}{c_1v_1+v_2}}{\frac{c_4u_1+u_2}{c_4v_1+v_2}-\frac{c_1u_1+u_2}{c_1v_1+v_2}} : \frac{\frac{c_3u_1+u_2}{c_3v_1+v_2}-\frac{c_2u_1+u_2}{c_2v_1+v_2}}{\frac{c_4u_1+u_2}{c_4v_1+v_2}-\frac{c_2u_1+u_2}{c_2v_1+v_2}} = \frac{(c_3u_1+u_2)(c_1v_1+v_2)-(c_1u_1+u_2)(c_3v_1+v_2)}{(c_4u_1+u_2)(c_1v_1+v_2)-(c_1u_1+u_2)(c_4v_1+v_2)} : \frac{(c_3u_1+u_2)(c_2v_1+v_2)-(c_2u_1+u_2)(c_3v_1+v_2)}{(c_4u_1+u_2)(c_2v_1+v_2)-(c_2u_1+u_2)(c_4v_1+v_2)}$ $= \frac{(c_3-c_1)(u_1v_2-u_2v_1)}{(c_4-c_1)(u_1v_2-u_2v_1)} : \frac{(c_3-c_2)(u_1v_2-u_2v_1)}{(c_4-c_2)(u_1v_2-u_2v_1)} = \frac{c_3-c_1}{c_4-c_1} : \frac{c_3-c_2}{c_4-c_2}$.

2.16.3 条件 $P+Q+R = 0$ の下では, $y = 1$ が明らかに特殊解となる. よって $y = 1+u$ と置けば, $u' = P(1+u)^2+Q(1+u)+R = Pu^2+(2P+Q)u+(P+Q+R) = Pu^2+(P-R)u$. $\left(\frac{1}{u}\right)' + (P-R)\frac{1}{u} + P = 0$. $\left\{\frac{1}{u}\exp\left(\int(P-R)dx\right)\right\}' = -P\exp\left(\int(P-R)dx\right)$. これは K の定義により $\left(\frac{K}{u}\right)' = -PK$ と書き直せる. これを積分して $\frac{K}{u} = -\int PKdx + C$, $u = -\frac{K}{\int PKdx - C}$. 以上により $y = 1+u = 1-\frac{K}{\int PKdx-C} = \frac{\int PKdx-K-C}{\int PKdx-C}$. ここで一般に $\int f(x)\exp\left(\int f(x)dx\right)dx = \exp\left(\int f(x)dx\right)+c$ である (両辺を微分してみれば分かる) から, 分子は $= \frac{1}{2}\int(P+R)Kdx+\frac{1}{2}\int(P-R)Kdx-K-C = \frac{1}{2}\int(P+R)Kdx-\frac{1}{2}K+\frac{1}{2}c-C$ となる. また分母も $= \frac{1}{2}\int(P+R)Kdx + \frac{1}{2}\int(P-R)Kdx - C = \frac{1}{2}\int(P+R)Kdx + \frac{1}{2}K + \frac{1}{2}c - C$ となる. よって分母・分子に 2 を掛けて任意定数を書き直せば, 問題に与えられた形が得られる.

2.16.4 $y = w(x)\eta+v(x)$ という変換で与方程式は $w\eta'+w'\eta+v' = Pw^3\eta^3+3Pw^2v\eta^2+3Pwv^2\eta+Pv^3+Qw^2\eta^2+2Qwv\eta+Qv^2+Rw\eta+Rv+S = Pw^3\eta^3+(3Pw^2v+Qw^2)\eta^2+(3Pwv^2+2Qwv+Rw)\eta+(Pv^3+Qv^2+Rv+S)$ に変わる. よって η^2 と η の係数が消える条件は, $3Pw^2v+Qw^2 = 0$, $3Pwv^2+2Qwv+Rw-w' = 0$. 一つ目から $v = -\frac{Q}{3P}$. 二つ目から $\frac{w'}{w} = 3Pv^2+2Qv+R = \frac{Q^2}{3P}-\frac{2Q^2}{3P}+R = R-\frac{Q^2}{3P}$. よって $\log w = \int(R-\frac{Q^2}{3P})dx$, $w = \exp\left(\int(R-\frac{Q^2}{3P})dx\right)$ ととればよい. 以上により方程式は $w\eta' = Pw^3\eta^3+(Pv^3+Qv^2+Rv+S-v')$ となるので, $x = \varphi(\xi)$ という変換で η' と η^3 の係数が等しくなるようにするには, $\frac{w}{\varphi'(\xi)} = Pw^3$, 従って $\frac{dx}{d\xi} = \varphi'(\xi) = \frac{1}{Pw^2}$ に取ればよい. すなわち, $\frac{d\xi}{dx} = Pw^2$ にとればよいので, $\xi = \int Pw^2dx$ が求める変換となる.

2.16.5 与方程式に $y = \frac{Q}{P}z$ という変換を施してみると, $\frac{Q}{P}z'+\frac{PQ'-P'Q}{P^2}z = \frac{Q^3}{P^2}z^3+\frac{Q^3}{P^2}z^2$, すなわち, $z' = \frac{Q^2}{P}(z^3+z^2)+\frac{P'Q-PQ'}{PQ}z$. ここで z^3+z^2 と z の係数の比は $\frac{P'Q-PQ'}{Q^3} = \frac{1}{Q}\left(\frac{P}{Q}\right)'$ であるが, 仮定によりこれは定数 a となる. よって z^3 の係数で全

体を割れば，$\frac{P}{Q^2}z' = z^3 + z^2 + az$ となり，$\frac{dz}{z^3+z^2+az} = \frac{Q^2}{P}dx$ と変数分離される．

2.17.1 (1) 積分因子 $\mu(x)$ を両辺に掛けて完全微分形になるかどうかを見ると $\frac{\partial}{\partial x}\{\mu(x)(x+2y)\} = \frac{\partial}{\partial y}\{\mu(x)(x+y)(1-xy)\}$, $\mu'(x)(x+2y) + \mu(x) = \mu(x)\{1 - xy - x(x+y)\} = \mu(x)(1 - x^2 - 2xy)$. よって両辺から $x + 2y$ がキャンセルでき，$\mu'(x) = -x\mu(x)$ ならよい．$\frac{\mu'}{\mu} = -x$, $\log\mu = -\frac{x^2}{2}$. $\mu = e^{-x^2/2}$ で完全微分形となる．積分は $F(x,y) = \int_0^x xe^{-x^2/2}dx + \int_0^y (x+2y)e^{-x^2/2}dy = -e^{-x^2/2} + 1 + (xy+y^2)e^{-x^2/2} = (-1+xy+y^2)e^{-x^2/2} + 1 = C$. 左辺の 1 は右辺の積分定数に吸収して，$(-1+xy+y^2)e^{-x^2/2} = C$ が求める一般解となる．

(2) 拡張同次形である．連立 1 次方程式 $x+y-2=0$, $x-y-4=0$ の解は $x=3, y=-1$, よって方程式は $\{(x-3)+(y+1)\}\frac{dy}{dx} = (x-3)-(y+1)$ となるから，$z = \frac{y+1}{x-3}$ と変換すれば，$z + (x-3)z' = y' = \frac{1-z}{1+z}$, $(x-3)z' = \frac{1-2z-z^2}{1+z}$, $\int \frac{dx}{x-3} = -\int \frac{1+z}{z^2+2z-1}dz$. 積分して $\log(x-3) = -\frac{1}{2}\log(z^2+2z-1) + C$, $z^2 + 2z - 1 = \frac{c}{(x-3)^2}$. 変数をもとに戻せば $(y+1)^2 + 2(x-3)(y+1) - (x-3)^2 = c$. y について解くこともできるが，このままの方がきれいだろう．

(3) この方程式はリッカチ型であるが，$y = x$ が特殊解となっていることが一目で分かるので，$y = x + \frac{1}{u}$ と変換すれば $x(1 - u'/u^2) = x^2 - x^2 - 2x/u - 1/u^2 + x$, $x\frac{u'}{u^2} = \frac{2x}{u} + \frac{1}{u^2}$, $u' = 2u + \frac{1}{x}$ と 1 階線形になり，$(e^{-2x}u)' = \frac{e^{-2x}}{x}$, $e^{-2x}u = \int \frac{e^{-2x}}{x}dx + C$, $u = e^{2x}\int \frac{e^{-2x}}{x}dx + Ce^{2x}$. よって $y = x + \frac{1}{e^{2x}\int \frac{e^{-2x}}{x}dx + Ce^{2x}}$.

(4) 同次形である．$\frac{y}{x} = z$ と置けば，$z + xz' = z + \sqrt{1+z^2}$, $\frac{dz}{\sqrt{z^2+1}} = \frac{dx}{x}$, $\log(z + \sqrt{z^2+1}) = \log x + C$, $z + \sqrt{z^2+1} = cx$. 変数を戻して $\frac{y+\sqrt{x^2+y^2}}{x} = cx$. 更に変形すれば，これを逆数にした $\frac{\sqrt{x^2+y^2}-y}{x} = \frac{1}{cx}$ と組み合わせて $y = \frac{x}{2}(cx - \frac{1}{cx})$.

(5) ベルヌーイ型である．両辺を $-y^2$ で割ると $\left(\frac{1}{y}\right)' + x\left(\frac{1}{y}\right) = -1$, $\left(\frac{e^{x^2/2}}{y}\right)' = -e^{x^2/2}$. 積分して $\frac{e^{x^2/2}}{y} = -\int e^{x^2/2}dx + C$, すなわち，$y = -\frac{e^{x^2/2}}{\int e^{x^2/2}dx + C}$.

(6) 変数分離形である．$\frac{dy}{1-y^2} = \frac{dx}{2x}$ を積分して，$\frac{1}{2}\log\frac{1+y}{1-y} = \frac{1}{2}\log x + C$, $y = \frac{cx-1}{cx+1}$.

(7) $y' = p$ と置けば $y = x^2 + 2xp + 2p^2$. 両辺を微分して $p = 2x + 2p + 2(x+2p)p'$. $\frac{dp}{dx} = -\frac{2x+p}{2(x+2p)}$. これは同次形なので，$\frac{p}{x} = z$ と置くと，$z + xz' = -\frac{2+z}{2(1+2z)}$, $xz' = -\frac{2+3z+4z^2}{2(1+2z)}$. よって $\int \frac{1+2z}{2+3z+4z^2}dz = -\int \frac{1}{2x}dx + C$. ここで，$\int \frac{1+2z}{2+3z+4z^2}dz = \frac{1}{4}\log(2+3z+4z^2) + \frac{1}{4}\int \frac{1}{2+3z+4z^2}dz = \frac{1}{4}\log(2+3z+4z^2) + \frac{1}{2\sqrt{23}}\,\mathrm{Arctan}\,\frac{8z+3}{\sqrt{23}}$, よって $\frac{1}{4}\log(2+3z+4z^2) + \frac{1}{2\sqrt{23}}\,\mathrm{Arctan}\,\frac{8z+3}{\sqrt{23}} + \frac{1}{2}\log x = C$ と積分できた．変数をもとに戻すのが大変なので，z をそのままパラメータとみなして $x = c\frac{1}{\sqrt{2+3z+4z^2}}\exp\left(-\frac{1}{\sqrt{23}}\,\mathrm{Arctan}\,\frac{8z+3}{\sqrt{23}}\right)$, $y = x^2 + 2xp + 2p^2 = x^2 + 2x^2z + 2x^2z^2 = c^2\frac{1+2z+2z^2}{2+3z+4z^2}\exp\left(-\frac{2}{\sqrt{23}}\,\mathrm{Arctan}\,\frac{8z+3}{\sqrt{23}}\right)$ と求めてもよい．途中で $x+2p$ で割り算したが，もしこれが 0 なら，もとの方程式から $y = 2p^2$ となり，この二つから p を消去して $y = \frac{x^2}{2}$. しかしこれは与方程式を満たさず，解ではない．解曲線族の図を見るとこれは一般解の特異点の軌跡であることが分かる．

(8) $y^2=z$ と置くと，$x^2+z+1=xz'$ で z の 1 階線形方程式になる．$\left(\frac{z}{x}\right)'=1+\frac{1}{x^2}$ と変形して，$\frac{z}{x}=x-\frac{1}{x}+C$, $z=y^2=x^2+Cx-1$. よって $y=\pm\sqrt{x^2+Cx-1}$.

(9) $y^3=z$ と未知関数を変換すると，$\frac{1}{3}\frac{dz}{dx}=e^z+x$. 更に両辺に $3e^z$ を掛け，$e^z=u$ と未知関数を変換すると，$u'=3u^2+3ux$ とベルヌーイ型になるので，$\frac{1}{u}=v$ と置けば，$v'+3xv=-3$. この 1 階線形微分方程式は $e^{3x^2/2}$ を両辺に掛ければ積分でき，$(e^{3x^2/2}v)'=-3e^{3x^2/2}$, $v=e^{-3x^2/2}\left(-3\int e^{3x^2/2}dx+C\right)$. 変数を戻して，$y=z^{1/3}=(\log\frac{1}{v})^{1/3}=\left\{\log\frac{e^{3x^2/2}}{-3\int e^{3x^2/2}dx+C}\right\}^{1/3}$.

(10) 変数分離形である．$\frac{dy}{\sqrt{y}-2y}=\frac{dx}{x}$, $\log x+C=\int\frac{dy}{\sqrt{y}-2y}=\int\frac{2d\sqrt{y}}{1-2\sqrt{y}}=-\log(2\sqrt{y}-1)$. よって $(2\sqrt{y}-1)x=c$, あるいは $y=\frac{(x-c)^2}{4x^2}$.

(11) $y^2+(2y-1)x=y^2\frac{dx}{dy}$ と書き直すと，x の 1 階線形となる．$\frac{dx}{dy}-(\frac{2}{y}-\frac{1}{y^2})x=1$, $\frac{d}{dy}\left(\frac{1}{y^2}e^{-1/y}x\right)=\frac{1}{y^2}e^{-1/y}$. 積分して $\frac{1}{y^2}e^{-1/y}x=\int\frac{1}{y^2}e^{-1/y}dy+C=\int e^{-1/y}d\left(-\frac{1}{y}\right)+C=e^{-1/y}+C$. よって $x=y^2+Cy^2e^{1/y}$.

(12) $z=x+y$ を新しい未知関数にとれば，$z'=1+y'=2+e^z$ と変数分離形になる．$dx=\frac{dz}{e^z+2}=\frac{de^z}{e^{2z}+2e^z}=\frac{1}{2}\left(\frac{1}{e^z}-\frac{1}{e^z+2}\right)de^z$. 積分して $x+C=\frac{1}{2}\{\log e^z-\log(e^z+2)\}$, $\frac{e^z+2}{e^z}=ce^{-2x}$, $e^z=\frac{2}{ce^{-2x}-1}$. よって $y=z-x=\log\frac{2}{ce^{-2x}-1}-x$.

(13) 同次形である．$z=\frac{y}{x}$ と置くと，$z+x\frac{dz}{dx}=\frac{dy}{dx}=\frac{z}{1+z^2}$，$x\frac{dz}{dx}=-\frac{z^3}{1+z^2}$，$\frac{dx}{x}=-\left(\frac{1}{z^3}+\frac{1}{z}\right)dz$. 積分して $\log x+C=\frac{1}{2z^2}-\log z$, $xz=ce^{1/2z^2}$. 変数をもとに戻して $y=ce^{x^2/2y^2}$, あるいは $x^2=2y^2(\log y+C)$.

(14) $x(1+p^2)(y-xp)=2a^2$, すなわち，$y-xp=\frac{2a^2}{x(1+p^2)}$ の両辺を x で微分すると $p-p-xp'=-2a^2\frac{(1+p^2)+2xpp'}{x^2(1+p^2)^2}$，$\frac{x^3(1+p^2)^2}{2a^2}p'=(1+p^2)+2xpp'$，$\frac{x^3(1+p^2)^2}{2a^2}-2xp=(1+p^2)\frac{dx}{dp}$. これは p を独立変数，x を未知関数と見るとベルヌーイ型になっている．x^3 で両辺を割って $\frac{(1+p^2)^2}{2a^2}-\frac{2p}{x^2}=(1+p^2)\frac{1}{x^3}\frac{dx}{dp}$，$(1+p^2)\frac{d}{dp}\left(\frac{1}{x^2}\right)-\frac{4p}{x^2}=-\frac{(1+p^2)^2}{a^2}$，$\frac{d}{dp}\left(\frac{1}{(1+p^2)^2x^2}\right)=-\frac{1}{a^2(1+p^2)}$. 積分して $\frac{1}{(1+p^2)^2x^2}=\frac{1}{a^2}(C-\mathrm{Arctan}\,p)$. もとの方程式から $(y-xp)^2=\frac{4a^4}{x^2(1+p^2)^2}=4a^2(C-\mathrm{Arctan}\,p)$. 以上より，パラメータ表示された一般解 $x=\pm\frac{a}{(1+p^2)\sqrt{C-\mathrm{Arctan}\,p}}$, $y=\pm\frac{ap}{(1+p^2)\sqrt{C-\mathrm{Arctan}\,p}}\pm 2a\sqrt{C-\mathrm{Arctan}\,p}$ を得る.（複号は x の符号を表すので，すべて同順である.）

(15) $yp+p^2=x^2+xy$ は $(p-x)(y+p+x)=0$ と変形できるので，$p=x$, または $p=-y-x$. 前者からは $y=\frac{x^2}{2}+C$. 後者は 1 階線形として解いて $(e^xy)'=-xe^x$, $e^xy=-xe^x+e^x+C$, すなわち，$y=-x+1+Ce^{-x}$. 一般解はこの二つの合併となる.

(16) $y'=p$ と置き，$y=xp+yp^4$ の両辺を x で微分すると，$p=p+xp'+p^5+4yp^3p'$. よって $(x+4yp^3)p'+p^5=0$. これに $y=xp+yp^4$, すなわち $x=y\frac{1-p^4}{p}$ を代入して $y(\frac{1-p^4}{p}+4p^3)p'+p^5=0$. $p'=p\frac{dp}{dy}$ より $y\frac{1+3p^4}{p}p\frac{dp}{dy}+p^5=0$. これから変数分離して積分すると $\frac{dy}{y}=-\frac{3}{p}-\frac{1}{p^5}$, $\log y=-3\log p+\frac{1}{4p^4}+C$, $y=\frac{c}{p^3}e^{1/4p^4}$. よって $x=y\frac{1-p^4}{p}=\frac{c(1-p^4)}{p^4}e^{1/4p^4}$ がパラメータ表示の一般解となる．$y=0$ は一応 $c\to 0$ のときの極限位置にあり，一般解の包絡線にはなっていないが，普通の意味の収束ではないので，

特異解と言ってもよいだろう．同様に y の方を消去しても解けるが，計算が少し面倒になる．
(17) $y' = p$ と置くと，$(y+xp)^2 = x^2 p$, $y + xp = \pm x\sqrt{p}$, $x = \frac{y}{\pm\sqrt{p}-p}$．これを x で微分して $1 = \frac{p(\pm\sqrt{p}-p) - y(\pm\frac{1}{2\sqrt{p}}-1)p'}{(\pm\sqrt{p}-p)^2}$, $p(\pm\sqrt{p}-p) - y(\pm\frac{1}{2\sqrt{p}}-1)p' = (\pm\sqrt{p}-p)^2$, $-y(\pm\frac{1}{2\sqrt{p}}-1)p\frac{dp}{dy} = (\pm\sqrt{p}-p)(\pm\sqrt{p}-2p)$, $-y\frac{dp}{dy} = 2(\pm\sqrt{p}-p)$．これは変数分離形で，$\frac{dy}{y} = \frac{dp}{2(p\mp\sqrt{p})}$, $\log y + C = \int\frac{dp}{2(p\mp\sqrt{p})} = \int\frac{d(\pm\sqrt{p})}{\pm\sqrt{p}-1} = \log(\pm\sqrt{p}-1)$ と積分できる．よって $y = c(\pm\sqrt{p}-1)$, $x = \frac{y}{\pm\sqrt{p}-p} = \frac{y}{\mp\sqrt{p}(\pm\sqrt{p}-1)} = \frac{c}{\mp\sqrt{p}}$．これでもパラメータ表示の解であるが，$p$ を消去するのも簡単で，$y = c(-\frac{c}{x}-1) = -\frac{c^2}{x} - c$．なお，途中で因子 $\pm\sqrt{p}-2p$ を簡約したが，これが 0 のときは $p=0$, または $\sqrt{p} = \pm\frac{1}{2}$．これらは方程式から $y=0$, または $(y+\frac{x}{4})^2 = \frac{x^2}{4}$, すなわち $y + \frac{1}{4}x = \pm\frac{x}{2}$, あるいは $y = \frac{x}{4}$ および $y = -\frac{3}{4}x$ を得る．このうち $y=0$ は一般解において $c=0$ としたものに対応し，特殊解である．$y = \frac{x}{4}$ は明らかに特異解である．これは一般解の曲線族のグラフを描いてみても追認できる．最後のものは直線の傾きが p の値と整合的でないので，解ではない．

問題 2.17.1(7)の解曲線族の図

問題 2.17.1(17)の解曲線族の図

(18) リッカチ型であるが，$\left(\frac{y}{x^5}\right)' - \frac{y^2}{x^6} = x^{-4}$ と変形され，未知関数を $z = y/x^5$ に変換すると $z' - x^4 z^2 = x^{-4}$．ここで独立変数を $x = t^a$ と変換すると $\frac{dz}{at^{a-1}dt} - t^{4a}z^2 = t^{-4a}$, $\frac{dz}{dt} - at^{5a-1}z^2 = at^{-3a-1}$．よって $a = \frac{1}{5}$ ととれば，$\frac{dz}{dt} - \frac{1}{5}z^2 = \frac{1}{5}t^{-8/5}$ と，例題 2.15 その 2 の求積可能な指数 α_{-2} の場合となる．よってそこに書かれたように二度の変換で，$y' = by^2 + c$ の形に帰着させて求積できる．この計算は既に問題 2.15.2 (4) で行っているので，そこでの結果を利用しよう．例題 2.15 その 1 の証明で示した変数のスカラー変換の公式に $a = b = \frac{1}{5}$, $\alpha = -\frac{8}{5}$ を代入して $A = 5^5$, $B = \frac{1}{5^4}$．これらを用いて $t = 5^5 s$, $z = \frac{1}{5^4}w$ と変換すれば，方程式は $w' - w^2 = s^{-8/5}$ となる（同証明の後の注意も参照）．この解は上述の問題より $w = \frac{25s^{1/5}\tan(5s^{1/5}+c)+5}{25s - 15s^{4/5}\tan(5s^{1/5}+c) - 3s^{3/5}}$．変数を戻すと，$s = 5^{-5}t = 5^{-5}x^5$, $w = 5^4 z = 5^4 y/x^5$ を代入して $y = 5^{-4}x^5\frac{5x\tan(x+c)+5}{x^5/5^3 - 3x^4/5^3\tan(x+c) - 3x^3/5^3} = \frac{x^6\tan(x+c)+x^5}{x^5 - 3x^4\tan(x+c) - 3x^3}$．
(19) リッカチ型であるが，$\frac{d}{dx}\left(\frac{y}{x^3}\right) = \frac{y^2}{3x^4} + \frac{1}{3}x^{-10/3}$, $z = y/x^3$ と置き，未知関数を z に変えると，$z' = \frac{x^2z^2}{3} + \frac{1}{3}x^{-10/3}$．ここで $x = t^a$ により独立変数を t に変えると，$dx = at^{a-1}dt$

より $\frac{dz}{at^{a-1}dt} = \frac{t^{2a}z^2}{3} + \frac{1}{3}t^{-10a/3}$, $\frac{dz}{dt} = \frac{at^{3a-1}z^2}{3} + \frac{a}{3}t^{-7a/3-1}$. よって $a = 1/3$ ととれば $x = t^{1/3}$ なる変換で $\frac{dz}{dt} = \frac{z^2}{9} + \frac{1}{9}t^{-16/9}$ となり，指数 α_{-4} の場合に帰着した．よってこれは例題 2.15 その 2 の (2) 型の変換を 4 回繰り返せば，$y' = ay^2 + b$ の形に帰着し，求積できる．取り敢えず 2 回この変換をしてみると，まず $a = -1/9$, $b = 1/9$, $t = \xi^{9/7}$, $\frac{1}{z} = \xi^2\eta - 7\xi$ により $\eta' + \frac{1}{7}\eta^2 = -\frac{1}{7}\xi^{-12/7}$ になる．次いで $u = \xi^{5/7}$, $\frac{1}{\eta} = u^2 v + 5u$ なる変換で $v' - \frac{1}{5}v^2 = \frac{1}{5}u^{-8/5}$ に帰着する．これは例題 2.15 その 1 の変換 $u = 5^5 X$, $v = 5^{-4}Y$ で $Y' - Y^2 = X^{-8/5}$ に帰着する．ここで問題 2.15.2 の (4) の解が使え，一般解は $Y = \frac{25X^{1/5}\tan(5X^{1/5}+c)+5}{25X-15X^{4/5}\tan(5X^{1/5}+c)-3X^{3/5}}$. この変数を戻せば，

$$v = 5^{-4}\frac{5u^{1/5}\tan(u^{1/5}+c)+5}{5^{-3}u-3\cdot 5^{-3}u^{4/5}\tan(u^{1/5}+c)-3\cdot 5^{-3}u^{3/5}} = \frac{u^{1/5}\tan(u^{1/5}+c)+1}{u-3u^{4/5}\tan(u^{1/5}+c)-3u^{3/5}}.$$

$$\eta = \frac{1}{u^2v+5u} = \frac{1}{u}\frac{u-3u^{4/5}\tan(u^{1/5}+c)-3u^{3/5}}{u^{6/5}\tan(u^{1/5}+c)+u+5(u-3u^{4/5}\tan(u^{1/5}+c)-3u^{3/5})}$$

$$= \frac{1}{u}\frac{u^{2/5}-3u^{1/5}\tan(u^{1/5}+c)-3}{(u^{3/5}-15u^{1/5})\tan(u^{1/5}+c)+6u^{2/5}-15} = \frac{1}{\xi^{5/7}}\frac{\xi^{2/7}-3\xi^{1/7}\tan(\xi^{1/7}+c)-3}{(\xi^{3/7}-15\xi^{1/7})\tan(\xi^{1/7}+c)+6\xi^{2/7}-15}.$$

$$z = \frac{1}{\xi^2\eta-7\xi} = \frac{1}{\xi}\frac{(\xi^{3/7}-15\xi^{1/7})\tan(\xi^{1/7}+c)+6\xi^{2/7}-15}{\xi^{2/7}\{\xi^{2/7}-3\xi^{1/7}\tan(\xi^{1/7}+c)-3\}-7\{(\xi^{3/7}-15\xi^{1/7})\tan(\xi^{1/7}+c)+6\xi^{2/7}-15\}}$$

$= \frac{1}{\xi}\frac{(\xi^{3/7}-15\xi^{1/7})\tan(\xi^{1/7}+c)+6\xi^{2/7}-15}{(105\xi^{1/7}-10\xi^{3/7})\tan(\xi^{1/7}+c)+\xi^{4/7}-45\xi^{2/7}+105}$. これに一気に $\xi = t^{7/9} = x^{7/3}$, $y = x^3 z$ を代入して $y = x^{2/3}\frac{(x-15x^{1/3})\tan(x^{1/3}+c)+6x^{2/3}-15}{(105x^{1/3}-10x)\tan(x^{1/3}+c)+x^{4/3}-45x^{2/3}+105}$.

(20) $x^p = p^x$ より $x = p^{x/p}$. そこで $x/p = u$ と置くと，$x = p^u = pu$, 従って $p^{u-1} = u$, $p = u^{1/(u-1)}$. また $x = pu = u^{u/(u-1)}$. $p = \frac{dy}{dx} = \frac{du}{dx}\frac{dy}{du}$. よって，$\frac{dy}{du} = p\frac{dx}{du} = u^{1/(u-1)}\left(\frac{u}{u-1}u^{1/(u-1)} - \frac{1}{(u-1)^2}u^{u/(u-1)}\log u\right)$. 以上により，$x = u^{u/(u-1)}$, $y = \int u^{1/(u-1)}\left(\frac{u}{u-1}u^{1/(u-1)} - \frac{1}{(u-1)^2}u^{u/(u-1)}\log u\right)du + C$ というパラメータ表示された解を得る．ただし，途中で $u-1$ で割ったので，これが 0 になるところは別途考察が必要であるが，$u - 1 = 0$ は $p = x$ に対応し，これは確かに与方程式を満たしているので，これを積分した $y = \frac{x^2}{2} + C$ も一般解の他のグループとなる．

素直に考えて $x^p = p^x$ の両辺の対数をとると，$p\log x = x\log p$, すなわち $\frac{\log x}{x} = \frac{\log p}{p}$. もし関数 $f(x) = \frac{\log x}{x}$ が一対一なら，これより $p = x$, 従って最後に述べた放物線族の解が得られる．しかし，$k = \frac{\log x}{x}$ は $k > 0$, すなわち $x > 1$ のとき二つの解を持ち，x に同じ値 k を持つもう一つの解を対応させる関数 $g(x)$ は $x > 1$ で定義された滑らかな関数となる．よって $p = g(x)$ を積分した $y = \int g(x)dx + C$ も一般解である．このように記号 g を使うのは普通の求積法では許されていないので，模範解答にはならないが，こちらの解答の方が事態をより明らかにしているであろう．実際，最初の解答ではどんな解なのか直ちに分かる人は居ないであろう．数値積分も用いて，最初の解答のパラメータ表示をグラフに描くと，こちらは最初にやみくもに求めたパラメータ表示の一般解と一致することが確認され，その解曲線が $x > 1$ にしか存在しない理由もこれから納得できる．

(21) $y' = p$ と置けば，$p^3 - 4xyp + 8y^2 = 0$. 両辺を x で微分して $3p^2p' - 4yp - 4xp^2 - 4xyp' + 16yp = 0$, $(3p^2 - 4xy)p' = -12yp + 4xp^2$. $p' = p\frac{dp}{dy}$ を用いて変換し，両辺に y を掛けると $y(3p^3 - 4xyp)\frac{dp}{dy} = 4xyp^2 - 12y^2p$. もとの方程式を用いて xy を消去すると，$y(2p^3 - 8y^2)\frac{dp}{dy} = p^4 - 4y^2p = p(p^3 - 4y^2)$. これより $p^3 - 4y^2 = 0$, または $2y\frac{dp}{dy} = p$.

後者は $2\frac{dp}{p} = \frac{dy}{y}$ より $2\log p = \log y + C$ と積分でき，$y = cp^2$. これをもとの方程式に代入して $x = \frac{p^3+8y^2}{4yp} = \frac{p^3+8c^2p^4}{4cp^3} = \frac{1+8c^2p}{4c}$, p を消去して $(4cx-1)^2 = 64c^3y$. $\frac{1}{4c}$ を新たに c と書けば一般解 $y = c(x-c)^2$ を得る．これは放物線の族である．前者はもとの方程式と合わせて $12y^2 = 4xyp$, よって $y = 0$ または $p = \frac{3y}{x}$. 一つ目の $y = 0$ も包絡線になっているので特異解としてよいだろうが，(関数形は異なるものの) $c = 0$ のときの特殊解でもある．二つ目は $4y^2 = \left(\frac{3y}{x}\right)^3$, $y \neq 0$ として割り算すると $y = \frac{4}{27}x^3$. こちらは正しく特異解.

(22) $y^2 = z$ と置けば，$z + \frac{(z')^2}{4} = a(x + \frac{z'}{2})$. $z' = q$ と置けば，$q^2 - 2aq + 4z = 4ax$, $(q-a)^2 = -4z + 4ax + a^2$. $z - ax = u$ と置けば $q - a = u'$ なので，$(u')^2 = -4u + a^2$, $\frac{du}{\sqrt{a^2-4u}} = \pm 1$. 積分して $-\frac{\sqrt{a^2-4u}}{2} = \pm x + C$, $a^2 - 4u = (2x+C)^2$, $u = \frac{a^2}{4} - (x+c)^2$. 変数を戻して $z = ax + \frac{a^2}{4} - (x+c)^2$, すなわち，$y^2 = ax + \frac{a^2}{4} - (x+c)^2$. $\frac{a}{2} - c \mapsto c$ と置き直して平方完成すると $(x-c)^2 + y^2 = ac$ という円の族となる．$a^2 - 4u = 0$ のときは，$y^2 = z = u + ax = ax + \frac{a^2}{4}$ という放物線になり，これは特異解.

(23) 与方程式を y' の 2 次方程式と見て解くと $y' = \frac{-x\pm\sqrt{x^2-4(x^2-2y)}}{2} = \frac{-x\pm\sqrt{8y-3x^2}}{2}$. $z = \pm\sqrt{8y-3x^2}$, すなわち $z^2 = 8y - 3x^2$ と置き，未知関数を y から z に変換すれば，$y' = \frac{1}{4}zz' + \frac{3}{4}x = \frac{-x+z}{2}$, $zz' - 2z = -5x$. これを $z' = 2 - 5\frac{x}{z}$ と変形してみると，同次形になっているので，$z = xw$ で未知関数を w に変換すると $xw' + w = 2 - \frac{5}{w}$, $\frac{w}{w^2-2w+5}dw = -\frac{dx}{x}$ と変数分離される．積分して $-\log x + C = \int \frac{w-1+1}{(w-1)^2+4}dw = \frac{1}{2}\log(w^2-2w+5) + \frac{1}{2}\operatorname{Arctan}\frac{w-1}{2}$. $w = \frac{z}{x} = \pm\frac{\sqrt{8y-3x^2}}{x}$ と変数を戻し複号を反転して $\log(2x^2 + 8y \pm 2x\sqrt{8y-3x^2}) - \operatorname{Arctan}\frac{x\pm\sqrt{8y-3x^2}}{2x} = c$.

(24) 一見リッカチ型であるが，$y = xz$ と置換すれば $x(z+xz') = x^2 + x^2z^2 + xz$, $z' = z^2 + 1$, $\frac{dz}{z^2+1} = dx$ と変数分離形される．積分して $\operatorname{Arctan} z = x + C$, $z = \tan(x+C)$, 故に $y = x\tan(x+C)$.

(25) $y' = p$ と置けば $4y = (x+p)^2$. 両辺を x で微分して独立変数を x から y に変換すれば，$4p = 2(x+p)(1+p') = \pm 4\sqrt{y}(1+p')$, $p = \pm\sqrt{y}(1 + p\frac{dp}{dy})$. 更に独立変数を $\pm\sqrt{y} = t$ と変換すれば，$p = t(1 + \frac{p}{2t}\frac{dp}{dt})$, $\frac{dp}{dt} = 2\frac{p-t}{p}$. これは同次形なので，未知関数を p から $p/t = z$ に変換すれば $z + tz' = 2\frac{z-1}{z}$, $\frac{z}{z^2-2z+2}dz = -\frac{dt}{t}$. 積分して $\frac{1}{2}\log(z^2-2z+2) + \operatorname{Arctan}(z-1) = -\log t + C$, $\log t^2(z^2-2z+2) + 2\operatorname{Arctan}(z-1) = c$. 変数を戻して $\log(p^2 - 2tp + 2t^2) + 2\operatorname{Arctan}(\frac{p}{t} - 1) = c$, もとの方程式から $p = -x \pm 2\sqrt{y}$. これと $t = \pm\sqrt{y}$ を代入して $\log\{(-x \pm 2\sqrt{y})^2 \mp 2\sqrt{y}(-x \pm 2\sqrt{y}) + 2y\} + 2\operatorname{Arctan}(2 \mp \frac{x}{\sqrt{y}} - 1) = c$, 複号を反転して，$\log(2y \pm 2x\sqrt{y} + x^2) + 2\operatorname{Arctan}(1 \pm \frac{x}{\sqrt{y}}) = c$.

(26) $x + p = u$, $xp = v$ と置けば，$x(u-x) = v$. x で微分して $u - x + x(u'-1) = v'$, また，もとの方程式は $4y = u^2 - 2v$ となり，x で微分すると $4p = 2uu' - 2v'$. これに上の等式たちを代入して，$4(u-x) = 2uu' - 2(u-x) - 2x(u'-1)$, $3u - 4x = (u-x)u'$, $u' = \frac{3u-4x}{u-x}$. これは同次形なので，$z = u/x$ と変換すると，$z + xz' = \frac{3z-4}{z-1}$, $xz' = \frac{-z^2+4z-4}{z-1}$, $\frac{z-1}{(z-2)^2}dz = -\frac{dx}{x}$, $\log(z-2) - \frac{1}{z-2} = -\log x + C$, $\log\{x(z-2)\} = \frac{1}{z-2} + C$ と積分できる．変数を戻し

2

て $\log(u-2x)=\frac{x}{u-2x}+C$, これを $x+p=u$, $4y=x^2+p^2$ と連立させて p,u を消去したものが答となる．$u^2-2xu+2x^2-4y=0$ より $u=x\pm\sqrt{4y-x^2}$, 従って答は $\log(x\pm\sqrt{4y-x^2}-2x)=\frac{x}{x\pm\sqrt{4y-x^2}-2x}+C$, $\log(\pm\sqrt{4y-x^2}-x)=\frac{x}{\pm\sqrt{4y-x^2}-x}+C$.

(27) $x^3+p^3=xp$ の両辺を x で微分しただけでは，なかなか解ける方程式が得られないので，受験数学の技法を思い出して $u=x+p$, $v=xp$ と変数変換してみると，方程式から $u^3-3uv=v$, 従って，$v=\frac{u^3}{3u+1}$. 他方，二つの変換式から x,p は 2 次方程式 $t^2-ut+v=0$ の 2 根なので，$x=\frac{u}{2}\pm\sqrt{\frac{u^2}{4}-v}=\frac{u}{2}\pm\sqrt{\frac{u^2}{4}-\frac{u^3}{3u+1}}=\frac{u}{2}\pm\frac{u}{2}\sqrt{\frac{1-u}{3u+1}}$. $p=\frac{u}{2}\mp\frac{u}{2}\sqrt{\frac{1-u}{3u+1}}$. 前者から $\frac{dx}{du}=\frac{1}{2}\pm\left(\frac{1}{2}\sqrt{\frac{1-u}{3u+1}}+\frac{u}{4}\sqrt{\frac{3u+1}{1-u}}\frac{-(3u+1)-3(1-u)}{(3u+1)^2}\right)=\frac{1}{2}\pm\left(\frac{1}{2}\sqrt{\frac{1-u}{3u+1}}-\frac{u}{3u+1}\frac{1}{\sqrt{(1-u)(3u+1)}}\right)$. これを $p=\frac{dy}{dx}$ の式と掛け合わせると，$\frac{dy}{du}=\frac{u}{4}-\frac{u}{4}\frac{1-u}{3u+1}+\frac{u^2}{2}\frac{1}{(3u+1)^2}\mp\frac{u^2}{2(3u+1)}\frac{1}{\sqrt{(1-u)(3u+1)}}$. これを積分するのだが，有理関数の部分は，$\int\left\{\frac{u}{4}+\frac{3u+1-1}{36}\frac{3u+1-4}{3u+1}+\frac{(3u+1-1)^2}{18}\frac{1}{(3u+1)^2}\right\}du=\frac{u^2}{8}+\frac{(3u+1)^2}{216}-\frac{5}{36}u+\frac{1}{27}\log(3u+1)+\frac{u}{18}-\frac{1}{27}\log(3u+1)-\frac{1}{54}\frac{1}{3u+1}=\frac{u^2}{6}-\frac{u}{18}+\frac{1}{216}-\frac{1}{54}\frac{1}{3u+1}$. また，無理関数は，$(1-u)(3u+1)=\frac{4}{3}-3(u-\frac{1}{3})^2$ と変形し $u-\frac{1}{3}=\frac{2}{3}\sin t$ なる置換積分で $\int\frac{u^2}{2(3u+1)}\frac{1}{\sqrt{(1-u)(3u+1)}}du=\int\frac{\frac{1}{9}(1+2\sin t)^2}{4(1+\sin t)}\frac{\frac{2}{3}\cos t}{\frac{2}{\sqrt{3}}\cos t}dt=\int\frac{1}{36\sqrt{3}}\frac{(2+2\sin t-1)^2}{1+\sin t}dt=\int\left\{\frac{1}{9\sqrt{3}}(1+\sin t)-\frac{1}{9\sqrt{3}}+\frac{1}{36\sqrt{3}}\frac{1}{1+\sin t}\right\}dt=\int\left(\frac{1}{9\sqrt{3}}\sin t+\frac{1}{36\sqrt{3}}\frac{1-\sin t}{\cos^2 t}\right)dt=-\frac{1}{9\sqrt{3}}\cos t+\frac{1}{36\sqrt{3}}\tan t-\frac{1}{36\sqrt{3}}\frac{1}{\cos t}$. ここで，$\cos t=\frac{\sqrt{3}}{2}\sqrt{1+2u-3u^2}$ であったから，$\tan t=\frac{\sin t}{\cos t}=\frac{1}{\sqrt{3}}\frac{3u-1}{\sqrt{1+2u-3u^2}}$. よって積分結果を u で書き戻すと，$-\frac{1}{18}\sqrt{1+2u-3u^2}+\frac{3u-1}{108\sqrt{1+2u-3u^2}}-\frac{1}{54\sqrt{1+2u-3u^2}}=-\frac{2u+1}{12(3u+1)}\sqrt{1+2u-3u^2}$. 以上より $y=\frac{u^2}{6}-\frac{u}{18}-\frac{1}{54}\frac{1}{3u+1}\mp\frac{2u+1}{12(3u+1)}\sqrt{1+2u-3u^2}+C$. これと $x=\frac{u}{2}\pm\frac{u}{2}\sqrt{\frac{1-u}{3u+1}}$ を合わせたものが u をパラメータとする一般解の表示となる．

別解として，デカルトの葉形 $x^3+y^3=xy$ は有理曲線であり，有理関数によるパラメータ表示 $x=\frac{t}{1+t^3}$, $y=\frac{t^2}{1+t^3}$ を持つという古典代数曲線論の結果を利用する．$x=\frac{t}{1+t^3}$, $p=\frac{t^2}{1+t^3}$ と置けば，確かに $x^3+p^3=xp$ となるので，$p=\frac{dy}{dx}=\frac{dy}{dt}/\frac{dx}{dt}$ より，$\frac{dy}{dt}=p\frac{dx}{dt}=\frac{t^2}{1+t^3}\frac{1+t^3-3t^3}{(1+t^3)^2}=\frac{t^2(1-2t^3)}{(1+t^3)^3}$. t で積分して $y=\int\frac{t^2(1-2t^3)}{(1+t^3)^3}dt=\int\frac{(1-2t^3)}{3(1+t^3)^3}d(t^3)=-\frac{2}{3}\int\frac{1}{(1+t^3)^2}d(t^3)+\int\frac{1}{(1+t^3)^3}d(t^3)=\frac{2}{3}\frac{1}{1+t^3}-\frac{1}{2(1+t^3)^2}+C$, すなわち，$y=\frac{4t^3+1}{6(1+t^3)^2}+C$, これと最初の $x=\frac{t}{1+t^3}$ を合わせたものがパラメータ表示の一般解となる．

(28) $xy\frac{dx}{dy}+x^2+y^2+1=0$ と変形し，$z=x^2$ を新たな未知関数と思うと，$y\frac{dz}{dy}+2z=-2(y^2+1)$ と 1 階線形になり，$\frac{d}{dy}(y^2z)=-2y(y^2+1)$, $y^2z=-\frac{1}{2}y^4-y^2+C$, $z=-\frac{1}{2}y^2-1+\frac{C}{y^2}$,よって $x^2+\frac{1}{2}y^2+1=\frac{C}{y^2}$, あるいは $y^2(2x^2+y^2+2)=c$ が一般解.

2.17.2 $P(x,y)+Q(x,y)\frac{dy}{dx}=0$ の両辺に $\mu(x^2+y^2)$ を掛けたものが完全微分形になるとは，$\frac{\partial}{\partial y}\{\mu(x^2+y^2)P(x,y)\}=\frac{\partial}{\partial x}\{\mu(x^2+y^2)Q(x,y)\}$, すなわち，$2yP\mu'+\mu\frac{\partial P}{\partial y}=2xQ\mu'+\mu\frac{\partial Q}{\partial x}$ が成り立つことである．これより，$\frac{\mu'}{\mu}=\frac{\frac{\partial P}{\partial y}-\frac{\partial Q}{\partial x}}{2xQ-2yP}$, 従ってこのような μ が

存在するための条件は，この右辺が x^2+y^2 の 1 変数関数となることである．これは，右辺を極座標に直したとき，θ について定数となること，すなわち，右辺に $y\frac{\partial}{\partial x}-x\frac{\partial}{\partial y}$ を施したとき 0 になるかどうかで判定できる．

(1) $\frac{\mu'}{\mu}=\frac{\frac{\partial P}{\partial y}-\frac{\partial Q}{\partial x}}{2xQ-2yP}=\frac{4xy-2y}{2x2y(x+y^2+1)-2y(2x^2+2xy^2+1)}=\frac{2x-1}{2x(x+y^2+1)-(2x^2+2xy^2+1)}=\frac{2x-1}{2x-1}=1$ となり，$\mu=e^{x^2+y^2}$ で成り立っている．線積分を実行すると $F(x,y)=\int_0^x(2x^2+1)e^{x^2}dx+\int_0^y 2y(x+y^2+1)e^{x^2+y^2}dy$. 一つ目の積分は，$=\int_0^x xd(e^{x^2})+\int_0^x e^{x^2}dx=xe^{x^2}-\int_0^x e^{x^2}dx+\int_0^x e^{x^2}dx=xe^{x^2}$ ときわどく計算できる．二つ目は普通に $=\left[(x+1)e^{x^2+y^2}+y^2e^{x^2+y^2}-e^{x^2+y^2}\right]_0^y=(x+y^2)e^{x^2+y^2}-xe^{x^2}$. よって一般解は $(x+y^2)e^{x^2+y^2}=C$.

(2) $\frac{\mu'}{\mu}=\frac{\frac{\partial P}{\partial y}-\frac{\partial Q}{\partial x}}{2xQ-2yP}=\frac{-x-2x}{2x(y+x^2)-2xy(1-y)}=\frac{-3}{2(x^2+y^2)}$ となるので，$\log\mu=-\frac{3}{2}\log(x^2+y^2)$, $\mu=(x^2+y^2)^{-3/2}$ が積分因子となる．一般解は目のこでは見えないが，公式により（積分が発散せぬよう始点を $(1,0)$ にとって）$\int_1^x x^{-2}dx+\int_0^y(y+x^2)(x^2+y^2)^{-3/2}dy=1-\frac{1}{x}+\frac{1}{2}\int_0^y(x^2+y^2)^{-3/2}d(y^2)+x^2\int_0^y(x^2+y^2)^{-3/2}dy=C$. ここで，$\int_0^y(x^2+y^2)^{-3/2}d(y^2)=\left[-2(x^2+y^2)^{-1/2}\right]_{y\mapsto 0}^{y\mapsto y}=\frac{2}{x}-2(x^2+y^2)^{-1/2}$，また，$y=x\tan\theta$ なる置換で $\int_0^y(x^2+y^2)^{-3/2}dy=\frac{1}{x^2}\int_0^\theta\cos^3\theta\frac{1}{\cos^2\theta}d\theta=\frac{\sin\theta}{x^2}=\frac{y}{x^2\sqrt{x^2+y^2}}$. よって答は $1-\frac{1}{x}+\frac{1}{x}-\frac{1}{\sqrt{x^2+y^2}}+\frac{y}{\sqrt{x^2+y^2}}=1+\frac{y-1}{\sqrt{x^2+y^2}}=C$, あるいは，$x^2+y^2=c^2(y-1)^2$.

(3) $\frac{\mu'}{\mu}=\frac{\frac{\partial P}{\partial y}-\frac{\partial Q}{\partial x}}{2xQ-2yP}=\frac{2xyf'(x^2+y^2)-2xyg'(x^2+y^2)}{2xyg(x^2+y^2)-2xyf(x^2+y^2)}=\frac{f'(x^2+y^2)-g'(x^2+y^2)}{g(x^2+y^2)-f(x^2+y^2)}$ より，f, g が何であっても条件が満たされる．$\frac{\mu'}{\mu}=\frac{f'(t)-g'(t)}{g(t)-f(t)}$ を積分して $\log\mu=-\log(f-g)$, $\mu=\frac{1}{f-g}$ が積分因子となる．これを両辺に掛けると $\frac{xf(x^2+y^2)}{f(x^2+y^2)-g(x^2+y^2)}+\frac{yg(x^2+y^2)}{f(x^2+y^2)-g(x^2+y^2)}\frac{dy}{dx}=0$. これは $x+\frac{xg(x^2+y^2)}{f(x^2+y^2)-g(x^2+y^2)}+\frac{yg(x^2+y^2)}{f(x^2+y^2)-g(x^2+y^2)}\frac{dy}{dx}=0$ と変形できるので，$\frac{g(t)}{f(t)-g(t)}$ の原始関数を $\Phi(t)$ と置くとき，$\frac{x^2}{2}+\frac{1}{2}\Phi(x^2+y^2)=C$ と積分できる．

2.17.3 ここで解いた解のグラフは  ではもとの第 1 章の問題番号のところに掲げる．
問題 1.4.1 は，未知関数を $z=y-x$ に変換すると，$\frac{dz}{dx}=\pm\frac{z}{\sqrt{2}}-1$ ($\pm z\geq 0$ のとき) という変数分離形に帰着でき，$\frac{dz}{\pm z-\sqrt{2}}=\frac{dx}{\sqrt{2}}$, $\frac{x+C}{\sqrt{2}}=\pm\int\frac{dz}{z\mp\sqrt{2}}=\pm\log(z\mp\sqrt{2})$. $z\mp\sqrt{2}=ce^{\pm x/\sqrt{2}}$. これより $z=y-x=\pm\sqrt{2}+ce^{\pm x/\sqrt{2}}$, すなわち $y=x\pm\sqrt{2}+ce^{\pm x/\sqrt{2}}$ を得る．別解として二つの 1 階線形方程式 $\frac{dy}{dx}=\pm\frac{x-y}{\sqrt{2}}$ $(\pm(x-y)\geq 0)$ と見て別々に解くこともでき，同じ結果を得る．なお，もとの幾何の問題の答は傾きが到るところ非負でなければならないので，$c>0$ に対しては $y=x+\sqrt{2}+ce^{x/\sqrt{2}}$ がそのまま解だが，$c<0$ に対しては，x が十分小さい間は傾きが正だが，これが $y=x$ と交わる $\sqrt{2}+ce^{x/\sqrt{2}}=0$ すなわち $x=\sqrt{2}\log\frac{\sqrt{2}}{-c}$ から先は，同じ点を通るもう一つの解 $y=x-\sqrt{2}+c'e^{-x/\sqrt{2}}$ に取り替える必要がある．後者の任意定数 c' は，上記の x の値に対して $-\sqrt{2}+c'e^{-x/\sqrt{2}}=0$ となることから決定され，$c'=\sqrt{2}e^{x/\sqrt{2}}=-\frac{2}{c}$. 従って接続する曲線の式は $y=x-\sqrt{2}-\frac{2}{c}e^{-x/\sqrt{2}}$ となる．結局，$c<0$ に対しては解は $x<\sqrt{2}\log\frac{\sqrt{2}}{-c}$ のとき $y=x+\sqrt{2}+ce^{x/\sqrt{2}}$, $x\geq\sqrt{2}\log\frac{\sqrt{2}}{-c}$ のとき $y=x-\sqrt{2}-\frac{2}{c}e^{-x/\sqrt{2}}$.
問題 1.4.3 の方程式は $\frac{dy}{dx}=p$ と置くと $(x^2-1)+2xyp+(y^2-1)p^2=0$, $(x+yp)^2=1+p^2$.

平方根をとって $x+yp=\pm\sqrt{1+p^2}$. 両辺を x で微分して $1+p^2+yp'=\pm\frac{pp'}{\sqrt{1+p^2}}$. $p'=p\frac{dp}{dy}$ と書き直せば $1+p^2+yp\frac{dp}{dy}=\pm\frac{p^2}{\sqrt{1+p^2}}\frac{dp}{dy}$. $(1+p^2)\frac{dy}{dp}+py=\pm\frac{p^2}{\sqrt{1+p^2}}$ と変形して p を独立変数とみなせば，1 階線形となる. $\pm\bigl(\sqrt{1+p^2}\frac{dy}{dp}+\frac{p}{\sqrt{1+p^2}}y\bigr)=\frac{p^2}{1+p^2}$ と変形すれば積分でき，$\pm\frac{d}{dp}(y\sqrt{1+p^2})=\frac{p^2}{1+p^2}$, $\pm y\sqrt{1+p^2}=\int\frac{p^2}{1+p^2}dp=p-\mathrm{Arctan}\,p+C$, $y=\pm\frac{p-\mathrm{Arctan}\,p+C}{\sqrt{1+p^2}}$. これと $x=-py\pm\sqrt{1+p^2}=\pm\frac{1+p\,\mathrm{Arctan}\,p-Cp}{\sqrt{1+p^2}}$ を連立させたものが p をパラメータとする一般解となる. なおもとの方程式は p の 2 次方程式として解くことができ，$p=\frac{-xy\pm\sqrt{x^2y^2-(x^2-1)(y^2-1)}}{y^2-1}=\frac{-xy\pm\sqrt{x^2+y^2-1}}{y^2-1}$, よって $x+py=\frac{-x\pm y\sqrt{x^2+y^2-1}}{y^2-1}$. これと $\sqrt{1+p^2}=\pm(x+py)$ を y の式に代入すると $y=\frac{p-\mathrm{Arctan}\,p+C}{x+py}$, $xy+py^2=p-\mathrm{Arctan}\,p+C$, $xy+(y^2-1)p=-\mathrm{Arctan}\,p+C$, よって $xy-xy\pm\sqrt{x^2+y^2-1}=-\mathrm{Arctan}\,\frac{-xy\pm\sqrt{x^2+y^2-1}}{y^2-1}+C$, $\tan(\pm\sqrt{x^2+y^2-1}-C)=\frac{xy\mp\sqrt{x^2+y^2-1}}{y^2-1}$, あるいは $(y^2-1)\tan(\pm\sqrt{x^2+y^2-1}-C)\pm\sqrt{x^2+y^2-1}=xy$ と陰関数表示された解も得られる. この曲線は単位円の伸開線（問題 2.17.5）に他ならない.

問題 1.4.4 は，$\frac{dy}{dx}=p$ と置くと，$(y-xp)^2=\frac{a^2p^2}{p^2+1}$. これを $y=xp\pm\frac{ap}{\sqrt{p^2+1}}$ と変形し，2 個のクレロー型微分方程式として解く. 両辺を x で微分して $p=p+xp'\pm\frac{ap'}{(p^2+1)^{3/2}}$. これより $p'=0$ または $x=\mp\frac{a}{(p^2+1)^{3/2}}$, 後者は方程式より $y=\mp\frac{ap}{(p^2+1)^{3/2}}\pm\frac{ap}{\sqrt{p^2+1}}=\pm\frac{ap^3}{(p^2+1)^{3/2}}$ を得，p をパラメータとする解となる. 実は p を消去できて $x^{2/3}+y^{2/3}=a^{2/3}$ というアステロイドの方程式になる. 前者は $p=c$ (定数) を方程式に代入すると，$y=cx\pm\frac{ac}{\sqrt{c^2+1}}$ という 2 系統の直線族より成る一般解が得られる. 最初に求めたのはこれらの包絡線で，特異解である. もとの幾何学的問題に対しては一般解は自明で，特異解の方が意味を持つ.

問題 1.4.5 は，$y'=p$ と置くと $\{p(1-x)+y\}(-xp+y-1)=\pm a(1+p^2)$. a は負にもなり得るとして複号を省略し，$(y-xp+p)(y-xp-1)=a(1+p^2)\ldots$① を考察する. これを $y-xp$ の 2 次方程式と見て解けば，$(y-xp)^2+(p-1)(y-xp)-a(1+p^2)-p=0$, $y-xp=-\frac{p-1}{2}\pm\sqrt{\frac{(p+1)^2}{4}+a(1+p^2)}\ \ldots$②. これは 2 個のクレロー型微分方程式である. 両辺を x で微分すると $-xp'=-\frac{p'}{2}\pm\frac{\frac{p+1}{2}+2ap}{2\sqrt{\frac{(p+1)^2}{4}+a(1+p^2)}}p'$. これから $p'=0$, または $x=\frac{1}{2}\mp\frac{\frac{p+1}{2}+2ap}{2\sqrt{\frac{(p+1)^2}{4}+a(1+p^2)}}\ldots$③. 前者は $p=c$ より一般解として直線族 $y=cx-\frac{c-1}{2}\pm\sqrt{\frac{(c+1)^2}{4}+a(1+c^2)}$ を与えるが，これはもとの方程式①に $p=c$ を代入した $(y-cx+c)(y-cx-1)=a(1+c^2)$ にまとめられる. 後者は②と合わせて $y=p\bigl(\frac{1}{2}\mp\frac{\frac{p+1}{2}+2ap}{2\sqrt{\frac{(p+1)^2}{4}+a(1+p^2)}}\bigr)-\frac{p-1}{2}\pm\sqrt{\frac{(p+1)^2}{4}+a(1+p^2)}=\frac{1}{2}\mp\frac{\frac{p(p+1)}{2}+2ap^2-2\frac{(p+1)^2}{4}-2a(1+p^2)}{2\sqrt{\frac{(p+1)^2}{4}+a(1+p^2)}}=\frac{1}{2}\pm\frac{\frac{p+1}{2}+2a}{2\sqrt{\frac{(p+1)^2}{4}+a(1+p^2)}}\ldots$④. ③とこれとで p をパラメータとする特異解の方程式となる. なお，③,④から，$\frac{x-1/2}{y-1/2}=-\frac{p+1+4ap}{p+1+4a}$, 従って

$p=-\frac{(4a+1)x+y-2a-1}{x+(4a+1)y-2a-1}$. これをどちらかに代入して x,y の方程式を得ることもできる. 平方して根号をはずした結果は $(4a+1)x^2+2xy+(4a+1)y^2-2(2a+1)x-2(2a+1)y-4a^2+1=0$ となり, 楕円である.

問題 1.4.7 (2) の方程式は, $\frac{dy}{dx}=p$ と置くと, $yp^3+xp^2=1$, $yp+x=\frac{1}{p^2}$. 両辺を x で微分して $yp'+p^2+1=-\frac{2p'}{p^3}$, $p'=p\frac{dp}{dy}$ で書き直すと, $yp\frac{dp}{dy}+p^2+1=-\frac{2}{p^2}\frac{dp}{dy}$ すなわち $(p^2+1)\frac{dy}{dp}+py=-\frac{2}{p^2}$. これは未知関数 y につき 1 階線形である. $\sqrt{p^2+1}\frac{dy}{dp}+\frac{p}{\sqrt{p^2+1}}=-\frac{2}{p^2\sqrt{p^2+1}}$ と変形すれば, 左辺は $(\sqrt{p^2+1}y)'$ となるので, $\sqrt{p^2+1}y=-\int\frac{2dp}{p^2\sqrt{p^2+1}}+C$. この積分は $\sqrt{p^2+1}=z+p$ と置けば有理化でき, $=\frac{2\sqrt{p^2+1}}{p}+C$, すなわち $y=\frac{2}{p}+\frac{C}{\sqrt{p^2+1}}$, これと $x=\frac{1}{p^2}-yp=\frac{1}{p^2}-2-\frac{Cp}{\sqrt{p^2+1}}$ を連立させたものが, パラメータ表示された解となる.

2.17.4 カーディオイドの接線の傾きは, $\frac{dy}{dx}=\frac{dr\sin\theta+r\cos\theta d\theta}{dr\cos\theta-r\sin\theta d\theta}=\frac{\frac{dr}{d\theta}\sin\theta+r\cos\theta}{\frac{dr}{d\theta}\cos\theta-r\sin\theta}=\frac{-c\sin^2\theta+c(1+\cos\theta)\cos\theta}{-c\sin\theta\cos\theta-c(1+\cos\theta)\sin\theta}=-\frac{\cos\theta+\cos 2\theta}{\sin\theta+\sin 2\theta}\dots$① で c に依らず θ だけで決まる. (実際, x,y の微分方程式に直せば同次形になることが容易に分かる.) これと定角 α を成す直線の傾きは, 上の量①を $\tan\beta$ と置くとき, $\tan(\beta+\alpha)=\frac{\tan\alpha+\tan\beta}{1-\tan\alpha\tan\beta}=\frac{\tan\alpha(\sin\theta+\sin 2\theta)-\cos\theta-\cos 2\theta}{\sin\theta+\sin 2\theta+\tan\alpha(\cos\theta+\cos 2\theta)}=-\frac{\cos\alpha(\cos\theta-\cos 2\theta)-\sin\alpha(\sin\theta+\sin 2\theta)}{\cos\alpha(\sin\theta+\sin 2\theta)+\sin\alpha(\cos\theta+\cos 2\theta)}=-\frac{\cos(2\theta+\alpha)+\cos(\theta+\alpha)}{\sin(2\theta+\alpha)+\sin(\theta+\alpha)}\dots$② これを最初に求めた傾きの極座標表現と等値して, $\frac{\frac{dr}{d\theta}\sin\theta+r\cos\theta}{\frac{dr}{d\theta}\cos\theta-r\sin\theta}=-\frac{\cos(2\theta+\alpha)+\cos(\theta+\alpha)}{\sin(2\theta+\alpha)+\sin(\theta+\alpha)}$, すなわち, $\frac{dr}{d\theta}=-r\frac{\sin(\theta+\alpha)+\sin\alpha}{\cos(\theta+\alpha)+\cos\alpha}$. あるいは, ①を直接直角座標に書き直して $\tan\beta=-\frac{\cos\theta+\cos^2\theta-\sin^2\theta}{(1+2\cos\theta)\sin\theta}=-\frac{x\sqrt{x^2+y^2}+x^2-y^2}{y\sqrt{x^2+y^2}+2xy}$. これより $\frac{dy}{dx}=\frac{\tan\alpha+\tan\beta}{1-\tan\alpha\tan\beta}=\frac{(y\sqrt{x^2+y^2}+2xy)\tan\alpha-x\sqrt{x^2+y^2}-x^2+y^2}{(x\sqrt{x^2+y^2}+x^2-y^2)\tan\alpha+y\sqrt{x^2+y^2}+2xy}$. 後者を同次形と見て解くこともできるが, 計算は面倒なので, ここでは前者を解こう. $\frac{dr}{r}=-\frac{\sin(\theta+\alpha)+\sin\alpha}{\cos(\theta+\alpha)+\cos\alpha}d\theta$ と変数分離して積分すれば, $\log r=-\int\frac{\sin(\theta+\alpha)+\sin\alpha}{\cos(\theta+\alpha)+\cos\alpha}d\theta=-\int\frac{\sin(\theta+\alpha)}{\cos(\theta+\alpha)+\cos\alpha}d\theta-\int\frac{\sin\alpha}{\cos(\theta+\alpha)+\cos\alpha}d\theta$. この第 1 項はそのまま $\log\{\cos(\theta+\alpha)+\cos\alpha\}$ と積分できる. 第 2 項は $\theta+\alpha=t$, 次いで $\tan\frac{t}{2}=z$ と変換すれば, $=-\sin\alpha\int\frac{1}{\cos t+\cos\alpha}dt=-\sin\alpha\int\frac{1}{(1-z^2)/(1+z^2)+\cos\alpha}\frac{2dz}{1+z^2}=-\sin\alpha\int\frac{2dz}{1-z^2+(1+z^2)\cos\alpha}=\frac{\sin\alpha}{1-\cos\alpha}\int\frac{2dz}{z^2-(1+\cos\alpha)/(1-\cos\alpha)}$

$=\frac{\sin\alpha}{1-\cos\alpha}\frac{1}{\sqrt{(1+\cos\alpha)/(1-\cos\alpha)}}\log\frac{z-\sqrt{(1+\cos\alpha)/(1-\cos\alpha)}}{z+\sqrt{(1+\cos\alpha)/(1-\cos\alpha)}}=\log\frac{(1-\cos\alpha)z-\sin\alpha}{(1-\cos\alpha)z+\sin\alpha}$

$=\log\frac{(1-\cos\alpha)\tan\frac{\theta+\alpha}{2}-\sin\alpha}{(1-\cos\alpha)\tan\frac{\theta+\alpha}{2}+\sin\alpha}=\log\frac{(1-\cos\alpha)\sin(\theta+\alpha)-\sin\alpha(\cos(\theta+\alpha)+1)}{(1-\cos\alpha)\sin(\theta+\alpha)+\sin\alpha(\cos(\theta+\alpha)+1)}=$

$\log\frac{\sin(\theta+\alpha)-\sin(\theta+2\alpha)-\sin\alpha}{\sin(\theta+\alpha)-\sin\theta+\sin\alpha}$. 以上より $r=c\{\cos(\theta+\alpha)+\cos\alpha\}\frac{\sin(\theta+\alpha)-\sin(\theta+2\alpha)-\sin\alpha}{\sin(\theta+\alpha)-\sin\theta+\sin\alpha}$. なお, この問題は, $\alpha=0$ とするともとの曲線に帰着し, $\alpha=\frac{\pi}{2}$ とすると, 問題 1.4.7(12) (解は問題 2.1.3 参照) を特別な場合として含んでいる.

2.17.5 (1) $y=f(x)$ 上の一点 (x_0,y_0) における接線は, $y=f'(x_0)(x-x_0)+y_0$. よって法線は $y=-\frac{1}{f'(x_0)}(x-x_0)+y_0$, あるいは $f'(x_0)=0$ なる点でも使えるように書き直すと, $f'(x_0)(y-f(x_0))+(x-x_0)=0\dots$①. x_0 を独立なパラメータとして包絡線を

作ると，$f''(x_0)(y-f(x_0))-f'(x_0)^2-1=0\ldots$②．これら二つから x_0 を消去したものが求める縮閉線の方程式である．伸開線の方程式は，もとの方程式を $y=g(x)\ldots$③ として，逆に①〜③から x,y を消去し，$y_0=f(x_0)$ が満たす微分方程式を立てれば，その解として求まる．しかしこれは f につき 2 階の方程式になってしまう．$y=g(x)$ の接線族 $y=g'(x_0)(x-x_0)+g(x_0)$ を考え，例題 1.4 その 2 でやったように，これに直交する曲線族を求める．その微分方程式は，これと $\frac{dy}{dx}=-\frac{1}{g'(x_0)}$ から x_0 を消去すれば得られるが，定義からその解は伸開線となるはずであり，1 階微分方程式の範囲に収まる．

(2) $y=x^2$ に上記の計算を適用すると，$2x_0(y-x_0^2)+(x-x_0)=0\ldots$①, $2(y-x_0^2)-4x_0^2-1=0\ldots$②．①を②に代入して $\frac{x-x_0}{x_0}+4x_0^2+1=0$ より $x=-4x_0^3$, また②から $y=3x_0^2+\frac{1}{2}$．この二つから x_0 を消去すると，縮閉線は $y=-\frac{3}{\sqrt[3]{4}}x^{2/3}+\frac{1}{2}$．逆に伸開線は，後に述べた方のやりかたで求めると，$y=2x_0(x-x_0)+x_0^2$, $\frac{dy}{dx}=-\frac{1}{2x_0}$ の二つから x_0 を消去する．後者から $x_0=-\frac{1}{2p}$, これを前者に代入して $y=-\frac{x}{p}-\frac{1}{4p^2}$, あるいは $x+py=-\frac{1}{4p}\ldots$③．両辺を x で微分して $1+p^2+yp'=\frac{p'}{4p^2}$, すなわち $(\frac{1}{4p^2}-y)p\frac{dp}{dy}=1+p^2$．これを更に $\frac{dy}{dp}+\frac{p}{1+p^2}y=\frac{1}{4p(1+p^2)}$ と変形すれば，y を未知関数とする 1 階線形方程式となる．これを積分因子の方法で解いて $\frac{d}{dp}(y\sqrt{1+p^2})=\frac{1}{4p\sqrt{1+p^2}}$, $y\sqrt{1+p^2}=\int\frac{1}{4p\sqrt{1+p^2}}dp=\int\frac{d(p^2)}{8p^2\sqrt{1+p^2}}=\frac{1}{4}\log\frac{\sqrt{1+p^2}-1}{p}+C$, $y=\frac{1}{4\sqrt{1+p^2}}\log\frac{\sqrt{1+p^2}-1}{p}+\frac{C}{\sqrt{1+p^2}}$．これと③から得られる $x=-py-\frac{1}{4p}=-\frac{p}{4\sqrt{1+p^2}}\log\frac{\sqrt{1+p^2}-1}{p}-\frac{1}{4p}+\frac{Cp}{\sqrt{1+p^2}}$ を連立させたものが p をパラメータとする解の表現となる．③は p の 2 次方程式として x,y について解けるので，それを y の式に代入すれば x,y の陰関数表示の形の解も得られるが，煩雑なので省略する．なお，他の例として，単位円 $x^2+y^2=1$ の伸開線が問題 1.4.3 で取り扱われている．

2.17.6 川の流れのベクトルを $(0,a)$ とし，川の左岸を y 軸，右岸を直線 $x=h$ に取る．P は原点，Q$(h,0)$ とする．船が点 (x,y) にあるとき，船の進行方向の接線ベクトルは $(h,0)-(x,y)=(h-x,-y)$ の長さを b にしたものと $(0,a)$ の合成であるから，$\frac{dx}{dt}=\frac{(h-x)b}{\sqrt{(h-x)^2+y^2}}$, $\frac{dy}{dt}=\frac{(-y)b}{\sqrt{(h-x)^2+y^2}}+a$．この二つを割り算すると，求める曲線が満たす微分方程式 $\frac{dy}{dx}=-\frac{y}{h-x}+\frac{a}{(h-x)b}\sqrt{(h-x)^2+y^2}$ を得る．これは $h-x$, y に関する同次形なので，$\frac{y}{h-x}=z$ と置けば，$-z+(h-x)\frac{dz}{dx}=-z+\frac{a}{b}\sqrt{1+z^2}$ となり，変数分離されて $\frac{dz}{\sqrt{1+z^2}}=\frac{a}{b}\frac{dx}{h-x}$．積分して，$\log(z+\sqrt{1+z^2})=-\frac{a}{b}\log(h-x)+C$, $\sqrt{1+z^2}+z=\frac{c}{(h-x)^{a/b}}$．逆数を取ると，$\sqrt{1+z^2}-z=\frac{(h-x)^{a/b}}{c}$, 辺々引いて $z=\frac{1}{2}\Bigl(\frac{c}{(h-x)^{a/b}}-\frac{(h-x)^{a/b}}{c}\Bigr)$．よって $y=(h-x)z=\frac{h-x}{2}\Bigl(\frac{c}{(h-x)^{a/b}}-\frac{(h-x)^{a/b}}{c}\Bigr)$．あとは定数 c を決めればよい．$x=h$ のとき $y=0$ となることは $a<b$ より自動的に満たされている．$x=0$ のときも $y=0$ となることから，$0=\frac{h}{2}\Bigl(\frac{c}{h^{a/b}}-\frac{h^{a/b}}{c}\Bigr)$．$c^2=h^{2a/b}$．題意から船は流されるので $y\geq 0$ であり，よって $c=h^{a/b}$ ととれば $y=\frac{h-x}{2}\Bigl\{\frac{1}{(1-x/h)^{a/b}}-(1-x/h)^{a/b}\Bigr\}=\frac{h}{2}\Bigl\{\bigl(1-\frac{x}{h}\bigr)^{(b-a)/b}-\bigl(1-\frac{x}{h}\bigr)^{(b+a)/b}\Bigr\}$．

第 3 章の問題解答

3.1.1 (1) $y=c_1x+c_2x^3$ の両辺の 2 階までの微分を計算して $y'=c_1+3c_2x^2$, $y''=6c_2x$. これらから c_1, c_2 を消去すればよい. 最後の式を前二つに代入して, $6y=6c_1x+x^2y''\ldots$①, $2y'=2c_1+xy''\ldots$②. $3x\times$ ②$-$① を作ると $2x^2y''=6xy'-6y$. すなわち, $x^2y''-3xy'+3y=0$.

(2) $y=\frac{x+c_1}{x+c_2}=1-\frac{c_2-c_1}{x+c_2}\ldots$① の 2 階までの微分を計算して $y'=\frac{c_2-c_1}{(x+c_2)^2}\ldots$②, $y''=-\frac{2(c_2-c_1)}{(x+c_2)^3}\ldots$③, 後の二つから $\frac{y''}{y'}=-\frac{2}{x+c_2}$. これと② から, 次いで①から $y'\frac{2y'}{y''}=-\frac{c_2-c_1}{x+c_2}=y-1$. よって $(y-1)y''=2(y')^2$.

(3) $y=c_1\sin(x+c_2)$ の両辺を 2 回微分して, $y'=c_1\cos(x+c_2)$, $y''=-c_1\sin(x+c_2)$. よって $y''+y=0$. つまり $y=c_1\sin x+c_2\cos x$ が満たす微分方程式と同じになる. このことは, sin の加法定理を用いて任意定数を書き換えてみれば分かる.

(4) $y=\sin(c_1+c_2x)$ の両辺の 2 階までの微分を計算して $y'=c_2\cos(c_1+c_2x)$, $y''=-c_2^2\sin(c_1+c_2x)$. 最初の二つから $(c_2y)^2+(y')^2=c_2^2$. 一つ目と三つ目から $y''=-c_2^2y$. この二つから c_2 を消去して $-yy''+(y')^2=-\frac{y''}{y}$, あるいは, $(y^2-1)y''=y(y')^2$.

別解として $\mathrm{Arcsin}\,y=c_1+c_2x$ と変形し, 両辺を微分すれば, $\frac{y'}{\sqrt{1-y^2}}=c_2$. もう一度微分して $\frac{1}{1-y^2}\Bigl(y''\sqrt{1-y^2}+\frac{2y(y')^2}{2\sqrt{1-y^2}}\Bigr)=0$. 分母を払って整理すると $(1-y^2)y''+y(y')^2=0$.

(5) $y=\log(c_1x+c_2)$ を $e^y=c_1x+c_2$ と変形したものを 2 回微分して $e^yy'=c_1$, $e^yy''+e^y(y')^2=0$. 因子 e^y を略して $y''+(y')^2=0$.

(6) $y=c_1x^{c_2}+x$ を $\log(y-x)=\log c_1+c_2\log x$ と変形して両辺を微分すると, $\frac{y'-1}{y-x}=\frac{c_2}{x}$. 両辺に x を掛けて更に微分すると $\frac{y'-1}{y-x}+x\frac{y''(y-x)-(y'-1)^2}{(y-x)^2}=0$. 分母を払って整理すると $x(y-x)y''=(xy'-y)(y'-1)$, あるいは, $x(y-x)y''=x(y')^2-(y+x)y'+y$.

3.2.1 ニュートンの運動方程式は $m\frac{d^2y}{dt^2}=-mg$. そのまま積分して $m\frac{dy}{dt}=-mgt+c_1\ldots$①. 更に積分して $my=-\frac{mgt^2}{2}+c_1t+c_2$ が一般解. 次に $t=0$ での上向きの初速度を v とすれば, ①から $mv=c_1$, また $t=0$ ではボールは地上にあるから, $y=0$, 従って $c_2=0$. よって特殊解は $y=-\frac{gt^2}{2}+vt$ となる. これからボールの上がる高さや, 再び地上に戻るまでの時間が分かる. 最後に空気抵抗がある場合は, 比例定数を k とするとき運動方程式は $m\frac{d^2y}{dt^2}=-mg-k\frac{dy}{dt}$ となる. この解法は問題 3.12.2 で取り上げる.

3.2.2 この場合は点 $(0,a)$ から (x,y) に引いた線分が鉛直軸と成す角 θ が接線の傾角と一致するので, 弧長パラメータ s を原点から測った符号付きの量として $s=a\theta$, $x=a\sin\theta$, $y=f(x)=a-a\cos\theta$. これを $f'(x)=\tan\theta$ と合わせると, (3.1) から直接 θ を未知関数とする微分方程式 $a\frac{d^2\theta}{dt^2}=-g\frac{\tan\theta}{\sqrt{1+\tan^2\theta}}=-g\sin\theta$, すなわち $\frac{d^2\theta}{dt^2}=-\frac{g}{a}\sin\theta$ が得られる. これは振幅が大きいときの振り子の方程式と一致する. 別解として例題 3.2 で導いた方程式に $f(x)=a-\sqrt{a^2-x^2}$ を代入し, 独立変数を $x=a\sin\theta$ に変換して, $y=f(x)=a(1-\cos\theta)$, $f'(x)=\frac{dy}{d\theta}\Big/\frac{dx}{d\theta}=\tan\theta$, $f''(x)=\frac{d}{d\theta}f'(x)\Big/\frac{dx}{d\theta}=\frac{1}{a\cos^3\theta}$ を用いても同じ方程式が得られる. なお, 一般の曲線では, 振り子にすると, 弦は接線と垂直

とは限らず，かつ弦が伸び縮みするので，輪が弦から受ける張力が弾性力として加わり，方程式は複雑になる．

3.2.3 力学では $\frac{mv^2}{2}$ を運動エネルギー，mgy を重力のポテンシャルエネルギーと呼ぶ．両者の和 E が一定であることは力学の法則であるが，これは運動方程式を 1 回時刻について積分することにより導かれる（3.6 節例題 3.13 の第 2 解法参照）．ここでは E を $f(x)$ で表したものの時間微分が 0 となることを見ることでこれを確認しよう．$y = f(x)$, $v^2 = \left(\frac{dx}{dt}\right)^2 + \left(\frac{dy}{dt}\right)^2 = (1 + f'(x)^2)\left(\frac{dx}{dt}\right)^2$ だから，$E = \frac{m}{2}(1 + f'(x)^2)\left(\frac{dx}{dt}\right)^2 + mgf(x)$, よって $\frac{dE}{dt} = m(1 + f'(x)^2)\frac{dx}{dt}\frac{d^2x}{dt^2} + mf'(x)f''(x)\left(\frac{dx}{dt}\right)^3 + mgf'(x)\frac{dx}{dt}$ となるが，これは例題 3.2 その 2 で導いた方程式 (3.3) の左辺に $m\frac{dx}{dt}$ を掛けたものに他ならないから，確かに 0 となる．なお，上記のエネルギー保存則を仮定すれば，この計算は (3.3) を導出するための簡単な別法となる．

3.2.4 $f(x)$ に対する仮定により，$C > 0$ に対し $f(x) = C$ は二つの異なる解 $x_1 < 0 < x_2$ を持つ．これらの C への依存性を表すため $x_i(C)$ のように記そう．エネルギー保存則 $\frac{1}{2g}(1 + f'(x)^2)\left(\frac{dx}{dt}\right)^2 + f(x) = C$ から $\frac{dx}{dt}$ は x_i で 0 となり，輪はこれら 2 点間を周期運動する．$dt = \frac{\sqrt{1+f'(x)^2}}{\sqrt{2g}\sqrt{C-f(x)}}dx$ より，周期 $T = \sqrt{\frac{2}{g}}\int_{x_1(C)}^{x_2(C)} \frac{\sqrt{1+f'(x)^2}}{\sqrt{C-f(x)}}dx$ であり，これが C に依らないことが条件である．さて，問題 3.2.2 のときは，その解答でやったように $x = a\sin\theta$, $y = f(x) = a(1 - \cos\theta)$ と変数変換すると，$f'(x) = \tan\theta$ で，左右対称性より $T = 2\sqrt{\frac{2}{g}}\int_0^{\theta_C} \frac{\sqrt{1+\tan^2\theta}}{\sqrt{C-a(1-\cos\theta)}}a\cos\theta d\theta = 2\sqrt{\frac{2a}{g}}\int_0^{\theta_C} \frac{d\theta}{\sqrt{\cos\theta-\cos\theta_C}}$，ここに θ_C は $C = f(x) = a(1 - \cos\theta)$ の解，すなわち $\mathrm{Arccos}(1 - \frac{C}{a})$ である．問題の解答としては，この積分の値が $C \to 0$ のときと $C \to a$ のときで異なる値を持つことを示せばよい．しかし $C \to a$, すなわち $\theta_C \to \frac{\pi}{2}$ のときの値の計算はかなり大変である（約 2.622）．よってここでは $C \to 0$ の方の値の計算を少し精密化し，C が小さいときのテイラー展開の非自明項をもう一つ求めることで等時性が破れていることを示そう．この副産物として，どの程度等時性が近似的に成り立っているかも分かる．上の積分において $\cos\theta = 1 - z^2$ と変数変換すると，z_C を $\cos\theta_C = 1 - z_C^2 = 1 - \frac{C}{a}$, すなわち $z_C = \sqrt{\frac{C}{a}}$ と定めるとき，$\int_0^{\theta_C} \frac{d\theta}{\sqrt{\cos\theta-\cos\theta_C}} = \int_0^{z_C} \frac{1}{\sqrt{z_C^2-z^2}}\frac{2zdz}{\sqrt{1-(1-z^2)^2}} = \int_0^{z_C} \frac{1}{\sqrt{z_C^2-z^2}}\frac{\sqrt{2}dz}{\sqrt{1-z^2/2}} = \sqrt{2}\int_0^{z_C} \frac{1}{\sqrt{z_C^2-z^2}}\{1 + \frac{z^2}{2} + O(z^4)\}dz = \sqrt{2}\int_0^{z_C} \frac{dz}{\sqrt{z_C^2-z^2}} + \frac{\sqrt{2}}{2}\int_0^{z_C} \frac{z^2}{\sqrt{z_C^2-z^2}}dz + O(z_C^4)$. ここで $\int_0^{z_C} \frac{dz}{\sqrt{z_C^2-z^2}} = \left[\mathrm{Arcsin}\,\frac{z}{z_C}\right]_0^{z_C} = \frac{\pi}{2}$, $\int_0^{z_C} \frac{z^2}{\sqrt{z_C^2-z^2}}dz = \int_0^{z_C} \frac{-z_C^2+z^2+z_C^2}{\sqrt{z_C^2-z^2}}dz = -\int_0^{z_C} \sqrt{z_C^2 - z^2}dz + \int_0^{z_C} \frac{z_C^2}{\sqrt{z_C^2-z^2}}dz = -\frac{\pi}{4}z_C^2 + \frac{\pi}{2}z_C^2 = \frac{\pi}{4}z_C^2 = \frac{C\pi}{4a}$. 以上によりもとの積分は C が小さいとき $\frac{\sqrt{2}\pi}{2} + \frac{\sqrt{2}\pi}{8}\frac{C}{a} + O(C^2)$ となる．この第 1 項は約 2.221 であり，C は振幅 θ_C の 2 乗のオーダーなので，振幅が小さいところでは，周期は振幅とともに確かに増加しているが，増加の程度はそれほど大きくはないと言えるであろう．

次に，サイクロイドをひっくり返して底を原点に平行移動した曲線 $x = a(\theta - \pi - \sin\theta)$, $y = a(1 + \cos\theta)$ のときは，$f'(x) = \frac{-\sin\theta}{1-\cos\theta} = -\cot\frac{\theta}{2}$ より $T =$

$4\sqrt{\frac{2}{g}}\int_{\pi}^{\theta_C}\frac{1}{\sin\frac{\theta}{2}}\frac{a(1-\cos\theta)}{\sqrt{C-a(1+\cos\theta)}}d\theta = 8\sqrt{\frac{a}{g}}\int_{\pi}^{\theta_C}\frac{\sin\frac{\theta}{2}}{\sqrt{\frac{C}{2a}-\cos^2\frac{\theta}{2}}}d\theta$. ここで θ_C は $\cos\frac{\theta}{2} = -\sqrt{\frac{C}{2a}}$ を満たす $\pi < \theta < 2\pi$ なる値である．$-\cos\frac{\theta}{2} = z$ と置けば，この積分は $\int_0^{z_C}\frac{2dz}{\sqrt{z_C^2-z^2}} = \int_0^1\frac{2dw}{\sqrt{1-w^2}} = \pi$ となる．ここに $z_C = -\cos\frac{\theta_C}{2} = \sqrt{\frac{C}{2a}}$, $w = \frac{z}{z_C}$ である．よって T が z_C, 従って C に依らないことが分かり，等時性が示された．

逆に，等時性の条件からそれを満たす $f(x)$ を決定するのは興味深いが，かなり面倒な計算になるので問題には含めなかった．興味の有る読者は .

3.2.5 時刻 t における航空機の位置は $(0, vt)$ と書けるので，ミサイルの位置を $(x(t), y(t))$ と置けば，条件より $x'(t)^2 + y'(t)^2 = w^2 \ldots$①, $\frac{vt-y(t)}{-x(t)} = \frac{y'(t)}{x'(t)} \ldots$②. これで 1 階連立微分方程式としての表現が得られた．これら二つから t を消去するには，まず，$\frac{y'(t)}{x'(t)} = \frac{dy}{dx}$ に注意して，② を $tv = y - x\frac{dy}{dx} \ldots$③ と書き直す．次いでこの両辺を x で微分すると $v\frac{dt}{dx} = \frac{dy}{dx} - \frac{dy}{dx} - x\frac{d^2y}{dx^2} = -x\frac{d^2y}{dx^2}$. これに①の両辺を $x'(t)^2$ で割って得られる $1 + \left(\frac{dy}{dx}\right)^2 = w^2\left(\frac{dt}{dx}\right)^2$ を代入すると $\frac{v}{w}\sqrt{1+\left(\frac{dy}{dx}\right)^2} = -x\frac{d^2y}{dx^2}$ という 2 階微分方程式が得られた．これに初期条件 $y(-a) = 0, y'(-a) = 0$ を与えて解 $y = y(x)$ が求まったとすると，到達時間は③で $x = 0$ となるときの t なので，$t = \frac{y(0)}{v}$. [求積は問題 3.16.4(6)]

3.3.1 求める曲線を $y = f(x)$ とする．曲率半径は曲率の逆数で，接線が x 軸と成す角は $\mathrm{Arctan}\, f'(x)$ だから，$\frac{(1+f'(x)^2)^{3/2}}{f''(x)} = \mathrm{Arctan}\, f'(x)$, あるいは $y'' = \frac{(1+(y')^2)^{3/2}}{\mathrm{Arctan}\, y'}$. [解法は問題 3.16.4(3)]

3.3.2 A を原点, A における接線を y 軸にとる（問題文のページにある 3.3.2 の図参照）．このとき曲線の方程式を $y = f(x)$ として，動点 $\mathrm{P}(x, y)$ における接線は動座標を X, Y として $Y - y = y'(X - x)$. これが y 軸と交わる点の y 座標は $X = 0$ と置いて $Y = y - xy'$. よって $\mathrm{Q}(0, y - xy')$ となるから，$\triangle\mathrm{APQ}$ の面積は $\frac{1}{2}x(y - xy')$. 他方，曲線と線分 AP に挟まれた弓形の面積は $\int_0^x ydx - \frac{1}{2}xy$. よって条件を式で書けば $\int_0^x ydx - \frac{1}{2}xy = \frac{1}{4}x(y - xy')$. 両辺を x で微分し積分記号を無くすと $y - \frac{1}{2}y - \frac{1}{2}xy' = \frac{1}{4}(y - xy') + \frac{1}{4}x(y' - y' - xy'')$. 整理して $x^2y'' - xy' + y = 0$. なお，A における接線を x 軸に選んでしまうと，同様の計算で $y^2y'' + y(y')^2 = x(y')^3$ という恐ろしい方程式に導かれる．しかし，この方程式で独立変数を y に取り替えると，$y'' = \frac{d}{dx}\left(\frac{dy}{dx}\right) = \frac{dy}{dx}\frac{d}{dy}\left(\frac{dx}{dy}\right)^{-1} = -y'\frac{d^2x}{dy^2}\left(\frac{dx}{dy}\right)^{-2} = -(y')^3\frac{d^2x}{dy^2}$. これを上の方程式に代入すると $-y^2(y')^3\frac{d^2x}{dy^2} + y(y')^2 = x(y')^3$, 従って $y^2\frac{d^2x}{dy^2} - y\frac{dx}{dy} + x = 0$ と，当然のことながら先に導いた方程式に帰着する．[解法は問題 3.16.4(4)]

3.3.3 トロリー線を x 軸にとり，吊り架線 C の方程式を $y = f(x)$ とする．本問は ρ を m と読み替えれば，例題 3.3 その 2 の関係式 (3.4) の右辺にトロリー線に働く重力 $M\Delta x$ が加わっただけのものである．よって同例題の以下の議論を引き写すと，求める微分方程式は $T_H f''(x) = Mg + mg\sqrt{1 + f'(x)^2}$ となる．[この求積は総合問題 3.16.4(5) で行う.]

3.4.1 I の変分は $\int_0^1(2y'\varphi' + 2y\varphi)dx$. 第 1 項目を部分積分して $= -\int\{(2y')' + 2y\}\varphi(x)dx$. これが区間の両端で 0 となる任意の φ について 0 となることが必要条件である．よって変分法の基本補題より $-(2y')' + 2y = 0$. あるいは，$y'' - y = 0$. さらに付

帯条件として境界条件 $y(0)=1$, $y(1)=2$ が付く．[この解法は問題 3.16.4(9) 参照．境界条件については第 5 章 5.2 節参照.]

3.4.2 $\int_{-1}^{1}(x^2(y')^2+12y^2)dx$ の変分 $\int_{-1}^{1}(2x^2y'\varphi'+24y\varphi)dx=0$ において，第 1 項を部分積分して $\int_{-1}^{1}\{-(2x^2y')'+24y\}\varphi dx=0$. よってオイラー方程式は $-(2x^2y')'+24y=0$, あるいは $x^2y''+2xy'-12y=0$ となる．これに境界条件 $y(-1)=-1$, $y(1)=1$ が付く．[解法は問題 3.16.4(10)]

3.4.3 拘束条件の変分 $\int_0^1 2f'(x)\varphi'(x)dx=0$, 部分積分して $\int_0^1 f''(x)\varphi(x)dx=0$. 目標の汎関数の変分は $\int 2f(x)\varphi(x)=0$. 前者から常に後者が導かれるためには，ある定数 λ が存在して $\lambda f''(x)=f(x)$ が成り立つことが必要かつ十分である．λ を逆数にして $y''=\lambda y$ としてもよい．境界条件はそのままこの微分方程式に受け継がれる．[解法は問題 3.16.4(11)]

3.5.1 (1) $y=c_1e^x+c_2e^{-x}+1$ より $y'=c_1e^x-c_2e^{-x}$, $y''=c_1e^x+c_2e^{-x}$. これから最初の式を引くと $y''-y+1=0$.

(2) $y=c_1x+c_2e^{x^2}+e^x\ldots$① より $y'=c_1+2c_2xe^{x^2}+e^x\ldots$②, $y''=2(2x^2+1)c_2e^{x^2}+e^x\ldots$③. ②$\times x-$① を作ると $xy'-y=(2x^2-1)c_2e^{x^2}+(x-1)e^x\ldots$④. ③, ④ から c_2 を消去すると $2(2x^2+1)(xy'-y)-(2x^2-1)y''=\{2(2x^2+1)(x-1)-(2x^2-1)\}e^x=(4x^3-6x^2+2x-1)e^x$. すなわち，$(2x^2-1)y''-2x(2x^2+1)y'+2(2x^2+1)y=-(4x^3-6x^2+2x-1)e^x$.

(3) $y=c_1x+c_2x^2+x^3$ より $y'=c_1+2c_2x+3x^2$, $y''=2c_2+6x$. 最後の式から $c_2=\frac{y''-6x}{2}$. 第 1 の式から第 2 の式の x 倍を引くと $y-xy'=-x^2c_2-2x^3$. これに上で求めた c_2 を代入して $y-xy'=-x^2\frac{y''-6x}{2}-2x^3$, すなわち，$x^2y''-2xy'+2y=2x^3$.

3.6.1 (1) $y=c_1e^x+c_2e^{2x}$ より $y'=c_1e^x+2c_2e^{2x}$, $y''=c_1e^x+4c_2e^{2x}$. よって 1 次従属条件より $\begin{vmatrix} e^x & e^{2x} & y \\ e^x & 2e^{2x} & y' \\ e^x & 4e^{2x} & y'' \end{vmatrix}=0$ が求める方程式である．第 1 列から共通因子 e^x を，第 2 列から共通因子 e^{2x} を括り出してから展開すると，$y''-3y'+2y=0$.

(2) 次は要項 3.5 あるいは例題 3.6 に倣って最初から機械的に，$\begin{vmatrix} e^x & e^{-2x} & y \\ e^x & -2e^{-2x} & y' \\ e^x & 4e^{-2x} & y'' \end{vmatrix}=0$ が求める方程式である．第 1 列から共通因子 e^x を，第 2 列から共通因子 e^{-2x} を括り出してから展開すると，$-3y''-3y'+6y=0$, すなわち，$y''+y'-2y=0$.

(3) 同じく，$\begin{vmatrix} e^x & e^{x^2} & y \\ e^x & 2xe^{x^2} & y' \\ e^x & 2(2x^2+1)e^{x^2} & y'' \end{vmatrix}=0$ が求める方程式である．第 1 列から共通因子 e^x を，第 2 列から共通因子 e^{x^2} を括り出してから展開すると，$(2x-1)y''-(4x^2+1)y'+2(2x^2-x+1)y=0$.

(4) 例題 3.6 に倣っていきなり方程式を書くと，$\begin{vmatrix} e^x & e^{2x} & y-x \\ e^x & 2e^{2x} & y'-1 \\ e^x & 4e^{2x} & y'' \end{vmatrix}=0$. 第 1, 2 列の共通因子 e^x, e^{2x} を取り去った後，第 3 列で展開して $y''-3(y'-1)+2(y-x)=0$, すなわち

$y'' - 3y' + 2y = 2x - 3$.

(5) 同様に, $\begin{vmatrix} e^x & e^{-2x} & y - xe^x \\ e^x & -2e^{-2x} & y' - (x+1)e^x \\ e^x & 4e^{-2x} & y'' - (x+2)e^x \end{vmatrix} = 0$. 第 1, 2 列の共通因子 e^x, e^{-2x} を取り去った後, 第 3 列で展開して $-3\{y'' - (x+2)e^x\} - 3\{y' - (x+1)e^x\} + 6(y - xe^x) = 0$, すなわち $y'' + y' - 2y = 3e^x$.

(6) 同様に, $\begin{vmatrix} e^x & e^{x^2} & y - x \\ e^x & 2xe^{x^2} & y' - 1 \\ e^x & (4x^2+2)e^{x^2} & y'' \end{vmatrix} = 0$. 第 1, 2 列の共通因子 e^x, e^{x^2} を取り去った後, 第 3 列で展開して $(2x-1)y'' - (4x^2+1)(y'-1) + (4x^2 - 2x + 2)(y - x) = 0$, すなわち $(2x-1)y'' - (4x^2+1)y' + 2(2x^2 - x + 1)y = 4x^3 - 6x^2 + 2x - 1$.

3.7.1 (1) 特性方程式 $\lambda^2 + 2\lambda - 3 = 0$ の根は $\lambda = 1, -3$. よって一般解は $y = c_1e^x + c_2e^{-3x}$.

(2) 特性方程式 $\lambda^2 - \lambda - 2 = 0$ の根は $\lambda = 2, -1$. よって一般解は $y = c_1e^{2x} + c_2e^{-x}$.

(3) 特性方程式 $\lambda^2 + 1 = 0$ の根は $\lambda = \pm i$. よって一般解は $y = c_1e^{ix} + c_2e^{-ix}$ であるが, $e^{\pm ix}$ の実部と虚部を取って得られる $\sin x$, $\cos x$ を用いて $y = c_1 \cos x + c_2 \sin x$ を答えるのが普通である.

(4) 特性方程式 $\lambda^2 - 2\lambda + 1 = 0$ の根は $\lambda = 1$ (重根). よって一般解は $y = (c_1 + c_2x)e^x$.

(5) 特性方程式 $\lambda^2 - 1 = 0$ の根は $\lambda = \pm 1$. よって一般解は $y = c_1e^x + c_2e^{-x}$.

(6) 特性方程式 $\lambda^2 - 4\lambda + 5 = 0$ の根は $\lambda = 2 \pm i$. よって一般解は $y = c_1e^{(2+i)x} + c_2e^{(2-i)x}$ であるが, $e^{\pm x}$ の実部と虚部を取って得られる $\sin x$, $\cos x$ を $e^{\pm ix}$ の代わりに用いて $y = (c_1 \cos x + c_2 \sin x)e^{2x}$ を答えるのが普通である.

(7) 特性方程式 $\lambda^2 - 3\lambda + 2 = 0$ の根は $\lambda = 1, 2$. よって一般解は $y = c_1e^x + c_2e^{2x}$.

(8) 特性方程式 $\lambda^2 + 6\lambda + 9 = 0$ の根は $\lambda = -3$ (重根). よって一般解は $y = c_1e^{-3x} + c_2xe^{-3x}$.

(9) 特性方程式 $\lambda^2 + 6\lambda + 10 = 0$ の根は $\lambda = -3 \pm i$ (重根). よって一般解は $y = c_1e^{-3x} \cos x + c_2e^{-3x} \sin x$.

3.8.1 (1) $(D - \mu)e^{\lambda x} = (\lambda - \mu)e^{\lambda x}$ なので, これを m 回反復すればよい. あるいは一般公式 $p(D)e^{\lambda x} = p(\lambda)e^{\lambda x}$ において $p(D) = (D - \mu)^m$ ととればよい.

(2) $(xD - \mu)(x^\lambda) = (\lambda - \mu)x^\lambda$ なので, これを m 回反復すればよい.

(3) $xDx^\lambda = \lambda x^\lambda$ なので, $(xD)^m x^\lambda = \lambda^m x^\lambda$. 一般の多項式 p に対しては, これを項別に適用し係数で 1 次結合をとれば $p(xD)x^\lambda = p(\lambda)x^\lambda$ となる.

(4) $(xD - \lambda)\{x^\lambda(\log x)^k\} = x \times \lambda x^{\lambda-1}(\log x)^k + x^{\lambda+1} \times k\frac{1}{x}(\log x)^{k-1} - \lambda\{x^\lambda(\log x)^k\} = k\{x^\lambda(\log x)^{k-1}\}$. よってこれを繰り返せば $(xD - \lambda)^m\{x^\lambda(\log x)^k\} = k(k-1)\cdots(k-m+1)x^\lambda(\log x)^{k-m}$. これを書き直せば与式となる.

(5) n に関する数学的帰納法による. $n = 1$ のときは自明.

今 $x^nD^n = xD(xD-1)(xD-2)\cdots(xD-n+1)$ が成り立つとすると, $x^{n+1}D^{n+1} = x\{x^nD^n\}D = x\{xD(xD-1)(xD-2)\cdots(xD-n+1)\}D$. ここで一般に演算子の意味で $(xD - \lambda)D = D(xD - \lambda - 1)$ となることに注意せよ. (この式を確かめるにはある関数

$f(x)$ にこの両辺を作用させてみると分かりやすい.）よってこの式を繰り返し使って一番右の D を一番左の x の手前までもってくれば，$n+1$ に対する公式が導かれる.

3.9.1 (1) 決定方程式 $\lambda(\lambda-1)-\lambda-3=0$, すなわち，$\lambda^2-2\lambda-3=0$ の根は $\lambda=3,-1$. よって一般解は $y=c_1x^3+\frac{c_2}{x}$.

(2) 決定方程式 $\lambda(\lambda-1)-\lambda+1=0$, すなわち，$\lambda^2-2\lambda+1=0$ の根は $\lambda=1$（重根）. よって一般解は $y=c_1x+c_2x\log x$.

(3) 決定方程式 $\lambda(\lambda-1)-\lambda+2=0$, すなわち，$\lambda^2-2\lambda+2=0$ の根は $\lambda=1\pm i$. よって一般解は $y=c_1x\cos\log x+c_2x\sin\log x$.

(4) 決定方程式 $\lambda(\lambda-1)-5\lambda+9=0$, すなわち，$\lambda^2-6\lambda+9=0$ の根は $\lambda=3$（重根）. よって一般解は $y=c_1x^3+c_2x^3\log x$.

(5) 決定方程式 $\lambda(\lambda-1)+\lambda+4=0$, すなわち，$\lambda^2+4=0$ の根は $\lambda=\pm 2i$. よって一般解は $y=c_1x^{2i}+c_2x^{-2i}=C_1\cos(2\log x)+C_2\sin(2\log x)$.

(6) 決定方程式 $2\lambda(\lambda-1)+1=0$, すなわち，$2\lambda^2-2\lambda+1=0$ の根は $\lambda=\frac{1\pm i}{2}$. よって一般解は $x^{1/2}(c_1\cos\frac{\log x}{2}+c_2\sin\frac{\log x}{2})=\sqrt{x}(c_1\cos\log\sqrt{x}+c_2\sin\log\sqrt{x})$.

3.10.1 (1) 問題 3.7.1 (1) より $y=c_1e^x+c_2e^{-3x}$ を仮定して，解法に従い $c_1'e^x+c_2'e^{-3x}=0$, $c_1'e^x-3c_2'e^{-3x}=x$ を解いて $c_1'=\frac{1}{4}xe^{-x}$, $c_2'=-\frac{1}{4}xe^{3x}$, よって $c_1=-\frac{1}{4}(x+1)e^{-x}$, $c_2=-(\frac{1}{12}x-\frac{1}{36})e^{3x}$. 特殊解は $-\frac{1}{4}(x+1)-(\frac{1}{12}x-\frac{1}{36})=-\frac{1}{3}x-\frac{2}{9}$. よって一般解は $-\frac{1}{3}x-\frac{2}{9}+c_1e^x+c_2e^{-3x}$. なおこの問題は後述の未定係数法で特殊解を求めた方が楽である.

(2) 同じく問題 3.7.1 (2) より $y=c_1e^{2x}+c_2e^{-x}$ を仮定して，$c_1'e^{2x}+c_2'e^{-x}=0$, $2c_1'e^{2x}-c_2'e^{-x}=1$ より $c_1'=\frac{1}{3}e^{-2x}$, $c_2'=-\frac{1}{3}e^x$, よって $c_1=-\frac{1}{6}e^{-2x}$, $c_2=-\frac{1}{3}e^x$. よって特殊解は $-\frac{1}{6}-\frac{1}{3}=-\frac{1}{2}$. 一般解は $-\frac{1}{2}+c_1e^{2x}+c_2e^{-x}$. ちなみに，この問題の特殊解は目の子で求まる.

(3) 同じく (3) より $y=c_1\cos x+c_2\sin x$ を仮定して，$c_1'\cos x+c_2'\sin x=0$, $-c_1'\sin x+c_2'\cos x=\cos 2x$ より $c_1'=-\sin x\cos 2x=-\sin x(2\cos^2 x-1)$, $c_2'=\cos x\cos 2x=\cos x(1-2\sin^2 x)$. 積分して $c_1=\frac{2}{3}\cos^3 x-\cos x$, $c_2=\sin x-\frac{2}{3}\sin^3 x$. よって特殊解は $\frac{2}{3}\cos^4 x-\cos^2 x+\sin^2 x-\frac{2}{3}\sin^4 x=-\frac{1}{3}(\cos^2 x-\sin^2 x)=-\frac{1}{3}\cos 2x$. よって一般解は $-\frac{1}{3}\cos 2x+c_1\cos x+c_2\sin x$.　別解として，複素表示を使う. 右辺の非斉次項はオイラーの等式で指数関数に書き直し，$y=c_1e^{ix}+c_2e^{-ix}$ を代入すると，$c_1'e^{ix}+c_2'e^{-ix}=0$, $ic_1'e^{ix}-ic_2'e^{-ix}=\frac{e^{2ix}+e^{-2ix}}{2}$ から $c_1'=-i\frac{e^{ix}+e^{-3ix}}{4}$, $c_2'=i\frac{e^{3ix}+e^{-ix}}{4}$, 積分して $c_1=-\frac{e^{ix}}{4}+\frac{e^{-3ix}}{12}$, $c_2=\frac{e^{3ix}}{12}-\frac{e^{-ix}}{4}$, よって特殊解として $-\frac{e^{2ix}}{4}+\frac{e^{-2ix}}{12}+\frac{e^{2ix}}{12}-\frac{e^{-2ix}}{4}=-\frac{1}{6}e^{2ix}-\frac{1}{6}e^{-2ix}=-\frac{1}{3}\cos 2x$ を得る. 積分の計算はこの方が楽である. なお，この問題の特殊解は，後述のように $y=c\cos 2x$ を代入し未定係数法で求めるのが最も速い.

(4) 問題 3.7.1 (4) より $y=c_1e^x+c_2xe^x$ と置き，微分すると，$y'=c_1e^x+c_2(x+1)e^x$, ここに $c_1'e^x+c_2'xe^x=0$ と仮定，$y''=c_1e^x+c_2(x+2)e^x+c_1'e^x+c_2'(x+1)e^x$. これらを方程式に代入すると，$c_1$, c_2 の項は消え，$c_1'e^x+c_2'(x+1)e^x=\sin x$. 連立 1 次方程式を

解いて $c_1' = -xe^{-x}\sin x$, $c_2' = e^{-x}\sin x$. 積分して $c_1 = \frac{1}{2}e^{-x}\{x\sin x + (x+1)\cos x\}$, $c_2 = -\frac{1}{2}e^{x}(\sin x + \cos x)$. よって特殊解として $\frac{1}{2}\{x\sin x + (x+1)\cos x\} - \frac{1}{2}x(\sin x + \cos x) = \frac{1}{2}\cos x$ を得る．一般解は $\frac{1}{2}\cos x + c_1e^x + c_2xe^x$. これも複素指数関数を用いることができるし，未定係数法の方が更に速い．

(5) 問題 3.7.1 (5) より $y = c_1e^x + c_2e^{-x}$ と置き，微分すると，$y' = c_1e^x - c_2e^{-x}$. ここに $c_1'e^x + c_2'e^{-x} = 0$ と仮定，$y'' = c_1e^x + c_2e^{-x} + c_1'e^x - c_2'e^{-x}$. これらを方程式に代入すると，$c_1$, c_2 の項は消え，$c_1'e^x - c_2'e^{-x} = x$. 連立 1 次方程式を解いて $c_1' = \frac{1}{2}xe^{-x}$, $c_2' = -\frac{1}{2}xe^{x}$. 積分して $c_1 = -\frac{1}{2}(x+1)e^{-x}$, $c_2 = -\frac{1}{2}(x-1)e^{x}$. よって特殊解として $-\frac{1}{2}(x+1) - \frac{1}{2}(x-1) = -x$. 一般解は $-x + c_1e^x + c_2e^{-x}$. この特殊解も目の子で求まる．

(6) 問題 3.7.1 (6) より $y = c_1e^{2x}\cos x + c_2e^{2x}\sin x$ と置き，微分すると，$y' = c_1e^{2x}(2\cos x - \sin x) + c_2e^{2x}(2\sin x + \cos x)$, ここに，$c_1'e^{2x}\cos x + c_2'e^{2x}\sin x = 0$, すなわち $c_1'\cos x + c_2'\sin x = 0\ldots$①. $y'' = \cdots + c_1'e^{2x}(2\cos x - \sin x) + c_2'e^{2x}(2\sin x + \cos x)$. ここで省略したのは，消えることが分かっている c_1, c_2 の項である．方程式に代入すると，$c_1'e^{2x}(2\cos x - \sin x) + c_2'e^{2x}(2\sin x + \cos x) = e^{2x}$, すなわち，$c_1'(2\cos x - \sin x) + c_2'(2\sin x + \cos x) = 1\ldots$②. c_1', c_2' の連立 1 次方程式を解くのに，まず②$-2\times$① より $-c_1'\sin x + c_2'\cos x = 1\ldots$③. これと① から暗算で $c_1' = -\sin x$, $c_2' = \cos x$ を得る．積分して $c_1 = \cos x$, $c_2 = \sin x$. よって特殊解として，$e^{2x}\cos^2 x + e^{2x}\sin^2 x = e^{2x}$ を得る．一般解は $e^{2x} + c_1e^{2x}\cos x + c_2e^{2x}\sin x$. この特殊解も未定係数法の方が簡単に求まる．

(7) 問題 3.7.1 (5) より $y = c_1e^x + c_2e^{-x}$ と置き，微分すると，$y' = c_1e^x - c_2e^{-x}$, ここに，$c_1'e^x + c_2'e^{-x} = 0\ldots$①. $y'' = \cdots + c_1'e^x - c_2'e^{-x}$. ここで省略したのは，消えることが分かっている c_1, c_2 の項である．方程式に代入すると，$c_1'e^x - c_2'e^{-x} = xe^x + e^{2x}\ldots$②. ①, ② を連立させて c_1', c_2' を求めると $c_1' = \frac{x}{2} + \frac{e^x}{2}$, $c_2' = -\frac{xe^{2x}}{2} - \frac{e^{3x}}{2}$. よって $c_1 = \frac{x^2}{4} + \frac{e^x}{2}$, $c_2 = -\frac{xe^{2x}}{4} + \frac{e^{2x}}{8} - \frac{e^{3x}}{6}$. よって特殊解は $\frac{x^2e^x}{4} + \frac{e^{2x}}{2} - \frac{xe^x}{4} + \frac{e^x}{8} - \frac{e^{2x}}{6} = \frac{1}{3}e^{2x} + \frac{2x^2-2x+1}{8}e^x$. 故に一般解は $\frac{1}{3}e^{2x} + \frac{2x^2-2x+1}{8}e^x + c_1e^x + c_2e^{-x}$.

(8) 問題 3.7.1 (7) より $y = c_1e^x + c_2e^{2x}$ と置き，微分すると，$y' = c_1e^x + 2c_2e^{2x}$, ここに，$c_1'e^x + c_2'e^{2x} = 0\ldots$①. $y'' = \cdots + c_1'e^x + 2c_2'e^{2x}$. ここで省略したのは，予め消えることが分かっている c_1, c_2 の項である．方程式に代入すると，$c_1'e^x + 2c_2'e^{2x} = e^{3x}(x^2+x)\ldots$②. ①, ② を連立させて c_1', c_2' を求めると $c_1' = -e^{2x}(x^2+x)$, $c_2' = e^x(x^2+x)$. よって $c_1 = -e^{2x}\frac{x^2}{2}$, $c_2 = e^x(x^2-x+1)$. よって特殊解は $-e^{3x}\frac{x^2}{2} + e^{3x}(x^2-x+1) = e^{3x}(\frac{x^2}{2} - x + 1)$. よって一般解は $e^{3x}(\frac{x^2}{2} - x + 1) + c_1e^x + c_2e^{2x}$.

(9) 問題 3.7.1 (3) より $y = c_1\cos x + c_2\sin x$ と置き，微分すると，$y' = -c_1\sin x + c_2\cos x$, ここに，$c_1'\cos x + c_2'\sin x = 0\ldots$①. $y'' = \cdots - c_1'\sin x + c_2'\cos x$, ここに $\cdots$ で省略したのは，消えることが分かっている c_1, c_2 の項である．方程式に代入すると，$-c_1'\sin x + c_2'\cos x = \frac{1}{\cos x}\ldots$②. ①, ② を連立させて c_1', c_2' を求めると $c_1' = -\frac{\sin x}{\cos x}$, $c_2' = 1$. よって $c_1 = \log\cos x$, $c_2 = x$. これより特殊解 $\log(\cos x)\cos x + x\sin x$ を得るから，一般解は $\log(\cos x)\cos x + x\sin x + c_1\cos x + c_2\sin x$.

3.10.2 (1) 斉次方程式の一般解 $y = c_1x^3 + \frac{c_2}{x}$ において c_1, c_2 を x の関数とみなして

$y' = 3x^2c_1 - \frac{c_2}{x^2}$, $c_1'x^3 + \frac{c_2'}{x} = 0$, $y'' = 6xc_1 + 2\frac{c_2}{x^3} + 3x^2c_1' - \frac{c_2'}{x^2}$. これらを方程式に代入して，$x^2(3x^2c_1' - \frac{c_2'}{x^2}) = x^2$, すなわち $3x^3c_1' - \frac{c_2'}{x} = x$. よって $c_1' = \frac{1}{4x^2}$, $c_2' = -\frac{x^2}{4}$ を得，$c_1 = -\frac{1}{4x}$, $c_2 = -\frac{x^3}{12}$ が求まる．よって特殊解の一つとして $-\frac{x^2}{4} - \frac{x^2}{12} = -\frac{x^2}{3}$ を得，一般解は $y = -\frac{x^2}{3} + c_1x^3 + \frac{c_2}{x}$.

(2) 斉次方程式の一般解 $y = c_1x + c_2x\log x$ において c_1, c_2 を x の関数とみなして $y' = c_1 + (\log x + 1)c_2$, $c_1'x + c_2'x\log x = 0$, $y'' = \frac{1}{x}c_2 + c_1' + (\log x + 1)c_2'$. これらを方程式に代入して，$x^2\{c_1' + (\log x + 1)c_2'\} = x^2$, すなわち $c_1'x + (x\log x + x)c_2' = x$, よって $c_1' = -\log x$, $c_2' = 1$ を得，$c_1 = -x\log x + x$, $c_2 = x$ として特殊解の一つ $-x^2\log x + x^2 + x^2\log x = x^2$ を得るから，一般解は $y = x^2 + c_1x + c_2x\log x$.

(3) 斉次方程式の一般解 $y = c_1x\cos\log x + c_2x\sin\log x$ において c_1, c_2 を x の関数とみなして $y' = c_1(\cos\log x - \sin\log x) + c_2(\sin\log x + \cos\log x)$, $c_1'x\cos\log x + c_2'x\sin\log x = 0$, すなわち $c_1'\cos\log x + c_2'\sin\log x = 0$. $y'' = c_1(-\frac{1}{x}\sin\log x - \frac{1}{x}\cos\log x) + c_2(\frac{1}{x}\cos\log x - \frac{1}{x}\sin\log x) + c_1'(\cos\log x - \sin\log x) + c_2'(\sin\log x + \cos\log x)$. これらを方程式に代入して，$x^2\{c_1'(\cos\log x - \sin\log x) + c_2'(\sin\log x + \cos\log x)\} = 1$, すなわち $c_1'(\cos\log x - \sin\log x) + c_2'(\sin\log x + \cos\log x) = \frac{1}{x^2}$. 更に第 1 の関係式を引き算すると $-c_1'\sin\log x + c_2'\cos\log x = \frac{1}{x^2}$. これを再び第 1 の関係式と連立させて $c_1' = -\frac{\sin\log x}{x^2}$, $c_2' = \frac{\cos\log x}{x^2}$. これらの不定積分はまとめて部分積分することにより，$c_1 = \frac{\sin\log x + \cos\log x}{2x}$, $c_2 = \frac{\sin\log x - \cos\log x}{2x}$ と求められる．よって特殊解の一つとして，$\frac{1}{2}(\sin\log x + \cos\log x)\cos\log x + \frac{1}{2}(\sin\log x - \cos\log x)\sin\log x = \frac{1}{2}$ を得る．（実はこの特殊解は目の子でも容易に求まる．）よって一般解は $y = \frac{1}{2} + c_1x\cos\log x + c_2x\sin\log x$.

(4) (3.9.1) (4) より，$y = c_1x^3 + c_2x^3\log x$ と置くと，$y' = 3c_1x^2 + c_2(3x^2\log x + x^2)$, ここに，$c_1'x^3 + c_2'x^3\log x = 0$, すなわち，$c_1' + c_2'\log x = 0\ldots$①. $y'' = \cdots + 3c_1'x^2 + c_2'(3x^2\log x + x^2)$, ここに $\cdots$ で省略したのは，消えることが分かっている c_1, c_2 の項である．これらを方程式に代入して，$x^2\{3c_1'x^2 + c_2'(3x^2\log x + x^2)\} = x^3$, すなわち $3c_1' + (3\log x + 1)c_2' = \frac{1}{x}\ldots$②. ①, ② より $c_1' = -\frac{\log x}{x}$, $c_2' = \frac{1}{x}$ を得，積分して $c_1 = -\frac{(\log x)^2}{2}$, $c_2 = \log x$. よって特殊解は $-\frac{x^3}{2}(\log x)^2 + x^3(\log x)^2 = \frac{x^3}{2}(\log x)^2$. 一般解は，これに $y = c_1x^3 + c_2x^3\log x$ を加えたもの．

(5) (3.9.1) (5) より，$y = c_1\cos(2\log x) + c_2\sin(2\log x)$ と置くと，$y' = -c_1\sin(2\log x)\frac{2}{x} + c_2\cos(2\log x)\frac{2}{x}$, ここに，$c_1'\cos(2\log x) + c_2'\sin(2\log x) = 0\ldots$①. $y'' = \cdots - c_1'\sin(2\log x)\frac{2}{x} + c_2'\cos(2\log x)\frac{2}{x}$. ここに $\cdots$ で省略したのは，消えることが分かっている c_1, c_2 の項である．これらを方程式に代入して，$x^2\{-c_1'\sin(2\log x)\frac{2}{x} + c_2'\cos(2\log x)\frac{2}{x}\} = 1$, すなわち，$-c_1'\sin(2\log x) + c_2'\cos(2\log x) = \frac{1}{2x}\ldots$②. これらから c_1', c_2' を求めると，$c_1' = -\frac{1}{2x}\sin(2\log x)$, $c_2' = \frac{1}{2x}\cos(2\log x)$. 積分して $c_1 = \frac{1}{4}\cos(2\log x)$, $c_2 = \frac{1}{4}\sin(2\log x)$. よって特殊解 $\frac{1}{4}\cos^2(2\log x) + \frac{1}{4}\sin^2(2\log x) = \frac{1}{4}$. これは分かってしまえば目の子で求まりそうであった！一般解はこれに $c_1\cos(2\log x) + c_2\sin(2\log x)$ を加えたもの．

3.10.3 $y = c_1e^x + \frac{c_2}{x}$ と置くと，$c_1'e^x + \frac{c_2'}{x} = 0$, $x(x+1)\{c_1'e^x - \frac{c_2'}{x^2}\} = x^2 + x - 1$.

第 2 の式は $c_1'xe^x - \frac{c_2'}{x} = \frac{x^2+x-1}{x+1} = x+1-1-\frac{1}{x+1}$ と変形されるので，$c_1' = (1-\frac{1}{x+1}-\frac{1}{(x+1)^2})e^{-x}$, $c_2' = -x+\frac{x}{x+1}+\frac{x}{(x+1)^2} = -x+1-\frac{1}{(x+1)^2}$ と解ける．これを積分して $c_1 = -e^{-x}+\frac{e^{-x}}{x+1}$, $c_2 = -\frac{x^2}{2}+x+\frac{1}{x+1}$．以上より，特殊解として $\bigl(-e^{-x}+\frac{e^{-x}}{x+1}\bigr)e^x+\bigl(-\frac{x^2}{2}+x+\frac{1}{x+1}\bigr)\frac{1}{x} = -\frac{x}{2}+\frac{1}{x}$ を得るが，最後の項は斉次方程式の一般解に繰り込めるので，結局一般解としては $y = -\frac{x}{2}+c_1e^x+\frac{c_2}{x}$ を答えればよい．

3.11.1 (1) ce^x 型の解を仮定して方程式に代入すると，$(1+a^2)c = 1$ よって $c = \frac{1}{a^2+1}$ となり，$\frac{1}{a^2+1}e^x$ が特殊解の一つ．

(2) 別々に解いて加える．まず e^x に対しては，指数の 1 が特性方程式の根なので，共振が起こり，多項式の次数を一つ上げる必要がある．$y = axe^x$ を仮定して（$(ax+b)e^x$ とする必要は無い）方程式に代入すると，$y' = (ax+a)e^x$, $y'' = (ax+2a)e^x$ なので $2ae^x = e^x$，よって $a = \frac{1}{2}$ となり，特殊解は $\frac{x}{2}e^x$．次に e^{2x} に対しては，$y = ce^{2x}$ を方程式に代入して $(4c-c)e^{2x} = e^{2x}$，よって $c = \frac{1}{3}$ となり，$\frac{1}{3}e^{2x}$ が特殊解．結局答は $\frac{x}{2}e^x+\frac{1}{3}e^{2x}$．

(3) 3 は特性根ではないので，$(ax^2+bx+c)e^{3x}$ の形の特殊解が存在する．左辺に代入すると，$\{9ax^2+(12a+9b)x+(2a+6b+9c)\}e^{3x}-3\{3ax^2+(2a+3b)x+(b+3c)\}e^{3x}+2(ax^2+bx+c)e^{3x} = \{2ax^2+(6a+2b)x+(2a+3b+2c)\}e^{3x}$．これを右辺と等しいと置いて $2a = 1$, $6a+2b = 1$, $2a+3b+2c = 0$，これより $a = \frac{1}{2}$, $b = -1$, $c = 1$．よって答は $(\frac{1}{2}x^2-x+1)e^{3x}$．なお，最後の計算は左辺の微分演算子を $D^2-3D+2 = (D-3)^2+3(D-3)+2$ と変形しておけば，公式 (3.16) が使え，$(D^2-3D+2)\{(ax^2+bx+c)e^{3x}\} = \{(D-3)^2+3(D-3)+2\}\{(ax^2+bx+c)e^{3x}\} = \{2a+(6ax+3b)+2(ax^2+bx+c)\}e^{3x} = \{2ax^2+(6a+2b)x+2a+3b+2c\}e^{3x}$ ともう少し簡単に計算できる．

(4) $y = a\sin x+b\cos x$ を代入すると，$y' = a\cos x-b\sin x$, $y'' = -a\sin x-b\cos x$ より $-a\sin x-b\cos x-7(a\cos x-b\sin x)+6(a\sin x+b\cos x) = (-a+7b+6a)\sin x+(-b-7a+6b)\cos x = \sin x$．これより $5a+7b = 1$, $7a-5b = 0$．よって $a = \frac{5}{74}$, $b = \frac{7}{74}$ を得，特殊解として $\frac{5}{74}\sin x+\frac{7}{74}\cos x$ を得る．

(5) 左辺は -1 が重複特性根であることが見え見えなので，$e^{-x}\cos x$ の方は共振を起こさない．$y = (a\cos x+b\sin x)e^{-x}$ を代入すると，$y' = (-a\sin x+b\cos x-a\cos x-b\sin x)e^{-x} = \{(b-a)\cos x-(a+b)\sin x\}e^{-x}$, $y'' = \{-(b-a)\sin x-(a+b)\cos x-(b-a)\cos x+(a+b)\sin x\} = (-2b\cos x+2a\sin x)e^{-x}$ に注意して $[\{-2b+2(b-a)+a\}\cos x+\{2a-2(a+b)+b\}\sin x]e^{-x} = (-a\cos x-b\sin x)e^{-x} = e^{-x}\cos x$．これより $a = -1$, $b = 0$ となり，$-e^{-x}\cos x$ がこの部分の特殊解となる．次に右辺第 2 項については，x の冪をこの項より 2 だけ上げて $y = ax^2e^{-x}$ と置くと，$y' = (-ax^2+2ax)e^{-x}$, $y'' = (ax^2-2ax-2ax+2a)e^{-x} = (ax^2-4ax+2a)e^{-x}$ に注意して，$\{ax^2-4ax+2a+2(-ax^2+2ax)+ax^2\}e^{-x} = 2ae^{-x}$．よって $a = \frac{1}{2}$ で，$\frac{1}{2}x^2e^{-x}$ がこの部分の特殊解となる．以上を総合して特殊解 $-e^{-x}\cos x+\frac{1}{2}x^2e^{-x}$ が求まった．

(6) $y = b\sin x$ を方程式に代入すると $b(-1+a^2)\sin x = \sin x$ となり，$a^2 \neq 1$ なら

$\frac{1}{a^2-1}\sin x$ が特殊解. $a^2=1$ のときは共振が起こり, $y=x(b\sin x+c\cos x)$ を代入すると, $y'=x(b\cos x-c\sin x)+(b\sin x+c\cos x)$, $y''=x(-b\sin x-c\cos x)+2(b\cos x-c\sin x)$ より, $2(b\cos x-c\sin x)=\sin x$. よって $b=0$, $c=-\frac{1}{2}$ で, $-\frac{x}{2}\cos x$ が特殊解.

(7) 右辺の指数の 1 は重複特性根なので, x の冪を 2 上げて $y=ax^3e^x$ と置くと, $y'=(ax^3+3ax^2)e^x$, $y''=(ax^3 3ax^2+3ax^2+6ax)e^x=(ax^3+6ax^2+6ax)e^x$ に注意して, $\{ax^3+6ax^2+6ax-2(ax^3+3ax^2)+ax^3\}e^x=6axe^x$. よって $a=\frac{1}{6}$ で, $\frac{1}{6}x^3e^x$ が特殊解となる.

(8) 指数関数に直して解いてもよいが, せっかくなので双曲線関数を利用すると計算が楽になる. 定義からすぐ確かめられる公式 $(\sinh x)'=\cosh x$, $(\cosh x)'=\sinh x$ により, $\sinh x$ は $y''-y=0$ を満たすので, 共振の場合になっている. そこで $y=ax\sinh x+bx\cosh x$ と置くと, $y'=ax\cosh x+a\sinh x+bx\sinh x+b\cosh x$, $y''=ax\sinh x+2a\cosh x+bx\cosh x+2b\sinh x$, よって $y''-y=2a\cosh x+2b\sinh x$ となるから, $a=0$, $b=\frac{1}{2}$ ととれば方程式が満たされる. よって $\frac{1}{2}x\cosh x$ が求める特殊解である.

(9) これは $\cosh x$ の一つの項が特性根の一つと共振を起こすが, 他の項は共振しないので, 指数関数に直して解いた方が楽である. $y=axe^x+be^{-x}$ を方程式に代入すると, $y'=(ax+a)e^x-be^{-x}$, $y''=(ax+2a)e^x+be^{-x}$ より $y''-3y'+2y=-ae^x+6be^{-x}$. よって $\cosh x=\frac{e^x+e^{-x}}{2}$ より $a=-\frac{1}{2}$, $b=\frac{1}{12}$. よって答は $y=-\frac{1}{2}xe^x+\frac{1}{12}e^{-x}=-\frac{x}{2}(\cosh x+\sinh x)+\frac{1}{12}(\cosh x-\sinh x)$. なお同じ解は $y=(a_1x+a_2)\cosh x+(b_1x+b_2)\sinh x$ と置いて方程式に代入しても得られるが, 無駄が多い. どうせなら共振を考慮して $y=ax(\cosh x+\sinh x)+b(\cosh x-\sinh x)$ と置くのが計算が最も簡単である.

(10) $y=a\sin x+b\cos x$ を方程式に代入する. $y'=a\cos x-b\sin x$, $y''=-a\sin x-b\cos x$. よって $(-a-b+2a)\sin x+(-b+a+2b)\cos x=\cos x$. 係数比較して $a=b$, $a+b=1$, よって $a=b=\frac{1}{2}$. 故に特殊解 $\frac{1}{2}(\cos x+\sin x)$ を得る. 別解として, $\cos x=\mathrm{Re}\,e^{ix}$ と考え, 右辺を e^{ix} としたときの特殊解に ce^{ix} の形を仮定して方程式に代入すると, $(-c+ic+2c)e^{ix}=e^{ix}$ より $c=\frac{1}{1+i}=\frac{1-i}{2}$. よって右辺が e^{ix} のときの特殊解は $\frac{1-i}{2}e^{ix}$. 従って右辺が $\cos x$ のときは, 実部をとって $\frac{1}{2}\cos x+\frac{1}{2}\sin x$.

(11) $2e^{-x}\cos x=\mathrm{Re}(2e^{-x+ix})$ なので, まず右辺を $2e^{(-1+i)x}$ としたときの特殊解を求める. 左辺の特性根は $-1\pm i$ なので, 共振が起こる場合であり, 従って $y=cxe^{(-1+i)x}$ と置く必要がある. $y'=(-1+i)cxe^{(-1+i)x}+ce^{(-1+i)x}$, $y''=(-1+i)^2cxe^{(-1+i)x}+2(-1+i)ce^{(-1+i)x}$, 方程式に代入して, $\{(-1+i)^2+2(-1+i)+2\}cxe^{(-1+i)x}+\{2(-1+i)+2\}ce^{(-1+i)x}=2e^{(-1+i)x}$. この第 1 項は消えるはずなので, 第 2 項と右辺の係数を比較して $c=\frac{1}{i}=-i$. よって特殊解 $-ixe^{(-1+i)x}$ が得られた. もとの右辺に対する特殊解は, この実部を取って $xe^{-x}\sin x$.

3.11.2 (1) $y=ax$ を方程式に代入すると, $-ax-3ax=-4ax$ となるので, 右辺の x に対する特殊解として $-\frac{x}{4}$ が取れる. これより冪指数 1 は特性指数でないことも分かった. 同様に $y=ax^3$ を代入すると, $6ax^3-3ax^3-3ax^3=0$ となり, 冪指数 3 は特性指数なので，改めて $y = ax^3 \log x$ を代入してみると $y' = ax^2 + 3ax^2 \log x$, $y'' = 5ax + 6ax \log x$ において，$\log x$ の付いた項は代入すると打ち消し合うことが分かっているので，計算する必要はないから，それ以外の項を集めると $5ax^3 - ax^3 = 4ax^3$. よって $-\frac{1}{4}x^3 \log x$ が特殊解として取れる．同時に 3 は単純特性指数であることも分かった．以上をまとめて，求める特殊解として $-\frac{x}{4} - \frac{1}{4}x^3 \log x$ が得られた．

(2) $y = ax$ を方程式に代入すると $ax - ax = 0$ となるので，冪指数 1 は特性指数である．そこで $y = ax \log x$ を代入すると，$y' = a + a \log x$, $y'' = \frac{a}{x}$. $\log x$ を含まない項を集めて $ax + ax = x$, $a = \frac{1}{2}$. よって特殊解として $\frac{x}{2} \log x$ が取れる．1 は単純特性指数．

(3) $y = ax$ を方程式に代入すると $-ax + 2ax = ax$ となるので，冪指数 1 は特性根ではない．よって $y = bx \log x$ を代入すると，$y' = b \log x + b$, $y'' = \frac{b}{x}$ より $bx - bx \log x - bx + 2bx \log x = bx \log x$. これより ax の形の項は実は不要で，特殊解 $x \log x$ を得る．

(4) $y = ax$, $y = ax \log x$ はともに方程式の左辺を 0 にすることが分かるので，冪指数 1 は重複特性指数である．(この場合は決定方程式を解く方が速いだろう.) そこで log の冪を二つ上げた $y = ax(\log x)^3$ を代入してみると，$x(\log x)^2$, $x(\log x)^3$ の係数は消えることが分かっているので，$6ax \log x = x \log x$ を得，従って特殊解 $\frac{x}{6}(\log x)^3$ を得る．

(5) $\frac{a}{x}$ を方程式の左辺に代入すると 0 になるので，-1 は特性指数になっている．そこで $\frac{a}{x} \log x$ を方程式に代入すると，$y' = -\frac{a}{x^2} \log x + \frac{a}{x^2}$, $y'' = \frac{2a}{x^3} \log x - \frac{3a}{x^3}$ より $-\frac{3a}{x} = \frac{1}{x}$, よって $a = -\frac{1}{3}$. 次に $\frac{b}{x^2}$ を方程式に代入すると $\frac{6b}{x^2} - \frac{2b}{x^2} = \frac{1}{x^2}$, よって $b = \frac{1}{4}$. 以上より特殊解 $-\frac{1}{3x} \log x + \frac{1}{4x^2}$ を得る．

(6) 見掛けは恐ろしいが両辺を x で割ると $x^2y'' + xy' + 4y = \frac{1}{x}$ と通常のオイラー型になる．$y = \frac{a}{x}$ を方程式に代入してみると，$\frac{2a}{x} - \frac{a}{x} + \frac{4a}{x} = \frac{5a}{x} = \frac{1}{x}$. よって $a = \frac{1}{5}$ で 特殊解 $\frac{1}{5x}$ が得られた．これより -1 は特性指数ではないことが分かるが，実際，$\lambda(\lambda-1)+\lambda+4 = \lambda^2+4 = 0$ より $\lambda = \pm 2i$ なので，一般解は $\frac{1}{5x} + c_1 \cos(2 \log x) + c_2 \sin(2 \log x)$ となる．

(7) $x+1$ を x だと思うと，方程式は $x^2y''+xy'+y = (x-1)+2\sin\log x$ となる．特性指数は $\pm i$ なので，右辺の第 2 項が共振する．第 1 項は普通に未定係数法で特殊解 $\frac{1}{2}x-1$ を得る．第 2 項は $a \log x \sin \log x + b \log x \cos \log x$ を代入すると $2a \cos \log x - 2b \sin \log x = 2 \sin \log x$ となり，$a = 0$, $b = -1$ で特殊解は $-\log x \cos \log x$. これらを併せて変数を戻すと特殊解 $\frac{1}{2}(x-1) - \log(x+1) \cos \log(x+1)$ を得る．

3.12.1 $m\frac{d^2x}{dt^2} + b\frac{dx}{dt} + kx = 0$ の特性根は $m\lambda^2 + b\lambda + k = 0$ を解いて $\lambda = \frac{-b\pm\sqrt{b^2-4km}}{2m}$. 故に一般解は $c_1 \exp\left\{\left(-(b-\sqrt{b^2-4km})t\right\} + c_2 \exp\left\{\left(-(b+\sqrt{b^2-4km})t\right\}\right.\right.$. よって $b < 2\sqrt{km}$ なら振動しつつ振幅が e^{-bt} で指数減少する減衰振動となる．$b \geq 2\sqrt{km}$ のときは振動が止まり，ほとんどすべての場合，$\exp\{(-(b-\sqrt{b^2-4km})t\}$ にほぼ比例して平衡点 $x = 0$ に近づいていく．例外的により速く $\exp\{(-(b+\sqrt{b^2-4km})t\}$ で近づく解が存在するが，特に，ある地点 x_0 から静かに錘を放したときは，その地点での初期条件 $c_1 + c_2 = x_0$, $-c_1(b-\sqrt{b^2-4km}) - c_2(b+\sqrt{b^2-4km}) = 0$ より，$c_1 = 0$ が解となることは有り得ないので，例外の速さは起こり得ない．

3

3.12.2 3.2.1 で導いた方程式 $m\frac{d^2y}{dt^2} = -mg - k\frac{dy}{dt}$ の一般解は，まず非斉次の特殊解 $y = -\frac{mg}{k}t$ が容易に求まるので，これに斉次の一般解 $c_1 + c_2e^{-kt/m}$ を加えた $y = -\frac{mg}{k}t + c_1 + c_2e^{-kt/m}$ となる．今度は初期状態を高さ h の点においてボールが自然落下を始めるとすれば，$h = c_1 + c_2$, $0 = -\frac{mg}{k} - \frac{k}{m}c_2$．よって $c_2 = -\frac{m^2g}{k^2}$, $c_1 = h + \frac{m^2g}{k^2}$．従って解は $y = -\frac{mg}{k}t + h + \frac{m^2g}{k^2} - \frac{m^2g}{k^2}e^{-kt/m}$．これから $y = 0$ のときの速度は $-\frac{mg}{k}t + h + \frac{m^2g}{k^2} - \frac{m^2g}{k^2}e^{-kt/m} = 0$ と $v = -\frac{mg}{k} + \frac{mg}{k}e^{-kt/m}$ から t を消去すれば得られるが，v の複雑な超越方程式となる：$e^{-kt/m} = (v + \frac{mg}{k})\frac{k}{mg}$, $-\frac{mg}{k}t+h+\frac{m^2g}{k^2} - \frac{m^2g}{k^2}(v+\frac{mg}{k})\frac{k}{mg} = 0, t = \frac{k}{mg}\{h+\frac{m^2g}{k^2} - \frac{m}{k}(v+\frac{mg}{k})\} = \frac{k}{mg}(h-\frac{m}{k}v)$, $v = -\frac{mg}{k}+\frac{mg}{k}\exp[-\frac{k^2}{m^2g}(h-\frac{m}{k}v)]$. ここで $h \gg 1$ とすれば第 2 項が省略でき，$v \fallingdotseq -\frac{mg}{k}$. ところで，もとの表現で $t \to \infty$ とすれば $v \to -\frac{mg}{k}$ となり，これがいわゆる終端速度だが，十分な高度 $h \gg 1$ から落としたときに地上に落下するときの速度もほぼこれで近似できると考えられる．なお，どうせ近似なら更に安直に，微分方程式から直接，加速度が 0 になるところ $m\frac{d^2y}{dt^2} = -mg - k\frac{dy}{dt} = 0$ として $\frac{dy}{dt} = -\frac{mg}{k}$ と求まる．

3.13.1 (1) $y' = p$ と置くと $p' + p^2 = 0$, $-\frac{dp}{p^2} = dx$, $\frac{1}{p} = x + C_1$, $p = \frac{1}{x+C_1}$. 再び積分して $y = \log(x + C_1) + C_2$. また $y' = p = 0$ から $y = c$. これはいわば特異解の族となる．
(2) $y' = p$ と置けば $p' = \pm\sqrt{p}$, $\pm\frac{dp}{\sqrt{p}} = dx$. 積分して $\pm2\sqrt{p} = x + C_1$, $p = \frac{(x+c_1)^2}{4}$. もう一度積分して $y = \frac{(x+c_1)^3}{12} + c_2$. これも前問と同じ特異解の族を持つ．
(3) $y' = p$ と置けば，$(1 + x^2)p' + p^2 + 1 = 0$. これは変数分離形であり，$\frac{dp}{p^2+1} = -\frac{dx}{x^2+1}$, $\mathrm{Arctan}\, p = -\mathrm{Arctan}\, x + C$, $p = \tan(-\mathrm{Arctan}\, x + C_1)$ と積分できる．この右辺を tan の加法定理で変形すると，$= \frac{-\tan \mathrm{Arctan}\, x + \tan C_1}{1+\tan \mathrm{Arctan}\, x \tan C_1} = \frac{1-c_1x}{x+c_1}$, ここに $c_1 = 1/\tan C_1$. よって $y = \int \frac{1-c_1x}{x+c_1}dx + c_2 = (1 + c_1^2)\log(x + c_1) - c_1x + c_2$.
(4) $y' = p$ と置けば $p(1 + p^2) = ap'$, $\frac{dp}{p(1+p^2)} = \frac{dx}{a}$, $\frac{x}{a} + C_1 = \int\frac{dp}{p(1+p^2)} = \int\left(\frac{1}{p} - \frac{p}{1+p^2}\right)dp = \log p - \frac{1}{2}\log(1 + p^2) = \log\frac{p}{\sqrt{1+p^2}}$. よって $\frac{p}{\sqrt{1+p^2}} = c_1e^{x/a}$. これより $p = \frac{c_1e^{x/a}}{\sqrt{1-c_1^2e^{2x/a}}}$. もう一度積分して $y = \int\frac{c_1e^{x/a}dx}{\sqrt{1-c_1^2e^{2x/a}}} = \int\frac{ad(c_1e^{x/a})}{\sqrt{1-c_1^2e^{2x/a}}} = a\,\mathrm{Arcsin}(c_1e^{x/a}) + c_2$.
(5) そのまま両辺を積分すると $\frac{(y')^2}{2} = \frac{x^2}{2} + C$. よって $y' = \pm\sqrt{x^2 + c_1}$. もう一度両辺を積分して $y = \frac{1}{2}\{\pm x\sqrt{x^2 + c_1} + c_1\log(x \pm \sqrt{x^2 + c_1})\} + c_2$.
(6) これは一種の変数分離形であり，$\frac{y''}{(y')^3} = 1$. 両辺を x で積分して $\int\frac{y''}{(y')^3}dx = x + c$, この左辺は $-\frac{1}{2(y')^2}$ と積分でき，$(y')^2 = -\frac{1}{2x+c}$, $y' = \pm\frac{1}{\sqrt{c_1-2x}}$. $y = \mp\sqrt{c_1 - 2x} + c_2$. 別解として，正直に $y' = p$ と変換すれば，$p' = p^3$. $p' = \frac{dp}{dx} = p\frac{dp}{dy}$ なので，$p\frac{dp}{dy} = p^3$. $p = 0$ または $\frac{dp}{dy} = p^2$. 変数分離して $\frac{dp}{p^2} = dy$, 積分して $-\frac{1}{p} = y + c$. $\frac{dx}{dy} = -y + c_1$, 積分して $x = -\frac{(y-c_1)^2}{2} + c_2$, あるいは $y = c_1 \pm \sqrt{c_2 - 2x}$. なお，$y = c$ は特異解.
(7) $y' = p$ と置けば $4p+(p')^2 = 4xp'\ldots$①. これは p を未知関数とするクレロー型の方程式なので，更に $p' = q$ と置き，両辺を x で微分すれば，$4q+2qq' = 4q+4xq'$, $q'(q-2x) = 0$. $q' = 0$ からは $q = p' = c_1$. ①に代入して $p = c_1x - \frac{c_1^2}{4}$. よって $y = \frac{c_1x^2}{2} - \frac{c_1^2x}{4} + c_2$，あ

るいは任意定数を取り替えて $y=c_1(x-c_1)^2+c_2$ が一般解である．この他 $q=2x$ から ① と併せて $p=2x^2-x^2=x^2$．よって $y=\frac{x^3}{3}+c_2$ という特異解の族が存在する．

(8) そのまま両辺を積分すると $\int xy''dx = \frac{y^2}{2}+C$． ここで左辺の積分は，部分積分法を用いると $\int xy''dx = xy' - \int y'dx = xy'-y$． （これを目の子で見つけられればそれでもよい.）よって $\frac{dy}{y+\frac{y^2}{2}+C} = \frac{dx}{x}$ と変数分離でき，積分して $\int \frac{dy}{y+\frac{y^2}{2}+C} = \log x + C_2$．左辺の積分は $= \int \frac{2dy}{(y+1)^2+2C-1}$． 任意定数 $2C-1$ の符号により形が変わり，$\int \frac{2dy}{(y+1)^2+c^2} = \frac{2}{c}\operatorname{Arctan}\frac{y+1}{c}\ldots$①, あるいは，$\int \frac{2dy}{(y+1)^2} = -\frac{2}{y+1}\ldots$②, あるいは，$\int \frac{2dy}{(y+1)^2-c^2} = \frac{1}{c}\log\frac{y+1-c}{y+1+c}\ldots$③．①のときは $y=-1+c_1\tan(c_1\frac{\log x}{2}+c_2)$, ②のときは $y=-1-\frac{2}{\log x+2c_2}$．③のときは $y=-1-c_1+\frac{2c_1}{1-c_2x^{c_1}}$．

任意定数は三つの場合で同じではない．③はそこの c_2 を $e^{2c_1c_2}$ とすれば，$c_1\to 0$ のとき②と連続につながる．また①はそこの c_2 を $c_1c_2-\frac{\pi}{2}$ にとっておけば，$c_1\to 0$ のとき②と連続につながる．これらは，途中の定数の取り替えをきちんと追えば分かる．

(9) $3\frac{y''}{y'} = 5\frac{y'}{y}$ と変形して両辺を積分すれば，$3\log y' = 5\log y + C$, $y' = cy^{5/3}$．変数分離して $y^{-5/3}dy = cdx$, $-\frac{3}{2}y^{-2/3} = C_1x + C_2$, 定数を調節して $y=(c_1x+c_2)^{-3/2}$．

3.13.2 (1) $y'=p$ と置けば，$y''=\frac{dp}{dx}=\frac{dy}{dx}\frac{dp}{dy}=p\frac{dp}{dy}$． よって与えられた方程式は $y\bigl(p\frac{dp}{dy}\bigr)^2=1$ と変換される．これを更に $p^2y=\bigl(\frac{dy}{dp}\bigr)^2$ と変形し，p を独立変数，y を未知関数と見て微分求積法を適用すると，$\frac{dy}{dp}=z$ と置いて，$p^2y=z^2$ の両辺を p で微分して $2py+p^2z=2z\frac{dz}{dp}$．y を消去して $\frac{2z^2}{p}+p^2z=2z\frac{dz}{dp}$, すなわち，$z=0$ あるいは $\frac{dz}{dp}-\frac{z}{p}=\frac{1}{2}p^2$．前者からは $y=c$ で，これは不適．後者は z の 1 階線形微分方程式であり，目の子で積分因子 $\frac{1}{p}$ が求まり，$\bigl(\frac{z}{p}\bigr)'=\frac{p}{2}$, $\frac{z}{p}=\frac{p^2}{4}+c_1$, $z=\frac{p^3}{4}+c_1p$ と積分できる．よって $y=\frac{z^2}{p^2}=(\frac{p^2}{4}+c_1)^2$．これと $\frac{dx}{dp}=\frac{1}{p}\frac{dy}{dp}=\frac{z}{p}=\frac{p^2}{4}+c_1$ を積分した $x=\frac{p^3}{12}+c_1p+c_2$ を連立させたものが，p をパラメータとする一般解.

別解として，$y''=\pm\frac{1}{\sqrt{y}}$ と解いて，両辺に y' を掛けると，$y'y''=\pm\frac{y'}{\sqrt{y}}$． 両辺を x につき積分して $\frac{1}{2}(y')^2=\pm 2\sqrt{y}+C$． よって $y'=\pm\sqrt{\pm 4\sqrt{y}+c_1}$，これは一応変数分離形で，$\frac{dy}{\pm\sqrt{\pm 4\sqrt{y}+c_1}}=dx$, $x=\int\frac{dy}{\pm\sqrt{\pm 4\sqrt{y}+c_1}}$． この積分は $\pm\sqrt{y}=z$ と置けば，$\int\frac{dy}{\pm\sqrt{\pm 4\sqrt{y}+c_1}}=\int\frac{2zdz}{\pm\sqrt{4z+c_1}}=\pm\frac{1}{2}\int\frac{(4z+c_1)-c_1}{\sqrt{4z+c_1}}dz=\pm\frac{1}{2}\int\bigl(\sqrt{4z+c_1}-\frac{c_1}{\sqrt{4z+c_1}}\bigr)dz=\pm\frac{1}{2}\bigl(\frac{1}{6}\sqrt{4z+c_1}^3-\frac{c_1}{2}\sqrt{4z+c_1}\bigr)+c_2=\pm\bigl(\frac{1}{12}\sqrt{\pm 4\sqrt{y}+c_1}^3-\frac{c_1}{4}\sqrt{\pm 4\sqrt{y}+c_1}\bigr)+c_2$．（先頭の複号は根号内の複号とは独立.）よって $x=\pm\bigl(\frac{1}{12}\sqrt{\pm 4\sqrt{y}+c_1}^3-\frac{c_1}{4}\sqrt{\pm 4\sqrt{y}+c_1}\bigr)+c_2$ という解を得る．これは最初の解答において，p を y で表して x の式に代入したものと任意定数を調節すれば一致する．

(2) 両辺に y' を掛けて $y'y''=ae^yy'$．両辺を x で積分して $\frac{1}{2}(y')^2=a\int e^ydy=ae^y+C_1$．$y'=\pm\sqrt{2ae^y+2C_1}$． よって $x=\pm\frac{1}{\sqrt{2a}}\int\frac{dy}{\sqrt{e^y+c_1}}+c_2$． ここで $e^y=z$, 次いで $\sqrt{z+c_1}=w$ なる置換で $\int\frac{dy}{\sqrt{e^y+c_1}}=\int\frac{dz}{z\sqrt{z+c_1}}=\int\frac{2dw}{w^2-c_1}=\frac{1}{\sqrt{c_1}}\log\frac{w-\sqrt{c_1}}{w+\sqrt{c_1}}=\frac{1}{\sqrt{c_1}}\log\frac{\sqrt{z+c_1}-\sqrt{c_1}}{\sqrt{z+c_1}+\sqrt{c_1}}=\frac{1}{\sqrt{c_1}}\log\frac{\sqrt{e^y+c_1}-\sqrt{c_1}}{\sqrt{e^y+c_1}+\sqrt{c_1}}$．よって答は $x=\pm\frac{1}{\sqrt{2ac_1}}\log\frac{\sqrt{e^y+c_1}-\sqrt{c_1}}{\sqrt{e^y+c_1}+\sqrt{c_1}}+c_2$．$c_1\mapsto -c_1$ を負と見れば，$x=\pm\frac{2}{\sqrt{2ac_1}}\operatorname{Arctan}\frac{w}{\sqrt{c_1}}+c_2=\pm\sqrt{\frac{2}{ac_1}}\operatorname{Arctan}\sqrt{\frac{e^x}{c_1}-1}+c_2$．

(3) 両辺に y' を掛けて積分すると，$3y'y'' = y^{-5/3}y'$, $\frac{3}{2}(y')^2 = -\frac{3}{2}y^{-2/3} + C$, よって $y' = \pm\sqrt{c_1 - y^{-2/3}} = \pm\frac{\sqrt{c_1y^{2/3}-1}}{y^{1/3}}$. 変数を分離して，$\pm\frac{y^{1/3}dy}{\sqrt{c_1y^{2/3}-1}} = dx$, $x = \pm\int\frac{3}{2}\frac{y^{2/3}d(y^{2/3})}{\sqrt{c_1y^{2/3}-1}} = \pm\frac{3}{2c_1}\{\int\sqrt{c_1y^{2/3}-1}d(y^{2/3}) + \int\frac{1}{\sqrt{c_1y^{2/3}-1}}d(y^{2/3})\} = \pm\frac{1}{c_1^2}\{\sqrt{c_1y^{2/3}-1}^3 + 3\sqrt{c_1y^{2/3}-1}\} + c_2 = \pm\frac{1}{c_1^2}(c_1y^{2/3}+2)\sqrt{c_1y^{2/3}-1}$.

(4) $y' = p$ と置けば，$y'' = p\frac{dp}{dy}$. よって $1+p^2 = 2yp\frac{dp}{dy}$ という，y を独立変数とする 1 階微分方程式に帰着した．これは変数分離形で，$\frac{dy}{y} = \frac{2p}{1+p^2}$. 積分して $\log y = \log(1+p^2) + C$, $y = c(1+p^2)$. p につき解くと $p = \pm\sqrt{c_1y-1}$. $p = \frac{dy}{dx}$ を置き戻すと再び変数分離形 $dx = \pm\frac{dy}{\sqrt{c_1y-1}}$ を得，積分して $x = \pm\frac{2}{c_1}\sqrt{c_1y-1} + c_2$. y について解けば，$y = \frac{c_1}{4}(x-c_2)^2 + \frac{1}{c_1}$.

(5) $y' = p$ と置くと，方程式は $yp\cdot p\frac{dp}{dy} = 1$, すなわち，$p^2dp = \frac{dy}{y}$ となる．積分して $\frac{p^3}{3} = \log y + C$, $p = \sqrt[3]{3\log y + c}$. よって $\frac{dy}{\sqrt[3]{3\log y+c}} = dx$ と再び変数分離でき，$x = \int\frac{dy}{\sqrt[3]{\log(c_1y^3)}} + c_2$. ただしこの積分は不完全ガンマ関数に帰着し，初等関数にはならず，もちろん y について解けない．

(6) 両辺に y' を掛けると $(y')^2y'' = yy'$. 積分して $\frac{(y')^3}{3} = \frac{y^2}{2} + C$. $y' = \{\frac{3}{2}(y^2+c_1)\}^{1/3}$. 変数分離して積分すると $x = \int\frac{dy}{\{\frac{3}{2}(y^2+c_1)\}^{1/3}} + c_2$. この積分は楕円積分に帰着し初等関数にはならない．

(7) $y'' = y - \frac{1}{y^3}$ と変形しておいて両辺に y' を掛けると，$y'y'' = (y - \frac{1}{y^3})y'$. 両辺を積分して $\frac{(y')^2}{2} = \frac{y^2}{2} + \frac{1}{2y^2} + c_1$, すなわち $y' = \pm\sqrt{y^2 + \frac{1}{y^2} + 2c_1}$. 変数分離して $\pm\frac{ydy}{\sqrt{y^4+2c_1y^2+1}} = dx$. 再び両辺を積分して $x = \pm\int\frac{ydy}{\sqrt{y^4+2c_1y^2+1}} = \pm\frac{1}{2}\int\frac{d(y^2)}{\sqrt{y^4+2c_1y^2+1}} = \pm\frac{1}{2}\log(y^2 + c_1 + \sqrt{y^4+2c_1y^2+1}) + c_2$.

(8) $y' = p$ と置けば $y'' = p\frac{dp}{dy}$ で，方程式は $2yp\frac{dp}{dy} - 3p^2 = 4y^2$, すなわち，$y\frac{d(p^2)}{dy} - 3p^2 = 4y^2$ となり，p^2 を未知関数として 1 階線形．両辺を y^4 で割ると，$\frac{d}{dy}\left(\frac{p^2}{y^3}\right) = \frac{4}{y^2}$ と変形でき，両辺を y で積分して $\frac{p^2}{y^3} = -\frac{4}{y} + C$. $p = \pm\sqrt{Cy^3 - 4y^2}$. 変数分離して $\pm\frac{dy}{\sqrt{Cy^3-4y^2}} = dx$. 今度は x で両辺を積分して $x = \pm\int\frac{dy}{y\sqrt{Cy-4}} + c_2$. この積分は $\sqrt{Cy-4} = z$, すなわち $y = \frac{z^2+4}{C}$ と置換すれば実行でき，$x = \pm\int\frac{2dz}{z^2+4} + c_2 = \pm\mathrm{Arctan}\frac{z}{2} + c_2 = \pm\mathrm{Arctan}\frac{\sqrt{Cy-4}}{2} + c_2$. y について解くと $Cy = 4\tan^2(x-c_2) + 4$. 定数を取り替えて，$y = c_1\{\tan(x-c_2) + 1\}$.

(9) $\frac{y''}{y'} = \frac{y'}{y}$ と変形して両辺を積分すれば $\log y' = \log y + C$, あるいは $y' = cy$. 変数分離して積分すると $\frac{dy}{y} = cdx$, $\log y = cx + c'$, すなわち，$y = c_1e^{c_2x}$.

(10) 両辺に y' を掛けて $y'y'' = y'y^3$. 積分して $\frac{1}{2}(y')^2 = \frac{1}{4}y^4 + C$, $y' = \pm\sqrt{\frac{y^4}{2} + c}$, $x = c_1 + \sqrt{2}\int\frac{dy}{\sqrt{y^4+c_2}}$. この積分も楕円積分で初等関数にはならない．

(11) $y' = p$ と置けば $p\frac{dp}{dy} = ye^p$. 変数分離して $pe^{-p}dp = ydy$. 積分して $-(p+1)e^{-p} = \frac{y^2}{2} + C$. これは p について解けないので，p をパラメータとして

解くことにする．$y^2 = c_1 - 2(p+1)e^{-p}$, $y = \pm\sqrt{c_1 - 2(p+1)e^{-p}}$. $\frac{dy}{dx} = p$ より $dx = \frac{dy}{p} = \frac{y\,dy}{yp} = \pm\frac{pe^{-p}dp}{p\sqrt{c_1-2(p+1)e^{-p}}}$，よって $x = \pm\int\frac{e^{-p}dp}{\sqrt{c_1-2(p+1)e^{-p}}} + c_2$, $y = \pm\sqrt{c_1 - 2(p+1)e^{-p}}$（複号同順）.

(12) $\frac{2y'}{y-1} = \frac{y''}{y'}$ と変形して両辺を積分すると，$2\log(y-1) = \log y' + C$, $y' = c_1(y-1)^2$. 更に変数分離して $\frac{dy}{(y-1)^2} = c_1 dx$. 再び積分して $c_1 x = -\frac{1}{y-1} + c_2$, あるいは, $y = \frac{1}{c_2 - c_1 x} + 1$. 任意定数を付け替えて $y = \frac{c_2}{x+c_1} + 1$.

(13) $y' = p$ と置けば，$y'' = p\frac{dp}{dy}$ で，方程式は $2(2a-y)p\frac{dp}{dy} = 1+p^2$ と1階変数分離形になる．$\frac{dy}{2a-y} = \frac{2pdp}{1+p^2}$ と変形し，積分して $-\log(2a-y) = \log(1+p^2)+C$, $1+p^2 = \frac{c}{2a-y}$, $p = \pm\sqrt{\frac{y-2a+c}{2a-y}} = \pm\sqrt{\frac{y+c_1}{2a-y}}$. よって $\pm\sqrt{\frac{2a-y}{y+c_1}}dy = dx$. 再び積分して $x = \pm\int\sqrt{\frac{2a-y}{y+c_1}}dy$. この積分 I は $\sqrt{\frac{2a-y}{y+c_1}} = z$ と置換すれば，$y = \frac{2a-c_1z^2}{z^2+1}$, $dy = -\frac{2(2a+c_1)z}{(z^2+1)^2}$ と有理化できて，$I = -2(2a+c_1)\int\frac{z^2dz}{(z^2+1)^2} = -(2a+c_1)\left(\operatorname{Arctan} z - \frac{z}{z^2+1}\right) + c_2$. よって一般解は $x = \pm\left\{(2a+c_1)\operatorname{Arctan}\sqrt{\frac{2a-y}{y+c_1}} - \sqrt{(2a-y)(y+c_1)}\right\} + c_2$.

(14) $y' = p$ と置けば，$y'' = p\frac{dp}{dy}$ で，方程式は $2yp\frac{dp}{dy} = -p^4 - p^2$ で，変数分離形となる．$\frac{2pdp}{p^4+p^2} = -\frac{dy}{y}$. 両辺を積分して $-\log y = \int\frac{2pdp}{p^4+p^2} = \int\frac{d(p^2)}{p^4+p^2} = \int\left(\frac{1}{p^2} - \frac{1}{p^2+1}\right)d(p^2) = \log p^2 - \log(p^2+1) + C$. $1 + \frac{1}{p^2} = c_1 y$, $p = \pm\frac{1}{\sqrt{c_1 y - 1}}$. 再び変数分離して $\pm\sqrt{c_1 y - 1}dy = dx$. 積分して $\pm\frac{2}{3c_1}\sqrt{c_1 y - 1}^3 = x + c_2$, $c_1 y = 1 + \left\{\frac{3c_1}{2}(x+c_2)\right\}^{2/3}$. $y = \frac{1}{c_1} + \frac{1}{c_1^{1/3}}\left(\frac{3}{2}\right)^{2/3}(x+c_2)^{2/3}$. あるいは $y = \frac{4}{9}c_1^3 + c_1(x+c_2)^{2/3}$.

3.14.1 (1) $y = e^x\int z\,dx$ を方程式に代入するのだが，低階の微分の項から書くと，それを見ながら次の項の微分が暗算で計算できるので，スムーズに進めて，$e^x\int z\,dx - (x+1)\left(e^x z + e^x\int z\,dx\right) + x\left(e^x z' + 2e^x z + e^x\int z\,dx\right) = 0$. ここで，$\int z\,dx$ の係数は確かに消えているので，$xe^x z' + (x-1)e^x z = 0$. すなわち，$xz' + (x-1)z = 0$. よって $\frac{dz}{z} = \frac{1-x}{x}dx = \left(\frac{1}{x} - 1\right)dx$. 積分して $\log z = \log x - x + c$, $z = c_1 xe^{-x}$ となり，一般解は $y = e^x\int z\,dx = e^x\{-c_1(x+1)e^{-x} + c_2\} = -c_1(x+1) + c_2 e^x$. 最終的な答は c_1 の符号を変えて $c_1(x+1) + c_2 e^x$ とした方がきれいである．

(2) $y = e^{x^2}\int z\,dx$ を方程式に代入する．やはり低階項から書けば，$(4x^2-2)e^{x^2}\int z\,dx - 4x\left(e^{x^2}z + 2xe^{x^2}\int z\,dx\right) + e^{x^2}z' + 4xe^{x^2}z + (4x^2+2)e^{x^2}\int z\,dx = 0$. ここで，$\int z\,dx$ の係数は確かに消えているので，$e^{x^2}z' + 4xe^{x^2}z - 4xe^{x^2}z = e^{x^2}z' = 0$. よって $z' = 0$, $z = c_1$ となり，一般解は $y = e^{x^2}\int z\,dx = e^{x^2}(c_1 x + c_2)$.

(3) $y = x\int z\,dx$ を方程式に代入すると $2x\int z\,dx - 2x\left(xz + \int z\,dx\right) + (1-x^2)(xz' + 2z) = 0$. これより $(1-x^2)xz' + (2-4x^2)z = 0$, $\frac{dz}{z} = \frac{2-4x^2}{(x^2-1)x}dx = \left(\frac{2x}{x^2-1} - \frac{2}{x} - 2\frac{2x}{x^2-1}\right)dx = -\left(\frac{2x}{x^2-1} + \frac{2}{x}\right)dx$. 積分して $\log z = -\log x^2(x^2-1) + c$, すなわち，$z = \frac{c_1}{x^2(x^2-1)}$. これを代入して $y = x\int\frac{c_1}{x^2(x^2-1)}dx = c_1 x\int\left(\frac{1}{x^2-1} - \frac{1}{x^2}\right)dx = c_1 x\left(\frac{1}{2}\log\frac{x-1}{x+1} + \frac{1}{x}\right) + c_2 x = c_1\left(\frac{x}{2}\log\frac{x-1}{x+1} + 1\right) + c_2 x$.

(4) 同様に $y = x\int z\,dx$ を方程式に代入すると $2x\int z\,dx - 2x\left(xz + \int z\,dx\right) + (xz' + 2z) = 0$. これより $xz' + 2(1-x^2)z = 0$, $\frac{dz}{z} = (2x - \frac{2}{x})dx$. 積分して $\log z = x^2 - \log x^2 + c$,

$z = c_1 \frac{e^{x^2}}{x^2}$. これを y に代入して $y = x(\int c_1 \frac{e^{x^2}}{x^2} dx + c_2) = c_1 x \int \frac{e^{x^2}}{x^2} dx + c_2 x$. この不定積分は初等関数では表せない.

(5) 同様に $y = x \int z dx$ を方程式に代入すると $-x \int z dx + x\bigl(xz + \int z dx\bigr) + x(xz' + 2z) = 0$. これより $x^2 z' + (x^2 + 2x)z = 0$, $\frac{dz}{z} = -(1 + \frac{2}{x})dx$. 積分して $\log z = -x - 2\log x + c$, $z = c_1 \frac{e^{-x}}{x^2}$. 代入して $y = x(\int c_1 \frac{e^{-x}}{x^2} dx + c_2) = c_1 x \int \frac{e^{-x}}{x^2} dx + c_2 x$. この不定積分は初等関数では表せない.

(6) $y = xe^{-x} \int z dx$ を方程式に代入すると $xe^{-x} \int z dx + x\{(1-x)e^{-x} \int z dx + xe^{-x} z\} + x\{(x-2)e^{-x} \int z dx + 2(1-x)e^{-x} z + xe^{-x} z'\} = 0$. これより $x^2 e^{-x} z' - (x^2 - 2x)e^{-x} z = 0$, $\frac{dz}{z} = 1 - \frac{2}{x}$. 積分して $\log z = x - \log x^2 + c$, $z = c_1 \frac{e^x}{x^2}$. 代入して $y = xe^{-x}\bigl(\int c_1 \frac{e^x}{x^2} dx + c_2\bigr) = c_1 xe^{-x} \int \frac{e^x}{x^2} dx + c_2 xe^{-x}$.

(7) $y = e^{-x} \int z dx$ と置き, 方程式に代入すれば, $e^{-x} \int z dx + (x+1)(-e^{-x} \int z dx + e^{-x} z) + x(e^{-x} \int z dx - 2e^{-x} z + e^{-x} z') = 0$. これより $xe^{-x} z' - (x-1)e^{-x} z = 0$, $\frac{dz}{z} = 1 - \frac{1}{x}$. 積分して $\log z = x - \log x + c$, $z = c_1 \frac{e^x}{x}$. 代入して $y = e^{-x}\bigl(\int c_1 \frac{e^x}{x} dx + c_2\bigr) = c_1 e^{-x} \int \frac{e^x}{x} dx + c_2 e^{-x}$.

(8) $y = \frac{1}{x} \int z dx$ と置き, 方程式に代入すれば, $\frac{1}{x} \int z dx + (x+2)\bigl(-\frac{1}{x^2} \int z dx + \frac{z}{x}\bigr) + x\bigl(\frac{2}{x^3} \int z dx - \frac{2z}{x^2} + \frac{z'}{x}\bigr) = 0$. これより $z' + z = 0$. 積分して $z = c_1 e^{-x}$. 代入して $y = \frac{1}{x}\bigl(\int c_1 e^{-x} dx + c_2\bigr) = -c_1 \frac{e^{-x}}{x} + \frac{c_2}{x}$. c_1 の符号を変えて $y = \frac{1}{x}(c_1 e^{-x} + c_2)$.

(9) $y = (\cos x^2) \int z dx$ を方程式に代入して, $4x^3(\cos x^2) \int z dx - \bigl\{-2x(\sin x^2) \int z dx + (\cos x^2) z\bigr\} + x\bigl\{(-4x^2 \cos x^2 - 2\sin x^2) \int z dx - 4x(\sin x^2) z + (\cos x^2) z'\bigr\} = 0$. これより $x(\cos x^2) z' - (4x^2 \sin x^2 + \cos x^2) z = 0$, $\frac{dz}{z} = \frac{1}{x} + 4x \tan x^2$. 積分して $\log z = \log x - 2\log\cos x^2 + c$, $z = c_1 \frac{x}{(\cos x^2)^2}$. 代入して $y = (\cos x^2)\bigl(\int c_1 \frac{x}{(\cos x^2)^2} dx + c_2\bigr) = (\cos x^2)\bigl(\frac{c_1}{2} \tan x^2 + c_2\bigr)$. $c_1/2$ を改めて c_1 と書けば, $y = c_1 \sin x^2 + c_2 \cos x^2$.

(10) $y = \frac{\cos x}{x} \int z dx$ と置き, 方程式に代入すると $x \frac{\cos x}{x} \int z dx + 2\bigl\{\bigl(-\frac{\sin x}{x} - \frac{\cos x}{x^2}\bigr) \int z dx + \frac{\cos x}{x} z\bigr\} + x\bigl\{\bigl(-\frac{\cos x}{x} + 2\frac{\sin x}{x^2} + 2\frac{\cos x}{x^3}\bigr) \int z dx + 2\bigl(-\frac{\sin x}{x} - \frac{\cos x}{x^2}\bigr) z + \frac{\cos x}{x} z'\bigr\} = 0$. これより, $(\cos x) z' - 2(\sin x) z = 0$, $\frac{dz}{z} = 2\tan x dx$. 積分して $\log z = -2\log\cos x + c$, $z = c_1 \frac{1}{\cos^2 x}$. 代入して $y = \frac{\cos x}{x}\bigl(\int \frac{c_1}{\cos^2 x} dx + c_2\bigr) = \frac{\cos x}{x}\bigl(c_1 \tan x + c_2\bigr) = c_1 \frac{\sin x}{x} + c_2 \frac{\cos x}{x}$.

3.15.1 (1) これは 1 階のリッカチ型なので,（今は $P = -1$ に注意して）$y = \frac{u'}{u}$ と置き u の 2 階線形微分方程式を導こう. $0 = y' + y^2 - x = \frac{uu'' - (u')^2}{u^2} + \frac{(u')^2}{u^2} - x = \frac{u''}{u} - x$. よって $u'' - xu = 0$.

(2) これも 1 階のリッカチ型なので, $P = -x$ に注意し, $xy = \frac{u'}{u}$ と置き u の 2 階線形微分方程式を導こう. $0 = y' + xy^2 - y + x^2 = \frac{xuu'' - u'(xu' + u)}{x^2 u^2} + \frac{(u')^2}{xu^2} - \frac{u'}{xu} + x^2 = \frac{xu'' - u'}{x^2 u} - \frac{u'}{xu} + x^2$. よって $xu'' - (x+1)u' + x^4 u = 0$.

(3) 必ずしももとに戻す必要はないので, P は何でもよいのだが, $-\frac{P'}{P} = x - 1$, 従って $-\log P = \frac{(x-1)^2}{2}$, $P = e^{-(x-1)^2/2}$ に選んで $u = -y'/Py$ を方程式に代入すれば（上の例題の説明と y, u がひっくり返っていることに注意せよ）, $y' = -Pyu$, $y'' = -Pyu' - (P'y + Py')u = -Pyu' + P^2 yu^2 - P'yu$. これらを与えられた方程式に代入して $-Pyu' + P^2 yu^2 - P'yu - (x-1)Pyu + x^2 y = 0$. y で割り算して

$-Pu' + P^2u^2 - P'u - (x-1)Pu + x^2 = 0$. ここで $P' = -(x-1)P$ に選んであったから，u の 1 次の項は消え，$-Pu' + P^2u^2 + x^2 = 0$. P で割って具体値を代入すれば $u' - e^{-(x-1)^2/2}u^2 - e^{(x-1)^2/2}x^2 = 0$ を得る．別解として，単に $u = y'/y$ を取れば，$y' = yu$, $y'' = yu' + y'u = yu' + yu^2$. これらを方程式に代入すると $yu' + yu^2 + (x-1)yu + x^2y = 0$. y で割り算して $u' + u^2 + (x-1)u + x^2 = 0$. この他にも解は無限に存在する．

3.15.2 (1) x^λ を方程式に代入すると $(\lambda-2)ax^{\lambda+4} + 3x^3 - a^2x^{2\lambda+1} - \lambda ax^\lambda = 0$. これより $\lambda = 3$, $a = 1$ または $\lambda = -1$, $a = 1$. よって $\varphi = x^3$, $\psi = \frac{1}{x}$ だから，$P = \frac{1}{x^4-1}$, $\int P\varphi dx = \frac{1}{4}\log(x^4-1)$, $\int P\psi dx = \frac{1}{4}\log(x^4-1) - \log x$ に注意すると，一般解は公式より，$y = \frac{cx^3/(x^4-1)^{1/4} + 1/(x^4-1)^{1/4}}{c/(x^4-1)^{1/4} + x/(x^4-1)^{1/4}} = \frac{cx^3+1}{x+c}$. 答はがっかりするくらい簡単である．

(2) 同様にして $\lambda = 1$, $a = \pm 1$, 解はちょっと変形して $y = x\frac{ce^x - e^{-x}}{ce^x + e^{-x}}$.

(3) 同様にして $\lambda = -1$, $a = \pm 1$, $y = \frac{1}{x}\frac{ce^{1/2x^2} - e^{-1/2x^2}}{ce^{1/2x^2} + e^{-1/2x^2}}$.

(4) 同様にして $\lambda = -1$, $a = 2, -1$, 解はちょっと変形して $y = \frac{2x^3 - c}{x(x^3+c)}$.

3.16.1 (1) 定数係数 2 階線形である．斉次部分の一般解は $\lambda^2 - 6\lambda + 9 = 0$ が重根 $\lambda = 3$ を持つことから $y = (c_1 + c_2x)e^{3x}$. 右辺の xe^x に対する特殊解は $(a+bx)e^x$ の形で求まる．方程式に代入して，$\{(a+2b+bx) - 6(a+b+bx) + 9(a+bx)\}e^x = xe^x$ より $4b = 1$, $4a - 4b = 0$, 従って $a = b = \frac{1}{4}$. つまり $\frac{1}{4}(1+x)e^x$. 次に e^{3x} は共振を起こすので，ax^2e^{3x} の形の解を持つ．演算子表現により $(D-3)^2(ax^2e^{3x}) = 2ae^{3x}$, 従って $a = \frac{1}{2}$. つまり $\frac{1}{2}x^2e^{3x}$. 以上を合わせて，非斉次方程式の一般解は $y = \frac{1}{4}(1+x)e^x + \frac{1}{2}x^2e^{3x} + (c_1 + c_2x)e^{3x}$.

(2) 多項式係数なので，偶然に頼らねば解けない．斉次方程式 $y'' - xy' + 2y = 0$ の特殊解 $y_1 = x^2 - 1$ が目の子で，あるいは多項式の解の存在を仮定した未定係数法で発見できるので，$y = (x^2-1)\int zdx$ と未知関数を変換すると，$y' = 2x\int zdx + (x^2-1)z$, $y'' = 2\int zdx + 4xz + (x^2-1)z'$. これをもとの方程式に代入すると，$z$ の積分を含んだ項は消え，$4xz + (x^2-1)z' - x(x^2-1)z = x$, $(x^2-1)z' - x(x^2-5)z = x$. この 1 階斉次部分を積分して $\frac{dz}{z} = \frac{x(x^2-5)}{x^2-1}dx$, $\log z = \int\left(x - \frac{4x}{x^2-1}\right)dx = \frac{x^2}{2} - 2\log(x^2-1) + C$, $z = c\frac{e^{x^2/2}}{(x^2-1)^2}$. よって定数変化法により $c'\frac{e^{x^2/2}}{x^2-1} = x$, $c = \int e^{-x^2/2}(x^2-1)xdx = \frac{1}{2}\int e^{-x^2/2}(x^2-1)d(x^2) = -(x^2+1)e^{-x^2/2} + c_2$. よって $z = -\frac{x^2+1}{(x^2-1)^2} + c_2\frac{e^{x^2/2}}{(x^2-1)^2}$. $y = (x^2-1)\int zdx = x + c_1(x^2-1) + c_2(x^2-1)\int\frac{e^{x^2/2}}{(x^2-1)^2}dx$.

(3) 定数係数 2 階線形であるが，$y' = p$ と置き，1 階線形とみなす方が更に簡単である．$p' + 2p = x$ を $(pe^{2x})' = xe^{2x}$ と変形し，積分すると $pe^{2x} = (\frac{x}{2} - \frac{1}{4})e^{2x} + C$, $p = \frac{x}{2} - \frac{1}{4} + Ce^{-2x}$. もう一度積分して $y = \frac{x^2}{4} - \frac{x}{4} + c_1e^{-2x} + c_2$. これは特性根が $-2, 0$ であることと符合する．

(4) オイラー型である．決定方程式 $\lambda(\lambda-1) + 2\lambda - 2 = 0$, すなわち $\lambda^2 + \lambda - 2 = 0$ を解いて $\lambda = 1, -2$. よって斉次方程式の一般解は $c_1x + \frac{c_2}{x^2}$. 右辺の x の冪は特性指数と共振するので，非斉次方程式の特殊解は $y = ax\log x$ の形で探す．$y' = a\log x + a$, $y'' = \frac{a}{x}$. これらを方程式に代入して，$ax + 2ax\log x + 2ax - 2ax\log x = x$, よって $3a = 1$, $a = \frac{1}{3}$.

よって非斉次方程式の一般解は $y=\frac{1}{3}x\log x+c_1x+\frac{c_2}{x^2}$ となる．
(5) これもベルヌーイ型である．決定方程式 $\lambda(\lambda-1)+\lambda+1=0$，すなわち $\lambda^2+1=0$ を解いて $\lambda=\pm i$. よって斉次方程式の一般解は $c_1x^i+c_2x^{-i}$ あるいは $c_1\cos\log x+c_2\sin\log x$. 右辺はこれに含まれるので共振が起こっており．非斉次方程式の特殊解は $y=a\log x\cos\log x+b\log x\sin\log x$ の形で探さねばならない．実表現での計算は大変煩雑なので，複素表現でやると，まず $\cos\log x=\frac{1}{2}(x^i+x^{-i})$ に注意して，$y=a\log xx^{\pm i}$ を方程式に代入すると，$y'=\pm ia\log xx^{\pm i-1}+\frac{a}{x}x^{\pm i}$, $y''=\pm i(\pm i-1)a\log xx^{\pm i-2}+2\frac{\pm ia}{x}x^{\pm i-1}-\frac{a}{x^2}x^{\pm i}$ より $x^2y''+xy'+y=\{\pm i(\pm i-1)a\log x\pm 2ia-a\}x^{\pm i}+\{\pm ia\log x+a\}x^{\pm i}+a\log xx^{\pm i}=\pm 2iax^{\pm i}$. 従って，特殊解として $\frac{1}{4i}\log xx^i-\frac{1}{4i}\log xx^{-i}=\frac{1}{2}\log x\sin\log x$ を得るから，一般解は $\frac{1}{2}\log x\sin\log x+c_1\cos\log x+c_2\sin\log x$.
(6) $y'=p$ を新しい未知関数と見ると，$(1+x^2)p'+p^2+1=0$. これは変数分離形であり，$\frac{dp}{p^2+1}=-\frac{dx}{1+x^2}$, $\mathrm{Arctan}\,p=-\mathrm{Arctan}\,x+C$, $p=\tan(-\mathrm{Arctan}\,x+C)=\frac{c-x}{1+cx}$. 積分して $y=\int\frac{c-x}{1+cx}dx=\int\left(-\frac{1}{c}+\frac{c^2+1}{c(cx+1)}\right)dx=-\frac{x}{c}+\frac{c^2+1}{c^2}\log(cx+1)+c_2$. 任意定数を書き換えて $y=c_1x+(1+c_1^2)\log(x-c_1)+c_2$.
(7) 方程式を見ていると $\frac{y'}{x}=z$ と置きたくなる．$y'=xz$ なので，$y''=z+xz'$, よって $z+xz'=z\log z$ が導かれ，変数分離できて $\frac{dz}{z\log z-z}=\frac{dx}{x}$, $\log x=\int\frac{dz}{z\log z-z}=\int\frac{d(\log z)}{\log z-1}=\log(\log z-1)+C_1$. $c_1x=\log z-1$, $z=e^{c_1x+1}$. よって $y'=xe^{c_1x+1}$, $y=\int xe^{c_1x+1}dx+c_2=\frac{e}{c_1^2}\int c_1xe^{c_1x}d(c_1x)+c_2=\frac{e}{c_1^2}(c_1x-1)e^{c_1x}+c_2=\frac{1}{c_1^2}(c_1x-1)e^{c_1x+1}+c_2$. これは同次形のアナロジーとみなせる．
(8) $y'=p$ と置けば，$(p')^2=p$. $p'=\pm\sqrt{p}$. $\pm\frac{dp}{\sqrt{p}}=1$. 積分して $\pm 2\sqrt{p}=x+c$, $p=\frac{(x+c)^2}{4}$. 積分して任意定数を書き換えると $y=\frac{(x+c_1)^3}{12}+c_2$. この方程式は他に $p=0$, すなわち，$y=c$ という任意定数が一つの解を持つ．
別解．$(p')^2=p$ の両辺を x で微分すると $2p'p''=p'$. 従って $p'=0$ または $p''=\frac{1}{2}$. 前者を $(p')^2=p$ に代入すると $p=0$, 積分して $y=c$. 後者は積分して $p'=\frac{x}{2}+c$. これを $(p')^2=p$ に代入すると $p=\frac{(x+c_1)^2}{4}$. 積分して $y=\frac{(x+c_1)^3}{12}+c_2$. この方法は平方根の符号を気にせずに済むが，1 階微分方程式の微分求積法のときに注意したように，方程式を適宜用いて処理することで，余分に積分して任意定数を必要以上に増やさぬようにする必要がある．なお，最初に求めた解 $y=c$ は後から求めた任意定数を二つ持つ一般解には含まれないので，1 階方程式の微分求積法で現れた特異解のアナロジーとみなせる．
(9) $y-xy'=p$ と置くと，両辺を x で微分して $y'-y'-xy''=p'$, すなわち，$-xy''=p'$. 方程式から $x^2yy''=p^2$. 両者を混ぜて $-xyp'=p^2$, すなわち，$xy=-\frac{p^2}{p'}$. 両辺を x で微分して $y+xy'=-\frac{2pp'^2-p^2p''}{p'^2}$. これに $y-xy'=p$ を代入して $2y-p=-\frac{2pp'^2-p^2p''}{p'^2}$. 両辺に x を掛けて $xy=-\frac{p^2}{p'}$ を用いて y を消去すると，$-2\frac{p^2}{p'}-xp=-x\frac{2pp'^2-p^2p''}{p'^2}$, すなわち $2p^2p'+xpp'^2=2xpp'^2-xp^2p''$. $p\neq 0$ と仮定し，整理して $xpp''-xp'^2=-2pp'$. これは $x\left(\frac{p'}{p}\right)'=-2\frac{p'}{p}$ と変形できる．$\frac{p'}{p}$ をまとめて未知関数とみなし，変数分離形として積分すると $\log\frac{p'}{p}=-2\log x+C$, $\frac{p'}{p}=\frac{c}{x^2}$, もう一度積分して $\log p=\frac{c_1}{x}+c_2$.

$p = y - xy' = c_2 e^{c_1/x}$. しかしもう任意定数は十分にあるので，この微分方程式は解かずに，既に得ている関係式 $xy = -\frac{p^2}{p'}$ から y を求めると，$y = -\frac{p^2}{xp'} = -\frac{c_2^2 e^{2c_1/x}}{-xc_2 \frac{c_1}{x^2} e^{c_1/x}} = \frac{c_2 x e^{c_1/x}}{c_1}$. c_2 を取り替えて $y = c_2 x e^{c_1/x}$. 最後に $p = 0$ のときは，$y - xy' = 0$ より $\log y = \log x + C$, $y = cx$. これは最後の一般解の表現で $c_1 = 0$ としたものに含まれている.

(10) ベルヌーイ型である．決定方程式は $\lambda(\lambda-1) - 4\lambda + 6 = 0$, $\lambda^2 - 5\lambda + 6 = 0$, よって $\lambda = 2, 3$. 右辺の最初の 2 項は共振を起こさないので，まず $y = \frac{a}{x}$ を方程式に代入して，$\frac{2a+4a+6a}{x} = \frac{12a}{x} = \frac{1}{x}$, 従って $a = \frac{1}{12}$. 次に $y = ax$ を方程式に代入して，$(-4a + 6a)x = 2ax = x$, よって $a = \frac{1}{2}$. 次は共振を起こすので，$y = ax^2 \log x$ を方程式に代入して，$(2a + a - 4a)x^2 = -ax^2 = x^2$. よって $a = -1$, 最後に $y = ax^3 \log x$ を方程式に代入して $(3a + 2a - 4a)x^3 = ax^3 = x^3$, よって $a = 1$. 以上より一般解は $y = \frac{1}{12x} + \frac{1}{2}x - x^2 \log x + x^3 \log x + c_1 x^2 + c_2 x^3$.

(11) $y' = p$ と置けば，$p' = (1 + p^2)^{3/2}$. $\frac{dp}{(1+p^2)^{3/2}} = dx$. 積分して $x + C = \int \frac{dp}{(1+p^2)^{3/2}}$. この積分は $p = \tan\theta$ という置換で $= \int \cos^3\theta \frac{1}{\cos^2\theta} d\theta = \int \cos\theta d\theta = \sin\theta = \frac{p}{\sqrt{1+p^2}}$ と求まる．よって $\frac{p}{\sqrt{1+p^2}} = x + C$, $p = \pm\frac{x+C}{\sqrt{1-(x+C)^2}}$. もう一度積分して $y = \pm\sqrt{1-(x+C)^2} + c_2$. あるいは任意定数を置き直して $(x - c_1)^2 + (y - c_2)^2 = 1$.

(12) 定数係数 2 階線形である．特性方程式は $\lambda^2 + \lambda + 1 = 0$. この根は，受験数学でおなじみの 1 の 3 乗根 $\omega = \frac{-1+\sqrt{-3}}{2}, \omega^2 = \frac{-1-\sqrt{-3}}{2}$ である．よって一般解は $y = c_1 e^{\omega x} + c_2 e^{\omega^2 x}$, あるいは実の表現で $y = (c_1 \cos\frac{\sqrt{3}}{2}x + c_2 \sin\frac{\sqrt{3}}{2}x)e^{-x/2}$.

(13) $y' = p$ と置くと，$p' + xp = x^3$ と 1 階線形になる．$(e^{x^2/2}p)' = x^3 e^{x^2/2}$. 積分して $e^{x^2/2}p = \int x^3 e^{x^2/2} dx = \int x^2 e^{x^2/2} d(x^2/2) = (x^2 - 2)e^{x^2/2} + C$. $p = x^2 - 2 + Ce^{-x^2/2}$. 再び積分して $y = \frac{x^3}{3} - 2x + c_1 \int e^{-x^2/2} dx + c_2$.

(14) $(\frac{yy'}{x})' = \frac{xyy'' + x(y')^2 - yy'}{x^2} = 0$. よって $\frac{yy'}{x} = c$. $yy' = cx$. $\frac{y^2}{2} = \frac{cx^2}{2} + c_2$. すなわち $y^2 = c_1 x^2 + c_2$ が一般解．こんなの気づかないという場合は，$yy' = z$ という変換をしてみると，$z' = yy'' + (y')^2$ なので，与方程式は $xz' = z$ となり，変数分離して $\frac{dz}{z} = \frac{dx}{x}$, $\log z = \log x + C$, $z = cx$ と積分できる．つまり $yy' = cx$. これをもう一度積分して $\frac{y^2}{2} = \frac{cx^2}{2} + c_2$, あるいは $y^2 = c_1 x^2 + c_2$.

(15) $y' = p$ と置けば，$p(1 + p^2) = ap' = ap\frac{dp}{dy}$. $p = 0$, すなわち $y = c$ は解の一部．p で割り算すると $a\frac{dp}{dy} = 1 + p^2$, $\frac{dp}{1+p^2} = \frac{dy}{a}$. 積分して $\mathrm{Arctan}\, p = \frac{y}{a} + C$. $p = \tan(\frac{y}{a} + C)$. 変数を戻して $\frac{dy}{dx} = \tan(\frac{y}{a} + C)$, $dx = \frac{dy}{\tan(\frac{y}{a}+C)} = \cot(\frac{y}{a} + C)dy$. 積分して $x + c = a \log\sin(\frac{y}{a} + C)$. よって $\frac{y}{a} = \mathrm{Arcsin}(c_1 e^{x/a}) - C$, $y = a\,\mathrm{Arcsin}(c_1 e^{x/a}) + c_2$.
別解．両辺に y' を掛けると $(y')^2\{1 + (y')^2\} = ay'y'' = \frac{a}{2}\{(y')^2\}'$. よって $(y')^2 = z$ と置けば，$z(1 + z) = \frac{a}{2}z'$, $\frac{dz}{z(1+z)} = \frac{2}{a}dx$. 積分して $\frac{2}{a}x + C = \int \frac{dz}{z(1+z)} = \int \left(\frac{1}{z} - \frac{1}{1+z}\right)dz = \log\frac{z}{1+z}$. $\frac{z}{1+z} = ce^{2x/a}$, $z = \frac{ce^{2x/a}}{1-ce^{2x/a}}$. よって $y' = \frac{\sqrt{c}e^{x/a}}{\sqrt{1-ce^{2x/a}}}$. 再度積分して $y = \int \frac{\sqrt{c}e^{x/a}}{\sqrt{1-ce^{2x/a}}} dx + c_2 = a\int \frac{1}{\sqrt{1-ce^{2x/a}}} d(\sqrt{c}e^{x/a}) + c_2 = a\,\mathrm{Arcsin}(\sqrt{c}e^{x/a}) + c_2$. あるいは，$y = a\,\mathrm{Arcsin}(c_1 e^{x/a}) + c_2$.

3

(16) $y' = p$ と置き，独立変数を y に変えると，$y'' = \frac{dp}{dx} = p\frac{dp}{dy}$ なので，$yp^2\left(\frac{dp}{dy}\right)^2 = p$. よって $p = 0$, または $yp\left(\frac{dp}{dy}\right)^2 = 1$. 前者からは，$y = c$. これは解の一部である．後者からは，$\sqrt{p}dp = \pm\frac{dy}{\sqrt{y}}$. 積分して，$\frac{2}{3}p^{3/2} = \pm 2\sqrt{y} + C$, $p = 3^{2/3}(\sqrt{y} + c)^{2/3}$. $p = \frac{dy}{dx}$ に戻し，変数分離して積分すると $\int \frac{dy}{(\sqrt{y}+c)^{2/3}} = 3^{2/3}x + c_2$. 左辺の積分 I は $(\sqrt{y} + c)^{1/3} = z$ と置換すると，$\sqrt{y} + c = z^3$, $y = (z^3 - c)^2$ で有理化でき，$I = \int \frac{2(z^3-c)3z^2}{z^2}dz = \int 6(z^3 - c)dz = \frac{3}{2}z^4 - 6cz = \frac{3}{2}(\sqrt{y} + c)^{4/3} - 6c(\sqrt{y} + c)^{1/3}$. よって答は $\frac{3}{2}(\sqrt{y}+c)^{4/3} - 6c(\sqrt{y}+c)^{1/3} = 3^{2/3}x + c_2$. 最初に求めた $y = c$ はこれには含まれないので，一種の特異解である．

(17) $xy' - y = z$ と置けば，$xy'' + y' - y' = xy'' = z'$, 従ってもとの方程式は $x^3z' + z^3 = 0$ となる．$\frac{dz}{z^3} = -\frac{dx}{x^3}$. 積分して $-\frac{1}{z^2} = \frac{1}{x^2} + C$, $z^2 = -\frac{x^2}{Cx^2+1}$. $xy' - y = \pm\frac{x}{\sqrt{c^2x^2-1}}$. 両辺を x^2 で割り変形すると $\left(\frac{y}{x}\right)' = \pm\frac{1}{x\sqrt{c^2x^2-1}}$. 積分して $\frac{y}{x} = \pm\int\frac{dx}{x\sqrt{c^2x^2-1}} = \mp\int\frac{d(\frac{1}{cx})}{\sqrt{1-\frac{1}{c^2x^2}}} = \mp \operatorname{Arcsin}\frac{1}{cx} + c_2$. よって複号は任意定数に繰り込んで $y = x\operatorname{Arcsin}\frac{c_1}{x} + c_2x$.

(18) $y' = p$ と置くと，$1 + p^2 = 2yp' = 2yp\frac{dp}{dy}$, $\frac{2pdp}{1+p^2} = \frac{dy}{y}$. 積分して $\log(1 + p^2) = \log y + C$, $p = \pm\sqrt{cy - 1}$. 変数を戻して $\frac{dy}{dx} = \pm\sqrt{cy-1}$, $\pm\frac{dy}{\sqrt{cy-1}} = dx$. 再び積分して $\pm\frac{2}{c}\sqrt{cy-1} = x + c_2$, $y = \frac{c^2}{4c}(x + c_2)^2 + \frac{1}{c}$. 任意定数を付け替えて $y = c_1(x+c_2)^2 + \frac{1}{4c_1}$.

(19) $y' = p$ と置き，独立変数を y に変えると $y'' = \frac{dp}{dx} = p\frac{dp}{dy}$ なので，$yp\frac{dp}{dy} = p$. $p = 0$ または $y\frac{dp}{dy} = 1$. 前者からは $y' = 0$, $y = c$. 後者からは $dp = \frac{dy}{y}$. 積分して $p = \log y + c_1$, すなわち，$\frac{dy}{dx} = \log y + c_1$. 変数分離して積分すると $\frac{dy}{\log y+c_1} = dx$, $x = \int\frac{dy}{\log y+c_1} + c_2$.

(20) $y' = p$ と置くと，$y'' = \frac{dp}{dx} = p\frac{dp}{dy}$, 方程式は $2yp\frac{dp}{dy} - 3p^2 = 4y^2$ と書き直される．変形して $y\frac{d(p^2)}{dy} - 3p^2 = 4y^2$. これは p^2 を未知関数とする 1 階線形である．$\frac{d}{dy}\left(\frac{p^2}{y^3}\right) = \frac{4}{y^2}$ と変形して積分すれば，$\frac{p^2}{y^3} = -\frac{4}{y} + C$, $p^2 = -4y^2 + Cy^3$, $p = \frac{dy}{dx} = \pm 2y\sqrt{cy-1}$, $\pm\frac{dy}{y\sqrt{cy-1}} = 2dx$. もう一度積分して $2x + C_2 = \pm\int\frac{dy}{y\sqrt{cy-1}}$. この積分は $\pm\sqrt{cy-1} = z$ と置換すれば有理化でき，$= \int\frac{c}{z(z^2+1)}\frac{2zdz}{c} = \int\frac{2}{z^2+1}dz = 2\operatorname{Arctan} z = 2\operatorname{Arctan}(\pm\sqrt{cy-1})$. $\pm\sqrt{cy-1} = \tan(x + c_2)$, $y = \frac{1}{c} + \frac{1}{c}\tan^2(x + c_2)$. 任意定数を変更して $y = c_1 + c_1\tan^2(x + c_2) = \frac{c_1}{\cos^2(x+c_2)}$.

(21) $y'' = y - \frac{1}{y^3}$ と変形し，両辺に y' を掛けて積分すると，$\frac{(y')^2}{2} = \frac{y^2}{2} + \frac{1}{2y^2} + C$, $y' = \pm\frac{1}{y}\sqrt{y^4 + cy^2 + 1}$, $\pm\frac{d(y^2)}{\sqrt{y^4+cy^2+1}} = 2dx$. 積分して $2x + C_2 = \pm\int\frac{d(y^2)}{\sqrt{y^4+2c_1y^2+1}} = \pm\int\frac{d(y^2+c_1)}{\sqrt{(y^2+c_1)^2+1-c_1^2}} = \log(y^2 + c_1 \pm \sqrt{y^4 + 2c_1y^2 + 1})$, $y^2 + c_1 \pm \sqrt{y^4 + 2c_1y^2 + 1} = c_2e^{2x}$. 逆数をとって $y^2 + c_1 \mp \sqrt{y^4 + 2c_1y^2 + 1}) = (c_1^2 - 1)\frac{1}{c_2}e^{-2x}$. よって $y^2 + c_1 = \frac{1}{2}\{c_2e^{2x} + (c_1^2 - 1)\frac{1}{c_2}e^{-2x}\}$, 任意定数を替えて $y^2 = c_1\cosh(2x + c_2) \pm \sqrt{c_1^2 + 1}$.

(22) $y' = p$ と置けば $y'' = p' = p\frac{dp}{dy}$, よって $yp\frac{dp}{dy} = p^3$, $\frac{dp}{p^2} = \frac{dy}{y}$. 積分して $-\frac{1}{p} = \log y + C$, $p = -\frac{1}{\log y+C}$, $(\log y + C)dy = -dx$. 再度積分して $y\log y - y + Cy = -x + c_2$.

y については解けないので，x について解くと，$x = -y\log y + c_1 y + c_2$.

(23) 与方程式を $(y''-x)^2 = y^2$ と変形して，$y''-x = \pm y$, これは二つの線形微分方程式なので，$y'' = y+x$ の方は $y = c_1e^x + c_2e^{-x} - x$, $y'' = -y+x$ の方は $y = c_1\cos x + c_2\sin x + x$ とそれぞれ容易に解ける．それぞれがもとの方程式を満たすことは容易に確かめられるので，これらを合わせたものが一般解となる．

(24) $y - xy' = z$ と置けば，$y' - y' - xy'' = z'$, $xy'' = -z'$. もとの方程式に代入して $-x^2z' = z^2$. $-\frac{dz}{z^2} = \frac{dx}{x^2}$. 積分して $\frac{1}{z} = -\frac{1}{x} + C$, $z = \frac{x}{Cx-1}$, $xy' - y = \frac{x}{1-Cx}$. $\left(\frac{y}{x}\right)' = \frac{1}{x(1-Cx)}$. 再度積分して $\frac{y}{x} = \int \frac{1}{x(1-Cx)}dx = \log\frac{x}{Cx-1} + c_2$. すなわち $y = x\log\frac{x}{c_1x-1} + c_2x$ が一般解.

(25) $y' = p$ と置くと，$y'' = p' = p\frac{dp}{dy}$, よって $p^2\frac{dp}{dy} = ae^y$, 変数分離して $p^2dp = ae^ydy$. 積分して $\frac{p^3}{3} = ae^y + c$. 立方根をとるのは汚いし，その後の積分が大変なので，一つ手前の式から $p^2\frac{dp}{dx} = ae^y\frac{dy}{dx} = ae^yp$, $dx = \frac{p}{ae^y}dp = \frac{p}{\frac{p^3}{3}-c}dp$. 部分分数分解して積分すれば $x = \int\frac{p}{\frac{p^3}{3}-c}dp = -\frac{1}{2\sqrt[3]{3c}}\log(p^2 + \sqrt[3]{3c}p + \sqrt[3]{3c}^2) + \frac{\sqrt{3}}{\sqrt[3]{3c}}\mathrm{Arctan}\frac{1}{\sqrt{3}}(\frac{2p}{\sqrt[3]{3c}} + 1) + \frac{1}{\sqrt[3]{3c}}\log(p - \sqrt[3]{3c}) + c_2$. 一つ目の任意定数を $\sqrt[3]{3c} = c_1$ に変えると，$x = \frac{1}{2c_1}\log\frac{(p-c_1)^2}{p^2+c_1p+c_1^2} + \frac{\sqrt{3}}{c_1}\mathrm{Arctan}\frac{1}{\sqrt{3}}(\frac{2p}{c_1} + 1) + c_2$, $y = \log(p^3 - c_1^3) - \log(3a)$ というパラメータ表示を得る.

3.16.2 (1) $y = \frac{\sin x}{x}\int udx$ と置き方程式に代入すると，$y' = \frac{x\cos x-\sin x}{x^2}\int udx + \frac{\sin x}{x}u$, $y'' = \frac{-x^3\sin x-2x^2\cos x+2x\sin x}{x^4}\int udx + 2\frac{x\cos x-\sin x}{x^2}u + \frac{\sin x}{x}u'$ より $xy'' + 2y' + xy = (\frac{-x^3\sin x-2x^2\cos x+2x\sin x}{x^3} + 2\frac{x\cos x-\sin x}{x^2} + \sin x)\int udx + u'\sin x + 2u\cos x = u'\sin x + 2u\cos x = 0$. $\log u = -2\log\sin x + C$, $u = \frac{c_1}{\sin^2 x}$. よって $y = \frac{\sin x}{x}\left(\int\frac{c_1}{\sin^2 x}dx + c_2\right) = c_1\frac{\cos x}{x} + c_2\frac{\sin x}{x}$ が一般解.（最後に c_1 の符号を変えた.）

(2) $y = \frac{x}{1-x}\int udx$ を方程式に代入する．$y' = \frac{1}{(1-x)^2}\int udx + \frac{x}{1-x}u$, $y'' = \frac{2}{(1-x)^3}\int udx + \frac{1}{(1-x)^2}u + \frac{x}{1-x}u'$ より，$x(1-x)^2y'' - 2y = \left(\frac{2x}{1-x} - \frac{2x}{1-x}\right)\int udx + x^2(1-x)u' + xu = x^2(1-x)u' + xu = 0$ となり，$\frac{du}{u} = -\frac{dx}{x(1-x)}$, $\log u = \log\frac{x-1}{x} + C$, $u = c_1\frac{x-1}{x}$. 従って $y = \frac{x}{1-x}(c_1\int\frac{x-1}{x}dx + c_2) = c_1\frac{x}{1-x}(x - \log x) + c_2\frac{x}{1-x}$ が一般解.

(3) $y = (x+1)\int udx$ と置けば $y' = \int udx + (x+1)u$, $y'' = 2u + (x+1)u'$. 方程式に代入して $xy'' - (1+x)y' + y = x(x+1)u' - (x^2+1)u = 0$. $\frac{du}{u} = \frac{x^2+1}{x(x+1)}dx$. 積分して $\log u = \int\left(1 - \frac{2}{x+1} + \frac{1}{x}\right)dx = x + \log x - 2\log(x+1) + C$, $u = c\frac{xe^x}{(x+1)^2}$. よって $y = (x+1)\int c\frac{xe^x}{(x+1)^2}dx = (x+1)\left(c\frac{e^x}{x+1} + c_2\right) = c_1e^x + c_2(x+1)$.

(4) $y = e^{mx}\int udx$ と置けば $y' = me^{mx}\int udx + e^{mx}u$, $y'' = m^2e^{mx}\int udx + 2me^{mx}u + e^{mx}u'$. 方程式に代入して $\{(2x+1)m^2 + (4x-2)m - 8\}e^{mx}\int udx + (2x+1)e^{mx}u' + \{2m(2x+1) + (4x-2)\}e^{mx}u = 0$. 第 1 項が消えるためには，$2m^2 + 4m = 0$, $m^2 - 2m - 8 = 0$ がともに成り立たねばならない．これは幸い $m = -2$ で満たされる．このとき $(2x+1)u' - (4x+6)u = 0$ となり，$\frac{du}{u} = 2\frac{2x+3}{2x+1}dx$, $\log u = 2x + 4\log(2x+1) + C$, $u = c(2x+1)^4e^{2x}$. よって $y = e^{-2x}\{\int c(2x+1)^4e^{2x}dx + c_2\} = e^{-2x}\{c(8x^4 + 12x^2 - 8x + \frac{9}{2})e^{2x} + c_2\} = c_1(16x^4 + 24x^2 - 16x + 9) + c_2e^{-2x}$.

(5) $y = x^m$ を方程式に放り込んでみると，左辺の微分演算子を L と略記するとき，

$L[x^m] = (-m+3)x^m + (m^2-6m)x^{m-1}$ が出てくる．ここで先頭の項が消える $m=3$ に注目すると，$L[x^3] = -9x^2$, そしてそれより低次の単項式に作用させた結果は $L[x^2] = x^2-8x$, $L[x] = 2x-5$, $L[1] = 3$. よって，$L[x^3+9x^2+36x+60] = 0$ となることが分かる．$y = (x^3+9x^2+36x+60)\int u dx$ と変換すれば，$y' = (3x^2+18x+36)\int u dx + (x^3+9x^2+36x+60)u$, $y'' = (6x+18)\int u dx + 2(3x^2+18x+36)u + (x^3+9x^2+36x+60)u'$. よって $L[y] = x(x^3+9x^2+36x+60)u' + \{2x(3x^2+18x+36) - (x+5)(x^3+9x^2+36x+60)\}u = 0$. $\frac{du}{u} = \frac{x^4+8x^3+45x^2+168x+300}{x(x^3+9x^2+36x+60)}dx = \frac{x^3+8x^2+45x+168}{x^3+9x^2+36x+60} + \frac{300}{x(x^3+9x^2+36x+60)}dx = \left(1 - \frac{x^2-9x-108}{x^3+9x^2+36x+60}\right) + \frac{5}{x} - \frac{5x^2+45x+180}{x^3+9x^2+36x+60} = 1 + \frac{5}{x} - \frac{6x^2+36x+72}{x^3+9x^2+36x+60}$. ここで，$x^3+9x^2+36x+60$ は有理数の範囲では因数分解できないが，最後の分数の分子はちょうど分母の微分の 2 倍となっているので，積分でき，$\log u = x + 5\log x - 2\log(x^3+9x^2+36x+60) + C_2$, $u = c_2 \frac{x^5 e^x}{(x^3+9x^2+36x+60)^2}$. 故に一般解は $y = c_1(x^3+9x^2+36x+60) + c_2(x^3+9x^2+36x+60)\int \frac{x^5 e^x}{(x^3+9x^2+36x+60)^2}dx$.

(6) x^m を方程式に代入すると $(m^2-m-6)x^m - (m^2-m)x^{m-2}$. 特に，$x^3$ を代入すると $-6x$, そこで x を代入すると，やはり $-6x$ となるので，特殊解 $y = x^3 - x$ が見つかった．$y = (x^3-x)\int u dx$ と置いて方程式に代入すると，$y' = (3x^2-1)\int u dx + (x^3-x)u$, $y'' = 6x\int u dx + (x^3-x)u' + 2(3x^2-1)u$ より $(x^2-1)\{(x^3-x)u' + 2(3x^2-1)u\} = 0$, $\frac{du}{u} = -2\frac{3x^2-1}{x^3-x}dx$. 積分して $\log u = -2\log(x^3-x) + C$, $u = \frac{c}{(x^3-x)^2}$. ここで，$\int \frac{c}{(x^3-x)^2}dx = \int \frac{c}{x^2(x^2-1)^2}dx = \int \left(\frac{1}{x^2} + \frac{1}{2}\frac{1}{(x-1)^2} - \frac{3}{4}\frac{1}{x-1} + \frac{1}{2}\frac{1}{(x+1)^2} + \frac{3}{4}\frac{1}{x+1}\right)dx = -\frac{1}{x} - \frac{1}{2(x-1)} - \frac{1}{2(x+1)} - \frac{3}{4}\log\frac{x-1}{x+1}$. よって $y = (x^3-x)\{\int \frac{c}{(x^3-x)^2}dx + c_2\} = c\{-(x^2-1) - \frac{x(x-1)}{2} - \frac{x(x+1)}{2} - (x^3-x)\frac{3}{4}\log\frac{x-1}{x+1}\} + c_2(x^3-x) = c_1\{2x^2-1+\frac{3}{4}(x^3-x)\log\frac{x-1}{x+1}\} + c_2(x^3-x)$.

(7) $y = x^m$ を代入するとなぜか前問と全く同じ結果が返るので，x^3-x が特殊解になる．前問の計算を利用して，x^3-x を代入した結果 $(x^3-x)u' + \{2(3x^2-1) - 2x(x^3-x)\}u = 0$ を得る．$\frac{du}{u} = \frac{2x^4-8x^2+2}{x^3-x}dx = \left(2x - \frac{6x}{x^2-1} + \frac{2}{x^3-x}\right)dx = \left(2x - \frac{3}{x-1} - \frac{3}{x+1} + \frac{2}{x} + \frac{1}{x-1} - \frac{1}{x+1}\right)dx$, 積分して $\log u = x^2 - 3\log(x^2-1) + 2\log x + \log\frac{x-1}{x+1} + C$, $u = c_1\frac{x^2(x-1)}{(x^2-1)^3(x+1)}e^{x^2} = c_1\frac{x^2}{(x-1)^2(x+1)^4}e^{x^2}$. よって $y = (x^3-x)\left(\int c_1\frac{x^2}{(x-1)^2(x+1)^4}e^{x^2}dx + c_2\right)$.

(8) $x^a + cx^b$, $a > b$ を方程式に代入してみると，$(x^2-1)\{a(a-1)x^{a-2} + cb(b-1)x^{b-2}\} - 2(x^a+cx^b) = 0$. 降冪の順に整理して $\{a(a-1)-2\}x^a - a(a-1)x^{a-2} + \{cb(b-1)-2c\}x^b - cb(b-1)x^{b-2} = 0$. x^{b-2} はいずれにしても最低次だから，単独で消えなければならない：$b(b-1) = 0$, すなわち $b = 0$ または 1. すると x^{a-2} の項と x^b の項が打ち消さねばならないから，$a-2 = b$, 従って $a = 2$ または 3 で $a(a-1)+2c = 0$. 最後に残った x^a の項も単独で消える必要があるので，$a(a-1)-2 = 0$. 最後の二つの式から $c = -1$, また a は 2 次方程式 $a(a-1)-2 = 0$ の解とすればよい，すなわち $a = 2$ と定まる．以上により x^2-1 が特殊解となる．これを用いて階数低下法を適用すると $y = (x^2-1)\int u dx$ と置いて与方程式に代入すれば $x\{4xu + (x^2-1)u'\} = 0$, $\frac{du}{u} = \frac{4x dx}{1-x^2}$. 積分して $\log u = -2\log(x^2-1) + C$, $u = \frac{c}{(x^2-1)^2}$. よって $y = (x^2-1)\int \frac{c}{(x^2-1)^2}dx + c_2 = c_1\{(x^2-1)\log\frac{x+1}{x-1} - 2x\} + c_2(x^2-1)$.

(9) $x^a + cx^b$ $(a > b)$ を方程式に代入すると $a(a-1)x^{a-1} - cb(b-1)x^{b-1} - ax^a - cbx^b - qx^{a-1} + cqx^{b-1} + px^a - cpx^b = 0$. 最低次の x^{b-1} の係数比較から $b(b-1) = q \dots$ ①. 最高次の x^a の係数比較から $a = p \dots$ ②. $a - 1 = b$ として残りの項の係数比較から $a(a-1) - cb - cp = 0 \dots$ ③. ②から a が決まり，① から b が決まり，最後に $b + p \neq 0$ なら ③から c が決まる．仮定により $b = -p$ は①の根ではないので，この仮定は満たされる．q が正なので，①の根は相異なる，よってこれから冪関数の和の形の解が 2 個求まる．

3.16.3 有理関数の分母の因子の次数は微分とともに増大するので，y'' の係数でそれを減らさない限り，そこで分母の因子が次数最大な項が残ってしまい，等式が成り立つことは有り得ないから．

以下の問題では未定係数法で有理関数解を二つ求めているが，一つ求めた段階で階数低下法を使うこともできる．

(1) これは多項式（すなわち分母が 1 の有理関数）$y = x - \frac{3}{2}$ で満たされる．y'' の係数の因子は x と $x - 1$ なので，まず $y = \frac{1}{x}$ を試してみると，だめなことが分かる．次いで $y = \frac{1}{x-1}$ もだめ．しかし $y = \frac{1}{x^2}$ は確かに方程式を満たす．もうこれ以上 1 次独立な解は無いので，一般解は $y = c_1(2x - 3) + \frac{c_2}{x^2}$ と決定される．

(2) これも多項式 $y = x + 1$ で満たされる．y'' の係数の因子は x と $x - 1$ で，$y = \frac{1}{x}$ はだめ，$y = \frac{1}{x-1}$ で成功する．よって一般解は $y = c_1(x + 1) + \frac{c_2}{x-1}$.

(3) これは 1 次式では満たされないので，有理関数の解を二つ見つけねばならない．いろいろ試してみると $\frac{1}{x}$ と $\frac{1}{x-1}$ が解であることが分かる．よって一般解は $y = \frac{c_1}{x} + \frac{c_2}{x-1}$.

(4) $\frac{1}{x^2+1}$ を方程式に代入すると，$\frac{4}{(x^2+1)^2}$ が得られる．$\frac{1}{(x^2+1)^2}$ を方程式に代入すると，$\frac{2}{(x^2+1)^2}$ が得られる．よって，$y = \frac{1}{x^2+1} - \frac{2}{(x^2+1)^2}$ は一つの解となる．更にいろいろやってみると，$y = \frac{x}{(x^2+1)^2}$ も方程式を満たすことが分かるので，一般解は $y = c_1\frac{x^2-1}{(x^2+1)^2} + c_2\frac{x}{(x^2+1)^2}$，あるいは，$y = \frac{c_1(x^2-1)+c_2x}{(x^2+1)^2}$ で与えられる．

3.16.4 (1) 例題 3.3 その 1. $y' = p$ と置き，独立変数を y, 未知関数を p に変換すると，$y'' = \frac{dp}{dx} = p\frac{dp}{dy}$ より $ayp\frac{dp}{dy} = (1 + p^2)^{3/2}$. 変数分離して積分すると $\int \frac{dy}{y} = \int \frac{apdp}{(1+p^2)^{3/2}} = \frac{a}{2}\int \frac{d(p^2)}{(1+p^2)^{3/2}} = -a\frac{1}{\sqrt{1+p^2}}$. よって $\log y + c_1 = -\frac{a}{\sqrt{1+p^2}}$. これを p について解くと $\frac{dy}{dx} = p = \pm\sqrt{\left(\frac{a^2}{(\log y+c_1)^2}\right) - 1} = \pm\frac{\sqrt{a^2-(\log y+c_1)^2}}{\log y+c_1}$. 変数分離して積分すれば，$dx = \pm\frac{\log y+c_1}{\sqrt{a^2-(\log y+c_1)^2}}dy$. $x = \pm\int \frac{\log y+c_1}{\sqrt{a^2-(\log y+c_1)^2}}dy + c_2$.

(2) 例題 3.3 その 2. (3.6) の両辺を $\sqrt{1 + f'(x)^2}$ で割り，x で積分すると $T_H\int \frac{f''(x)dx}{\sqrt{1+f'(x)^2}} = \rho gx + C_1$. 従って $\frac{\rho g}{T_H}x + c_1 = \int \frac{d(f'(x))}{\sqrt{1+f'(x)^2}} = \log\{f'(x) + \sqrt{1 + f'(x)^2}\}$. 対称性により $x = 0$ は鎖の最低部で $f'(0) = 0$ のはずだから，この両辺に $x = 0$ を代入して $c_1 = 0$. これより $\sqrt{1 + f'(x)^2} + f'(x) = e^{\rho gx/T_H} \dots$ ①，両辺の逆数をとり，分母を有理化すると $\sqrt{1 + f'(x)^2} - f'(x) = e^{-\rho gx/T_H} \dots$ ② を得，引き算して $f'(x) = \frac{1}{2}(e^{\rho gx/T_H} - e^{-\rho gx/T_H}) = \sinh\frac{\rho gx}{T_H}$ と求まる．再び積分して $f(x) = \frac{T_H}{2\rho g}(e^{\rho gx/T_H} + e^{-\rho gx/T_H}) + c_2 = \frac{T_H}{\rho g}\cosh\frac{\rho gx}{T_H} + c_2$. $x = \pm b$ において $f(x) = 0$ ということ

(境界条件) から $0=\frac{T_H}{\rho g}\cosh\frac{\rho g b}{T_H}+c_2$. 以上により $y=f(x)=\frac{T_H}{\rho g}\left(\cosh\frac{\rho g x}{T_H}-\cosh\frac{\rho g b}{T_H}\right)$. なお, 鎖の全長が $2a$ であることから ①+② を用いて $2a=2\int_0^b\sqrt{1+f'(x)^2}dx=2\int_0^b\cosh\frac{\rho g x}{T_H}dx=2\frac{T_H}{\rho g}\sinh\frac{\rho g b}{T_H}$, すなわち, $\sinh\frac{\rho g b}{T_H}=\frac{\rho g a}{T_H}\ldots$③. この超越方程式から T_H は ρ,g,a,b により定まる. ちなみにこれから $\cosh\frac{\rho g b}{T_H}=\sqrt{1+\left(\frac{\rho g a}{T_H}\right)^2}$ も分かる.

(3) 問題 3.3.1. この方程式は $y'=p$ と置けば, 1 階の変数分離形になっており $\frac{\operatorname{Arctan}p}{(1+p^2)^{3/2}}dp=dx$. $\operatorname{Arctan}p=\theta$ として置換積分し, 次いで部分積分すると $x+C=\int\frac{\operatorname{Arctan}p}{(1+p^2)^{3/2}}dp=\int\frac{\theta\cos^3\theta}{\cos^2\theta}d\theta=\int\theta\cos\theta d\theta=\theta\sin\theta-\int\sin\theta d\theta=\theta\sin\theta+\cos\theta$. すなわち, $x=\frac{p\operatorname{Arctan}p+1}{\sqrt{1+p^2}}+c_1$. これを $p=\frac{dy}{dx}$ について解き, もう一度積分するのは不可能なので, $\frac{dy}{dx}=p$ を用いて $y=\int p dx+c_2=\int\frac{p\operatorname{Arctan}p}{(1+p^2)^{3/2}}dp+c_2$ と連立させてパラメータ表示の一般解とする. この積分も同様に計算でき, $y=\int\theta\sin\theta+c_2=-\theta\cos\theta+\sin\theta+c_2=\frac{-\operatorname{Arctan}p+p}{\sqrt{1+p^2}}+c_2$.

(4) 問題 3.3.2. この方程式はオイラー型なので, 決定方程式 $\lambda(\lambda-1)-\lambda+1=0$ の根 $\lambda=1$ が重根であることから, 一般解は $y=c_1x+c_2x\log x$ となる. これは常に原点を通るが, 問題 3.3.2 の図に合うのは $c_1>0$, $c_2<0$ の場合である .

(5) 問題 3.3.3. $T_Hf''(x)=Mg+mg\sqrt{1+f'(x)^2}$ を $T_H\frac{f'(x)f''(x)}{Mg+mg\sqrt{1+f'(x)^2}}=f'(x)$ と変形し, 両辺を積分すれば, $f(x)+C=\frac{T_H}{2g}\int\frac{d(f'(x)^2)}{M+m\sqrt{1+f'(x)^2}}=\frac{T_H}{m^2g}\left\{m\sqrt{1+f'(x)^2}-M\log(M+m\sqrt{1+f'(x)^2})\right\}+C$. これは $f(x)$ の 1 階微分方程式ではあるが $f'(x)$ について解けそうにないので, $p=f'(x)$ をパラメータとする $y=f(x)$ の表現 $y=\frac{T_H}{m^2g}\left\{m\sqrt{1+p^2}-M\log(M+m\sqrt{1+p^2})\right\}+c_2$ が得られたと見て, もとの微分方程式から x についても $\frac{T_H}{g}\frac{dp}{M+m\sqrt{1+p^2}}=dx$, これを積分すると $\sqrt{1+p^2}=p+z$ と置くことで z の有理関数の積分になり, $x=\int\frac{T_H}{g}\frac{dp}{M+m\sqrt{1+p^2}}+c_1=\frac{T_H}{mg}\left\{-\log(\sqrt{1+p^2}-p)+\frac{M}{\sqrt{M^2-m^2}}\log\frac{m(\sqrt{1+p^2}-p)-\sqrt{M^2-m^2}+M}{m(\sqrt{1+p^2}-p)+\sqrt{M^2-m^2}+M}\right\}+c_1$ と求まる .

(6) 問題 3.2.5. これは $p=\frac{dy}{dx}$ の 1 階方程式で, 変数分離でき, $\frac{v}{w}\sqrt{1+p^2}=-x\frac{dp}{dx}$, $\frac{dp}{\sqrt{1+p^2}}=-\frac{v}{w}\frac{dx}{x}$, $\operatorname{Arcsinh}p=-\frac{v}{w}\log x+C$ と積分できる. これから $\frac{dy}{dx}=p=-\sinh(\frac{v}{w}\log cx)=-\frac{e^{(v/w)\log cx}-e^{-(v/w)\log cx}}{2}=-\frac{(cx)^{v/w}-(cx)^{-v/w}}{2}\ldots$①. 再び積分して $y=-\frac{1}{2}\{c^{v/w}\frac{w}{v+w}x^{(v+w)/w}-c^{-v/w}\frac{w}{w-v}x^{(w-v)/w}\}+c_2=-\frac{wx}{2}\{\frac{(cx)^{v/w}}{w+v}-\frac{(cx)^{-v/w}}{w-v}\}+c_2\ldots$②. 初期条件として $x=-a$ のとき $y=0$, $y'=0$ を課すと, ①の段階でまず $0=-\sinh(\frac{v}{w}\log(-ca))$. $\sinh x=0$ となるのは $x=0$ のときだけなので, これより $\log(-ca)=0$, $-ca=1$, $c=-\frac{1}{a}$. 次に②から $0=-\frac{-wa}{2}(\frac{1}{w+v}-\frac{1}{w-v})+c_2$, $c_2=\frac{vwa}{w^2-v^2}$. 以上をまとめて $y=-\frac{wx}{2}\{\frac{(-x/a)^{v/w}}{w+v}-\frac{(-x/a)^{-v/w}}{w-v}\}+\frac{vwa}{w^2-v^2}$. ちなみに $x=0$ となるとき, $y=\frac{vwa}{w^2-v^2}$ だから, 命中までの時間はこれを v で割った $T=\frac{wa}{w^2-v^2}$ となるのであった.

(7) 例題 3.4 その 1. $yy''=1+(y')^2$ において $y'=p$ と置けば, $y''=p'=p\frac{dp}{dy}$ より $yp\frac{dp}{dy}=1+p^2$, $\frac{pdp}{1+p^2}=\frac{dy}{y}$. 積分して $\log(1+p^2)=2\log y+C$. $p^2=$

c^2y^2-1, $p=\pm\sqrt{c^2y^2-1}$. 変数を戻して $\frac{dy}{\sqrt{c^2y^2-1}}=\pm dx$. もう一度積分して $\frac{1}{c}\log(\sqrt{c^2y^2-1}+cy)=\pm x+c_2$, 複号は c の符号と c_2 で調節できるので，以下これを $\log(\sqrt{c_1^2y^2-1}+c_1y)=c_1x+c_2$ と表すと，$\sqrt{c_1^2y^2-1}+c_1y=e^{c_1x+c_2}$, 逆数をとって分母を有理化すると，$-\sqrt{c_1^2y^2-1}+c_1y=e^{-c_1x-c_2}$. 足して 2 で割ると $y=\frac{e^{c_1x+c_2}+e^{-c_1x-c_2}}{2c_1}=\frac{1}{c_1}\cosh(c_1x+c_2)$. $x=\pm a$ で $y=b$ となる条件を適用すると，$\cosh x$ が等しい値をとるのは $\pm x$ においてだけなので，$\cosh(\pm c_1a+c_2)=c_1b$ から $c_1=0$ または $c_2=0$. 前者の場合は $y=b$（定数）となる．後者の場合は $y=\frac{1}{c_1}\cosh(c_1x)$ で $c_1b=\cosh(c_1a)$. c_1 に関するこの超越方程式が解を持つかどうかは a,b の大小関係に依存し，$\frac{b}{a}<1.50887956\cdots$ だと解を持たず，この逆側では 2 個の解を持つ．これら三つの解の候補に，更に縮退した極限として，x 軸上の点 $x=\pm a$ を中心とし x 軸に垂直な半径 b の円板を x 軸上の線分 $[-a,a]$ で繋いだもの（これ自身は曲面ではないが，このいくらでも近くに滑らかな回転面が存在する）について実際に表面積を比較してみると，$\frac{b}{a}\geq 1.6728894\cdots$ のときは，変分法で求めた解のうち c_1 の小さい方が最小値を与えるが，$1.50887956\cdots<\frac{b}{a}<1.6728894\cdots$ のときは，極小ではあるものの表面積は退化した 2 枚の円板の方が小さくなる．また $\frac{b}{a}\leq 1.50887956\cdots$ では極小すら存在せず，退化した場合が面積最小となることが分かる.（詳細は .）2 個の円環状の針金を平行に置き，間に石鹸膜を張ると，表面張力のため面積を小さくしようとして鼓(つづみ)形ができるのはこの曲面の物理的実現である．

(8) 例題 3.4 その 2. 定数 λ は拘束条件から後で決めるものとして，$y'=p$ と置くと $\lambda p'=(1+p^2)^{3/2}$. これを変数分離して解くと $\frac{x}{\lambda}=\int\frac{dp}{(1+p^2)^{3/2}}$. この積分は $p=\tan t$ と変数変換すると $=\int\cos t dt=\sin t+C=\frac{p}{\sqrt{1+p^2}}+C$ と計算され，$\frac{p}{\sqrt{1+p^2}}=\frac{x}{\lambda}-C$. これから $\frac{dy}{dx}=p=\pm\frac{\frac{x}{\lambda}-C}{\sqrt{1-(\frac{x}{\lambda}-C)^2}}$. 積分して $y=\mp\lambda\sqrt{1-(\frac{x}{\lambda}-C)^2}+c_2$ あるいは $(x-c_1)^2+(y-c_2)^2=\lambda^2$. $x=0,1$ のとき $y=0$ だから $c_1^2=(1-c_1)^2=\lambda^2-c_2^2$. よって $c_1=\frac{1}{2}$, $c_2^2=\lambda^2-\frac{1}{4}$. このとき $\sqrt{1+p^2}=\frac{1}{\sqrt{1-\frac{1}{\lambda^2}(x-\frac{1}{2})^2}}$ だから，拘束条件から $a=\int_0^1\frac{dx}{\sqrt{1-\frac{1}{\lambda^2}(x-\frac{1}{2})^2}}=\lambda\int_0^1\frac{dx}{\sqrt{\lambda^2-(x-\frac{1}{2})^2}}=2\lambda\,\mathrm{Arcsin}\,\frac{1}{2\lambda}$. これから $a\leq\frac{\pi}{2}$ なら λ が a から決まる．なお，この微分方程式は $y=f(x)$ の曲率半径が一定値 λ であることを表現していることを見取れば，解は円弧であることが計算しなくても分かる．ただしこの考察から分かるように，$a>\frac{\pi}{2}$ の場合は $y=f(x)$ の形の解はこの方程式では求まらない .

(9) 問題 3.4.1. 方程式と境界条件はそこの解答で与えられている通り，$y''=y$ と $y(1)=0$, $y(2)=1$. この方程式の一般解は $y=c_1e^x+c_2e^{-x}$, 境界条件を代入すると $c_1e+c_2e^{-1}=0$, $c_1e^2+c_2e^{-2}=1$. これを解いて $c_1=\frac{1}{e^2-1}$, $c_2=-\frac{e^2}{e^2-1}$. よって答は $y=\frac{e^x-e^{2-x}}{e^2-1}=\frac{\sinh(x-1)}{\sinh 1}$.

(10) 問題 3.4.2. この方程式はオイラー型であり，決定方程式 $\lambda(\lambda-1)+2\lambda-12=\lambda^2+\lambda-12=0$ は 2 実根 $\lambda=3,-4$ を持つので，一般解は $y=c_1x^3-c_2x^{-4}$. ここで c_2 が 0 でないと解は $x=0$ で値を持たないので，$y=c_1x^3$. $y(-1)=-c_1=-1$,

$y(1) = c_1 = 1$ は $c_1 = 1$ かつそのときに限り満たされる．よって解は $y = x^3$ となる．
(11) 問題 3.4.3. $y'' = \lambda y$ の一般解は $y = c_1 e^{\sqrt{\lambda}x} + c_2 e^{-\sqrt{\lambda}x}$．両端固定の条件より $c_1 + c_2 = 0$, $c_1 e^{\sqrt{\lambda}} + c_2 e^{-\sqrt{\lambda}} = 0$．前者を後者に代入して $c_1(e^{\sqrt{\lambda}} - e^{\sqrt{-\lambda}}) = 0$．$e^{\sqrt{\lambda}} = e^{\sqrt{-\lambda}}$．$e^{2\sqrt{\lambda}} = 1$．これより $2\sqrt{\lambda} = 2n\pi i$, $n \in \boldsymbol{Z}$．このとき $y = c_1(e^{n\pi ix} - e^{-n\pi ix}) = c\sin n\pi x$ であり，拘束条件に代入すると $\int_0^1 (cn\pi)^2 \cos^2 n\pi x dx = a$, $\frac{c^2 n^2 \pi^2}{2} = a$．従って，対象の汎関数は $\int_0^1 c^2 \sin^2 n\pi x dx = \frac{c^2}{2} = \frac{a}{n^2\pi^2}$．これが最大となるのは $n = 1$ のときで，$c = \frac{\sqrt{2a}}{\pi}$，解は $y = \frac{\sqrt{2a}}{\pi}\sin\pi x$ となる．他の n は停留値だが極値ではない .

第 4 章の問題解答

4.1.1 (1) 特性方程式は $\lambda^3 - 4\lambda = 0$ で根は $0, \pm 2$．よって一般解は $c_1 + c_2 e^{2x} + c_3 e^{-2x}$．
(2) 特性方程式は $\lambda^3 - 8 = 0$ で根は $2, -1 \pm \sqrt{3}i$．よって一般解は $c_1 e^{2x} + (c_2 \cos\sqrt{3}x + c_3 \sin\sqrt{3}x)e^{-x}$．
(3) 特性方程式は $\lambda^3 - 3\lambda - 2 = 0$ で根は $2, -1$（2 重根）．よって一般解は $c_1 e^{2x} + (c_2 + c_3 x)e^{-x}$．
(4) 特性方程式は $\lambda^4 - 1 = 0$ で根は $\pm 1, \pm i$．よって一般解は $c_1 e^x + c_2 e^{-x} + c_3 \cos x + c_4 \sin x$．
(5) 特性方程式は $\lambda^4 + 16 = 0$ で，これは $(\lambda^2 - 2\sqrt{2}\lambda + 4)(\lambda^2 + 2\sqrt{2}\lambda + 4)$ と因数分解され，根は $\sqrt{2} \pm \sqrt{2}i, -\sqrt{2} \pm \sqrt{2}i$．よって一般解は $(c_1 \cos\sqrt{2}x + c_2 \sin\sqrt{2}x)e^{\sqrt{2}x} + (c_3 \cos\sqrt{2}x + c_4 \sin\sqrt{2}x)e^{-\sqrt{2}x}$．
(6) 特性方程式は $\lambda^4 + 2\lambda^3 + 5\lambda^2 + 8\lambda + 4 = 0$ で根は -1 がすぐ見つかり，更にこれは重根であることも分かるので，この因子で割り算すると，残りは $x^2 + 4 = 0$, よって $\pm 2i$ が残りの根である．これより一般解は $(c_1 + c_2 x)e^{-x} + c_3 \cos 2x + c_4 \sin 2x$.
(7) 特性方程式は $\lambda^4 - 4\lambda^3 + 6\lambda^2 - 4\lambda + 1 = 0$ で，これは $(\lambda - 1)^4$ なので，特性根は 1 が 4 重となる．一般解は $(c_1 + c_2 x + c_3 x^2 + c_4 x^3)e^x$．
(8) 特性方程式は $\lambda^4 - 5\lambda^2 + 4 = 0$, 特性根は $\pm 1, \pm 2$, 一般解は $y = c_1 e^{2x} + c_2 e^x + c_3 e^{-x} + c_4 e^{-2x}$．

4.1.2 (1) 右辺の 1 項ずつ特殊解を求める．2 は左辺の単純特性根なので，解は $(ax^2 + bx)e^{2x}$ の形で探す．左辺を $D(D+2)(D-2)y$ と作用素を因数分解した形にしておいてこれを代入すると，$(D-2)\{(ax^2 + bx)e^{2x}\} = (2ax + b)e^{2x}$ となるので，$D + 2 = (D-2) + 4$ に注意すると，$(D+2)\{(2ax + b)e^{2x}\} = (8ax + 2a + 4b)e^{2x}$, 同様に $D = (D-2) + 2$ を用いて，$D\{(8ax + 2a + 4b)e^{2x}\} = (16ax + 12a + 8b)e^{2x}$．これを xe^{2x} に等しいと置いて，$16a = 1$, $a = \frac{1}{16}$．また $b = -\frac{3}{2}a = -\frac{3}{32}$．よってこの部分に対する特殊解は $\frac{1}{32}(2x^2 - 3x)e^{2x}$．次に，$i$ は特性根ではないので，$\sin x = \mathrm{Im}\, e^{ix}$ には $\mathrm{Im}\, ae^{ix}$ の形の特殊解が有る．Im は後で付けることにして ae^{ix} を方程式に代入すると $a(i^3 - 4i) = 1$．よって $a = \frac{1}{5}i$．故にこの部分に対する特殊解は $\mathrm{Im}(\frac{1}{5}ie^{ix}) = \frac{1}{5}\cos x$．最後に，0 も単純特性根なので，$x^2$ に対する特殊解は $ax^3 + bx^2 + cx$ の形で求めなければならない．左辺に代入すると，$6a - 4(3ax^2 + 2bx + c) = x^2$．これより $-12a = 1, b = 0, 6a - 4c = 0$．よって $a = -\frac{1}{12}$, $c = -\frac{1}{8}$．以上より $-\frac{1}{12}x^3 - \frac{1}{8}x$ が解．以上すべてを加えたものに斉次方程式の一般解を加えた $\frac{1}{32}(2x^2 - 3x)e^{2x} + \frac{1}{5}\cos x - \frac{1}{12}x^3 - \frac{1}{8}x + c_1 + c_2 e^{2x} + c_3 e^{-2x}$ が求める

一般解である．

(2) 1 は特性根ではないので，e^x に対する特殊解を求めるには，ce^x を左辺に代入して $(1-8)ce^x = e^x$，よって $c = -\frac{1}{7}$，すなわち $-\frac{1}{7}e^x$ が解．2 は単純特性根なので，cxe^{2x} を左辺に代入して（この場合はライプニッツの公式で直接微分した方が早い），$8cxe^{2x} + 12ce^{2x} - 8cxe^{2x} = e^{2x}$ より $c = \frac{1}{12}$，よって $\frac{1}{12}xe^{2x}$ が e^{2x} に対する特殊解．以上により一般解は $-\frac{1}{7}e^x + \frac{1}{12}xe^{2x} + c_1e^{2x} + (c_2\cos\sqrt{3}x + c_3\sin\sqrt{3}x)e^{-x}$.

(3) 1 は特性根ではないので，ce^x を左辺に代入して $(1-3-2)ce^x = e^x$，よって $c = -\frac{1}{4}$ となり，$-\frac{1}{4}e^x$ が e^x に対する特殊解．-1 は 2 重特性根なので，cx^2e^{-x} を左辺に代入して $(D^3 - 3D - 2)(cx^2e^{-x}) = (D-2)(D+1)^2(cx^2e^{-x}) = (D-2)(2ce^{-x}) = -6ce^{-x} = e^{-x}$ より，$c = -\frac{1}{6}$ で $-\frac{1}{6}x^2e^{-x}$ が e^{-x} に対する特殊解．以上より一般解は $-\frac{1}{4}e^x - \frac{1}{6}x^2e^{-x} + c_1e^{2x} + (c_2 + c_3x)e^{-x}$.

(4) 特性根は $\lambda^4 - 1 = 0$ より ±1, $\pm i$. 右辺の $\cos x$ は後者に対応するので，$x(a\cos x + b\sin x)$ の形の特殊解を探す．$y' = a\cos x + b\sin x + x(-a\sin x + b\cos x)$, $y'' = -2a\sin x + 2b\cos x + x(-a\cos x - b\sin x)$, $y''' = -3a\cos x - 3b\sin x + x(a\sin x - b\cos x)$, $y^{(4)} = 4a\sin x - 4b\cos x + x(a\cos x + b\sin x)$. 方程式に代入して $4a\sin x - 4b\cos x + x(a\cos x + b\sin x) - x(a\cos x + b\sin x) = \cos x$. よって $a = 0$, $b = -\frac{1}{4}$ となり，特殊解 $-\frac{x}{4}\sin x$ が求まった．よって一般解は $-\frac{x}{4}\sin x + c_1\cos x + c_2\sin x + c_3e^x + c_4e^{-x}$.

(5) 特性根は $\lambda^4 + 16 = 0$ より $\pm2\frac{1+i}{\sqrt{2}}$, $\pm2\frac{1-i}{\sqrt{2}}$ なので，右辺と干渉しない．よって $y = c\cos x$ の形で特殊解が探せる.（右辺は偶関数で，奇数階の微分の項が存在しないので，$\sin x$ の項は不要.）$y^{(4)} = c\cos x$ なので，方程式に代入して $(c + 16c)\cos x = \cos x$, $c = \frac{1}{17}$, よって特殊解 $\frac{1}{17}\cos x$ を得て，一般解は $\frac{1}{17}\cos x + e^{\sqrt{2}x}(c_1\cos\sqrt{2}x + c_2\sin\sqrt{2}x) + e^{-\sqrt{2}x}(c_3\cos\sqrt{2}x + c_4\sin\sqrt{2}x)$.

(6) 特性根は $\lambda^4 + 2\lambda^3 + 5\lambda^2 + 8\lambda + 4 = 0$ より，-1（重根），$\pm2i$ と求まる．よって $\cos x$ は干渉せず，$y = a\cos x + b\sin x$ を代入して $y' = -a\sin x + b\cos x$, $y'' = -a\cos x - b\sin x$, $y''' = a\sin x - b\cos x$, $y^{(4)} = a\cos x + b\sin x$ より $(a - 2b - 5a + 8b + 4a)\cos x + (b + 2a - 5b - 8a + 4b)\sin x = \cos x$, 従って $6b = 1$, $-6a = 0$. $a = 0, b = \frac{1}{6}$. よって右辺の $\cos x$ に対する特殊解 $\frac{1}{6}\sin x$ が求まった．次に，$40e^x$ も特性根と干渉しないので，$y = ce^x$ の形で特殊解を探す．$y' = y'' = y''' = y^{(4)} = ce^x$ より，$(1+2+5+8+4)ce^x = 40e^x$, よって $c = 2$ となり，特殊解 $2e^x$ が求まった．以上を総合して，一般解は $\frac{1}{6}\sin x + 2e^x + (c_1x + c_2)e^{-x} + c_3\cos 2x + c_4\sin 2x$.

(7) $\lambda^4 + 4 = 0$ の根は $\lambda = \pm(1+i), \pm(1-i)$. $\sin x = \frac{e^{ix} - e^{-ix}}{2i}$ は共振しないので，$ae^{\pm ix}$ を代入してこの右辺のそれぞれと等値させてみると，$y^{(4)} + 4y = (1+4)a = \pm\frac{1}{2i}$ より，$a = \pm\frac{1}{10i}$. よって特殊解は $\frac{1}{10i}e^{ix} - \frac{1}{10i}e^{-ix} = \frac{1}{5}\sin x$. 一般解は $\frac{1}{5}\sin x + (c_1\cos x + c_2\sin x)e^x + (c_3\cos x + c_4\sin x)e^{-x}$.

(8) $\lambda^4 - 4\lambda^3 + 6\lambda^2 - 4\lambda + 1 = 0$ は 4 重根 1 を持つ．右辺の e^x はこれと共振するので，ax^4e^x の形で特殊解を探すと，公式 (3.16) より $(D-1)^4(ax^4e^x) = 24ae^x = e^x$, $a = \frac{1}{24}$. 他方 e^{2x} は共振しないので，ae^{2x} の形で特殊解を探すと，(3.17) より $(D-1)^4(ae^{2x}) = ae^{2x} = e^{2x}$,

$a=1$. よって一般解は $y=\frac{x^4}{24}e^x+e^{2x}+(c_1+c_2x+c_3x^2+c_4x^3)e^x$.

(9) 3 は特性根ではないので，$(ax^2+bx+c)e^{3x}$ の形の特殊解が存在する．左辺に代入すると，$\{27ax^2+(54a+27b)x+18a+27b+27c\}e^{3x}-3\{3ax^2+(2a+3b)x+(b+3c)\}e^{3x}+2(ax^2+bx+c)e^{3x}=\{20ax^2+(48a+20b)x+18a+24b+20c\}e^{3x}$. これを右辺と等しいと置いて $20a=1$, $48a+20b=1$, $18a+24b+20c=0$, これより $a=\frac{1}{20}$, $b=-\frac{7}{100}$, $c=\frac{39}{1000}$. よって答は $\left(\frac{1}{20}x^2-\frac{7}{100}x+\frac{39}{1000}\right)e^{3x}$. この計算は，左辺の微分演算子を $D^3-3D+2=(D-3)^3+9(D-3)^2+24(D-3)+20$ と変形しておけば，$\{(D-3)^3+9(D-3)^2+24(D-3)+20\}(ax^2+bx+c)e^{3x}=\{18a+(48ax+24b)+20(ax^2+bx+c)\}e^{3x}=\{20ax^2+(48a+20b)x+(18a+24b+20c)\}e^{3x}$ と公式 (3.16) を利用して簡単にできる．一般解はこれに例題 4.1 その 2 の斉次の解を加えたもの.

(10) 特性方程式 $\lambda^3-6\lambda^2+11\lambda-6=0$ の根は $\lambda=1,2,3$. 従ってこの右辺は共振を起こすから，目の子の特殊解は $y=axe^x$ と置く．このとき $y'''-6y''+11y'-6y=2ae^x$, 従って $a=\frac{1}{2}$ にとれば求める特殊解となる．よって一般解は $y=\frac{1}{2}xe^x+c_1e^x+c_2e^{2x}+c_3e^{3x}$.

(11) 特性方程式 $\lambda^3-5\lambda^2+17\lambda-13=0$ の根は $\lambda=1,2\pm 3i$. 従ってこの右辺は共振を起こすから，目の子の特殊解は $y=(ax^2+bx)e^x$ の形で求まる．このとき，$y'''-5y''+17y'-13y=20axe^x+(10b-4a)e^x$. 従って $a=\frac{1}{20}$, $b=\frac{1}{50}$ ととれば右辺の関数が得られる．以上により一般解は $y=\left(\frac{1}{20}x^2+\frac{1}{50}x\right)e^x+c_1e^x+c_2e^{2x}\cos 3x+c_3e^{2x}\sin 3x$.

4.2.1 (1) 決定方程式は $\lambda(\lambda-1)(\lambda-2)+2\lambda(\lambda-1)-\lambda+1=0$, すなわち，$\lambda^3-\lambda^2-\lambda+1=0$ となり，特性指数は 1（重根），-1. 従って一般解は $y=(c_1+c_2\log x)x+\frac{c_3}{x}$.

(2) 決定方程式は $\lambda(\lambda-1)(\lambda-2)-3\lambda(\lambda-1)+6\lambda-6=0$, すなわち，$\lambda^3-6\lambda^2+11\lambda-6=0$ となり，特性指数は 1, 2, 3. 従って一般解は $c_1x+c_2x^2+c_3x^3$.

(3) 決定方程式は $\lambda(\lambda-1)(\lambda-2)-\lambda(\lambda-1)+2\lambda-2=0$, すなわち，$\lambda^3-4\lambda^2+5\lambda-2=0$ となり，特性指数は 1 (2 重)，2. 従って斉次部分の一般解は $(c_1+c_2\log x)x+c_3x^2$. よって右辺の x^3 はそのまま cx^3 型の特殊解を持つことが分かり，代入して $6x^3-6x^3+6x^3-2x^3=4x^3$, よって $c=\frac{1}{4}$. x の方は "共振" が起こり $c(\log x)^2x$ の形で解を探さねばならない．代入して $c(-\frac{2\log x}{x^2}+c\frac{2}{x^2}-\frac{2}{x^2})\cdot x^3-c\{(2\log x+2)\}\frac{1}{x}\cdot x^2+2c\{(\log x)^2+2\log x\}\cdot x-2c(\log x)^2x=-2cx$, よって $c=-\frac{1}{2}$. 結局一般解は $\frac{1}{4}x^3-\frac{1}{2}x(\log x)^2+(c_1+c_2\log x)x+c_3x^2$.

(4) 決定方程式は $\lambda(\lambda-1)(\lambda-2)-6=0$. これは $\lambda=3$ を根に持ち，$\lambda-3$ で割ると $\lambda^2+2=0$ が残り，他の 2 根は $\pm\sqrt{2}$. よって共振現象は起こらず，cx を方程式に代入して $-6c=1$, $c=-\frac{1}{6}$. また $a+b\log x$ を方程式に代入して $x^3\frac{2b}{x^3}-6a-6b\log x=\log x$. これより $b=-\frac{1}{6}$, $a=-\frac{1}{18}$. よって一般解は $y=-\frac{x}{6}-\frac{1}{18}-\frac{1}{6}\log x+c_1x^3+c_2x^{\sqrt{2}}+c_3x^{-\sqrt{2}}$.（二つ目で定数項を含めたのは，$\log x=x^0\log x$ とみなしたとき，x^0 の項が斉次方程式を満たしていないため追加したのである.）

(5) 決定方程式は $\lambda(\lambda-1)(\lambda-2)+3\lambda(\lambda-1)+\lambda=\lambda^3=0$, 特性指数は 0（3 重）で，斉次部分の一般解は $c_1+c_2\log x+c_3(\log x)^2$. 右辺の 1 は共振するので $y=a(\log x)^3$ を方程式に代入すると，消えることが既知の log を含む項は略して $6a=1$. これより $a=\frac{1}{6}$. x は共振しないので bx を代入して $bx=x$, $b=1$. 以上より特殊解 $\frac{1}{6}(\log x)^3+x$ を得る.

(6) 決定方程式は $\lambda(\lambda-1)(\lambda-2)+\lambda-1=(\lambda-1)^3=0$, 特性指数は 1 (3 重). よって斉次の一般解は $c_1x+c_2x\log x+c_3x(\log x)^2$. 右辺の非斉次項はいずれも共振を起こすので, 特殊解は $ax(\log x)^4+bx(\log x)^3$ と置いて方程式に代入すると, $24a\log x+6bx=x\log x-x$. 従って $a=\frac{1}{24}$, $b=-\frac{1}{6}$ となるから, 特殊解 $\frac{1}{24}x(\log x)^4-\frac{1}{6}x(\log x)^3$ を得る. 非斉次の一般解はこれに上記斉次の一般解を加えたものとなる.

(7) 決定方程式は $=\lambda(\lambda-1)(\lambda-2)(\lambda-3)+6\lambda(\lambda-1)(\lambda-2)+7\lambda(\lambda-1)+\lambda-1=\lambda^4-1=0$, 特性指数は ±1, $\pm i$. よって斉次の一般解は $c_1x+\frac{c_2}{x}+c_3\cos\log x+c_4\sin\log x$. 非斉次項はいずれも共振しているから, 特殊解は $ax\log x+\frac{b}{x}\log x$ と置いて方程式の左辺に代入すると, $4ax-\frac{4b}{x}$ を得るので, $a=\frac{1}{4}$, $b=-\frac{1}{4}$. よって特殊解 $\frac{1}{4}x\log x-\frac{1}{4x}\log x$ が得られた. 非斉次方程式の一般解はこれに上の斉次の一般解を加えたものとなる.

4.3.1 以下に示すのは解答の一例である. 計算は略すがいずれももとの方程式が復元できる.

(1) $y_1=y$, $y_2=y'$, $y_3=y''$ と置くと, $y_1'=y_2$, $y_2'=y_3$, $y_3'=2x^2y_1-3xy_2+1$.

(2) $y_1=y$, $y_2=y'$, $y_3=y''$ と置くと, $y_1'=y_2$, $y_2'=y_3$, $y_3'=xy_1y_2y_3+1$.

(3) 今度は少し趣向を凝らして, $y_1=y$, $y_2=y'+2x$ と置くと, $y_1'=y_2$, $y_1y_2'=y_2(y_2-x)$. (もちろん $y_2=y'$ と置いて普通に変換してもよい.)

(4) $y_1=y$, $y_2=xy'$, $y_3=x(xy')'=x^2y''+xy'$ と置くと, $xy_1'=y_2$, $xy_2'=xy'+x^2y''=y_3$, $xy_3'=x^3y'''+3x^2y''+xy'=5x^2y''-5=-5y_2+5y_3-5$, 書き直すと $xy_1'=y_2$, $xy_2'=y_3$, $xy_3'=-5y_2+5y_3-5$.

(5) $y_1=y$, $y_2=y'$, $y_3=y''$, $y_4=y'''+y'$ と置くと, $y_1'=y_2$, $y_2'=y_3$, $y_3'=-y_2+y_4$, $(y_4'+y_1)^2=y_4+x$.

4.3.2 (1) $x_1=x$, $x_2=x'$, $x_3=y$, $x_4=y'$ と置けば, $x_1'=x_2$, $x_2'=x_1x_4$, $x_3'=x_4$, $x_4'=x_1^2+x_3^2$.

(2) $x_1=x$, $x_2=x'$, $x_3=x''$, $x_4=y$, $x_5=y'$ と置けば, $x_1'=x_2$, $x_2'=x_3$, $x_3'=x_1x_4-x_2x_5$, $x_4'=x_5$, $x_5'=-x_1x_5+t$.

4.3.3 以下, 与方程式系の各式を先頭から順に①,②,... で参照する.

(1) ① を $\frac{y_1'}{y_1}=y_2+\frac{x}{y_1}$ と変形して両辺を微分すれば, $\frac{y_1y_1''-(y_1')^2}{y_1^2}=y_2'+\frac{y_1-xy_1'}{y_1^2}$. これに②を代入して分母を払うと $y_1y_1''-(y_1')^2=y_1^2(y_1^2-x)+y_1-xy_1'$, すなわち, $y_1y_1''=(y_1')^2-xy_1'+y_1^4-xy_1^2+y_1\ldots$③と y_1 の 2 階単独方程式が得られた. 逆に, $y_2=\frac{y_1'-x}{y_1}$ により未知変数 y_2 を導入すれば, ①が成り立ち, 更に $y_2'=\frac{(y_1''-1)y_1-y_1'(y_1'-x)}{y_1^2}$. これに③を代入して $y_2'=\frac{\{(y_1')^2-xy_1'+y_1^4-xy_1^2\}-y_1'(y_1'-x)}{y_1^2}=\frac{y_1^4-xy_1^2}{y_1^2}=y_1^2-x$ と二つ目の方程式が復活した. よって③は与えられた連立方程式と同値である. (以上の議論は $y_1\neq0$ では通用するが, y_1 は孤立零点しか持たないので, 極限論法により至る所で成立する.)

(2) ①を微分して②, ③を代入すると $y_1''=y_2'+y_3'=y_1+y_2+x\ldots$④. これを更に微分して②を代入すると $y_1'''=y_1'+y_2'+1=y_1'+y_1+1$, すなわち, $y_1'''=y_1'+y_1+1\ldots$⑤と y_1 の単独方程式が求まった. 逆に $y_2=y_1''-y_1-x\ldots$⑥ という変数を導入すると, $y_2'=y_1'''-y_1'-1$ となり, ⑤から $y_2'=y_1\ldots$⑦ と②が復活した. 更に $y_3=y_1'-y_2$ という変数を導入すると, ⑥, ⑦から $y_3'=y_1''-y_2'=y_2+y_1+x-y_1=y_2+x$ と③も復

活した．よってこの単独方程式⑤はもとの連立方程式と同値である．

(3) ①を微分して ②, ③ を代入すれば，$y_1''=y_2'y_3+y_2y_3'=y_1y_3^2+y_1y_2^2$, すなわち，$y_1''=y_1(y_2^2+y_3^2)\ldots$④．もう一度微分して $y_1'''=y_1'(y_2^2+y_3^2)+2y_1(y_2y_2'+y_3y_3')\ldots$⑤．しかるに，もとの方程式から $y_1y_1'=y_2y_2'=y_3y_3'=y_1y_2y_3$ となるから，⑤の右辺の第 2 項にこれらを代入し，また第 1 項には④を代入して $y_1'''=\frac{y_1'y_1''}{y_1}+4y_1^2y_1'$, すなわち，$y_1y_1'''=y_1'(y_1''+4y_1^3)\ldots$⑥という y_1 の 3 階単独方程式が得られた．逆に⑥を仮定し，$y_2^2+y_3^2=\frac{y_1''}{y_1}\ldots$⑦, $y_2y_3=y_1'\ldots$⑧ の解として y_2, y_3 を導入する．(これらは，2 次方程式 $t^2-\sqrt{\frac{y_1''}{y_1}+2y_1'}\,t+y_1'=0$ の 2 根として求まる．(y_2,y_3) の符号がペアとして不定であるが，どう選んでも構わない.）このとき，定義により⑧から①が成り立っており，また ⑦から得られる y_1'' を微分して $y_1'''=y_1'(y_2^2+y_3^2)+2y_1(y_2y_2'+y_3y_3')$．この第 1 項に⑦ を代入して $y_1'''=\frac{y_1'y_1''}{y_1}+2y_1(y_2y_2'+y_3y_3')$．これと⑥を比較して $y_2y_2'+y_3y_3'=2y_1y_1'=2y_1y_2y_3\ldots$⑨．また⑧を微分して⑦を用いると $y_2'y_3+y_2y_3'=y_1''=y_1(y_2^2+y_3^2)\ldots$⑩．この二つを y_2', y_3' の連立 1 次方程式と見て解くと，$(y_2^2-y_3^2)y_2'=2y_1y_2^2y_3-y_1y_2^2y_3-y_1y_3^3=y_1y_3(y_2^2-y_3^2)$．よって $y_2'=y_1y_3$．同様に $(y_2^2-y_3^2)y_3'=y_1y_2^3+y_1y_2y_3^2-2y_1y_2y_3^2=y_1y_2(y_2^2-y_3^2)$．よって $y_3'=y_1y_2$ も得られた．故に⑦はもとの連立方程式と同値である．($y_2^2=y_3^2$ のときは .)

(4) ①を微分し②を代入すると $y_1''=y_2'=y_3$． これを更に微分し③を代入すると $y_1'''=y_3'=y_4$．これを更に微分して③を代入すると $y_2^{(4)}=y_3'=y_5$．更に微分し③を代入すると $y_1^{(4)}=y_4'=y_1$, すなわち $y_1^{(4)}=y_1$ という 4 階の単独方程式が得られた．逆に，この方程式を仮定し，$y_4=y_1'''$ と置けば，$y_4'=y_1^{(4)}=y_1$ で④が復活した．更に，$y_3=y_1''$ と置けば，$y_3'=y_1'''=y_4$ で③が復活した．最後に $y_2=y_1'$ と置けば，$y_2'=y_1''=y_3$ で③が復活した．以上によりもとの連立方程式のすべての要素が復活したので，⑤はもとの連立方程式と同値である．

(5) ②を微分し④を代入すると $y_2''=y_4'=y_1$． これを更に微分し①を代入すると $y_2'''=y_1'=y_3$．これを更に微分し⑤を代入すると $y_2^{(5)}=y_5'=y_1$．これと ④, ② を繋ぐと $y_2^{(5)}=y_4'=y_2''$ となり 5 階の単独方程式 $y_2^{(5)}=y_2''\ldots$⑥ が得られた．逆にこの方程式を仮定すると，$y_4=y_2'$, $y_1=y_4'=y_2''$, $y_3=y_1'=y_2'''$, $y_5=y_3'=y_2^{(4)}$ により残りの未知変数を導入すると，微分して⑥を用いて $y_5'=y_2^{(5)}=y_2''=y_1$ と，最後に残った⑤も得られた．なお，この問題では，①を微分し③を代入すると $y_1''=y_3'=y_5$．これを更に微分し⑤を代入すると $y_1'''=y_5'=y_1$ と 3 階の方程式で閉じてしまい，y_1 を唯一の未知関数として残すことはできない．

4.4.1 n に関する数学的帰納法による．$n=1$ のときは自明に成り立つ．n で成立しているとすれば，$\left(p\frac{d}{dy}\right)^n p=\sum_{k=1}^n A_{n,k}p^k\frac{d^kp}{dy^k}$． すると $n+1$ のときは $\left(p\frac{d}{dy}\right)^{n+1}p=p\frac{d}{dy}\sum_{k=1}^n A_{n,k}p^k\frac{d^kp}{dy^k}=\sum_{k=1}^n A_{n,k}\left(kp^k\frac{d^kp}{dy^k}+p^{k+1}\frac{d^{k+1}p}{dy^{k+1}}\right)=\sum_{k=1}^n kA_{n,k}p^k\frac{d^kp}{dy^k}+\sum_{k=2}^{n+1}A_{n,k-1}p^k\frac{d^kp}{dy^k}$． よって一般に $A_{n,0}=A_{n,n+1}=0$ と規約すれば，これは $\sum_{k=1}^{n+1}(kA_{n,k}+A_{n,k-1})p^k\frac{d^kp}{dy^k}$ と書けるから，$A_{n+1,k}=kA_{n,k}+A_{n,k-1}$ が成り立つ．

4.4.2 (1) $y=x\int udx$ と置くと $y'=\int udx+xu$, $y''=2u+xu'$, $y'''=3u'+xu''$．これらを与方程式に代入して $x^2(x-1)u''+\{3x(x-1)-x^3\}u'+(-2x^2+2x^2)u=0$, すな

わち，$x(x-1)u''-(x^2-3x+3)u'=0$. これは $p=u'$ の 1 階方程式なので，変数分離し求積すると $\frac{dp}{p}=\frac{x^2-3x+3}{x(x-1)}dx$, $\log p=\int\bigl(1-\frac{3}{x}+\frac{1}{x-1}\bigr)dx=x+\log\frac{x-1}{x^3}+C$, $p=ce^x\frac{x-1}{x^3}$. $u=c_2+c_3\int e^x\frac{x-1}{x^3}dx$. 以上により一般解は $y=c_1x+c_2x^2+c_3x\int dx\int e^x\frac{x-1}{x^3}dx$.

(2) $y=x\int udx$ と置くと，前問と同様に計算でき，$y'=\int udx+xu$, $y''=2u+xu'$, $y'''=3u'+xu''$. もとの方程式から $x^2u''+2xu'-(x^2+2)u=0$. これは $x\int udx=e^x$, すなわち $u=\frac{(x-1)e^x}{x^2}$ を解に持つはずなので，$u=\frac{(x-1)e^x}{x^2}\int vdx$ を代入すると，$u'=\frac{(x^2-2x+2)e^x}{x^3}\int vdx+\frac{(x-1)e^x}{x^2}v$, $u''=\bigl(\frac{(x^2-2x+2)e^x}{x^3}\bigr)'\int vdx+2\frac{(x^2-2x+2)e^x}{x^3}v+\frac{(x-1)e^x}{x^2}v'$ を代入すると，$(x-1)e^xv'+\bigl\{2\frac{(x^2-2x+2)e^x}{x}+\frac{2(x-1)e^x}{x}\bigr\}v=0$, すなわち，$x(x-1)v'+2(x^2-x+1)v=0$. これを積分して $\frac{dv}{v}=-2\frac{x^2-x+1}{x(x-1)}dx$, $\log v=\int\bigl(-2-\frac{2}{x-1}+\frac{2}{x}\bigr)dx=-2x+\log\frac{x^2}{(x-1)^2}$，よって $v=\frac{x^2}{(x-1)^2}e^{-2x}$, $u=\frac{(x-1)e^x}{x^2}\int\frac{x^2}{(x-1)^2}e^{-2x}dx$, $y=x\int udx=x\int dx\frac{(x-1)e^x}{x^2}\int\frac{x^2}{(x-1)^2}e^{-2x}dx$ が三つ目の解となる．

(3) $y=\frac{1}{x}e^x\int udx$ を方程式に代入すると，$\int udx$ の項は略して $x\{(\frac{3}{x}-\frac{6}{x^2}+\frac{6}{x^3})e^xu+(\frac{3}{x}-\frac{3}{x^2})e^xu'+\frac{1}{x}e^xu''\}+3\{(\frac{2}{x}-\frac{2}{x^2})e^xu+\frac{1}{x}e^xu'\}-x(\frac{1}{x}e^xu)=0$, すなわち $u''+3u'+2u=0$. これは定数係数線形なので，特性根 $\lambda=-1,-2$ を求めて $u=c_1e^x+c_2e^{-2x}$ と解ける．よってもとの方程式の解は $y=\frac{1}{x}e^x\bigl\{\int(c_1e^{-x}+c_2e^{-2x})dx+c_3\bigr\}$. 積分を実行し任意定数を取り替えて $y=c_1\frac{1}{x}+c_2\frac{e^{-x}}{x}+c_3\frac{e^x}{x}$.

(4) $y=e^{-x}\int udx$ を代入し $\int udx$ の項を略すと $x(x+1)(3e^{-x}u-3e^{-x}u'+e^{-x}u'')+(x^2+1)(-2e^{-x}u+e^{-x}u')-(x-2)e^{-x}u=x(x+1)e^{-x}u''-(2x^2+3x-1)e^{-x}u'+(x^2+2x)u=0$, すなわち，$x(x+1)u''-(2x^2+3x-1)u'+(x^2+2x)u=0$. これは $x-2=e^{-x}\int udx$, すなわち $u=\{(x-2)e^x\}'=(x-1)e^x$ を特殊解に持つはずなので，$u=(x-1)e^x\int vdx$ と置いて代入すれば，同じく $\int vdx$ の項は略して $x(x+1)\{2xe^xv+(x-1)e^xv'\}-(2x^2+3x-1)(x-1)e^xv=x(x+1)(x-1)e^xv'+(x^2+4x-1)e^xv=0$, $x(x+1)(x-1)v'+(x^2+4x-1)v=0$. これを求積して $\frac{dv}{v}=-\frac{x^2+4x-1}{x(x+1)(x-1)}=-\frac{1}{x}+\frac{2}{x+1}-\frac{2}{x-1}$, $\log v=\log\frac{(x+1)^2}{x(x-1)^2}+C$, $v=c_1\frac{(x+1)^2}{x(x-1)^2}=c_1\bigl(\frac{1}{x}+\frac{4}{(x-1)^2}\bigr)$. よって $u=c_1(x-1)e^x\int\frac{(x+1)^2}{x(x-1)^2}dx=c_1(x-1)e^x\bigl(\log x-\frac{4}{x-1}+C\bigr)=c_1(x-1)e^x\log x-4c_1e^x+c(x-1)e^x$. 故に $y=e^{-x}\int\bigl\{c_1(x-1)e^x\log x-4c_1e^x+c_2(x-1)e^x\bigr\}dx=c_1\bigl\{e^{-x}\int(x-1)e^x\log xdx-4\bigr\}+c_2(x-2)+c_3e^{-x}=c_1\bigl\{(x-2)\log x-5+2e^{-x}\int\frac{e^x}{x}dx\bigr\}+c_2(x-2)+c_3e^{-x}$.

(5) $y=e^x\int udx$ と置き，与方程式に代入すれば，$y'=e^x\int udx+e^xu$, $y''=e^x\int udx+2e^xu+e^xu'$, $y'''=e^x\int udx+3e^xu+3e^xu'+e^xu''$ より $(x^2-1)(3e^xu+3e^xu'+e^xu'')-(x^2-2x-1)(2e^xu+e^xu')-2(x+1)e^xu=(x^2-1)e^xu''+\{3(x^2-1)-(x^2-2x-1)\}e^xu'+\{3(x^2-1)-2(x^2-2x-1)-2(x+1)\}e^xu=0$, すなわち，$(x^2-1)u''+2(x^2+x-1)u'+(x^2+2x-3)u=0$. この方程式は $x+1=e^x\int udx$, すなわち $u=\{(x+1)e^{-x}\}'=-xe^{-x}$, あるいは符号を変えて xe^{-x} という特殊解を持つはずなので，$u=xe^{-x}\int vdx$ と置くと，$u'=(1-x)e^{-x}\int vdx+xe^{-x}v$, $u''=(x-2)e^{-x}\int vdx+2(1-x)e^{-x}v+xe^{-x}v'$ より，$(x^2-1)\{2(1-x)e^{-x}v+xe^{-x}v'\}+2(x^2+x-1)xe^{-x}v=0$,

すなわち，$x(x^2-1)v'+2\{(1-x)(x^2-1)+x(x^2+x-1)\}v = x(x^2-1)v'+2(2x^2-1)v = 0$ となるので，変数分離して積分すれば，$\frac{dv}{v} = -\frac{2(2x^2-1)}{x(x^2-1)}dx = \left(-\frac{2}{x}-\frac{1}{x-1}-\frac{1}{x+1}\right)dx$, $\log v = \log\frac{1}{x^2(x^2-1)}$, $v = \frac{1}{x^2(x^2-1)}$. よって $u = xe^{-x}\int\frac{1}{x^2(x^2-1)}dx = xe^{-x}\left(\frac{1}{x}+\frac{1}{2}\log\frac{x-1}{x+1}\right) = e^{-x}+\frac{x}{2}e^{-x}\log\frac{x-1}{x+1}$. $y = e^x\int\left(e^{-x}+\frac{x}{2}e^{-x}\log\frac{x-1}{x+1}\right)dx = -1+\frac{1}{2}e^x\int xe^{-x}\log\frac{x-1}{x+1}dx$. この積分は，部分積分により log を無くすと，$(x+1)e^{-x}\log\frac{x+1}{x-1}+2\int\frac{e^{-x}}{x-1}dx$ となり，最後の積分は初等関数にならない有名な積分 $\int\frac{e^x}{x}dx$ に帰着するので，与方程式の第 3 の解は $-1+\frac{x+1}{2}\log\frac{x+1}{x-1}+e^x\int\frac{e^{-x}}{x-1}dx$ をもって答とする．一般解は問題で与えられた二つとこの最後のものの 1 次結合である．

4.4.3　(1) $\frac{y'''}{y''} = \frac{1}{a}$ と変形し，両辺を x で積分すれば，$\log y'' = \frac{x}{a}+C$, $y'' = ce^{x/a}$. これを 2 回積分すれば答 $y = c_1e^{x/a}+c_2x+c_3$ を得る．

別解．定数係数線形微分方程式と見て特性方程式 $a\lambda^3 = \lambda^2$ を解くと，$\lambda = \frac{1}{a}, 0$ (2 重根)．よって一般論により，一般解は $y = c_1e^{x/a}+c_2x+c_3$ となる．

(2) $y' = p$ と置くと，$p''+xp'-2p = 2$ という 2 階の線形微分方程式になる．目の子でこれの斉次方程式部分に $p = x^2+1$ という解が求まるので，$p = (x^2+1)\int udx$ により未知関数を p から u に変換すると，$p' = 2x\int udx+(x^2+1)u$, $p'' = 2\int udx+4xu+(x^2+1)u'$. これらを p の方程式に代入して $p''+xp'-2p = (x^2+1)u'+\{4x+x(x^2+1)\}u = 2$, すなわち，$u'+\frac{x^3+5x}{x^2+1}u = \frac{2}{x^2+1}$. これを u の 1 階線形として解く．$\frac{du}{u} = -\frac{x^3+5x}{x^2+1}dx$ を積分して $\log u = -\int\frac{x^2+5}{2(x^2+1)}d(x^2) = -\frac{x^2}{2}-2\log(x^2+1)+C$. 従って，$u = c\frac{e^{-x^2/2}}{(x^2+1)^2}$. 定数変化法で $c'\frac{e^{-x^2/2}}{(x^2+1)^2} = \frac{2}{x^2+1}$. $c = \int 2(x^2+1)e^{x^2/2}dx+C$, $u = \frac{e^{-x^2/2}}{(x^2+1)^2}\left\{\int 2(x^2+1)e^{x^2/2}dx+C\right\}$. $p = (x^2+1)\int\left\{\frac{e^{-x^2/2}}{(x^2+1)^2}\left(\int 2(x^2+1)e^{x^2/2}dx+C\right)\right\}dx+C_2(x^2+1)$. y はこれを更にもう一度積分すれば得られ，$y = \int dx(x^2+1)\int dx\frac{e^{-x^2/2}}{(x^2+1)^2}\left\{\int 2(x^2+1)e^{x^2/2}dx+C\right\}+C_2\left(\frac{x^3}{3}+x\right)+C_3$.

(3) $y''' = q$ と置けば，$q'+xq = 1$ と 1 階線形になるので，$(e^{x^2/2}q)' = e^{x^2/2}$, $q = e^{-x^2/2}\int e^{x^2/2}dx+c_1e^{-x^2/2}$. これを 3 回積分して $y = \int dx\int dx\int dxe^{-x^2/2}\int e^{x^2/2}dx+c_1\int dx\int dx\int e^{-x^2/2}dx+c_2x^2+c_3x+c_4$.

(4) $y'' = q$ と置けば，$q'+xq = x$ という q の 1 階線形微分方程式になる．$(e^{x^2/2}q)' = xe^{x^2/2}$ と変形し積分すれば，$e^{x^2/2}q = \int xe^{x^2/2}dx = e^{x^2/2}+c_3$, 従って $y'' = q = 1+c_3e^{-x^2/2}$. これを 2 回積分すれば，一般解 $y = \frac{x^2}{2}+c_1x+c_2+c_3\int dx\int e^{-x^2/2}dx$. この不定積分は計算できないが，任意の一つを表すものとする．(その積分定数は c_1x+c_2 に吸収される.)

(5) $y'' = z$ と置くと，$z' = -z^2$. これを変数分離して解けば $-\frac{dz}{z^2} = dx$, $\frac{1}{z} = x+c_1$, $z = y'' = \frac{1}{x+c_1}$. 2 回積分して定数を調節すれば $y = (x+c_1)\log(x+c_1)+c_2x+c_3$.

別解．方程式を $\frac{y'''}{y''} = -y''$ と変形して両辺を x で積分すると，$\log y'' = -y'+C$, あるいは $y'' = ce^{-y'}$, あるいは $e^{y'}y'' = c$. 再び両辺を x で積分すると，$e^{y'} = cx+C$, すなわち $y' = \log(x+c_1)+c_2$. これをもう一度積分すれば上と同じ答を得る．

(6) $y' = p$ と置けば，$y'' = p\frac{dp}{dy}$, $y''' = p\frac{d}{dy}\left(p\frac{dp}{dy}\right) = p^2\frac{d^2p}{dy^2}+p\left(\frac{dp}{dy}\right)^2$. よって方程式は

4

$p^3\frac{d^2p}{dy^2}+p^2\left(\frac{dp}{dy}\right)^2=p\frac{dp}{dy}$, すなわち, $p\neq 0$ として $p^2\frac{d^2p}{dy^2}+\left(p\frac{dp}{dy}-1\right)\frac{dp}{dy}=0$ となる．ここで $\frac{dp}{dy}=q$ と置けば，$\frac{d^2p}{dy^2}=\frac{dq}{dy}=\frac{dp}{dy}\frac{dq}{dp}=q\frac{dq}{dp}$. よって方程式は更に $p^2q\frac{dq}{dp}+(pq-1)q=0$, $q\neq 0$ として割り算すれば，$p^2\frac{dq}{dp}+pq=1$ という，q の 1 階線形方程式となる．$p\frac{dq}{dp}+q=\frac{1}{p}$ と変形すると積分でき，$\frac{d}{dp}(pq)=\frac{1}{p}$, $pq=\log p+c_1$, $\frac{pdp}{\log p+c_1}=dy$ となる．再び積分して $y=\int\frac{p}{\log p+c_1}dp+c_2$. この積分は初等関数では表せず，$p$ について解けないので，p をパラメータとする表示を求めると，$\frac{dy}{dx}=p$ より，$x=\int\frac{dy}{p}=\int\frac{dp}{\log p+c_1}+c_3$. この二つを合わせたものが答となる．なお，$q=0$ のときは $p=c$ で y は x の 1 次式 $y=c_1x+c_2$ となるが，この場合は p をパラメータとしてとることができないので，上の一般解には含まれない，一種の特異解となる．$p=0$, すなわち y が定数のときもその一部である．

(7) 両辺に y'' を掛けて $y''y'''=e^{y'}y''$ とすると，そのまま積分できて，$\frac{(y'')^2}{2}=e^{y'}+C$. これは $\frac{y''}{\sqrt{2e^{y'}+c_1}}=1$ とすると積分でき，$\int\frac{d(y')}{\sqrt{2e^{y'}+c_1}}=x+c_2$. この積分は実行できないので，$y'=p$ をパラメータとするパラメータ表示で解を求める（従って最初からおとなしく $y'=p$ と置いて計算を始めても同じであった）ことにすると，$x=\int\frac{dp}{\sqrt{2e^p+c_1}}+c_2$, また $\frac{dy}{dx}=p$ から $y=\int pdx=\int\frac{pdp}{\sqrt{2e^p+c_1}}+c_3$.

(8) $\frac{y'''}{y''}=3\frac{y''}{y'}$ と変形すると，そのまま積分できて，$\log y''=3\log y'+C$, $y''=c(y')^3$. これも変数分離形で $\frac{y''}{(y')^3}=c$ と変形して積分すれば，$-\frac{1}{2(y')^2}=cx+C_2$. $y'=\pm\frac{1}{\sqrt{C_1x+C_2}}$. 積分して $y=\pm\sqrt{c_1x+c_2}+c_3$. あるいは $(y-c_3)^2=c_1x+c_2$.

(9) $y'=p$ と置けば，$y''=p\frac{dp}{dy}$, $y'''=p\frac{d}{dy}\left(\frac{dp}{dy}\right)=p^2\frac{d^2p}{dy^2}+p\left(\frac{dp}{dy}\right)^2$. よって，$\left\{p^2\frac{d^2p}{dy^2}+p\left(\frac{dp}{dy}\right)^2\right\}(1+p^2)-3p^3\left(\frac{dp}{dy}\right)^2=0$. これは更に $\frac{dp}{dy}=q$ と置けば，$\frac{d^2p}{dy^2}=\frac{dq}{dy}=\frac{dp}{dy}\frac{dq}{dp}=q\frac{dq}{dp}$. よって方程式は $\left(p^2q\frac{dq}{dp}+pq^2\right)(1+p^2)-3p^3q^2=0$ となる．$p\neq 0$, $q\neq 0$ とすれば $\left(p\frac{dq}{dp}+q\right)(1+p^2)-3p^2q=0$, あるいは，$\frac{dq}{q}=\left(\frac{3p}{1+p^2}-\frac{1}{p}\right)dp$ となる．積分して $\log q=\frac{3}{2}\log(1+p^2)-\log p+C$, $q=c\frac{(1+p^2)^{3/2}}{p}=\frac{dp}{dy}$. よって $y=\int\frac{C_1p}{(1+p^2)^{3/2}}dp+c_2=\frac{c_1}{\sqrt{1+p^2}}+c_2$, $p^2=\frac{c_1^2-(y-c_2)^2}{(y-c_2)^2}$, $p=\pm\frac{\sqrt{c_1^2-(y-c_2)^2}}{y-c_2}$. 従って，$x=\pm\int\frac{y-c_2}{\sqrt{c_1^2-(y-c_2)^2}}dy+c_3=\pm\sqrt{c_1^2-(y-c_2)^2}+c_3$. あるいは，$(x-c_3)^2+(y-c_2)^2=c_1^2$.（任意定数の添字は逆順にした方がきれいだが，本質的ではない.）

別解．方程式を $\frac{y'''}{y''}=\frac{3}{2}\frac{2y'y''}{1+(y')^2}$ と変形すると，そのまま両辺を積分でき，$\log y''=\frac{3}{2}\log\{1+(y')^2\}+C$, $y''=c\{1+(y')^2\}^{3/2}$ となる．これを更に $\frac{y'y''}{\{1+(y')^2\}^{3/2}}=cy'$ と変形すると，また積分できて，$-\frac{1}{\sqrt{1+(y')^2}}=cy+c_2$. これより $(y')^2=\frac{1-(cy+c_2)^2}{(cy+c_2)^2}$, $y'=\pm\frac{\sqrt{1-(cy+c_2)^2}}{cy+c_2}$ となるので，最後に積分すると $\int\frac{cy+c_2}{\sqrt{1-(cy+c_2)^2}}dy=x+c_3$, $-\frac{1}{c}\sqrt{1-(cy+c_2)^2}=x+c_3$. これは任意定数を付け替えれば，上で求めた解と一致する．

(10) $y''=q$ と置けば，$y'''=q'$ で，方程式は $q'=q^3$ となり $\frac{dq}{q^3}=dx$, $-\frac{1}{2q^2}=x+C$ と積分される．これから $q=\pm\frac{1}{\sqrt{2}\sqrt{c_1-x}}=y''$. 2 回積分して $y'=\mp\sqrt{2}\sqrt{c_1-x}+c_2$, $y=\pm\frac{2\sqrt{2}}{3}(c_1-x)^{3/2}+c_2x+c_3$.

(11) 両辺を x について積分すると，$\frac{(y'')^2}{2}=\frac{y^2}{2}+C$, あるいは $y''=\pm\sqrt{y^2+c_1}$. この両

辺に y' を掛け，x について積分すると，$\frac{(y')^2}{2} = \pm\int \sqrt{y^2+c_1}dy + c_2 = \frac{1}{2}\{\pm y\sqrt{y^2+c_1} + c_1\log(y\pm\sqrt{y^2+c_1})\} + c_2$．よって $y' = \pm\sqrt{\{\pm y\sqrt{y^2+c_1} + c_1\log(y\pm\sqrt{y^2+c_1})\} + c_2}$．変数分離して $x = \pm\int \frac{dy}{\sqrt{\{\pm y\sqrt{y^2+c_1}+c_1\log(y\pm\sqrt{y^2+c_1})\}+c_2}} + c_3$（2 系統の複号は独立）．

(12) $y^{(4)} = \frac{y'''}{y''}$ と変形すれば積分でき，$y''' = \log y'' + C$．$\frac{d(y'')}{\log y''+C} = dx$．左辺の積分は積分対数になって初等関数では表せないので，$y'' = q$ をパラメータとして $x = \int \frac{dq}{\log q + c_1} + c_2$．$\frac{dy'}{dx} = q$ より，$y' = \int q dx = \int \frac{q dq}{\log q + c_1} + c_3$．$y = \int y' dx = \int \left(\int \frac{q dq}{\log q+c_1} + c_3\right)\frac{dq}{\log q+c_1} + c_4 = \int \left(\int \frac{q dq}{\log q+c_1}\right)\frac{dq}{\log q+c_1} + c_3\int \frac{dq}{\log q+c_1} + c_4$．

(13) $\frac{y^{(4)}}{y'''} = \frac{y''}{y'}$ と変形して両辺を x で積分すれば，$\log y''' = \log y' + C$, $y''' = cy'$．これを y' の 2 階線形方程式と見て，一般解を書き下すと，$y' = c_2 e^{c_1 x} + c_3 e^{-c_1 x}$．もう一度積分して定数を取り替えると，$y = c_2 e^{c_1 x} + c_3 e^{-c_1 x} + c_4$．

(14) そのまま両辺を積分して $\frac{1}{2}(y''')^2 = \frac{1}{2}(y')^2 + C$, 従って $y''' = \pm\sqrt{(y'^2) + c_1}$．今 $y' = p$ と置けば，これは $p'' = \pm\sqrt{p^2 + c_1}$ という p の 2 階方程式となり，かつ独立変数 x を含まない．よって $\frac{dp}{dx} = q$ と置けば $\frac{d^2p}{dx^2} = \frac{dq}{dx} = \frac{dp}{dx}\frac{dq}{dp} = q\frac{dq}{dp}$ となり，$q\frac{dq}{dp} = \pm\sqrt{p^2+c_1}$ という p を独立変数，q を未知関数とする 1 階の変数分離形に帰着される．これより $\int q dq = \int \pm\sqrt{p^2+c_1}dp + c_2$, $\frac{1}{2}q^2 = \frac{1}{2}\{\pm p\sqrt{p^2+c_1} + c_1\log(p\pm\sqrt{p^2+c_1})\} + c_2$．従って $q = \frac{dp}{dx} = \pm\sqrt{\{\pm p\sqrt{p^2+c_1} + c_1\log(p\pm\sqrt{p^2+c_1})\} + c_2}$ となるから，$x = \pm\int \frac{dp}{\sqrt{\{\pm p\sqrt{p^2+c_1}+c_1\log(p\pm\sqrt{p^2+c_1})\}+c_2}} + c_3$（2 系統の複号は独立）．これと $\frac{dy}{dx} = p$ から，$y = \int p dx + c_4 = \pm\int \frac{p dp}{\sqrt{\{\pm p\sqrt{p^2+c_1}+c_1\log(p\pm\sqrt{p^2+c_1})\}+c_2}} + c_4$ を連立させたものが p をパラメータとする一般解である（同じ位置の複号は同順）．

(15) $y' = p$ と置けば $pp'' - (p')^2 = p^3 e^y$．ここで $p' = p\frac{dp}{dy}$, $p'' = p\frac{d}{dy}\left(p\frac{dp}{dy}\right) = p^2\frac{d^2p}{dy^2} + p\left(\frac{dp}{dy}\right)^2$ を用いて，$p^3\frac{d^2p}{dy^2} + p^2\left(\frac{dp}{dy}\right)^2 - p^2\left(\frac{dp}{dy}\right)^2 = p^3 e^y$, すなわち，$p^3\frac{d^2p}{dy^2} = p^3 e^y$．$p \neq 0$ として，$\frac{d^2p}{dy^2} = e^y$．両辺を y で 2 回積分して $p = e^y + c_1 y + c_2$．p を戻して変数分離して $x = \int \frac{dy}{e^y + c_1 y + c_2} + c_3$．（この積分も任意定数の特殊な値を除き初等関数にはならない．）なお，途中で排除した $p = 0$ は $y = c$ という定数関数解を与えるが，これは上の一般解には含まれないので特異解とする．

(16) $\frac{y'''}{y''} = yy'$ と変形して積分すると，$\log y'' = \frac{y^2}{2} + C$, すなわち，$y'' = C_1 e^{y^2/2}$．両辺に y' を掛けて積分すると，$\frac{(y')^2}{2} = C_1\int e^{y^2/2}dy + C_2$, $y' = \pm\sqrt{c_1\int e^{y^2/2}dy + c_2}$．変数分離して $dx = \pm\frac{dy}{\sqrt{c_1\int e^{y^2/2}dy + c_2}}$．よって $x = \pm\int \frac{dy}{\sqrt{c_1\int e^{y^2/2}dy+c_2}} + c_3$．

第 5 章の問題解答

5.1.1 (1) 初期値から $y \neq 0$ なので，y^2 で両辺を割って $\frac{dy}{y^2} = dx$．$x = 0$ のとき $y = 1$ なので，両辺を定積分すると，$\int_1^y \frac{dy}{y^2} = \int_0^x dx$, 従って $\left[-\frac{1}{y}\right]_1^y = x$, $1 - \frac{1}{y} = x$．これを y について解いて，$y = \frac{1}{1-x}$．

(2) 前問と同様に推論すると，$\frac{dy}{y^3} = x dx$．$x = 0$ のとき $y = 1$ なので，$\int_1^y \frac{dy}{y^3} = \int_0^x x dx$, 従って $\left[-\frac{1}{2y^2}\right]_1^y = \frac{x^2}{2}$, $1 - \frac{1}{y^2} = x^2$．y について解いて，$y = \frac{1}{\sqrt{1-x^2}}$．（符号は初期値を

考慮して決めた.)

(3) 連立 1 次方程式 $x+2y+2=0$, $x+y+1=0$ の解は $x=0$, $y=-1$ なので, $Y=y+1$ と置けば $\frac{dY}{dx}=\frac{x+2Y}{x+Y}$ と同次形になる. $Y=xz$ と変換すると $z+xz'=\frac{1+2z}{1+z}$, $xz'=\frac{1+z-z^2}{1+z}$, 従って $\frac{dx}{x}=-\frac{(z+1)dz}{z^2-z-1}$. 積分して $\log x=-\frac{1}{2}\log(z^2-z-1)-\frac{3}{2\sqrt{5}}\log\frac{z-\frac{1}{2}-\frac{\sqrt{5}}{2}}{z-\frac{1}{2}+\frac{\sqrt{5}}{2}}+C$, $\log\{(y+1)^2-(y+1)x-x^2\}+\frac{3}{\sqrt{5}}\log\frac{y+1-\frac{1+\sqrt{5}}{2}x}{y+1-\frac{1-\sqrt{5}}{2}x}=2C$, $\{(y+1)^2-(y+1)x-x^2\}\left(\frac{y+1-\frac{1+\sqrt{5}}{2}x}{y+1-\frac{1-\sqrt{5}}{2}x}\right)^{3/\sqrt{5}}=c$. ここで $x=0$, $y=0$ を代入すると $c=1$. さて, $(y+1)^2-(y+1)x-x^2=(y+1-\frac{1+\sqrt{5}}{2}x)(y+1-\frac{1-\sqrt{5}}{2}x)$ なので, 解は $(y+1-\frac{1+\sqrt{5}}{2}x)^{3/\sqrt{5}+1}=(y+1-\frac{1-\sqrt{5}}{2}x)^{3/\sqrt{5}-1}$, あるいは両辺を $\sqrt{5}$ 乗して $(y+1-\frac{1+\sqrt{5}}{2}x)^{3+\sqrt{5}}=(y+1-\frac{1-\sqrt{5}}{2}x)^{3-\sqrt{5}}$ と書ける.

(4) 初期値が 0 なので, 初期点の近くでは y^2 で割れない. しかし $y=0$ はそのまま初期値問題の解となっている. 普通に一般解 $y=\frac{1}{c-x^2/2}$ を求めて初期条件を代入すると破綻するが, 任意定数を入れ替えて $y=\frac{2c}{1-cx^2}$ を用いると, $c=0$ で形式的には同じ結論に達する.

(5) 両辺を y^2 で割り $z=\frac{1}{y}$ と変換すれば, $z(0)=\frac{1}{y(0)}=1$ で, $z'+z=-x$, $(ze^x)'=-xe^x$. 0 から x まで積分して $ze^x-1=-\int_0^1 xe^x dx=-(x-1)e^x-1$. よって $z=1-x$, $y=\frac{1}{1-x}$.

(6) $x+y=z$ と置けば $z(0)=0+y(0)=0$ であり, 方程式は $z'=z^2+1$ となるから, $\int_0^z \frac{dz}{z^2+1}=\int_0^x dx=x$, よって解は $x=\mathrm{Arctan}\, z=\mathrm{Arctan}(x+y)$, あるいは $y=\tan x-x$.

5.1.2 (1) 問題 2.4.1 で求めた一般解 $y=x^2-2x+2+Ce^{-x}$ に初期条件を代入して $1=y(0)=2+C$. よって $C=-1$. 故に答は $y=x^2-2x+2-e^{-x}$.

(2) 同じく一般解 $y=1+Ce^{-x^2/2}$ に初期条件を代入して $0=y(0)=1+C$. よって $C=-1$. 故に答は $y=1-e^{-x^2/2}$.

(3) 一般解 $y=1+Ce^{-x^3/3}$ に初期条件を代入して $1=y(0)=1+C$. よって $C=0$. 故に答は $y=1$.

(4) 一般解 $y=x^2e^{-x^2}+Ce^{-x^2}$ に初期条件を代入して $2=y(0)=C$. よって $C=2$ だから, 答は $y=(x^2+2)e^{-x^2}$.

(5) 一般解 $y=\sin x-1+Ce^{-\sin x}$ に初期条件を代入して $0=y(0)=-1+C$. よって $C=1$ だから, 答は $y=\sin x-1+e^{-\sin x}$.

(6) 一般解 $y=-\frac{\cos x}{x}+\frac{C}{x}$ に初期条件を代入して $0=y(\pi)=\frac{1}{\pi}+\frac{C}{\pi}$. よって $C=-1$ だから, 答は $y=-\frac{\cos x+1}{x}$.

(7) 一般解 $y=1+Ce^{1/x}$ に初期条件を代入して $0=y(1)=1+Ce$. よって $C=-\frac{1}{e}$ だから, 答は $y=1-e^{1/x-1}$.

5.1.3 (1) 一般解は問題 3.10.1(1) で与えられており, $y=-\frac{1}{3}x-\frac{2}{9}+c_1e^x+c_2e^{-3x}$. これに初期条件 $y(0)=1$, $y'(0)=1$ を代入して $1=-\frac{2}{9}+c_1+c_2$, $1=-\frac{1}{3}+c_1-3c_2$. これを解いて $c_1=\frac{5}{4}$, $c_2=-\frac{1}{36}$. よって解は $y=-\frac{1}{3}x-\frac{2}{9}+\frac{5}{4}e^x-\frac{1}{36}e^{-3x}$.

(2) 同じく問題 3.10.1(2) より一般解は $y=-\frac{1}{2}+c_1e^{2x}+c_2e^{-x}$. 従って $y'=2c_1e^{2x}-c_2e^{-x}$.

5

これに初期条件 $y(0)=2$, $y'(0)=-1$ を代入して $2=-\frac{1}{2}+c_1+c_2$, $-1=2c_1-c_2$. これより $c_1=\frac{1}{2}$, $c_2=2$. よって解は $y=\frac{1}{2}(e^{2x}-1)+2e^{-x}$.

(3) 同じく問題 3.10.1(4) より一般解は $y=\frac{1}{2}\cos x+c_1e^x+c_2xe^x$. これに初期条件 $y(0)=1$, $y'(0)=0$ を代入して $1=\frac{1}{2}+c_1$, $0=c_1+c_2$. これより $c_1=\frac{1}{2}$, $c_2=-\frac{1}{2}$. よって解は $y=\frac{1}{2}(\cos x+e^x-xe^x)$.

(4) 同じく問題 3.10.1(7) より一般解は $y=\frac{1}{3}e^{2x}+\frac{2x^2-2x+1}{8}e^x+c_1e^x+c_2e^{-x}$. これに初期条件 $y(0)=0$, $y'(0)=1$ を代入して $0=\frac{1}{3}+\frac{1}{8}+c_1+c_2$, $1=\frac{2}{3}-\frac{1}{8}+c_1-c_2$. すなわち, $c_1+c_2=-\frac{11}{24}$, $c_1-c_2=\frac{11}{24}$, これより $c_1=0$, $c_2=-\frac{11}{24}$. よって解は $y=\frac{1}{3}e^{2x}+\frac{2x^2-2x+1}{8}e^x-\frac{11}{24}e^{-x}$.

(5) 一般解は問題 3.10.2(1) で与えられており, $y=-\frac{x^2}{3}+c_1x^3+\frac{c_2}{x}$. $y'=-\frac{2}{3}x+3c_1x^2-\frac{c_2}{x^2}$. 初期条件を適用して $0=-\frac{1}{3}+c_1+c_2$, $1=-\frac{2}{3}+3c_1-c_2$. 加えて $4c_1=2$, $c_1=\frac{1}{2}$, $c_2=-\frac{1}{6}$. よって答は $y=-\frac{x^2}{3}+\frac{1}{2}x^3-\frac{1}{6x}=\frac{1}{6}(3x^3-2x^2-\frac{1}{x})$.

(6) 一般解は問題 3.13.1(6) で与えられており, $y=c_1\pm\sqrt{c_2-2x}$. $y'=\mp\frac{1}{\sqrt{c_2-2x}}$. この複号は y' の符号で決まるので, 与えられた初期条件の下では（少なくとも初期点の十分近くでは）$y'>0$, 従って $y=c_1-\sqrt{c_2-2x}$, $y'=\frac{1}{\sqrt{c_2-2x}}$ となる. 初期条件を適用して $0=c_1-\sqrt{c_2}$, $1=\frac{1}{\sqrt{c_2}}$. これより $c_2=1$, $c_1=1$. 故に解は $y=1-\sqrt{1-2x}$.

5

(7) 一般解は 3.13.2(11) よりパラメータ表示で $x=\pm\int\frac{e^{-p}\,dp}{\sqrt{c_1-2(p+1)e^{-p}}}+c_2$, $y=\pm\sqrt{c_1-2(p+1)e^{-p}}$（複号同順）. 初期条件は $y(0)=1$, $y'(0)=0$ で, $p=y'$ だったので, まず $x=0$ のとき $p=0$. よって x の表現から, $c_2=0$ として $x=\pm\int_0^p\frac{e^{-p}\,dp}{\sqrt{c_1-(p+1)e^{-p}}}$. 次に y の表現から $1=\pm\sqrt{c_1-2}$. よって複号は $+$ であり, $c_1=3$. 以上により解は $x=\int_0^p\frac{e^{-p}\,dp}{\sqrt{3-2(p+1)e^{-p}}}$, $y=\sqrt{3-2(p+1)e^{-p}}$.

(8) 一般解は問題 3.14.1(10) で与えられており, $y=c_1\frac{\sin x}{x}+c_2\frac{\cos x}{x}$. $y'=c_1\frac{x\cos x-\sin x}{x^2}+c_2\frac{-x\sin x-\cos x}{x^2}$. これらに初期条件を適用して $-\frac{1}{\pi}c_2=0$, $-\frac{1}{\pi}c_1+\frac{1}{\pi^2}c_2=1$. よって $c_2=0$, $c_1=-\pi$. 故に答は $y=-\frac{\pi\sin x}{x}$.

5.2.1 (1) 問題 4.1.2 の (1) の結果から, 一般解は $y=\frac{1}{32}(2x^2-3x)e^{2x}+\frac{1}{5}\cos x-\frac{1}{12}x^3-\frac{1}{8}x+c_1+c_2e^{2x}+c_3e^{-2x}$, $y'=\frac{1}{32}(4x^2-2x-3)e^{2x}-\frac{1}{5}\sin x-\frac{1}{4}x^2-\frac{1}{8}+2c_2e^{2x}-2c_3e^{-2x}$, $y''=\frac{1}{8}(2x^2+x-2)e^{2x}-\frac{1}{5}\cos x-\frac{1}{2}x+4c_2e^{2x}+4c_3e^{-2x}$. これに初期条件を適用して $0=\frac{1}{5}+c_1+c_2+c_3$, $0=-\frac{3}{32}-\frac{1}{8}+2c_2-2c_3$, $1=-\frac{1}{4}-\frac{1}{5}+4c_2+4c_3$. これらより, $c_2-c_3=\frac{7}{64}$, $c_2+c_3=\frac{29}{80}$. $c_2=\frac{151}{640}$, $c_3=\frac{81}{640}$, $c_1=-\frac{9}{16}$. よって解は $y=\frac{1}{32}(2x^2-3x)e^{2x}+\frac{1}{5}\cos x-\frac{1}{12}x^3-\frac{1}{8}x-\frac{9}{16}+\frac{151}{640}e^{2x}+\frac{81}{640}e^{-2x}=-\frac{1}{12}x^3-\frac{1}{8}x-\frac{9}{16}+\frac{1}{640}(40x^2-60x+151)e^{2x}+\frac{81}{640}e^{-2x}+\frac{1}{5}\cos x$.

(2) 一般解は問題 4.1.2 の (2) より $y=-\frac{1}{7}e^x+\frac{1}{12}xe^{2x}+c_1e^{2x}+(c_2\cos\sqrt{3}x+c_3\sin\sqrt{3}x)e^{-x}$. 従って $y'=-\frac{1}{7}e^x+\frac{1}{12}(2x+1)e^{2x}+2c_1e^{2x}+(-c_2\cos\sqrt{3}x-c_3\sin\sqrt{3}x-\sqrt{3}c_2\sin\sqrt{3}x+\sqrt{3}c_3\cos\sqrt{3}x)e^{-x}$. $y''=-\frac{1}{7}e^x+\frac{1}{3}(x+1)e^{2x}+4c_1e^{2x}+(-2c_2\cos\sqrt{3}x-2c_3\sin\sqrt{3}x+2\sqrt{3}c_2\sin\sqrt{3}x-2\sqrt{3}c_3\cos\sqrt{3}x)e^{-x}$. これに初期条件を適用して $-\frac{1}{7}+c_1+c_2=1\ldots$①, $-\frac{1}{7}+\frac{1}{12}+2c_1-c_2+\sqrt{3}c_3=0\ldots$②, $-\frac{1}{7}+\frac{1}{3}+4c_1-2c_2-2\sqrt{3}c_3=2\ldots$③.

②×2+③ より $8c_1-4c_2=\frac{3}{7}-\frac{1}{2}+2=\frac{27}{14}$, $2c_1-c_2=\frac{27}{56}\ldots$④. ①+④ より $3c_1=\frac{91}{56}=\frac{13}{8}$, $c_1=\frac{13}{24}$. よって $c_2=\frac{8}{7}-c_1=\frac{101}{168}$. $\sqrt{3}c_3=-(2c_1-c_2)+\frac{5}{84}=-\frac{27}{56}+\frac{5}{84}=-\frac{71}{168}$, $c_3=-\frac{71}{168\sqrt{3}}$. 従って $y=-\frac{1}{7}e^x+\frac{1}{12}xe^{2x}+\frac{13}{24}e^{2x}+(\frac{101}{168}\cos\sqrt{3}x-\frac{71}{168\sqrt{3}}\sin\sqrt{3}x)e^{-x}=-\frac{1}{7}e^x+\frac{1}{24}(2x+13)e^{2x}+(\frac{101}{168}\cos\sqrt{3}x-\frac{71}{168\sqrt{3}}\sin\sqrt{3}x)e^{-x}$.

(3) 問題 4.1.2 の (3) で求めた一般解 $y=-\frac{1}{4}e^x-\frac{1}{6}x^2e^{-x}+c_1e^{2x}+(c_2+c_3x)e^{-x}$ に初期条件を適用して $c_1+c_2-\frac{1}{4}=1$, $c_1+c_2=\frac{5}{4}$, $y'=-\frac{1}{4}e^x+\frac{1}{6}(x^2-2x)e^{-x}+2c_1e^{2x}+(-c_3x+c_3-c_2)e^{-x}$, $2c_1-c_2+c_3-\frac{1}{4}=0$, $y''=-\frac{1}{4}e^x+\frac{1}{6}(-x^2+4x-2)e^{-x}+4c_1e^{2x}+(c_3x+c_2-2c_3)e^{-x}$. $4c_1+c_2-2c_3-\frac{7}{12}=2$. $4c_1+c_2-2c_3=\frac{31}{12}$. これより $8c_1-c_2=\frac{37}{12}$, $9c_1=\frac{13}{3}$, $c_1=\frac{13}{27}$, $c_2=\frac{83}{108}$, $c_3=\frac{1}{18}$. 故に解は $y=-\frac{1}{4}e^x-\frac{1}{6}x^2e^{-x}+\frac{13}{27}e^{2x}+(\frac{83}{108}+\frac{1}{18}x)e^{-x}$.

(4) 同じく (4) で求めた一般解 $y=-\frac{x}{4}\sin x+c_1\cos x+c_2\sin x+c_3e^x+c_4e^{-x}$ に初期条件を適用して $c_1+c_3+c_4=1$, $y'=-\frac{1}{4}x\cos x-\frac{1}{4}\sin x-c_1\sin x+c_2\cos x+c_3e^x-c_4e^{-x}$ より，$c_2+c_3-c_4=0$, $y''=\frac{1}{4}x\sin x-\frac{1}{2}\cos x-c_1\cos x-c_2\sin x+c_3e^x+c_4e^{-x}$ より，$-c_1+c_3+c_4-\frac{1}{2}=2$, $-c_1+c_3+c_4=\frac{5}{2}$, $y'''=\frac{1}{4}x\cos x+\frac{3}{4}\sin x+c_1\sin x-c_2\cos x+c_3e^x-c_4e^{-x}$ より $-c_2+c_3-c_4=-1$, $c_1=-\frac{3}{4}$, $c_2=\frac{1}{2}$, $c_3=\frac{5}{8}$, $c_4=\frac{9}{8}$, よって解は $y=-\frac{x}{4}\sin x-\frac{3}{4}\cos x+\frac{1}{2}\sin x+\frac{5}{8}e^x+\frac{9}{8}e^{-x}$.

(5) 同じく (5) より一般解は $y=\frac{1}{17}\cos x+e^{\sqrt{2}x}(c_1\cos\sqrt{2}x+c_2\sin\sqrt{2}x)+e^{-\sqrt{2}x}(c_3\cos\sqrt{2}x+c_4\sin\sqrt{2}x)$. 従って $y'=-\frac{1}{17}\sin x+c_1\sqrt{2}e^{\sqrt{2}x}(\cos\sqrt{2}x-\sin\sqrt{2}x)+c_2\sqrt{2}e^{\sqrt{2}x}(\cos\sqrt{2}x+\sin\sqrt{2}x)-c_3\sqrt{2}e^{-\sqrt{2}x}(\cos\sqrt{2}x+\sin\sqrt{2}x)+c_4\sqrt{2}e^{-\sqrt{2}x}(\cos\sqrt{2}x-\sin\sqrt{2}x)$, $y''=-\frac{1}{17}\cos x-4c_1e^{\sqrt{2}x}\sin\sqrt{2}x+4c_2e^{\sqrt{2}x}\cos\sqrt{2}x+4c_3e^{-\sqrt{2}x}\sin\sqrt{2}x-4c_4e^{-\sqrt{2}x}\cos\sqrt{2}x$,
$y'''=\frac{1}{17}\sin x-4c_1\sqrt{2}e^{\sqrt{2}x}(\cos\sqrt{2}x+\sin\sqrt{2}x)+4c_2\sqrt{2}e^{\sqrt{2}x}(\cos\sqrt{2}x-\sin\sqrt{2}x)+4c_3\sqrt{2}e^{-\sqrt{2}x}(\cos\sqrt{2}x-\sin\sqrt{2}x)+4c_4\sqrt{2}e^{-\sqrt{2}x}(\cos\sqrt{2}x+\sin\sqrt{2}x)$. 初期条件を当てはめると $c_1+c_3=\frac{16}{17}$, $c_1+c_2-c_3+c_4=0$, $4c_2-4c_4=-\frac{16}{17}$, i.e. $c_2-c_4=-\frac{4}{17}$. $-4c_1+4c_2+4c_3+4c_4=0$, i.e. $c_1-c_2-c_3-c_4=0$. これより $c_1=c_3$, $c_2=-c_4$. よって $c_1=c_3=\frac{8}{17}$, $-c_2=c_4=\frac{2}{17}$. 従って解は $y=\frac{1}{17}\cos x+\frac{2}{17}e^{\sqrt{2}x}(4\cos\sqrt{2}x-\sin\sqrt{2}x)+\frac{2}{17}e^{-\sqrt{2}x}(4\cos\sqrt{2}x+\sin\sqrt{2}x)$.

(6) 一般解は問題 4.1.2 の (6) より $y=\frac{1}{6}\sin x+2e^x+(c_1x+c_2)e^{-x}+c_3\cos 2x+c_4\sin 2x$. よって $y'=\frac{1}{6}\cos x+2e^x-c_1(x-1)e^{-x}-c_2e^{-x}-2c_3\sin 2x+2c_4\cos 2x$, $y''=-\frac{1}{6}\sin x+2e^x+\{c_1(x-2)+c_2\}e^{-x}-4c_3\cos 2x-4c_4\sin 2x$, $y'''=-\frac{1}{6}\cos x+2e^x-\{c_1(x-3)+c_2\}e^{-x}+8c_3\sin 2x-8c_4\cos 2x$. これらに初期条件を代入して $c_2+c_3=-1$, $c_1-c_2+2c_4=-\frac{19}{6}$, $-2c_1+c_2-4c_3=-3$, $3c_1-c_2-8c_4=-\frac{17}{6}$. これを解いて $c_1=-\frac{9}{2}$, $c_2=-\frac{16}{5}$, $c_3=\frac{11}{5}$, $c_4=-\frac{14}{15}$. よって答は $y=\frac{1}{6}\sin x+2e^x-(\frac{9}{2}x+\frac{16}{5})e^{-x}+\frac{11}{5}\cos 2x-\frac{14}{15}\sin 2x$.

(7) 一般解は同じく (7) より $y=\frac{1}{5}\sin x+(c_1\cos x+c_2\sin x)e^x+(c_3\cos x+c_4\sin x)e^{-x}$. よって $y'=\frac{1}{5}\cos x+\{c_1(\cos x-\sin x)+c_2(\sin x+\cos x)\}e^x+\{c_3(-\cos x-\sin x)+c_4(-\sin x+\cos x)\}e^{-x}$, $y''=-\frac{1}{5}\sin x+\{-2c_1\sin x+2c_2\cos x\}e^x+\{2c_3\sin x-2c_4\cos x\}e^{-x}$, $y'''=-\frac{1}{5}\cos x+\{-2c_1(\sin x+\cos x)+2c_2(\cos x-\sin x)\}e^x+$

$\{2c_3(\cos x - \sin x) + 2c_4(\cos x + \sin x)\}e^{-x}$, これに初期条件を適用して $1 = c_1 + c_3 \ldots$①, $2 = \frac{1}{5} + c_1 + c_2 - c_3 + c_4$, i.e. $c_1 + c_2 - c_3 + c_4 = \frac{9}{5} \ldots$②, $0 = 2c_2 - 2c_4$, i.e. $c_2 - c_4 = 0 \ldots$③, $1 = -\frac{1}{5} - 2c_1 + 2c_2 + 2c_3 + 2c_4$, i.e. $c_1 - c_2 - c_3 - c_4 = -\frac{3}{5} \ldots$④. ②+④より $c_1 - c_3 = \frac{3}{5} \ldots$⑤. これと①から $c_1 = \frac{4}{5}$, $c_3 = \frac{1}{5}$. また②−⑤より $c_2 + c_4 = \frac{6}{5} \ldots$⑥. これと③から $c_2 = \frac{3}{5}$, $c_4 = \frac{3}{5}$. 以上により求める解は $y = \frac{1}{5}\sin x + \frac{1}{5}(4\cos x + 3\sin x)e^x + \frac{1}{5}(\cos x + 3\sin x)e^{-x}$.

(8) 問題 4.4.3 (6) で与えられたパラメータ表示の一般解 $x = \int \frac{1}{\log p + c_1} dp + c_3$, $y = \int \frac{p}{\log p + c_1} dp + c_2$ の任意定数を初期値を用いて決定すればよい. $x = 0$ で $y = 0, p = y' = 1$ より, 不定積分を定積分に変えると, $x = \int_1^p \frac{1}{\log p + c_1} dp$, $y = \int_1^p \frac{p}{\log p + c_1} dp$. 後は c_1 を決めるのだが, $y'' = \frac{d^2 y}{dx^2} = \frac{dp}{dx}$, 他方 $\frac{dx}{dp} = \frac{1}{\log p + c_1}$ だから $\frac{dp}{dx} = \log p + c_1$, よって $2 = c_1$ だから, 解は $x = \int_1^p \frac{1}{\log p + 2} dp$, $y = \int_1^p \frac{p}{\log p + 2} dp$. この問題は $y'(0) \neq 0$ なる初期値問題は解けるが, $y'(0) = 0$ を指定すると破綻する.

(9) 問題 4.4.3 (7) で与えられたパラメータ表示の一般解 $x = \int \frac{dp}{\sqrt{2e^p + c_1}} + c_2$, $y = \int \frac{p dp}{\sqrt{2e^p + c_1}} + c_3$ の任意定数を初期値を用いて決定すればよい. $x = 0$ で $y = 0$, $p = 0$ より, 不定積分を定積分に変えると, $x = \int_0^p \frac{dp}{\sqrt{2e^p + c_1}}$, $y = \int_0^p \frac{p dp}{\sqrt{2e^p + c_1}}$. 最後の定数 c_1 は 4.4.3(7) の解答中の式 $\frac{y''}{\sqrt{2e^{y'} + c_1}} = 1$ から, $\frac{1}{\sqrt{2e^0 + c_1}} = 1$, よって $c_1 = -1$ と決定された. 以上により初期値問題の解は, $x = \int_0^p \frac{dp}{\sqrt{2e^p - 1}}$, $y = \int_0^p \frac{p dp}{\sqrt{2e^p - 1}}$.

ちなみに, もし初期値の最後の値が $y''(0) = 0$ だったら, $c_1 = -2$ ととる. このときこの式は $\frac{0}{0}$ 型の不定形となるが, (任意定数の書き換えをして) 同解答中のこの一つ前の式を用いれば正当に結論できる.

5.3.1 (1) 一般解 $y = -\frac{x}{3} - \frac{2}{9} + c_1 e^x + c_2 e^{-3x}$ に境界条件を代入して $-\frac{2}{9} + c_1 + c_2 = 0$, $-\frac{5}{9} + c_1 e + c_2 e^{-3} = 0$. これより, $c_1 = \frac{5e^3 - 2}{9(e^4 - 1)}$, $c_2 = \frac{2e^4 - 5e^3}{9(e^4 - 1)}$. よって求める解は $y = -\frac{x}{3} - \frac{2}{9} + \frac{(5e^3 - 2)e^x + (2e^4 - 5e^3)e^{-3x}}{9(e^4 - 1)}$.

(2) 一般解 $y = -\frac{1}{2} + c_1 e^{2x} + c_2 e^{-x}$ に境界条件を代入して $2c_1 - c_2 = 0$, $2c_1 e^2 - c_2 e^{-1} = 0$. これより, $c_1 = c_2 = 0$. よって求める解は $y = -\frac{1}{2}$. これは目の子でも求まる.

(3) 一般解 $-\frac{1}{3}\cos 2x + c_1 \cos x + c_2 \sin x$ に境界条件を代入して, $c_1 - \frac{1}{3} = 0$, $-c_1 - \frac{1}{3} = 0$. この二つの式は矛盾するので, 解は無い.

(4) 一般解は $y = \frac{1}{2}\cos x + c_1 e^x + c_2 x e^x$. よって $y' = -\frac{1}{2}\sin x + c_1 e^x + c_2(x+1)e^x$. これに境界条件を代入して, $y(0) = \frac{1}{2} + c_1 = 0$, よって $c_1 = -\frac{1}{2}$. また $y'(\pi) = c_1 e^\pi + c_2(\pi + 1)e^\pi = 1$, すなわち $c_2(\pi + 1)e^\pi = 1 + \frac{1}{2}e^\pi$. よって $c_2 = \frac{e^\pi + 2}{2(\pi + 1)e^\pi}$. 故に答は $y = \frac{1}{2}\cos x - \frac{1}{2}e^x + \frac{e^\pi + 2}{2(\pi + 1)e^\pi} x e^x$.

(5) 一般解 $y = -x + c_1 e^x + c_2 e^{-x}$ とその微分 $y' = -1 + c_1 e^x - c_2 e^{-x}$ に境界条件を代入して $1 + c_1 e^{-1} + c_2 e = 0$, $-1 + c_1 e - c_2 e^{-1} = 0$. これより $c_1 = \frac{e^2 - 1}{e^3 + e^{-1}} = \frac{e - e^{-1}}{e^2 + e^{-2}}$, $c_2 = -\frac{e^2 + 1}{e^3 + e^{-1}} = -\frac{e + e^{-1}}{e^2 + e^{-2}}$ と一意に定まり, 答は $y = -x + \frac{e - e^{-1}}{e^2 + e^{-2}} e^x - \frac{e + e^{-1}}{e^2 + e^{-2}} e^{-x}$.

(6) 一般解 $y = e^{2x} + c_1 e^{2x}\cos x + c_2 e^{2x}\sin x$ に境界条件を代入して, $e^{-2\pi} - c_1 e^{-2\pi} = 0$, $e^{2\pi} - c_1 e^{2\pi} = 0$, これより $c_1 = 1$ だが, c_2 は任意. よってこの境界値問題の解は存在する

が，1 次元の自由度を持つ．すなわち，$c_2 = c$ を任意として $y = e^{2x}(1 + \cos x + c \sin x)$.
(7) この方程式の一般解は，例題 3.7 の (3) と 3.11 その 1 の (3) で求めてあり，$y = -\frac{1}{2}\cos x + (c_1 + c_2 x)e^{-x}$. これに境界条件を適用して $-\frac{1}{2} + c_1 = 1$, すなわち $c_1 = \frac{3}{2}$, および $\frac{1}{2} + (c_1 + c_2\pi)e^{-\pi} = 1$, すなわち $(c_1 + c_2\pi)e^{-\pi} = \frac{1}{2}$, よって $c_2 = \frac{e^{\pi}-3}{2\pi}$ となるので，解は $y = -\frac{1}{2}\cos x + \left(\frac{e^{\pi}-3}{2\pi}x + \frac{3}{2}\right)e^{-x}$.
(8) 前問の計算の続きで，$y' = \frac{1}{2}\sin x + (c_2 - c_1 - c_2 x)e^{-x}$. よって境界条件より $(c_2 - c_1) - \frac{1}{2} + c_1 = 0$, $(c_2 - c_1 - c_2\pi)e^{-\pi} + \frac{1}{2} + (c_1 + c_2\pi)e^{-\pi} = 0$. 第 1 の式から $c_2 = \frac{1}{2}$, 第 2 の式から $c_2 = -\frac{1}{2}e^{\pi}$. これらは矛盾するので，解は存在しない．
(9) 一般解 $\frac{1}{2}\cos x + c_1 e^{x} + c_2 x e^{x}$ とその微分 $y' = -\frac{1}{2}\sin x + c_1 e^{x} + c_2(x+1)e^{x}$ に境界条件を代入して $\frac{1}{2} + c_1 = -\frac{1}{2} + c_1 e^{\pi} + c_2\pi e^{\pi}$, $c_1 + c_2 = c_1 e^{\pi} + c_2(\pi+1)e^{\pi}$. 引き算して $c_2 e^{\pi} = c_2 - 1$, これより $c_2 = -\frac{1}{e^{\pi}-1}$, よって第 2 の式から $c_1 = \frac{e^{\pi}(\pi+1)-1}{(e^{\pi}-1)^2}$. 故に答は $\frac{1}{2}\cos x + \frac{e^{\pi}(\pi+1)-1}{(e^{\pi}-1)^2}e^{x} - \frac{1}{e^{\pi}-1}xe^{x}$.
5.4.1 (1) ノイマン境界値問題 $y'' + ay' + by = f(x)$, $y'(0) = A$,　$y'(1) = B$ に対しては，$h'(0) = A$, $h'(1) = B$ を満たす関数，例えば $h(x) = \frac{1}{2}\{-A(1-x)^2 + Bx^2\}$ を任意に選んで $z = y - h(x)$ と置くとき，$z'(0) = z'(1) = 0$, $z'' + az' + bz = f(x) - (h''(x) + ah'(x) + bh(x))$ となる．逆に，$y'' + ay' + by = g(x)$, $y'(0) = A$,　$y'(1) = B$ において $y'' + ay' + by = f(x)$ の特殊解 $h(x)$ を勝手に選べば，$z = y - h(x)$ は $z'' + az' + bz = 0$, $z'(0) = A - h'(0)$, $z'(1) = B - h'(1)$ を満たす．
(2) 周期境界値問題 $y'' + ay' + by = f(x)$, $y(0) = y(1)$, $y'(0) = y'(1)$ の場合，$y'' + ay' + by = f(x)$ の特殊解 $h(x)$ が一つ求まれば，$z = y - h(x)$ と変換すれば，$z'' + az' + bz = 0$, $z(0) = z(1) + h(0) - h(1)$, $z'(0) = z'(1) + h'(0) - h'(1)$ を満たす．すなわち，境界条件は一般には周期的にならない . 逆に，$z'' + az' + bz = 0$, $z(0) = z(1) + A$, $z'(0) = z'(1) + B$ に対しては $h(0) = h(1) + A$, $h'(0) = h'(1) + B$ を満たす任意の関数，例えば $h(x) = (A + \frac{B}{2}x)(1-x)$ と取れば，$y = z - h(x)$ は $y(0) = y(1)$, $y'(0) = y'(1)$ を満たす $y'' + ay' + b = h'' + ah' + bh$ の解となる．従ってこの右辺を $f(x)$ と置けば，前半の形に帰着する．この h は $A = B = 0$ でなければ周期関数には取れないことは明らか．
5.5.1 (1) 右辺の λy を左辺に移項したものの特性方程式は，未知数を τ として $\tau^2 + 2\tau - (3 + \lambda) = 0$, この根は $\tau = -1 \pm \sqrt{4+\lambda}$. よって一般解は $\lambda \neq -4$ のときは $y = c_1 e^{(-1+\sqrt{4+\lambda})x} + c_2 e^{(-1-\sqrt{4+\lambda})x}$. これに境界条件を代入すると，$c_1 + c_2 = 0$, $c_1 e^{-1+\sqrt{4+\lambda}} + c_2 e^{-1-\sqrt{4+\lambda}} = 0$. 前者を後者に代入して $c_1 e^{-1+\sqrt{4+\lambda}} = c_1 e^{-1-\sqrt{4+\lambda}}$. $c_1 \neq 0$ とすれば，$e^{-1+\sqrt{4+\lambda}} = e^{-1-\sqrt{4+\lambda}}$. あるいは，$e^{2\sqrt{4+\lambda}} = 1$. これより，$2\sqrt{4+\lambda} = 2n\pi i$, $n \in \boldsymbol{Z}$. よって $4 + \lambda = -n^2\pi^2$, $\lambda = -n^2\pi^2 - 4$, $n = 1, 2, \ldots$. これが固有値である．固有関数は $y = c_1 e^{(-1+n\pi i)x} - c_1 e^{(-1-n\pi i)x} = ce^{-x}\sin n\pi x$. 最後に $\lambda = -4$ は固有値にならないことが例題 5.5 の (1) と同様にして示せるが，これは下の問題 5.5.2 で一般的に示しているので計算の詳細は省く．
(2) $9 + 4\lambda \neq 0$ のときは一般解 $y = c_1 \exp(\frac{1+\sqrt{9+4\lambda}}{2}x) + c_2 \exp(\frac{1-\sqrt{9+4\lambda}}{2}x)$. これを微分

して境界条件を代入すると $\frac{1+\sqrt{9+4\lambda}}{2}c_1+\frac{1-\sqrt{9+4\lambda}}{2}c_2=0\ldots$①, $\frac{1+\sqrt{9+4\lambda}}{2}c_1\exp(\frac{1+\sqrt{9+4\lambda}}{2})+\frac{1-\sqrt{9+4\lambda}}{2}c_2\exp(\frac{1-\sqrt{9+4\lambda}}{2})=0\ldots$②. ①を②に代入すると, $\frac{1-\sqrt{9+4\lambda}}{2}c_2\{\exp(\frac{1+\sqrt{9+4\lambda}}{2})-\exp(\frac{1-\sqrt{9+4\lambda}}{2})\}=0\ldots$③. この後の方の因子を 0 と置けば, $\exp(\frac{1+\sqrt{9+4\lambda}}{2})-\exp(\frac{1-\sqrt{9+4\lambda}}{2})=0$ から $\exp(\sqrt{9+4\lambda})=1$. これより $\sqrt{9+4\lambda}=2n\pi i$, $\lambda=-\frac{9}{4}-n^2\pi^2$, $n=1,2,\ldots$ が固有値. 固有関数はこの λ の値と ① を一般解に代入すれば求まるが, その前に①から $c_1=-\frac{1-2n\pi i}{1+2n\pi i}c_2$. そこで $c_1=2n\pi i-1$, $c_2=2n\pi i+1$ と取って, $y=(2n\pi i-1)\exp(\frac{1+2n\pi i}{2}x)+(2n\pi i+1)\exp(\frac{1-2n\pi i}{2}x)=e^{x/2}\{(2n\pi i-1)(\cos n\pi x+i\sin n\pi x)+(2n\pi i+1)(\cos n\pi x-i\sin n\pi x)\}=e^{x/2}(4n\pi i\cos n\pi x-2i\sin n\pi x)$. なので, $2i$ で割ると実になり, 最終的には $y=e^{x/2}(2n\pi\cos n\pi x-\sin n\pi x)$ が固有関数となる. また, ③のもう一つの因子を 0 と置いたものは, $\frac{1-\sqrt{9+4\lambda}}{2}=0$ から $\sqrt{9+4\lambda}=1$, $\lambda=-2$. このとき $\frac{1+\sqrt{9+4\lambda}}{2}\neq 0$ なので, ①から $c_1=0$. よって $y=1$ が固有関数となる. $\sqrt{9+4\lambda}=-1$ としても同様. 最後に $9+4\lambda=0$ のときは一般解が $y=(c_1+c_2x)e^{x/2}$ となり, 境界条件を当てはめると $(\frac{c_1}{2}+c_2)=0$, $(\frac{c_1}{2}+c_2+\frac{c_2}{2})e^{1/2}=0$. これから $c_1=c_2=0$ となるので, $\lambda=-\frac{9}{4}$ は固有値ではない.

(3) $\lambda\neq 1$ のとき一般解は $y=c_1e^{\sqrt{\lambda-1}x}+c_2e^{-\sqrt{\lambda-1}x}$. これに境界条件を適用して $c_1+c_2=0$, $c_1e^{\sqrt{\lambda-1}}+c_2e^{-\sqrt{\lambda-1}}=0$. 前者から $c_2=-c_1$, 後者から $c_1(e^{\sqrt{\lambda-1}}-e^{-\sqrt{\lambda-1}})=0$. 第 2 因子を 0 と置いて $e^{\sqrt{\lambda-1}}-e^{-\sqrt{\lambda-1}}=0$, $e^{2\sqrt{\lambda-1}}=1$, よって $2\sqrt{\lambda-1}=2n\pi i$, $\lambda=-n^2\pi^2+1$, $n=1,2,\ldots$ が固有値である. 固有関数は $y=c_1e^{n\pi ix}-c_1e^{-n\pi ix}=c\sin n\pi x$. なお $\lambda=1$ は固有値ではないことが直接計算により, あるいは下の問題 5.5.2 から分かる.

(4) $\lambda\neq 0$ のとき一般解は $y=c_1e^{(1+\sqrt{\lambda})x}+c_2e^{(1-\sqrt{\lambda})x}$. これに境界条件を適用して $c_1(1+\sqrt{\lambda})+c_2(1-\sqrt{\lambda})=0\ldots$①, $c_1(1+\sqrt{\lambda})e^{(1+\sqrt{\lambda})\pi}+c_2(1-\sqrt{\lambda})e^{(1-\sqrt{\lambda})\pi}=0$. 従って $c_1(1+\sqrt{\lambda})\{e^{(1+\sqrt{\lambda})\pi}-e^{(1-\sqrt{\lambda})\pi}\}=0$ だから, 固有値の条件は $e^{2\sqrt{\lambda}\pi}=1$, $\sqrt{\lambda}=ni$. よって $\lambda=-n^2$, $n\in\boldsymbol{Z}$ が固有値の候補である. これを一般解に代入すると, ①より $c_2=\frac{ni+1}{ni-1}c_1$ に注意して, 固有関数は, 定数因子を省略して $y=(ni-1)e^{(1+ni)x}+(ni+1)e^{(1-ni)x}=2ie^x(n\cos nx-\sin nx)$, これは $n=0$ のとき 0 となる, $n\neq 0$ のときは定数を調節すると $y=e^x(\cos nx-\frac{\sin nx}{n})$ を得る. なお $\lambda=0$ のときは (2) の解答と同様にして, あるいは下の問題 5.5.2 で示した一般論により固有値ではないことが分かる.

(5) $\lambda\neq -1$ のとき一般解は $y=c_1e^{\sqrt{\lambda+1}x}+c_2e^{-\sqrt{\lambda+1}x}$. これに境界条件を当てはめて $c_1e^{-\sqrt{\lambda+1}}+c_2e^{\sqrt{\lambda+1}}=0$, $c_1e^{\sqrt{\lambda+1}}+c_2e^{-\sqrt{\lambda+1}}=0$. これより $c_1(e^{-2\sqrt{\lambda+1}}-e^{2\sqrt{\lambda+1}})=0$ となるから, 固有値の条件は $e^{4\sqrt{\lambda+1}}=1$, すなわち $4\sqrt{\lambda+1}=2n\pi i$, 従って $\lambda=-1-\frac{n^2\pi^2}{4}$. このとき $c_2=-e^{-n\pi i}c_1$ となり, 対応する固有関数は $e^{n\pi ix/2}-e^{-n\pi ix/2-n\pi i}$, あるいは定数を調節して $\frac{1}{2i}\{e^{n\pi i(x+1)/2}-e^{-n\pi i(x+1)/2}\}=\sin\frac{n\pi(x+1)}{2}$ が固有関数となる. なお, $\lambda=-1$ は例題 5.5 の (1) と同様にして, あるいは下の問題 5.5.2 の一般論により固有値ではないことが分かる.

(6) $\lambda\neq 1$ のとき一般解は $y=c_1e^{\sqrt{\lambda+1}x}+c_2e^{-\sqrt{\lambda+1}x}$. これに境界条件を当てはめて $0=c_1e^{-\sqrt{\lambda+1}}+c_2e^{\sqrt{\lambda+1}}\ldots$①, $0=c_1\sqrt{\lambda+1}e^{\sqrt{\lambda+1}}-c_2\sqrt{\lambda+1}e^{-\sqrt{\lambda+1}}\ldots$②. ① を

② に代入して $c_2\sqrt{\lambda+1}(e^{3\sqrt{\lambda+1}}+e^{-\sqrt{\lambda+1}})=0$. 最後の因子を 0 と置いて $e^{4\sqrt{\lambda+1}}=-1$, $4\sqrt{\lambda+1}=(2n+1)\pi i$, $n\in\boldsymbol{Z}$, $\lambda=-1-\frac{(2n+1)^2\pi^2}{16}$, $n=0,1,2,\ldots$. このとき ① より $c_1=-e^{(2n+1)\pi i/2}c_2$ であり, $y=-c_2(e^{\frac{2n+1}{4}\pi ix+\frac{2n+1}{2}\pi i}-e^{-\frac{2n+1}{4}\pi ix})=-c_2e^{\frac{2n+1}{4}\pi i}\{e^{\frac{2n+1}{4}\pi i(x+1)}-e^{-\frac{2n+1}{4}\pi i(x+1)}\}$. よって定数を適当に取って実の固有関数として $\sin\frac{2n+1}{4}\pi(x+1)$ が得られた.（不幸にしてこの変形に気づかなかった場合は, y の最初の表現において定石通り a,b を実として $-c_2=a+bi$ と置き, 全体の実部を取れば, $y=a\cos\left(\frac{2n+1}{4}\pi x+\frac{2n+1}{2}\pi\right)-b\sin\left(\frac{2n+1}{4}\pi x+\frac{2n+1}{2}\pi\right)-a\cos\frac{2n+1}{4}\pi x-b\sin\frac{2n+1}{4}\pi x=-(-1)^na\sin\frac{2n+1}{4}\pi x-b\sin\left(\frac{2n+1}{4}\pi x+\frac{2n+1}{2}\pi\right)-(-1)^na\sin\left(\frac{2n+1}{4}\pi x+\frac{2n+1}{2}\pi\right)-b\sin\frac{2n+1}{4}\pi x=-\{(-1)^na+b\}\{\sin\left(\frac{2n+1}{4}\pi x+\frac{2n+1}{2}\pi\right)+\sin\frac{2n+1}{4}\pi x\}$. この括弧内に 3 角関数の和積の公式を用いれば, 定数因子を除き上と同じ関数が得られる.）なお, もう一つの因子 $\sqrt{\lambda+1}=0$, すなわち $\lambda=-1$ は最初に除外した場合であるが, このときは一般解が $y=c_1+c_2x$ となり, 境界条件より $c_1-c_2=0$, $c_2=0$ が得られ, これから $c_1=0$ が従うので, $\lambda=-1$ は固有値ではない.

(7) $\lambda\neq 1$ のとき一般解は $y=c_1e^{(2+\sqrt{\lambda-1})x}+c_2e^{(2-\sqrt{\lambda-1})x}$. これに境界条件を適用して $0=c_1e^{-(2+\sqrt{\lambda-1})\pi}+c_2e^{-(2-\sqrt{\lambda-1})\pi}$, $0=c_1e^{(2+\sqrt{\lambda-1})\pi}+c_2e^{(2-\sqrt{\lambda-1})\pi}$. これらは順に $0=c_1+c_2e^{2\sqrt{\lambda-1}\pi}\ldots$①, $0=c_1+c_2e^{-2\sqrt{\lambda-1}\pi}\ldots$② と変形されるので, 固有値の条件は $e^{2\sqrt{\lambda-1}\pi}=e^{-2\sqrt{\lambda-1}\pi}$, すなわち, $e^{4\sqrt{\lambda-1}\pi}=1$. これから $4\sqrt{\lambda-1}\pi=2n\pi i$, 従って $\lambda=1-\frac{n^2}{4}$, $n=1,2,\ldots$. このとき① から $c_1=-c_2e^{n\pi i}=-(-1)^nc_2$. よって $y=-c_2e^{2x}\{(-1)^ne^{\frac{ni}{2}x}-e^{-\frac{ni}{2}x}\}=-2ic_2e^{2x}\sin\frac{n}{2}x$（$n$ が偶数のとき）, $=2c_2e^{2x}\cos\frac{n}{2}x$（$n$ が奇数のとき）. これらから定数因子を取り去れば実の固有関数が得られる. $y=e^{2x}\sin\frac{n}{2}(x+\pi)$ という, n の偶奇によらない表現も有る. 最初に除外された $\lambda=1$ は固有値ではない. なお, 本問の方程式は $(e^{-2x}y)''=(\lambda+1)e^{-2x}y$ と変形できるので, 固有値と固有関数は $y''=\lambda y$ の区間 $[-\pi,\pi]$ におけるディリクレ固有値問題の解から簡単な置換で求まる.

(8) 一般解は $\lambda\neq 0$ のとき $y=c_1e^{(-1+\sqrt{\lambda})x}+c_2e^{(-1-\sqrt{\lambda})x}$. 境界条件を適用して, $c_1+c_2+c_1(-1+\sqrt{\lambda})+c_2(-1-\sqrt{\lambda})=0$, $c_1e^{(-1+\sqrt{\lambda})\pi}+c_2e^{(-1-\sqrt{\lambda})\pi}+c_1(-1+\sqrt{\lambda})e^{(-1+\sqrt{\lambda})\pi}+c_2(-1-\sqrt{\lambda})e^{(-1-\sqrt{\lambda})\pi}=0$. 一つ目から $c_1\sqrt{\lambda}-c_2\sqrt{\lambda}=0$, $c_1=c_2$. 二つ目から $c_1\sqrt{\lambda}e^{(-1+\sqrt{\lambda})\pi}-c_2\sqrt{\lambda}e^{(-1-\sqrt{\lambda})\pi}=0$. 前者を後者に代入して $c_1\sqrt{\lambda}\{e^{(-1+\sqrt{\lambda})\pi}-e^{(-1-\sqrt{\lambda})\pi}\}=0$. よって固有値の条件は, $\sqrt{\lambda}\neq 0$ とするとき, $e^{(-1+\sqrt{\lambda})\pi}-e^{(-1-\sqrt{\lambda})\pi}=0$, あるいは $e^{2\sqrt{\lambda}\pi}=1$. これより $2\sqrt{\lambda}\pi=2n\pi i$, $\lambda=-n^2$, $n=1,2,\ldots$. これから固有関数は $y=e^{(-1+ni)x}+e^{(-1-ni)x}$, あるいは定数倍を調節して $e^{-x}\cos nx$ という実の表現が得られた. $\sqrt{\lambda}=0$, すなわち $\lambda=0$ のときは, この場合の一般解 $(c_1+c_2x)e^{-x}$ のうち $y=e^{-x}$ は境界条件を満たしているので, これも固有値である.

(9) 一般解は $\lambda\neq 0$ のとき $y=c_1e^{(1+\sqrt{\lambda})x}+c_2e^{(1-\sqrt{\lambda})x}$. 境界条件を適用して, $c_1+c_2=c_1e^{(1+\sqrt{\lambda})\pi}+c_2e^{(1-\sqrt{\lambda})\pi}$, $c_1(1+\sqrt{\lambda})+c_2(1-\sqrt{\lambda})=c_1(1+\sqrt{\lambda})e^{(1+\sqrt{\lambda})\pi}+c_2(1-\sqrt{\lambda})e^{(1-\sqrt{\lambda})\pi}$. 同類項をまとめて $c_1(1-e^{(1+\sqrt{\lambda})\pi})+c_2(1-e^{(1-\sqrt{\lambda})\pi})=0\ldots$①, $c_1(1+\sqrt{\lambda})(1-e^{(1+\sqrt{\lambda})\pi})+c_2(1-\sqrt{\lambda})(1-e^{(1-\sqrt{\lambda})\pi})=0\ldots$②. ①を②に代入して

$2c_2\sqrt{\lambda}\{1-e^{(1-\sqrt{\lambda})\pi}\}=0\ldots$③. 最後の因子を 0 と置いて $e^{(1-\sqrt{\lambda})\pi}=1$, $1-\sqrt{\lambda}=2ni$, $\lambda=1-4n^2-4ni$, $n\in\boldsymbol{Z}$（虚数の固有値が現れる）. このとき①より $c_1=0$ となるので，固有関数としては定数因子を省略して $y=e^{2nix}$.（固有値が虚数なので，固有関数は実数では取れない.）次に③において $c_2=0$ のときは，$c_1\neq 0$ より $1+\sqrt{\lambda}=2ni$ で上に求めたものと一致する．最後に $\lambda=0$ のときは，一般解は $y=(c_1+c_2x)e^x$ となるが，境界条件を当てはめると $c_1=(c_1+c_2\pi)e^{\pi}$, $c_1+c_2=(c_1+c_2+c_2\pi)e^{\pi}$ となり，引き算して $c_2=c_2e^{\pi}$ より $c_2=0$, よって $c_1=0$ となるので，これは固有値ではない.

5.5.2 特性根が重根 α を持つときの一般解は $y=(c_1+c_2x)e^{\alpha x}$ の形となる．これが x の異なる二つの値で 0 となることは，係数の 1 次式がそこで 0 となることと同値である．そのような 1 次式は 0 しかないので $y=0$ となる．よってこのような λ はディリクレ問題の固有値とならない．ノイマン問題の場合は，$y'=(\alpha c_1+c_2+\alpha c_2x)e^{\alpha x}$ に対して同様の考察をすることになり，1 次式 $\alpha c_1+c_2+\alpha c_2x$ が恒等的に 0 となるための条件を探すと，$\alpha=0$ のときは $c_2=0$ で c_1 が任意に取れ，この場合は定数 1 を固有関数に持つことが分かり，このような λ は固有値となる．しかし $\alpha\neq 0$ なら $c_2=0$ から $c_1=0$ も従ってしまい，$y=0$ となって固有値ではない．すなわち，ノイマン条件の場合には 1 が固有関数となる場合に限り，すなわち重複特性根が 0 である場合に限り固有値となる.

5.6.1 (1) 例題 5.6 と同じ変形をし，未知関数の同じ変換 $z=-ye^{(P/2)x}$ を施すと，方程式は (5.2) となる．更に，独立変数の変換 $t=\frac{x-a}{b-a}$ で方程式は (5.3) に帰着する．しかし境界条件は $y'(a)=0\iff -\frac{dz}{dx}(a)e^{-(P/2)a}+\frac{P}{2}e^{-(P/2)a}z(a)=0$, すなわち $\frac{dz}{dx}(a)-\frac{P}{2}z(a)=0\iff\frac{1}{b-a}\frac{dz}{dt}(0)-\frac{P}{2}z(0)=0$ と第 3 種境界条件に変わる．右端でも同様である.

(2) 始めから第 3 種境界条件のときは，最後のところが $y'(a)+\alpha y(a)=0\iff -\frac{dz}{dx}(a)e^{-(P/2)a}+\frac{P}{2}e^{-(P/2)a}z(a)-\alpha e^{-(P/2)a}z(a)=0$, すなわち $\frac{dz}{dx}(a)+(\alpha-\frac{P}{2})z(a)=0\iff\frac{1}{b-a}\frac{dz}{dt}(0)+(\alpha-\frac{P}{2})z(0)=0$ となるので，第 3 種境界条件として係数が変化するだけである．ただし，$\alpha=\frac{P}{2}$ という特別な場合だけ，例外的にノイマン条件に変わる.

5.7.1 (1) 一般解は $y=\frac{x^4}{24}+c_0+c_1x+c_2x^2+c_3x^3$. よって $y''=\frac{x^2}{2}+2c_2+6c_3x$, $y'''=x+6c_3$. これに境界条件を適用して $x=0$ で $6c_3=0$, $2c_2=0$. よって $c_3=0$. また $x=a$ で $a+6c_3=0$, $\frac{a^2}{2}+2c_2+6c_3a=0$. よって $a=-6c_3=0$. これは題意に反するので，この境界値問題は解を持たない．これは a が何であってもノイマン条件付き作用素 $\frac{d^4}{dx^4}$ が 0 を固有値に持つため（1, x が対応する固有関数）である.

(2) 一般解と $x=0$ での境界条件は前問と同じで，$c_2=c_3=0$. これを y および $y'=\frac{x^3}{6}+c_1+2c_2x+3c_3x^2$ に代入すると $x=a$ では $\frac{a^4}{24}+c_0+c_1a=0$, $\frac{a^3}{6}+c_1=0$, よって $c_1=-\frac{a^3}{6}$, $c_0=-\frac{a^4}{24}+\frac{a^4}{6}=\frac{a^4}{8}$. 以上により解は $y=\frac{x^4}{24}+\frac{a^4}{8}-\frac{a^3}{6}x$.

(3) 特性方程式 $\lambda^4-1=0$ の根は ± 1, $\pm i$ なので，一般解は $y=c_0e^x+c_1e^{-x}+c_2\cos x+c_3\sin x$. $x=0$ での境界条件より $c_0+c_1+c_2=0\ldots$①, $c_0-c_1+c_3=1\ldots$②. $x=a$ での境界条件より $c_0e^a+c_1e^{-a}+c_2\cos a+c_3\sin a=0\ldots$③, $c_0e^a-c_1e^{-a}-c_2\sin a+c_3\cos a=1\ldots$④. これらに ①, ② を代入して c_2, c_3 を消去すると $c_0e^a+c_1e^{-a}-(c_0+c_1)\cos a-(c_0-c_1-1)\sin a=0$, $c_0e^a-c_1e^{-a}+(c_0+c_1)\sin a-$

$(c_0 - c_1 - 1)\cos a = 1$. すなわち，$(e^a - \cos a - \sin a)c_0 + (e^{-a} - \cos a + \sin a)c_1 = -\sin a \ldots$⑤, $(e^a - \cos a + \sin a)c_0 - (e^{-a} - \cos a - \sin a)c_1 = 1 - \cos a \ldots$⑥. ここで，⑤$\times(e^a - \cos a + \sin a)-$⑥$\times(e^a - \cos a - \sin a)$ を作ると c_0 の係数は消え，c_1 の係数は $2\{2-(e^a+e^{-a})\cos a\} = 4(1-\cosh a\cos a)$ となる．仮定によりこれは 0 ではないので，$c_1 = -\frac{(1-\cos a)(e^a-\cos a-\sin a)+(e^a-\cos a+\sin a)\sin a}{4(1-\cosh a\cos a)} = -\frac{(1-\cos a+\sin a)e^a+1-\cos a-\sin a}{4(1-\cosh a\cos a)}$，同様に $c_0 = \frac{(1-\cos a)(e^{-a}-\cos a+\sin a)-(e^{-a}-\cos a-\sin a)\sin a}{4(1-\cosh a\cos a)} = \frac{(1-\cos a-\sin a)e^{-a}+1-\cos a+\sin a}{4(1-\cosh a\cos a)}$ と一意に解ける．よって ①,② より
$c_2 = -(c_0 + c_1) = \frac{(1-\cos a+\sin a)e^a-(1-\cos a-\sin a)e^{-a}-2\sin a}{4(1-\cosh a\cos a)}$,
$c_3 = 1 - c_0 + c_1 = -\frac{(1+\cos a+\sin a)e^a+(1+\cos a-\sin a)e^{-a}-2(1+\cos a)}{4(1-\cosh a\cos a)}$. これらを一般解に代入したものが答である．

(4) 斉次部分の一般解は前問で用いたものと同じなので，それに一目で分かる非斉次方程式の特殊解 -1 を加えて $y = c_0e^x + c_1e^{-x} + c_2\cos x + c_3\sin x - 1$. これに境界条件を適用して $c_0 + c_1 + c_2 - 1 = c_0e^a + c_1e^{-a} + c_2\cos a + c_3\sin a - 1$, すなわち，$c_0 + c_1 + c_2 = c_0e^a + c_1e^{-a} + c_2\cos a + c_3\sin a \ldots$①, $c_0 - c_1 + c_3 = c_0e^a - c_1e^{-a} - c_2\sin a + c_3\cos a \ldots$②, $c_0 + c_1 - c_2 = c_0e^a + c_1e^{-a} - c_2\cos a - c_3\sin a \ldots$③, $c_0 - c_1 - c_3 = c_0e^a - c_1e^{-a} + c_2\sin a - c_3\cos a \ldots$④. ①−②より $(-2e^{-a} + 2)c_1 + (-\cos a - \sin a + 1)c_2 + (\cos a - \sin a - 1)c_3 = 0 \ldots$⑤. ③−④より $(-2e^{-a} + 2)c_1 + (\cos a + \sin a - 1)c_2 + (-\cos a + \sin a + 1)c_3 = 0 \ldots$⑥. ①−③より $(-2\cos a + 2)c_2 - (2\sin a)c_3 = 0 \ldots$⑦. ⑤−⑥より $(-2\cos a - 2\sin a + 2)c_2 + (2\cos a - 2\sin a - 2)c_3 = 0 \ldots$⑧. ⑦,⑧から c_2 を消去すると $8(1-\cos a)c_3 = 0$ となる．よって $\cos a \neq 1$ なら $c_3 = 0$ となり，従ってこれから全ての係数が 0 となる．このときは解は一意に定まり，最初に目の子で求めた $y = -1$ となる．$\cos a = 1$, すなわち $a = 2n\pi$ のときは c_2, c_3 は任意で，⑤より $c_1 = 0$, 従って $c_0 = 0$ となるので，解は $c_2\cos x + c_3\sin x - 1$ の 2 次元となる．

(5) 非斉次の特殊解は目の子で $y = -x$ と求まるから，一般解は $y = c_0e^x + c_1e^{-x} + c_2\cos x + c_3\sin x - x$. これに境界条件を適用して $c_0 + c_1 - c_2 = 0 \ldots$①, $c_0 - c_1 - c_3 = 0 \ldots$②, $c_0e^a + c_1e^{-a} - c_2\cos a - c_3\sin a = 0 \ldots$③, $c_0e^a - c_1e^{-a} + c_2\sin a - c_3\cos a = 0 \ldots$④. (①+②)÷2 より $c_0 = \frac{c_2+c_3}{2} \ldots$⑤. (①−②)÷2 より $c_1 = \frac{c_2-c_3}{2} \ldots$⑥. これらを③,④に代入して，$(\cosh a - \cos a)c_2 + (\sinh a - \sin a)c_3 = 0 \ldots$⑦, $(\sinh a + \sin a)c_2 + (\cosh a - \cos a)c_3 = 0 \ldots$⑧. これから先は場合に分かれる．(i) $(\cosh a - \cos a)^2 \neq \sinh^2 a - \sin^2 a$ のとき，⑦, ⑧から $c_2 = c_3 = 0$, 従って⑤,⑥から $c_0 = c_1 = 0$ となり，$y = -x$ が唯一の解である．(ii) $(\cosh a - \cos a)^2 = \sinh^2 a - \sin^2 a \neq 0$ のとき，⑦と⑧は一つの方程式となり，例えば⑦から $c_2 = -\frac{\sinh a-\sin a}{2(\cosh a-\cos a)}c_3$. ⑤,⑥から $c_0 = \frac{e^{-a}-\cos a+\sin a}{\cosh a-\cos a}c_3$, $c_1 = \frac{-e^a+\cos a+\sin a}{2(\cosh a-\cos a)}c_3$. これらを一般解の係数に代入したものが答となり，解は 1 次元の自由度を持つ．なお上の等式は $\cosh^2 a - \sinh^2 a + \cos^2 a + \sin^2 a - 2\cosh a\cos a = 2(1-\cosh a\cos a) = 0$, すなわち, $\cosh a\cos a = 1 \ldots$⑨ に帰着し，これを満たす $a > 0$ は無数に存在する．(例題 5.8 その 2 の解答参照)． (iii) $(\cosh a - \cos a)^2 = \sinh^2 a - \sin^2 a = 0$

のとき，これから⑨も用いて $\cosh a = \cos a$, $\cos^2 a = 1$, 従って $\sinh a = \sin a = 0$, $a = 0$ となるが，題意からこれは有り得ない．

5.8.1 (1) まず $\lambda \neq 0$ のとき，$\frac{d^4y}{dx^4} = \lambda y$ の一般解は λ の 4 乗根の一つを μ と書くとき，$y = c_1e^{\mu x} + c_2e^{-\mu x} + c_3e^{i\mu x} + c_4e^{-i\mu x}$ と書ける．$y'' = c_1\mu^2e^{\mu x} + c_2\mu^2e^{-\mu x} - c_3\mu^2e^{i\mu x} - c_4\mu^2e^{-i\mu x}$, $y''' = c_1\mu^3e^{\mu x} - c_2\mu^3e^{-\mu x} - c_3i\mu^3e^{i\mu x} + c_4i\mu^3e^{-i\mu x}$ であるから，これら境界条件を代入し，共通因子となる μ の冪を取り去れば，順に $c_1 + c_2 - c_3 - c_4 = 0\ldots$①, $c_1 - c_2 - c_3i + c_4i = 0\ldots$②, $c_1e^{\mu a} + c_2e^{-\mu a} - c_3e^{i\mu a} - c_4e^{-i\mu a} = 0\ldots$③, $c_1e^{\mu a} - c_2e^{-\mu a} - c_3ie^{i\mu a} + c_4ie^{-i\mu a} = 0\ldots$④. ①−②より $2c_2 + c_3(i-1) - c_4(i+1) = 0\ldots$⑤. ③−④より $2c_2e^{-\mu a} + c_3(i-1)e^{i\mu a} - c_4(i+1)e^{-i\mu a} = 0\ldots$⑥. ①×$e^{i\mu a}$−③より $(e^{i\mu a} - e^{-i\mu a})c_2 - (e^{i\mu a} - e^{-i\mu a})c_4 = 0$, すなわち，$e^{i\mu a} - e^{-i\mu a} = 0\ldots$⑦, または $c_2 - c_4 = 0\ldots$⑧. ⑧の方は⑤,⑥に代入すると $c_3(i-1) - c_2(i-1) = 0$, $c_3(i-1)e^{i\mu a} - c_2(i-1)e^{-i\mu a} = 0$, すなわち $c_2 = c_3$ かつ $c_2(e^{i\mu a} - e^{-i\mu a}) = 0$. ここで $c_2 = 0$ だと，$c_3 = c_4 = 0$, よって ①から $c_1 = 0$ となるので，$c_2 \neq 0$ で結局⑦が導かれる．これを満たす μ は $e^{2i\mu a} = 1$, $2i\mu a = 2n\pi i$, $n \in \boldsymbol{Z}$, 従って $\mu = \frac{n\pi}{a}$, $\lambda = \frac{n^4\pi^4}{a^4}$, $n = 1, 2, \ldots$ となる．またこのとき ⑥は⑤に帰着し，更に ③は①に，④は②に帰着するので，結局係数を決める方程式は①,②だけとなり，二つ，例えば c_3, c_4 が自由パラメータとして残り，$c_1 = \frac{i+1}{2}c_3 - \frac{i-1}{2}c_4$, $c_2 = -\frac{i-1}{2}c_3 + \frac{i+1}{2}c_4$. よって固有関数は各固有値に対してそれぞれ 2 次元分存在し，$y = (\frac{i+1}{2}c_3 - \frac{i-1}{2}c_4)e^{n\pi x/a} + (-\frac{i-1}{2}c_3 + \frac{i+1}{2}c_4)e^{-n\pi x/a} + c_3e^{in\pi x/a} + c_4e^{-in\pi x/a}\ldots$⑨. ここで $c_3 = a_1 + ib_1$, $c_4 = a_2 + ib_2$ と置き，結果が実になることを要請するか，あるいは単に全体の実部をとると，実の固有関数 $a_1(e^{n\pi x/a} + e^{-n\pi x/a} + 2\cos\frac{n\pi x}{a}) + b_1(-e^{n\pi x/a} + e^{-n\pi x/a} - 2\sin\frac{n\pi x}{a})$ が得られるが，この計算は冗長なので，次のように議論するとよい：$e^{\pm n\pi x/a}$ は実数値なので，固有関数の 1 次独立性を考慮すると，y が実となるためにはこれらの係数がそれぞれ実でなければならない．よって $\frac{i+1}{2}c_3 - \frac{i-1}{2}c_4$, $-\frac{i-1}{2}c_3 + \frac{i+1}{2}c_4$ は実，従ってそれらの和と差の $c_3 + c_4 = 2a_1$, $-i(c_3 - c_4) = 2b_1$ も実となる．これは $c_3 = a_1 + b_1i$, $c_4 = a_1 - b_1i$ が複素共役であることを意味する．故に⑨は $y = \mathrm{Re}\{(i+1)c_3\}e^{n\pi x/a} + \mathrm{Re}\{(1-i)c_3\}e^{-n\pi x/a} + 2\,\mathrm{Re}(c_3e^{n\pi ix/a})$ の形となり，$c_3 = a_1 + b_1i$ を代入すれば上に示した表現が得られる．最後に $\lambda = 0$ のときは一般解は $c_1 + c_2x + c_3x^2 + c_4x^3$ となるので，境界条件を適用すれば，$c_3 = c_4 = 0$ が容易に分かる．よって固有値 0 に対する固有関数は 1, x の 2 次元となる．

(2) $\lambda \neq 0$ とする．一般解の表現は前問と同じものを用いる．これに境界条件を適用すると，$c_1 + c_2 + c_3 + c_4 = c_1e^{\mu a} + c_2e^{-\mu a} + c_3e^{i\mu a} + c_4e^{-i\mu a}$, $c_1\mu - c_2\mu + c_3i\mu - c_4i\mu = c_1\mu e^{\mu a} - c_2\mu e^{-\mu a} + c_3i\mu e^{i\mu a} - c_4i\mu e^{-i\mu a}$, $c_1\mu^2 + c_2\mu^2 - c_3\mu^2 - c_4\mu^2 = c_1\mu^2e^{\mu a} + c_2\mu^2e^{-\mu a} - c_3\mu^2e^{i\mu a} - c_4\mu^2e^{-i\mu a}$, $c_1\mu^3 - c_2\mu^3 - c_3i\mu^3 + c_4i\mu^3 = c_1\mu^3e^{\mu a} - c_2\mu^3e^{-\mu a} - c_3i\mu^3e^{i\mu a} + c_4i\mu^3e^{-i\mu a}$. これから因子 μ を省いて整理すると $c_1(e^{\mu a} - 1) + c_2(e^{-\mu a} - 1) + c_3(e^{i\mu a} - 1) + c_4(e^{-i\mu a} - 1) = 0\ldots$①, $c_1(e^{\mu a} - 1) - c_2(e^{-\mu a} - 1) + c_3i(e^{i\mu a} - 1) - c_4i(e^{-i\mu a} - 1)\ldots$②, $c_1(e^{\mu a} - 1) + c_2(e^{-\mu a} - 1) - c_3(e^{i\mu a} - 1) - c_4(e^{-i\mu a} - 1) = 0\ldots$③, $c_1(e^{\mu a} - 1) - c_2(e^{-\mu a} - 1) - c_3i(e^{i\mu a} - 1) + c_4i(e^{-i\mu a} - 1) = 0\ldots$④. ①,③から

$c_3(e^{i\mu a}-1)+c_4(e^{-i\mu a}-1)=0$. ②,④から $c_3i(e^{i\mu a}-1)-c_4i(e^{-i\mu a}-1)=0$. これらから $e^{i\mu a}-1=0\ldots$⑤, または $c_3=c_4=0$. 後者の場合は ①,②から $c_1=c_2=0$ でなければ $e^{\mu a}-1=0\ldots$⑥ に導かれる．よってこれらが固有値の条件であり，⑤からは $i\mu a=2n\pi i$, $n\in\boldsymbol{Z}$, $\mu=\frac{2n\pi}{a}$, $\lambda=\frac{16n^4\pi^4}{a^4}$, $n=1,2,\ldots$. また⑥からは $\mu a=2n\pi i$, $\mu=\frac{2n\pi i}{a}$, $n=1,2,\ldots$. 前者に対しては $c_1=c_2=0$ となるので，固有関数は $y=c_3e^{2n\pi ix/a}+c_4e^{-2n\pi ix/a}$, $n=1,2,\ldots$. 後者に対しては $y=c_1e^{2n\pi ix/a}+c_2e^{-2n\pi ix/a}$ で，既に求めたものと一致する．この実表現は容易に分かるように $a_1\cos\frac{2n\pi x}{a}+b_1\sin\frac{2n\pi x}{a}$ となる．最後に $\lambda=0$ のときは，$y=c_1+c_2x+c_3x^2+c_4x^3$ に境界条件を適用して $c_1=c_1+c_2a+c_3a^2+c_4a^3$, $c_2=c_2+2c_3a+3c_4a^2$, $2c_3=2c_3+6c_4a$, $6c_4=6c_4$. これから $c_4=c_3=c_2=0$. よって固有値 0 に対する固有関数は定数 c_1 の 1 次元となる．

(3) まず例題 5.8 に倣って，固有値が正の実数となることを示す．λ を固有値，y を対応する固有関数の一つとすれば，$\lambda(y,y)=(\lambda y,y)=(y^{(4)}-2y'',y)=(y^{(4)},y)-2(y'',y)$. この各項をディリクレ境界条件を用いて部分積分すれば，$=\bigl[y'''y\bigr]_0^1-(y''',y')-2\bigl[y'y\bigr]_0^1+2(y',y')=\bigl[-y''y'\bigr]_0^1+(y'',y'')+2(y',y')=(y'',y'')+2(y',y')\geq 2(y',y')\geq 0$. よって $(y,y)>0$ より $\lambda\geq 0$ となるが，もしこれが 0 なら $(y',y')=0$ より $y'=0$, 従って y は定数となり，境界条件 $y(0)=0$ より $y=0$ となってしまう．故に $\lambda>0$ である．

さて，$y^{(4)}-2y''-\lambda y=0$ の特性根 μ は $\mu^4-2\mu^2-\lambda=0$ より $\mu=\pm\sqrt{1\pm\sqrt{1+\lambda}}$ となる．$\lambda>0$ より $\mu_+=\sqrt{\sqrt{1+\lambda}+1}$, $\mu_-=\sqrt{\sqrt{1+\lambda}-1}$ は実で，特性根は $\pm\mu_+$, $\pm\mu_-i$ と表され，前二つは実数，後二つは純虚数でいずれも単根である．そこで一般解を $y=c_1\cosh\mu_+x+c_2\sinh\mu_+x+c_3\cos\mu_-x+c_4\sin\mu_-x$ と実で表そう．これに境界条件を適用して，$c_1+c_3=0$, $c_2\mu_++c_4\mu_-=0$, $c_1\cosh\mu_++c_2\sinh\mu_++c_3\cos\mu_-+c_4\sin\mu_-=0$, $c_1\mu_+\sinh\mu_++c_2\mu_+\cosh\mu_+-c_3\mu_-\sin\mu_-+c_4\mu_-\cos\mu_-=0$. 固有値の条件は c_1, c_2, c_3, c_4 のこの連立 1 次方程式が零ベクトル以外の解を持つことである．係数行列

$$\begin{pmatrix} 1 & 0 & 1 & 0 \\ 0 & \mu_+ & 0 & \mu_- \\ \cosh\mu_+ & \sinh\mu_+ & \cos\mu_- & \sin\mu_- \\ \mu_+\sinh\mu_+ & \mu_+\cosh\mu_+ & -\mu_-\sin\mu_- & \mu_-\cos\mu_- \end{pmatrix}$$

を行基本変形する．

第 1 行の $\cosh\mu_+$ 倍を第 3 行から，また $\mu_+\sinh\mu_+$ 倍を第 4 行から引くと，

$$\begin{pmatrix} 1 & 0 & 1 & 0 \\ 0 & \mu_+ & 0 & \mu_- \\ 0 & \sinh\mu_+ & \cos\mu_--\cosh\mu_+ & \sin\mu_- \\ 0 & \mu_+\cosh\mu_+ & -\mu_-\sin\mu_--\mu_+\sinh\mu_+ & \mu_-\cos\mu_- \end{pmatrix}.$$

次に第 2 行の $\frac{1}{\mu_+}\sinh\mu_+$ 倍を第 3 行から，$\cosh\mu_+$ 倍を第 4 行から引くと

$$\begin{pmatrix} 1 & 0 & 1 & 0 \\ 0 & \mu_+ & 0 & \mu_- \\ 0 & 0 & \cos\mu_--\cosh\mu_+ & \sin\mu_--\frac{\mu_-}{\mu_+}\sinh\mu_+ \\ 0 & 0 & -\mu_-\sin\mu_--\mu_+\sinh\mu_+ & \mu_-(\cos\mu_--\cosh\mu_+) \end{pmatrix}.$$

よって固有値の条件は右下の 2 次小行列が退化すること，すなわち，

$$\mu_+\mu_-(\cos\mu_--\cosh\mu_+)^2+(\mu_+\sin\mu_--\mu_-\sinh\mu_+)(\mu_-\sin\mu_-+\mu_+\sinh\mu_+)=0$$

である．これを整理すると

$\mu_+\mu_-(\cos^2\mu_- - 2\cosh\mu_+\cos\mu_- + \cosh^2\mu_+ + \sin^2\mu_- - \sinh^2\mu_+) + (\mu_+^2 - \mu_-^2) \times \sin\mu_- \sinh\mu_+ = 2\mu_+\mu_-(1 - \cosh\mu_+\cos\mu_-) + (\mu_+^2 - \mu_-^2)\sinh\mu_+\sin\mu_- = 0$ となる．$\mu_+\mu_- = \sqrt{\lambda}$, $\mu_+^2 - \mu_-^2 = 2$ 等に注意して λ に戻すと，
$\sqrt{\lambda}\,(1-\cosh\sqrt{\sqrt{1+\lambda}+1}\cos\sqrt{\sqrt{1+\lambda}-1}\,)+\sinh\sqrt{\sqrt{1+\lambda}+1}\sin\sqrt{\sqrt{1+\lambda}-1} = 0$. この超越方程式は小さい λ については解を数値計算できる．(第 1 固有値は約 525.1393, 第 2 固有値は約 3895.5975.）λ が大きいときは，方程式は $\cos\sqrt[4]{\lambda} = 0$ で近似され，固有値は $\left(2n\pi \pm \frac{\pi}{2}\right)^4$ に漸近する．これらを $\lambda_{2n-1}, \lambda_{2n}$, $n = 1, 2, \ldots$ と置けば，基本変形した係数行列から固有関数も書けるが，複雑になるので省略する .

(4) 特性根は前問と同じだが，今回は $\mu_\pm = \sqrt{1 \pm \sqrt{1+\lambda}}$ と置くと，$\pm\mu_+$, $\pm\mu_-$ の 4 個となる．まず $\lambda \neq 0, -1$ のときにはこれらは単根となり，一般解は $y = c_1e^{\mu_+x} + c_2e^{\mu_-x} + c_3e^{-\mu_+x} + c_4e^{-\mu_-x}$ と表される．これに境界条件を適用して，$c_1 + c_2 + c_3 + c_4 = c_1e^{\mu_+a} + c_2e^{\mu_-a} + c_3e^{-\mu_+a} + c_4e^{-\mu_-a}$, $c_1\mu_+ + c_2\mu_- - c_3\mu_+ - c_4\mu_- = c_1\mu_+e^{\mu_+a} + c_2\mu_-e^{\mu_-a} - c_3\mu_+e^{-\mu_+a} - c_4\mu_-e^{-\mu_-a}$, $c_1\mu_+^2 + c_2\mu_-^2 + c_3\mu_+^2 + c_4\mu_-^2 = c_1\mu_+^2e^{\mu_+a} + c_2\mu_-^2e^{\mu_-a} + c_3\mu_+^2e^{-\mu_+a} + c_4\mu_-^2e^{-\mu_-a}$, $c_1\mu_+^3 + c_2\mu_-^3 - c_3\mu_+^3 - c_4\mu_-^3 = c_1\mu_+^3e^{\mu_+a} + c_2\mu_-^3e^{\mu_-a} - c_3\mu_+^3e^{-\mu_+a} - c_4\mu_-^3e^{-\mu_-a}$. 固有値の条件は，$c_1, c_2, c_3, c_4$ に関するこの連立 1 次方程式が零ベクトル以外の解をもつことであり，それは係数行列の行列式
$$\begin{vmatrix} 1-e^{\mu_+a} & 1-e^{\mu_-a} & 1-e^{-\mu_+a} & 1-e^{-\mu_-a} \\ \mu_+(1-e^{\mu_+a}) & \mu_-(1-e^{\mu_-a}) & -\mu_+(1-e^{-\mu_+a}) & -\mu_-(1-e^{-\mu_-a}) \\ \mu_+^2(1-e^{\mu_+a}) & \mu_-^2(1-e^{\mu_-a}) & \mu_+^2(1-e^{-\mu_+a}) & \mu_-^2(1-e^{-\mu_-a}) \\ \mu_+^3(1-e^{\mu_+a}) & \mu_-^3(1-e^{\mu_-a}) & -\mu_+^3(1-e^{-\mu_+a}) & -\mu_-^3(1-e^{-\mu_-a}) \end{vmatrix}$$
が 0 となることである．これは各列から共通因子が括り出せ，$(1-e^{\mu_+a})(1-e^{\mu_-a})(1-e^{-\mu_+a})(1-e^{-\mu_-a})$ にヴァンデルモンド行列式
$$\begin{vmatrix} 1 & 1 & 1 & 1 \\ \mu_+ & \mu_- & -\mu_+ & -\mu_- \\ \mu_+^2 & \mu_-^2 & \mu_+^2 & \mu_-^2 \\ \mu_+^3 & \mu_-^3 & -\mu_+^3 & -\mu_-^3 \end{vmatrix}$$
を掛けたものとなり，単根の仮定から後者は 0 でないので，固有値の条件は前者の因子のどれかが 0，従って e^{μ_+a}, e^{μ_-a}, $e^{-\mu_+a}$, $e^{-\mu_-a}$）のどれかが 1 に等しいことである．後二つは前二つと同等なので，結局 $\sqrt{1 \pm \sqrt{1+\lambda}}a = 2n\pi i$, $n \in \boldsymbol{Z}$ となり，2 乗して $1 \pm \sqrt{1+\lambda} = -\frac{4n^2\pi^2}{a^2}$, $\lambda = \left(-\frac{4n^2\pi^2}{a^2} - 1\right)^2 - 1 = \frac{16n^4\pi^4}{a^4} + \frac{8n^2\pi^2}{a^2}$, $n = 0, 1, 2, \ldots$ となる．対応する固有関数は $e^{2n\pi ix/a}$, $n \in \boldsymbol{Z}$ となる．ただし $n = 0$ は $\lambda = 0$ で，現在の考察からは除外されていたが，そのときの特性根 0（重根），$\pm\sqrt{2}$ を用いて直接一般解 $y = c_1 + c_2x + c_3e^{\sqrt{2}x} + c_4e^{-\sqrt{2}x}$ に戻れば，これも固有値であることが確認できる．このときの固有関数は 1, $(e^{-\sqrt{2}} - 1)e^{\sqrt{2}x} - (e^{\sqrt{2}} - 1)e^{-\sqrt{2}x}$ となる．最後に $\lambda = -1$ のときは，特性根は ± 1（重根）で，一般解 $y = (c_1 + c_2x)e^x + (c_3 + c_4x)e^{-x}$ の中に境界条件を満たすものは無いことが容易に確かめられる．あるいは前問と同様にして $(\lambda y, y) = (y'', y'') + 2(y', y') \geq 0$ を示すことでこれを排除できる．

5.8.2 $f(t) = \cosh t\cos t - 1$ と置くと，$f(0) = 0$ である．$f'(t) = \sinh t\cos t - \cosh t\sin t$ で $f'(0) = 0$ である．もう一度微分すると，$f''(t) = \cosh t\cos t - \sinh t\sin t - \sinh t\sin t - \cosh t\cos t = -2\sinh t\sin t$ となり，これは問題の区間で < 0 である．よってこの区間で

$f'(t) < 0$. よって同じ区間で $f(t) < 0$.

第 6 章の問題解答

6.1.1 以下固有値と（一般）固有ベクトルの計算の詳細は線形代数の話なので省略する.
(1) $S = \begin{pmatrix} -1 & 2 \\ 1 & 1 \end{pmatrix}$, $S^{-1} = \begin{pmatrix} -1/3 & 2/3 \\ 1/3 & 1/3 \end{pmatrix}$ とすると，$S^{-1}AS = \begin{pmatrix} 1 & 0 \\ 0 & 4 \end{pmatrix}$. よって
$e^{tA} = S\begin{pmatrix} e^t & 0 \\ 0 & e^{4t} \end{pmatrix}S^{-1} = \begin{pmatrix} \frac{1}{3}e^t + \frac{2}{3}e^{4t} & -\frac{2}{3}e^t + \frac{2}{3}e^{4t} \\ -\frac{1}{3}e^t + \frac{1}{3}e^{4t} & \frac{2}{3}e^t + \frac{1}{3}e^{4t} \end{pmatrix}$.

(2) $S = \begin{pmatrix} 2 & -1 & -1 \\ 0 & 2 & 1 \\ 3 & 0 & -1 \end{pmatrix}$, $S^{-1} = \begin{pmatrix} 2 & 1 & -1 \\ -3 & -1 & 2 \\ 6 & 3 & -4 \end{pmatrix}$ とすれば，$S^{-1}AS = \begin{pmatrix} 1 & 0 & 0 \\ 0 & 1 & 0 \\ 0 & 0 & 2 \end{pmatrix}$. よって
$e^{tA} = S\begin{pmatrix} e^t & 0 & 0 \\ 0 & e^t & 0 \\ 0 & 0 & e^{2t} \end{pmatrix}S^{-1} = \begin{pmatrix} 7e^t - 6e^{2t} & 3e^t - 3e^{2t} & -4e^t + 4e^{2t} \\ -6e^t + 6e^{2t} & -2e^t + 3e^{2t} & 4e^t - 4e^{2t} \\ 6e^t - 6e^{2t} & 3e^t - 3e^{2t} & -3e^t + 4e^{2t} \end{pmatrix}$

(3) $S = \begin{pmatrix} 1 & 1 & 1 \\ -3 & -6 & -2 \\ 2 & 4 & 1 \end{pmatrix}$, $S^{-1} = \begin{pmatrix} 2 & 3 & 4 \\ -1 & -1 & -1 \\ 0 & -2 & -3 \end{pmatrix}$ とすれば，$S^{-1}AS = \begin{pmatrix} 2 & 1 & 0 \\ 0 & 2 & 0 \\ 0 & 0 & 1 \end{pmatrix}$. よって
$e^{tA} = S\begin{pmatrix} e^{2t} & te^{2t} & 0 \\ 0 & e^{2t} & 0 \\ 0 & 0 & e^t \end{pmatrix}S^{-1} = \begin{pmatrix} -(t-1)e^{2t} & -(t-2)e^{2t} - 2e^t & -(t-3)e^{2t} - 3e^t \\ 3te^{2t} & 3(t-1)e^{2t} + 4e^t & (3t-6)e^{2t} + 6e^t \\ -2te^{2t} & -2(t-1)e^{2t} - 2e^t & -2(t-2)e^{2t} - 3e^t \end{pmatrix}$.

(4) $S = \begin{pmatrix} 1 & 1 & 2 & 2 \\ -4 & -4 & -4 & -3 \\ -4 & -3 & -4 & -2 \\ -1 & -1 & -1 & -1 \end{pmatrix}$, $S^{-1} = \begin{pmatrix} -1 & 2 & -1 & -6 \\ 0 & -2 & 1 & 4 \\ 1 & -1 & 0 & 5 \\ 0 & 1 & 0 & -4 \end{pmatrix}$ により $S^{-1}AS = \begin{pmatrix} 1 & 1 & 0 & 0 \\ 0 & 1 & 0 & 0 \\ 0 & 0 & 1 & 1 \\ 0 & 0 & 0 & 1 \end{pmatrix}$.
よって $e^{tA} = S\begin{pmatrix} e^t & te^t & 0 & 0 \\ 0 & e^t & 0 & 0 \\ 0 & 0 & e^t & te^t \\ 0 & 0 & 0 & e^t \end{pmatrix}S^{-1} = \begin{pmatrix} e^t & 0 & te^t & -4te^t \\ 0 & (4t+1)e^t & -4te^t & 0 \\ 0 & 4te^t & -(4t-1)e^t & 0 \\ 0 & te^t & -te^t & e^t \end{pmatrix}$.

(5) $S = \begin{pmatrix} 1 & 1 & 1 \\ -6 & -6 & -5 \\ 6 & 5 & 5 \end{pmatrix}$, $S^{-1} = \begin{pmatrix} -5 & 0 & 1 \\ 0 & -1 & -1 \\ 6 & 1 & 0 \end{pmatrix}$ とすれば，$S^{-1}AS = \begin{pmatrix} 1 & 1 & 0 \\ 0 & 1 & 0 \\ 0 & 0 & 1 \end{pmatrix}$. よって
$e^{tA} = S\begin{pmatrix} e^t & te^t & 0 \\ 0 & e^t & 0 \\ 0 & 0 & e^t \end{pmatrix}S^{-1} = \begin{pmatrix} e^t & -te^t & -te^t \\ 0 & (6t+1)e^t & 6te^t \\ 0 & -6te^t & -(6t-1)e^t \end{pmatrix}$.

(6) $S = \begin{pmatrix} 5 & 6 & 6 \\ 4 & 6 & 5 \\ -1 & -1 & -1 \end{pmatrix}$, $S^{-1} = \begin{pmatrix} -1 & 0 & 6 \\ -1 & 1 & -1 \\ 2 & -1 & 6 \end{pmatrix}$ により $S^{-1}AS = \begin{pmatrix} 1 & 1 & 0 \\ 0 & 1 & 0 \\ 0 & 0 & 1 \end{pmatrix}$. よって
$e^{tA} = S\begin{pmatrix} e^t & te^t & 0 \\ 0 & e^t & 0 \\ 0 & 0 & e^t \end{pmatrix}S^{-1} = \begin{pmatrix} -5te^t + e^t & 5te^t & -5te^t \\ -4te^t & 4te^t + e^t & -4te^t \\ te^t & -te^t & te^t + e^t \end{pmatrix}$.

(7) $S = \begin{pmatrix} 5 & 5 & 6 \\ 4 & 5 & 6 \\ 4 & 4 & 5 \end{pmatrix}$, $S^{-1} = \begin{pmatrix} 1 & -1 & 0 \\ 4 & 1 & -6 \\ -4 & 0 & 5 \end{pmatrix}$ により，$S^{-1}AS = \begin{pmatrix} 1 & 1 & 0 \\ 0 & 1 & 1 \\ 0 & 0 & 1 \end{pmatrix}$. よって
$e^{tA} = S\begin{pmatrix} e^t & te^t & \frac{t^2}{2}e^t \\ 0 & e^t & te^t \\ 0 & 0 & e^t \end{pmatrix}S^{-1} = \begin{pmatrix} (-10t^2+1)e^t & 5te^t & (\frac{25t^2}{2} - 5t)e^t \\ (-8t^2-4t)e^t & (4t+1)e^t & (10t^2+t)e^t \\ (-8t^2+4t)e^t & 4te^t & (10t^2-4t+1)e^t \end{pmatrix}$.

(8) $S = \begin{pmatrix} 1 & 1 & 1 \\ -1 & 0 & -1 \\ -2 & -1 & -1 \end{pmatrix}$, $S^{-1} = \begin{pmatrix} -1 & 0 & -1 \\ 1 & 1 & 0 \\ 1 & -1 & 1 \end{pmatrix}$ により，$S^{-1}AS = \begin{pmatrix} 2 & 1 & 0 \\ 0 & 2 & 0 \\ 0 & 0 & -1 \end{pmatrix}$. よって

$$e^{tA} = S \begin{pmatrix} e^{2t} & te^{2t} & 0 \\ 0 & e^{2t} & 0 \\ 0 & 0 & e^{-t} \end{pmatrix} S^{-1} = \begin{pmatrix} te^{2t}+e^{-t} & (t+1)e^{2t}-e^{-t} & -e^{2t}+e^{-t} \\ -(t-1)e^{2t}-e^{-t} & -te^{2t}+e^{-t} & e^{2t}-e^{-t} \\ -(2t-1)e^{2t}-e^{-t} & -(2t+1)e^{2t}+e^{-t} & 2e^{2t}-e^{-t} \end{pmatrix}.$$

(9) $S = \begin{pmatrix} 1 & 1 & 2 & 2 \\ -4 & -4 & -4 & -3 \\ -4 & -4 & -3 & -2 \\ 1 & 0 & 0 & 1 \end{pmatrix}$, $S^{-1} = \begin{pmatrix} -4 & -5 & 4 & 1 \\ 5 & 7 & -6 & -1 \\ -4 & -6 & 5 & 0 \\ 4 & 5 & -4 & 0 \end{pmatrix}$ により，$S^{-1}AS = \begin{pmatrix} 1 & 1 & 0 & 0 \\ 0 & 1 & 1 & 0 \\ 0 & 0 & 1 & 0 \\ 0 & 0 & 0 & 1 \end{pmatrix}$.

よって $e^{tA} = S \begin{pmatrix} e^t & te^t & \frac{t^2}{2}e^t & 0 \\ 0 & e^t & te^t & 0 \\ 0 & 0 & e^t & 0 \\ 0 & 0 & 0 & e^t \end{pmatrix} S^{-1} =$

$$\begin{pmatrix} (-2t^2+t+1)e^t & (-3t^2+t)e^t & (\frac{5t^2}{2}-t)e^t & -te^t \\ (8t^2-4t)e^t & (12t^2-4t+1)e^t & (-10t^2+4t)e^t & 4te^t \\ (8t^2-4t)e^t & (12t^2-4t)e^t & (-10t^2+4t+1)e^t & 4te^t \\ (-2t^2+5t)e^t & (-3t^2+7t)e^t & (\frac{5t^2}{2}-6t)e^t & (-t+1)e^t \end{pmatrix}.$$

6.2.1 以下与えられた連立方程式を先頭から順に①,② 等で引用する.

(1) ①+② より $(x+y)' = -2(x+y)$. 積分して $x+y = c_1e^{-2t} \ldots$③. これから y を求めて ① に代入すれば $x' = -3x + x - c_1e^{-2t} = -2x - c_1e^{-2t}$. これを 1 階線形として解く. 両辺に e^{2t} を掛けると $(xe^{2t})' = -c_1$. 積分して $xe^{2t} = -c_1t + c_2$. よって $x = (-c_1t + c_2)e^{-2t}$. ③ に代入して $y = (c_1t + c_1 - c_2)e^{-2t}$. 係数行列のジョルダン標準形は $\begin{pmatrix} -2 & 1 \\ 0 & -2 \end{pmatrix}$.

(2) 今度はなかなかよい変形が見えないので，$a\times$①$+b\times$② を作ると，$(ax+by)' = (7a+2b)x + (-a+5b)y$. $7a+2b = \lambda a$, $-a+5b = \lambda b$ と置けば，$(7-\lambda)a + 2b = 0$, $a+(\lambda-5)b = 0$. これより $a, b \neq 0$ として $(\lambda-5)(\lambda-7)+2 = 0$, すなわち $\lambda^2-12\lambda+37 = 0$ でなければならないので，$\lambda = 6\pm i$. よって $a = 2$ に選べば，$b = \lambda-7 = -1\pm i$. + の方を選ぶと，①×2+②×$(-1+i)$ を作れば，$\{2x+(-1+i)y\}' = (6+i)\{2x+(-1+i)y\}$. 積分して $2x+(-1+i)y = c_1e^{(6+i)t}$. 同様に − の方を選ぶと i の符号を一斉に変えて $2x+(-1-i)y = c_2e^{(6-i)t}$ を得る. これから x, y を解く. 引き算して $2iy = c_1e^{(6+i)t} - c_2e^{(6-i)t}$, $y = -\frac{ic_1}{2}e^{(6+i)t} + \frac{ic_2}{2}e^{(6-i)t} = \left\{-\frac{i}{2}(c_1-c_2)\cos t + \frac{1}{2}(c_1+c_2)\sin t\right\}e^{6t}$. 足し算して $4x-2y = c_1e^{(6+i)t} + c_2e^{(6-i)t}$, $x = \frac{1}{2}y + \frac{c_1}{4}e^{(6+i)t} + \frac{c_2}{4}e^{(6-i)t} = \frac{1-i}{4}c_1e^{(6+i)t} + \frac{1+i}{4}c_2e^{(6-i)t} = \left[\left\{\frac{1}{4}(c_1+c_2) - \frac{i}{4}(c_1-c_2)\right\}\cos t + \left\{\frac{i}{4}(c_1-c_2) + \frac{1}{4}(c_1+c_2)\right\}\sin t\right]e^{6t}$. ここで x の表現における $\cos t, \sin t$ の係数をそれぞれ C_1, C_2 と置けば，$x = (C_1\cos t + C_2\sin t)e^{6t}$, $y = \{(C_1-C_2)\cos t + (C_1+C_2)\sin t\}e^{6t}$. この表現は C_1, C_2 を実に取れば，そのまま実の解となっている. 係数行列のジョルダン標準形は $\begin{pmatrix} 6+i & 0 \\ 0 & 6-i \end{pmatrix}$, 実の標準形は $\begin{pmatrix} 6 & -1 \\ 1 & 6 \end{pmatrix}$.

(3) ①−③ を作ると $(x-z)' = 2(x-z)$. 積分して $x-z = c_1e^{2t} \ldots$④. ②−③ を作ると，④ を用いて $(y-z)' = 2(x-y) = -2(y-z)+2(x-z) = -2(y-z)+2c_1e^{2t}$. 非共振に注意して積分すると $y-z = \frac{1}{2}c_1e^{2t}+c_2e^{-2t} \ldots$⑤. これを① に代入すると $x' = x+\frac{1}{2}c_1e^{2t}+c_2e^{-2t}$. 非共振に注意して積分すると $x = \frac{1}{2}c_1e^{2t} - \frac{1}{3}c_2e^{-2t} + c_3e^t$. 後は代数演算で $z = x - c_1e^{2t} = -\frac{1}{2}c_1e^{2t} - \frac{1}{3}c_2e^{-2t} + c_3e^t$, $y = z + \frac{1}{2}c_1e^{2t} + c_2e^{-2t} = \frac{2}{3}c_2e^{-2t} + c_3e^t$. 最終的な答としては $\frac{1}{2}c_1$ を c_1，$\frac{1}{3}c_2$ を c_2 と取り替えて $x = c_1e^{2t} - c_2e^{-2t} + c_3e^t$, $y = 2c_2e^{-2t} + c_3e^t$,

$z=-c_1e^{2t}-c_2e^{-2t}+c_3e^t$ とする．係数行列のジョルダン標準形は $\begin{pmatrix}2&0&0\\0&1&0\\0&0&-2\end{pmatrix}$.

(4) ①−②より $(x-y)'=-(x-y)$. 積分して $x-y=c_1e^{-t}\ldots$④. 次に②−③より $(y-z)'=-(y-z)$. 積分して $y-z=c_2e^{-t}\ldots$⑤. 最後に ①+②+③ より $(x+y+z)'=2(x+y+z)$. 積分して $x+y+z=c_3e^{2t}\ldots$⑥. これら三つから代数計算により，x,y,z を求める．⑥に④,⑤を代入して x,z を消すと，$(y+c_1e^{-t})+y+(y-c_2e^{-t})=c_3e^{2t}$. よって $y=\frac{1}{3}(-c_1e^{-t}+c_2e^{-t}+c_3e^{2t})$. $x=y+c_1e^{-t}=\frac{1}{3}(2c_1e^{-t}+c_2e^{-t}+c_3e^{2t})$. $z=y-c_2e^{-t}=\frac{1}{3}(-c_1e^{-t}-2c_2e^{-t}+c_3e^{2t})$. スペースの関係で省くが最終的解答は任意定数の取り替えで $\frac{1}{3}$ を無くした方が良い．係数行列のジョルダン標準形は $\begin{pmatrix}-1&0&0\\0&-1&0\\0&0&2\end{pmatrix}$.

(5) ①−②−③ を作ると $(x-y-z)'=(x-y-z)$. 積分して $x-y-z=c_1e^t$. 次に②−③を作ると，$(y-z)'=x$. これと①の $x'=-(y-z)$ を合わせると，$x=c_2\cos t+c_3\sin t$, $y-z=c_2\sin t-c_3\cos t$ という解を持つ有名な連立方程式となる．後は代数計算で $y+z=x-c_1e^t=-c_1e^t+c_2\cos t+c_3\sin t$. $y=\frac{1}{2}\{-c_1e^t+c_2(\sin t+\cos t)+c_3(\sin t-\cos t)\}$, $z=\frac{1}{2}\{-c_1e^t+c_2(-\sin t+\cos t)+c_3(\sin t+\cos t)\}$. 最後に全体を 2 倍するとよい．係数行列のジョルダン標準形は $\begin{pmatrix}1&0&0\\0&i&0\\0&0&-i\end{pmatrix}$, 実の標準形は $\begin{pmatrix}1&0&0\\0&0&-1\\0&1&0\end{pmatrix}$.

(6) なかなか目の子では難しいので，$a\times$①$+b\times$②$+c\times$③ を作ると $(ax+by+cz)'=(-2b+2c)x+(a+5c)y+bz$ $\lambda a=(-2b+2c)\ldots$④, $\lambda b=(a+5c)\ldots$⑤, $\lambda c=b\ldots$⑥ が成り立つような定数を探すと，⑤$\times\lambda$ より $\lambda^2b=\lambda a+5\lambda c$. これに④,⑥を代入して $=(-2b+2c)+5b=3b+2c$. 更に両辺に λ を掛けて⑥を代入すると $\lambda^3b=3\lambda b+2\lambda c=3\lambda b+2b$. よって $b\neq 0$ とすれば $\lambda^3=3\lambda+2$. これは $\lambda=-1$（重根），2 を根に持つ．取り敢えず $\lambda=-1$ とすると，$a-2b+2c=0$, $a+b+5c=0$, $b+c=0$. $b=1$ と置けば $c=-1$, $a=4$. 以上より $(4x+y-z)'=-(4x+y-z)$ となることが分かった．積分して $4x+y-z=c_1e^{-t}$. これから $z=4x+y-c_1e^{-t}$ と解いて② に代入すると，$y'=2x+y-c_1e^{-t}\ldots$⑦. これと①を見比べて，両者を加えれば $(x+y)'=2(x+y)-c_1e^{-t}$ が得られる．積分して $x+y=c_1\frac{1}{3}e^{-t}+c_2e^{2t}$. この 2 倍を⑦に辺々加えると，$y'=-y-\frac{c_1}{3}e^{-t}+2c_2e^{2t}$. 共振に注意し積分して $y=-c_1\frac{t}{3}e^{-t}+\frac{2}{3}c_2e^{2t}+c_3e^{-t}$. 後は代数計算で，$x=c_1\frac{t+1}{3}e^{-t}+\frac{1}{3}c_2e^{2t}-c_3e^{-t}$. $z=4x+y-c_1e^{-t}=c_1(t+\frac{1}{3})e^{-t}+2c_2e^{2t}-3c_3e^{-t}$. これも $\frac{1}{3}c_1$ を c_1, $\frac{1}{3}c_2$ を c_2 で置き換えた方がきれい．係数行列のジョルダン標準形は $\begin{pmatrix}-1&1&0\\0&-1&0\\0&0&2\end{pmatrix}$.

(7) ①$\times 6+$②$\times 5-$③ を作ると，$(6x+5y-z)'=(6x+5y-z)$. よって $6x+5y-z=c_1e^t$. これから得た $6x=-5y+z+c_1e^t$ を③に代入すると，$z'=6y-z-c_1e^t\ldots$④. ②$\times 3+$④より $(3y+z)'=6y+2z-c_1e^t$. 積分して $3y+z=c_1e^t+c_2e^{2t}$. これより得られる $z=-3y+c_1e^t+c_2e^{2t}$ を②に代入して $y'=-3y+c_1e^t+c_2e^{2t}$. 積分して

6

$y=\frac{1}{4}c_1e^t+\frac{1}{5}c_2e^{2t}+c_3e^{-3t}$．後は代数計算で，$z=-3(\frac{1}{4}c_1e^t+\frac{1}{5}c_2e^{2t}+c_3e^{-3t})+c_1e^t+c_2e^{2t}=\frac{1}{4}c_1e^t+\frac{2}{5}c_2e^{2t}-3c_3e^{-3t}$, $x=\frac{1}{6}\{-5(\frac{1}{4}c_1e^t+\frac{1}{5}c_2e^{2t}+c_3e^{-3t})+(\frac{1}{4}c_1e^t+\frac{2}{5}c_2e^{2t}-3c_3e^{-3t})+c_1e^t\}=-\frac{1}{10}c_2e^{2t}-\frac{4}{3}c_3e^{-3t}$．係数が汚いので，$c_1\mapsto 4c_1$, $c_2\mapsto 10c_2$, $c_3\mapsto 3c_3$ と任意定数を取り替えると，$x=-c_2e^{2t}-4c_3e^{-3t}$, $y=c_1e^t+2c_2e^{2t}+3c_3e^{-3t}$, $z=c_1e^t+4c_2e^{2t}-9c_3e^{-3t}$．係数行列のジョルダン標準形は $\begin{pmatrix}1&0&0\\0&2&0\\0&0&-3\end{pmatrix}$.

(8) ①+②+③を作ると $(x+y+z)'=(x+y+z)$．よって $x+y+z=c_1e^t\ldots$④．これと①から $x'=-2x+c_1e^t$．積分して $x=\frac{1}{3}c_1e^t+c_2e^{-2t}$．④と②から $y'=-2y+c_1e^t$．積分して $y=\frac{1}{3}c_1e^t+c_3e^{-2t}$．よって $z=-x-y+c_1e^t=\frac{1}{3}c_1e^t-c_2e^{-2t}-c_3e^{-2t}$．$c_1$ を $3c_1$ に取り替えて $x=c_1e^t+c_2e^{-2t}$, $y=c_1e^t+c_3e^{-2t}$, $z=c_1e^t-c_2e^{-2t}-c_3e^{-2t}$．係数行列のジョルダン標準形は $\begin{pmatrix}-2&0&0\\0&-2&0\\0&0&1\end{pmatrix}$.

調子に乗って "④と③から同様に $z'=-2z+c_1e^t$" とやると任意定数が増えてしまう．

(9) ①−② より $(x-y)'=-2(x-y)$．積分して $x-y=c_1e^{-2t}\ldots$④．②+③ より $(y+z)'=2x+2z$．これに④×2 を辺々加えると $(y+z)'=2(y+z)+2c_1e^{-2t}$．積分して $y+z=-\frac{1}{2}c_1e^{-2t}+c_2e^{2t}\ldots$⑤．これを①に代入して $x'=-x-\frac{1}{2}c_1e^{-2t}+c_2e^{2t}$．積分して $x=\frac{1}{2}c_1e^{-2t}+\frac{1}{3}c_2e^{2t}+c_3e^{-t}$．④より $y=-\frac{1}{2}c_1e^{-2t}+\frac{1}{3}c_2e^{2t}+c_3e^{-t}$．⑤より $z=-y-\frac{1}{2}c_1e^{-2t}+c_2e^{2t}=\frac{2}{3}c_2e^{2t}-c_3e^{-t}$．最終的には，$\frac{1}{2}c_1$ を c_1，$\frac{1}{3}c_2$ を c_2 で置き換えて，$x=c_1e^{-2t}+c_2e^{2t}+c_3e^{-t}$, $y=-c_1e^{-2t}+c_2e^{2t}+c_3e^{-t}$, $z=2c_2e^{2t}-c_3e^{-t}$ を採用するのがきれい．係数行列のジョルダン標準形は $\begin{pmatrix}2&0&0\\0&-1&0\\0&0&-2\end{pmatrix}$.

6.2.2 以下独立変数は t とし連立方程式の各行を上から順に①,②,③ 等で引用する．

(1) ①+② を作ると，$(x_1+x_2)'=(x_1+x_2)$, よって $x_1+x_2=c_1e^t\ldots$④．同様に ②+③ を作ると，$(x_2+x_3)'=(x_2+x_3)$．よって $x_2+x_3=c_2e^t\ldots$⑤．これらを ① に代入して右辺から x_3, 次いで x_2 を消去すると，$x_1'=-5x_1-3x_2+4(-x_2+c_2e^t)=-5x_1-7x_2+4c_2e^t=-5x_1-7(-x_1+c_1e^t)+4c_2e^t=2x_1-7c_1e^t+4c_2e^t$．これを 1 階線形方程式として解く．もちろん目の子でもできるのだが，右辺に項がたくさんあるときは，積分因子の方法で機械的に解いた方が楽である．そこで e^{-2t} を掛けて積分すると $(e^{-2t}x_1)'=-7c_1e^{-t}+4c_2e^{-t}$．$e^{-2t}x_1=7c_1e^{-t}-4c_2e^{-t}+c_3$．よって，$x_1=7c_1e^t-4c_2e^t+c_3e^{2t}$．後は代数的に，$x_2=-6c_1e^t+4c_2e^t-c_3e^{2t}$, $x_3=6c_1e^t-3c_2e^t+c_3e^{2t}$．係数行列のジョルダン標準形は $\begin{pmatrix}1&0&0\\0&1&0\\0&0&2\end{pmatrix}$.

①−③ を作り，$(x_1-x_3)'=(x_1-x_3)$, よって $x_1-x_3=c_3e^t$ を⑥ などとしてはいけない．x_1-x_3 は ④−⑤ で求まっているから，これは独立な第 3 式にはならない．

(2) ②+4×③ を作ると，$(x_2+4x_3)'=(x_2+4x_3)$, よって $x_2+4x_3=c_1e^t\ldots$④．また ①−② を作ると $(x_1-x_2)'=-x_3$．これと③ を加えると $(x_1-x_2+x_3)'=(x_1-x_2+x_3)$．よって $x_1-x_2+x_3=c_2e^t$．これを④に加えると $x_1+5x_3=c_1e^t+c_2e^t\ldots$⑤．④,⑤を③に代入して x_3 の方程式を作ると $x_3'=(-5x_3+c_1e^t+c_2e^t)-(-4x_3+c_1e^t)+2x_3=x_3+c_2e^t$． 共振に注意して積分すると $x_3=c_2te^t+c_3e^t$． 後は代数的に求めて

$x_2 = -4(c_2te^t + c_3e^t) + c_1e^t = c_1e^t - 4c_2te^t - 4c_3e^t$, $x_1 = -5(c_2te^t + c_3e^t) + c_1e^t + c_2e^t = c_1e^t - c_2(5t-1)e^t - 5c_3e^t$. 係数行列のジョルダン標準形は $\begin{pmatrix}1&1&0\\0&1&0\\0&0&1\end{pmatrix}$.

(3) 目の子は難しいので，①×a+②×b+③×c を作ると $(ax_1 + bx_2 + cx_3)' = (a - 4b)x_1 + (5a + 5b + 4c)x_2 + (-5a + b - 3c)x_3$. $\lambda a = a - 4b$, $\lambda b = 5a + 5b + 4c$, $\lambda c = -5a + b - 3c$ となる定数を探すと，後ろ二つから c を消して $(\lambda + 3)\lambda b = 5(\lambda+3)(a+b) + 4(\lambda+3)c = 5(\lambda+3)(a+b) + 4(-5a+b) = 5(\lambda-1)a + (5\lambda+19)b$, すなわち，$(\lambda^2 - 2\lambda - 19)b = 5(\lambda - 1)a$. これに一つ目を代入して $(\lambda^2 - 2\lambda - 19)b = -20b$, 従って $(\lambda^2 - 2\lambda + 1)b = 0$. これより $b \neq 0$ として $\lambda = 1$. このとき実は一つ目の式から $b = 0$ となってしまうので，$\lambda = 1$ は理論的には導けないが，これらを仮定すると後二つは同一の式 $5a + 4c = 0$ に帰着するので，$a = 4$, $c = -5$ ですべて満たされる．よってともかく $(4x_1 - 5x_3)' = 4x_1 - 5x_3$ が得られた．積分して $4x_1 - 5x_3 = c_1e^t \ldots$④. これを②に代入すると，$x_2' = -5x_3 - c_1e^t + 5x_2 + x_3 = 5x_2 - 4x_3 - c_1e^t$. これから③を引くと $(x_2 - x_3)' = (x_2 - x_3) - c_1e^t$. 共振に注意して積分すると，$x_2 - x_3 = -c_1te^t + c_2e^t$. ③にこの 4 倍を辺々加えると，$x_3' = x_3 - 4c_1te^t + 4c_2e^t$. 再び共振に注意して積分すると，$x_3 = -2c_1t^2e^t + 4c_2te^t + c_3e^t$. 後は代数計算で，$x_2 = x_3 - c_1te^t + c_2e^t = -c_1(2t^2 + t)e^t + c_2(4t + 1)e^t + c_3e^t$. 最後に ④ から $x_1 = \frac{1}{4}(5x_3 + c_1e^t) = \frac{1}{4}\{-c_1(10t^2 - 1)e^t + 20c_2te^t + 5c_3e^t\} = -\frac{1}{4}c_1(10t^2 - 1)e^t + 5c_2te^t + \frac{5}{4}c_3e^t$. 係数行列のジョルダン標準形は $\begin{pmatrix}1&1&0\\0&1&1\\0&0&1\end{pmatrix}$.

(4) 三つの方程式を加えると $(x_1 + x_2 + x_3)' = 2(x_1 + x_2 + x_3)$. 積分して $x_1 + x_2 + x_3 = c_1e^{2t} \ldots$④. これと①から x_3 を消去して $x_1' = -x_1 - x_2 + 2c_1e^{2t} \ldots$⑤. 同様に ② から x_3 を消去して $x_2' = 6x_1 + 4x_2 - 3c_1e^{2t} \ldots$⑥. ⑤×3+⑥を作ると $(3x_1 + x_2)' = 3x_1 + x_2 + 3c_1e^{2t}$. 積分して $3x_1 + x_2 = 3c_1e^{2t} + c_2e^t \ldots$⑦. これを用いて⑤から x_2 を消去すると $x_1' = -x_1 - (-3x_1 + 3c_1e^{2t} + c_2e^t) + 2c_1e^{2t} = 2x_1 - c_1e^{2t} - c_2e^t$. 積分して $x_1 = -c_1te^{2t} + c_2e^t + c_3e^{2t}$. あとは代数計算で $x_2 = -3x_1 + 3c_1e^{2t} + c_2e^t = 3c_1(t+1)e^{2t} - 2c_2e^t - 3c_3e^{2t}$, $x_3 = -x_1 - x_2 + c_1e^{2t} = -2c_1(t+1)e^{2t} + c_2e^t + 2c_3e^{2t}$. 係数行列のジョルダン標準形は $\begin{pmatrix}2&1&0\\0&2&0\\0&0&1\end{pmatrix}$.

(5) ②+③を作ると $(x_2 + x_3)' = (x_2 + x_3)$. 積分して $x_2 + x_3 = c_1e^t$. これを②に代入して x_3 を消去すると $x_2' = x_2 + 6c_1e^t$. 共振に注意して積分すると $x_2 = 6c_1te^t + c_2e^t$. よって $x_3 = -x_2 + c_1e^t = -c_1(6t - 1)e^t - c_2e^t$. これらを ① に代入して $x_1' = x_1 - c_1e^t$. これも共振に注意して積分して $x_1 = -c_1te^t + c_3e^t$. 係数行列のジョルダン標準形は $\begin{pmatrix}1&1&0\\0&1&0\\0&0&1\end{pmatrix}$.

(6) ①+②を作ると $(x_1 + x_2)' = 2(x_1 + x_2)$. 積分して $x_1 + x_2 = c_1e^{2t}$. これから $x_1 = -x_2 + c_1e^{2t} \ldots$④ を得て②,③に代入すると $x_2' = -4x_2 + 3x_3 + 2c_1e^{2t} \ldots$⑤, $x_3' = -6x_2 + 5x_3 + c_1e^{2t}$. これらを引き算すると $(x_2 - x_3)' = 2(x_2 - x_3) + c_1e^{2t}$. 共振に注意して積分すると $x_2 - x_3 = c_1te^{2t} + c_2e^{2t}$. これから $x_3 = x_2 - c_1te^{2t} - c_2e^{2t} \ldots$⑥ を得て⑤に代入して $x_2' = -x_2 - c_1(3t-2)e^{2t} - 3c_2e^{2t}$. 積分して $x_2 = -c_1(t-1)e^{2t} - c_2e^{2t} + c_3e^{-t}$.

6

後は代数計算で，まず⑥から $x_3 = -c_1(2t-1)e^{2t} - 2c_2e^{2t} + c_3e^{-t}$，最後に④から $x_1 = c_1te^{2t} + c_2e^{2t} - c_3e^{-t}$. 係数行列のジョルダン標準形は $\begin{pmatrix} 2 & 1 & 0 \\ 0 & 2 & 0 \\ 0 & 0 & -1 \end{pmatrix}$.

(7) ちょっとどうしようもないので，例によって①×a+②×b+③×c を作ると，$(ax_1+bx_2+cx_3)' = (-3a+2b-3c)x_1+(9b-5c)x_2+(2a+8b-3c)x_3$. ここで $\lambda a = -3a+2b-3c$, $\lambda b = 9b-5c$, $\lambda c = 2a+8b-3c$ となる定数を探すと，後ろ二つから $(\lambda+3)\lambda b = 9(\lambda+3)b-5(\lambda+3)c = 9(\lambda+3)b-10a-40b$. すなわち，$(\lambda^2-6\lambda+13)b = -10a$. また前二つから c を消すと $5(\lambda+3)a-10b = 3(\lambda-9)b$, すなわち，$5(\lambda+3)a = (3\lambda-17)b$. よって $(\lambda+3)(\lambda^2-6\lambda+13)b = -10(\lambda+3)a = -2(3\lambda-17)b$, すなわち，$(\lambda^3-3\lambda^2+\lambda+5)b = 0$ となる. $b \neq 0$ を仮定してその係数である λ の 3 次方程式を見ると，$\lambda = -1$ を根に持つことが容易に分かり，このとき上の条件は $2b = c$, $a+c = 0$ となり，例えば $a = 2, b = -1, c = -2$ で満たされる. 実際，このとき $(2x_1-x_2-2x_3)' = -(2x_1-x_2-2x_3)$ が得られる. 積分して $2x_1-x_2-2x_3 = c_1e^{-t}$. これから得た $x_2 = 2(x_1-x_3)-c_1e^{-t}\ldots$④ を③に代入すると，$x_3' = -3x_1-5\{2(x_1-x_3)-c_1e^{-t}\}-3x_3 = -13x_1+7x_3+5c_1e^{-t}\ldots$⑤. 再び未定係数を導入して①×$a$+⑤×$b$ を作ると，斉次項のみ記せば $(ax_1+bx_3)' = (-3a-13b)x_1+(2a+7b)x_3$. $\lambda a = -3a-13b$, $\lambda b = 2a+7b$ となる定数を探すと，$(\lambda-7)(\lambda+3)a = -13(\lambda-7)b = -26a$. すなわち，$(\lambda^2-4\lambda+5)a = 0$. $a \neq 0$ と仮定すると $\lambda^2-4\lambda+5 = 0$, この根は $\lambda = 2 \pm i$. このとき $(5\pm i)a = -13b$, よって $a = 13$, $b = -(5\pm i)$ と取れる（複号同順）. これを上の計算に適用すると，今度は非斉次項も考慮して①×13+⑤×$(-(5\pm i))$ で，$\{13x_1-(5+i)x_3\}' = (2+i)(13x_1-(5+i)x_3)-5(5+i)c_1e^{-t}$, $\{13x_1-(5-i)x_3\}' = (2-i)(13x_1-(5-i)x_3)-5(5-i)c_1e^{-t}$. これらの差と和を取れば，$x_3' = 2x_3-(13x_1-5x_3)+5c_1e^{-t}$, $(13x_1-5x_3)' = 2(13x_1-5x_3)+x_3-25c_1e^{-t}$. この斉次部分は $x_3 = e^{2t}(c_2\cos t+c_3\sin t)$, $13x_1-5x_3 = e^{2t}(c_2\sin t-c_3\cos t)$ を一般解に持つことを意味する. よって，$x_1 = e^{2t}\{\frac{c_2}{13}(5\cos t+\sin t)+\frac{c_3}{13}(5\sin t-\cos t)\}$. 非斉次項は未定係数法で $x_1 = ae^{-t}$, $x_3 = be^{-t}$ の形で特殊解を探すと，$-b = 2b-(13a-5b)+5c_1e^{-t}$, $-13a+5b = 2(13a-5b)+b-25c_1$ から $13a-8b = 5c_1$, $39a-14b = 25c_1$ より $a = c_1$, $b = c_1$. よって $x_1 = c_1e^{-t}+e^{2t}\{\frac{c_2}{13}(5\cos t+\sin t)+\frac{c_3}{13}(5\sin t-\cos t)\}$, $x_3 = c_1e^{-t}+e^{2t}(c_2\cos t+c_3\sin t)$. 最後に④から $x_2 = 2(x_1-x_3)-c_1e^{-t} = -c_1e^{t}+\{\frac{c_2}{13}(-8\cos t+\sin t)+\frac{c_3}{13}(-8\sin t-\cos t)\}e^{2t} = -c_1e^{-t}+\{\frac{2}{13}c_2(\sin t-8\cos t)-\frac{2}{13}c_3(8\sin t+\cos t)\}e^{2t}$. 最終的な答は分母の 13 を任意定数 c_2, c_3 に吸収した方がきれい. 係数行列のジョルダン標準形は $\begin{pmatrix} 2+i & 0 & 0 \\ 0 & 2-i & 0 \\ 0 & 0 & -1 \end{pmatrix}$. 実の標準形は $\begin{pmatrix} 2 & -1 & 0 \\ 1 & 2 & 0 \\ 0 & 0 & -1 \end{pmatrix}$.

(8) 目の子で見つけるのは少し難しいので，①×a+②×b+③×c を作ると $(ax_1+bx_2+cx_3)' = (-2a+4b)x_1+(-2a+b-c)x_2+(4a+5b+5c)x_3$. 右辺が $ax_1+bx_2+cx_3$ の定数倍となればよいので，$\lambda a = -2a+4b$, $\lambda b = -2a+b-c$, $\lambda c = 4a+5b+5c$ となるような λ と a, b, c を探す. これらはそれぞれ，$(\lambda+2)a = 4b\ldots$④, $(\lambda-1)b = -2a-c\ldots$⑤, $(\lambda-5)c = 4a+5b\ldots$⑥ と変形される. ⑤×$(\lambda-5)$ を作り，これに⑥を代入すると $(\lambda-1)(\lambda-5)b = -2(\lambda-5)a-(\lambda-5)c = -2(\lambda-5)a-4a-5b$, よって $(\lambda^2-6\lambda+10)b =$

6

$-2(\lambda-3)a$. これと ④から b を消去して $(\lambda^2-6\lambda+10)(\lambda+2)a=-8(\lambda-3)a$, すなわち，$(\lambda^3-4\lambda^2+6\lambda-4)a=0$. $a\neq 0$ として $\lambda^3-4\lambda^2+6\lambda-4=0$. これは $\lambda=2,\ 1\pm i$ を根に持つ．今 $\lambda=2$ を使うことにすると，④, ⑤ から $a=b=1,\ c=-3$ で満たされる．よって $(x_1+x_2-3x_3)'=2(x_1+x_2-3x_3)$ が見つかった.（もちろんこれが目の子で求まった人はそのまま使ってよい.）積分して $x_1+x_2-3x_3=c_1e^{2t}\ldots$⑦. これを②に代入して $x_2'=4(x_1+x_2)-3x_2+5x_3=12x_3+4c_1e^{2t}-3x_2+5x_3=-3x_2+17x_3+4c_1e^{2t}$. ③×4 をこれから引くと $(x_2-4x_3)'=x_2-3x_3+4c_1e^{2t}=(x_2-4x_3)+x_3+4c_1e^{2t}\ldots$⑧. 一方③は $x_3'=x_3-(x_2-4x_3)\ldots$⑨ と書き直せるので，これより⑧,⑨の斉次部分は $x_3=e^t(c_2\cos t+c_3\sin t)$, $x_2-4x_3=e^t(c_2\sin t-c_3\cos t)$ という一般解を持つことが分かった．⑧の非斉次項を処理するため $x_3=ae^{2t}$, $x_2-4x_3=be^{2t}$ という形で⑧,⑨の特殊解を探すと，$a+b=0,\ b-a=4c_1$, 従って $a=-2c_1,\ b=2c_1$. これらを上で求めた一般解に加えると，$x_3=-2c_1e^{2t}+e^t(c_2\cos t+c_3\sin t)\ldots$⑩, $x_2-4x_3=2c_1e^{2t}+e^t(c_2\sin t-c_3\cos t)\ldots$⑪ となる．⑦,⑩,⑪から代数計算で $x_2=-6c_1e^{2t}+c_2e^t(4\cos t+\sin t)+c_3e^t(4\sin t-\cos t)$, $x_1=c_1e^{2t}-c_2e^t(\sin t+\cos t)+c_3e^t(\cos t-\sin t)$. 係数行列のジョルダン標準形は $\begin{pmatrix}1+i&0&0\\0&1-i&0\\0&0&2\end{pmatrix}$, 実の標準形は $\begin{pmatrix}1&-1&0\\1&1&0\\0&0&2\end{pmatrix}$.

(9) ①×4+② を作ると $(4x_1+x_2)'=(4x_1+x_2)$. よって $4x_1+x_2=c_1e^t\ldots$⑤. 次に②−③を作ると $(x_2-x_3)'=(x_2-x_3)$. よって $x_2-x_3=c_2e^t\ldots$⑥. 更に①−④を作ると $(x_1-x_4)'=-3x_1-6x_2+5x_3-x_4=(x_1-x_4)-(4x_1+x_2)-5(x_2-x_3)=(x_1-x_4)-c_1e^t-5c_2e^t$. これを積分して $x_1-x_4=-c_1te^t-5c_2te^t+c_3e^t\ldots$⑦. ここに非斉次項は共振を考慮して目の子で求めた．⑤〜⑦ により $x_2\sim x_4$ を x_1 で表せるので，それらを①に代入すれば，$x_1'=2x_1+c_2e^t-(x_1+c_1te^t+5c_2te^t-c_3e^t)=x_1-c_1te^t-c_2(5t-1)e^t+c_3e^t$. 共振を考慮してこれを積分すると，$x_1=-c_1\frac{t^2}{2}e^t-c_2\big(\frac{5t^2}{2}-t\big)e^t+c_3te^t+c_4e^t$. 後は代数計算で，$x_2=-4x_1+c_1e^t=c_1(2t^2+1)e^t+c_2(10t^2-4t)e^t-4c_3te^t-4c_4e^t$, $x_3=x_2-c_2e^t=c_1(2t^2+1)e^t+c_2(10t^2-4t-1)e^t-4c_3te^t-4c_4e^t$, $x_4=x_1+c_1te^t+5c_2te^t-c_3e^t=-c_1\big(\frac{t^2}{2}-t\big)e^t-c_2\big(\frac{5t^2}{2}-6t\big)e^t+c_3(t-1)e^t+c_4e^t$. 係数行列のジョルダン標準形は $\begin{pmatrix}1&1&0&0\\0&1&1&0\\0&0&1&0\\0&0&0&1\end{pmatrix}$.

(10) ②−③ より $(x_2-x_3)'=x_2-x_3$. よって $x_2-x_3=c_1e^t$. これを④に代入して $x_4'=x_4+c_1e^t$. 共振を考慮して解くと $x_4=c_1te^t+c_2e^t$. ② より $x_2'=5x_2-4(x_2-c_1e^t)=x_2+4c_1e^t$. 共振を考慮して解くと $x_2=4c_1te^t+c_3e^t$. よって $x_3=x_2-c_1e^t=c_1(4t-1)e^t+c_3e^t$. 最後にこれらを①に代入して $x_1'=x_1+\{c_1(4t-1)e^t+c_3e^t\}-4(c_1te^t+c_2e^t)=x_1-c_1e^t-4c_2e^t+c_3e^t$. よって $x_1=-c_1te^t-4c_2te^t+c_3te^t+c_4e^t$. 係数行列のジョルダン標準形は $\begin{pmatrix}1&1&0&0\\0&1&0&0\\0&0&1&1\\0&0&0&1\end{pmatrix}$ である.

（$\begin{pmatrix}1&1&0&0\\0&1&0&0\\0&0&1&0\\0&0&0&1\end{pmatrix}$ でないことは，te^t の係数ベクトルが 2 次元有ることから分かる.）

6

(11) ③×3−④×2 を作ると $(3x_3-2x_4)'=9x_1+4(3x_3-2x_4)\dots$⑤. ①×3+⑤を作ると $(3x_1+3x_3-2x_4)'=3x_1+3x_3-2x_4$. 積分して $3x_1+3x_3-2x_4=c_1e^t$. これから $3x_3-2x_4=-3x_1+c_1e^t$ を得て①に代入すると $x_1'=x_1-c_1e^t$. 共振に注意して積分すると $x_1=-c_1te^t+c_2e^t$. 故に $3x_3-2x_4=c_1(3t+1)e^t-3c_2e^t\dots$⑥. 次に②−③×4 を作ると $(x_2-4x_3)'=-8x_1+5x_2-12x_3=5x_2-12x_3+8c_1te^t-8c_2e^t\dots$⑦. ⑥を用いて③から x_4 を消去すると $x_3'=x_1-2x_2+2x_3+3x_3-c_1(3t+1)e^t+3c_2e^t=-2x_2+5x_3-c_1(4t+1)e^t+4c_2e^t\dots$⑧. ⑦+2×⑧を作ると $(x_2-2x_3)'=x_2-2x_3-2c_1e^t$. 共振に注意して積分して $x_2-2x_3=-2c_1te^t+c_3e^t\dots$⑨. これから x_2 を解いて⑧に代入すると $x_3'=x_3-c_1e^t+4c_2e^t-2c_3e^t$. 共振に注意して積分して $x_3=-c_1te^t+4c_2te^t-2c_3te^t+c_4e^t$. 後は代数計算で，⑨から $x_2=2x_3-2c_1te^t+c_3e^t=2\{-c_1te^t+4c_2te^t-2c_3te^t+c_4e^t\}-2c_1te^t+c_3e^t=-4c_1te^t+8c_2te^t-c_3(4t-1)e^t+2c_4e^t$, ⑥から $x_4=\frac{3}{2}x_3-\frac{1}{2}\{c_1(3t+1)e^t-3c_2e^t\}=\frac{3}{2}\{-c_1te^t+4c_2te^t-2c_3te^t+c_4e^t\}-\frac{1}{2}\{c_1(3t+1)e^t-3c_2e^t\}=-c_1(3t+\frac{1}{2})e^t+c_2(6t+\frac{3}{2})e^t-3c_3te^t+\frac{3}{2}c_4e^t$. c_1,c_2,c_4 を 2 倍にすれば分数を無くせる．係数行列のジョルダン標準形は $\begin{pmatrix}1&1&0&0\\0&1&0&0\\0&0&1&1\\0&0&0&1\end{pmatrix}$. （$\begin{pmatrix}1&1&0&0\\0&1&0&0\\0&0&1&0\\0&0&0&1\end{pmatrix}$ でないことは，te^t の係数ベクトルが 2 次元有ることから分かる.）

(12) ②−④を作ると，$(x_2-x_4)'=x_2-x_4$. 積分して $x_2-x_4=c_1e^x\dots$⑤. ①+③を作ると，$(x_1+x_3)'=x_1+x_3+x_2-x_4$. これに上の結果を代入して $(x_1+x_3)'=x_1+x_3+c_1e^t$. 共振に注意して積分すると $x_1+x_3=c_1te^t+c_2e^t\dots$⑥. 次に，②と⑤から x_4 を消去して $x_2'=x_2+4(x_2-x_4)=x_2+4c_1e^t$. 共振に注意して積分すると $x_2=4c_1te^t+c_3e^t$. 従って，$x_4=x_2-c_1e^t=c_1(4t-1)e^t+c_3e^t$. これらの結果と⑥を①に用いて $x_1'=x_1+4(x_1+x_3)-x_2+3(x_2-x_4)=x_1+4(c_1te^t+c_2e^t)-(4c_1te^t+c_3e^t)+3c_1e^x=x_1+3c_1e^t+4c_2e^t-c_3e^t$. 共振に注意して積分すると $x_1=3c_1te^t+4c_2te^t-c_3te^t+c_4e^t$. 従って最後に $x_3=-x_1+c_1te^t+c_2e^t=-2c_1te^t-c_2(4t-1)e^t+c_3te^t-c_4e^t$. 係数行列のジョルダン標準形は $\begin{pmatrix}1&1&0&0\\0&1&0&0\\0&0&1&1\\0&0&0&1\end{pmatrix}$ である．（$\begin{pmatrix}1&1&0&0\\0&1&0&0\\0&0&1&0\\0&0&0&1\end{pmatrix}$ でないことは，前問と同様の考察による.）

6.3.1 (1) ③を微分して①を代入すると，$x_3''=x_3'-x_1'=x_3'+x_2-x_3$. これを更に微分して②を代入すると，$x_3'''=x_3''+x_2'-x_3'=x_3''+x_3-x_3'$. 従って，$x_3'''-x_3''+x_3'-x_3=0$. この単独方程式の特性方程式は $\lambda^3-\lambda^2+\lambda-1=0$, 特性根は $\lambda=1,\pm i$. よって $x_3=c_1e^t+c_2\cos t+c_3\sin t$ と置ける．③から $x_1=x_3-x_3'=c_2(\cos t+\sin t)+c_3(\sin t-\cos t)$. ① から $x_2=x_3-x_1'=c_1e^t+c_2\sin t-c_3\cos t$. 係数行列のジョルダン標準形は $\begin{pmatrix}1&0&0\\0&i&0\\0&0&-i\end{pmatrix}$, 実の標準形は $\begin{pmatrix}1&0&0\\0&0&-1\\0&1&0\end{pmatrix}$.

(2) ①を微分して②を代入すると，$x_1''=x_2'=x_3-2x_1\dots$④. ①から得る x_2 を③に代入すると，$x_3'=2x_1+5x_1'$. ④を微分したものにこれを代入すると，$x_1'''=x_3'-2x_1'=2x_1+5x_1'-2x_1'$, すなわち，$x_1'''-3x_1'-2x_1=0$. この特性方程式は

$\lambda^3-3\lambda-2=0$, 特性根は $\lambda=-1$（重根），2. よって $x_1=(c_1+c_2t)e^{-t}+c_3e^{2t}$ と置いてみる．①より $x_2=x_1'=-(c_2t-c_2+c_1)e^{-t}+2c_3e^{2t}$．②より $x_3=x_2'+2x_1=(3c_2t-2c_2+3c_1)e^{-t}+6c_3e^{2t}$．係数行列のジョルダン標準形は $\begin{pmatrix}-1&1&0\\0&-1&0\\0&0&2\end{pmatrix}$．ちなみに上の解基底行列は $\begin{pmatrix}1&0&1\\-1&1&2\\3&-2&6\end{pmatrix}\begin{pmatrix}e^{-t}&te^{-t}&0\\0&e^{-t}&0\\0&0&e^{2t}\end{pmatrix}\begin{pmatrix}c_1\\c_2\\c_3\end{pmatrix}$ と書けるので $S=\begin{pmatrix}1&0&1\\-1&1&2\\3&-2&6\end{pmatrix}$ が変換行列となる．

(3) ①を微分して②,③を代入すると，$x_1''=x_1'-x_2'+x_3'=x_1'-6x_1-2x_2-x_3+3x_1+2x_2=x_1'-3x_1-x_3\ldots$④．これをもう一度微分すると $x_1'''=x_1''-3x_1'-x_3'=x_1''-3x_1'-3x_1-2x_2$．①を用いて x_2 を消し，次いで④を用いて x_3 を消すと，$x_1'''=x_1''-3x_1'-3x_1+2x_1'-2x_1-2x_3=x_1''-x_1'-5x_1+2x_1''-2x_1'+6x_1$, すなわち，$x_1'''-3x_1''+3x_1'-x_1=0$．この特性方程式は $(\lambda-1)^3=0$, 特性根は $\lambda=1$（3 重根）．よって $x_1=(c_1t^2+c_2t+c_3)e^t$ と置くと，④より $x_3=-3x_1+x_1'-x_1''=-3(c_1t^2+c_2t+c_3)e^t+\{c_1t^2+(2c_1+c_2)t+c_2+c_3\}e^t-\{c_1t^2+(4c_1+c_2)t+2c_1+2c_2+c_3\}e^t=-c_1(3t^2+2t+2)e^t-c_2(3t+1)e^t-3c_3e^t$．最後に①から（演算子記号と公式 (3.16) を用いて）$x_2=x_1-x_1'+x_3=-(D-1)x_1+x_3=-(2c_1t+c_2)e^t+\{-c_1(3t^2+2t+2)e^t-c_2(3t+1)e^t-3c_3e^t\}=-c_1(3t^2+4t+2)e^t-c_2(3t+2)e^t-3c_3e^t$．係数行列のジョルダン標準形は $\begin{pmatrix}1&1&0\\0&1&1\\0&0&1\end{pmatrix}$．

(4) ① を微分して②,③を代入すると，$x_1''=-x_1-2x_2+2x_3$．これに ① を代入して x_2 と x_3 を消去すると $x_1''-2x_1'+x_1=0$．これより $x_1=c_1te^t+c_2e^t\ldots$④ と置ける．次に ① を用いて ② から x_3 を消去すると，$x_2'=x_2+3(x_1-x_1')$．これに ④ を代入して $x_2'=x_2-3c_1e^t$．共振に注意して積分すると $x_2=-3c_1te^t+c_3e^t$．最後に ① から $x_3=x_1'+x_2=-(2t-1)c_1e^t+c_2e^t+c_3e^t$．係数行列のジョルダン標準形は $\begin{pmatrix}1&1&0\\0&1&0\\0&0&1\end{pmatrix}$．

(5) ① を微分して ②, ③ を代入すると $x_1''=-3x_1'-7x_1+5x_2+12x_3\ldots$④．これをもう一度微分して ②, ③ を代入すると $x_1'''=-3x_1''-7x_1'-13x_1+8x_2+39x_3\ldots$⑤．① を用いて ④ から x_3 を消去すると，$x_1''=x_1'+5x_1-3x_2\ldots$⑥．同様に ⑤ から x_3 を消去すると，$x_1'''=-3x_1''+6x_1'+26x_1-18x_2\ldots$⑦．この二つから x_2 を消去すると，$x_1'''-3x_1''+4x_1=0$．この特性方程式は $\lambda^3-3\lambda^2+4=(\lambda-2)^2(\lambda+1)=0$ となる．よって $x_1=c_1te^{2t}+c_2e^{2t}+c_3e^{-t}$ と置ける．これを ⑥ に代入して $x_2=c_1(t-1)e^{2t}+c_2e^{2t}+c_3e^{-t}$．⑦ に代入して $x_3=c_1(t+1)e^{2t}+c_2e^{2t}$．係数行列のジョルダン標準形は $\begin{pmatrix}2&1&0\\0&2&0\\0&0&-1\end{pmatrix}$．

(6) ①を微分して②,③を代入すると $x_1''=-x_1'-10x_1+10x_2\ldots$④．もう一度微分して同様に $x_1'''=-x_1''-10x_1'-20x_3+30x_2-50x_1\ldots$⑤．⑤ に ① を代入して x_3 を消去すると $x_1'''=-x_1''-5x_1'-45x_1+40x_2\ldots$⑥．④と⑥から x_2 を消去すると $x_1'''-3x_1''+x_1'+5x_1=0$．この特性方程式は $\lambda^3-3\lambda^2+\lambda+5=(\lambda+1)\{(\lambda-2)^2+1\}=0$ となるので，$x_1=e^{2t}(c_1\cos t+c_2\sin t)+c_3e^{-t}$ と置ける．④を x_2 について解けば $x_2=c_1e^{2t}(\frac{3}{2}\cos t-\frac{1}{2}\sin t)+c_2e^{2t}(\frac{1}{2}\cos t+\frac{3}{2}\sin t)+c_3e^{-t}$．①から x_3 を求めると

6

$x_3 = c_1e^{2t}(-\frac{3}{2}\cos t + \frac{1}{2}\sin t) + c_2e^{2t}(-\frac{1}{2}\cos t - \frac{3}{2}\sin t) - \frac{1}{2}c_3e^{-t}$. 任意定数を 2 倍にすると分数は無くせる．

係数行列のジョルダン標準形は $\begin{pmatrix} 2+i & 0 & 0 \\ 0 & 2-i & 0 \\ 0 & 0 & -1 \end{pmatrix}$. 実の標準形は $\begin{pmatrix} 2 & -1 & 0 \\ 1 & 2 & 0 \\ 0 & 0 & -1 \end{pmatrix}$.

(7) ①を微分して②を代入すると $x_1'' = 4x_1' - 6x_1 - 4x_2 + 2x_3 \ldots$④. これを更に微分して②,③を代入すると $x_1''' - 4x_1'' + 6x_1' - 4x_1 = 0$. この特性方程式は $\lambda^3 - 4\lambda^2 + 6\lambda - 4 = (\lambda-2)\{(\lambda-1)^2+1\} = 0$, 特性根は $2, 1\pm i$. よって $x_1 = c_1e^{2t} + e^t(c_2\cos t + c_3\sin t)$ と置ける．① から $x_2 = -2x_1 + \frac{1}{2}x_1' = -c_1e^{2t} + c_2e^t(-\frac{3}{2}\cos t - \frac{1}{2}\sin t) + c_3e^t(\frac{1}{2}\cos t - \frac{3}{2}\sin t)$. ②から $x_3 = 3x_1 + 2x_2 + x_2' = -c_1e^{2t} - 2c_2e^t\cos t - 2c_3e^t\sin t$. 係数行列のジョルダン標準形は $\begin{pmatrix} 2 & 0 & 0 \\ 0 & 1+i & 0 \\ 0 & 0 & 1-i \end{pmatrix}$. 実の標準形は $\begin{pmatrix} 2 & 0 & 0 \\ 0 & 1 & -1 \\ 0 & 1 & 1 \end{pmatrix}$.

(8) ①を微分して②,③を代入すると $x_1'' = -2x_1' - 15x_1 - 16x_2 + 5x_3 \ldots$④. これを更に微分して同様に $x_1''' = -2x_1'' - 15x_1' - 78x_1 - 86x_2 + 27x_3 \ldots$⑤. ④に①を代入して x_3 を消去すると $x_1'' = 3x_1' - 5x_1 - x_2 \ldots$⑥. 同様に⑤から x_3 を消去して $x_1''' = -2x_1'' + 12x_1' - 24x_1 - 5x_2 \ldots$⑦. この二つから x_2 を消去して $x_1''' - 3x_1'' + 3x_1' - x_1 = 0$. 特性多項式は $(\lambda - 1)^3$ となるので，$x_1 = (c_1t^2 + c_2t + c_3)e^t$ と置ける．⑥ から $x_2 = -5x_1 + 3x_1' - x_1'' = -(3t^2 - 2t + 2)c_1e^t - (3t - 1)c_2 - 3c_3e^t$. ① から $x_3 = 2x_1 - x_1' + 3x_2 = -2c_1(3t^2 - 4t + 3)e^t - 2c_2(3t - 2)e^t - 6c_3e^t$. 係数行列のジョルダン標準形は $\begin{pmatrix} 1 & 1 & 0 \\ 0 & 1 & 1 \\ 0 & 0 & 1 \end{pmatrix}$.

(9) ①を微分して②,③を代入すると $x_1'' = -2x_1 - 3x_2 - 4x_3 \ldots$④. これを更に微分して②,③を代入すると $x_1''' = -2x_1' - 4x_1 - 8x_2 - 14x_3 \ldots$⑤. ④に①を代入して x_3 を消去すると $x_1'' = 4x_1' - 2x_1 + x_2 \ldots$⑥. ⑤に①を代入して x_3 を消去すると $x_1''' = 12x_1' - 4x_1 + 6x_2 \ldots$⑦. この二つから x_2 を消去すると $x_1''' - 6x_1'' + 12x_1' - 8x_1 = 0$. 特性多項式は $(\lambda - 2)^3$ と因数分解されるので $x_1 = (c_1t^2 + c_2t + c_3)e^{2t}$ と置ける．⑥から x_2 を求めると $x_2 = 2x_1 - 4x_1' + x_1'' = -2c_1(t^2 - 1)e^{2t} - 2c_1te^{2t} - 2c_3e^{2t}$. ①から x_3 を求めると $x_3 = -x_1' - x_2 = -2c_1(t + 1)e^{2t} - c_2e^{2t}$. 係数行列のジョルダン標準形は $\begin{pmatrix} 2 & 1 & 0 \\ 0 & 2 & 1 \\ 0 & 0 & 2 \end{pmatrix}$.

(10) ①を微分して③, ④, 次いで①を代入すると，$x_1'' = -x_3' - x_4' = -x_1 - x_2 - 3x_3 - 7x_4 + x_1 + x_3 = -x_2 - 2x_3 - 7x_4 = 2x_1' - x_2 - 5x_4 \ldots$⑤. もう一度微分して②, ④を代入すると，$x_1''' = 2x_1'' - x_2' - 5x_4' = 2x_1'' - 4x_1 - x_2 - 4x_3 - 4x_4 + 5x_1 + 5x_3 = 2x_1'' + x_1 - x_2 + x_3 - 4x_4$. これに①, 次いで⑤を代入すると，$x_1''' = 2x_1'' + x_1 - x_1' + x_1'' - 2x_1'$, すなわち，$x_1''' - 3x_1'' + 3x_1' - x_1 = 0$. この単独方程式の特性方程式は $(\lambda - 1)^3 = 0$, 特性根は $\lambda = 1$ (3 重根). そこで $x_1 = c_1t^2e^t + c_2te^t + c_3e^t$ と置くと，①より $x_3 + x_4 = -c_1(t^2 + 2t)e^t - c_2(t + 1)e^t - c_3e^t \ldots$⑥. これらを②に代入して $x_2' = 4x_1 + x_2 + 4(x_3 + x_4) = 4(c_1t^2e^t + c_2te^t + c_3e^t) + x_2 + 4\{-c_1(t^2 + 2t)e^t - c_2(t+1)e^t - c_3e^t\} = x_2 - 8c_1te^t - 4c_2e^t$. 共振に注意して積分して $x_2 = -4c_1t^2e^t - 4c_2te^t + c_4e^t$. ③+④を作ると $(x_3 + x_4)' = x_2 + 2x_3 + 7x_4 = x_2 + 2(x_3 + x_4) + 5x_4$, 従って⑥により $x_4 = \frac{1}{5}\{(x_3 + x_4)' - 2(x_3 + x_4) - x_2\} =$

$\frac{1}{5}[\{-c_1(t^2+4t+2)e^t - c_2(t+2)e^t - c_3e^t)\} - 2\{-c_1(t^2+2t)e^t - c_2(t+1)e^t - c_3e^t)\} - (-4c_1t^2e^t - 4c_2te^t + c_4e^t)] = c_1(t^2 - \frac{2}{5})e^t + c_2te^t + c_3\frac{1}{5}e^t - \frac{1}{5}c_4e^t$. よって⑥より $x_3 = -x_4 - c_1(t^2+2t)e^t - c_2(t+1)e^t - c_3e^t = -c_1(2t^2+2t-\frac{2}{5})e^t - c_2(2t+1)e^t - \frac{6}{5}c_3e^t + \frac{1}{5}c_4e^t$. 分数を避けるために c_1, c_3, c_4 をそれぞれ 5 倍で置き換えると，$x_1 = 5c_1t^2e^t + c_2te^t + 5c_3e^t$, $x_2 = -20c_1t^2e^t - 4c_2te^t + 5c_4e^t$, $x_3 = -c_1(10t^2+10t-2)e^t - c_2(2t+1)e^t - 6c_3e^t + c_4e^t$, $x_4 = c_1(5t^2-2)e^t + c_2te^t + c_3e^t - c_4e^t$. 係数行列のジョルダン標準形は $\begin{pmatrix}1&1&0&0\\0&1&1&0\\0&0&1&0\\0&0&0&1\end{pmatrix}$.

(11) 手掛かりが無さそうなので，正攻法で①を微分して $x_1'' = 2x_1' - 4x_2' + 5x_3' + x_4' = 2x_1' - 4(-4x_1 + 5x_2 - 4x_3 - 4x_4) + 5(-3x_1 + 3x_2 - 2x_3 - 3x_4) + (-x_1 + x_3 - x_4) = 2x_1' - 5x_2 + 7x_3$, すなわち，$x_1'' - 2x_1' = -5x_2 + 7x_3 \ldots$⑤. もう一度微分して $x_1''' - 2x_1'' = -5x_2' + 7x_3' = -5(-4x_1 + 5x_2 - 4x_3 - 4x_4) + 7(-3x_1 + 3x_2 - 2x_3 - 3x_4) = -x_1 - 4x_2 + 6x_3 - x_4$, すなわち，$x_1''' - 2x_1'' + x_1 = -4x_2 + 6x_3 - x_4 \ldots$⑥. もう一度微分して $x_1^{(4)} - 2x_1''' + x_1' = -4x_2' + 6x_3' - x_4' = -4(-4x_1 + 5x_2 - 4x_3 - 4x_4) + 6(-3x_1 + 3x_2 - 2x_3 - 3x_4) - (-x_1 + x_3 - x_4) = -x_1 - 2x_2 + 3x_3 - x_4$, すなわち，$x_1^{(4)} - 2x_1''' + x_1' + x_1 = -2x_2 + 3x_3 - x_4 \ldots$⑦. ①,⑤,⑥,⑦ から x_2, x_3, x_4 を消去する．まず①+⑥ で $x_1''' - 2x_1'' + x_1' - x_1 = -8x_2 + 11x_3 \ldots$⑧. ①+⑦ で $x_1^{(4)} - 2x_1''' + 2x_1' - x_1 = -6x_2 + 8x_3 \ldots$⑨. ⑤,⑧,⑨ から x_2, x_3 を消す．まず⑧−⑤より $x_1''' - 3x_1'' + 3x_1' - x_1 = -3x_2 + 4x_3 \ldots$⑩. この 2 倍を⑨から引くと，$x_1^{(4)} - 4x_1''' + 6x_1'' - 4x_1' + x_1 = 0$. この特性方程式は $(\lambda - 1)^4 = 0$ となり特性根は 1（4 重根）．よって $x_1 = (c_1t^3 + c_2t^2 + c_3t + c_4)e^t$ と置くと，$x_1' = \{c_1(t^3+3t^2) + c_2(t^2+2t) + c_3(t+1) + c_4\}e^t$, $x_1'' = \{c_1(t^3+6t^2+6t) + c_2(t^2+4t+2) + c_3(t+2) + c_4\}e^t$, $x_1''' = \{c_1(t^3+9t^2+18t+6) + c_2(t^2+6t+6) + c_3(t+3) + c_4\}e^t$. これらを⑩に代入するのだが，その左辺が $(D-1)^3x_1$ の形であることに注意し公式 (3.16) を用いて計算を楽すると，$(D-1)^3x_1 = (D-1)^3(c_1t^3e^t) = 6c_1e^t = -3x_2 + 4x_3$.（$t^2$ 以下はすべて消える.）また⑤から $(D-1)^2x_1 - x_1 = -5x_2 + 7x_3 = (6c_1t + 2c_2)e^t - (c_1t^3 + c_2t^2 + c_3t + c_4)e^t = -\{c_1(t^3 - 6t) + c_2(t^2 - 2) + c_3t + c_4\}e^t$. この二つから $x_2 = -4\{c_1(t^3-6t) + c_2(t^2-2) + c_3t + c_4\}e^t - 42c_1e^t = -2\{c_1(2t^3 - 12t + 7) + 2c_2(t^2-2) + 2c_3t + 2c_4\}e^t$, $x_3 = -3\{c_1(t^3-6t) + c_2(t^2-2) + c_3t + c_4\}e^t - 30c_1e^t = -3\{c_1(t^3-6t+10) + c_2(t^2-2) + c_3t + c_4\}e^t$. 最後に①から $x_4 = x_1' - 2x_1 + 4x_2 - 5x_3 = \{c_1(t^3+3t^2) + c_2(t^2+2t) + c_3(t+1) + c_4\}e^t - 2(c_1t^3 + c_2t^2 + c_3t + c_4)e^t + 4\{-2\{c_1(2t^3 - 12t+7) + 2c_2(t^2-2) + 2c_3t + 2c_4\}e^t\} - 5\{-3\{c_1(t^3-6t+10) + c_2(t^2-2) + c_3t + c_4\}e^t\} = c_1(-17t^3 + 3t^2 + 6t + 94)e^t + c_2(-22t^2 + 2t + 42)e^t + c_3(-22t+1)e^t - 22c_4e^t$. 係数行列のジョルダン標準形は $\begin{pmatrix}1&1&0&0\\0&1&1&0\\0&0&1&1\\0&0&0&1\end{pmatrix}$.

(12) ①を微分して②,③,④を代入すると，$x_1'' = 2x_1' + 5x_2 - 6x_3 + 6x_4 \ldots$⑤. これを更に微分して同様に $x_1''' = 2x_1'' - 2x_1 + 5x_2 - 6x_3 + 10x_4 \ldots$⑥. 更に微分して同様に $x_1^{(4)} = 2x_1''' - 2x_1' - 2x_1 + x_2 - 2x_3 + 6x_4 \ldots$⑦. ①を用いて⑤から x_4

6

を消去すると $x_1'' = 5x_1' - 6x_1 - 4x_2 + 6x_3 \ldots$⑧．同様にして⑥から x_4 を消去すると $x_1''' = 2x_1'' + 5x_1' - 12x_1 - 10x_2 + 14x_3 \ldots$⑨．同様にして⑦から x_4 を消去すると $x_1^{(4)} = 2x_1''' + x_1' - 8x_1 - 8x_2 + 10x_3 \ldots$⑩．⑧，⑨ から x_3 を消去すると $3x_1''' - 13x_1'' + 20x_1' - 6x_1 + 2x_2 = 0 \ldots$⑪．同様に⑧,⑩から x_3 を消去すると $3x_1^{(4)} - 6x_1''' - 5x_1'' + 22x_1' - 6x_1 + 4x_2 = 0 \ldots$⑫．これら二つから x_2 を消去して定数因子で割ると $x_1^{(4)} - 4x_1''' + 7x_1'' - 6x_1' + 2x_1 = 0$ を得る．この特性多項式は $\lambda^4 - 4\lambda^3 + 7\lambda^2 - 6\lambda + 2 = (\lambda - 1)^2(\lambda^2 - 2\lambda + 2)$ となるので，特性根は 1（重根），$1 \pm i$．よって $x_1 = c_1te^t + c_2e^t + e^t(c_3\cos t + c_4\sin t)$ と置ける．⑪ から $x_2 = 3x_1 - 10x_1' + \frac{13}{2}x_1'' - \frac{3}{2}x_1''' = -c_1(2t + \frac{3}{2})e^t - 2c_2e^t - 4e^t(c_3\cos t + c_4\sin t)$．⑧ から $x_3 = x_1 - \frac{5}{6}x_1' + \frac{1}{6}x_1'' + \frac{2}{3}x_2 = -c_1(t + \frac{3}{2})e^t - c_2e^t + c_3e^t(-\frac{5}{2}\cos t + \frac{1}{2}\sin t) + c_4e^t(-\frac{1}{2}\cos t - \frac{5}{2}\sin t)$．最後に ① から $x_4 = -x_1 + \frac{1}{2}x_1' - \frac{3}{2}x_2 + 2x_3 = \frac{c_1}{4}e^t(2t - 1) + \frac{c_2}{2}e^t + \frac{c_3}{2}e^t(\cos t + \sin t) + \frac{c_4}{2}e^t(-\cos t + \sin t)$．係数行列のジョルダン標準形は $\begin{pmatrix}1&1&0&0\\0&1&0&0\\0&0&1+i&0\\0&0&0&1-i\end{pmatrix}$．実の標準形は $\begin{pmatrix}1&1&0&0\\0&1&0&0\\0&0&1&-1\\0&0&1&1\end{pmatrix}$．

(13) ①を微分して②,③,④を代入すると，$x_1'' = -4x_1 - 6x_2 - 14x_3 - 4x_4 \ldots$⑤．これを更に微分して同様に $x_1''' = -4x_1' - 12x_1 - 16x_2 - 32x_3 - 12x_4 \ldots$⑥．更に微分して同様に $x_1^{(4)} = -4x_1'' - 12x_1' - 36x_1 - 48x_2 - 88x_3 - 40x_4 \ldots$⑦．①を用いて⑤から x_4 を消去すると $x_1'' = 2x_1' - 4x_1 - 2x_2 - 6x_3 \ldots$⑧．同様にして⑥から x_4 を消去すると $x_1''' = 2x_1' - 12x_1 - 4x_2 - 8x_3 \ldots$⑨．同様にして⑦から x_4 を消去すると $x_1^{(4)} = -4x_1'' + 8x_1' - 36x_1 - 8x_2 - 8x_3 \ldots$⑩．⑨，⑩ から x_2 を消去すると $x_1^{(4)} = 2x_1''' - 4x_1'' + 4x_1' - 12x_1 + 8x_3 \ldots$⑪．⑧，⑨ から x_2 を消去すると $x_1''' = 2x_1'' - 2x_1' - 4x_1 + 4x_3 \ldots$⑫．⑪,⑫から x_3 を消去すると $x_1^{(4)} - 4x_1''' + 8x_1'' - 8x_1' + 4x_1 = 0 \ldots$⑬．この特性多項式は $\lambda^4 - 4\lambda^3 + 8\lambda^2 - 8\lambda + 4 = (\lambda^2 - 2\lambda + 2)^2$ となり，特性根は $1+i$（重根），$1-i$（重根）．よって $x_1 = e^t(c_1t + c_2)\cos t + e^t(c_3t + c_4)\sin t$ と置ける．⑫より $x_3 = x_1 + \frac{1}{2}x_1' - \frac{1}{2}x_1'' + \frac{1}{4}x_1''' = c_1e^t\{t\cos t - \frac{1}{2}(\cos t + \sin t)\} + c_2e^t\cos t + c_3e^t\{t\sin t + \frac{1}{2}(\cos t - \sin t)\} + c_4e^t\sin t$．⑧より $x_1'' = 2x_1' - 4x_1 - 2x_2 - 6x_3 \ldots$⑧．$x_2 = -2x_1 + x_1' - \frac{1}{2}x_1''' - 3x_3 = c_1e^t\{(-4t + \frac{3}{2})\cos t + \frac{5}{2}\sin t\} - 4c_2e^t\cos t + c_3e^t\{(-4t + \frac{3}{2})\sin t - \frac{5}{2}\cos t\} - 4c_4e^t\sin t$．最後に ① より $x_4 = -\frac{1}{2}x_1' - x_2 - 2x_3 = c_1e^t\{(\frac{3}{2}t - 1)\cos t + (\frac{1}{2}t - \frac{3}{2})\sin t\} + c_2e^t(\frac{3}{2}\cos t + \frac{1}{2}\sin t) + c_3e^t\{-(\frac{1}{2}t - \frac{3}{2})\cos t + (\frac{3}{2}t - 1)\sin t\} + c_4e^t(-\frac{1}{2}\cos t + \frac{3}{2}\sin t)$．係数行列のジョルダン標準形は $\begin{pmatrix}1+i&1&0&0\\0&1+i&0&0\\0&0&1-i&1\\0&0&0&1-i\end{pmatrix}$．実の標準形は $\begin{pmatrix}1&-1&1&0\\1&1&0&1\\0&0&1&-1\\0&0&1&1\end{pmatrix}$．

6.4.1 (1) $y_1 = y$, $y_2 = y'$, $y_3 = y''$ と置くと，$y_1' = y_2$, $y_2' = y_3$, $y_3' = 4y_2$.

(2) $y_1 = y$, $y_2 = y'$, $y_3 = y''$ と置くと，$y_1' = y_2$, $y_2' = y_3$, $y_3' = 8y_1$.

(3) $y_1 = y$, $y_2 = y'$, $y_3 = y''$ と置くと，$y_1' = y_2$, $y_2' = y_3$, $y_3' = 2y_1 + 3y_2$.

(4) $y_1 = y$, $y_2 = y'$, $y_3 = y''$, $y_4 = y'''$ と置くと，$y_1' = y_2$, $y_2' = y_3$, $y_3' = y_4$, $y_4' = y_1 + \cos x$.

(5) 前問と同じ置き方で，$y_1' = y_2$, $y_2' = y_3$, $y_3' = y_4$, $y_4' = -16y_1$.

(6) 方程式を $(D^2+4)(D+1)^2y=0$ と書き換えると $y_1=y$, $y_2=(D+1)y_1$, $y_3=(D+1)y_2$ と置けば $(D^2+4)y_3=(D^2+4)(D+1)^2y=0$. 従って $y_4=\frac{1}{2}Dy_3$ と置くと $y_4'=\frac{1}{2}D^2y_3=-2y_3$ だから，$y_1'=y_2-y_1$, $y_2'=y_3-y_2$, $y_3'=2y_4$, $y_4'=-2y_3$.

6.4.2 (1) 普通にやると $y_1=y, y_2=xy', y_3=x^2y''$ と置けば，$xy_1'=y_2$, $xy_2'=y_2+y_3$, $xy_3'=(6y_1-6y_2+3y_3)+2y_3=6y_1-6y_2+5y_3$.

(2) 例題の方法で $y_1=y, y_2=xDy_1, y_3=(xD-1)y_2$ と置くと，$xy_1'=y_2$, $xy_2'=y_2+y_3$, $(xD-2)y_3=y_3-2y_2+2y_1+x^3+x$, すなわち $xy_3'=2y_1-2y_2+3y_3+x^3+x$.

6.4.3 (1) 問題 6.2.2(7) の解答を見ると，x_1, x_2, x_3 いずれも任意定数を 3 個含んでいるので，それが満たす単独方程式は 3 階でなければならない．実際に消去法でやってみると，①を微分して③を用いると $x_1''=-3x_1'+2x_3'=-3x_1'-6x_1-10x_2-6x_3\ldots$④. これを更に微分して②,③を代入すると $x_1'''=-3x_1''-6x_1'-10x_2'-6x_3'=-3x_1''-6x_1'-10(2x_1+9x_2+8x_3)-6(-3x_1-5x_2-3x_3)=-3x_1''-6x_1'-2x_1-60x_2-62x_3\ldots$⑤. ⑤−④×6 を作ると $x_1'''=3x_1''+12x_1'+34x_1-26x_3$. これに①×13 を加えると $x_1'''=3x_1''-x_1'-5x_1$, すなわち，$x_1'''-3x_1''+x_1'+5x_1=0$ という単独方程式が得られた．この特性方程式は $\lambda^3-3\lambda^2+\lambda+5=(\lambda+1)(\lambda^2-4\lambda+5)$ なので，一般解は $x_1=c_1e^{-t}+c_2e^{2t}\cos t+c_3e^{2t}\sin t$ となり，問題 6.2.2(7) で求めたものと本質的に同じである．x_3 は①を用いてこれから，また x_2 は②を用いてこれらからそれぞれ導かれるので，この 3 階単独方程式はもとの連立 1 階微分方程式と同値なことが分かる．

(2) 問題 6.3.1(4) の解答を見ると，x_1 が 2 階の単独方程式を満たしてしまっている．また x_2 は任意定数が 2 個の一般解を持っているので，これも 2 階単独方程式を満たすはずである．x_3 を見ると一般解が任意定数を 3 個含むが，よく見ると c_2+c_3 をまとめれば実際には 2 個になってしまい，これも 2 階の方程式を満たす．よってこの問題は同値な 1 個の 3 階単独方程式には帰着できない．(例題 6.4 その 3 のようにジョルダン標準形を用いてもよい.)

6.5.1 (1) ① を微分して②を代入すると，$x^{(4)}=-2m^2y''=-4m^4x$. この方程式の特性根は $(1\pm i)m$, $(-1\pm i)m$. よって解は $x=c_1e^{mt}\cos mt+c_2e^{mt}\sin mt+c_3e^{-mt}\cos mt+c_4e^{-mt}\sin mt$. y の方は①にこれを代入して $y=-\frac{1}{2m^2}x''=-\frac{1}{2m^2}(-2c_1m^2e^{mt}\sin mt+2c_2m^2e^{mt}\cos mt+2c_3m^2e^{-mt}\sin mt-2c_4m^2e^{-mt}\cos mt)=c_1e^{mt}\sin mt-c_2e^{mt}\cos mt-c_3e^{-mt}\sin mt+c_4e^{-mt}\cos mt$.

(2) まず③を解いて $z=c_1\cos t+c_2\sin t$. これを①に代入して $x''=-3(x-y)-3c_1\cos t-3c_2\sin t$. これから②を引けば $(x-y)''=-4(x-y)-3c_1\cos t-3c_2\sin t$. 積分して $x-y=-c_1\cos t-c_2\sin t+c_3\cos 2t+c_4\sin 2t\ldots$④. これを②に代入すると $y''=-c_1\cos t-c_2\sin t+c_3\cos 2t+c_4\sin 2t$. 積分して $y=c_1\cos t+c_2\sin t-\frac{c_3}{4}\cos 2t-\frac{c_4}{4}\sin 2t+c_5+c_6t$. 最後に④から $x=\frac{3c_3}{4}\cos 2t+\frac{3c_4}{4}\sin 2t+c_5+c_6t$.

(3) ①〜③を総和すると $(x+y+z)''=(x+y+z)$. これは $x+y+z$ の定数係数 2 階線形方程式として特性根 ± 1 を持つので，求積して $x+y+z=c_1e^t+c_2e^{-t}\ldots$④. これから $y+z=-x+c_1e^t+c_2e^{-t}$ と解いて①に代入すると，$x''=-2x+c_1e^t+c_2e^{-t}$. 同様に求積して $x=\frac{1}{3}c_1e^t+\frac{1}{3}c_2e^{-t}+c_3\cos\sqrt{2}t+c_4\sin\sqrt{2}t$. 同じく④から $z+x=$

6

$-y+c_1e^t+c_2e^{-t}$ と解いて②に代入すると，$y''=-2y+c_1e^t+c_2e^{-t}$．同様に求積して $y=\frac{1}{3}c_1e^t+\frac{1}{3}c_2e^{-t}+c_5\cos\sqrt{2}t+c_6\sin\sqrt{2}t$．最後に z は④にこれらを代入して $z=-x-y+c_1e^t+c_2e^{-t}=\frac{1}{3}c_1e^t+\frac{1}{3}c_2e^{-t}-(c_3+c_5)\cos\sqrt{2}t-(c_4+c_6)\sin\sqrt{2}t$.

(4) ①−②を作ると $x'-x+y'-y=-4t-5\ldots$③．これを微分して①から引くと，$3x'+x+2y'+2y=4\ldots$④．④−③×3 を作ると $4x-y'+5y=12t+19$．これから $x=\frac{1}{4}y'-\frac{5}{4}y+3t+\frac{19}{4}\ldots$⑤ を得て④に代入すれば $3(\frac{1}{4}y''-\frac{5}{4}y'+3)+\frac{1}{4}y'-\frac{5}{4}y+3t+\frac{19}{4}+2y'+2y=4$, すなわち，$y''-2y'+y=-4t-13\ldots$⑥．これの特性方程式は $\lambda^2-2\lambda+1=0$, 特性根は $\lambda=1$（重根），よって $y=-4t-21+c_1e^t+c_2te^t$．これを⑤に代入して $x=\frac{1}{4}\{-4+c_1e^t+c_2(t+1)e^t\}-\frac{5}{4}(-4t-21+c_1e^t+c_2te^t)+3t+\frac{19}{4}=8t+30-c_1e^t-c_2(t-\frac{1}{4})e^t$．任意定数が 2 個しか出てこなかったが，これは与えられた方程式が実は③と④を連立させたものと同値で（実際，もとの方程式は①=③′+④, ②=①−③で復元できる），従って解の自由度は実質的に $1+1=2$ 個しか無いからである．

(5) ②−①より $x''+2x'-3x+y'-y=t-1\ldots$③．①−③を作ると $-3x'+9x+y''-2y'+3y=-t+1\ldots$④．③,④は正規形の連立方程式となっているので，任意定数は 4 個有る．③を微分して $x'''+2x''-3x'+y''-y'=1$．これから④を引いて $x'''+2x''-9x+y'-3y=t\ldots$⑤．もう一度微分して $x^{(4)}+2x'''-9x'+y''-3y'=1$．これから④を引いて $x^{(4)}+2x'''-6x'-9x-y'-3y=t\ldots$⑥．③,⑤,⑥から y', y を消去する．⑤−③より $x'''+x''-2x'-6x-2y=1\ldots$⑦．⑤+⑥より $x^{(4)}+3x'''+2x''-6x'-18x-6y=2t\ldots$⑧．⑧−3×⑦より $x^{(4)}-x''=2t-3$．この単独方程式は特性方程式 $\lambda^4-\lambda^2=0$, 特性根 $\lambda=0$（重根），±1 を持ち，従って解は，非斉次部分の共振を考慮して $x=-\frac{t^3}{3}+\frac{3t^2}{2}+c_1+c_2t+c_3e^t+c_4e^{-t}$ と書ける．これを⑦に代入して $y=\frac{1}{2}\{-1-6x-2x'+x''+x'''\}=\frac{1}{2}\{-1-6(-\frac{t^3}{3}+\frac{3t^2}{2}+c_1+c_2t+c_3e^t+c_4e^{-t})-2(-t^2+3t+c_2+c_3e^t-c_4e^{-t})+(-2t+3+c_3e^t+c_4e^{-t})+(-2+c_3e^t-c_4e^{-t})\}=t^3-\frac{7}{2}t^2-4t-3c_1-(3t+1)c_2-3c_3e^t-2c_4e^{-t}$．（$x$ の微分を逆順にしたのは，順に微分しながら代入計算を続けられるから.）

(6) ①〜③を総和すると $(x+y+z)''=2(x+y+z)$．定数係数 2 階線形方程式として特性根 $\pm\sqrt{2}$ なので，この一般解は $x+y+z=c_1e^{\sqrt{2}t}+c_2e^{-\sqrt{2}t}\ldots$④．これから得る $y+z=-x+c_1e^{\sqrt{2}t}+c_2e^{-\sqrt{2}t}$ を①に代入して $x''=-x+c_1e^{\sqrt{2}t}+c_2e^{-\sqrt{2}t}$．同じく定数係数 2 階線形方程式として特性根 $\pm i$ なので，非斉次項は目の子で求めて $x=\frac{1}{3}c_1e^{\sqrt{2}t}+\frac{1}{3}c_2e^{-\sqrt{2}t}+c_3\cos t+c_4\sin t$. 同様に，$z+x=-y+c_1e^{\sqrt{2}t}+c_2e^{-\sqrt{2}t}$ を②に代入して $y=\frac{1}{3}c_1e^{\sqrt{2}t}+\frac{1}{3}c_2e^{-\sqrt{2}t}+c_5\cos t+c_6\sin t$．最後に④より $z=c_1e^{\sqrt{2}t}+c_2e^{-\sqrt{2}t}-x-y=\frac{1}{3}c_1e^{\sqrt{2}t}+\frac{1}{3}c_2e^{-\sqrt{2}t}-c_3\cos t-c_4\sin t-c_5\cos t-c_6\sin t$.

(7) ①−③を作ると $x'''-2x''+x'-y''+2y'-y=0\ldots$④．②−2×③を作ると $x''-2x'+x-y''+2y'-y=0\ldots$⑤. ④−⑤を作ると $x'''-3x''+3x'-x=0\ldots$⑥. この単独方程式の特性方程式は $\lambda^3-3\lambda^2+3\lambda-1=0$ で，特性根は $\lambda=1$（3 重根）．よって $x=(c_1+c_2t+c_3t^2)e^t$．これを⑤に代入すると $y''-2y'+y=x''-2x'+x=(D-1)^2x=2c_3e^t$.（ここで公式 (3.16) を用いた.）この y の方程式も 1 を 2 重特性

根に持つので，共振に注意してこれを解くと，$y = c_3t^2e^t + (c_4 + c_5t)e^t$．最後に③より $z'-z = -(x''-2x'+x)-(y'-y) = -(D-1)^2x-(D-1)y = -2c_3e^t-(2c_3te^t+c_5e^t) = -2c_3(t+1)e^t - c_5e^t$．この z の方程式は特性根 1 なので，共振に注意してこれを解くと，$z = -c_3(t^2+2t)e^t - c_5te^t + c_6e^t$．任意定数は結局 6 個である．

なお，この方程式の任意定数の個数は微妙なので，1 階連立化して確認しておこう．もとのままでは分かりにくいので，①から y'' と z' を消去した①−②+③ の $x''' - 3x'' + 3x' - x = 0$（結果は⑥と一致し，たまたま y', y, z も無くなってしまったが，これらは残っていてもよい），および②から z' を消去した②−2×③の $x'' - 2x' + x - y'' + 2y' - y = 0$（たまたま z も無くなってしまったが，残っていてもよい）で，最初の二つを置き換えたものを考察する．$x_0 = x$, $x_1 = x'$, $x_2 = x''$, $y_0 = y$, $y_1 = y'$, $z_0 = z$ という 6 未知数の 1 階連立系を導くと，一つ目から $x_0' = x_1$, $x_1' = x_2$, $x_2' = 3x_2 - 3x_1 + x_0$（これに y_0, y_1, z_0 が続いても構わない），二つ目から $y_0' = y_1$, $y_1' = x_2 - 2x_1 + x_0 + 2y_1$（これに y_0, y_1, z_0 が続いても構わない），三つ目から $z_0' = -x_2 + 2x_1 - x_0 - y_1 + y_0 + z_0$ となり，右辺に微分が含まれない 1 階正規形の 6 連立方程式が得られた．これで解の次元が 6 であることが確定した．

(8) ①×3−②×8 より $7x'' - 17x - 15y'' - 87y - 72z = 0\ldots$④．8×③−④より $x'' + x - y'' - y = 0\ldots$⑤．③$''$+3×②より $x^{(4)} + x'' + 12x - 2y^{(4)} - 2y'' + 36y + 36z = 0\ldots$⑥．これに 4×③を加えると，$x^{(4)} + 5x'' + 4x - 2y^{(4)} - 10y'' - 8y = 0\ldots$⑦．これから⑤$''$，続いて 4×⑤を引くと $-y^{(4)} - 5y'' - 4y = 0$, すなわち $y^{(4)} + 5y'' + 4y = 0\ldots$⑧．この特性多項式の根は $\lambda = \pm 2i, \pm i$．よって $y = c_1\cos 2t + c_2\sin 2t + c_3\cos t + c_4\sin t$．これを⑤に代入して $x'' + x = -3c_1\cos 2t - 3c_2\sin 2t$．積分して $x = c_1\cos 2t + c_2\sin 2t + c_5\cos t + c_6\sin t$．これらを③に代入して $z = \frac{1}{9}(x'' - 2x - 2y'' - 11y) = \frac{1}{9}\{(-6c_1\cos 2t - 6c_2\sin 2t - 3c_5\cos t - 3c_6\sin t) - (3c_1\cos 2t + 3c_2\sin 2t + 9c_3\cos t + 9c_4\sin t)\} = -c_1\cos 2t - c_2\sin 2t - c_3\cos t - c_4\sin t - \frac{1}{3}(c_5\cos t + c_6\sin t)$．

6.5.2 (1) 最初の二つを加え，それに三つ目を代入すると $(x+y)' = (x+y)(1+z) = (x+y)\frac{z'}{z}$．よって $\frac{(x+y)'}{x+y} = \frac{z'}{z}$．積分して $\log(x+y) = \log z + C$, $x + y = 2c_1z$．同様に最初の二つを引き算して $(x-y)' = (x-y)(z-1)$, $\frac{(x-y)'}{x-y} = -1 + z = -1 + \frac{z'}{z+1}$．積分して $\log(x-y) = -t + \log(z+1) + C_2$, $x - y = 2c_2e^{-t}(z+1)$．これらから $x = (c_1 + c_2e^{-t})z + c_2e^{-t}$, $y = (c_1 - c_2e^{-t})z - c_2e^{-t}$．最後に三つ目の方程式を積分して $\frac{dz}{z(1+z)} = dt$, $\log\frac{z}{z+1} = t + C_3$, $1 + \frac{1}{z} = c_3e^{-t}$, $z = \frac{1}{c_3e^{-t}-1}$．これを上に代入すれば，$x = \frac{c_1+c_2e^{-t}}{c_3e^{-t}-1} + c_2e^{-t} = \frac{c_1+c_2c_3e^{-2t}}{c_3e^{-t}-1}$, $y = \frac{c_1-c_2e^{-t}}{c_3e^{-t}-1} - c_2e^{-t} = \frac{c_1-c_2c_3e^{-2t}}{c_3e^{-t}-1}$．

(2) $x' = y + xz\ldots$①, $y' = x + yz\ldots$②, $z' = x + z^2\ldots$③ とする．①, ②から z を消去して $x'y - xy' = y^2 - x^2$, $\frac{x'y-xy'}{y^2} = 1 - \frac{x^2}{y^2}$．$u = x/y$ と置けば $u' = 1 - u^2$, $\frac{du}{1-u^2} = dt$, $\log\frac{1+u}{1-u} = 2t + C_1$, $u = \frac{x}{y} = \frac{c_1e^{2t}-1}{c_1e^{2t}+1}$, すなわち $y = \frac{c_1e^{2t}+1}{c_1e^{2t}-1}x\ldots$④．①, ②を加えて $(x+y)' = (x+y)(1+z)$．$\frac{(x+y)'}{x+y} = 1 + z$．②, ③を引き算して $(y-z)' = (y-z)z$．$\frac{(y-z)'}{y-z} = z$．これらを繋ぐと $\frac{(x+y)'}{x+y} = 1 + \frac{(y-z)'}{y-z}$．積分して $\log(x+y) = t + \log(y-z) + C$, $x + y = c_2e^t(y-z)\ldots$⑤．これから $x = (c_2e^t - 1)y - c_2e^tz = (c_2e^t - 1)\frac{c_1e^{2t}+1}{c_1e^{2t}-1}x -$

c_2e^tz，従って，$x = \frac{c_2e^t}{(c_2e^t-1)\frac{c_1e^{2t}+1}{c_1e^{2t}-1}-1}z = \frac{c_2e^t(c_1e^{2t}-1)}{(c_2e^t-1)(c_1e^{2t}+1)-(c_1e^{2t}-1)}z$，すなわち，$x = \frac{c_2(c_1e^{2t}-1)}{c_1c_2e^{2t}-2c_1e^t+c_2}z \ldots$⑥．これを③に代入して $z' = z^2 + \frac{c_2(c_1e^{2t}-1)}{c_1c_2e^{2t}-2c_1e^t+c_2}z$．これはベルヌーイ型なので z^2 で割ると $w = \frac{1}{z}$ の 1 階線形方程式 $w' + \frac{c_2(c_1e^{2t}-1)}{c_1c_2e^{2t}-2c_1e^t+c_2}w = -1$ に帰着する．$(\frac{c_1c_2e^{2t}-2c_1e^t+c_2}{e^t}w)' = -\frac{c_1c_2e^{2t}-2c_1e^t+c_2}{e^t} = -c_1c_2e^t + 2c_1 - c_2e^{-t}$ と変形して積分すると $\frac{c_1c_2e^{2t}-2c_1e^t+c_2}{e^t}w = -c_1c_2e^t + 2c_1t + c_2e^{-t} + c_3$．よって $z = \frac{1}{w} = \frac{c_1c_2e^{2t}-2c_1e^t+c_2}{-c_1c_2e^{2t}+2c_1te^t+c_2+c_3e^t}$．これを⑥に代入すれば $x = \frac{c_2(c_1e^{2t}-1)}{-c_1c_2e^{2t}+2c_1te^t+c_2+c_3e^t}$，次いでそれを④に代入すれば $y = \frac{c_2(c_1e^{2t}+1)}{-c_1c_2e^{2t}+2c_1te^t+c_2+c_3e^t}$ が得られる．

(3) 与えられた方程式系は $\frac{x'-x}{x} = \frac{y'-z}{y} = \frac{z'-y}{z} = x + y$ と変形できる．真ん中の等号より $zy' - z^2 = yz' - y^2$, $\frac{y'z-yz'}{z^2} = 1 - \frac{y^2}{z^2}$．$u = y/z$ と置けば $u' = 1 - u^2$．これを積分して，$\log\frac{1+u}{1-u} = 2t+C$．$u = \frac{c_1e^{2t}-1}{c_1e^{2t}+1} = \frac{y}{z}\ldots$④．次に $\frac{y'-z}{y} = x+y$ から $\frac{y'}{y} = x+y+\frac{c_1e^{2t}+1}{c_1e^{2t}-1}$．これを $\frac{x'}{x} = x + y + 1$ から引き算して $\frac{x'}{x} - \frac{y'}{y} = 1 - \frac{c_1e^{2t}+1}{c_1e^{2t}-1} = 2 - 2\frac{c_1e^{2t}}{c_1e^{2t}-1}$．積分して $\log x - \log y = 2t - \log(c_1e^{2t}-1) + C_2$, すなわち，$\frac{x}{y} = \frac{c_2e^{2t}}{c_1e^{2t}-1}\ldots$⑤．これより $\frac{x+y}{x} = 1 + \frac{c_1e^{2t}-1}{c_2e^{2t}} = \frac{(c_1+c_2)e^{2t}-1}{c_2e^{2t}}$．これを第 1 の方程式に代入して $\frac{x'-x}{x^2} = \frac{x+y}{x} = \frac{(c_1+c_2)e^{2t}-1}{c_2e^{2t}}$，すなわち $x' = x + \frac{(c_1+c_2)e^{2t}-1}{c_2e^{2t}}x^2$．これはベルヌーイ型で x^2 で割り算すれば $1/x$ の 1 階線形方程式になる：$-\frac{x'}{x^2} + \frac{1}{x} = -\frac{c_1+c_2}{c_2} + \frac{1}{c_2}e^{-2t}$，$\left(\frac{e^t}{x}\right)' = -\frac{c_1+c_2}{c_2}e^t + \frac{1}{c_2}e^{-t}$．積分して $\frac{e^t}{x} = -\frac{c_1+c_2}{c_2}e^t - \frac{1}{c_2}e^{-t} + C_3$．よって $x = \frac{e^t}{c_3-\frac{c_1+c_2}{c_2}e^t-\frac{1}{c_2}e^{-t}} = \frac{c_2e^t}{c_2c_3-(c_1+c_2)e^t-e^{-t}}$．⑤から $y = \frac{c_1e^t-e^{-t}}{c_2c_3-(c_1+c_2)e^t-e^{-t}}$．④から $z = \frac{c_1e^t+e^{-t}}{c_2c_3-(c_1+c_2)e^t-e^{-t}}$．

(4) 二つの方程式の辺々比をとると，$\frac{x'}{y'} = \frac{y^2}{x^2}$, すなわち，$x^2x' = y^2y'$．積分して $\frac{x^3}{3} = \frac{y^3}{3}+C$．これから $x^3 = y^3 + c_1\ldots$③，従って，$y = (x^3 - c_1)^{1/3}$ と解いて①に代入すると，$x' = (x^3-c_1)^{2/3}$．変数分離して積分すると，$\frac{dx}{(x^3-c_1)^{2/3}} = dt$．$\int\frac{dx}{(x^3-c_1)^{2/3}}+c_2 = t\ldots$④．対称なので y も $x = (y^3+c_1)^{1/3}$ を用いて同じ形 $\int\frac{dy}{(y^3+c_1)^{2/3}} + c_3 = t\ldots$⑤ で求まるが，任意定数は既に二つ有るのでもう増やせない．x は求まったとみなして $y = (x^3 - c_1)^{1/3}$ を答とすれば，任意定数は増えないが，t についても陰関数になってしまう．そこで⑤という表示を仮定し，関係式 ③ を用いて任意定数の間の関係をつける．まず任意定数が動かないように，解④,⑤の表示を $t = \int_0^x\frac{dx}{(x^3-c_1)^{2/3}} + c_2$, $t = \int_0^y\frac{dy}{(y^3+c_1)^{2/3}} + c_3$ と書き直すと，$x = 0$ のとき $t = c_2$．このとき $y = -c_1^{1/3}$ であるから，これが後者の式でも成り立つには $c_2 = \int_0^{-c_1^{1/3}}\frac{dy}{(y^3+c_1)^{2/3}} + c_3$．すなわち，$c_3 = c_2 - \int_0^{-c_1^{1/3}}\frac{dy}{(y^3+c_1)^{2/3}}$．これを⑤に代入すれば，$t = \int_0^y\frac{dy}{(y^3+c_1)^{2/3}} + c_2 - \int_0^{-c_1^{1/3}}\frac{dy}{(y^3+c_1)^{2/3}} = \int_{-c_1^{1/3}}^y\frac{dy}{(y^3+c_1)^{2/3}} + c_2$ と y の逆関数表示が得られた．

(5) ①,②,③にそれぞれ x, y, z を掛けると，$xx' = yy' = zz' = xyz$．最初の等号の両辺を積分して $\frac{x^2}{2} = \frac{y^2}{2} + C$，あるいは $x^2 = y^2 + c_1\ldots$④．同様に次の等号から $y^2 = z^2 + c_2\ldots$⑤ を得る．両者を加えると $x^2 = z^2 + c_1 + c_2\ldots$⑥．これらを①に代入す

ると，$x' = \sqrt{x^2 - c_1}\sqrt{x^2 - c_1 - c_2}$．変数分離して積分すると $\frac{dx}{\sqrt{x^2-c_1}\sqrt{x^2-c_1-c_2}} = dt$, $t = \int \frac{dx}{\sqrt{x^2-c_1}\sqrt{x^2-c_1-c_2}} + c_3 \ldots$⑦．これで任意定数は 3 個生じたので，もうこれ以上は導入できない．この式から x が求まったと思えば，④,⑥ から $y = \pm\sqrt{x^2 - c_2}$, $z = \pm\sqrt{x^2 - c_1 - c_2}$ と求まるが，これだと t についても陰関数的になっており，また対称性も無い．そこで取り敢えず，$y' = \sqrt{y^2 + c_1}\sqrt{y^2 - c_2}$ から $t = \int \frac{dy}{\sqrt{y^2+c_1}\sqrt{y^2-c_2}} + c_4 \ldots$⑧, $z' = \sqrt{z^2 + c_1 + c_2}\sqrt{z^2 + c_2}$ から $t = \int \frac{dz}{\sqrt{z^2+c_1+c_2}\sqrt{z^2+c_2}} + c_5 \ldots$⑨ と新しい積分定数を導入しておき，$x = 0$ のとき $t = c_3$ となるように，⑦を $t = \int_0^x \frac{dx}{\sqrt{x^2-c_1}\sqrt{x^2-c_1-c_2}} + c_3$ と書いておくと，このとき④より $y = \sqrt{-c_1}$ だから，⑧より $c_3 = \int_0^{\sqrt{-c_1}} \frac{dy}{\sqrt{y^2+c_1}\sqrt{y^2-c_2}} + c_4$．よってこれから c_4 を決めて ⑧に代入すれば，$t = \int_{\sqrt{-c_1}}^y \frac{dy}{\sqrt{y^2+c_1}\sqrt{y^2-c_2}} + c_3$．同様に ⑥と⑨から $c_3 = \int_0^{\sqrt{-c_1-c_2}} \frac{dz}{\sqrt{z^2+c_1+c_2}\sqrt{z^2+c_2}} + c_5$．これより c_5 が定まり，$t = \int_{\sqrt{-c_1-c_2}}^z \frac{dz}{\sqrt{z^2+c_1+c_2}\sqrt{z^2+c_2}} + c_3$．以上の計算では煩雑になるため複号を省略したが，実際には $2^3 = 8$ 通りの解ができる．ただしそれは時刻変数 t の符号反転で吸収できるものを含むので，軌道としては実質的には 4 通りである．

6.6.1 (1) これの斉次部分の一般解は 6.2.2 (1) で求めた．その解法をなぞって特殊解を決めてゆくと，①+② を作ると，$(x_1 + x_2)' = (x_1 + x_2) + e^t$, よって共振に注意して積分すると $x_1 + x_2 = te^t + c_1e^t \ldots$④．同様に ②+③ を作ると，$(x_2 + x_3)' = (x_2 + x_3) + e^{2t}$．よって $x_2 + x_3 = e^{2t} + c_2e^t \ldots$⑤．これらを ① に代入して右辺から x_3, 次いで x_2 を消去すると，$x_1' = -5x_1 - 3x_2 + 4(-x_2 + e^{2t} + c_2e^t) = -5x_1 - 7x_2 + 4e^{2t} + 4c_2e^t = -5x_1 - 7(-x_1 + te^t + c_1e^t) + 4e^{2t} + 4c_2e^t = 2x_1 - 7te^t + 4e^{2t} - 7c_1e^t + 4c_2e^t$．これを 1 階線形方程式として解くのだが，$e^{-2t}$ を掛けて積分すると $(e^{-2t}x_1)' = -7te^{-t} + 4 - 7c_1e^{-t} + 4c_2e^{-t}$. $e^{-2t}x_1 = (7t + 7)e^{-t} + 4t + 7c_1e^{-t} - 4c_2e^{-t} + c_3$．よって，$x_1 = (7t + 7)e^t + 4te^{2t} + 7c_1e^t - 4c_2e^t + c_3e^{2t}$．後は代数的に，$x_2 = -(6t + 7)e^t + 4te^{2t} - 6c_1e^t + 4c_2e^t - c_3e^{2t}$, $x_3 = (7t + 7)e^t - 4te^{2t} + 6c_1e^t - 3c_2e^t + c_3e^{2t}$.

(2) これの斉次部分の一般解は 6.2.2 (2) で求めた．今度はそれを利用して定数変化法を用いてみると，$x_1 = c_1e^t - c_2(5t - 1)e^t - 5c_3e^t$, $x_2 = c_1e^t - 4c_2te^t - 4c_3e^t$, $x_3 = c_2te^t + c_3e^t$. 従って $c_1'e^t - c_2'(5t - 1)e^t - 5c_3'e^t = te^t \ldots$④, $c_1'e^t - 4c_2'te^t - 4c_3'e^t = -e^t \ldots$⑤, $c_2'te^t + c_3'e^t = e^{2t} \ldots$⑥．これらから c_1', c_2', c_3' を求めると，④−⑤から $c_2'(-t+1)e^t - c_3'e^t = (t+1)e^t \ldots$⑦．⑥+⑦から $c_2'e^t = (t+1)e^t + e^{2t}$, $c_2' = t + 1 + e^t$, $c_2 = \frac{t^2}{2} + t + e^t$．⑥に代入して $c_3e^t = -(t^2 + t)e^t - (t-1)e^{2t}$, $c_3' = -t^2 - t - (t-1)e^t$, $c_3 = -\frac{t^3}{3} - \frac{t^2}{2} - (t-2)e^t$. 最後に ④から $c_1' = c_2'(5t-1) + 5c_3' + t = (t+1+e^t)(5t-1) + 5\{-t^2 - t - (t-1)e^t\} + t = -1 + 4e^t$, $c_1 = -t + 4e^t$．これらを最初に示した一般解の式に入れれば，特殊解として $x_1 = (-t + 4e^t)e^t - (\frac{t^2}{2} + t + e^t)(5t-1)e^t - 5\{-\frac{t^3}{3} - \frac{t^2}{2} - (t-2)e^t\}e^t = -(\frac{5}{6}t^3 + 2t^2)e^t - 5e^{2t}$, $x_2 = (-t+4e^t)e^t - 4(\frac{t^2}{2} + t + e^t)te^t - 4\{-\frac{t^3}{3} - \frac{t^2}{2} - (t-2)e^t\}e^t = -(\frac{2}{3}t^3 + 2t^2 + t)e^t - 4e^{2t}$, $x_3 = (\frac{t^2}{2} + t + e^t)te^t + \{-\frac{t^3}{3} - \frac{t^2}{2} - (t-2)e^t\}e^t = (\frac{1}{6}t^3 + \frac{1}{2}t^2)e^t + 2e^{2t}$．従って一般解

6

はこれに最初に示した斉次方程式の一般解を加えれば得られる．

(3) これの斉次部分の一般解は（未知関数の記号が異なるが）6.3.1(1) で求めてある．ここでは未定係数法を再実行しながら同時に特殊解を求めてみる．③を微分して①を代入すると，$x_3'' = x_3' - x_1' + e^t = x_3' + x_2 - x_3 - e^{2t}$．これを更に微分して②を代入すると，$x_3''' = x_3'' + x_2' - x_3' - 2e^{2t} = x_3'' + x_3 + te^t - x_3' - 2e^{2t}$．従って，$x_3''' - x_3'' + x_3' - x_3 = te^t - 2e^{2t}$．この単独方程式の斉次部分の特性方程式は $\lambda^3 - \lambda^2 + \lambda - 1 = 0$, 特性根は $\lambda = 1$, $\pm i$．よって $x_3 = (\frac{t^2}{4} - \frac{t}{2})e^t - \frac{2}{5}e^{2t} + c_1 e^t + c_2 \cos t + c_3 \sin t$ と置ける．③から $x_1 = x_3 - x_3' + e^t = (-\frac{t}{2} + \frac{3}{2})e^t + \frac{2}{5}e^{2t} + c_2(\cos t + \sin t) + c_3(\sin t - \cos t)$．①から $x_2 = x_3 - x_1' + e^t + e^{2t} = \frac{t^2}{4}e^t - \frac{1}{5}e^{2t} + c_1 e^t + c_2 \sin t - c_3 \cos t$．

(4) 斉次部分の一般解は 6.2.2 (8) で求めた．$x_1 = c_1 e^{2t} - c_2 e^t(\sin t + \cos t) + c_3 e^t(\cos t - \sin t)$, $x_2 = -6c_1 e^{2t} + c_2 e^t(4\cos t + \sin t) + c_3 e^t(4\sin t - \cos t)$, $x_3 = -2c_1 e^{2t} + e^t(c_2 \cos t + c_3 \sin t)$．よって $\Phi(t) = \begin{pmatrix} e^{2t} & -e^t(\sin t + \cos t) & e^t(\cos t - \sin t) \\ -6e^{2t} & e^t(4\cos t + \sin t) & e^t(4\sin t - \cos t) \\ -2e^{2t} & e^t \cos t & e^t \sin t \end{pmatrix}$．すると $\Phi(0) = \begin{pmatrix} 1 & -1 & 1 \\ -6 & 4 & -1 \\ -2 & 1 & 0 \end{pmatrix}$, $\Phi(0)^{-1} = \begin{pmatrix} 1 & 1 & -3 \\ 2 & 2 & -5 \\ 2 & 1 & -2 \end{pmatrix}$．公式 (6.11) を用いて計算すると

$$\Phi(t)^{-1}\begin{pmatrix} \sin t \\ \cos t \\ e^t \sin t \end{pmatrix} = \Phi(0)^{-1}\Phi(-t)\Phi(0)^{-1}\begin{pmatrix} \sin t \\ \cos t \\ e^t \sin t \end{pmatrix} =$$

$$\begin{pmatrix} 1 & 1 & -3 \\ 2 & 2 & -5 \\ 2 & 1 & -2 \end{pmatrix}\begin{pmatrix} e^{-2t} & e^{-t}(\sin t - \cos t) & e^{-t}(\cos t + \sin t) \\ -6e^{-2t} & e^{-t}(4\cos t - \sin t) & -e^{-t}(4\sin t + \cos t) \\ -2e^{-2t} & e^{-t}\cos t & -e^{-t}\sin t \end{pmatrix}\begin{pmatrix} 1 & 1 & -3 \\ 2 & 2 & -5 \\ 2 & 1 & -2 \end{pmatrix}\begin{pmatrix} \sin t \\ \cos t \\ e^t \sin t \end{pmatrix}$$

$$= \begin{pmatrix} e^{-2t}(\cos t + \sin t) - 3e^{-t}\sin t \\ 2e^{-t}\cos^2 t - 5\sin t\cos t + e^{-t}\sin t\cos t + 2\sin^2 t - 2e^{-t}\sin^2 t \\ e^{-t}\cos^2 t - 2\sin t\cos t + 4e^{-t}\sin t\cos t - 5\sin^2 t + 2e^{-t}\sin^2 t \end{pmatrix}.$$

（後ろから計算する方が楽である.）これを積分したものに $\Phi(t)$ を掛けると，次の特殊解が得られる：

$$\begin{pmatrix} x_1 \\ x_2 \\ x_3 \end{pmatrix} = \begin{pmatrix} e^{2t} & -e^t(\sin t + \cos t) & e^t(\cos t - \sin t) \\ -6e^{2t} & e^t(4\cos t + \sin t) & e^t(4\sin t - \cos t) \\ -2e^{2t} & e^t \cos t & e^t \sin t \end{pmatrix}$$

$$\times \begin{pmatrix} -\frac{1}{5}e^{-2t}(\sin t + 3\cos t) + \frac{3}{2}e^{-t}(\sin t + \cos t) \\ \frac{1}{10}e^{-t}(7\sin 2t - 6\cos 2t) - \frac{1}{2}\sin 2t + \frac{5}{2}\cos^2 t + t \\ -\frac{1}{10}e^{-t}(6\sin 2t + 7\cos 2t) - \frac{3}{2}e^{-t} - \frac{5}{2}t + \frac{5}{4}\sin 2t + \cos^2 t \end{pmatrix}$$

$$= \begin{pmatrix} te^t(-\frac{7}{2}\cos t + \frac{3}{2}\sin t) + \frac{3}{2}e^t \sin t - \frac{11}{5}\cos t \\ te^t(\frac{13}{2}\cos t - 9\sin t) - 9e^t \sin t + \frac{17}{5}\cos t - \frac{7}{5}\sin t \\ te^t(\cos t - \frac{5}{2}\sin t) - e^t(\frac{1}{2}\cos t - 3\sin t) + \frac{3}{5}\cos t - \frac{2}{5}\sin t \end{pmatrix}.$$

一般解はこれに最初に引用した斉次方程式の一般解を加えたものである．

(5) これの斉次部分の一般解は 6.3.1(10) で求めた．それに定数変化法を適用すると，行列表現で，

$$\begin{pmatrix} x_1 \\ x_2 \\ x_3 \\ x_4 \end{pmatrix} = \begin{pmatrix} 5t^2 e^t & te^t & 5e^t & 0 \\ -20t^2 e^t & -4te^t & 0 & 5e^t \\ (-10t^2 - 10t + 2)e^t & (-2t - 1)e^t & -6e^t & e^t \\ (5t^2 - 2)e^t & te^t & e^t & -e^t \end{pmatrix}\begin{pmatrix} c_1' \\ c_2' \\ c_3' \\ c_4' \end{pmatrix} = \begin{pmatrix} e^t \\ 0 \\ 0 \\ -2e^t \end{pmatrix}.$$

ここの $\Phi(t)$ は e^{tA} ではないが，$\Phi(0)=\begin{pmatrix}0&0&5&0\\0&0&0&5\\2&-1&-6&1\\-2&0&1&-1\end{pmatrix}$ なので，(6.11) を用いて $\Phi(t)^{-1}$ を計算すると，$\Phi(0)^{-1}=\begin{pmatrix}\frac{1}{10}&-\frac{1}{10}&0&-\frac{1}{2}\\-1&0&-1&-1\\\frac{1}{5}&0&0&0\\0&\frac{1}{5}&0&0\end{pmatrix}$ よって，$\begin{pmatrix}c_1'\\c_2'\\c_3'\\c_4'\end{pmatrix}=$

$$\begin{pmatrix}\frac{1}{10}&-\frac{1}{10}&0&-\frac{1}{2}\\-1&0&-1&-1\\\frac{1}{5}&0&0&0\\0&\frac{1}{5}&0&0\end{pmatrix}\begin{pmatrix}5t^2e^{-t}&-te^{-t}&5e^{-t}&0\\-20t^2e^{-t}&4te^{-t}&0&5e^{-t}\\(-10t^2+10t+2)e^{-t}&(2t-1)e^{-t}&-6e^{-t}&e^{-t}\\(5t^2-2)e^{-t}&-te^{-t}&e^{-t}&-e^{-t}\end{pmatrix}\times$$

$$\begin{pmatrix}\frac{1}{10}&-\frac{1}{10}&0&-\frac{1}{2}\\-1&0&-1&-1\\\frac{1}{5}&0&0&0\\0&\frac{1}{5}&0&0\end{pmatrix}\begin{pmatrix}e^t\\0\\0\\-2e^t\end{pmatrix}.$$

この計算は後から順にやっていくと計算量が少ない．

まず後二つの積で $\begin{pmatrix}\frac{11}{10}e^t\\e^t\\\frac{1}{5}e^t\\0\end{pmatrix}$. これに真ん中の $\Phi(-t)$ を掛けると

$$\begin{pmatrix}\frac{11}{2}t^2-t+1\\-22t^2+4t\\-11t^2+11t+\frac{11}{5}+2t-1-\frac{6}{5}\\\frac{11}{2}t^2-\frac{11}{5}-t+\frac{1}{5}\end{pmatrix}=\begin{pmatrix}\frac{11}{2}t^2-t+1\\-22t^2+4t\\-11t^2+13t\\\frac{11}{2}t^2-t-2\end{pmatrix}.$$

最後にこれに $\Phi(0)^{-1}$ を掛けて

$$\begin{pmatrix}\frac{55}{20}t^2-\frac{1}{2}t+\frac{1}{10}-\frac{11}{4}t^2+\frac{1}{2}t+1\\\frac{11}{2}t^2-12t-1-\frac{11}{2}t^2+t+2\\\frac{1}{5}(\frac{11}{2}t^2-t+1)\\\frac{1}{5}(-22t^2+4t)\end{pmatrix}=\begin{pmatrix}\frac{11}{10}\\-11t+1\\\frac{11}{10}t^2-\frac{1}{5}t+\frac{1}{5}\\-\frac{22}{5}t^2+\frac{4}{5}t\end{pmatrix}.$$

これを t で一回積分して $\begin{pmatrix}c_1\\c_2\\c_3\\c_4\end{pmatrix}=\begin{pmatrix}\frac{11}{10}t\\-\frac{11}{2}t^2+t\\\frac{11}{30}t^3-\frac{1}{10}t^2+\frac{1}{5}t\\-\frac{22}{15}t^3+\frac{2}{5}t^2\end{pmatrix}$. これに $\Phi(t)$ を掛ければ，特殊解

$$\begin{pmatrix}\frac{11}{6}t^3e^t+\frac{1}{2}t^2e^t+te^t\\-\frac{22}{3}t^3e^t-2t^2e^t\\-\frac{11}{3}t^3e^t-\frac{13}{2}t^2e^t\\\frac{11}{6}t^3e^t+\frac{1}{2}t^2e^t-2te^t\end{pmatrix}$$

が得られる．一般解はこれに $\Phi(t)\boldsymbol{c}$ を加えたものとなる．

(6) これの斉次部分の一般解は 6.2.2 (10) で求めた．それを用いて定数変化法を適用すると，$x_1=-c_1te^t-4c_2te^t+c_3te^t+c_4e^t$, $x_2=4c_1te^t+c_3e^t$, $x_3=c_1(4t-1)e^t+c_3e^t$, $x_4=c_1te^t+c_2e^t$ を方程式に代入して任意定数を微分した項だけを残すと，$-c_1'te^t-4c_2'te^t+c_3te^t+c_4'e^t=e^{2t}\ldots$⑤, $4c_1'te^t+c_3'e^t=e^t\sin t\ldots$⑥, $c_1'(4t-1)e^t+c_3'e^t=e^t\cos t\ldots$⑦, $c_1'te^t+c_2'e^t=e^{-t}\ldots$⑧. ⑥−⑦より $c_1'e^t=e^t(\sin t-\cos t)\ldots$⑨, $c_1'=\sin t-\cos t$, $c_1=-\cos t-\sin t$. ⑥に代入して $c_3'e^t=e^t(\sin t-4t\sin t+4t\cos t)$, $c_3'=4t\cos t-(4t-1)\sin t$, $c_3=4t\sin t+4\cos t+4t\cos t-4\sin t-\cos t=(4t+3)\cos t+(4t-4)\sin t$. また⑧に代入して $c_2'e^t=e^{-t}-te^t(\sin t-\cos t)$,

$c_2' = e^{-2t} + t(\cos t - \sin t)$, $c_2 = -\frac{1}{2}e^{-2t} + t\cos t - \sin t + t\sin t + \cos t = -\frac{1}{2}e^{-2t} + (t+1)\cos t + (t-1)\sin t$. 最後に⑤から $c_4'e^t = e^{2t} + c_1'te^t + 4c_2'te^t - c_3'te^t = e^{2t} + te^t(\sin t - \cos t) + 4te^{-t} - 4t^2e^t(\sin t - \cos t) - te^t\{4t\cos t - (4t-1)\sin t\} = e^{2t} + 4te^{-t} + te^t[\sin t - \cos t - 4t(\sin t - \cos t) - \{4t\cos t - (4t-1)\sin t\}] = e^{2t} + 4te^{-t} - te^t\cos t$, $c_4' = e^t + 4te^{-2t} - t\cos t$, $c_4 = e^t - (2t+1)e^{-2t} - t\sin t - \cos t$. よって求める特殊解は, $x_1 = -(-\cos t - \sin t)te^t - 4\{-\frac{1}{2}e^{-2t} + (t+1)\cos t + (t-1)\sin t\}te^t + \{(4t+3)\cos t + (4t-4)\sin t\}te^t + \{e^t - (2t+1)e^{-2t} - t\sin t - \cos t\}e^t = -e^{-t} + e^{2t} - e^t\cos t$, $x_2 = 4(-\cos t - \sin t)te^t + \{(4t+3)\cos t + (4t-4)\sin t\}e^t = e^t(3\cos t - 4\sin t)$, $x_3 = (-\cos t - \sin t)(4t-1)e^t + \{(4t+3)\cos t + (4t-4)\sin t\}e^t = e^t(4\cos t - 3\sin t)$, $x_4 = (-\cos t - \sin t)te^t + \{-\frac{1}{2}e^{-2t} + (t+1)\cos t + (t-1)\sin t\}e^t = -\frac{1}{2}e^{-t} + e^t(\cos t - \sin t)$. 一般解はこれに最初に示した斉次方程式の特殊解を加えたものである．この問題のように右辺の項が少ないときは，行列表記よりも普通に消去法で計算する方が書く量が減る．

6.7.1 (1) これは 6.2.1(1) で一般解を求めたものである．そこでの解法を任意定数を決めながら再実行してみると，①+② より $(x+y)' = -2(x+y)$. 積分して $x + y = c_1e^{-2t} \ldots$③. ここで，初期条件より $1 + 2 = c_1 = 3$ と決まる．これから y を求めて ① に代入すれば $x' = -3x + x - 3e^{-2t} = -2x - 3e^{-2t}$. これを 1 階線形として解く．両辺に e^{2t} を掛けると $(xe^{2t})' = -3$. 積分して $xe^{2t} = -3t + c_2$. ここで再び初期条件より $1 = c_2$. よって $x = (-3t+1)e^{-2t}$. ③ に代入して $y = (3t+2)e^{-2t}$.

(2) これは 6.2.1(2) で一般解を求めたものである．今度はそこでの結果 $x = (C_1\cos t + C_2\sin t)e^{6t}$, $y = \{(C_1 - C_2)\cos t + (C_1 + C_2)\sin t\}e^{6t}$ を利用し，これに初期条件を代入すると，$1 = C_1$, $2 = C_1 - C_2$. よって $C_2 = -1$, 故に解は $x = e^{6t}(\cos t - \sin t)$, $y = 2e^{6t}\cos t$.

(3) これは 6.1.1(5) で係数行列の指数関数を計算したものである．この場合はそれと初期値ベクトルを掛け合わせれば答が得られる：

$$\begin{pmatrix} x \\ y \\ z \end{pmatrix} = \begin{pmatrix} e^t & -te^t & -te^t \\ 0 & (6t+1)e^t & 6te^t \\ 0 & -6te^t & -(6t-1)e^t \end{pmatrix}\begin{pmatrix} 1 \\ 0 \\ 1 \end{pmatrix} = \begin{pmatrix} -(t-1)e^t \\ 6te^t \\ -(6t-1)e^t \end{pmatrix}.$$

(4) これは 6.2.1(3) で一般解を求めてある．そこでの消去法による解法を初期条件付きでやり直してみると，①−③ を作ると $(x-z)' = 2(x-z)$. $(x-z)(0) = 2$ に注意して積分すると $x - z = 2e^{2t} \ldots$④. ②−③ を作ると，④ を用いて $(y-z)' = 2(x-y) = -2(y-z) + 2(x-z) = -2(y-z) + 4e^{2t}$. 非共振と初期値 $(y-z)(0) = 3$ に注意して積分すると $y - z = e^{2t} + 2e^{-2t} \ldots$⑤. これを① に代入すると $x' = x + e^{2t} + 2e^{-2t}$. 初期値を考慮して積分すると $x = e^{2t} - \frac{2}{3}e^{-2t} + \frac{2}{3}e^t$. 後は代数演算で $z = x - 2e^{2t} = -e^{2t} - \frac{2}{3}e^{-2t} + \frac{2}{3}e^t$, $y = z + e^{2t} + 2e^{-2t} = \frac{4}{3}e^{-2t} + \frac{2}{3}e^t$.

(5) これは 6.2.1(4) で一般解を求めてある．それを初期条件を適用しつつやり直す．①−② より $(x-y)' = -(x-y)$. $(x-y)(0) = -1$ に注意して積分すると $x - y = -e^{-t} \ldots$④. 次に②−③より $(y-z)' = -(y-z)$. $(y-z)(0) = 3$ に注意して積分すると $y - z = 3e^{-t} \ldots$⑤. 最後に ①+②+③ より $(x+y+z)' = 2(x+y+z)$. $(x+y+z)(0) = 2$

に注意して積分すると $x+y+z=2e^{2t}\ldots⑥$. これら三つから代数計算により，x, y, z を求める．⑥に④,⑤を代入して x, z を消すと，$(y-e^{-t})+y+(y-3e^{-t})=2e^{2t}$. よって $y=\frac{4}{3}e^{-t}+\frac{2}{3}e^{2t}$, $x=y-e^{-t}=\frac{1}{3}e^{-t}+\frac{2}{3}e^{2t}$, $z=y-3e^{-t}=-\frac{5}{3}e^{-t}+\frac{2}{3}e^{2t}$.

(6) これは 6.2.1(5) で一般解を求めてある．そこでの消去法による計算が簡単だったので，初期値を指定しながらその計算を繰り返すと，①−②−③ を作ると $(x-y-z)'=(x-y-z)$. $(x-y-z)(0)=2$ に注意して積分すると $x-y-z=2e^t$. 次に②−③ を作ると，$(y-z)'=x$. これと① の $x'=-(y-z)$ を合わせると，$x=c_2\cos t+c_3\sin t$, $y-z=c_2\sin t-c_3\cos t$. 初期値を考慮して $c_2=1$, $c_3=-1$. よって $x=\cos t-\sin t$, $y-z=\sin t+\cos t$. 後は代数計算で $y+z=x-2e^t=-2e^t+\cos t-\sin t$. $y=-e^t+\cos t$, $z=-e^t-\sin t$.

(7) 6.3.1(2) の (x_1, x_2, x_3) を (x, y, z) に替え，一般解 $x=(c_1+c_2t)e^{-t}+c_3e^{2t}$, $y=-(c_2t-c_2+c_1)e^{-t}+2c_3e^{2t}$, $z=(3c_2t-2c_2+3c_1)e^{-t}+6c_3e^{2t}$ に初期条件を適用して $c_1+c_3=1\ldots④$, $-c_1+c_2+2c_3=1\ldots⑤$, $3c_1-2c_2+6c_3=2\ldots⑥$. ⑤×2+⑥より $c_1+10c_3=4$. これから④を引いて $9c_3=3$, $c_3=\frac{1}{3}$. よって $c_1=\frac{2}{3}$, $c_2=1$. よって解は $x=(t+\frac{2}{3})e^{-t}+\frac{1}{3}e^{2t}$, $y=-(t-\frac{1}{3})e^{-t}+\frac{2}{3}e^{2t}$, $z=3te^{-t}+2e^{2t}$.

(8) これは 6.2.1(8) で一般解を求めてあるが，そこでの消去法の計算が短かったので，初期条件を加味しながらやり直してみよう．①+②+③を作ると $(x+y+z)'=(x+y+z)$. よって $(x+y+z)(0)=2$ に注意して積分すると $x+y+z=2e^t\ldots④$. これと①とから $x'=-2x+2e^t$. 積分して $x=\frac{2}{3}e^t+c_2e^{-2t}$. $x(0)=1$ を用いると $c_2=\frac{1}{3}$, 従って $x=\frac{2}{3}e^t+\frac{1}{3}e^{-2t}$. ④と②から $y'=-2y+2e^t$. 積分して $y=\frac{2}{3}e^t+c_3e^{-2t}$. 初期条件 $y(0)=0$ を用いると $c_3=-\frac{2}{3}$, $y=\frac{2}{3}e^t-\frac{2}{3}e^{-2t}$. よって $z=-x-y+2e^t=\frac{2}{3}e^t-\frac{1}{3}e^{-2t}+\frac{2}{3}e^{-2t}=\frac{2}{3}e^t+\frac{1}{3}e^{-2t}$.

(9) これは（未知関数の記号が異なるが）6.6.1 (4) で一般解を求めてある． それを用いて初期条件から任意定数を決めてもよいが，そこでの計算から，特殊解 $\boldsymbol{g}(t)=$
$\begin{pmatrix} te^t(-\frac{7}{2}\cos t+\frac{3}{2}\sin t)+\frac{3}{2}e^t\sin t-\frac{11}{5}\cos t \\ te^t(\frac{13}{2}\cos t-9\sin t)-9e^t\sin t+\frac{17}{5}\cos t-\frac{7}{5}\sin t \\ te^t(\cos t-\frac{5}{2}\sin t)-e^t(\frac{1}{2}\cos t-3\sin t)+\frac{3}{5}\cos t-\frac{2}{5}\sin t \end{pmatrix}$, 及び $\Phi(t)$ とともに $\Phi(0)^{-1}$ が分かっているので，一般解が $\Phi(t)\Phi(0)^{-1}\begin{pmatrix} c_1 \\ c_2 \\ c_3 \end{pmatrix}+\boldsymbol{g}(t)$ と表され，この初期値が $\begin{pmatrix} c_1 \\ c_2 \\ c_3 \end{pmatrix}+\boldsymbol{g}(0)$ なることに注意すれば，これが $\begin{pmatrix} -1/5 \\ 2/5 \\ 1/10 \end{pmatrix}$ と一致するように
$\begin{pmatrix} c_1 \\ c_2 \\ c_3 \end{pmatrix}=\begin{pmatrix} -1/5 \\ 2/5 \\ 1/10 \end{pmatrix}-\begin{pmatrix} -11/5 \\ 17/5 \\ 1/10 \end{pmatrix}=\begin{pmatrix} 2 \\ -3 \\ 0 \end{pmatrix}$ として，初期値問題の解を一気に

$$\begin{aligned}\begin{pmatrix} x \\ y \\ z \end{pmatrix} &= \Phi(t)\Phi(0)^{-1}\begin{pmatrix} 2 \\ -3 \\ 0 \end{pmatrix}+\boldsymbol{g}(t) \\ &= \begin{pmatrix} e^{2t} & -e^t(\sin t+\cos t) & e^t(\cos t-\sin t) \\ -6e^{2t} & e^t(4\cos t+\sin t) & e^t(4\sin t-\cos t) \\ -2e^{2t} & e^t\cos t & e^t\sin t \end{pmatrix}\begin{pmatrix} 1 & 1 & -3 \\ 2 & 2 & -5 \\ 2 & 1 & -2 \end{pmatrix}\begin{pmatrix} 2 \\ -3 \\ 0 \end{pmatrix} \\ &\quad + \begin{pmatrix} te^t(-\frac{7}{2}\cos t+\frac{3}{2}\sin t)+\frac{3}{2}e^t\sin t-\frac{11}{5}\cos t \\ te^t(\frac{13}{2}\cos t-9\sin t)-9e^t\sin t+\frac{17}{5}\cos t-\frac{7}{5}\sin t \\ te^t(\cos t-\frac{5}{2}\sin t)-e^t(\frac{1}{2}\cos t-3\sin t)+\frac{3}{5}\cos t-\frac{2}{5}\sin t \end{pmatrix}\end{aligned}$$

で求めることができる．これも後から計算してゆく方が楽で，結果は
$\begin{pmatrix} te^t(\frac{3}{2}\sin t-\frac{7}{2}\cos t)-e^{2t}+e^t(3\cos t+\frac{5}{2}\sin t)-\frac{11}{5}\cos t \\ te^t(\frac{13}{2}\cos t-9\sin t)+6e^{2t}-e^t(9\cos t+7\sin t)+\frac{17}{5}\cos t-\frac{7}{5}\sin t \\ te^t(\cos t-\frac{5}{2}\sin t)+2e^{2t}-e^t(\frac{5}{2}\cos t+2\sin t)+\frac{3}{5}\cos t-\frac{2}{5}\sin t \end{pmatrix}$ となる．

(10) これは（未知関数の記号が異なるが）一般解は 6.6.1(3) で求めてあるので，それに初期条件を代入して得られる連立 1 次方程式から任意定数を決めれば良い．参考までに，初期条件付きの非斉次線形系を最初から未定係数法で求めてみよう．③を微分して①を代入すると，$z''=z'-x'+e^t=z'+y-z-e^{2t}$．これを更に微分して②を代入すると，$z'''=z''+y'-z'-2e^{2t}=z''+z+te^t-z'-2e^{2t}$．従って，$z'''-z''+z'-z=te^t-2e^{2t}$．この単独方程式の斉次部分の特性方程式は $\lambda^3-\lambda^2+\lambda-1=0$，特性根は $\lambda=1$, $\pm i$．よって $z=(\frac{t^2}{4}-\frac{t}{2})e^t-\frac{2}{5}e^{2t}+c_1e^t+c_2\cos t+c_3\sin t$ と置ける．この任意定数を決めるため，$t=0$ を代入すると，$-1=z(0)=-\frac{2}{5}+c_1+c_2\ldots$④．③から $x=z-z'+e^t=(-\frac{t}{2}+\frac{3}{2})e^t+\frac{2}{5}e^{2t}+c_2(\cos t+\sin t)+c_3(\sin t-\cos t)$．これに $t=0$ を代入すると $2=x(0)=\frac{19}{10}+c_2-c_3\ldots$⑤．① から $y=z-x'+e^t+e^{2t}=\frac{t^2}{4}e^t-\frac{1}{5}e^{2t}+c_1e^t+c_2\sin t-c_3\cos t$．これに $t=0$ を代入すると $0=y(0)=-\frac{1}{5}+c_1-c_3\ldots$⑥．従って④〜⑥ から定数を決めればよい．④+⑥−⑤より $c_1=-\frac{1}{4}$，よって $c_2=-\frac{7}{20}$, $c_3=-\frac{9}{20}$．以上の計算から分かるように，未定係数法では，3 個の定数がいきなり現れるので，その決定は消去法のように一つずつという訳にはゆかず，一般解から連立方程式を立てて求める計算に比べそれほど楽にはならない．この例では得られる連立 1 次方程式は④〜⑥と完全に一致する．

(11) 一般解は 6.6.1(6) で求めてあり，$x_1=-e^{-t}+e^{2t}-e^t\cos t-c_1te^t-4c_2te^t+c_3te^t+c_4e^t$, $x_2=e^t(3\cos t-4\sin t)+4c_1te^t+c_3e^t$, $x_3=e^t(4\cos t-3\sin t)+c_1(4t-1)e^t+c_3e^t$, $x_4=-\frac{1}{2}e^{-t}+e^t(\cos t-\sin t)+c_1te^t+c_2e^t$．これらに初期条件を適用すると，$c_4=2$, $c_3=-3$, $c_1-c_3=4$, $c_2=-\frac{3}{2}$，よって $c_1=1$．以上により求める解は $x_1=-e^{-t}+e^{2t}-e^t\cos t-te^t+6te^t-3te^t+2e^t=-e^{-t}+e^{2t}+e^t(2t+2-\cos t)$, $x_2=e^t(4t-3+3\cos t-4\sin t)$, $x_3=e^t(4t-4+4\cos t-3\sin t)$, $x_4=-\frac{1}{2}e^{-t}+e^t(t-\frac{3}{2}+\cos t-\sin t)$．

6.8.1 $\frac{1}{(D-a)^2+b^2}=\frac{1}{2bi}\left(\frac{1}{D-a-bi}-\frac{1}{D-a+bi}\right)\longleftrightarrow\frac{e^{ax}}{2bi}(e^{bix}-e^{-bix})=\frac{1}{b}e^{ax}\sin bx$．$\frac{D-a}{(D-a)^2+b^2}=\frac{1}{2bi}\left(\frac{D-a}{D-a-bi}-\frac{D-a}{D-a+bi}\right)=\frac{1}{2bi}\left(\frac{bi}{D-a-bi}-\frac{-bi}{D-a+bi}\right)\longleftrightarrow\frac{e^{ax}}{2}(e^{bix}+e^{-bix})=e^{ax}\cos bx$．別解として，一つ目の式の両辺に $D-a$ を施すと，$\frac{D-a}{(D-a)^2+b^2}\longleftrightarrow(D-a)\{\frac{1}{b}e^{ax}\sin bx\}=e^{ax}\cos bx$．次に (6.19) の一つ目は，(6.18) の一つ目の両辺を b で微分すると $-\frac{2b}{\{(D-a)^2+b^2\}^2}\longleftrightarrow\frac{x}{b}e^{ax}\cos bx-\frac{1}{b^2}e^{ax}\sin bx$，従って $\frac{1}{\{(D-a)^2+b^2\}^2}\longleftrightarrow\frac{1}{2b^3}e^{ax}\sin bx-\frac{x}{2b^2}e^{ax}\cos bx$．同様に a で微分すると $-\frac{2(D-a)}{\{(D-a)^2+b^2\}^2}\longleftrightarrow\frac{x}{b}e^{ax}\sin bx$，従って $\frac{D-a}{\{(D-a)^2+b^2\}^2}\longleftrightarrow-\frac{x}{2b}e^{ax}\sin bx$．最後に，(6.21) は，$y_1=y,\ \ldots,\ y_n=y^{(n-1)}$ と置いて 1 階連立化すると $\begin{cases} y_1'=y_2,\ \ \ldots,\ \ y_{n-1}'=y_n, \\ a_0y_n'=-a_ny_1-a_{n-1}y_2-\cdots-a_1y_n+f(x) \end{cases}$ となり，この初期値ベクトルは ${}^t(y(0),\ldots,y^{(n-1)}(0))$ であるから，

$\begin{cases} Dz_1 = z_2 + y(0), \ \dots, \ Dz_{n-1} = z_n + y^{(n-2)}(0), \\ a_0 Dz_n = -a_n z_1 - a_{n-1} z_2 - \cdots - a_1 z_n + f(x)Y + a_0 y^{(n-1)}(0) \end{cases}$ という演算子の方程式に翻訳される．これを演算子の方程式として単独高階化すると，一つ目に $a_0 D^{n-1}$, ..., $n-1$ 個目に $a_0 D$ を施して辺々総和すると $a_0 D^n z_1 = -a_n z_1 - a_{n-1} z_2 - \cdots - a_1 z_n + f(x)Y + a_0\{y^{(n-1)}(0) + y^{(n-2)}(0)D + \cdots + y(0)D^{n-1}\} \dots$ ①．ここで，演算は代数的に行うので，D と定数の掛け算で微分して 0 にしたりしないこと．置き戻しを完成するために，上の演算子連立方程式から $z_1 = z$, $z_2 = Dz - y(0), \dots, z_n = Dz_{n-1} - y^{(n-2)}(0) = D(Dz_{n-2} - y^{(n-3)}(0)) - y^{(n-2)}(0) = D^2 z_{n-2} - y^{(n-3)}(0)D - y^{(n-2)}(0) = \cdots = D^{n-1}z - \sum_{k=0}^{n-2} y^{(n-2-k)}(0)D^k$, 一般に $1 \le j \le n$ に対し $z_j = D^{j-1}z - \sum_{k=0}^{j-2} y^{(j-2-k)}(0)D^k$, すなわち，$z_{n-j+1} = D^{n-j}z - \sum_{k=0}^{n-j-1} y^{(n-j-1-k)}(0)D^k$ が得られることに注意すれば，これに a_j を掛けて ① に代入することにより，$(a_0 D^n + a_1 D^{n-1} + \cdots + a_n)z = f(x)Y + \sum_{j=0}^{n-1} a_j \sum_{k=0}^{n-j-1} y^{(n-j-k-1)}(0)D^k = f(x)Y + \sum_{k=0}^{n-1}\left\{\sum_{j=k+2}^{n} a_j y^{(j-k-2)}(0)\right\}D^k = f(x)Y + \sum_{k=0}^{n-1}\sum_{j=0}^{n-k-1} a_j y^{(n-j-k-1)}(0)D^k$ という単独演算子方程式を得る．

別解として，に書かれた超関数による計算法 (6.22) で $m = n - j$ ととり，係数 a_j を掛けて加えると，$(a_0 D^n + a_1 D^{n-1} + \cdots + a_n)z = \sum_{j=0}^{n} a_j (yY)^{(n-j)} = \{(a_0 D^n + a_1 D^{n-1} + \cdots + a_n)y\}Y + \sum_{j=0}^{n-1} a_j \sum_{k=0}^{n-j-1} y^{(n-j-k-1)}(0)\delta^{(k)} = fY + \sum_{k=0}^{n-1}\left(\sum_{j=0}^{n-k-1} a_j y^{(n-j-k-1)}(0)\right)\delta^{(k)}$．これを演算子法の記号で解釈すると $(a_0 D^n + a_1 D^{n-1} + \cdots + a_n)z = f(x)Y + \sum_{k=0}^{n-1}\left\{\sum_{j=0}^{n-k-1} a_j y^{(n-j-k-1)}(0)\right\}D^k$ となる．

6.8.2　以下簡単のため未知関数の記号は演算子表現に移行してももとのものを使う．

(1) $Dx = -3x - y + 1, Dy = x - y + 2$ を解く．機械的に $(D+3)x + y = 1 \dots$ ①, $x - (D+1)y = -2 \dots$ ②．①×$(D+1)$+② を作ると $\{(D+3)(D+1)+1\}x = D - 1$, $(D+2)^2 x = D - 1$, $x = \frac{1}{D+2} - \frac{3}{(D+2)^2}$．これを①に代入して $y = 1 - (D+3)x = 1 - 1 + \frac{3}{D+2} - \frac{1}{D+2} + \frac{3}{(D+2)^2} = \frac{2}{D+2} + \frac{3}{(D+2)^2}$．翻訳すると $x = (1-3t)e^{-2t}$, $y = (2+3t)e^{-2t}$．

(2) $Dx = 7x - y + 1$, $Dy = 2x + 5y + 2$ を解く．$(D-7)x + y = 1 \dots$ ①, $2x - (D-5)y = -2 \dots$ ②．①×$(D-5)$+② を作ると $\{(D-7)(D-5)+2\}x = D - 7$, $(D^2 - 12D + 37)x = D - 7$, $x = \frac{D-7}{(D-6+i)(D-6-i)} = \frac{i}{2}(D-7)\left(\frac{1}{D-6+i} - \frac{1}{D-6-i}\right) = \frac{i}{2}\left(1 - \frac{i+1}{D-6+i} - 1 - \frac{i-1}{D-6-i}\right) = -\frac{i-1}{2(D-6+i)} + \frac{i+1}{2(D-6-i)}$．① に代入して $y = 1 - (D-7)x = 1 - \left(-\frac{i-1}{2} - \frac{1}{D-6+i} + \frac{i+1}{2} - \frac{1}{D-6-i}\right) = \frac{1}{D-6+i} + \frac{1}{D-6-i}$．翻訳すると $x = -\frac{i-1}{2}e^{(6-i)t} + \frac{i+1}{2}e^{(6+i)t} = e^{6t}(\cos t - \sin t)$, $y = e^{(6-i)t} + e^{(6+i)t} = 2e^{6t}\cos t$．
別解として，公式 (6.18) を利用してしまうと，$x = \frac{D-7}{(D-6)^2+1} = \frac{D-6}{(D-6)^2+1} - \frac{1}{(D-6)^2+1} \longleftrightarrow e^{6t}(\cos t - \sin t)$, $y = 1 - (D-7)x = 1 - \frac{(D-7)^2}{(D-6)^2+1} = 1 - \frac{(D-6)^2 - 2(D-6) + 1}{(D-6)^2+1} = 2\frac{D-6}{(D-6)^2+1} \longleftrightarrow 2e^{6t}\cos t$.

(3) $(D-1)x + y + z = 1 \dots$ ①, $(D-7)y - 6z = 0 \dots$ ②, $6y + (D+5)z = 1 \dots$ ③ を解く．②×$(D+5)$+③×6 を作ると，$\{(D-7)(D+5)+36\}y = 6$, $y = \frac{6}{(D-1)^2}$．② に代入して $z = \frac{D-7}{(D-1)^2} = \frac{1}{D-1} - \frac{6}{(D-1)^2}$．① より $(D-1)x = 1 - \frac{1}{D-1}$, $x = \frac{1}{D-1} - \frac{1}{(D-1)^2}$．普通の関数に翻訳して $x = (1-t)e^t$, $y = 6te^t$, $z = (1-6t)e^t$．

(4) $(D-1)x-y+z=1\ldots$①, $-x+(D+1)y-z=2\ldots$②, $x-y+(D-1)z=-1\ldots$③ を解く．②+③より $Dy+(D-2)z=1\ldots$④. ①−③×$(D-1)$ より $(D-2)y-\{(D-1)^2-1\}z=D$, $(D-2)y-D(D-2)z=D$, $y-Dz=\frac{D}{D-2}\ldots$⑤. ④−⑤ より $(D-1)y+2(D-1)z=-\frac{2}{D-2}$, $y+2z=-\frac{2}{(D-1)(D-2)}=\frac{2}{D-1}-\frac{2}{D-2}\ldots$⑥. ⑥−⑤より $(D+2)z=\frac{2}{D-1}-\frac{2}{D-2}-\frac{D}{D-2}=\frac{2}{D-1}-\frac{D+2}{D-2}$, $z=\frac{2}{(D+2)(D-1)}-\frac{1}{D-2}=\frac{2}{3(D-1)}-\frac{2}{3(D+2)}-\frac{1}{D-2}$, ⑥ より $y=\frac{2}{D-1}-\frac{2}{D-2}-2\left(\frac{2}{3(D-1)}-\frac{2}{3(D+2)}-\frac{1}{D-2}\right)=\frac{2}{3(D-1)}+\frac{4}{3(D+2)}$. ② より $x=(D+1)y-z-2=\frac{2(D+1)}{3(D-1)}+\frac{4(D+1)}{3(D+2)}-\left(\frac{2}{3(D-1)}-\frac{2}{3(D+2)}-\frac{1}{D-2}\right)-2=\frac{2}{3(D-1)}-\frac{2}{3(D+2)}+\frac{1}{D-2}$. 以上を普通の記号に翻訳すると $x=\frac{2}{3}e^t+e^{2t}-\frac{2}{3}e^{-2t}$, $y=\frac{2}{3}e^t+\frac{4}{3}e^{-2t}$, $z=\frac{2}{3}e^t-\frac{2}{3}e^{-2t}-e^{2t}$.

(5) $Dx-y-z=1\ldots$①, $Dy-x-z=2\ldots$②, $Dz-x-y=-1\ldots$③ を解く．①−② より $(D+1)x-(D+1)y=-1$, $\therefore x-y=-\frac{1}{D+1}\ldots$④. ②−③ より $(D+1)y-(D+1)z=3$. $\therefore y-z=\frac{3}{D+1}\ldots$⑤. ①+②+③ より $(D-2)x+(D-2)y+(D-2)z=2$. $x+y+z=\frac{2}{D-2}\ldots$⑥. ⑤−④+⑥ より $3y=\frac{4}{D+1}+\frac{2}{D-2}$, $y=\frac{4}{3(D+1)}+\frac{2}{3(D-2)}$. ④ より $x=y-\frac{1}{D+1}=\frac{1}{3(D+1)}+\frac{2}{3(D-2)}$. ⑤ より $z=y-\frac{3}{D+1}=-\frac{5}{3(D+1)}+\frac{2}{3(D-2)}$. 翻訳すると $x=\frac{1}{3}e^{-t}+\frac{2}{3}e^{2t}$, $y=\frac{4}{3}e^{-t}+\frac{2}{3}e^{2t}$, $z=-\frac{5}{3}e^{-t}+\frac{2}{3}e^{2t}$.

(6) $Dx=z-y+1\ldots$①, $Dy=z\ldots$②, $Dz=z-x-1\ldots$③ を演算子法で解く．③に D を掛けて①を代入すると $D^2z=Dz-Dx-D=Dz-z+y-1-D$. これに D を掛けて②を代入すると $D^3z=D^2z-Dz+Dy-D-D^2=D^2z-Dz+z-D-D^2$, すなわち，$(D^3-D^2+D-1)z\ \ -D^2-D$. $D^3-D^2+D-1=(D-1)(D^2+1)$ と因数分解されるので，これより $z=-\frac{D^2+D}{(D-1)(D^2+1)}=-\frac{1}{D-1}-\frac{1}{D^2+1}\longleftrightarrow -e^t-\sin t$, ②より $y=\frac{1}{D}z=-\frac{1}{D-1}+\frac{1}{D}-\frac{1}{D}+\frac{D}{D^2+1}=-\frac{1}{D-1}+\frac{D}{D^2+1}\longleftrightarrow -e^t+\cos t$. 最後に①より $x=\frac{1}{D}(z-y+1)=\frac{1}{D}\left(-\frac{1}{D-1}-\frac{1}{D^2+1}+\frac{1}{D-1}-\frac{D}{D^2+1}+1\right)=-\frac{D+1}{D(D^2+1)}+\frac{1}{D}=\frac{D-1}{D^2+1}$ $\longleftrightarrow \cos t-\sin t$.

なお，z が求まったら，次のように微分演算だけで残りを求めることもできるが，D の作用は演算子の意味であり，単なる微分とは異なることに注意が要る（各関数には実はヘビサイド関数 $Y(t)$ が掛かっていると思え）：③より，$D(-e^t-\sin t)=-e^t-1-\cos t$ に注意して，$x=z-Dz-1=(-e^t-\sin t)-D(-e^t-\sin t)-1=(-e^t-\sin t)-(-e^t-1-\cos t)-1=\cos t-\sin t$. ①より，同様に $D(\cos t-\sin t)=1-\sin t-\cos t$ に注意して $y=z-Dx+1=(-e^t-\sin t)-D(\cos t-\sin t)+1=(-e^t-\sin t)-(1-\sin t-\cos t)+1=-e^t+\cos t$.

(7) $Dx=y+1\ldots$①, $Dy=z-2x+1\ldots$②, $Dz=2x+5y+2\ldots$③ を演算子法で解く．②に D を掛けて①を代入すると $D^2y=Dz-2Dx+D=Dz-2y-2+D$, すなわち $D^2y=Dz-2y+D-2\ldots$④. ②+③から $Dy+Dz=5y+z+3\ldots$⑤. ④+⑤から $D^2y+Dy=3y+z+D+1\ldots$⑥. これに D を掛けたものから④を引いて $D^3y+D^2y-D^2y=3Dy+2y+D^2+2$, すなわち，$(D^3-3D-2)y=D^2+2$. 従って $y=\frac{D^2+2}{D^3-3D-2}=\frac{D^2+2}{(D-2)(D+1)^2}=\frac{2}{3(D-2)}-\frac{1}{(D+1)^2}+\frac{1}{3(D+1)}\longleftrightarrow \frac{2}{3}e^{2t}-te^{-t}+\frac{1}{3}e^{-t}$. ① より $x=\frac{1}{D}\left(\frac{2}{3(D-2)}-\frac{1}{(D+1)^2}+\frac{1}{3(D+1)}+1\right)=\frac{1}{3(D-2)}+\frac{1}{(D+1)^2}+\frac{2}{3(D+1)}\longleftrightarrow \frac{1}{3}e^{2t}+te^{-t}+\frac{2}{3}e^{-t}$. ③より $z=\frac{1}{D}\Big(\frac{2}{3(D-2)}+\frac{2}{(D+1)^2}+\frac{4}{3(D+1)}+\frac{10}{3(D-2)}-\frac{5}{(D+1)^2}+$

$\frac{5}{3(D+1)}+2\Big)=\frac{1}{D}\Big(\frac{4}{D-2}-\frac{3}{(D+1)^2}+\frac{3}{3(D+1)}+2\Big)=\frac{2}{(D-2)}+\frac{3}{(D+1)^2}\longleftrightarrow 2e^{2t}+3te^{-t}$.

(8) $Dx=-x+y+z+1$, $Dy=x-y+z$, $Dz=x+y-z+1$ を線形代数的に解いて $x=\frac{D+1}{D^2+D-2}=\frac{D+1}{(D+2)(D-1)}=\frac{1}{3}\frac{1}{D+2}+\frac{2}{3}\frac{1}{D-1}$, $y=\frac{2}{(D+2)(D-1)}=-\frac{2}{3}\frac{1}{D+2}+\frac{2}{3}\frac{1}{D-1}$, $z=\frac{D+1}{(D+2)(D-1)}=\frac{1}{3}\frac{1}{D+2}+\frac{2}{3}\frac{1}{D-1}$. これを翻訳して $x=z=\frac{1}{3}e^{-2t}+\frac{2}{3}e^{t}$, $y=-\frac{2}{3}e^{-2t}+\frac{2}{3}e^{t}$.

(9) $Dx=-2x-2y+4z+\frac{1}{D^2+1}-\frac{1}{5}$, $Dy=4x+y+5z+\frac{D}{D^2+1}+\frac{2}{5}$, $Dz=-y+5z+\frac{1}{(D-1)^2+1}+\frac{1}{10}$ を線形代数的に解いて $x=-\frac{1}{5}\frac{D^6-6D^5+21D^4-54D^3+55D^2+62D-20}{(D-2)(D^2+1)(D^2-2D+2)^2}=-\frac{1}{D-2}-\frac{11}{5}\frac{D}{D^2+1}+\frac{3D+4}{(D^2-2D+2)^2}+\frac{3D-4}{D^2-2D+2}$,
$y=\frac{1}{10}\frac{4D^6-13D^5+18D^4-35D^3+236D^2+248D-88}{(D-2)(D^2+1)(D^2-2D+2)^2}=\frac{6}{D-2}+\frac{1}{5}\frac{17D-7}{D^2+1}-\frac{18D-5}{(D^2-2D+2)^2}-\frac{1}{2}\frac{18D-17}{D^2-2D+2}$, $z=\frac{1}{10}\frac{D^6-5D^5+15D^4-13D^3+76D^2+32D-8}{(D-2)(D^2+1)(D^2-2D+2)^2}=\frac{2}{D-2}+\frac{1}{5}\frac{3D-2}{D^2+1}-\frac{5D-3}{(D^2-2D+2)^2}-\frac{1}{2}\frac{5D-3}{D^2-2D+2}$. これを翻訳すると $x=-e^{2t}-\frac{11}{5}\cos t+\frac{1}{2}e^t(3t\sin t+7\sin t-7t\cos t)+e^t(3\cos t-\sin t)=-e^{2t}-\frac{11}{5}\cos t+\frac{t}{2}e^t(3\sin t-7\cos t)+\frac{1}{2}e^t(6\cos t+5\sin t)$, $y=6e^{2t}+\frac{1}{5}(17\cos t-7\sin t)-\frac{1}{2}e^t(18t\sin t+13\sin t-13t\cos t)-\frac{1}{2}e^t(18\cos t+\sin t)=6e^{2t}+\frac{1}{5}(17\cos t-7\sin t)+\frac{t}{2}e^t(13\cos t-18\sin t)-e^t(7\sin t+9\cos t)$, $z=2e^{2t}+\frac{1}{5}(3\cos t-2\sin t)-\frac{1}{2}e^t(5t\sin t+2\sin t-2t\cos t)-\frac{1}{2}e^t(5\cos t+2\sin t)=2e^{2t}+\frac{1}{5}(3\cos t-2\sin t)-\frac{t}{2}e^t(5\sin t-2\cos t)-\frac{1}{2}e^t(5\cos t+4\sin t)$.

(10) $Dx=z-y+\frac{1}{D-1}+\frac{1}{D-2}+2$, $Dy=z+\frac{1}{(D-1)^2}$, $Dz=z-x+\frac{1}{D-1}-1$ を線形代数的に解いて $x=\frac{2D^4-7D^3+10D^2-10D+6}{(D-2)(D-1)^2(D^2+1)}=\frac{1}{5}\frac{1}{D-2}-\frac{1}{4}\frac{1}{(D-1)^2}+\frac{3}{4}\frac{1}{D-1}+\frac{1}{20}\frac{D-8}{D^2+1}$, $y=-\frac{D^4-4D^3+5D^2-2D+1}{(D-2)(D-1)^3(D^2+1)}=-\frac{1}{5}\frac{1}{D-2}+\frac{1}{2}\frac{1}{(D-1)^3}-\frac{1}{4}\frac{1}{D-1}+\frac{1}{20}\frac{9D-7}{D^2+1}$, $z=-\frac{D^5-3D^4+2D^3+d^2-2D+2}{(D-2)(D-1)^3(D^2+1)}=-\frac{2}{5}\frac{1}{D-2}+\frac{1}{2}\frac{1}{(D-1)^3}-\frac{1}{2}\frac{1}{(D-1)^2}-\frac{1}{4}\frac{1}{D-1}-\frac{1}{20}\frac{7D+9}{D^2+1}$. これを解釈して $x=\frac{1}{5}e^{2t}-\frac{1}{4}te^t+\frac{3}{4}e^t+\frac{1}{20}(\cos t-8\sin t)$, $y=-\frac{1}{5}e^{2t}+\frac{1}{4}t^2e^t-\frac{1}{4}e^t+\frac{1}{20}(9\cos t-7\sin t)$.

(11) $Dx_1=x_1+x_3-4x_4+\frac{1}{D-2}+1$, $Dx_2=5x_2-4x_3+\frac{1}{(D-1)^2+1}$, $Dx_3=4x_2-3x_3+\frac{D-1}{(D-1)^2+1}$, $Dx_4=x_2-x_3+x_4+\frac{1}{D+1}-1$ を線形代数的に解いて $x_1=\frac{D^5+D^4-12D^3+23D^2-21D+4}{(D-2)(D-1)^2(D+1)(D^2-2D+2)}=\frac{1}{D-2}+\frac{2}{(D-1)^2}+\frac{2}{D-1}-\frac{1}{D+1}-\frac{D-1}{D^2-2D+2}$, $x_2=-\frac{3D-7}{(D-1)^2(D^2-2D+2)}=\frac{4}{(D-1)^2}-\frac{3}{D-1}+\frac{3D-7}{D^2-2D+2}$, $x_3=\frac{D^2-6D+9}{(D-1)^2(D^2-2D+2)}=\frac{4}{(D-1)^2}-\frac{4}{D-1}+\frac{4D-7}{D^2-2D+2}$, $x_4=-\frac{D^4-3D^3+5D^2-3D-2}{(D-1)(D+1)(D^2-2D+2)}=\frac{1}{(D-1)^2}-\frac{3}{2}\frac{1}{D-1}-\frac{1}{2}\frac{1}{D+1}+\frac{D-2}{D^2-2D+2}$. これを翻訳して $x_1=e^{2t}+2(t+1)e^t-e^{-t}-e^t\cos t$, $x_2=(4t-3)e^t+e^t(3\cos t-4\sin t)$, $x_3=4(t-1)e^t+e^t(4\cos t-3\sin t)$, $x_4=(t-\frac{3}{2})e^t-\frac{1}{2}e^{-t}+e^t(\cos t-\sin t)$.

6.8.3 (1) (6.13) と (6.14) により右辺の非斉次項を翻訳し，更に (6.21) により初期値を翻訳すれば，$(D^3-4D)z=\frac{1}{(D-2)^2}+\frac{1}{D^2+1}+\frac{2}{D^3}+1$ を解けばよい．$z=\frac{1}{D^3-4D}\Big(\frac{1}{(D-2)^2}+\frac{1}{D^2+1}+\frac{2}{D^3}+1\Big)=\frac{1}{(D-2)^3(D+2)D}+\frac{1}{(D^2+1)(D+2)(D-2)D}+\frac{2}{(D+2)(D-2)D^4}+\frac{1}{(D+2)(D-2)D}=\Big(\frac{1}{8}\frac{1}{(D-2)^3}-\frac{3}{32}\frac{1}{(D-2)^2}+\frac{7}{128}\frac{1}{D-2}+\frac{1}{128}\frac{1}{D+2}-\frac{1}{16}\frac{1}{D}\Big)+\Big(\frac{1}{40}\frac{1}{D+2}+\frac{1}{40}\frac{1}{D-2}-\frac{1}{4}\frac{1}{D}+\frac{1}{5}\frac{D}{D^2+1}\Big)+\Big(-\frac{1}{32}\frac{1}{D+2}+\frac{1}{32}\frac{1}{D-2}-\frac{1}{2}\frac{1}{D^4}-\frac{1}{8}\frac{1}{D^2}\Big)+\Big(\frac{1}{8}\frac{1}{D+2}+\frac{1}{8}\frac{1}{D-2}-\frac{1}{4}\frac{1}{D}\Big)=\frac{1}{8}\frac{1}{(D-2)^3}-\frac{3}{32}\frac{1}{(D-2)^2}+\frac{151}{640}\frac{1}{D-2}+\frac{81}{640}\frac{1}{D+2}-\frac{1}{2}\frac{1}{D^4}-\frac{1}{8}\frac{1}{D^2}-\frac{9}{16}\frac{1}{D}+\frac{1}{5}\frac{D}{D^2+1}\longleftrightarrow\frac{1}{16}x^2e^{2x}-\frac{3}{32}xe^{2x}+\frac{151}{640}e^{2x}+\frac{81}{640}e^{-2x}-\frac{1}{12}x^3-\frac{1}{8}x-\frac{9}{16}+\frac{1}{5}\cos x$.

(2) 同様に翻訳すると $(D^3-8)z=\frac{1}{D-1}+\frac{1}{D-2}+2+D^2$ を解けばよい．(初期値の翻訳は，(6.21) を適用するよりも，もう一度 $(D^3-8)(yY)=(y'''-8y)Y+y''(0)\delta+y'(0)\delta'+y(0)\delta''$ から導く方が簡明だろう．) $D^3-8=(D-2)(D^2+2D+4)$ に注意し，$\frac{1}{(D-2)(D^2+2D+4)}=\frac{1}{12}\left(\frac{1}{D-2}-\frac{D+4}{D^2+2D+4}\right)$ を用いると，$z=\frac{1}{12}\left(\frac{1}{(D-1)(D-2)}-\frac{D+4}{(D-1)(D^2+2D+4)}\right)+\frac{1}{12}\left(\frac{1}{(D-2)^2}-\frac{D+4}{(D-2)(D^2+2D+4)}\right)+\frac{1}{6}\left(\frac{1}{D-2}-\frac{D+4}{D^2+2D+4}\right)+\frac{1}{12}\left(\frac{D^2}{D-2}-\frac{(D+4)D^2}{D^2+2D+4}\right)=\frac{1}{12}\left(\frac{1}{D-2}-\frac{1}{D-1}\right)-\frac{D+4}{12\cdot7}\left(\frac{1}{D-1}-\frac{D+3}{D^2+2D+4}\right)+\frac{1}{12}\frac{1}{(D-2)^2}-\frac{D+4}{12^2}\left(\frac{1}{D-2}-\frac{D+4}{D^2+2D+4}\right)+\frac{1}{6}\frac{1}{D-2}-\frac{1}{6}\frac{D+1}{(D+1)^2+3}-\frac{1}{2}\frac{1}{(D+1)^2+3}+\frac{1}{12}\frac{(D+2)(D-2)+4}{D-2}-\frac{1}{12}\frac{(D+2)(D^2+2D+4)-8(D+1)}{D^2+2D+4}=\frac{1}{12}\frac{1}{D-2}-\frac{1}{12}\frac{1}{D-1}-\frac{1}{12\cdot7}-\frac{5}{12\cdot7}\frac{1}{D-1}+\frac{1}{12\cdot7}+\frac{1}{12\cdot7}\frac{5D+8}{D^2+2D+4}+\frac{1}{12}\frac{1}{(D-2)^2}-\frac{1}{12^2}-\frac{1}{24}\frac{1}{D-2}+\frac{1}{12^2}+\frac{1}{12^2}\frac{6D+12}{D^2+2D+4}+\frac{1}{6}\frac{1}{D-2}-\frac{1}{6}\frac{D+1}{(D+1)^2+3}-\frac{1}{2}\frac{1}{(D+1)^2+3}+\frac{D+2}{12}+\frac{1}{3(D-2)}-\frac{D+2}{12}+\frac{2}{3}\frac{D+1}{D^2+2D+4}=\frac{1}{12}\frac{1}{(D-2)^2}+\frac{13}{24}\frac{1}{D-2}-\frac{1}{7}\frac{1}{D-1}+\frac{101}{168}\frac{D+1}{(D+1)^2+3}-\frac{71}{168}\frac{1}{(D+1)^2+3}$. 翻訳すると，$y=\frac{1}{12}xe^{2x}+\frac{13}{24}e^{2x}-\frac{1}{7}e^{x}+\frac{101}{168}e^{-x}\cos\sqrt{3}x-\frac{71}{168\sqrt{3}}e^{-x}\sin\sqrt{3}x$.

別解として，形式的ローラン展開を用いる方法を示す．分母に現れるのは $D-1$, $D-2$, D^2+2D+4 である．D を独立変数のようにみなして，それぞれの展開の中心に関するローラン展開の極の部分を求める．(この種の関数論でやるものだが，形式的展開なので，関数論の知識は全く必要ない．) $D-2$ に関する展開は，因子 $D-2$ を分母に含まない部分は関係無く，$z=\frac{1}{(D-2)^2}\frac{1}{D^2+2D+4}+(D-2)$ の整級数，となるので，漸近解析の等比級数展開の応用（[1], 3.3 節参照）で $\frac{1}{D^2+2D+4}=\frac{1}{(D-2)^2+6(D-2)+12}=\frac{1}{12}\{1-\frac{1}{2}(D-2)+(D-2)$ の整冪$\}$ となることに注意すれば，$z=\frac{1}{12}\frac{1}{(D-2)^2}-\frac{1}{24}\frac{1}{D-2}+(D-2)$ の整冪．また分母の D^3-8 から出る $(D-2)^{-1}$ の係数は，単に他の因子に 2 を代入すれば求まる（留数！）ので $\left\{\frac{1}{D^2+2D+4}\left(\frac{1}{D-1}+2+D^2\right)\right\}\Big|_{D\mapsto2}\frac{1}{D-2}=\frac{1}{12}(1+2+4)\frac{1}{D-2}=\frac{7}{12}\frac{1}{D-2}$. 同様に，$D-1$ に関する展開は一つの項だけから生じ，$\frac{1}{D^3-8}\Big|_{D\mapsto1}\frac{1}{D-1}=-\frac{1}{7}\frac{1}{D-1}$. 残りは，$D+1+\sqrt{3}i$ に関する展開を用いると，この因子以外の部分に $D=-1-\sqrt{3}i$ を代入する "留数計算" で，$\frac{1}{-3-\sqrt{3}i}\frac{1}{-2\sqrt{3}i}\left\{\frac{1}{-2-\sqrt{3}i}+\frac{1}{-3-\sqrt{3}i}+2+(-1-\sqrt{3}i)^2\right\}\frac{1}{D+1+\sqrt{3}i}=\frac{-1-\sqrt{3}i}{24}\left\{\frac{-2+\sqrt{3}i}{7}+\frac{-3+\sqrt{3}i}{12}+2+(-2+2\sqrt{3}i)\right\}\frac{1}{D+1+\sqrt{3}i}=\frac{1}{24}\left(\frac{5+\sqrt{3}i}{7}+\frac{3+\sqrt{3}i}{6}+6-2\sqrt{3}i\right)\frac{1}{D+1+\sqrt{3}i}=\frac{1}{168\cdot6}\frac{303-71\sqrt{3}i}{D+1+\sqrt{3}i}=\frac{1}{168\cdot6}\frac{(303-71\sqrt{3}i)(D+1-\sqrt{3}i)}{(D+1)^2+3}=\frac{1}{168\cdot6}\frac{303(D+1)-213-\{71(D+1)+303\}\sqrt{3}i}{(D+1)^2+3}$.
z にはこれとこの複素共役の和が含まれるので，実部の 2 倍をとって $\frac{1}{168}\frac{101(D+1)-71}{(D+1)^2+3}$. 以上により，$z=\frac{1}{12}\frac{1}{(D-2)^2}+\frac{13}{24}\frac{1}{D-2}-\frac{1}{7}\frac{1}{D-1}+\frac{1}{168}\frac{101(D+1)-71}{(D+1)^2+3}$. ここから先は上と同じ．最後の代入計算は面倒なので，z から先に求めた 1 次因子の展開分を引き算して計算してもよいが，やはりそう簡単ではない．

(3) 要項に従い，非斉次項と初期値を演算子に翻訳する．初期値の部分は公式 (6.21) を用いると $(y''(0)-3y(0))+y'(0)D+y(0)D^2=-1+D^2$ なので，$(D^3-3D-2)z=\frac{1}{D-1}+\frac{1}{D+1}-1+D^2$ を解けばよい．部分分数分解の詳しい導出は省略して答だけ記すと，$D^3-3D-2=(D-2)(D+1)^2$ なので $z=\frac{1}{(D-2)(D-1)(D+1)^2}+\frac{1}{(D-2)(D+1)^3}+\frac{D-1}{(D-2)(D+1)}=\frac{1}{9}\frac{1}{D-2}-\frac{1}{4}\frac{1}{D-1}+\frac{5}{36}\frac{1}{D+1}+\frac{1}{6}\frac{1}{(D+1)^2}+\frac{1}{27}\frac{1}{D-2}-\frac{1}{27}\frac{1}{D+1}-\frac{1}{9}\frac{1}{(D+1)^2}-\frac{1}{3}\frac{1}{(D+1)^3}+\frac{1}{3}\frac{1}{D-2}+\frac{2}{3}\frac{1}{D+1}=\frac{13}{27}\frac{1}{D-2}-\frac{1}{4}\frac{1}{D-1}+\frac{83}{108}\frac{1}{D+1}+\frac{1}{18}\frac{1}{(D+1)^2}-\frac{1}{3}\frac{1}{(D+1)^3}\longleftrightarrow\frac{13}{27}e^{2x}-\frac{1}{4}e^{x}+\frac{83}{108}e^{-x}+\frac{1}{18}xe^{-x}-\frac{1}{6}x^2e^{-x}$.

6

(4) 同じく初期値の部分の演算子による解釈は $y'''(0)+y''(0)D+y'(0)D^2+y(0)D^3=-1+2D+D^3$, よって $(D^4-1)z=\frac{D}{D^2+1}-1+2D+D^3$ を解けばよい． $z=\frac{D}{(D-1)(D+1)(D^2+1)^2}+\frac{D^3+2D-1}{(D-1)(D+1)(D^2+1)}=\frac{1}{8}\frac{1}{D-1}+\frac{1}{8}\frac{1}{D+1}-\frac{1}{2}\frac{D}{(D^2+1)^2}-\frac{1}{4}\frac{D}{D^2+1}+\frac{1}{2}\frac{1}{D-1}+\frac{1}{D+1}-\frac{1}{2}\frac{D-1}{D^2+1}=\frac{5}{8}\frac{1}{D-1}+\frac{9}{8}\frac{1}{D+1}-\frac{1}{4}\frac{3D-2}{D^2+1}-\frac{1}{2}\frac{D}{(D^2+1)^2}\longleftrightarrow\frac{5}{8}e^x+\frac{9}{8}e^{-x}-\frac{3}{4}\cos x+\frac{1}{2}\sin x-\frac{1}{4}x\sin x$.

(5) 同様に初期値の部分は $y'''(0)+y''(0)D+y'(0)D^2+y(0)D^3=-D+D^3$ なので，$(D^4+16)z=\frac{D}{D^2+1}-D+D^3$ を解くと，$z=\frac{D}{(D^2+1)(D^2+2\sqrt{2}D+2)(D^2-2\sqrt{2}D+2)}+\frac{D^3-D}{(D^2+2\sqrt{2}D+2)(D^2-2\sqrt{2}D+2)}=\frac{1}{17}\frac{D}{D^2+1}+\frac{2}{17}\frac{4D+5\sqrt{2}}{D^2+2\sqrt{2}D+4}+\frac{2}{17}\frac{4D-5\sqrt{2}}{D^2-2\sqrt{2}D+4}\longleftrightarrow\frac{1}{17}\cos x+\frac{2}{17}e^{-\sqrt{2}x}(4\cos\sqrt{2}x+\sin\sqrt{2}x)+\frac{2}{17}e^{\sqrt{2}x}(4\cos\sqrt{2}x-\sin\sqrt{2}x)$.

(6) 同様に初期値の部分は $(y'''(0)+2y''(0)+5y'(0)+8y(0))+(y''(0)+2y'(0)+5y(0))D+(y'(0)+2y(0))D^2+(y(0))D^3=2D+D^2+D^3$ なので，$(D^4+2D^3+5D^2+8D+4)z=\frac{D}{D^2+1}+\frac{40}{D-1}+2D+D^2+D^3$ を解けばよい． $z=\frac{1}{(D+1)^2(D^2+4)}\left(\frac{D}{D^2+1}+\frac{40}{D-1}+2D+D^2+D^3\right)=\frac{2}{D-1}-\frac{9}{2}\frac{1}{(D+1)^2}-\frac{16}{5}\frac{1}{D+1}+\frac{1}{6}\frac{1}{D^2+1}+\frac{1}{15}\frac{33D-28}{D^2+4}\longleftrightarrow 2e^x-\frac{9}{2}xe^{-x}-\frac{16}{5}e^{-x}+\frac{1}{6}\sin x+\frac{1}{15}(33\cos 2x-14\sin 2x)$.

(7) 同様に初期値の部分は $y'''(0)+y''(0)D+y'(0)D^2+y(0)D^3=1+2D^2+D^3$ なので，$(D^4+4)z=\frac{1}{D^2+1}+1+2D^2+D^3$ を解けばよい． $z=\frac{1}{(D^2-2D+2)(D^2+2D+2)}\left(\frac{1}{D^2+1}+1+2D^2+D^3\right)=\frac{1}{5}\frac{1}{D^2+1}+\frac{1}{5}\frac{4D-1}{D^2-2D+2}+\frac{1}{5}\frac{D+4}{D^2+2D+2}\longleftrightarrow\frac{1}{5}\sin x+\frac{1}{5}(4\cos x+3\sin x)e^x+\frac{1}{5}(\cos x+3\sin x)e^{-x}$.

(8), (9) は線形でないので演算子法は適用できない．

6.8.4 (1) $Dy_1=-y_3-y_4+\frac{1}{D^2}$, $Dy_2=4y_1+y_2+4y_3+4y_4+\frac{1}{D-1}+1$, $Dy_3=y_1+y_2+3y_3+7y_4$, $Dy_4=-y_1-y_3+\frac{1}{D}+1$ を解く． D を定数パラメータとみなして普通に解くと，$y_1=-\frac{D^4+4D^3+3D^2-10D+3}{D^2(D-1)^4}=-\frac{3}{D^2}-\frac{2}{D}-\frac{1}{(D-1)^4}-\frac{10}{(D-1)^3}+\frac{2}{D-1}$, $y_2=\frac{D^5+2D^4+21D^3-28D+8}{D^2(D-1)^4}=\frac{8}{D^2}+\frac{4}{D}+\frac{4}{(D-1)^4}+\frac{40}{(D-1)^3}+\frac{1}{(D-1)^2}-\frac{3}{D-1}$, $y_3=\frac{8D^4+4D^3-6D^2-7D+3}{D^2(D-1)^4}=\frac{3}{D^2}+\frac{5}{D}+\frac{2}{(D-1)^4}+\frac{21}{(D-1)^3}+\frac{10}{(D-1)^2}-\frac{5}{D-1}$, $y_4=\frac{D^5-3D^4-5D^3+2D^2+6D-2}{D^2(D-1)^4}=-\frac{2}{D^2}-\frac{2}{D}-\frac{1}{(D-1)^4}-\frac{10}{(D-1)^3}+\frac{3}{D-1}$. これらを翻訳して $y_1=-3x-2-\frac{x^3}{6}e^x-5x^2e^x+2e^x$, $y_2=8x+4+\frac{2}{3}x^3e^x+20x^2e^x+xe^x-3e^x$, $y_3=3x+5+\frac{1}{3}x^3e^x+\frac{21}{2}x^2e^x+10xe^x-5e^x$, $y_4=-2x-2-\frac{1}{6}x^3e^x-5x^2e^x+3e^x$.

(2) 非斉次項と初期条件を演算子で翻訳すると $Dy_1=2y_1+3y_2-4y_3+2y_4+\frac{1}{D^2+1}$, $Dy_2=-4y_1+y_2+8y_4$, $Dy_3=-3y_1-y_2+2y_3+4y_4+\frac{D}{D^2+1}$, $Dy_4=-y_2+y_3-y_4$. これを線形代数で解いて $y_1=-\frac{4D^4+D^3+10D^2+D+8}{(D-1)^2(D^2+1)(D^2-2D+2)}=-\frac{12}{(D-1)^2}-\frac{8}{D-1}-\frac{1}{5}\frac{D-2}{D^2+1}+\frac{1}{5}\frac{41D-4}{D^2-2D+2}$, $y_2=\frac{24D^3+12D^2+20D-8}{(D-1)^2(D^2+1)(D^2-2D+2)}=\frac{24}{(D-1)^2}+\frac{34}{D-1}-\frac{2}{5}\frac{3D-11}{D^2+1}-\frac{4}{5}\frac{41D-4}{D^2-2D+2}$, $y_3=\frac{D^5-D^4+18D^3+4D^2+13D-1}{(D-1)^2(D^2+1)(D^2-2D+2)}=\frac{12}{(D-1)^2}+\frac{26}{D-1}-\frac{2}{5}\frac{2D-9}{D^2+1}-\frac{1}{5}\frac{121D-49}{D^2-2D+2}$, $y_4=\frac{D^4-2D^3-4D^2-4D-3}{(D-1)^2(D^2+1)(D^2-2D+2)}=-\frac{6}{(D-1)^2}-\frac{1}{D-1}+\frac{1}{5}\frac{3D-1}{D^2+1}+\frac{1}{5}\frac{2D+37}{D^2-2D+2}$. これを翻訳し戻すと $y_1=-4(3x+2)e^x-\frac{1}{5}(\cos x-2\sin x)+\frac{1}{5}(41\cos x+37\sin x)e^x$, $y_2=2(12x+17)e^x-\frac{2}{5}(3\cos x-11\sin x)-\frac{4}{5}(41\cos x+37\sin x)e^x$, $y_3=2(6x+13)e^x-\frac{2}{5}(2\cos x-9\sin x)-\frac{1}{5}(121\cos x+72\sin x)e^x$, $y_4=-(6x+1)e^x+\frac{1}{5}(3\cos x-\sin x)+\frac{1}{5}(2\cos x+39\sin x)e^x$.

第 7 章の問題解答

7.1.1 (1) (7.3) を方程式に代入して左辺の添え字をずらせば $\sum_{n=0}^{\infty}(n+1)c_{n+1}x^n = x+\sum_{n=0}^{\infty}c_nx^n$. これより c_0 は無条件で，以下 $c_1=c_0$, $2c_2=1+c_1$, 後は規則的に $nc_n=c_{n-1}$, $n=3,4,\ldots$. よって $y=c_0+c_0x+\frac{c_0+1}{2}x^2+\sum_{n=3}^{\infty}\frac{c_0+1}{2\cdot3\cdots n}x^n=\sum_{n=2}^{\infty}\frac{x^n}{n!}+c_0\sum_{n=0}^{\infty}\frac{x^n}{n!}$. ちなみにこの和を実行すると $-x-1+(c_0+1)e^x$ になる.

(2) (7.3) を方程式に代入して両辺の添え字をずらせば $\sum_{n=0}^{\infty}(n+1)c_{n+1}x^n = \sum_{n=2}^{\infty}c_{n-2}x^n$. これより c_0 は任意で $c_1=c_2=0$, 以下は規則的で，$(n+1)c_{n+1}=c_{n-2}$, $n=2,3,\ldots$. よって $c_{3n}=\frac{c_0}{3\cdot6\cdots3n}$, $c_{3n+1}=c_{3n+2}=0$, $n=1,2,\ldots$ となり，$y=c_0\sum_{n=0}^{\infty}\frac{x^{3n}}{3\cdot6\cdots3n}=c_0\sum_{n=0}^{\infty}\frac{x^{3n}}{3^nn!}$. これは和を実行すると $c_0e^{x^3/3}$ となる.

(3) (7.3) を方程式に代入して両辺の添え字をずらせば $\sum_{n=0}^{\infty}(n+1)c_{n+1}x^n = x+\sum_{n=1}^{\infty}c_{n-1}x^n$. よって c_0 は任意，$c_1=0, 2c_2=1+c_0$, 以後は規則的で，$(n+1)c_{n+1}=c_{n-1}$, $n=2,3,\ldots$. これより $c_{2n}=\frac{1+c_0}{2^nn!}$, $c_{2n+1}=0$, $n=1,2,\ldots$. よって $y=\sum_{n=1}^{\infty}\frac{x^{2n}}{2^nn!}+c_0\sum_{n=0}^{\infty}\frac{x^{2n}}{2^nn!}$. これは和を実行すると $-1+(c_0+1)e^{x^2/2}$ となる.

(4) (7.3) を方程式に代入すると $\sum_{n=0}^{\infty}(n+1)c_{n+1}x^n=\left(\sum_{j=0}^{\infty}(-1)^jx^j\right)\left(\sum_{k=0}^{\infty}c_kx^k\right)=\sum_{n=0}^{\infty}\sum_{k=0}^{n}(-1)^{n-k}c_kx^n$. これより $(n+1)c_{n+1}=\sum_{k=0}^{n}(-1)^{n-k}c_k$, $c_{n+1}=\frac{1}{n+1}\sum_{k=0}^{n}(-1)^{n-k}c_k$ となる. これから c_0 は任意で，$c_1=c_0$, $c_2=\frac{1}{2}(c_1-c_0)=0$, $c_3=\frac{1}{3}(c_2-c_1+c_0)=0$. 以下 $c_2=\cdots=c_n=0$ とすると，$c_{n+1}=\frac{1}{n+1}\{c_n-c_{n-1}+\cdots-(-1)^nc_1+(-1)^nc_0\}=0$. よって係数は c_0, c_1 しか残らず，$y=c_0(1+x)$.

(5) (7.3) を方程式に代入すると $\sum_{n=0}^{\infty}(n+1)c_{n+1}x^n=x\sum_{n=0}^{\infty}c_nx^n+x\sum_{n=0}^{\infty}\frac{1}{n!}x^{2n}$. これより c_0 は任意で $c_1=0$, 一般に $n\geq1$ で x^{2n-1} の係数を等値して $2nc_{2n}=c_{2n-2}+\frac{1}{(n-1)!}$, x^{2n} の係数を等値して $(2n+1)c_{2n+1}=c_{2n-1}$. よってまず $c_{2n+1}=0$ が分かり，$2c_2=c_0+1$, $c_2=\frac{1}{2}c_0+\frac{1}{2}$, $4c_4=c_2+1=\frac{1}{2}c_0+\frac{3}{2}$, $c_4=\frac{1}{4\cdot2}c_0+\frac{3}{8}$, $6c_6=c_4+\frac{1}{2}=\frac{1}{4\cdot2}c_0+\frac{7}{4\cdot2}$, $c_6=\frac{1}{6\cdot4\cdot2}c_0+\frac{7}{6\cdot4\cdot2}$, $8c_8=c_6+\frac{1}{3!}=\frac{1}{6\cdot4\cdot2}c_0+\frac{15}{6\cdot4\cdot2}$, $c_8=\frac{1}{8\cdot6\cdot4\cdot2}c_0+\frac{15}{8\cdot6\cdot4\cdot2}$, そこで $c_{2n}=\frac{c_0}{n!2^n}+\frac{2^n-1}{n!2^n}$ を仮定すると $(2n+2)c_{2n+2}=c_{2n}+\frac{1}{n!}=\frac{c_0}{n!2^n}+\frac{2^n-1+2^n}{n!2^n}=\frac{c_0}{n!2^n}+\frac{2^{n+1}-1}{n!2^n}$, よって $c_{2n+2}=\frac{c_0}{(n+1)!2^{n+1}}+\frac{2^{n+1}-1}{(n+1)!2^{n+1}}$ となるから，数学的帰納法により示された. よって解は $y=c_0\sum_{n=0}^{\infty}\frac{x^{2n}}{n!2^n}+\sum_{n=0}^{\infty}\frac{2^n-1}{n!2^n}x^{2n}$. この和は実行すると $c_0e^{x^2/2}+e^{x^2}-e^{x^2/2}$ となる.

7.2.1 (1) $y=\sum_{n=0}^{\infty}c_nx^n$ を $y'=y^2$ に代入して，$\sum_{n=1}^{\infty}nc_nx^{n-1}=\left(\sum_{n=0}^{\infty}c_nx^n\right)^2$. これより c_0 は任意で，x^{n-1} の係数の比較から $nc_n=\sum_{k=0}^{n-1}c_{n-k-1}c_k$ $(n\geq1)$. 特に，$c_1=c_0^2, c_2=\frac{1}{2}\cdot2\cdot c_0c_1=c_0^3$, $c_3=\frac{1}{3}(2c_0^4+c_0^4)=c_0^4$ となり，$c_n=c_0^{n+1}$ と予想され，これは数学的帰納法で確かめられる：$c_{n+1}=\frac{1}{n+1}(c_0^{n+1}c_0+c_0^nc_0^2+\cdots+c_0c_0^{n+1})=c_0^{n+2}$. よって解は $y=\sum_{n=0}^{\infty}c_0^{n+1}x^n=\frac{c_0}{1-c_0x}$. これは変数分離による求積法で求めた解と同じだが，任意定数 c_0 の入り方が $c_0=0$ のとき $y=0$ となるようになっている.

(2) $y=\sum_{n=0}^{\infty}c_nx^n$ を $y'=y^2-1$ に代入する. (1) の計算結果を利用すると，$\sum_{n=0}^{\infty}nc_nx^{n-1}=\left(\sum_{n=0}^{\infty}c_nx^n\right)^2-1$. これより c_0 は任意で，$c_1=c_0^2-1$, c_2 以下の漸化式は (1) と同じになる. この一般項は $\tan x$ のテイラー展開と同様ベルヌーイ数を用いないと表されないので , x^5 までを求めると，$c_2=\frac{1}{2}\cdot2c_0c_1=c_0^3-c_0$,

$c_3=\frac{1}{3}(2c_0c_2+c_1^2)=\frac{1}{3}\{2c_0(c_0^3-c_0)+(c_0^2-1)^2\}=c_0^4-\frac{4}{3}c_0^2+\frac{1}{3}$, $c_4=\frac{1}{4}(2c_0c_3+2c_1c_2)=\frac{1}{4}\{2c_0(c_0^4-\frac{4}{3}c_0^2+\frac{1}{3})+2(c_0^2-1)(c_0^3-c_0)\}=c_0^5-\frac{5}{3}c_0^3+\frac{2}{3}c_0$, $c_5=\frac{1}{5}(2c_0c_4+2c_1c_3+c_2^2)=\frac{1}{5}\{2c_0(c_0^5-\frac{5}{3}c_0^3+\frac{2}{3}c_0)+2(c_0^2-1)(c_0^4-\frac{4}{3}c_0^2+\frac{1}{3})+(c_0^3-c_0)^2\}=c_0^6-2c_0^4+\frac{17}{15}c_0^2-\frac{2}{15}$.

(3) $y=\sum_{n=0}^{\infty}c_nx^n$ を $y'=xy^2$ に代入すると $\sum_{n=1}^{\infty}nc_nx^{n-1}=x\big(\sum_{n=0}^{\infty}c_nx^n\big)^2=\sum_{n=1}^{\infty}x^n\sum_{k=0}^{n-1}c_{n-1-k}c_k$. これよりまず，$c_0$ は任意で，$c_1=0$, $c_2=\frac{1}{2}c_0^2$, $c_3=\frac{1}{3}(c_1c_0+c_0c_1)=0$, $c_4=\frac{1}{4}(c_2c_0+c_1c_1+c_0c_2)=\frac{1}{4}c_0^3$. そこで，$c_{2n-1}=0$, $c_{2n}=\frac{c_0^{n+1}}{2^n}$ を仮定すると，$c_{2n+1}=\frac{1}{2n+1}(c_{2n-1}c_0+c_{2n-2}c_1+\cdots+c_0c_{2n-1})=0$, $c_{2n+2}=\frac{1}{2n+2}(c_{2n}c_0+c_{2n-1}c_1+\cdots+c_0c_{2n})=\frac{c_0^{n+2}}{2n+2}\big(\frac{1}{2^n}+\frac{1}{2^{n-1}}\frac{1}{2}+\cdots+\frac{1}{2^n}\big)=\frac{c_0^{n+2}}{2n+2}\frac{n+1}{2^n}=\frac{c_0^{n+2}}{2^{n+1}}$ となり，帰納法によりこれが確定する．よって解は $y=\sum_{n=0}^{\infty}\frac{c_0^{n+1}x^{2n}}{2^n}=c_0\sum_{n=0}^{\infty}\big(\frac{c_0x^2}{2}\big)^n$. これは和を実行すると $\frac{c_0}{1-c_0x^2/2}$ となる．

(4) $y=\sum_{n=0}^{\infty}c_nx^n$ を $y'=x^2+y^2$ に代入すると，$\sum_{n=1}^{\infty}nc_nx^{n-1}=x^2+\big(\sum_{n=0}^{\infty}c_nx^n\big)^2=x^2+\sum_{n=1}^{\infty}x^n\sum_{k=0}^{n-1}c_{n-1-k}c_k$. これより，$c_0$ は任意で，$c_1=c_0^2$, $c_2=\frac{1}{2}(c_0c_1+c_1c_0)=c_0c_1=c_0^3$, $c_3=\frac{1}{3}\{1+(c_0c_2+c_1^2+c_2c_0)\}=\frac{1}{3}+c_0^4$. ここから先は規則的で，漸化式は $(n+1)c_{n+1}=c_0c_n+c_1c_{n-1}+\cdots+c_nc_0$. これより $c_4=\frac{1}{4}(2c_0c_3+2c_1c_2)=\frac{1}{2}(\frac{1}{3}c_0+c_0^5+c_0^5)=\frac{1}{6}c_0+c_0^5$, $c_5=\frac{1}{5}(2c_0c_4+2c_1c_3+c_2^2)=\frac{1}{5}(\frac{1}{3}c_0^2+2c_0^6+\frac{2}{3}c_0^2+2c_0^6+c_0^6)=\frac{1}{5}(c_0^2+5c_0^6)=\frac{1}{5}c_0^2+c_0^6$. 

7.3.1 (1) $y=\sum_{n=0}^{\infty}c_nx^n$, $y'=\sum_{n=1}^{\infty}nc_nx^{n-1}$, $y''=\sum_{n=2}^{\infty}n(n-1)c_nx^{n-2}$ を方程式に代入して，$\sum_{n=2}^{\infty}n(n-1)c_nx^{n-2}+\sum_{n=0}^{\infty}c_nx^n=\sum_{n=0}^{\infty}\frac{(-1)^n\omega^{2n+1}}{(2n+1)!}x^{2n+1}$. これより，$c_0$, c_1 は任意，以下規則的で，$(2n+2)(2n+1)c_{2n+2}+c_{2n}=0$ $(n\geq 0)$. $(2n+1)2nc_{2n+1}+c_{2n-1}=\frac{(-1)^n\omega^{2n-1}}{(2n-1)!}$ $(n\geq 1)$. これより $c_{2n}=\frac{(-1)^n}{(2n)!}c_0$, 二つ目の漸化式からは $c_{2n+1}=-\frac{1}{(2n+1)2n}c_{2n-1}+\frac{(-1)^{n-1}\omega^{2n-1}}{(2n+1)!}=-\frac{1}{(2n+1)2n}\big(-\frac{1}{(2n-1)(2n-2)}c_{2n-3}+\frac{(-1)^{n-2}\omega^{2n-3}}{(2n-1)!}\big)+\frac{(-1)^{n-1}\omega^{2n-1}}{(2n+1)!}=\cdots=\frac{(-1)^n}{(2n+1)!}c_1-\frac{(-1)^n}{(2n+1)!}\sum_{k=0}^{n-1}\omega^{2k+1}=\frac{(-1)^n}{(2n+1)!}c_1-\frac{(-1)^n}{(2n+1)!}\omega\frac{1-\omega^{2n}}{1-\omega^2}$. これらに x の対応冪を掛けて加えれば $y=c_0\sum_{n=0}^{\infty}\frac{(-1)^n}{(2n)!}x^{2n}+c_1\sum_{n=0}^{\infty}\frac{(-1)^n}{(2n+1)!}x^{2n+1}-\frac{\omega}{1-\omega^2}\sum_{n=0}^{\infty}\frac{(-1)^n}{(2n+1)!}x^{2n+1}+\frac{1}{1-\omega^2}\sum_{n=0}^{\infty}\frac{(-1)^n}{(2n+1)!}\omega^{2n+1}x^{2n+1}$. 第 3 項は任意定数 c_1 を変更すれば第 2 項に吸収でき，結局 $y=c_0\sum_{n=0}^{\infty}\frac{(-1)^n}{(2n)!}x^{2n}+c_1\sum_{n=0}^{\infty}\frac{(-1)^n}{(2n+1)!}x^{2n+1}+\frac{1}{1-\omega^2}\sum_{n=0}^{\infty}\frac{(-1)^n}{(2n+1)!}\omega^{2n+1}x^{2n+1}$ を得るので，無限和を実行すればよく知られた解の式 $y=c_0\cos x+c_1\sin x+\frac{1}{1-\omega^2}\sin\omega x$ となる．

(2) 同様に未知関数の級数を代入して，$\sum_{n=2}^{\infty}n(n-1)c_nx^{n-2}-\sum_{n=0}^{\infty}c_nx^n=x$. これより，$c_0, c_1$ は任意，$c_2=\frac{1}{2}c_0$, $c_3=\frac{1}{3!}(c_1+1)$. 後は規則的で，$c_n=\frac{1}{n(n-1)}c_{n-2}$ $(n\geq 4)$. これより $c_{2n}=\frac{1}{(2n)!}c_0$ $(n\geq 0)$, $c_{2n-1}=\frac{1}{(2n-1)!}(c_1+1)$ $(n\geq 2)$. これらに x の対応する冪を掛けて加えると，$y=c_0\sum_{n=0}^{\infty}\frac{1}{(2n)!}x^{2n}+c_1\sum_{n=0}^{\infty}\frac{1}{(2n+1)!}x^{2n+1}+\sum_{n=0}^{\infty}\frac{1}{(2n+1)!}x^{2n+1}-x$. 求積法で求まる解と合わせるには，最後から二つ目の項をその前の項と併せて $y=c_0\sum_{n=0}^{\infty}\frac{1}{(2n)!}x^{2n}+(c_1+1)\sum_{n=0}^{\infty}\frac{1}{(2n+1)!}x^{2n+1}-x$ とし，更に $=\frac{c_0+c_1+1}{2}\sum_{n=0}^{\infty}\frac{1}{n!}x^n+\frac{c_0-c_1-1}{2}\sum_{n=0}^{\infty}\frac{(-1)^n}{n!}x^n-x$ と書き直すと，$y=\frac{c_0+c_1+1}{2}e^x+\frac{c_0-c_1-1}{2}e^{-x}-x$ となり，任意定数の取り替えでよく知られた形の解に帰着する．

(3) 同様に，$\sum_{n=2}^{\infty} n(n-1)c_n x^{n-2} - 2\sum_{n=0}^{\infty} nc_n x^n - 4\sum_{n=0}^{\infty} c_n x^n = 0$．これより c_0, c_1 は任意で，以下 $n(n-1)c_n = \{2(n-2)+4\}c_{n-2} = 2nc_{n-2}$．すなわち，$c_n = \frac{2}{n-1}c_{n-2}$．この漸化式を解いて $c_{2n} = \frac{2^n}{(2n-1)!!}c_0$, $c_{2n+1} = \frac{2^n}{(2n)!!}c_1 = \frac{1}{n!}c_1$．よって解は $y = c_0\sum_{n=0}^{\infty} \frac{2^n}{(2n-1)!!}x^{2n} + c_1\sum_{n=0}^{\infty} \frac{2^n}{(2n)!!}x^{2n+1}$．

(4) 例題 7.3 の計算と同様にして $2c_2 + \sum_{n=1}^{\infty}(n+2)(n+1)c_{n+2}x^n + \sum_{n=1}^{\infty} c_{n-1}x^n = 1$ より，係数の漸化式は $c_{n+2} = -\frac{c_{n-1}}{(n+2)(n+1)}$ $(n \geq 1)$ となる．同例題の計算をなぞって始めからやり直してもよいが，斉次方程式 $y'' + xy = 0$ の解は同例題の解において $x \mapsto -x$ という変数変換をすれば得られ，従って $c_0\sum_{n=0}^{\infty} \frac{(-1)^n(3n-2)!!!}{(3n)!}x^{3n} + c_1\sum_{n=0}^{\infty} \frac{(-1)^n(3n-1)!!!}{(3n+1)!}x^{3n+1}$ となる．ただし，例題と同じ略記号 !!! を用いている．よって $c_0 = c_1 = 0$ として斉次方程式の分は無視し，$2c_2 = 1$, すなわち $c_2 = \frac{1}{2}$ ととったときの特殊解を求めて上の解に加えれば一般解が得られる．これより $c_{3n+2} = \frac{(-1)^n(3n)!!!}{(3n+2)!}c_2$ となるので，特殊解は $y = \frac{1}{2}\sum_{n=0}^{\infty} \frac{(-1)^n(3n)!!!}{(3n+2)!}x^{3n+2}$．

(5) (3) と同様の計算で，$\sum_{n=2}^{\infty} n(n-1)c_n x^{n-2} - \sum_{n=0}^{\infty} nc_n x^n + \sum_{n=0}^{\infty} c_n x^n = 0$．これより c_0, c_1 は任意で，以下 $n(n-1)c_n = \{(n-2)-1\}c_{n-2} = (n-3)c_{n-2}$．すなわち，$c_n = \frac{n-3}{n(n-1)}c_{n-2}$．この漸化式を解いて $c_{2n} = \frac{(2n-3)!!}{(2n)!}c_0 = \frac{1}{2^n n!(2n-1)}c_0$, $c_{2n+1} = \frac{(2n-2)!!}{(2n+1)!}c_1 = \frac{1}{(2n+1)!!2n}c_1$ $(n \geq 1)$．よって解は $y = c_0\left\{1 + \sum_{n=1}^{\infty} \frac{1}{2^n n!(2n-1)}x^{2n}\right\} + c_1\left\{x + \sum_{n=1}^{\infty} \frac{1}{(2n+1)!!2n}x^{2n+1}\right\}$．

(6) (4) と同様に $\sum_{n=0}^{\infty}(n+2)(n+1)c_{n+2}x^n + \sum_{n=2}^{\infty} c_{n-2}x^n = 0$ より係数の漸化式は $c_{n+2} = -\frac{c_{n-2}}{(n+2)(n+1)}$ $(n \geq 1)$．故に c_0, c_1 は任意で，$c_2 = c_3 = 0$．以下 $c_{4n} = \frac{(-1)^n}{(4n)!!!!(4n-1)!!!!}c_0$, $c_{4n+1} = \frac{(-1)^n}{(4n+1)!!!!(4n)!!!!}c_1$, $c_{4n+2} = c_{4n+3} = 0$ $(n \geq 1)$．ここに $n!!!!$ は臨時に 4 個飛び降下積を表す．$y = c_0\sum_{n=0}^{\infty} \frac{(-1)^n x^{4n}}{(4n)!!!!(4n-1)!!!!} + c_1\sum_{n=0}^{\infty} \frac{(-1)^n x^{4n+1}}{(4n+1)!!!!(4n)!!!!}$．

7.3.2 要項 3.13 によれば，$u'' = xu$ の解 $u = c_0\sum_{n=0}^{\infty} \frac{(3n-2)!!!}{(3n)!}x^{3n} + c_1\sum_{n=0}^{\infty} \frac{(3n-1)!!!}{(3n+1)!}x^{3n+1}$ を用いて $y' + y^2 = x$ の解が $y = \frac{u'}{u}$ と表される．よって $u' = c_1\sum_{n=0}^{\infty} \frac{(3n-1)!!!}{(3n)!}x^{3n} + c_0\sum_{n=1}^{\infty} \frac{(3n-2)!!!}{(3n-1)!}x^{3n-1}$ より，

$$y = \frac{c_1\sum_{n=0}^{\infty} \frac{(3n-1)!!!}{(3n)!}x^{3n} + c_0\sum_{n=1}^{\infty} \frac{(3n-2)!!!}{(3n-1)!}x^{3n-1}}{c_0\sum_{n=0}^{\infty} \frac{(3n-2)!!!}{(3n)!}x^{3n} + c_1\sum_{n=0}^{\infty} \frac{(3n-1)!!!}{(3n+1)!}x^{3n+1}} = \frac{c\sum_{n=0}^{\infty} \frac{(3n-1)!!!}{(3n)!}x^{3n} + \sum_{n=1}^{\infty} \frac{(3n-2)!!!}{(3n-1)!}x^{3n-1}}{\sum_{n=0}^{\infty} \frac{(3n-2)!!!}{(3n)!}x^{3n} + c\sum_{n=0}^{\infty} \frac{(3n-1)!!!}{(3n+1)!}x^{3n+1}}$$

ここに $c = c_1/c_0$ が唯一の独立な任意定数で，例題 7.2 の解の c_0 に相当する．

7.4.1 (1) 全体に x を一つ掛けると，決定方程式は $\lambda(\lambda-1) + \lambda = 0$, すなわち $\lambda = 0$ は重根である．よってまずは $\sum_{n=0}^{\infty} c_n x^n$ 型の解を求めると，$x\sum_{n=0}^{\infty} n(n-1)c_n x^{n-2} + (1-2x)\sum_{n=0}^{\infty} nc_n x^{n-1} - (1-x)\sum_{n=0}^{\infty} c_n x^n = 0$, すなわち，$\sum_{n=0}^{\infty}\left[(n+1)nc_{n+1} + \{(n+1)c_{n+1} - 2nc_n\} - (c_n - c_{n-1})\right]x^n = 0$．ただし最後の項においては $c_{-1} = 0$ とみなす．これよりまず定数項の比較から $c_1 - c_0 = 0$, よって $c_1 = c_0$．後は規則的で，$(n+1)nc_{n+1} + \{(n+1)c_{n+1} - 2nc_n\} - (c_n - c_{n-1}) = 0$ $(n \geq 1)$，すなわち $(n+1)^2c_{n+1} - (2n+1)c_n + c_{n-1} = 0$．これを最大添え字のものについて解くと $c_{n+1} = \frac{2n+1}{(n+1)^2}c_n - \frac{1}{(n+1)^2}c_{n-1}$．この漸化式は代数的に解くのは難しそうだが，前の方を計算してみると $c_2 = \frac{3}{4}c_1 - \frac{1}{4}c_0 = \frac{1}{2}c_0$, $c_3 = \frac{5}{9}c_2 - \frac{1}{9}c_1 = \frac{1}{6}c_0$．もう

少しやってみると，$c_n = \frac{1}{n!}$ と想像が付くので，帰納法により n まで成り立っているとして $c_{n+1} = \frac{2n+1}{(n+1)^2}\frac{1}{n!} - \frac{1}{(n+1)^2}\frac{1}{(n-1)!} = \frac{1}{(n+1)!}$ と正当化された．よって一つ目の解は $y = c_0\sum_{n=0}^{\infty}\frac{1}{n!}x^n = c_0e^x$ である．もう一つの解は初等的に直接求めてみよう．$y = \sum_{n=0}^{\infty}(c_n\log x + d_n)x^n$ と置いて方程式に代入すると，$y' = \sum_{n=0}^{\infty}(nc_n\log x + nd_n + c_n)x^{n-1}$, $y'' = \sum_{n=0}^{\infty}\{n(n-1)c_n\log x + n(n-1)d_n + (2n-1)c_n\}x^{n-2}$．これを方程式に代入して $x\sum_{n=0}^{\infty}\{n(n-1)c_n\log x + n(n-1)d_n + (2n-1)c_n\}x^{n-2} + (1-2x)\sum_{n=0}^{\infty}(nc_n\log x + nd_n + c_n)x^{n-1} - (1-x)\sum_{n=0}^{\infty}(c_n\log x + d_n)x^n = 0$, すなわち，$\sum_{n=0}^{\infty}\bigl[(n+1)nc_{n+1} + \{(n+1)c_{n+1} - 2nc_n\} - (c_n - c_{n-1})\bigr]x^n\log x + \sum_{n=0}^{\infty}\{(n+1)nd_{n+1} + (2n+1)c_{n+1} + (n+1)d_{n+1} + c_{n+1} - 2(nd_n + c_n) - (d_n - d_{n-1})\}x^n = 0$. $\log x$ が掛かる項は先と同じで $c_n = \frac{1}{n!}c_0$, これを残りの係数に代入すると $(n+1)nd_{n+1} + \frac{2n+1}{(n+1)!} + (n+1)d_{n+1} - 2nd_n + \frac{1}{(n+1)!} - 2\frac{1}{n!} - (d_n - d_{n-1}) = 0$, すなわち，$d_{n+1} = \frac{2n+1}{(n+1)^2}d_n - \frac{1}{(n+1)^2}d_{n-1}$ と c_n と同じ漸化式に帰着した．よって重複を避けてすべての $d_n = 0$ とし，二つ目の解として $y = c_1\sum_{n=0}^{\infty}\frac{1}{n!}x^n\log x = c_1e^x\log x$ をとる．

(2) x を掛けて決定方程式を見ると $\lambda(\lambda-1) = 0$, すなわち $\lambda = 0, 1$．これは整数差を成すので，まず大きい方の根に対応する $y = x\sum_{n=0}^{\infty}c_nx^n = \sum_{n=0}^{\infty}c_nx^{n+1}$ の形の解を求める．普通に計算した y', y'' を方程式に代入して $x(1-x)^2\sum_{n=0}^{\infty}(n+1)nc_nx^{n-1} - x(1-x)\sum_{n=0}^{\infty}(n+1)c_nx^n - \sum_{n=0}^{\infty}c_nx^{n+1} = 0$, すなわち，$\sum_{n=0}^{\infty}[\{(n+2)(n+1)c_{n+1} - 2(n+1)nc_n + n(n-1)c_{n-1}\} - \{(n+1)c_n - nc_{n-1}\} - c_n]x^{n+1} = 0$．ただし，添え字が負の c_n は 0 とみなす．これからまず x の係数を見て $2c_1 - 2c_0 = 0$, すなわち $c_1 = c_0$．以下は規則的で $(n+2)(n+1)c_{n+1} - (2n^2+3n+2)c_n + n^2c_{n-1} = 0$ $(n \geq 1)$, この漸化式は $(n+2)(n+1)(c_{n+1} - c_n) = n^2(c_n - c_{n-1})$ と変形できるので，$c_1 - c_0 = 0$ からすべての n について $c_{n+1} - c_n = 0$, すなわち，c_n はすべて c_0 に等しいことが分かる．よって $y = c_0\sum_{n=0}^{\infty}x^{n+1} = c_0\frac{x}{1-x}$．次に特性指数 $\lambda = 0$ に対応して $y = \sum_{n=0}^{\infty}(c_n\log x + d_n)x^n$ の形の解を探すと，例題 7.4 の解答中に示した一般論により $\log$ の部分は $c_1\sum_{n=0}^{\infty}x^{n+1} = c_1\frac{x}{1-x}$ となり，d_n の漸化式は (7.18) により c_n の漸化式の係数で n を $n-1$ に替えたものから $(n+1)nd_{n+1} - (2n^2-n+1)d_n + (n-1)^2d_{n-1} + (2n+1)c_{n+1} - 2(2n-1)c_n + (2n-3)c_{n-1} - (c_n - c_{n-1}) = 0$ となる．ただし $c_0 = 0$ であり，添え字が負のものも 0 とみなすので，$n = -1$ は無条件，$n = 0, 1$ のときは例外で，それぞれ順に $-d_0 + c_1 = 0$, $2d_2 - 2d_1 + 3c_2 - 2c_1 - c_1 = 3(c_2 - c_1) = 0$ となる．以後 d_n は先の c_n と同じ漸化式を見たし，従って $d_n = c_1$ となる．故に第 2 の解は $c_1\frac{x}{1-x}\log x + c_1\frac{1}{1-x}$ と求まった．しかし，最初の解の定数倍を引くことにより，$c_1\frac{x}{1-x}$ の部分は削除できるので，これは $c_1\frac{x}{1-x}\log x + c_1$ に簡易化できる．

(3) 決定方程式は $2\lambda(\lambda-1)+\lambda-3 = 2\lambda^2-\lambda-3 = 0$. 特性指数は $\lambda = \frac{3}{2}, -1$. よって $\log$ は不要で，2 個の級数解が求まる．まず $y = \sum_{n=0}^{\infty}c_nx^{3/2+n}$ と置けば，方程式に代入して $x^{3/2+n}$ の係数は $2(\frac{3}{2}+n)(\frac{1}{2}+n)c_n + \{(\frac{3}{2}+n)c_n - 4(\frac{3}{2}+n-1)c_{n-1}\} + (2c_{n-2} - c_{n-1} - 3c_n) = 0$, すなわち，$(2n+5)nc_n - (4n+3)c_{n-1} + 2c_{n-2} = 0$. ただし最初の二つは例外で，まず $x^{3/2}$ の係数は決定方程式から消えており，次は $c_1 - c_0 = 0$, 従って $c_1 = c_0$. 以下は規則的で，c_0 を

任意定数としてすべての係数がこれから定まる．この 3 項漸化式を代数的に解くのは容易ではないが，下の方から実験してみると $c_n = \frac{c_0}{n!}$ が予想でき，従って数学的帰納法で証明できる．よって第 1 の解は $c_0 \sum_{n=0}^{\infty} \frac{1}{n!} x^{3/2+n} = c_0 x^{3/2} e^x$ と求まる．次に $y = \sum_{n=0}^{\infty} d_n x^{n-1}$ を代入すると，同様にして $2(n-1)(n-2)d_n + \{(n-1)d_n - 4(n-2)d_{n-1}\} + (2d_{n-2} - d_{n-1} - 3d_n) = (2n-5)nd_n - (4n-7)d_{n-1} + 2d_{n-2} = 0$. ただし最初の三つは例外で，$\frac{1}{x}$ の係数は決定方程式から消えており，定数項は $-3d_1 + 3d_0 = 0$, x の係数は $-2d_2 - d_1 + 2d_0 = 0$ となる．(定数項を微分すると 0 になり，それに x を掛けても定数には戻らないことに注意.) 以後は規則的で，結局 d_0 を任意定数としてすべての係数がこれから定まる．この漸化式も実験により $d_n = \frac{1}{n!}$ と確定する．よって第 2 の解は $d_0 \sum_{n=0}^{\infty} \frac{1}{n!} x^{n-1} = d_0 \frac{e^x}{x}$ と求まる．

(4) 決定方程式は $4\lambda(\lambda-1) + 8\lambda - 3 = 4\lambda^2 + 4\lambda - 3 = 0$, 特性指数は $\lambda = \frac{1}{2}, -\frac{3}{2}$. そこでまず $y = \sum_{n=0}^{\infty} c_n x^{1/2+n}$ を方程式に代入すると，$x^{1/2+n}$ の係数は $4\{(\frac{1}{2}+n)(-\frac{1}{2}+n)c_n - (\frac{1}{2}+n-1)(-\frac{1}{2}+n-1)c_{n-1}\} + 8\{(\frac{1}{2}+n)c_n - 2(\frac{1}{2}+n-1)c_{n-1}\} - \{5c_{n-1} + 3c_n\} = 0$, すなわち，$4n(n+2)(c_n - c_{n-1}) = 0$. ただし最初は例外で，$x^{1/2}$ の係数が決定方程式から消えており，c_0 が任意定数となる．以下 $c_n = c_0$ となり，この解は $c_0 \sum_{n=0}^{\infty} x^{1/2+n} = c_0 \frac{x^{1/2}}{1-x}$. 次は $\sum_{n=2}^{\infty} c_n x^{-3/2+n} \log x + \sum_{n=0}^{\infty} d_n x^{-3/2+n}$ (ただし $c_n = c_2$) を方程式に代入すると，d_n の係数は上の漸化式の 係数の n を 2 だけ下にずらしたものとなり，c_n の係数は (7.18) で $a = 4(1-x)x^2$, $b = 8(1-2x)x$ として結局 $4(n-2)n(d_n - d_{n-1}) = -8\{(-\frac{3}{2}+n)c_n - (-\frac{3}{2}+n-1)c_{n-1}\} + \{4(c_n - c_{n-1}) - 8(c_n - 2c_{n-1})\} = -8(n-1)(c_n - c_{n-1})$. ただし $c_0 = c_1 = 0$ なので，$n = 0, 1$ は例外で，それぞれ無条件，および $d_1 - d_0 = 0$ となる．また $n = 2$ とすると $0 = 8c_2$ となり，log の項が消失する．$n \geq 2$ で $d_n = d_2$ だが，これは 0 としてよいので，d_0 を任意定数として有限級数 $d_0(x^{-3/2} + x^{-1/2})$ が第 2 の解となる．

第 8 章の問題解答

8.1.1 リプシッツ条件のときは，$g(y) = y$ でこれらの仮定が成立している．他に $g(y) = y \log y$ も基本的に 0 と ∞ で積分の発散条件を満たすが，比較関数として使うには，値を正に修正した $g(y) = y(|\log y| + 1)$ などが適切な例となる．

8.1.2 (1) 右辺は y につき $y \neq 0$ で局所リプシッツ条件を満たしているので，そこでは局所一意性が成り立っている．$y = 0$ でリプシッツ条件を満たしていないので，そこでの一意性を調べる．右辺は x を含まないので，どの点でも同じだから，$x = 0$ で初期値を 0 とする初期値問題を考えれば十分である．この方程式は求積できて，取り敢えず $y \geq 0$ では $\frac{dy}{\sqrt{y}+1} = dx$, $z = \sqrt{y}$ と置けば，$\frac{2zdz}{z+1} = dx$, $2z - 2\log(z+1) = x + C$, $\log \frac{e^{2z}}{(z+1)^2} = x + C$, すなわち，$\log \frac{e^{2\sqrt{y}}}{(\sqrt{y}+1)^2} = x + C$. $x = 0, y = 0$ を代入すると $C = 0$. 次に $y < 0$ として $\frac{dy}{\sqrt{-y}+1} = dx$, $z = \sqrt{-y}$ と置けば，$-\frac{2zdz}{z+1} = dx$, $-2z + 2\log(z+1) = x + C$, $\log \frac{(z+1)^2}{e^{2z}} = x + C$, すなわち，$\log \frac{(\sqrt{-y}+1)^2}{e^{2\sqrt{-y}}} = x + C$. $x = 0$, $y = 0$ を代入すると $C = 0$. これらは原点で C^1 級に繋がっており，これら以外に原点の近傍で解は存在しないことは明らかである．この方程式の解は $y = 0$ 上で $y' = 1$ を満たし，解は直ちに問題の集合 $y = 0$ から離れる．このような場合は一般にリプシッツ条件が満たされていなくても解の一意性は破れない．

8

(2) $y \neq 0$ ではリプシッツ条件は満たされるが，今度はリプシッツ条件を満たさない集合 $y = 0$ で $y = 0$ が解となる．よって $y \neq 0$ から発した解が有限時間で $y = 0$ に到達すると一意性が崩れる．これも求積できて，$y > 0$ なら $\frac{dy}{\sqrt{y}} = \sqrt{|x|}$，右辺を $x > 0$ と $x < 0$ の場合に分けて積分したものを総合すれば，$2\sqrt{y} = \frac{2}{3}x\sqrt{|x|} + C$，$y = \frac{1}{9}(x\sqrt{|x|} + C)^2$．この解は $C \geq 0$ ならば $x = -C^{2/3}$ において 0 となり，そこで y 軸に接する．また $C < 0$ のときも $x = (-C)^{2/3}$ で y 軸に接する．故に $y = 0$ に沿った各点において初期値問題の一意性が崩れている．

(3) 原点以外ではリプシッツ条件が満たされているので一意性が成り立っている．故に原点に異なる二つの解曲線が入り込まないことを言えばよい．$x < 0$ でも同様なので，$x > 0$ から原点に入る解曲線が 1 本しかないことだけ示そう．まず $y_0 = 0$ として $y' = \sqrt[4]{x^2 + y^2} \geq \sqrt[4]{x^2 + y_0^2} = \sqrt{x}$．これを原点から $x > 0$ まで積分して $y \geq y_1 := \int_0^x \sqrt[4]{x^2 + y_0^2} dx = \frac{2}{3}x^{3/2}$．以下同様に $y_{n+1} = \int_0^x \sqrt[4]{x^2 + y_n^2} dx$，$n = 1, 2, \ldots$ と定めると，$y \geq y_0$，$y_1 \geq y_0$ より数学的帰納法で $y_{n+1} = \int_0^x \sqrt[4]{x^2 + y_n^2} dx \geq \int_0^x \sqrt[4]{x^2 + y_{n-1}^2} dx = y_n$，および，$y_{n+1} = \int_0^x \sqrt[4]{x^2 + y_n^2} dx \leq \int_0^x \sqrt[4]{x^2 + y^2} dx = y$ が成り立ち，y_n は単調増加で，かつ原点を通る任意の解を下から支える関数列となる．同様に，原点において $y' = 0$ であるから，$0 < \delta < 1$ を任意に固定するとき，$0 < \varepsilon < 1$ を十分小さく選べば，$[0, \varepsilon]$ において任意の解は $y \leq \delta x$ を満たす．(より厳密には，$y \leq 1$ あたりから出発して $y \leq \int_0^x \sqrt[4]{x^2 + 1} dx \leq \int_0^x 2 dx \leq 2x$，$y \leq \int_0^x \sqrt[4]{x^2 + 4x^2} dx \leq \sqrt[4]{5}\frac{2}{3}x^{3/2}$ を使うと ε をきちんと評価できる．) そこで $z_0 = \delta x$，$z_1 = \int_0^x \sqrt[4]{x^2 + z_0^2} dx = \sqrt[4]{1 + \delta^2}\frac{2}{3}x^{3/2}$，以下 $z_{n+1} = \int_0^x \sqrt[4]{x^2 + z_n^2} dx$，$n = 1, 2, \ldots$ により z_n を定めると，上と同様にして，これは単調減少，かつ原点を通る任意の解を上から抑える関数列となることが示せる．最後に $z_{n+1} - y_{n+1} = \int_0^x (\sqrt[4]{x^2 + z_n^2} - \sqrt[4]{x^2 + y_n^2}) dx = \int_0^x \frac{\sqrt{x^2 + z_n^2} - \sqrt{x^2 + y_n^2}}{\sqrt[4]{x^2 + z_n^2} + \sqrt[4]{x^2 + y_n^2}} dx = \int_0^x \frac{(z_n + y_n)(z_n - y_n)}{(\sqrt[4]{x^2 + z_n^2} + \sqrt[4]{x^2 + y_n^2})(\sqrt{x^2 + z_n^2} + \sqrt{x^2 + y_n^2})} dx \leq \int_0^x \frac{2\delta x(z_n - y_n)}{2\sqrt{x} \cdot 2x} dx$．ここで $z_n - y_n$ は導関数が非負なので単調増加な関数だから，これは更に $\leq (z_n - y_n) \int_0^x \frac{\delta}{2\sqrt{x}} dx = \delta\sqrt{x}(z_n - y_n) \leq \delta\sqrt{\varepsilon}(z_n - y_n)$ となる．よって $n \to \infty$ のとき $z_n - y_n \leq (\delta\sqrt{\varepsilon})^n (z_0 - y_0)$ は $[0, \varepsilon]$ 上一様に 0 に近づき，従ってこれらに挟まれた原点を通る解は 1 本しか無い．

🐙 どちらか迷ったときはコンピュータに図を描かせてみるとよい．次ページの図を見て原点を通る解は一意で有ることに確信が持てれば証明も思いつきやすいであろう．

(4) これは $y - x = z$ と未知関数を変換すると，$z' = \sqrt{|z|}$ となるので，$z = 0$ に沿って一意性が崩れている．よってもとの方程式は直線 $y = x$ に沿って一意性が崩れている．

(5) 原点以外ではリプシッツ条件が満たされているので一意性が成り立っている．故に原点で調べればよいが，実は一意性が成り立っていない．それには，自明な解 $y = 0$ 以外に $x = 1$ で十分小さい初期値 $y = c > 0$ から出発した解が $x \searrow 0$ のときすべて原点に吸い込まれることを見ればよい．今，$x_0 > 0$，$0 < y_0 < e^{-1/4x_0}$ を満たす点 (x_0, y_0) から出発する解を左側に追跡する．連続性により x が x_0 に十分近いところでは $y < e^{-1/4x}$ が成り立つ．また，$x > 0$ ではリプシッツ条件が成立しているので，解の一意性が成り立ち，この解が x 軸の正の部分に達することは無く，そこでは $y > 0$ である．すると $y' = y(\log(x^2+y^2))^2 > y(\log y^2)^2$ より得られる解が満たす不等式 $1 < \frac{y'}{y(\log y^2)^2}$ を $x < x_0$ から x_0 まで積分すると $x_0 - x < \int_y^{y_0} \frac{dy}{y(\log y^2)^2} = \int_y^{y_0} \frac{d(\log y)}{4(\log y)^2} = \frac{1}{4\log y} - \frac{1}{4\log y_0}$．初期値の仮定より $4\log y_0 < -\frac{1}{x_0}$，従って $-\frac{1}{4\log y_0} < x_0$ が成り立つから，これより上の最後の辺は $< \frac{1}{4\log y} + x_0$．よってこれらを繋いだものから x_0 を消去して $-x < \frac{1}{4\log y}$，すなわち $0 < y < e^{-1/4x}$ を得る．すなわち初期値に仮定した不等式が解曲線上の $0 < x \leq x_0$ を満たす任意の点 (x, y) で成立する．$x \to 0$ のとき $e^{-1/4x} \to 0$ だから，これで主張が証明された．なお原点で解の一意性が崩れていることは図のように解曲線を描いてみれば一目瞭然である．

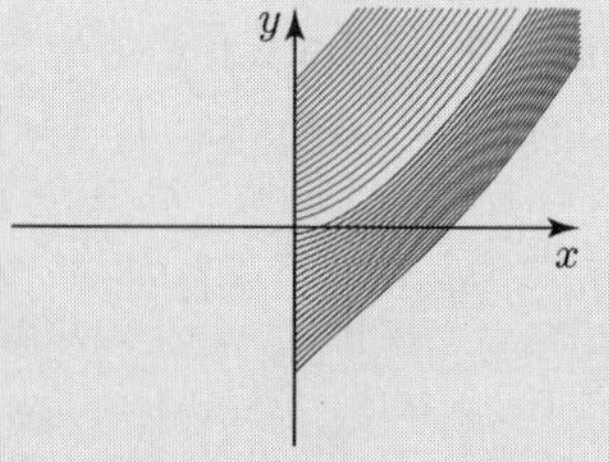

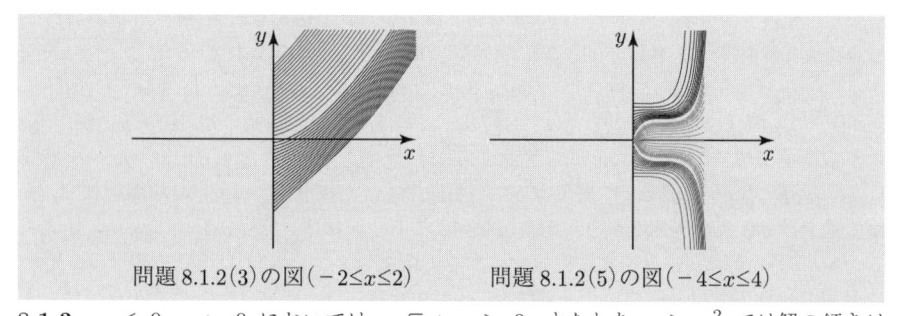

問題 8.1.2(3) の図（$-2 \leq x \leq 2$）

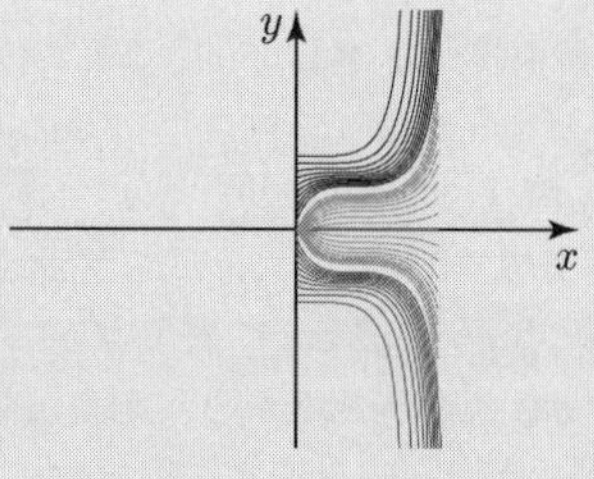

問題 8.1.2(5) の図（$-4 \leq x \leq 4$）

8.1.3　$x \leq 0$, $y > 0$ においては，$\sqrt{y} + x \geq 0$，すなわち $y \geq x^2$ では解の傾きは非負なので，x 軸の上方で左から原点に到達する解は $0 < y < x^2$ を通る（例題 8.1 その 3 の図参照）．$x > 0$ の場合と同様，$y' = \sqrt{y} + x \geq x$，これを x から 0 まで積分して $-y(x) \geq -\frac{1}{2}x^2$，すなわち $y(x) \leq \frac{1}{2}x^2$ となる．これを方程式の右辺に代入すると，$\sqrt{x^2} = -x$ に注意して $y' \leq \sqrt{\frac{1}{2}x^2} + x = \left(1 - \sqrt{\frac{1}{2}}\right)x$，再び積分して $y \geq \frac{1}{2}\left(1 - \sqrt{\frac{1}{2}}\right)x^2$．再び代入して $y' \geq \left\{1 - \sqrt{\frac{1}{2}\left(1 - \sqrt{\frac{1}{2}}\right)}\right\}x$．三度積分して $y \leq \frac{1}{2}\left\{1 - \sqrt{\frac{1}{2}\left(1 - \sqrt{\frac{1}{2}}\right)}\right\}x^2$．これを無限に繰り返すと，$\alpha_0 = \frac{1}{2}$, $\alpha_1 = \frac{1}{2}(1 - \sqrt{\alpha_0})$, $\alpha_2 = \frac{1}{2}(1 - \sqrt{\alpha_1}), \ldots$，一般に $\alpha_{n+1} = \frac{1}{2}(1 - \sqrt{\alpha_n})$ という漸化式で定まる数列ができ，α_{2n} は単調減少，α_{2n+1} は単調増加で，常に $\alpha_{2n+1}x^2 \leq y \leq \alpha_{2n}x^2$ が成り立っていることが分かる．$|\alpha_{2n} - \alpha_{2n+1}| = \frac{1}{2}(1 - \sqrt{\alpha_{2n-1}}) - \frac{1}{2}(1 - \sqrt{\alpha_{2n}}) = \frac{1}{2}(\sqrt{\alpha_{2n}} - \sqrt{\alpha_{2n-1}}) = \frac{1}{2}\frac{\alpha_{2n} - \alpha_{2n-1}}{\sqrt{\alpha_{2n}} + \sqrt{\alpha_{2n-1}}} \leq \frac{1}{4\sqrt{\alpha_1}}|\alpha_{2n-1} - \alpha_{2n}|$ であり，$4\sqrt{\alpha_1} = 4\sqrt{\frac{1}{2}\left(1 - \sqrt{\frac{1}{2}}\right)} = 2\sqrt{2 - \sqrt{2}} > 1$ なので，α_n は収束列となるから，漸化式において $n \to \infty$ とすれば，極限 α は $\alpha = \frac{1}{2}(1 - \sqrt{\alpha})$，すなわち，$(1 - 2\alpha)^2 = \alpha$, $4\alpha^2 - 5\alpha + 1 = 0$ を満たす．この根は $\alpha = \frac{1}{4}, 1$ であるが，$\alpha_0 = \frac{1}{2}$ よりも小さな方をとって $\alpha = \frac{1}{4}$ と定まる．すなわち，$x < 0$ から原点に入り込む解は $y = \frac{1}{4}x^2$ に確定する．

8.1.4　(1) $x > 0$ で論ずるが，逆向きも同様である．解が $|y| \leq x$，あるいは $|y| \leq 2$ に収まっている限りは有限時間で爆発はしないから，例えば $y > x$ かつ $y > 2$ となった場合だけが問題である．このときの $x = x_0$, $y = y_0$ として $x \geq x_0$ においてこの二つの不等式が成り立つ限り $y' = y\log(x^2 + y^2) \leq y\log 2y^2 = y(\log 2 + 2\log y)$．従って $\int_{y_0}^{y} \frac{dy}{y(\log 2 + 2\log y)} \leq x - x_0$．左辺は $\frac{1}{2}\{\log(\log y + \frac{1}{2}\log 2) - \log(\log y_0 + \frac{1}{2}\log 2)\}$ と積分できる．ここで $y \to \infty$ とすると，左辺は $\to \infty$ となるので，右辺も $x \to \infty$ とならね

ばならない．すなわち x が有限な値で $y \to \infty$ となることは無いから，解は $x > 0$ で大域的に存在する．$y < 0$ の方についても同様である．

(2) 前問と同様に，$x > 0$ において $y > 0$ の方に有限時間で爆発しないことを示せば，後は同様である．このとき $y' = \frac{y^3}{1+x^2+y^2} \le \frac{y+y^3}{1+y^2} \le y$. しかるに $y' = y$ の解は $x > 0$ で大域的に存在するので，比較定理によりこの方程式の解もそれで上から抑えられ，従って大域的に存在する.（前問のように y で割り算して不等式を積分すれば，初等的にも示せる.）

(3) $y = 0$ は大域解だが，それ以外は（原点から右に分岐するものもやがて）$y > 0$ か $y < 0$ となる．例えば前者の場合，もし解が $x \ge e$ まで延びたら，$y' \ge y(\log e^2)^2 = 4y$, 従っていつか $y \ge ce^{4x} > 1$ となる．そのような点 (x_0, y_0) から先は $y' \ge y(\log y^2)^2 = 4y(\log y)^2$. よって $x - x_0 \le \int_{y_0}^{y} \frac{dy}{4y(\log y)^2} = \frac{1}{4\log y_0} - \frac{1}{4\log y}$. これから $x < x_0 + \frac{1}{4\log y_0}$ となり，解はこの領域に留まる．故に延長定理により $y = 0$ 以外の解はすべて有限時間で爆発する．

8.2.1 例題 8.2 その 1 に倣い $\Phi(x) = \int_a^x \varphi(s)ds$ と置けば，$\varphi(x) = \Phi'(x)$ なので，仮定の不等式は $\Phi'(x) \ge C + K\Phi(x)$ となる．この両辺に e^{-Kx} を掛けると，これは $(e^{-Kx}\Phi(x))' \ge Ce^{-Kx}$ と変形される．定義により $\Phi(a) = 0$ なので，これを a から x まで積分すると $e^{-Kx}\Phi(x) \ge C\int_a^x e^{-Ks}ds = -C\frac{e^{-Kx}-e^{-Ka}}{K}$, 故に $\Phi(x) \ge C\frac{e^{K(x-a)}-1}{K}$. 従って $K > 0$ なら $\varphi(x) \ge C + K\Phi(x) \ge C + C(e^{K(x-a)} - 1) = Ce^{K(x-a)}$.

8.2.2 $\Phi(x) = \int_x^a \varphi(s)ds$ と置けば，$\varphi(x) = -\Phi'(x)$ なので，仮定の不等式は $\Phi'(x) \ge -C - K\Phi(x)$ となる．この両辺に e^{Kx} を掛けると，これは $(e^{Kx}\Phi(x))' \ge -Ce^{Kx}$ と変形される．定義により $\Phi(a) = 0$ なので，これを x から a まで積分すると，$-e^{Kx}\Phi(x) \ge -C\int_x^a e^{Ks}ds = -\frac{C}{K}(e^{Ka} - e^{Kx})$. よって，$-\Phi(x) \ge -\frac{C}{K}(e^{K(a-x)} - 1)$. 従って $K > 0$ なら $\varphi(x) \le C + K\Phi(x) \le C + C(e^{K(a-x)} - 1) = Ce^{K(a-x)}$.

8.2.3 これまでと同様の論法で証明できるが，ここでは教科書 [4] で用いた逐次代入法で示してみよう．$\varphi(x) \ge C + K\int_x^a \varphi(t)dt$ を仮定し，右辺の $\varphi(t)$ にもとの不等式で x を t に変えたものを代入すると，$\varphi(x) \ge C + K\int_x^a \bigl(C + K\int_t^a \varphi(t_1)dt_1\bigr)dt = C+CK(a-x)+K^2\int_x^a \bigl(\int_t^a \varphi(t_1)dt_1\bigr)dt$. この右辺の $\varphi(t_1)$ にもとの不等式を同様に代入すると，$\varphi(x) \ge C+CK(a-x)+K^2\int_x^a \bigl\{\int_t^a \bigl(C+K\int_{t_1}^a \varphi(t_2)dt_2\bigr)dt_1\bigr\}dt = C+CK(a-x) + C\frac{K^2(a-x)^2}{2} + K^3\int_x^a \bigl\{\int_t^a \bigl(\int_{t_1}^a \varphi(t_2)dt_2\bigr)dt_1\bigr\}dt$. 以下これを繰り返すと $\varphi(x) \ge C + CK(a-x) + \cdots + C\frac{K^n(a-x)^n}{n!} + K^{n+1}\int_x^a \bigl[\int_t^a \bigl\{\cdots\bigl(\int_{t_{n-1}}^a \varphi(t_n)dt_n\bigr)\cdots\bigr\}dt_1\bigr]dt$ を得る.（厳密には数学的帰納法を用いればよい.）ここで任意の有界領域 $b \le x \le a$ 上で $\varphi(x)$ は上からある定数 $M \ge 0$ で抑えられているから，これを最後の多重積分に代入すると，この部分は $\le K^{n+1}\int_x^a\int_t^a\cdots\int_{t_{n-1}}^a M dt_n\cdots dt_1 dt \le M\frac{K^{n+1}(a-x)^{n+1}}{(n+1)!}$ と評価され，従って $n \to \infty$ とすれば 0 に近づくから，極限をとって $\varphi \ge C + CK(a-x) + \cdots + C\frac{K^n(a-x)^n}{n!} + \cdots = Ce^{K(a-x)}$ が得られる．

8.3.1 (1) 解曲線が $x \le 0$ に留まれば必ずこの範囲で y は $-\infty$ に爆発するので，$x > 0$ として一般性を失わない．$\varepsilon > 0$ を任意に固定するとき，③の部分領域 $0 < x < -y-\varepsilon$, $y < -\frac{1}{\varepsilon}$ から出発した解曲線は有限時間で $-\infty$ に爆発することを示そう．ここでは $x-y > 0$ なので $y' = x^2-y^2 = (x-y)(x+y) < -\varepsilon(x-y) < \varepsilon y < -1$, 従って解曲線は $x+y = -\varepsilon$ を越え

ることはできず，同じ部分領域に留まる．のみならず，y は単調減少なので，いつかは $y < -\frac{2}{\varepsilon}$ となる．すると上の不等式は $y' = x^2 - y^2 = (x-y)(x+y) < -\varepsilon(x-y) < -2$ となるから，適当な点 (x_0, y_0) から積分して $y < -2x + y_0 + 2x_0$, $\therefore x + y < \frac{y+y_0+2x_0}{2}$．これを再び代入すると $y' = x^2 - y^2 = (x-y)(x+y) < (x-y)\frac{y+y_0+2x_0}{2}$．遂には $y + y_0 + 2x_0 < 0$ となるので，そのような点 (x_1, y_1) から先では $x > 0$ より $y' < -y\frac{y+y_0+2x_0}{2}$ が成り立つ．これを積分すると $\int_{y_1}^{y} \frac{dy}{y(y+y_0+2x_0)} < -\int_{x_1}^{x} \frac{dx}{2}$, $\frac{1}{y_0+2x_0}(\log\frac{y}{y+y_0+2x_0} - \log\frac{y_1}{y_1+y_0+2x_0}) < -\frac{x-x_1}{2}$ となる．ここで $y \to -\infty$ とすると左辺は有限な値に収束するので，このとき $x \to \infty$ とは成り得ない．すなわち $x \leq x_1 + \frac{2}{y_0+2x_0}\log\frac{y_1}{y_1+y_0+2x_0}$ のどこかで解は $-\infty$ に爆発する．

(2) 問題の領域では $y'' = x - y(x^2 - y^2) < 0$, すなわち $x^2 - y^2 > \frac{x}{y}$ である．今 $\exists c > 0$ について，ある解曲線がここで常に $y = x - c$ の下方にあるとすると，そのような c の下限をとれば，$y = x - c$ はこの解曲線と有限の点で接するか，あるいはこの解曲線の漸近線となる．前者の場合，接点では $y' = x^2 - y^2 = 1$ となるが，最初に注意したように，$x^2 - y^2 > \frac{x}{y} = 1 + \frac{c}{y} > 1$ なので，これは有り得ない．次に後者の場合は，解曲線に沿って $y = x - c + o(1)$ となるので，$y' = x^2 - y^2 = (c + o(1))(x+y)$ は $x \to \infty$ のときいくらでも大きくなり，解曲線は $y = x - c$ に漸近できない．従って解曲線は $\forall c > 0$ について $x \to \infty$ のとき遂にはその上に出るので，結局 $y = x$ に漸近し，従ってそれに漸近する変曲点の軌跡の分枝にも下から漸近することになる．$y = x - r(x)$, $r(x) = o(1)$ とすると $y' = r(x)(x+y)$, 従って $x \to \infty$ のときこれが 1 に収束するためには $r(x) = \frac{1}{x+y} + o(\frac{1}{x}) = \frac{1}{2x} + o(\frac{1}{x})$ となるので，例題 8.3 の解答中に示した変曲点の軌跡の漸近形 $y = x - \frac{1}{2x} + O(\frac{1}{x^3})$ と $\frac{1}{x}$ のオーダーまで一致することも分かる．

(3) まず境目の曲線の求め方を示す．領域③内の変曲点の軌跡上の $x = c$ なる点から x の減る向きにこの微分方程式を解いて得られる解を $y = y_c(x)$ と記す．c を増加させると $y_c(x)$ は単調に減少するが，任意に固定した $\varepsilon > 0$ に対して $0 \leq x \leq \frac{1}{\varepsilon} - \varepsilon$ では $y_c(x) \geq -\frac{1}{\varepsilon}$ となる．実際 (1) によりこれより下に下がったら解は有限時間で $-\infty$ に爆発していることになり，不合理だからである．また 点 $(0, -\frac{1}{\varepsilon})$ から左に解いた解は (1) の考察を原点に関して点対称に写したものにより，領域②内の変曲点の分枝に漸近する大域解となる．よって $y_c(x)$ は $x \leq \frac{1}{\varepsilon} - \varepsilon$ で各点ごとに下に有界であり，従って各点収束する極限 $z(x)$ を持つ．導関数 $y_c'(x) = x^2 - y_c(x)^2$ は局所的に一様有界であり，従ってアスコリ-アルゼラの定理の系により任意の部分列 $c_n \to \infty$ に対して $y_{c_n}(x)$ は局所的に各点収束極限 $z(x)$ に一様収束する．これから $z(x)$ が連続関数の一様収束極限となることが分かる．よってワイヤストラスの定理により $z(x)$ が微分方程式 $z' = x^2 - z^2$ を満たすことも分かる．$\varepsilon > 0$ は任意だったから，これで所要の解が得られた．次にこの解が実際に領域④に行くか，③内で有限時間で $-\infty$ に爆発するかの分水嶺を成すことを見よう．$z(x)$ の作り方から明らかに，$z(x)$ より右にある点 (x, y) は，十分大きな c に対して点 $(x, y_c(x))$ の上に来るから，ここを通る解は確かに④に入り込む．逆側はそう自明ではないが，今 $y = z(x)$ の左，従って下を通る大域解 $\tilde{z}(x)$ が存在したとせよ．この解も変曲点の軌跡に漸近する．実際，もし $\exists\varepsilon > 0$ について $\tilde{z}(x)$ と同じ高さの変曲点の軌跡の点が $\geq x + \varepsilon$ となっているような箇所がいくらでも下に存在したとすると，変曲点の軌跡は $y = -x$

8

に漸近するので，少し小さめの $\varepsilon' > 0$ について $\widetilde{z}(x)+x < -\varepsilon'$ となる点がいくらでも下方に存在することになる．しかし (1) の議論により，このような解曲線は有限時間で $-\infty$ に爆発しなければならず，不合理である．そこで $z(x), \widetilde{z}(x)$ を変曲点の軌跡に漸近する二つの解とする．$\frac{d}{dx}(z(x)-\widetilde{z}(x)) = x^2-z(x)^2-x^2+\widetilde{z}(x)^2 = \widetilde{z}(x)^2-z(x)^2 = -(z(x)-\widetilde{z}(x))(z(x)+\widetilde{z}(x))$. ここで $z(x), \widetilde{z}(x) \leq -\frac{1}{\varepsilon}$ と仮定してよいから，$\frac{d}{dx}(z(x)-\widetilde{z}(x)) \geq \frac{2}{\varepsilon}(z(x)-\widetilde{z}(x))$. これを積分すると $z(x)-\widetilde{z}(x) \geq Ce^{2x/\varepsilon}$ となり，両者は指数的に開いてゆくが，これは両者が漸近するという先の結論と矛盾する．よってこのような解は一つしか無く，$z(x)$ より左を通るすべての解は有限時間で $-\infty$ に発散する．最後にこの大域解の漸近形を見ると $y = -x + r(x)$, $r(x) = o(1)$ であり，これを方程式に代入すると $y' = x^2 - y^2 = r(x)(x-y)$, 従って $x \to \infty$ のとき $y' \to -1$ ということから，$r(x) = -\frac{1}{x-y}(1+o(1)) = -\frac{1}{2x} + o(\frac{1}{x})$ となるが，これは例題 8.3 の解答中に示した変曲点の軌跡の漸近形 $y = -x - \frac{1}{2x} + O(\frac{1}{x^3})$ と $\frac{1}{x}$ のオーダーまで一致している．

8.3.2　(1) この方程式はそのまま積分すれば求積できるが，原始関数は初等関数にはならない．しかし $x \gg 1$ のとき $\frac{1}{\sqrt[4]{1+x^2}} \sim \frac{1}{\sqrt{x}}$ であり，従って $y \sim C + 2\sqrt{x}$ となる．（より正確には，$\frac{1}{1+\sqrt{x}} \leq y' \leq \frac{1}{\sqrt{x}}$ を適当なところから積分すればよいが，結論は変わらない.）故に解は大域的に存在するがこの速さで $+\infty$ に向かって増大する．

(2) この方程式は $y=0, y=1$ という定数解を持ち，それらで区画された領域 $y>1$ では解は減少，$0<y<1$ では増加，$y<0$ では減少する．$y > 1+\varepsilon$ では $y' = y(1-y) < -\varepsilon y$ なので，解は直線 $y = 1+\varepsilon$ より下に入り込むが，解の一意性により $y=1$ には到達できない．従って解は $y=1$ に上から漸近する．同様に，$0 < y < 1-\varepsilon$ では $y' > \varepsilon y$ より，解は直線 $y = 1-\varepsilon$ を越えて増加し，$y=1$ に下から漸近する．最後に $y<0$ においては $y' < -y^2$ より，解は有限時間で $-\infty$ に発散する．実はこの方程式は変数分離して求積でき，$\frac{dy}{y(1-y)} = dx$, $x + C = \int \frac{dy}{y(1-y)} = \log \frac{y}{1-y}$. よって $\frac{y}{1-y} = ce^x$, $y = \frac{1}{1+ce^{-x}}$ と具体的に求まる．$c>0$ が領域 $0<y<1$ に，$c<0$ が領域 $y>1$ と $y<0$ に対応し，後者では $-\infty$ に発散した解の続きが $+\infty$ から現れる．この具体的表現から上で定性的に導いた漸近のオーダーが指数的であることが読み取れるが，爆発のオーダーが 1 次分数関数的であることは，かえって上の抽象論からの方が分かりやすいかもしれない．

(3) $x \to \pm\infty$ のとき，右辺は $y(1-y)$ に近づくので，解曲線は漸近的に (1) ではなく (2) に近い振る舞いをすると予想される．以下この予想を証明する．x を固定したとき方程式の右辺が 0 となるような y の値は 2 次方程式の根として二つ有り，一つは正で一つは負であるが，$x \to \pm\infty$ とともに前者は 1 に，後者は 0 に収束してゆく．よって解曲線はこれら漸近的に直線となる二つの曲線で区切られた三つの領域で (2) と同様の増減のパターンを呈する．(2) の場合の定数解 $y=1, y=0$ に対応して，それぞれ $y=0$ 上の点 $x=c$ に初期値を与えた解 y_c の $c \to -\infty$ の極限，および $y=1$ 上の点 $x=c$ に初期値を与えて逆向きに解いたものの $c \to \infty$ の極限として解が 1 本ずつ定まり，前者より上方から逆向きに出発すれば有限時間で $+\infty$ に爆発，後者より下方から出発すれば有限時間で $-\infty$ に爆発，また両者の間から出発すればどの方向にも解が無限に延びる．これらは問題 8.3.1(3) と同様の手法

8

で示せるが，詳細は省略する．

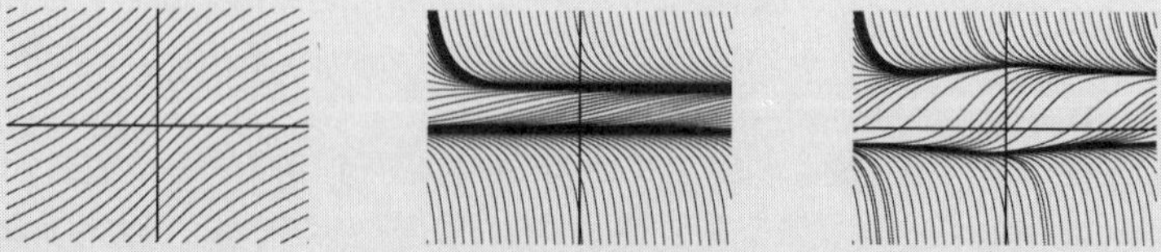

(1) $y' = \dfrac{1}{\sqrt[4]{1+x^2}}$　　(2) $y' = y(1-y)$　　(3) $y' = y(1-y) + \dfrac{1}{\sqrt[4]{1+x^2}}$

問題 8.3.2 の図（描画範囲はいずれも $-4 \leq x \leq 4$, $-3 \leq y \leq 3$）

8.3.3 (1) この方程式の勾配場は問題 1.2.1(2) で既に示されており，それからも想像されるように，解曲線のパターンは例題 8.3 の図を左右反転させたものとなる．これは変換 $x \mapsto -x$ によりこの方程式が例題 8.3 のものに帰着することから正当化される．よってそこでの考察を $x \mapsto -x$ と変換したものがすべてこの方程式に適用されるが，ここでは練習として初等的な考察の部分を繰り返しておく．スペースの関係で図はここには載せられないが，例題 8.3 の図から想像して頂きたい．

まず停留点の軌跡は $y^2 = x^2$ であり，解曲線は $|y| > |x|$ では x の増加方向に増加，$|y| < |x|$ では減少する．従って $x < 0$ では解曲線の極小点，$x > 0$ では極大点，原点では停留点となる．変曲点の軌跡は，例題 8.3 の計算とほとんど同じで $\frac{d^2y}{dx^2} = 2y\frac{dy}{dx} - 2x = 2y(y^2-x^2) - 2x = 0$, すなわち $(y^2 - x^2)y = x$ あるいは $x = \frac{-1 \pm \sqrt{1+4y^4}}{2y}$ であり，この分枝に挟まれた領域 $(y^2 - x^2)y > x$ では（下に）凸，$(y^2 - x^2)y < x$ では凹（上に凸）となる．$x > |y|$ では，解曲線は $|y| = |x|$ に触れずに有限時間で爆発することはできないので，x の増加方向に解は大域的である．同様に $x < -|y|$ でも，x の減少方向に解は大域的である．$y > |x|$ においては x の増加方向に有限時間で爆発する．$y < -|x|$ においては x の減少方向に有限時間で爆発する．更に，$x \to \pm\infty$ のときの $y = \mp x$ への漸近などが観測される．これらの正当化は問題 8.3.1(2), (3) と同様の手法でできるが詳細は省略する．

(2) この方程式については，例題 8.1 その 2 で局所解の一意性が，また問題 8.1.4(1) ですべての解が大域的であることが示されている．またこの方程式の勾配場は問題 1.2.1(4) で示されており，代表的な解曲線の図は p.276 に掲げた．方程式は $y \mapsto -y$ という変換で不変なので，これらのパターンは x 軸について線対称となる．停留点の軌跡は $y\log(x^2+y^2) = 0$, すなわち $y = 0$, または $x^2 + y^2 = 1$ で，解曲線は $x^2 + y^2 > 1$ では $y > 0$ で増加，$y < 0$ で減少し，$x^2 + y^2 < 1$ ではその反対になる．変曲点の軌跡は $\frac{d^2y}{dx^2} = \frac{dy}{dx}\log(x^2+y^2) + y\frac{2x+2y\frac{dy}{dx}}{x^2+y^2} = y\{\log(x^2+y^2)\}^2 + 2y\frac{x+y^2\log(x^2+y^2)}{x^2+y^2} = 0$, これはややこしい陰関数なので，コンピュータが使えない状況では図を描くのは難しい．しかし勾配場と停留点の軌跡から解曲線の大体の挙動は分かる．特に，すべての解が $x \to -\infty$ で 0 に漸近することが読み取れるが，この証明は次の通り：x 軸に関する対称性により $y > 0$ の範囲の解曲線を見れば十分である．解の一意性により解曲線は有限なところでは x 軸に到達せず，$y>0$ なる領域に留まる．$x\le -2$ とすれば，$x^2\ge 4$, 従って $\frac{dy}{dx}\ge y\log 4$ であるから，解は単調増加，従って左には減少する．よってこれが点 (x_0,y_0) を通るとすれば，$x<x_0\le -2$ において $y<y_0$ であり，$x_0-x=\int_x^{x_0}1dx\le\int_y^{y_0}\frac{dy}{y\log 4}=\frac{\log y_0}{\log 4}-\frac{\log y}{\log 4}$. これから $y\le y_0e^{(x-x_0)\log 4}$ となり，従って y は $x\to-\infty$ のとき 0 に指数減少する．同様に $x\to\infty$ のとき $y'\ge y\log y^2$ を用いて $y\ge\exp(ce^{2x})$ も示せる．

(3) 方程式が $(x,y)\mapsto(-x,-y)$ という変換で不変なので，解曲線のパターンは原点に関して対称になる．勾配場は $y^2(1-x^2-y^2)=0$, すなわち $y=0$ または $x^2+y^2=1$ で水平となり，これらの曲線で境される領域を $y>0,\ x^2+y^2>1\ldots$①, $y>0,\ x^2+y^2<1\ldots$②, $y<0,\ x^2+y^2>1\ldots$③, $y<0,\ x^2+y^2<1\ldots$④とすれば，①, ③で傾きが負，②, ④で傾きが正となる．$y=0$ は特殊解となり，局所リプシッツ条件が成り立っているので，他の解はこれと交差できない．解曲線は②,④を通過してそれぞれ①, ③に進む．従って，$y>0$ を通るすべての解は $x\to\infty$ のとき x 軸に漸近することが予想されるが，これは次のようにして確かめられる．方程式から $y'\le y^2(1-x^2)$, $\frac{y'}{y^2}\le 1-x^2$. これを $x=\sqrt{3}$ から積分すると $\frac{1}{y(\sqrt{3})}-\frac{1}{y}\le x-\frac{x^3}{3}$. これより $y\le\frac{1}{x^3/3-x+1/y(\sqrt{3})}$ となり，y は $O(\frac{1}{x^3})$ で減衰することが分かった．また，$y<0$ ではすべての解は有限時間で $-\infty$ に爆発する．実際，もし解が $x\le 1$ に止まっていれば，解の延長定理により y はこの時点までに $-\infty$ に爆発しているはずだから，領域 $x>1$ に入ったとすると，$y'\le -y^4$. 従って $\int_{y_0}^{y}\frac{dy}{y^4}=-\frac{1}{3y^3}+\frac{1}{3y_0^3}\le-\int_{x_0}^{x}dx=-(x-x_0)$, $x-x_0+\frac{1}{3y_0^3}\le\frac{1}{3y^3}\le 0$. これは x が高々 $x_0-\frac{1}{3y_0^3}$ までしか動けず，この時点までに $y\to-\infty$ となることを示す．対称性により $x\to-\infty$ では以上の考察結果を原点に関して 180 度回転させた挙動が見られる．

(4) 極値の軌跡は $x^2-y^2-\lambda=0\ldots$①. これは双曲線であり，漸近形は $y=\pm x\sqrt{1-\frac{\lambda}{x^2}}=\pm(x-\frac{\lambda}{2x}+O(\frac{1}{x^3}))$. 解曲線は $x^2-y^2-\lambda>0$ すなわち双曲線の内側で増加，外側で減少する．変曲点の軌跡は，$y''=2x-2yy'=2x-2y(x^2-y^2-\lambda)=0\ldots$② でこれも原点に関して点対称である．$x$ について解くと $x=\frac{1\pm\sqrt{1+4y^2(y^2+\lambda)}}{2y}$ となる．これらを手がかりに②が以下のような三つの分枝を持つことが分かる．一つは双曲線の左内側下方で双曲線と x 軸に漸近し，もう一つはそれと点対称な位置に双曲線の右内側上方で，双曲線と x 軸に漸近する．最後の一つは 双曲線の外側で，左分枝の上方から原点を傾き $-\frac{1}{\lambda}$ で通って右分枝の下方に漸近する．双曲線の外側での解の有限時間爆発は問題 8.3.1(1) と同様の論法で示せるので省略する．また双曲線の右内側にある解の $y=x$ への漸近とその漸近形の導出は問題 8.3.1(2) と，$x\to\infty$ のとき $y=-x$ に漸近する大域解の一意存在とその漸近形の導出は問題 8.3.1(3) と同様なので，省略する．ここではそれらの漸近形との比較に必要な変曲点の軌跡の方の漸近形を示しておく．まず，$y=x$ に漸近する方は $x=\frac{1+\sqrt{1+4y^2(y^2+\lambda)}}{2y}=\frac{1}{2y}\left(1+2y^2\sqrt{1+\frac{\lambda}{y^2}+\frac{1}{4y^4}}\right)=\frac{1}{2y}\{1+2y^2(1+\frac{\lambda}{2y^2}+O(\frac{1}{y^4}))\}=y+\frac{\lambda+1}{2y}+O(\frac{1}{y^3})$. 同様に，$y=-x$ に漸近する方は $x=\frac{1-\sqrt{1+4y^2(y^2+\lambda)}}{2y}=\frac{1}{2y}\left(1-2y^2\sqrt{1+\frac{\lambda}{y^2}+\frac{1}{4y^4}}\right)=\frac{1}{2y}\{1-2y^2(1+\frac{\lambda}{2y^2}+O(\frac{1}{y^4}))\}=-y-\frac{\lambda-1}{2y}+O(\frac{1}{y^3})$. 従ってこれらを逐次代入により y について漸近的に解けば，それぞれ $y=x-\frac{\lambda+1}{2x}+O(\frac{1}{x^3})$, $y=-x+\frac{\lambda-1}{2x}+O(\frac{1}{x^3})$ とな

8

る．解の漸近形はこれらと $\frac{1}{x}$ の項まで一致することが問題 8.3.1(2), (3) と同様にして示される．ただし後に問題 8.5.2(2) で後者の差が $O(\frac{1}{x^2})$ であることが必要になるので，それを示しておこう．今もし $\exists\varepsilon > 0$ についてこの大域解 y が $x < -y - \frac{\lambda-1}{2y} - \frac{\varepsilon}{y^2}$ を満たすとすると，$x^2 < y^2 + \lambda - 1 + \frac{2\varepsilon}{y} + O(\frac{1}{y^2})$，従って $y' = x^2 - y^2 - \lambda < -1 + \frac{2\varepsilon}{y} + O(\frac{1}{y^2})$，$\left(1 - \frac{2\varepsilon}{y} + O(\frac{1}{y^2})\right)^{-1}\frac{dy}{dx} = \left(1 + \frac{2\varepsilon}{y} + O(\frac{1}{y^2})\right)\frac{dy}{dx} < -1$ となるから，十分下方の解曲線上の点 (x_0, y_0) から積分すれば $y - y_0 + 2\varepsilon\log\left|\frac{y}{y_0}\right| + O(\frac{1}{y}) + O(\frac{1}{y_0}) < -x + x_0$．ここで問題 8.3.1(1) と同様に，大域解は十分下方で $x > -y - \varepsilon$ を満たすことが示せるので，$2\varepsilon\log\left|\frac{y}{y_0}\right| + O(\frac{1}{y}) + O(\frac{1}{y_0}) < -x - y + y_0 + x_0 < \varepsilon + y_0 + x_0$．しかし $y \to -\infty$ とすると左辺は無限大になり，不合理である．よって大域解の上には $x \geq -y - \frac{\lambda-1}{2y} - \frac{\varepsilon}{y^2}$ となる点が必ず現れるが，これを等号に変えた曲線上では解曲線の傾きはこの曲線自身の傾きよりも緩やかなことが（変曲点の軌跡における解曲線の傾きと同様の計算法で）確かめられるので，結局以下ずっとこの不等式が，従ってそれを漸近的に反転させた不等式 $y > -x + \frac{\lambda-1}{2x} + O(\frac{1}{x^2})$ が成立することになる．逆向きの方の評価はこの大域解が変曲点の軌跡の分枝より左にあることがその構成法から分かっているので明らか.

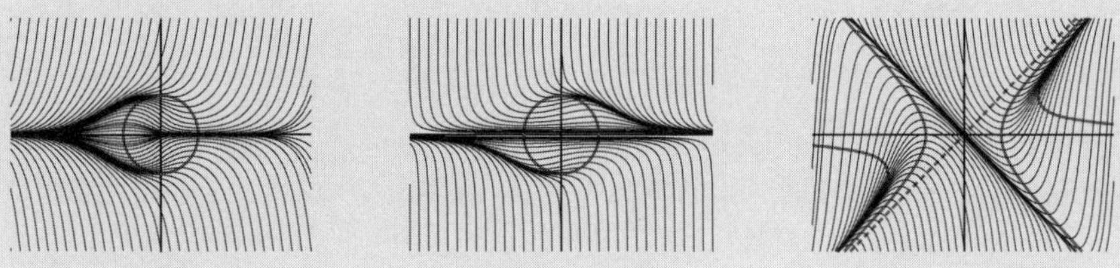

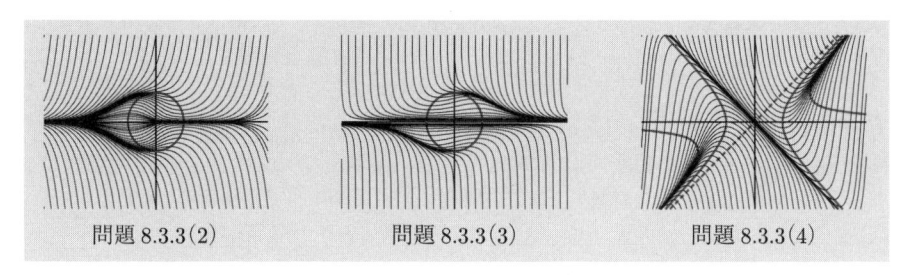

問題 8.3.3(2)　　問題 8.3.3(3)　　問題 8.3.3(4)

8.4.1 (1) まず特異点を求めると，$x - y^2 = 0$, $y - x^2 = 0$ より $y = x^2 = y^4$．これより $y = 0$ または $y^3 = 1$．後者を満たす実数は $y = 1$．このとき $x = 1$．よって特異点は 2 個である．点 $(0,0)$ では主部は $x' = x$, $y' = y$ だから発散型の結節点である．点 $(1,1)$ では，$x - y^2 = (x-1) - (y-1)(y+1) = (x-1) - 2(y-1) - (y-1)^2$，$y - x^2 = (y-1) - 2(x-1) - (x-1)^2$ だから主部の係数行列は $\begin{pmatrix} 1 & -2 \\ -2 & 1 \end{pmatrix}$．この行列式は -3 なので固有値は実で異符号，従ってこれは鞍点である．この方程式系は x, y を入れ替えても変わらないので，解軌道のパターンは直線 $y = x$ に関して線対称となる．コンピュータの描画（p.278）を見ると，$y = x$ が漸近線に見えるが，これは次のような計算で確認できる：$\frac{d}{dt}(y - x) = y' - x' = y - x^2 - (x - y^2) = (y - x)(1 + x + y)$．これより，$x + y > -1$ では $y - x$ の値は $y - x > 0$ からは指数減少し，$y - x < 0$ からは指数増大する．$x + y < -1$ ではこれが逆になるが，目で見えているのは $t \to -\infty$ のときの漸近形なので，左辺の符号が逆になって結局同じことになる．この考察は大域的に当てはまるので，すべての解曲線は $x + y = -1$ に直交し，そのどちら側でも $y = x$ に近づく様子が観察できる．

(2) 特異点は $y - x^2 = 0$, $-x + y^2 = 0$ より $x = y^2 = x^4$．従って $x = 0$ または 1．このとき $y = 0$ または 1 となるので，特異点は $(0,0)$, $(1,1)$ の 2 個．前者においては主部は時計回り

の渦心点を成している．後者においては $y-x^2=(y-1)-(x-1)(x+1)=(y-1)-2(x-1)-(x-1)^2$, $-x+y^2=-(x-1)+(y-1)(y+1)=-(x-1)+2(y-1)+(y-1)^2$．従って主部の係数行列は $\begin{pmatrix}-2 & 1\\ -1 & 2\end{pmatrix}$．この行列式は -3 なので，この点は鞍点となる．コンピュータの描画を見ると原点は渦状点には変化しておらず，渦心点のままのようであるが，これは軌道に沿う適当な保存量を見つけることで確認できる．この保存量を見つける計算は少々長いので ．なお，コンピュータ描画を見ると，原点に近いところで $x+y+1=0$ に解曲線が密集しているが，これは $\frac{d}{dt}(x+y+1)=x'+y'=y-x^2-x+y^2=(y-x)(x+y+1)$ より，$y>x$ では $x+y+1$ が増加し，$y<x$ ではこれが減少しているため，外側から等間隔で解曲線を引くとここに密集しているように見えるだけで，特異なことは何も起こっていない．解曲線は時間とともにすべて下（右）方から上（左）方に向かって流れていることに注意せよ．

(3) 特異点は $-y-x(1-x^2-y^2)=0\ldots$①, $x-y(1-x^2-y^2)=0\ldots$② から ①$\times x+$②$\times y$ を作ると $-(x^2+y^2)(1-x^2-y^2)=0$, 従って $x=y=0$, または $x^2+y^2=1$．後者を①, ② に代入し戻すと，結局 $x=y=0$ となるので，特異点は原点だけである．原点における線形近似の係数行列は $\begin{pmatrix}-1 & -1\\ 1 & -1\end{pmatrix}$ で，固有値は，$(\lambda+1)^2+1=0$ より $\lambda=-1\pm i$．よって原点は吸引渦状点である．$L=x^2+y^2$ の時間変化を見ると $\frac{dL}{dt}=2xx'+2yy'=2x\{-y-x(1-x^2-y^2)\}+2y\{x-y(1-x^2-y^2)\}=-2(x^2+y^2)(1-x^2-y^2)$ となるから，$x^2+y^2<1$, すなわち単位円の内部では x^2+y^2 は減少するのみならず，$\forall\varepsilon>0$ について，$x^2+y^2<1-\varepsilon$ においては $\frac{dL}{dt}<-2\varepsilon L$ となるから，$L=x^2+y^2\le ce^{-2\varepsilon t}$ となり，解軌道は原点に向かって指数的に近づいて行く．逆に，$x^2+y^2>1+\varepsilon$ においては，$\frac{dL}{dt}\ge 2\varepsilon L$ となるから，$L=x^2+y^2\ge ce^{2\varepsilon t}$ となり，指数的に増大する．従って $x^2+y^2=1$ は $t\to\infty$ でなく $t\to-\infty$ のときに軌道が両方の側から巻きついて行く，いわゆる α-極限閉軌道の例となっている．しかし，原点から離れたところでの回転は確認する必要があるので，極座標を用いて $\frac{d\theta}{dt}=\frac{d}{dt}\operatorname{Arctan}\frac{y}{x}$ を計算すると $=\frac{y'x-x'y}{x^2}=\frac{\{x-y(1-x^2-y^2)\}x-\{-y-x(1-x^2-y^2)\}y}{x^2}=\frac{x^2+y^2}{x^2}=\frac{1}{\cos^2\theta}$, $dt=\cos^2\theta d\theta=\frac{1+\cos 2\theta}{2}d\theta$．積分して $\frac{\theta}{2}+\frac{\sin 2\theta}{4}=t+C$．よって速さに揺れは有るものの，平均して $2t$ の角度で回転し続ける．

(4) 前問と同様の計算で特異点は同様に原点のみであることが分かる．前問と同じ L を用いて同様に，$\frac{dL}{dt}=2xx'+2yy'=2x\{-y-x(1-x^2-y^2)^2\}+2y\{x-y(1-x^2-y^2)^2\}=-2(x^2+y^2)(1-x^2-y^2)^2$．今度は $x^2+y^2\ge 1+\varepsilon$, $x^2+y^2\le 1-\varepsilon$ のいずれにおいても $\frac{dL}{dt}\le -2\varepsilon^2 L$ となり，従って単位円の内部では前問と同様の挙動を示すが，単位円の外部でも L は指数減少し，有限の時間で $x^2+y^2<1+\varepsilon$ に入り込む．$\varepsilon>0$ は任意だから，結局解軌道は単位円 $x^2+y^2=1$ に外側から巻きついて行き，これは ω-極限閉軌道となる．最後に回転の速さは $\frac{d\theta}{dt}=\frac{d}{dt}\operatorname{Arctan}\frac{y}{x}=\frac{y'x-x'y}{x^2}=\frac{\{x-y(1-x^2-y^2)^2\}x-\{-y-x(1-x^2-y^2)^2\}y}{x^2}=\frac{x^2+y^2}{x^2}$ となるから，前問と全く同じ回転を示す．

以下に解軌道の図を示すが，(4) の図は見た目が (3) の図とそっくりなので略す．

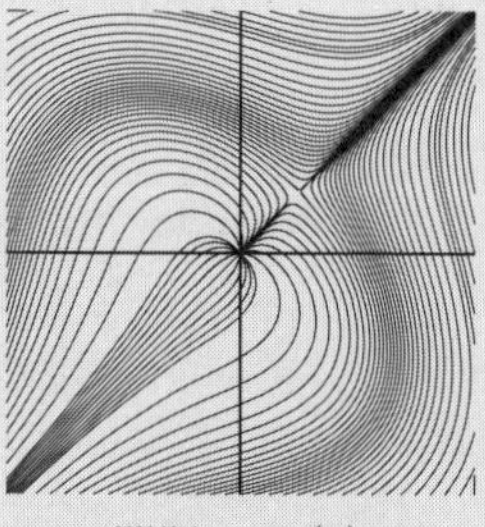

問題 8.4.1(1)

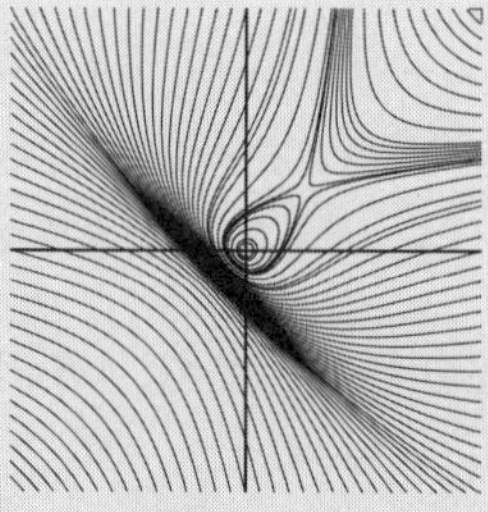

問題 8.4.1(2)

問題 8.4.1(3)

8.4.2 x, y は 0 に成り得ないので，(8.2) を $\frac{e^{ax}}{x^{c_2}}\frac{e^{by}}{y^{c_1}} = C$ と書き直せる．ここで $f(x) := \frac{e^{ax}}{x^{c_2}}$ は $f'(x) = (a - \frac{c_2}{x})f(x)$, $f''(x) = \{(a - \frac{c_2}{x})^2 + \frac{c_2}{x^2}\}f(x)$ から分かるように，$x = \frac{c_2}{a}$ で最小となりここから左右に離れると限りなく増大する凸関数である．同様に $g(y) := \frac{e^{by}}{y^{c_1}}$ も $y = \frac{c_1}{b}$ で最小となる凸関数である．故に $f(x)g(y) = C$ は $C = f(\frac{c_2}{a})g(\frac{c_1}{b})$ のとき 1 点 $(\frac{c_2}{a}, \frac{c_1}{b})$（当然ながら特異点と一致）に退化し，$C$ がこれより小さければ空集合，これより大きければ $f(x)$ が最小値 $f(\frac{c_2}{a})$ をとるとき y が $g(y) = \frac{C}{f(\frac{c_2}{a})}$ の 2 個の解を値にとり，一般の x に対してはこれらに挟まれた 2 個の値をとる．x が動く範囲も y が $g(y)$ の最小値に対応するときの $f(x) = \frac{C}{g(\frac{c_1}{b})}$ の 2 個の解の間に制限される．以上によりこの方程式は，特異点を内部に含み，軸方向の最大幅が特異点を通る直径で与えられるような第 1 象限内の有界単純閉曲線を定める．

8.4.3 $x + y \geq 0$ で論ずる．$y - x + 1$ の時間変化を見ると，$\frac{d}{dt}(y - x + 1) = y' - x' = -2y + x^2 - x - y^2 = -2y - x + (x - y)(x + y) = -2y - x + (x - y - 1)(x + y) + x + y = -(x + y)(y - x + 1) - y$. よって $y - x + 1 \geq 0$ では $y \geq \varepsilon > 0$ において $\frac{d}{dt}(y - x + 1) \leq -y \leq -\varepsilon$, $\therefore$ $y - x + 1 \leq (y_0 - x_0 + 1) - \varepsilon(t - t_0)$ となり，$y - x + 1$ は有限時間で 0 に到達し負になるので，漸近線は有るとしてもこれより下であることが分かる．同様に，$\frac{d}{dt}(y - x + 2) = -2y - x + (x - y)(x + y) = -2y - x + (x - y - 2)(x + y) + 2x + 2y = -(x + y)(y - x + 2) + x$ となるから，$y - x + 2 \leq 0$, $x \geq \varepsilon > 0$ では $\frac{d}{dt}(y - x + 2) \geq x \geq \varepsilon$, $\therefore$ $y - x + 2 \geq (y_0 - x_0 + 2) + \varepsilon(t - t_0)$ となり，$y - x + 2$ は有限時間で 0 に到達し，正となる．よって漸近線は有るとしてもこれより上であることが分かる．

8.5.1 (1) この方程式は x の符号について対称なので，$x \to -\infty$ のときだけ調べればよい．$a > \sqrt{\lambda}$ を十分大きくとり，$y'' = (x^2 - \lambda)y$ の点 $(-a, 0)$ から出発する解を考える．方程式は y の符号についても対称なので，もう一つの初期値 $y'(-a) = c > 0$ として論ずればよい．すると $-a \leq x \leq -\sqrt{\lambda}$ において，$y'(x) = c + \int_{-a}^{-\sqrt{\lambda}}(x^2 - \lambda)y(x)dx$ が成り立ち，従って $y > 0$ なる限り y' も正となり，結局解はこの区間で単調増加である．$y(-\sqrt{\lambda}) = 1$ となるような c の値を例題 8.5 と同様にして求めることができる．この解を $y_a(x)$ とするとき，任意の $b > \sqrt{\lambda}$ に対して $\{y_a(x); a \geq b\}$ は $[-b, -\sqrt{\lambda}]$ 上有界で単調増加な関数族となる．よってこれはこの区間で（従って $x \leq -\sqrt{\lambda}$ で）各点収束する．他方，$0 \leq y'_a(-\lambda)$ は単調減少，従って $[-b, -\sqrt{\lambda}]$ で $y'_a(x)$ は有界となる．故にアスコリ-アルゼラの定理の系により，上の収束は $[-b, -\sqrt{\lambda}]$ 上一様，従って $y_a(x)$ は $x \leq -\sqrt{\lambda}$ で広義一様収束する．方程式を用いて $y_a''(x)$ も広義一様，従って $y_a'(x)$ も広義一様収束し，極限関数 $y_\infty(x)$ は与微分方程式を満たす有界な関数であることが分かった．これが $x \to -\infty$ のとき 0 に近づくことは，例題 8.5 と同様にして示せるが，結果として次の問題 8.5.2 に含まれるので，詳細は略す．増大する解が存在することの証明も同様である．

(2) $0 < \varepsilon < \lambda$ とすると，$-\sqrt{\lambda - \varepsilon} \leq x \leq \sqrt{\lambda - \varepsilon}$ において $\lambda - x^2 \geq \varepsilon$ なので，ストゥルムの比較定理によりこの区間で与方程式の解は少なくとも $-y'' = \varepsilon y$ の解 $\sin\sqrt{\varepsilon}(x - \alpha)$ の零点より一つ少ない個数の零点を持つ，後者の零点は α を適切に選べば $\left[\frac{2\sqrt{\varepsilon(\lambda-\varepsilon)}}{\pi}\right] + 1$ 個となるが，[ ] 内の量は ε について最大値をとれば，$\varepsilon = \frac{\lambda}{2}$ のとき $\frac{\lambda}{\pi}$ となる．よってもとの方程式の解は最初の区間で少なくとも $\left[\frac{\lambda}{\pi}\right]$ 個の零点を持ち，それだけ符号変化する． 

8.5.2 (1) $z = cx^\mu e^{x^2/2}$ に対して $z' = c(x^{\mu+1} + \mu x^{\mu-1})e^{x^2/2}$, $z'' = c\{x^{\mu+2} + (2\mu + 1)x^\mu + \mu(\mu-1)x^{\mu-2}\}e^{x^2/2}$. よって $z'' - (x^2 - \lambda)z = (2\mu + 1 + \lambda + \frac{\mu(\mu-1)}{x^2})z$ となるので $\mu = -\frac{\lambda+1}{2}$ と取れば，z は微分方程式 $z'' = (x^2 - \lambda + \frac{(\lambda+1)(\lambda+3)}{4x^2})z$ を満たす．またこのとき $z' = c(x - \frac{\lambda+1}{2x})z$ である．今，$y'' = (x^2 - \lambda)y$ の任意の解 y に対して，$x_0^2 > \lambda$ なる $x_0 > 0$ と，$c > 0$ を十分大きく選んで $z(x_0) > y(x_0)$, $z'(x_0) > y'(x_0)$ となるようにする．解の連続性により，しばらくは $z(x) > y(x)$, 従って方程式から $z'' > y''$. 同様に，$z(x) \geq y(x)$ が成り立つ限り $z'' \geq y''$ であり，積分して $z'(x) - z'(x_0) \geq y'(x) - y'(x_0)$, 従って $z'(x) > y'(x)$ が成り立つ．よって更に積分して $z(x) > y(x)$ も同様に成り立つ．故に $z(x) > y(x)$ が $\forall x \geq x_0$ で成り立ち，解の増大度は $cx^{-(\lambda+1)/2}e^{x^2/2}$ を超えることは無い．逆に，μ を上の値として $z = (c_1x^\mu + c_2x^{\mu-2})e^{x^2/2}$ と置けば，$z'' = \{x^2 - \lambda + q(x)\}z$, ここに $q(x) = \frac{1}{c_1x^2 + c_2}\{\frac{(\lambda+1)(\lambda+3)}{4}c_1 - \frac{\lambda-3}{2}c_2 + \frac{(\lambda+5)(\lambda+7)c_2}{4x^2}\}$ となる．よって $c_1 > 0$, かつ $\frac{\lambda-3}{2}c_2 > \frac{(\lambda+1)(\lambda+3)}{4}c_1$ に選んでおけば，x が十分大きいとき $q(x) < 0$ となるので，そのような x_0 について $y(x_0) > z(x_0)$, $y'(x_0) > z'(x_0)$ なる初期値から出発する解 y は，以後常に $y(x) > z(x)$ を満たすことが上と同様にして示せる．与方程式は 0 に収束する解を一つ持つことが既に分かっているので，任意の増大解はここで論じた解 y のある定数倍との差が 0 に近づき，従ってすべての増大解が同じオーダーの下からの評価を持つ．

(2) 今度は $y' < 0$ となるので，目標の漸近形を持つ関数が満たす方程式との直接比較は難しい．そこで $z = \frac{y'}{y}$ が満たす微分方程式を考える．3.7 節の『2 階線形微分方程式とリッカチ方程式』において調べたように $z' = x^2 - \lambda - z^2$ となり，z は $x \to \infty$ でこの方程式の負の大域解となるので，問題 8.3.3(4) で調べたように $y = -x$ に漸近する解と一致せざるを得ない．よって同問題の解答より $z = -x + \frac{\lambda-1}{2x} + O(\frac{1}{x^2})$ となり，十分大きな $x_0 > 0$ から積分すると，ある定数 $c > 0$ について $-\frac{x^2}{2} + \frac{\lambda-1}{2}\log x - c < \log y < -\frac{x^2}{2} + \frac{\lambda-1}{2}\log x + c$, 従って $c_1x^{(\lambda-1)/2}e^{-x^2/2} < y < c_2x^{(\lambda-1)/2}e^{-x^2/2}$ を得る．

8.5.3 $\frac{d}{dx}(y^2 + \frac{1}{x^2}(y')^2) = 2yy' - \frac{2}{x^3}(y')^2 + \frac{1}{x^2}2y'y'' = 2yy' - \frac{2}{x^3}(y')^2 - 2yy' = -\frac{2}{x^3}(y')^2$ であり，この最後の量は $x > 0$ において ≤ 0 なので，$y^2 + \frac{1}{x^2}(y')^2$ は非増加であり，従って $x > 0$ で有界である．与微分方程式の解 $y(x)$ に対して $y(-x)$ も明らかに同じ方程式を満たすので，既に示された有界性がこれに適用され，$y(x)$ は $x < 0$ でも有界となる．

参考文献

ここでは本書を読むための予備知識用の教科書に続けて，本書を執筆する際に自分が参考にしたもの，および，昔，解析 II の講義で参考文献として提示していたものを掲げておきます．自身が最近書いた教科書類を除き，古いものがほとんどです．図書館にはあると思いますが，特に興味を持った読者以外は敢えてこれらを探す必要はないでしょう．微積分や線形代数の教科書については，どこに何が書かれているかよく知っているという理由で自分の著書を挙げましたが，これらも標準的な教科書であれば何でも代用可能でしょう．

[1] 金子晃『基礎と応用微分積分 I』，サイエンス社，2000.

[2] 金子晃『基礎と応用微分積分 II』，サイエンス社，2001.

[3] 金子晃『数値計算講義』，サイエンス社，2009.

[4] 金子晃『微分方程式講義』，サイエンス社，2014.

[5] 木村俊房『常微分方程式の解法』，培風館，1958.

これは自分が数学科の学生だったときに著者直々の講義で使われた参考書でした．良い本なので，最初に勉強するには今でも最善と思いますが，自分自身は数学科に進学して理論指向になっていた時期で，こういう計算が退屈に感じられた記憶があります．

[6] 小堀憲『微分方程式演習』，朝倉書店，1962.

[7] 坂井英太郎著『微分積分学下巻』，共立社，1938.

序文でちょっと触れたように，自分が高校時代最初に読んだ微分方程式の解法の書物です．戦死した伯父が残してくれた数学書の一冊でした．

[8] N. M. Günter, R. O. Kusmin, “Aufgabensammlung zur Höheren Mathematik I, II”, VEB Deutscher Verlag der Wissenschaften, Berlin, 1966.

その昔，東京大学教養学部の数学教室の図書室で偶然見つけたもので，いろんな講義で重宝しました．ただし解答の説明はほとんど載っていません．上記は東独でドイツ語に翻訳出版されたものの書肆情報ですが，ロシア語原著の詳しい情報は見当たらず，実物は見たことがありません．

[9] E. Kamke “Differenzialgleichungen, Lösungsmethoden und Lösungen I, Gewönliche Differenzialgleichungen”, Akademische Verlagsgesellschaft Geest & Portig K.-G., Leipzig, 1956.

微分方程式の辞書のような書物です．自分では学生時代にロシア語訳 (1971, Изд. Наука) を安く購入し愛用していましたが，図書館にはドイツ語の原書があると思います．

[10] P. Biler, T. Nadzieja, “Problems And Examples In Differential Equations”, Marcell Decker, 1992.

[11] 『高數研究』，考へ方研究社，1936–1944.

数学の大学受験雑誌の草分けです．とはいえ旧制なので，今の大学受験よりはレベルが高く，微分方程式の面白い問題もけっこう載っていました．懸賞問題を読者が出題する欄が有り，自分の高校時代に数学の名物教諭の一人だった “ガマさん” こと渡辺森郎先生が若い頃に投稿した問題をこの雑誌でたまたま見つけて，学園祭で展示した思い出があります．

索　引

あ　行

か　行

さ　行

た　行

な　行

は　行

ま　行

ら　行

著者略歴

金子　晃
（かねこ　あきら）

1968年　東京大学 理学部 数学科卒業
1973年　東京大学 教養学部 助教授
1987年　東京大学 教養学部 教授
1997年　お茶の水女子大学 理学部 情報科学科 教授
　　　　理学博士，東京大学・お茶の水女子大学 名誉教授

主要著書
数理系のための 基礎と応用 微分積分 I, II（サイエンス社，2000, 2001）
線形代数講義（サイエンス社，2004）
応用代数講義（サイエンス社，2006）
数値計算講義（サイエンス社，2009）
数理基礎論講義（サイエンス社，2010）
微分方程式講義（サイエンス社，2014）
定数係数線型偏微分方程式（岩波講座基礎数学，1976）
超函数入門（東京大学出版会，1980–82）
教養の数学・計算機（東京大学出版会，1991）
偏微分方程式入門（東京大学出版会，1998）

ライブラリ数理・情報系の数学講義＝別巻 3
基礎演習 微分方程式

2015 年 4 月 10 日 ⓒ　　　　　初 版 発 行

著　者　金　子　　　晃　　発行者　木　下　敏　孝
　　　　　　　　　　　　　　印刷者　山　岡　景　仁
　　　　　　　　　　　　　　製本者　関　川　安　博

　発行所　　株式会社　サイエンス社

〒151–0051　東京都渋谷区千駄ヶ谷 1 丁目 3 番 25 号
営業　☎（03）5474–8500（代）　　振替 00170–7–2387
編集　☎（03）5474–8600（代）
FAX　☎（03）5474–8900

印刷　三美印刷（株）　　　　　製本　関川製本所

《検印省略》
本書の内容を無断で複写複製することは，著作者および
出版者の権利を侵害することがありますので，その場合
にはあらかじめ小社あて許諾をお求め下さい．

ISBN978-4-7819-1356-8
PRINTED IN JAPAN

サイエンス社のホームページのご案内
http://www.saiensu.co.jp
ご意見・ご要望は
rikei@saiensu.co.jp まで．